弗拉马里翁（Nicolas Camille Flammarion，1842—1925），法国天文学家，世界著名科普作家。《大众天文学》初版于1880年，是他最成功的作品，已成为世界科普名著。

太阳系的今天

［美］K. 魏末 绘

约 46 亿年前，地球和月球以及太阳系的其他天体先后形成，终于有了今天的模样。带环的土星显而易见，在它上方的蓝色行星正是地球。

月面拼合照片

由上弦（右）和下弦（左）照片合成，能看清月面众多环形山及“海洋”分布的立体效果。

人类登上月球

1969 年 7 月 20 日，人类第一次登上月球，是人类第一次走出地球登上别的星球。当第一个脚印出现后，阿姆斯特朗说：“这是个人的一小步，是人类的一大步！”

地球和月球合影

1992 年，“伽利略”行星探测器在飞往木星的旅途中回首地球，拍下了这张地（大）月（小）合影，这时离地球有 620 万千米之遥。你瞧，它们多像一对“双行星”。

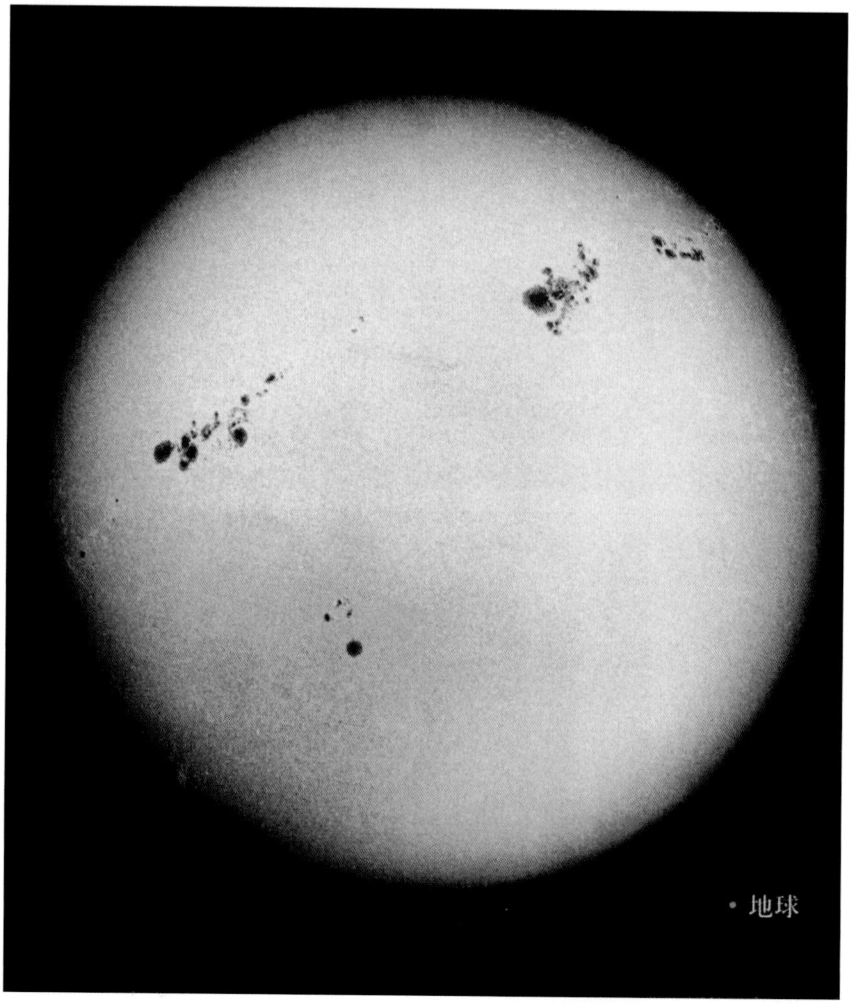

太阳和地球

太阳的体积巨大，是地球的130万倍。太阳上的大黑子群，隔着云雾用眼睛可以直接看到。它们是太阳表面温度较低的部分。

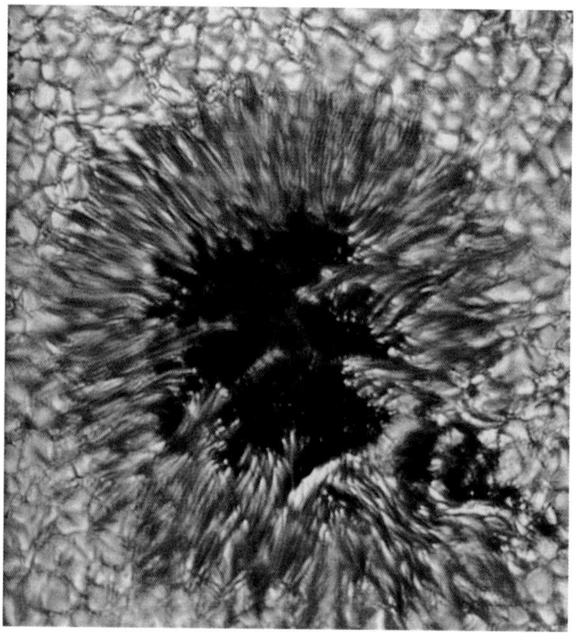

太阳黑子和米粒组织

这张异常清楚的太阳黑子照片，显示它的结构和周围的米粒组织。每个“米粒”的直径约有1 000千米，它们上下翻滚，奔腾不息。

满布坑穴的水星

最接近太阳的行星，从 1974 年发射的“水手十号”探测器近拍照片中可看到，它是一个满布坑穴的行星，很像月球，但比月球的陨石坑还要多，而且陨石坑比较小。

火星在召唤

火星是对人类最有吸引力的行星，人类将在 21 世纪登上火星。火星比地球小，但它有太阳系最高的火山（24 千米）。还有长达 4 000 ～ 5 000 千米的大峡谷，从这张用大量照片拼合成的火星图上可以明显看出。

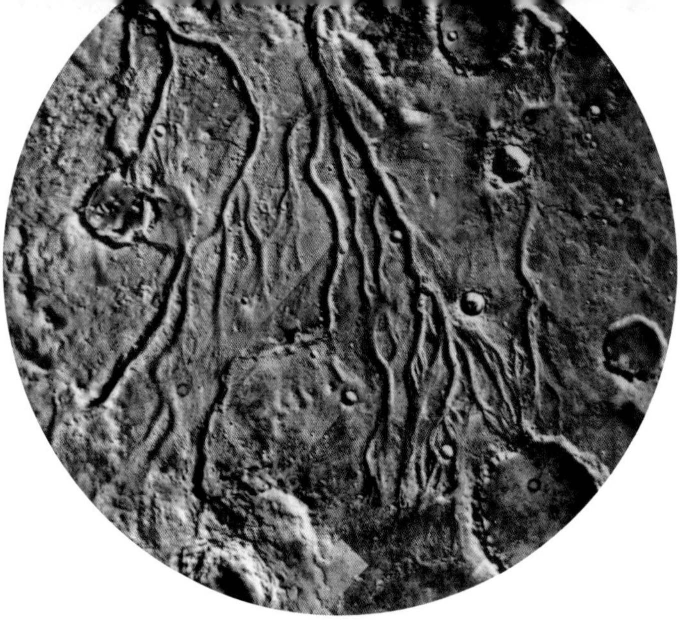

火星上的水哪里去了？

虽然在火星上还没有找到水，但是种种迹象表明，火星上的确有过水流的痕迹，这就是可以证明的照片之一。这里的水哪里去了呢？是蒸发掉了，还是流入地下了？

木星和它的四大卫星

太阳系中最大的行星木星，共有39颗卫星。照片左下是木星，左上为木卫Ⅳ，右上为木卫Ⅲ，右下为木卫Ⅰ，靠近木星的为木卫Ⅱ。这是“旅行者一号”探测器拍摄的拼合照片（不代表真实大小）。四大卫星被命名为“伽利略”卫星。

木星的大红斑

三四百年来，它一直是望远镜观测的重要目标，从没有消失过。1979 年“旅行者一号”探测器从近处拍下了这张清晰照片，它是木星的强大旋涡，足能装得下几个地球！它的大小和颜色也有变化。

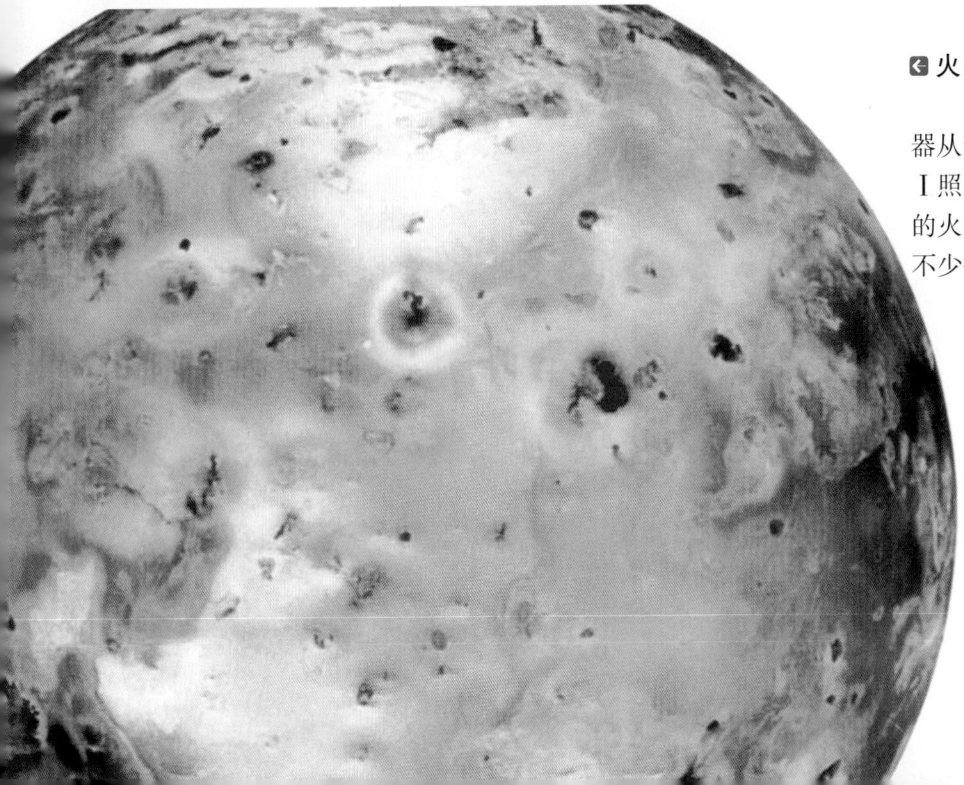

火山活跃的木卫Ⅰ

“伽利略”探测器从近处拍得的木卫Ⅰ照片。那里有大量的火山口，并且还有不少仍在喷发。

土星世界

带着宽大光环的土星显示出它不平凡的美姿。这是用“旅行者一号”拍摄的近距照片与几颗卫星照片拼接成的母子合影。在土星上的是土卫Ⅰ，上方的大卫星是土卫Ⅱ，右边是土卫Ⅳ……现知土星共有30颗卫星。

土星光环的魅力

土星光环是太阳系中最美妙的奇景，由无数石块和冰块组成。在1980年“旅行者二号”探测器对其所拍摄的近距照片中，它看起来好像是密纹唱片一样。环宽约6万千米，厚仅一两千米。

天王星

这张由“旅行者二号”探测器拍回的照片中，右边是天王星在中间，天卫Ⅴ在上，天卫Ⅰ在下，左边从上往下是天卫Ⅲ、天卫Ⅳ、天卫Ⅱ。天王星共有21颗卫星和一些环圈。

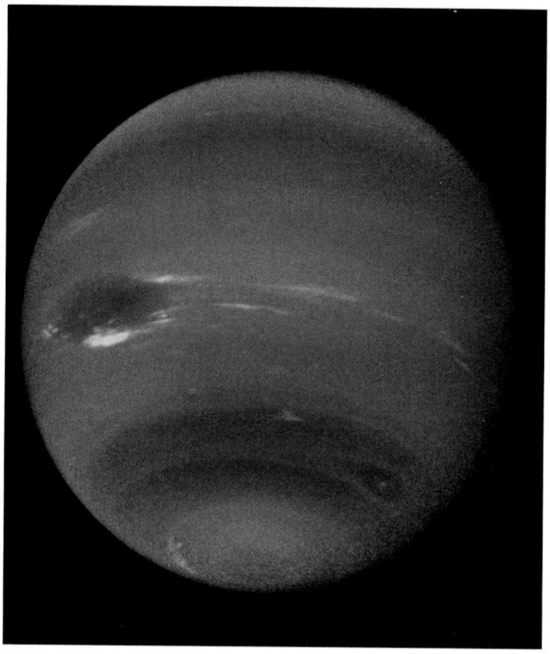

海王星近照

过去用大望远镜也只能把天王星和海王星看成亮星，但1989年“旅行者二号”拍下了海王星这样清楚的照片。在它多风暴的大气中有一个地球大小的黑斑，还有快速奔驰的几缕“白云”。黑斑自转一周约18小时。

ASTRONOMIE POPULAIRE

大众天文学

（修订版）

上册

[法] 弗拉马里翁（Nicolas Camille Flammarion） 著

李珩 翻译 增补 李元 校译 配图

北京大学出版社
PEKING UNIVERSITY PRESS

图书在版编目(CIP)数据

大众天文学：上下册/(法)弗拉马里翁著；李珩译. —2版(修订版). —北京：北京大学出版社，2022.11

ISBN 978-7-301-33388-4

Ⅰ.①大… Ⅱ.①弗… ②李… Ⅲ.①天文学－普及读物 Ⅳ.①P1-49

中国版本图书馆CIP数据核字(2022)第176917号

书　　名　大众天文学(修订版)(上下册)
　　　　　DAZHONG TIANWENXUE (XIUDING BAN) (SHANGXIA CE)
著作责任者　[法]弗拉马里翁(Nicolas Camille Flammarion) 著　李珩　翻译 增补　李元　校译 配图
责任编辑　郭　莉
标准书号　ISBN 978-7-301-33388-4
出版发行　北京大学出版社
地　　址　北京市海淀区成府路205号　100871
网　　址　http://www.pup.cn
电子信箱　zyl@pup.cn
新浪微博　@北京大学出版社
电　　话　邮购部010-62752015　发行部010-62750672　编辑部010-62707542
印 刷 者　大厂回族自治县彩虹印刷有限公司
经 销 者　新华书店
　　　　　787毫米×1092毫米　16开本　57.5印张　8插页　1148千字
　　　　　2013年5月第1版
　　　　　2022年11月第2版　2022年11月第1次印刷
定　　价　139.00元(上下册)

修订说明

《大众天文学》自2013年在我社出版以来，得广大读者厚爱，长销不衰。此次我们从以下几个方面对《大众天文学》进行了修订：

(1)纠正知识性错误。

(2)纠正错别字、多字漏字。

(3)纠正因近似字符造成的排版错误。

(4)重制不够规范的图与表。

(5)纠正一些文句的翻译不当。

(6)纠正译名不统一的问题。

(7)纠正部分天文学、物理学、化学名词的不规范。

(8)纠正部分物理量和单位的不规范。

此次修订得到了天文学家、资深科普作家卞毓麟先生的大力协助。尤其值得一提的是，由原著讹误所导致的一些译文差错，全部都是在卞先生的查证帮助下才得以纠正的。在此，谨向卞毓麟先生致以深深的谢意！

欢迎读者提出关于本书的宝贵意见和建议，联系邮箱：guoli@pup.cn。

《大众天文学》在中国(新版代序)

《大众天文学》是一部世界名著,由法国天文学家、世界著名的科普作家弗拉马里翁(Nicolas Camille Flammarion,1842—1925)创作,1880 年在法国出版,成为传遍全球、轰动一时的科普读物,曾译成许多文字在国外出版。原书也一再重印。

作者是一位博学多才、口若悬河的天文科普奇才。他出口成章、妙语连珠的天文科普演讲拥有大量听众,每办讲座都是座无虚席,男女老少无不听得如醉如痴。因此他的书也是令人争相阅读,爱不释手。

1925 年弗翁逝世,但他的著作仍然畅销。20 世纪 20 年代,中央观象台首任台长高鲁博士就想把《大众天文学》译成中文,但未能实现。高鲁对弗翁的天文普及贡献大加赞扬,无限崇拜,言必称弗翁,因此人们常戏称高鲁是中国的弗拉马里翁。高鲁于 1928 年任中央研究院天文研究所第一任所长,开始筹建南京紫金山天文台,不久又出任中国驻法公使,因此《大众天文学》中文翻译的事就此搁浅。

1954 年,中国第一座天文馆——北京天文馆开始筹建,1955 年正式动工,就在这个时候,《大众天文学》的新版问世,这是应弗拉马里翁夫人的要求,许多位法国著名天文学家在保留原有风格的基础上用大量天文学的新发现、新知识对原版进行了修订。新版的《大众天文学》又一次风行全球,英国首先于 1964 年出版了该书新版的英译本,书名为 *The Flammarion Book of Astronomy*(《弗拉马里翁天文学》)。

1957 年,北京天文馆建成开幕,中国的天文科普工作进入了一个崭新的阶段,特别是人造地球卫星发射成功后,人们对天文知识的需求和兴趣空前高涨。这时,我国著名天文学家、上海天文台台长李珩教授除了对北京天文馆的建成表示了极大的支持和祝贺外,还表示愿意把《大众天文学》新版译成中文出版,以纪念北京天文馆的诞生,并把弗翁成功的天文学科普经验传播到中国来。新版《大众天文学》精装为一巨册,洋洋百万字,图片近千幅。把这样一部世界名著译介到中国来谈何容易,但是李珩教授毅然挑起这副重担,于20世纪60年代初开始翻译这部巨著。他告诉我说,为了早日译成,他牺牲了许多娱乐休闲,集中力量,投入全部身心于繁重而愉快的工作中,他仿佛面对弗翁听他在演讲,看他在著述。当时李珩教授就约我担任他的助手,译完之后由我根据英译本整理、校阅,选编一些新的彩色插图。我知道这是一项意义十分重大的工作,我只能尽力而为。全部译稿约两千多页,在我家中书桌上摆了一年多的时间,书稿整理校阅以及新增配图才算完成。因为我在北京天文馆的工作十分繁杂,时间紧迫,我往往编校《大众天文学》译稿到深夜。当时我谢绝了许多约稿,连《十万个为什么》的约稿也不敢答应,因为《大众天文学》这本书对天文科普工作者、对天文馆工作者、对广大天文爱好者,甚至对一些天文教育和研究工作者,都会是有价值的读物,我一定要集中精力完成这个任务。在这个流水作业中,李珩教授译好一部分就从上海寄到北京,我编校完一部分后又送给科学出版社的夏墨英责任编辑,由她最后整理发排,大约在1964年年底或1965年年初正式付印。全书分三个分册出版。第一分册为《地球·月亮》,第二分册为《太阳·行星世界·彗星、流星与陨星》,第三分册为《恒星宇宙·天文仪器》。科学出版社为了该书的出版曾做了大量宣传和征订工作。第一、二两个分册于1965年出版问世,得到好评与欢迎。第三分册《恒星宇宙·天文仪器》在1966年已经印好出版,但被封在仓库里禁止发行。直到20世纪70年代中后期才打上"限国内发行"的字样,在有条件的情况下出售,致使许多读者因未能购得第三分册而感到遗憾。后来,许多读者要求该书重印出售,但纸型已毁,无能为力,因此《大众天文学》的三册一套的完整本竟成了稀有之物。

1978年召开的全国科学大会为我们送来了科学的春天,在李珩教授的建议下,科学出版社同意重新出版《大众天文学》,但考虑到该书原版是1955年出版,时隔20多年,在此期间,天文学有了很大的发展,决定请李珩教授全面加以补充修订。补充资料已写就约10万字,新增插图约百幅,时已进入20世纪80年代,又因种种原因,《大众天文学》的新版只得搁浅。在重新增补修订并商谈出版的过程中,我始终和李珩教授及出版社保持密切联系,参与其事。最后,李珩教授只能将增补资料全部交我保存,以待可能的出版机会。未曾想到在21世纪来临之际,《大众天文学》的出版又出现了新机遇。这里还需再插入一段往事。

法文版《大众天文学》在1985年又出版了全新的版本,书名 *Astronomie Flammarion*(《弗拉马里翁天文学》)。由法国的十多位天文学家协力修订,内容全面更新,全书共1 056页,分一、二两巨册,插图约1 500幅,全部彩色印刷。1987年,北京图书馆入藏这个新版本,我立即将全部目录及序言等资料复印寄给李珩教授,但面对这个篇幅巨大的新版本,已临暮年的他只能赞叹而无能为力,而且当时已经没有出版该书新版的任何可能。李珩教授于 1989 年逝世。

2001 年,广西师范大学出版社了解到《大众天文学》的历史情况后,征得李珩之女李晓玉教授的同意,决定启动重版这一科普巨著的工程。2002 年新年过后,李晓玉教授来北京参加学术会议,这是我们多年后的重逢,当时就和广西师范大学出版社的领导一同座谈了有关《大众天文学》修订版的出版事宜,达成了一致的意见:在科学出版社 1965—1966 年出版的中译本的基础上,加入李珩教授为该书编写的增补材料(见附录部分),再选编许多精美的彩色天文图片,修订版分上下两册出版,争取在 2002 年年内问世。其中,图版工作仍由我来负责,原书插图中除少数图片(如第 189 页的日食地图改为 21 世纪头 20 年的图)外一律照排。彩色图版完全更新。最后的星图部分用李元、李兆星编译的以 2000.0 年为历元的全天星图代替过时的旧图。彩图编选的原则是能反映天文学最新发现和成就,图片更精美、更具有代表性,不但增加了科学内涵,可以跟上时代的步伐,而且有一定欣赏价值,以引起读者对天文学的兴趣。

这一次 2013 年的再版是由李晓玉教授和我共同商定的,由北京大学出版社出版。为了提高本版次的质量,北大出版社做了大量细致的工作,特别要提到刘维副编审细读全书,提出了若干值得改进的部分。还有一位资深天文爱好者从加拿大寄来关于应勘误之处的函件,对这些内容我和责任编辑根据法、英、中三个版本进行了认真的校对和讨论,达成共识。

这次还特别邀请了天文学界的老前辈、九十高龄的王绶琯院士和天文学家、资深科普作家卞毓麟研究员等对本书加以点评和推荐。李晓玉教授和我都表示诚挚的感谢。此外,这次的版本较前加大了字号,阅读更加方便,还增加了卞毓麟研究员最新编撰的《弗拉马里翁传略》,使读者对弗翁有进一步的了解。

当此《大众天文学》中译本新版问世之时,我们对李珩教授表示深深的尊敬与怀念。

李　元

2013 年春于北京

译者序言

弗拉马里翁是法国天文学家，也是一位最有权威的天文科普作家兼诗人。他所著的《大众天文学》一书，自1880年出版以来，至1925年作者逝世时为止，在法国就已印了13万册之多，并被翻译成了十几种文字，对各国天文事业的发展影响很大，成为一部很受欢迎的科普经典。许多人因为读了这本书而热爱天文学，成为天文学家，如法国太阳和行星物理学家李奥(Bernard Lyot)，就是一个典型的例子。

本书的特点是：作者以文学的笔墨、生动的语言，对奇妙的宇宙进行了描绘。他为本书定下的座右铭是“科学知识应该大众化，而不应该庸俗化”。

经过改写的1955年的新版本〔迄至1962年，新版本已发行了16.5万册，成为一本畅销书〕，是根据原书的结构，由弗拉马里翁夫人、巴黎天文台台长丹戎(André Danjon)先生以及法国几位天文学家改写而成的，补充介绍了20世纪上半叶科学的惊人发展和宇宙之伟大奇妙，使改写本成为既新颖而又完善的天文学典籍。

该版本包括地球，月亮，太阳，行星世界，彗星、流星与陨星，恒星宇宙以及天文仪器等七篇。

第一篇详细讨论了地球的十种运动，从简单的自转以至它的轨道受到别的行星的影响所引起的摄动。又叙述了地球的起源和关于地质学与古生物学的简要知识，这是在这样一本书中所必须提到的。

第二篇在叙述月亮的大小、远近和运动之外，还详细地阐述了它的物理性质和表面状况，并谈到了日食、月食的原理。

第三篇叙述了关于太阳的最新知识，如太阳内部原子核反应和太阳的无线电波。

第四篇对每颗行星作了详尽的叙述，并附有许多精美的图片，在火星一节中就有五十多幅。

第五篇叙述了彗星、流星和陨星,其中对彗星的历史记载有很详细的叙述,可供历史学家参考。

第六篇对现代天体物理学上的重要发现,如射电天文学、银河系旋涡臂的结构等都有适当的叙述。

最后一篇简单地叙述了天文仪器,使读者明了天文工作者所用的工具,和他们怎样依靠这些精密的仪器取得以上所述的惊人知识。

书中有几节表现了作者和改编者对于宇宙的神秘主义和唯心主义的思想,这些大多是属于节外生枝的文学笔墨,即使略去,对该书所要介绍的天文知识并没有什么损害,所以我们已将这些议论删掉。译文中可能还保留了一些不合辩证唯物主义观点的论调,希望读者以批判的眼光去阅读。该书虽有这些缺点,但内容丰富多彩,文笔明快隽永,仍不失为一部世界名著。我们把它译成中文出版,希望对我国天文事业的发展起一定作用,使读者因读本书而热爱天文学,进而研究天文学。本书译成之后,承北京天文馆李元同志根据他普及天文知识的经验,仔细校阅与注释,并更换了书中的某些插图,译者在此表示感谢。

中译本第一版是根据1955年法文版翻译的,距今已30年了。可是这短暂的30年在天文学史上是非同小可的一段时间。事实上,在这一时间里,天文学表现出突飞猛进的惊人发展的趋势,在科学中当是首屈一指的。有人甚至认为这一发展可以和伽利略以后300年间积累的知识相比拟。

这种惊人的进步,无疑是得到了其他科学与工程技术的发明与发现的帮助。例如原子工程的发展证实了天文工作者长期的揣度:轻原子核聚变为重原子核并释放出巨大而足够的能量,这足以说明太阳和恒星在几十亿年时间内所辐射的光和热的来源。对这种反应中的氢原子核聚变为氦的知识了解得如此确切,致使天文工作者根据计算,可以"窥见"恒星的内部结构。因而他们可以追溯恒星的演化历程:从其诞生以前收缩中的气体与尘埃,一直经过其发光而且稳定的生命历程,以至因爆炸(超新星)或缓慢衰歇而成为星际空间的"灰烬"。最后,人们虽然生活在一个常为云雾环绕的行星上,可是正如英国天文学家爱丁顿(Arthur Stanley Eddington)所说的,人们可用手中的纸笔推算出恒星的演化历程。

随着电子工业的不断发展,我们可以制成强大的射电发射器与灵敏的接收器。通信专家认识太阳、月亮、行星、星系以及其他许多类型的天体,多是依靠射电源发出的细微呲呲声以至爆发式的噪扰。无线电天线和接收器愈加改进,这些奇怪的射电噪声愈引起我们的注意。这些射电源里有名叫“类星体”的蓝色光点，倾泻出大量的射电能量，还有更神秘的“脉冲星”，发出异常有规则的射电能量，致使有些天文工作者起初认为是太阳系外的行星上的生物向我们发出的呼唤。可是不久，天文工作者便能证认它们是年老的、迅速自转的、高密度的中子星所发出的电波。

但是天文工作者感觉到有智慧的生物可能存在于宇宙里，于是向四面八方寻找进入地球大气的一种可以连续记录的无线电波。可是，由于到处都有射电噪声与天电的干扰，人们没有发现可以理解的信息。因此这种企图星际通信的计划，以无结果而暂告结束。

工业研究与工程实践，促使我们在光学望远镜的性能研究上有了长足的进步。一方面，熔石英与特殊陶瓷为天文工作者提供了比从前用来铸造反光望远镜的玻璃更为有效的代替品。这些新产品超过从前被认为是最好的玻璃，在冷热变化的极端情况下，仍然保持极端稳定的性能。另一方面，巨型望远镜的装置、控制、自动导星与附件的不断改进和使用，更增进了光学望远镜的性能。这些附件中有一种名叫“光电像管”的，它以电子学的方法倍增星光的强度，从而提高了望远镜的观察效率。新的探测器也使记录红外辐射成为可能。

射电频谱的一些波段和可见光谱虽然能够透过地球的大气，并且紫外与红外波段也稍微能透过，但其他广大区域的电磁波却不能透过。利用现代的火箭，科学工作者将他们的仪器送到大气之外，而在外空里研究在地面不能接收到的紫外线和 X 射线的波段。结果是令人惊奇的，因为由此发现了太阳和许多天体是发射很强紫外辐射的天体。空间探索的计划为天文研究开辟了无限广阔的新颖前景。

轨道天文台用多种波长描绘了宇宙的新面貌，例如红外星图和银河系远方的 X 射线源的发现。而且宇宙飞船的效能日益增加之时，它们便可离开地球，漫游于太阳系的空间里。于是，天文工作者可以从月球和其他行星得到第一手的资料。人们从来没有看见过月球的背面，而地面望远镜已经拍摄的只是月球的模糊不清的形象。远航至金星附近的飞船证实了我们所预料的结果：云雾笼罩的金星表面的结构与高温的形态。从火星旁边飞过的探测器所送回的照片，表明它表面上有不少的坑穴。人们已经实现了登上月球的梦想，并带回月面的地质标本供分析。这一切宇航计划都需要特殊的仪器装置，例如照相机须能自动拍照与显影而且须将照片上的记录转化为脉冲信号，使地面的射电望远镜能够接收到这些信号，并且利用电子计算机将这些脉冲信号以高分辨率转换成点画，从而复现飞船上所拍得的形象。

照相软片大有改进，特别是将特殊的染料加入乳胶，增加了软片对于红外波段的灵敏度。我们还可利用其他科学实验室的许多新方法对陨星和从月球上采回的标本作化学分析，于是可以认识这些地外物体的性质与演变。

高速数字计算机使天文计算发生了革命性的变化。电子计算机在几秒钟内所作的计算，是从前天文工作者经年累月所不能完成的，而且计算的精确度还大有提高。假使没有这些计算上的便利，宇航计划便不能完成。计算机能校核并指令飞船，从飞升至降落的一切行动中的每个细节都是如此。同时，计算机对多级火箭的设计与运送也起了非常重要的作用。

计算机在天文实验里也成了必要的仪器。巨型射电望远镜将脉冲式的射电能量定向地射入空间，然后再从月球或其他行星表面反射回来。返回的信号虽很微弱，但接收器却可以将收得的数据送入计算机去分析。雷达的高度奇妙的应用为我们提供了有关太阳系里的距离，行星的大小、自转及其表面的特点等有价值的信息。用激光的反射可以测定月球的距离，精度很高，误差只有 30 厘米。

这些研究对时间的测量大有改进。50 年前，天文工作者将时间测量到十分之一或百分之一秒，已经深感满意。今天科学工作者却能测量到一纳秒(10^{-9} 秒)。利用原子或分子的振荡频率制成高精度的测时工具，比从前以地球的自转周期作为测时标准的测时方法的精确度要高得令人难以想象。

这些便是 30 年来天文学上爆炸性的进展的几个方面，也是我们将要比较详细地为读者报道在这一版改订本里的一些课题，希望读者能从这里得以认识宇宙的伟大、壮丽与和谐，而且可以根据现代天文学的启示，勤奋地进行科学探索，不断取得新的科研成果。

李　珩
1985 年于上海天文台

弗拉马里翁传略

弗拉马里翁(Nicolas Camille Flammarion)称得上是最广为世人所知的法国现代天文学家。1842年2月26日生于法国上马恩省的蒙蒂尼勒鲁瓦,1925年6月3日卒于法国奥尔热河畔儒维西。

弗拉马里翁出生前,其父亲已由务农转为开设小商店。在全家4个孩子中,弗拉马里翁排行最小。父母曾打算让他成为一名教士,并让他在一所教会学校接受了初等教育。然而,甚至在孩提时代,弗拉马里翁的兴趣就扩展到了各种科学领域,尤其是被天文学的魅力深深吸引。他在5岁和9岁时,曾先后观看过1847年10月9日和1851年7月28日发生的日食现象。他11岁时就进行了天文和气象观测。在他的杰作《大众天文学》一书中,刊有一幅1853年彗星的素描画,那是弗拉马里翁在11岁时的作品。关于这幅画,他写道:

> 一个小孩子觉得一颗普通的彗星非常神奇,它第一次使他对这些天文奇观有了概念;这便是1853年的彗星如何震撼了我,如果允许我作一点个人回忆的话,那是在当年的8月,我从林贡古城的壁垒顶上观看它。在夏天温和的暮色中,这颗彗星闪耀着宁静的光芒。我甚至为这一景象画了一幅素描,却从未想到过这幅微不足道的绘画将来竟会有公开发表的荣耀。

1856年,弗拉马里翁的双亲因负重债举家移居巴黎,他本人也辍学当了一名雕刻徒工。他在工余到夜校学习英语、代数学和几何学,并日益坚定地放弃了成为教士的念头。1858年,一名医生在给16岁的弗拉马里翁治病之际,无意中发现了这位少年撰写的一大包题为《宇宙之演化》的长篇手稿。医生对此留下了极为深刻的印象,便将他推荐给当时的巴黎天文台台长勒威耶(Urbain Jean Joseph Le Verrier)。几天之后,弗拉马里翁就到巴黎天文台以见习天文学家之衔就任计算员了。3年后,他通过国家考试,获得文理两科的学士学位。

勒威耶对弗拉马里翁颇为赏识,可是做这位台长的助手却不是舒服的差使。很久以后,弗拉马里翁说过,勒威耶"如果具有更和蔼可亲的性格,并且不那么喜欢样样都管的话,那么他的一生就会对科学和人文更加有用了"。许多员工都难以忍受这位台长专制暴躁的作风,弗拉马里翁也不例外。因此,他于1862年离开了巴黎天文台,到巴黎经度局任计算员,并在索邦大学听课。

与此同时,弗拉马里翁的天文写作也硕果渐丰。他的第一本书《可居住世界的众多性》于1861年出版,初次显示了他进行科学普及的杰出才能和优美的文学风格。不久,他就被任命为《宇宙》杂志的科学编辑。往后十余年中,弗拉马里翁把许多时间花在写作和演讲上,但他还是想方设法挤时间做各种科学实验。他一度对地球大气问题深感兴趣,为此曾多次乘坐探测气球升空,以便研究高层大气的状况。他还写了一本题为《地球大气层》的书。

弗拉马里翁初期的天文研究工作与双星有关,于1871年写了有关这一主题的首篇论文。接下来的几年中,他计算了大量双星的轨道,并于1878年完成一份光学双星表,呈送科学院。1882年,弗拉马里翁创办了科普杂志《天文学》。1887年,他创建了法国天文学会,并担任首任会长。1894年《天文学》杂志更名为《天文学和法国天文学会会刊》。1891年,法国开始出版《弗拉马里翁年鉴》,直至1964年。

弗拉马里翁的一些初步研究工作,往往预示着日后的重大进展。例如,他在19世纪70年代探索"星流"的工作就意义深远。天文史家们认为,要是他能够坚持这些研究,就有可能大大超前于博斯(Lewis Boss)、爱丁顿、赫兹普龙(Ejnar Hertzsprung)以及其他人的工作。但是,他那过于活跃的大脑显然使他难以长期固守任何既定的研究路线。

弗拉马里翁的研究兴趣广泛,科学著述众多,涉及火山学、大气电学、气候学等许多题材,而他特别热衷于研究的课题则是火星。他是19世纪的火星研究大家。1876年,弗拉马里翁著的《天上的地球》一书中,以各家观测者的素描为基础综合制成一份火星图,美国天文学家洛威尔(Percival Lowell)认为它属于具有历史价值的火星图之列。书中刊出了他于1873年6月29日晚观测火星时亲手描绘的火星"沙海"图,这比贝尔(Wilhelm Beer)和梅德勒(Johann Heinrich Mädler)于1830年绘制的著名火星图复杂得多。嗣后,天文学家们开始发现火星上斑块的形态和颜色随季节不同而有明显变化。1877年火星大冲期间，弗拉马里翁首先发现火星上某些区域的明暗程度和形状有所变化，并指出在相隔仅一两个月拍摄的照片上，已能察觉这种现象。在小望远镜中显现为均匀暗斑的“海”，在大望远镜中却呈现出无数微小的不规则黑点。此类黑点有些变深有些变淡，才使“海”的轮廓或色调有所改变。

1876 年至 1882 年，弗拉马里翁任巴黎天文台的研究员。该台台长勒威耶曾于 1870 年在公众要求下被免职，后于 1872 年再度复职，1877 年与世长辞。所以，弗拉马里翁在勒威耶手下工作的时间并不长。

1883 年，弗拉马里翁得到一位法国富翁的资助，在巴黎附近的奥尔热河畔儒维西镇建立了一座私人天文台，即儒维西的弗拉马里翁天文台。他在此台工作 40 多年，发表了 100 余篇观测和研究报告。他利用该台的仪器，对火星作了大量观测，并全身心地投入了发端于斯基亚帕雷利的火星运河之争。他坚定地站在火星上存在运河和智慧生命——甚至比地球上的生命更高级——这一边。同时，他还报道探测到月球上有一个环形山发生了变化，并坚决主张那是因为有植物在生长的缘故。事实上，他热衷于相信所有的世界都有活着的生物居住。

1892 年，弗拉马里翁出版了《火星这颗行星》一书。一位英国作者认为，这部书将是“未来多年中有关火星的标准著作”，只可惜它未被译成英文。但是，正如科学史上经常发生的那样，这部作品不久就被后来者洛威尔的著作超越了。1909 年，弗拉马里翁著的《火星及其宜居条件》一书出版。

弗拉马里翁具有广博的知识、强烈的好奇心以及丰富的想象力，所以看来并不奇怪的是，他在晚年对所谓“灵学”问题很感兴趣。他做过精细的科学实验，并敢于揭露这个领域中的骗局和谎言。

不过，弗拉马里翁最伟大的贡献是在科学普及方面。他为法国许多报刊撰写了大量普及天文学的文章。弗拉马里翁从 1866 年开始，就在巴黎作天文学讲演。此后，法国的其他城市以及一些欧洲国家的首都——如布鲁塞尔、日内瓦、罗马等，也竞相邀请他去演讲。他的每次演讲总是座无虚席，他使听众入迷的魔力，可以与英国的小说家狄更斯(Charles Dickens)媲美。

毫无疑问，弗拉马里翁最为成功、最受大众欢迎的天文普及著作就是 1880 年首次出版的《大众天文学》。直到他去世时的 1925 年，该书已在法国再版 20 多次。1882 年，他因为此书而荣获巴黎科学院颁发的蒙蒂尤奖。许多天文学家皆因青年时代读了这部著作而走上了探索宇宙奥秘之途，著名的法国天文学家李奥就是其中的佼佼者。《大众天文学》

于 1894 年被译成英文，后来又译成西、意、俄、中等十多种文字，堪称读者遍天下。20 世纪的美国科普巨匠阿西莫夫(Isaac Asimov)曾称赞《大众天文学》:“在 19 世纪的同类著述中，这乃是一部无出其右的杰作。”

弗拉马里翁是一位竭诚将天文知识传授给社会公众的权威性的天文学家。他热爱生活、思维敏锐，在文学上也取得了可观的成就。他写的小说，背景大多体现了科学为公众服务。弗拉马里翁的座右铭是:“科学知识应该大众化，而不应该庸俗化。”

诚哉斯言!

卞毓麟　(天文学家、资深科普作家)

2013 年春于上海

1955 年法文版出版说明

弗拉马里翁常常喜欢说："科学知识应该大众化，而不应该庸俗化。"他谨守这个原则写成了这本书。此书出版以来获得了巨大的成功，它不但向大众传播天文知识，而且还使许多人因此从事天文学的研究工作。

但是这本不能替代的著作，到了今天必须进行改编。我们保留了原书的风格，只加入了近年来科学的惊人发现，特别是关于恒星宇宙的伟大成就，这些方面即使如弗拉马里翁这样富有想象力的人，也是从来没有想到的。值得庆幸的是，今天在大众的科学教育方面，由于有许多照相图片的说明，使得可以对科学事实作直观的了解，对伟大的现象作诗意的欣赏。

弗拉马里翁夫人秉承了她丈夫的遗志，主编这本《大众天文学》的新版本，襄助的是巴黎天文台台长丹戎先生。本书第一、二、四等三篇以及第三篇的前两章是丹戎先生改编的，其中关于月亮和行星的物理几节又得到默东(Meudon)天文台多尔菲斯(Audouin Dollfus)先生的协助。第三篇的第三章至十一章叙述太阳的部分是法国国立中央研究院研究员米夏尔(Raymond Michard)先生所写的，他以太阳分光的研究工作闻名于世。

巴黎天文台天文学家巴耳代(Fernand Baldet)先生早年在弗拉马里翁天文台所著的关于彗星的研究，已经成了权威的作品。他重写了关于彗星和流星的第五篇。

马赛天文台台长费伦巴赫(Charles Fehrenbach)先生在恒星天文学上有很大的贡献，他负责编写了第六篇的恒星宇宙。

巴黎天文台天文学家库德尔(André Couder)院士曾经制造过几座巨型望远镜。本书插图中许多天体照片，便是用这些望远镜拍摄的。他特地为天文爱好者编写了最后一章，叙述天文仪器和它们的使用方法。

1955 年

目　　录

上　册

《大众天文学》在中国(新版代序) …… 李　元 1
译者序言 …… 李　珩 4
弗拉马里翁传略 …… 卞毓麟 8
1955 年法文版出版说明 …… 12

第一篇　地　球

第一章　天空中的地球 …… 3
第二章　地球怎样围绕着地轴和太阳转动 …… 12
第三章　地球怎样围绕着太阳转动 …… 33
第四章　地球的第四种运动——岁差 …… 47
第五章　地球的摄动和太阳在空间的运行 …… 58
第六章　地球运动在理论上和实验上的证据 …… 66
第七章　作为行星和世界的地球 …… 77
第八章　地球的起源 …… 88

第二篇　月　亮

第九章　月亮——地球的卫星 …… 107
第十章　月相 …… 119
第十一章　月亮围绕地球的运动 …… 129

第十二章　月亮对于地球的影响 …… 135
第十三章　月亮的表面状况 …… 143
第十四章　月食和日食 …… 175

第三篇　太　阳

第十五章　主宰世界的太阳 …… 203
第十六章　怎样测量太阳的距离、大小和质量 …… 213
第十七章　太阳物理概观 …… 224
第十八章　光球 …… 238
第十九章　原子与摄谱仪 …… 251
第二十章　太阳光谱带来的消息 …… 262
第二十一章　日食 …… 276
第二十二章　色球与日珥 …… 284
第二十三章　日冕 …… 300
第二十四章　太阳与地球 …… 316
第二十五章　太阳内部 …… 325

第四篇　行星世界

第二十六章　视运动与真运动 …… 337
第二十七章　水星 …… 358
第二十八章　金星——牧羊人的星 …… 370
第二十九章　火星——小型的地球 …… 383
第三十章　小行星 …… 403
第三十一章　巨大的木星 …… 415
第三十二章　土星——太阳系里的奇观 …… 427
第三十三章　天王星——颠倒了的世界 …… 436
第三十四章　太阳系的边界 …… 442

下 册

第五篇 彗星、流星与陨星

第三十五章 历史上的彗星 …… 453

第三十六章 彗星在空间的运动 …… 464

第三十七章 彗星的组织 …… 494

第三十八章 流星与陨星 …… 517

第六篇 恒星宇宙

第三十九章 星座 …… 551

第四十章 星的方位测量 …… 566

第四十一章 星的光亮与星的数目 …… 573

第四十二章 星的距离 …… 584

第四十三章 星的自行 …… 590

第四十四章 双星 …… 595

第四十五章 星的光谱 …… 612

第四十六章 视向速度与分光双星 …… 626

第四十七章 交食双星 …… 638

第四十八章 星的直径、质量与亮度 …… 646

第四十九章 变星 …… 657

第五十章 新星 …… 673

第五十一章 行星状星云—沃尔夫-拉叶星 …… 690

第五十二章 星团 …… 698

第五十三章 星的化学结构与演化 …… 711

第五十四章 弥漫星云 …… 724

第五十五章 射电天文学 …… 745

第五十六章 银河系 …… 752

第五十七章 河外星云 …… 766

第七篇 天文仪器

第五十八章 天文仪器 …… 793

附 录

第一章 地球的结构 …… 815
第二章 地球大气的演化史 …… 820
第三章 生命的起源与演化 …… 826
第四章 水星的自转及其表面观测 …… 831
第五章 金星的自转、大气、温度及其表面观测 …… 837
第六章 射电天文学的新发展 …… 842
第七章 新天文学 …… 853
第八章 新型的河外天体 …… 865

星图 …… 883

第一篇 | 地 球

图1 观测者在100千米高处所看见的地球表面

注意地平面的曲率和在它上面的尘埃或云雾层。这是火箭将照相机送到高空拍摄下来的照片。

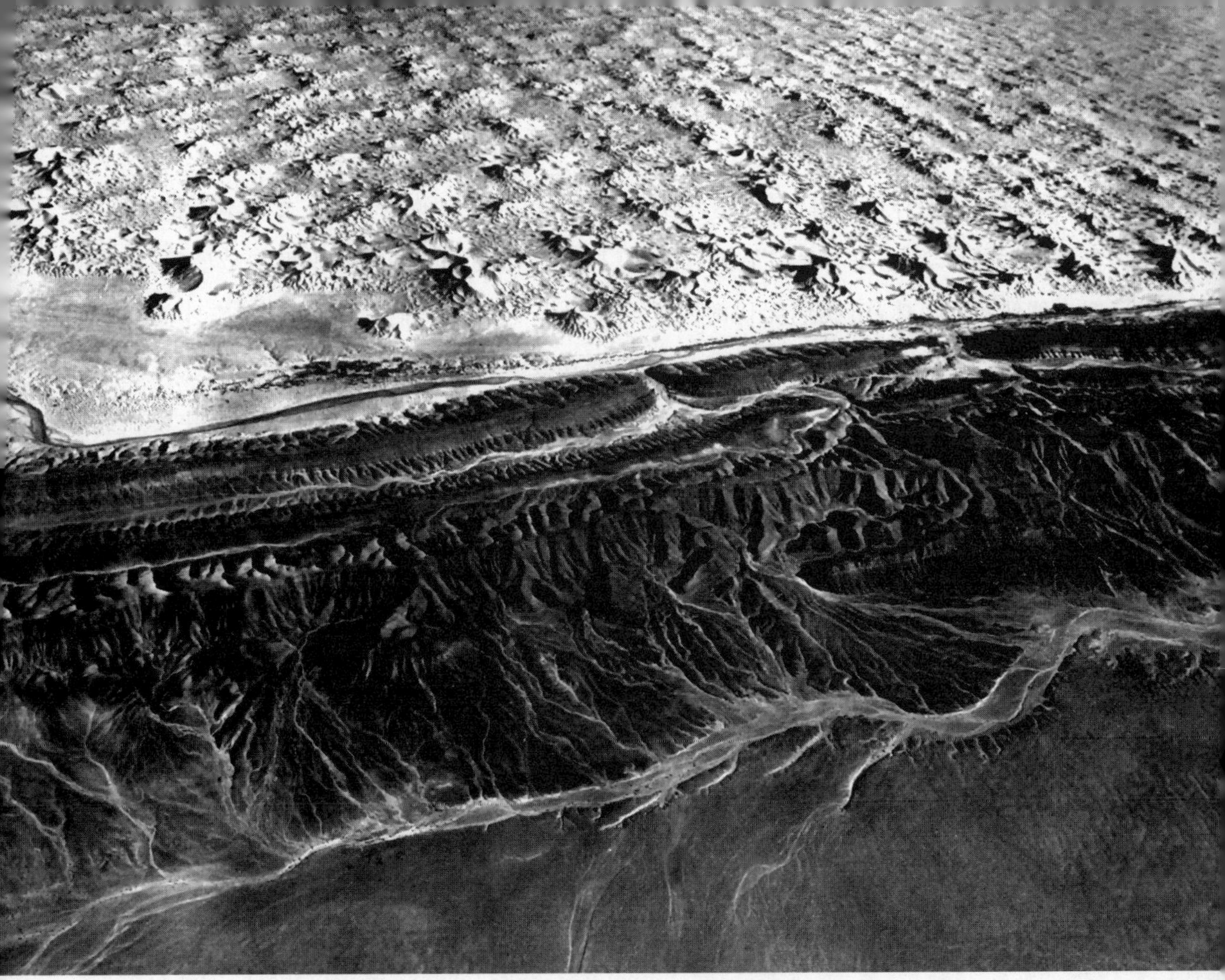

图 2　地貌伟观之一：摩洛哥的萨乌拉山谷，后面是发展中的沙丘

第一章

天空中的地球

本书是为喜欢了解周围的事物，且对于宇宙的情况想没有太多的付出就可以得到一些基本的、明确的概念的读者而编写的。我们是在什么东西上行走？地球在无限空间里占有什么地位？维持地球上的生命的太阳光是什么？我们头顶上的天空是什么？黑夜里发光的星星是什么？要想得到解答这些疑问的知识，并不是无益的。如果没有关于宇宙的基本知识，我们便只能永远受着自然界的影响而不明白其原因。这样的基本知识，我们

不但可以不太费神地获得，而且还可以从学习中得到无穷的趣味。天文学绝不是孤僻的、高不可攀的科学，它是和我们最接近的一门学问，在我们的一切知识里它是最需要的，同时它能使我们入迷，给我们无比的快乐。我们不能漠视天文学，因为只有它才使我们明白，我们在哪里，我们是什么，而且它并不像有些学者所说的那样，使你认为它充满了数字。数学的公式不过是像建造华丽宫殿的架子，当架子一经拆掉，这神圣的殿宇便在天穹上放出光辉，在惊奇的眼睛里，显现出它的伟大和辉煌。

这并不是说阅读这本《大众天文学》一书的人就不需要专心致志。这样的书虽然比一本小说更真实、更亲切，可是唯有你细心地去读，书中的基本概念才能成为你经久不忘的科学知识。读一本小说，有时候到最后一页，读者还是和开始一样，没有得到什么知识；可是任何人读了一本科学书，都会扩大他的认识范围，提高他的判断能力。我们简直可以说，在我们的时代里，如果一个人对近代天文学的伟大成就一无所知，那么他就不能叫作一个受过教育的人。

但是只需要稍微改变一下情况便不会有天文学了：如果我们的大气中水汽的成分稍微多一些，使地球披上浓云的外衣，或裹上一层不透光的被盖，把天穹和它上面发光的星星完全掩蔽起来，于是我们就生活在永恒的浓雾里，对于天上奇妙的现象全无所知了。这样一来，我们人类的生活、意识和哲学一定会和今天大不相同。

研究星辰的科学已经不是少数专家们的秘密，天文学启发了一切人的智慧，并且揭示了自然界。这说明如果没有它，人们便不知道自己在万物中所占的地位。即使是粗浅的一点天文学知识，也是人们所需要的，因为今天每一个人都有必要了解宇宙的真相。

天文学给我们揭示的一切真相里，对于我们来说，最重要而且也是使我们最感兴趣的，首先就是它说明了我们所居住的地球是一颗行星，并且说明了这颗行星的形状、大小、质量、位置和运动。要研究天，最好先懂得地，因为地球是和我们最接近的。古代天文学的发展，就是从研究我们地球的位置和运动出发的，但是必须依靠近代天文学，我们对于这颗行星才有确切的认识。天文学的观测表明：地球绝不是宇宙的中心，它在时间的洪流里，奔向一个我们不了解的目标，它迅速地旋转着，载着它表面上生死不已的人类在太空运行。

几千年来，人类关于地球的性质和它在宇宙中的位置以及宇宙的一般构造的认识是错误的。假使没有天文学，人类的有关认识到今天还会照样错下去。即使在今天，也还有许多人由于缺乏天文学的基本知识，对于我们居住的世界存在着荒谬的看法。

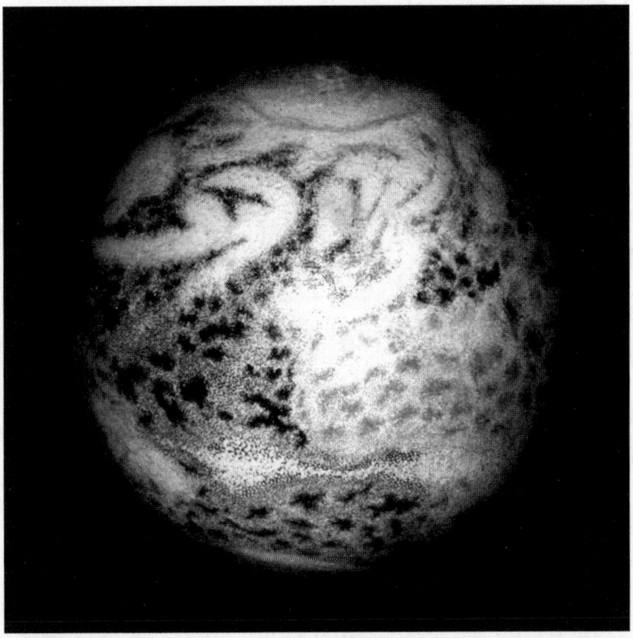

图 3　太空中的地球，这是在月亮上看地球的情况，地球的一部分被云掩盖着

现在，上小学的孩子们很容易说出“地球是圆的”这个真理来。可是他们却想不到，人们经过多大的努力，借着几何学和天文学的帮助，才发现了这个真理。

我们放眼望去，大地是一个广阔的平原，它的表面有各种各样起伏的地形：青翠的山岭、美丽的峡谷、高耸的山脉、蜿蜒的河流、明媚的湖泊、辽阔的海洋以及千变万化的原野。大地又好像是固定地稳稳立在永恒不变的基础之上，上面是阴晴变化的天，它又好像是宇宙的不可动摇的基石，日、月、星辰都似乎在围绕着大地转动。根据这一切表面的现象，人们很容易相信地球是宇宙的中心，它是为了人类的居住而被创造出来的。这种浮夸的看法，只要没有人提出异议，就很可能长久地被人类保留下去。

原始人愚昧的生活经历了漫长的岁月，他们以全部精力忙于寻求食物。后来，他们的智力逐渐发展起来，想方设法地防备自然的灾害和抵御仇敌的袭击，以及增加他们物质上的财富。智慧是慢慢发展的，直到有一天，在东方宽阔的原野上，有人开始观测星辰的运转，于是就诞生了天文学〔引起天文学发展的主要原因，是我们想了解天文现象对于劳动生产的影响，而不是少数人因好奇而观测星辰的结果。——译者注〕。起初，只是一些牧羊人在黄昏日落、黎明日出时注意一些简单的天象。例如，月亮的盈缺，月亮比太阳和星辰晚一些升起，布满繁星的天空在我们的头上缓缓地变化，行星在星座里的运动，流星好像从天空中飞了出来，神秘而可怕的日食和月食，奇怪披发的彗星，这一切便是几千年前古代人观测研究的对象。天文学是最古老的科学，远在有文字以前，人类已经研究天象，还创造了一种原始的历法。原始的观测记录因战争而遗失,现今所保存的年代最久远的观测,首推中国历史的记载。例如,公元前2679年的新星,公元前2316年的彗星,等等。中国人还记下了公元11世纪冬至日太阳是在宝瓶座β星附近,而现在它却在人马座γ星附近,相距之差有40多度。古埃及人在公元前4200年左右已经有相当完备的历法,他们把惯用了几千年以360日为一年的历法改为以365日为一年的历法。7天为一个星期的周法,也有了它在天文学上的根据。虽然它在公元3世纪才传至欧洲,虽然一周7天的名字和每月的名字一样,字源同样出于拉丁语,然而事实上,远在公元前许多年前,星期的制度已经创始于犹太或巴比伦了。这7天的命名,是根据古人所知的7颗运动的星辰:日、月、火、水、木、金、土。假使那时候人们已经认识我们在1781年、1846年和1930年陆续发现的天王、海王和冥王〔2006年8月24日国际天文学联合会大会的决议通过:冥王星被视为太阳系的矮行星,不再被视为大行星。——编辑注〕这3颗星,也许今天的一个星期是10天,而不是7天。时日的划分若有了差异,对于社会的组织就不能没有影响。

公元前800年左右,大约在荷马时代,人们以为地球的周围环绕着名叫俄刻阿诺斯(Okéanos)的海洋。海水充满下面的半球,只有上面的半球才对着天。太阳(赫利俄斯,Hélios)每晚落在这海里就熄灭了它的火,在海洋深处洗了一个澡以后,第二天早上重新点燃了它的火。

古人根据表面的观察,以为夜晚星辰闪烁的天空和昼间阳光普照的天空是两样的。如果那时有人敢说,白昼的天空也充满了星星,正和夜里一般,只是因为太阳的强烈光辉将星光掩蔽,我们才看不见星星,那么这个人一定是一位有才、有胆的理论家。

不久,人们便注意到太阳、月亮、行星、恒星都有东升和西落的现象,而且在落下去和升起来的时间间隔里,这些星辰都应该从地下面经过。地下面!这三个字具有多么大的革命性的意义啊!一直到了那个时候,人们还总以为我们脚下的地是无限的深厚,它一定是建立在坚实的基础上面,否则他们便不能设想为什么地是这样的稳定。可是,星辰在我们头上所走的弯曲的路径,既然在它落下地以后仍然继续进行,到第二天再从地下升起,那么我们便应该设想地下有广大的走廊,使天上的这些火炬通过。有些人以为地像一张圆桌,立在12根支柱上面;又有人以为地像一个圆顶,载于4个铜像的背上。但是世界需要支撑的这个看法,不管支撑的东西是柱、是铜像或是山,总不能消除掉疑问,因为这些支撑的东西也应该有它们的基础。天穹好像围绕着我们在旋转,于是使地球稳定的这个支柱便无处安放,而不得不打消有支柱的这个见解,因此,我们便不能不承认地是悬空无靠的。如果我们相信第欧根尼(Diogène de Laërt)的话,这便是阿那克西曼德(Anaximan-

图 4　月食时(1921 年 10 月 16 日)地球的黑影在月亮上的情形(地影的轮廓是圆的)

dre)在公元前 500 年左右所得出的结论。我们有理由把认为地球是悬空的这个看法当作是天文学上的一个大发现。与荷马同时代的赫西奥德(Hésiode)以为地是一个圆盘,处于天穹和地狱之间,其间的距离曾经被伏尔甘(火神,Vulcan)所测定,他的砧从天穹落到地面需要九日九夜,再从地面落到地狱也需要同样长的时间。关于宇宙构造的这种见解,在许多年代里一直支配着人们的思想。但进步的火炬已经点燃,便不会熄灭。地理学的发展与对月食的观测(图 4)证明我们所居住的世界确实是一个球。于是人们便想象这个伟大的球处在宇宙的中心,别的天体——月亮、太阳、行星和恒星,从现象上看来,都围绕着地球,依照大小不同的圆周转动。

近年来,我们对于地是球形的这个论断已经得到直接的证据,这便是从很高的一点拍摄地平线的照片。1935 年有人用上升到平流层的气球,在高出地面 22 千米处拍照,最近更有人用火箭载着照相机射到 100 千米高处去拍照(本篇封面图,即图 1)。地平线的曲率在这第一张照片上已经可以看得出,在第二张照片上,更是非常的明显(参看本篇第七章)〔1961 年以来,载人宇宙飞船已经从更高处拍摄了许多地面照片。——校者注〕。

天文学家细心观测天体的视运动已有 2 000 年的历史。在研究的过程中曾出现过很多奇特的不能解释的复杂问题,这些问题一直到他们明白自己对于地球位置的认识是错误的(和过去他们认为地球是稳定的一样)时,才获得了解决。不朽的哥白尼(Copernicus)反复地讨论了在他 2000 年以前的古希腊人,如希塞塔斯(Hicetas)、埃斯方特

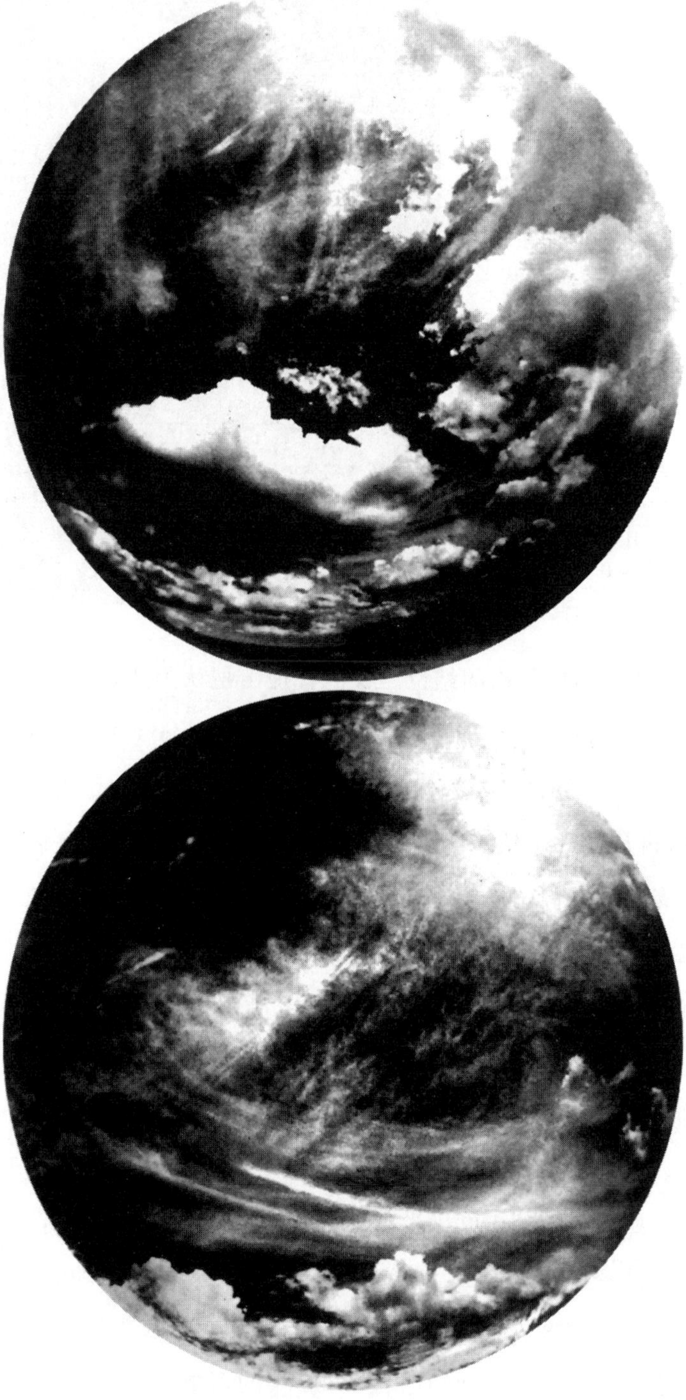

图5和图6　在18分钟的间隔里所拍的两张照片，反映云彩密布天空的变化

(Ecphante)、斐洛劳斯(Philolaüs)、柏拉图(Platon)、赫拉克利特(Heraclitus)和阿利斯塔克(Aristarque)等提出的地球运动的学说，这一学说曾于1440年被尼科拉·德·曲萨(Nicolas de Cusa)主教重新提出，但总是不被人们接受。这位博学的波兰僧正(即哥白尼)在1543年与世长辞时，给科学留下了一本巨著〔指《天体运行论》(*De revolutionibus orbium coelestium*)，旧译《天旋论》〕，明确地揭露了人类对宇宙长期的错误认识。

地球在24小时内绕着自己的轴转动一周，由这一运动所形成的现象，便是天穹围绕地球转动一周，这是哥白尼所说明的第一个真相，而且从此就被肯定下来。这也是我们首先要考察的事实。上面已经说过，我们对于天文学的学习，将从研究地球在空间的位置和它的各种运动开始。

地球绕着自己的轴旋转，不过是它的一种运动。它被太阳的引力控制在一个轨道上绕着太阳运行，日地平均距离是1.49亿千米，在一年内绕了一个约有9.4亿千米长的大圆周。

我们的地球要在$365\frac{1}{4}$日里绕这样大一个圆周，它在空中运行时，一天要走257万千米，一小时要走10.7万千米，一秒钟要走30千米，这是很容易计算出来的。

我们在空中运行的速度比最快的火车还要快1000倍，而火车比乌龟要快1000倍。如果我们开出一列火车去追赶地球，那正像一个乌龟去追赶火车！我们的地球在天空中运行的速度比炮弹的速度还要快30倍。

假想有人在空中距离地球轨道不远的地方，看见一个渐渐增大的星球滚滚飞奔而来，盖住了整个天空，然后又向空间深处飞驰而去，他该是怎样的惊诧！

我们住在这样一个运动着的球上，差不多就像附在射击到空中的炮弹上的灰尘一样。空气、水和我们周围的一切都参加地球的各种运动，所以除了去观测那些不参加这些运动的星辰以外，我们是不能够证明有这些运动的。这颗载着我们的行星的运动，既不受摩擦，也不会碰撞，绝对沉寂地在永恒的天空中运行着，这是多么奇妙的结构啊！地球在它理想的轨道上庄严地运动着，比在澄静的湖面上划行的小船还要轻盈。

撇开现象不说，且来谈谈真相。地球实际上是一颗天空中的星，正如月亮或别的行星一样。行星的光都是反射太阳的光，实际上别的行星并不比地球明亮。在宇宙间，从远处望地球，它就像一面明亮的圆轮；再远一些看去，它就成了一颗星。在金星上看地球，它将是天空中最明亮的星了。地球围绕太阳的公转运动，使我们有季节、岁月的循环。它绕轴自转的运动使我们有昼夜的更替。我们对于时间的划分，就是根据这两种运动而来的。假使地球不动，假使宇宙静息，我们就没有时、日、星期、月、季、年和世纪了——可是宇宙是运行的。

我们刚才所说的两种运动对于我们是最重要的，但是地球却不仅仅只有这两种运动，事实上地球在天空中运行还有许多别的运动。我们现在举几种主要的来谈谈：

第三种运动是因为有月亮的存在，它把地球拉出绕太阳运行的轨道。事实上这个理想的轨道是地球和月亮两个天体的重心所走的，地球绕着这个重心每月转一周。这重心离地心约有 4 660 千米，所以在地面下 1 700 千米的地方，并常和月亮在相同的一边。因此地球的第三种运动使它每月走一个轨道，不过这个轨道的直径只有 9 320 千米，比它绕太阳公转的轨道实在是微小得多。这种位移就是形成所谓太阳的**月角差**〔这几节内所用的专门术语，读者不必急于去求了解，因为这里不过是一般的叙述. 以后一切专有名词都有详细的说明〕的原因。

地球并不像地面上滚动着的球那样，常常使它自己的旋转轴维持在水平面上；地球又不像在地板上回旋的陀螺那样，经常维持着自己的垂直的轴。地球的轴总是维持在一定的方向上，它的北端时常指向天空中接近北极星的一点，并且和地球绕日公转的轨道斜交。换句话说，地球的**赤道**和地球轨道平面（**黄道**）是斜交的。极点在众星中并不是绝对固定的，因为地球的轴好像一根指着天的拇指，经历若干世纪才缓缓地绕过一个圆圈。极点的转动之慢，大约需要 2.6 万年才能绕行一周。地球的这种长期运动，叫作**二分点的进动**或叫作**岁差**。这便是地球的第四种运动。这种运动，比起上面所说的三种运动，实在是缓慢得多了。这种运动是由于太阳和月亮两个天体对地球赤道突出部分的作用而产生的。

第五种运动和第四种类似，是单单由于月亮对地球赤道突出部分的吸引而产生的，这叫作**章动**。它使极点在众星中移动，和岁差相似，不过轨道是一个很小的椭圆，大约需要 18 年零 7 个月才绕行一周。

第六种运动使黄道与赤道的交角缓慢变化。这个交角现在是 23°27′，比 $\frac{1}{4}$ 直角稍大一些，但这个交角现在正在逐渐地变小，将来又会大起来。这种长期的摆动，叫作**黄赤交角的变化**。

第七种运动使地球围绕太阳所作的曲线产生变化，这条曲线不是正圆，而是稍扁的椭圆。随着不同的世纪，这个椭圆时多时少地接近于正圆。这种运动叫作**偏心率的变化**。

在这个椭圆上，太阳占着它的一个焦点。在轨道上和太阳最接近的一点叫作**近日点**，现在地球大约在 1 月 2 日经过这一点。第八种运动便是使这一点移动。公元前 4000 年，地球在 9 月 23 日经过这一点；1250 年，地球在 12 月 21 日经过这一点；今后，在公元 6400 年的 3 月 21 日、在公元 11500 年的 6 月 21 日经过这一点；最后，在公元 16000 年（即自公元前 4000 年算起，经过了 200 个世纪），近日点才重新回复到公元前 4000 年的位置。这种运动叫作近日点的长期变化。

虽然我们讲了这么多的运动，可是还没有说完。

第九种运动是由于行星变化的吸引力所引起的。我们的邻居金星和庞大有力的木星起着主要的作用，它们干扰了地球的公转轨道，造成各种各样的摄动。

因为太阳应该围绕太阳系的公共重心而运动，这样就移动了地球公转的中心，于是使地球发生了第十种运动。

第十一种运动比以上的十种更令人注目，它使得太阳越过星空，地球和别的行星也随着太阳同时越过星空。自有地球以来，它从来没有两次在相同的位置上，它也绝对不会再回到我们现在所处的位置上来。我们在星空中沿着无穷尽而且时常变化的螺旋圈而运行。还必须指出，地球随着太阳在银河系里转动。所谓银河系，是指由 1 000 亿个太阳组成的星系，它和别的以亿计的类似的星系分布在空间里。也许银河系在所谓总星系里，也是同样地在转动着。

最后，地球本身也在改变它自己的形态，这是它作为一个行星在不断地运动中所不可避免的结果。就以我们生活的短时间的尺度来说，这些变化，有日、月的吸引力所引起的潮汐，周期地不但吸起海面，也吸起了陆面；主要的气象现象，使大气里的空气团和水汽团移动；从地理纬度的变化而发现地极的移动，虽然微小，但却存在；还有地球自转速度长期的、不规则的和季节的改变以及地震、火山等现象。以地质史的长期尺度来说，这些变化有因地壳的变形造成了山岳，再因流水的冲刷削平了山岳，海洋和大陆的变迁，沧海桑田的改观。总之，在几亿年之间，地球的面貌已经是大不相同了。

图 7　日落时的云

第二章

地球怎样围绕着地轴和太阳转动

我们要详细研究一下地球的主要运动。

说来真是奇怪，地球的运动不但影响了我们的物质生活，而且也影响了我们的精神生活。这些运动给我们以测量时间的规律，我们整个的生活便被这种规律所影响。譬如，我们生存的时间、岁月的划分、工作的变换以及历法的制定，都和地球的运动发生了密切的联系。

各种星球上时间的种类是非常繁多的。例如，在月亮上，一年只有 12 个白昼和 12 个黑夜，而那里一年之长和我们这里是相同的（我们以 365 日为一年）。可是木星（它不是整体地自转，而且自转速度随纬度而变化）的一年比地球上的一年约长 12 倍，但是那里的一日却比地球上的半天还要短，因此，木星的一年至少有 1.05 万日！土星也不是整体在旋转，那里的岁月更是奇特，它的一年比我们的一年长 29 倍，共有 2.5 万日之多！而海王星上的一年，超过我们的一个半世纪，实际等于我们的 165 年，至于冥王星的一年，则等于我们的 249 年，将近两个半世纪了！

昼　夜

昼夜循环现象给了我们测量时间的第一种尺度,这是我们最先感觉到的事实。至于季节循环、每季和一年的长短,是以后才觉察到的。月相的变化更为迅速,比起四季的变化更易使人觉察,所以时间的观念最初是按照“日”和“月”两个单位而划分的,过了很久,才有“年”这个单位的概念。印度古诗还为我们保留着原始人对于黑夜的恐惧:

“太阳啊,美好的太阳完全消逝在西方了。真的,明天早上我们还可以在东方再看见它吗?假使它不再来呢?没有光,没有热,冰冷漆黑的夜笼罩了整个世界!怎样再找到这失去的火呢?拿什么去代替那施恩的太阳和天上的光辉呢?星星只在无边的天穹上射出忧郁的荧光,月亮在茫茫的大气里倾泻出银色的露珠,给酣睡的大自然以无限的妩媚;可是它们都代替不了太阳,代替不了白昼……噢!黎明缓缓地出现了,那是光,那是昼。太阳啊!天上的君王,为我们祝福吧!啊!您不要忘记再回来呀!”

图 8　昼与夜

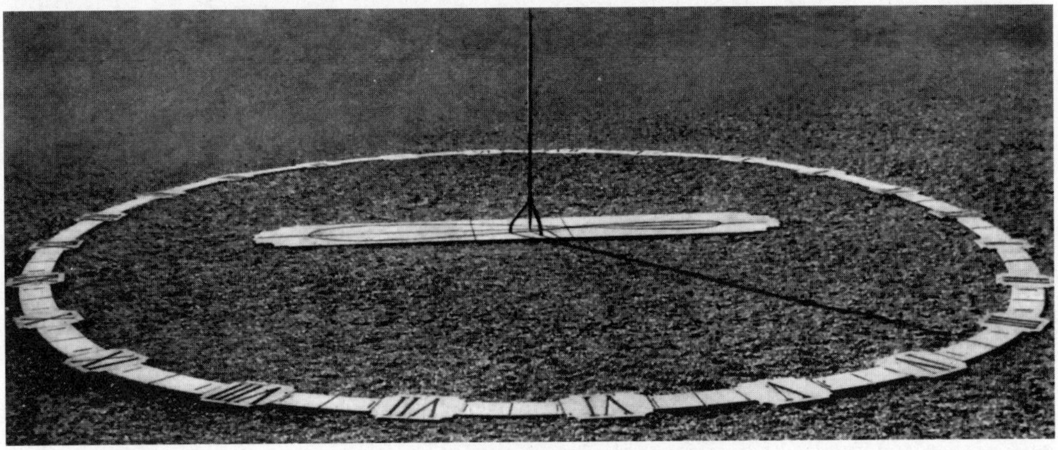

图 9　法国布尔日城教堂里的人影日晷

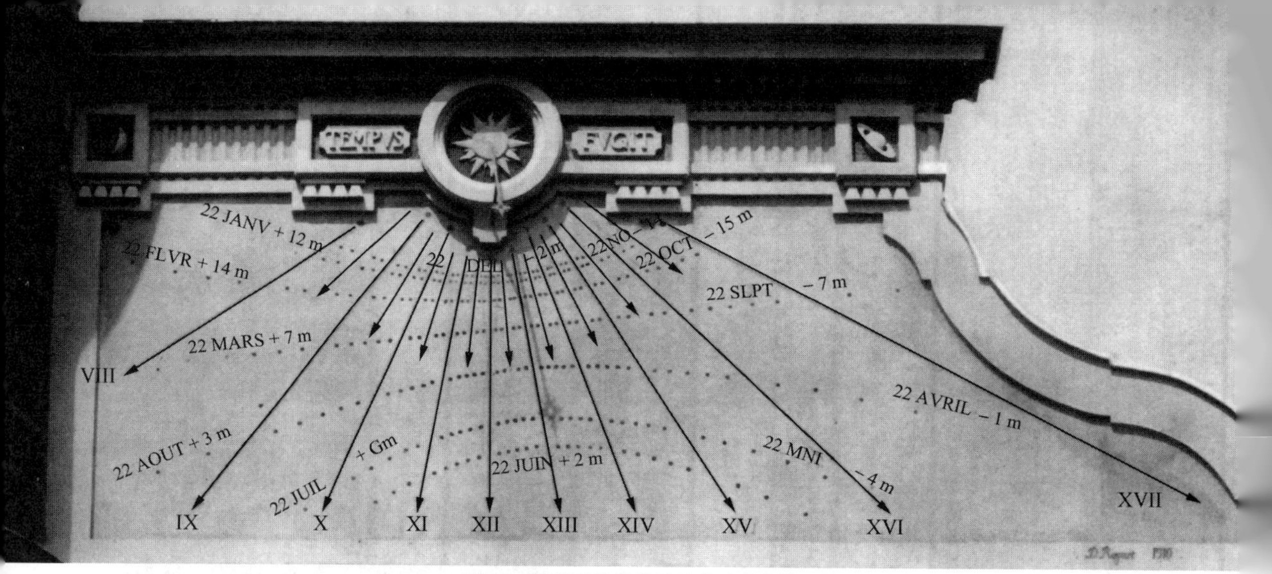

图 10　儒维西的弗拉马里翁天文台的日晷

昼是什么？夜是什么？它们是地球的自转和太阳的照耀所形成的两个相反的结果。如果地球不旋转，太阳便固定在天空，那么地球的一半永远是昼，另外的一半永远是夜。

每个人都注意过，太阳早上从东方升起，缓缓地升高，到了南方达到最大的高度，又缓缓地沿着斜挂的圆周落下去，晚间在西方落至地面下。如果我们站立的位置是使东方在左、西方在右，则我们面向南而背向北，这时，我们望着南方，北极就在我们的背后〔这只是人在北半球的情况。如果在南半球，我们只能看见南极，我们应当背着南极去看中午的太阳，于是太阳从我们右手升起，向左手落下，正和我们在北半球观测到的情况相反〕。我们叫作子午圈的是天球上的这样一个大圈：从天球北极起，经过正在我们头上的一点，一直延展到南极，再回到北极来。太阳在中午经过这个子午圈。太阳连续两次经过子午圈的时间是 24 小时。时间的起算点随时代而不同，或从中午，或从日落，或从半夜，或从日出，这 24 小时也不经常被人分为相等的部分。

大家都看过日晷，它可算是普及天文知识的一种工具。它利用在阳光下的一根杆的影子，大概地指出太阳时来。常见的一种日晷是建在可被日光照到的垂直的墙壁上，在其上描绘出代表时刻的线条，一根针影和这些线条重合的时候，便表示出时刻来(图 10)。日晷的种类很多，可以建在任何垂直的、水平的或者倾斜的平面上，也可以绘在曲面上，其形式和位置都可以随便处理。只是应当满足一个条件：在白天，日晷的表面应该能接受到日光。如果在某一瞬间，人们可以同时读出全球的日晷所表达的时刻，就会立刻发现这些时刻是不相同的。有些农民常说的“太阳时”是随我们所在的位置不同而不同的。只要思考一下便会明白其中的缘故。因为地球的自转运动，地上的各处依次地落在光明或黑影里，即在白昼或黑夜里。在任何一个时候，一个地方是昼，总有另一个地方是夜。对整个地球来说，所有人从来没有在同一时刻睡眠；这半球在休息，那半球则在工作。当年英王查理五世曾夸耀他的领土宽广，号称自己的国家是“日不落帝国”。

地球是悬在空中的，宇宙间并没有什么叫作上或叫作下的地方。可以设想，某一个时候，譬如我们正在中午，这就是说，我们处在太阳照着的半球正当中的地方。地球在背着日光的一面拖着一个影子（图 8），和我们相反的半球便浸沉在地影或黑夜中。所谓黑夜，不过是没有被阳光照着的那部分的情况。地球是在转动的，12 小时以后，也就轮到我们进入这黑影的正中，或者说到了半夜。把图 8 倒过去看，你便把太阳放在你的脚下，黑夜在你的头上了。但是地球所拖的这个影子并不伸长到整个宇宙里去，凡在这影子以外的地方仍被阳光照耀着（月亮和行星便是这样）。因为太阳比地球大，而且大得很多，所以地影的形状是锥形的，这锥的顶点距离地面平均大约有 120 万千米。月亮和地球的平均距离只有 38.4 万千米。有时月亮可以正好走在地球的影子里，那时候便发生了月食的现象。月面被食的分界处是圆形的（图 4），这便是亚里士多德认为地是球形的而且无依无靠地漂浮在空中的证据。

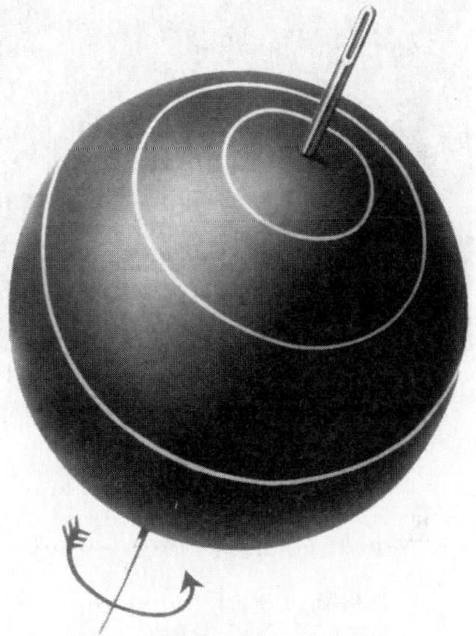
图 11　地球围绕自己的轴旋转

假设用一个被一根针贯穿的球（图 11）来代表地球，再假设我们用手指使这根针转动，这根针就代表地球的旋转轴，球面和针相交的两点，就代表地球的两极。这两个基本观点，想来读者是容易记住的。现在我们就明白了所谓地轴就是穿过地心的理想的直线，自转就是绕着它在进行；我们也明白了什么是两极。把这个球的北极对着我们，并使这个球按照地球旋转的方向那样旋转（使它按逆时针方向转动），你就可以知道，地球的自转是带着我们由西向东转动。

时　　间

图 12 表示地球上各处如何依次地经过白天和黑夜。在这个图上，巴黎正在太阳的照耀下，时间正是正午；而在法国左边的地方，对它（巴黎）来说是在东面的地方，比它先天亮，比它先过正午。在同一时圈线上的地方都有相同的时刻。这些时圈便是各地方的子午圈，它们之间的差就表示了它们之间的经度差。这些子午圈都是从极点出发的大圆。如果用一个垂直于轴的平面，在和两极等距离的地方，将地球截为两半，这平面与地球相

图 12　昼与夜的时间
二分日世界时（格林尼治民用时）正午。

截的截线叫作地赤道，这便是图 12 的大圆。为了测量极和赤道之间的距离，我们在地面上围绕着极点，平行于赤道，作许多圆圈，这些圆圈叫作纬度圈。

当巴黎是正午时，从北极到南极和巴黎在同一子午圈上的地方，如布尔日（Bourges）、卡尔卡松（Carcassonne）、巴塞罗那（Barcelona）、阿尔及尔（Alger）、冈巴（Gamba，在南非）等地都同是正午。时间的差数被经度的相差所规定。根据太阳所算得的真太阳时，当巴黎是正午时，以下各地的时间是：

罗马（圣彼得教堂）	12 时 40 分	伦敦（圣保罗教堂）	11 时 50 分
维也纳（圣泰田教堂）	12 时 56 分	里斯本（天文台）	11 时 14 分
彼得格勒（天文台）	13 时 52 分	里约热内卢（天文台）	8 时 58 分
伊斯坦布尔（圣苏菲教堂）	13 时 57 分	纽约（市政厅）	6 时 55 分
孟买（堡寨）	16 时 42 分	利马（大教堂）	6 时 42 分
北京（观象台）	19 时 36 分	墨西哥（天文台）	5 时 14 分
东京（天文台）	21 时 09 分	旧金山〔阿尔卡特拉斯（Alcatraz）岛〕	3 时 41 分
惠灵顿〔皮皮塔（Pipitea）角〕	23 时 30 分	塔希提（灯塔）	1 时 53 分

如果按照太阳来校准时钟，当巴黎是真正午时，上面便是这 16 个城市应有的时间。即使在法国一个国家里，各地的时间也有显著的差异。譬如从敦刻尔克（Dunkerque）到卡尔卡松以及经过巴黎的经圈上的各地，所有的日晷所指的时间都是相同的，可是离开这个经圈向东或向西，时间便要发生差别。斯特拉斯堡（Strasbourg）的日晷所指的时间，便比巴黎的要快 21 分 40 秒，可是在布雷斯特（Brest）〔法国大西洋岸的海港。——译者注〕又会慢 27 分 19 秒。在巴黎那个纬圈上，向东走 1 000 米，时间就要快 $3\frac{1}{3}$ 秒；向西走 1 000 米，时

间就要慢 $3\frac{1}{3}$ 秒。因此，在巴黎圣母院的一个人观看太阳上升的时间，要比在废兵院广场上的另一个人早 10 多秒钟。

假使有一位飞行家沿着巴黎的纬圈以每小时 1 100 千米或每秒 305 米的速度向西飞行。如果他从真正午时起飞，他将会看见太阳总是在他左边的上空。在他围绕地球飞行一周的过程中，他总是在中午的太阳照耀之下，可是飞机场上的时钟已经走了 24 小时，即整整一昼夜了(图 13)。当他降落在他的出发点时，仍然是真正午时，可是地面上的同伴已经比他多活了一天，这是因为飞机的速度使他不受地球自转的影响，他好像把太阳的视运动拉住了一样。他真的少活了一天吗？当然不是，因为人没有能力去阻止时间的前进。

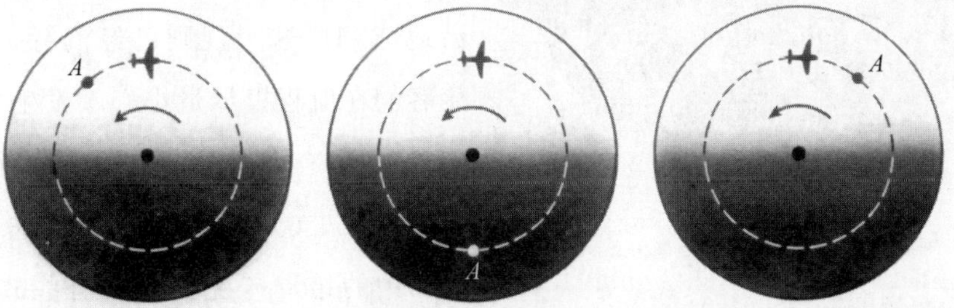

图 13　追赶太阳

飞行家沿纬度圈以足够大的速度飞行，真太阳时对他来说是停止前进的。

向西航行周游世界的旅行家在船上看太阳的起落，并记下经过的日子，则当他回到出发的港口时，就会发现他的记载比日历少了一天。例如麦哲伦(Magellan)的伙伴们在航行大西洋、太平洋、印度洋，再绕非洲返回到佛得角(Cap Vert)时，很惊异地发现他们到达的日子是星期四，因为按照他们船上的记录，那天应该是星期三。如果他们沿相反的方面航行在同样的路线上，那么他们会多出一天，即星期五到达佛得角。

图 14　航海用的六分仪(用来测定船位)

根据同样的道理，如果上述那位飞行家向东方飞去，他首先是迅速地离开了太阳，在经过第一个黑夜，飞过地球半周以后，他看见太阳又出现在他的头上，于是再继续飞行，经过第二个夜晚，降落在出发点时，又发现太阳在他的头上。这样，虽然他只飞行了 24 小时，但却经过了两个而不是一个昼夜。

图 15　波斯人的星盘

1676 年穆罕默德·卡里耳所造，现藏巴黎天文台博物馆。盘面刻有各种坐标线以及做成天图的蛛网；每一叶尖代表一颗星，名称刻在相应的叶片上。

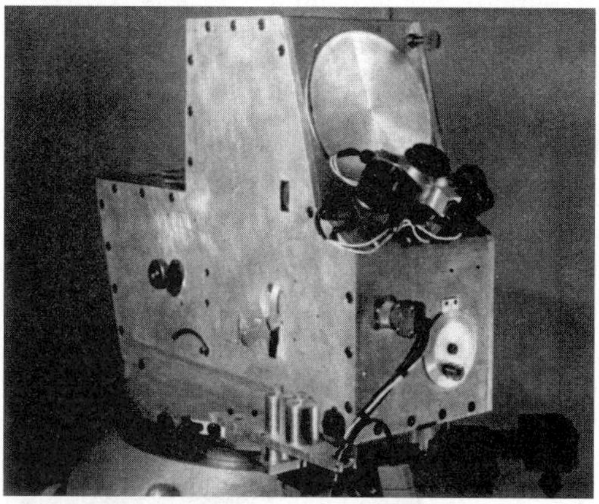

图 16　超人差棱镜等高仪

1952 年巴黎天文台开始使用。这个精密仪器可用来测定时刻和纬度变化。

在日常的生活里，日期上发生这样的混淆是不方便的，因此我们就要设法避免它。于是在航行的规则上规定，凡是从东向西行，经过一条名叫日界线〔这是从两极经过太平洋，在东经 180°附近的一条线〕时，就应加上一天(图 17)。如果是从西向东航行，那么便应减去一天。换句话说，在第一种情形下，我们越这一天；在第二种情形下，我们重复一天。在儒勒·凡尔纳(Jules Verne)写《八十天环游地球》时，这个规则已经流行了。书中的旅客们在航程里尽量小心不发生事故，以免超过预定 80 天的限期。那些"环游地球"的英雄们很难说不知道有日界线这一回事，所以书中的结局未免是作者有些故意在开玩笑的。

让我们再来谈谈日晷上所表示的地方真太阳时。我们曾经说过，在同一个时候的两个地方，如果它们不是在相同的一个经圈上，它们的太阳时便不是相同的。两个地方时间的差别就是它们经度的差数，或者说就是两地的经圈所成的角度。旅行家、航海家和航空家要想在每一个时候把他们所在的位置表示在地图上，不得不根据天文观测来决定他们的经度。自然，他们不能使用日晷，他们用的是计时表。这种表的校准须使用各种精密的仪器，如经纬仪、航海六分仪(图 14)，对太阳或者恒星进行观测。而天文学家更多使用高度精确的天文钟和各种各样的星盘(图 15)或者等高仪(图 16)进行观测〔"星盘"(Astrolabe)这个词，从前是表示旅行家或航海家所用的一种仪器，和现在航海六分仪的功用是一样的。根据测得的太阳或者恒星的高度，不需计算，便能在星盘上面的一个算尺上读出当时的时刻来。星盘是阿拉伯人发明的，上面所刻绘的花纹线条有时很精细，简直成了艺

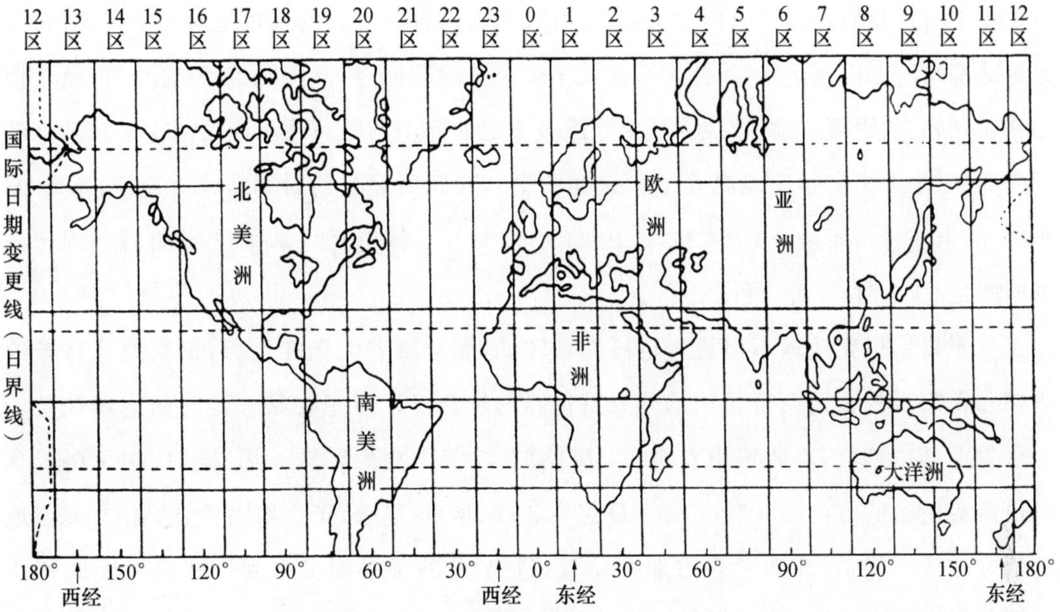

图 17　时区图

术品。今天，我们把星盘叫作等高仪，因为可以用等高的方法用它去确切测定地方的经纬度和时刻。这个高度精确的仪器与阿拉伯人的简陋星盘并无关系。图 16 表示巴黎天文台所使用的超人差棱镜等高仪〕，但是这些只是技术上的差别，所用方法的原则却是相同的。自 1910 年以来，在经度的测量上，无线电通信成了最重要的技术。如果一个人借助观测天象可求得他的地方时，同时还可以收到某处无线电台发出的一种清脆的时号的声响，并且这个声响所代表的本初子午圈的时刻是已知的，那么便很容易计算出这个人所在地的经度了。

由此可见，地方时经常为天文学家、测量家、探险家、航海家以及飞行员在陆地、海洋和空中所使用，可是地方时仅有这样特殊的用途，而不能使用在日常生活上，因为即使在一个国家里，它随地区的变化而改变也是很大的。19 世纪中叶，近代快速的交通工具和通信工具的发明，使人们觉得在一个国家里有采用统一时刻的必要。譬如，有一个电报从巴黎 10 时 0 分拍出，到了布雷斯特才 9 时 33 分，这封电报怎么会在时间上倒退呢？反过来说，一封电报在 11 时 0 分由布雷斯特拍出，虽然电报传播得与光的速度一样快，可是到巴黎却是在 11 时 27 分。像这样各地使用自己地方时的情形下，怎样去安排铁道或者航空线上的行程表呢？因为“需要为法令之母”，1891 年法国政府才颁布了一个法令，规定法国全国都使用巴黎经度圈上的时刻，于是所有火车站上的大钟就都使用巴黎时了。

可是还有更进一步的事要做，那便是统一全地球的时刻。这是一个困难的问题，所谓时区制度，也不是理想的办法（图 17）。在详细解说时区制度以前，让我们先说明标准时并不是太阳时。我们还需要再回过来谈谈地球的自转,自转时间的长短是对太阳来说的,可是地球围绕着太阳在运行,因此太阳便成了一个移动的标志,方向便难于确定。但是对恒星来说,因它的距离遥远,才成为一个差不多不变的标志。同一颗星连续两次经过某地的子午圈(每个天文台每夜观测几十颗这样的星),其间所经过的时刻非常有规律,不是24小时(86 400 秒),而是 86 164 秒,即比 24 小时少了 3 分 56 秒。所以地球自转一周所需的时间是 23 小时 56 分 4 秒。

只要我们想到地球不但绕着自己的轴转动,而且绕着太阳在运行,那么地球自转的周期和太阳日的长短两者之间的差异就很容易解释了。设想在某一定时间地球在某一个位置上,它沿着一个轨道由左至右(图 18)在一年内绕太阳转一周,同时,它又绕着自身沿箭头所指的方向一天转一周。设想在正午地 A(左球)正面对着太阳,第二天当地球恰好转了一周,它却到了右边那个位置,过 A 点的子午圈又来到恰在前一天的那个位置。但是地球的公转使它向右移,在地面上看去太阳似乎向左退后了,因此要使 A 点再来到太阳面前,使 A 点再处在正午,就需要使地球绕着自身再转 3 分 56 秒,这在一年内每天都是这样的。因此太阳日(或称**民用日**)比地球自转的周期(又叫作**恒星日**)要长一些。一年内有 $365\frac{1}{4}$ 个太阳日,但事实上地球却转了 $366\frac{1}{4}$ 周,恰恰多了一天。

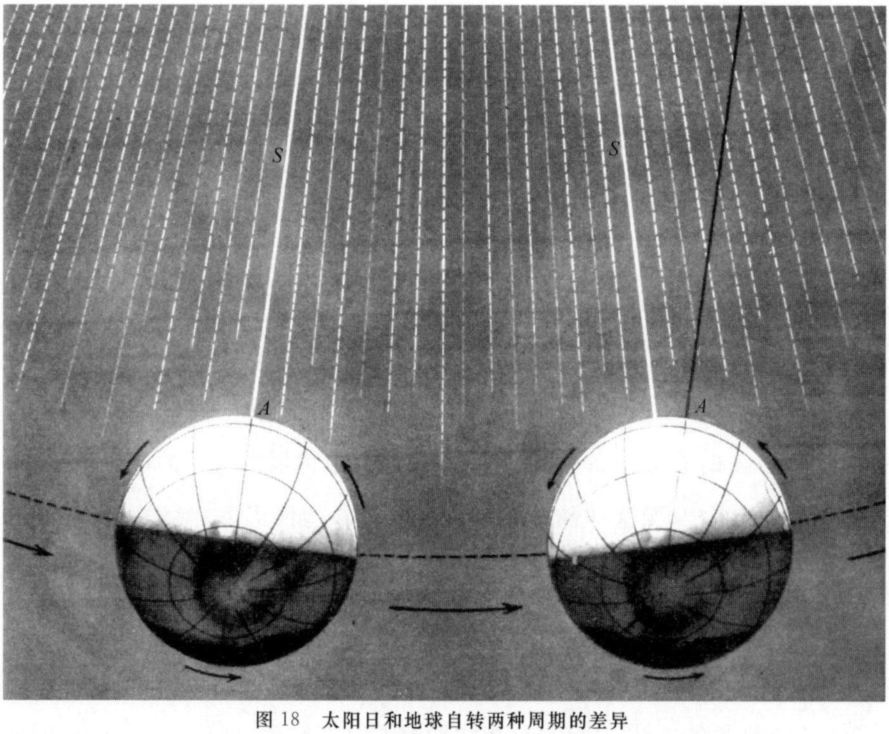

图 18 太阳日和地球自转两种周期的差异

太阳日比地球自转一周约长 4 分钟,因为地球除绕轴自转外,同时还在轨道上运行。

将恒星连续两次过子午圈与太阳连续两次过子午圈作比较，这两种时间的差别是 3 分 56 秒，但是这只是一个平均值，因为太阳的视运动比地球的自转更不规则。事实上，太阳每天的延迟在 3 月末只有 3 分 38 秒，9 月中是 3 分 35 秒，6 月 20 日是 4 分 9 秒，而在 12 月 23 日却是 4 分 26 秒。太阳过子午圈，即日晷上所表示的真正午，在任何连续两个真正午之间的时间并不是相等的。在 9 月 16 日、17 日两天的两个真正午之间只有 23 时 59 分 39 秒，而在 12 月 23 日、24 日两天的两个真正午之间却有 24 时 0 分 30 秒。

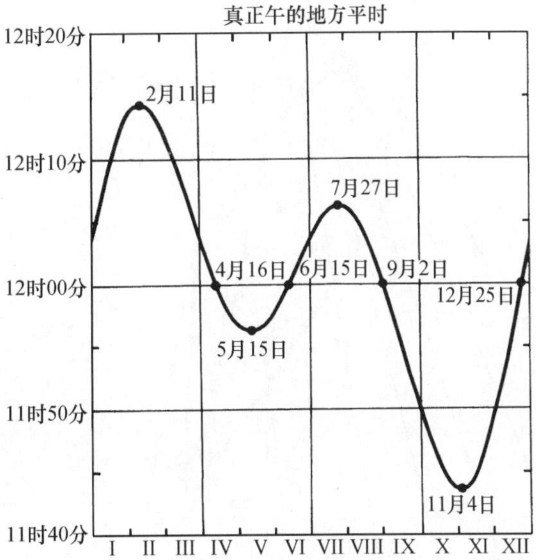

图 19　时差的周年变化

表示日晷上是正午时，时钟上应有的地方时，至于将地方时改为标准时，还必须将所在地和标准时所规定的精度圈两者的精度差计算进去。例如北京的地方时应该减去 7 时 45 分 53 秒才得到格林尼治时区的标准时。

图 20 和图 21　斯特拉斯堡教堂的天文钟

日晷，一个周围有光辉的镀金小圆轮的运动代表真太阳时(图中的 XI 时和正午之间)和时差；另外两根针自动地指出日出与日落；还有一根针，末端有一小球(图中被前面的大天球仪遮住)标出月亮的位置。日晷中央放有北半球的地图，一眼看去便知地球上哪些地区在白昼，哪些地区在黑夜。

时差的机构，左边那个机构对代表太阳的指针作时差的校正，另外两个机构用来控制代表月亮的指针的运动，代表月亮的指针能相当可靠地表示出日食和月食。

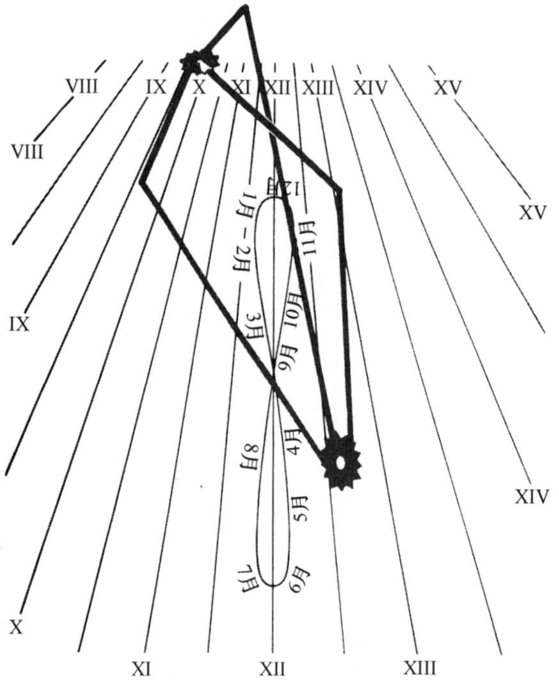

图 22　平时的子午线

图中有Ⅻ记号的直线代表子午线，平时的子午线和真子午线之差，形状像一个拉长的 8 字，相当于一年内各时期的时差。

这些差异，一天一天地累积起来，就形成了我们上述的那些显著的效果。它们的原因有两个：一方面，就像我们以后要说明的，当地球和太阳愈接近时，地球围绕太阳运动的速度就愈快。在 1 月初地球和太阳最接近，7 月初离得最远。另一方面，因为地球的自转轴和黄道是斜交的，连续两个中午的延迟，在两至日（冬至、夏至）比两分日（春分、秋分）更要大些。在两个效果中，第二个效果更要大些。一个构造精确的表，自然不会随真太阳时那样随意改变的。如果我们要把表校准来适合太阳时，则在一年内每天都必须使表上的指针前进或者后退，有时拨快 21 秒，有时拨慢 30 秒。从前在巴黎王宫里用炮声给市民报告真正午时，时钟便是这样校准的。大家便借午炮声来校准钟表，这样要求当时制造钟表的名厂布雷盖增加一种不必要的装置。自 1815 年以后，大家便放弃了复杂的太阳时而采用了民用时。这是一种均匀前进的时间，在一年内，真时比民用时快的总和和真时比民用时慢的总和恰恰相互抵消。一个精确的表不应该和太阳时相符，而应该和民用时相符〔在 18 世纪，精巧的钟表制造工人曾用自动控制时钟指针的办法，得到与太阳相符所需的快慢分数。这种校差钟今天已成了博物馆的陈列品〕。在路易十四时代，巴黎的钟表制造业工会已经在展览柜里挂着一架钟，钟面用拉丁文写着这样一句话：“它说明太阳时不准确。”

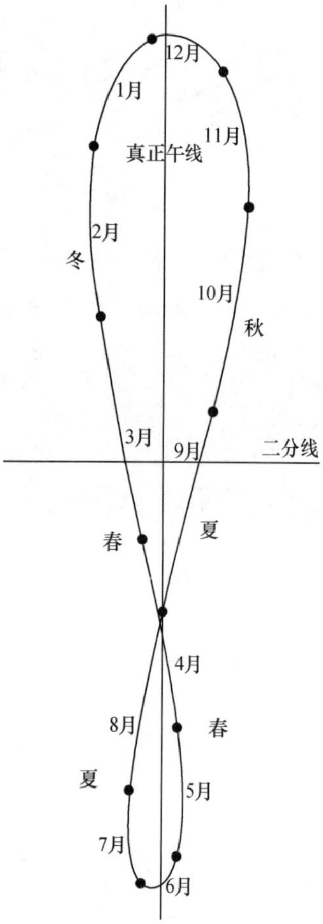

图 23　平时的子午线的描迹

图 22 上的曲线是在日晷平面上的投影，这里是在垂直平面内，根据制造日晷常用的方法做成的。

到了今天，日晷已不用来作为建筑物上的装饰品，是不是因为它们已经完全无用了呢？当然不是，问题是怎样使用它们，怎样使它们所表示的太阳时改为地方民用时。这种改换的办法必须借助于所谓名叫**时差**的一种改正数（下表中示例了一年内各时期的时差值），然后再在这个地方民用时上加入所在地的经度和所在地时区的经度差，便得到大家使用的标准时。

日晷上中午的地方民用时

1月1日 12时3分	7月15日 12时6分
15日 12时9分	8月1日 12时6分
2月1日 12时14分	15日 12时4分
15日 12时14分	9月1日 12时0分
3月1日 12时13分	15日 11时55分
15日 12时9分	10月1日 11时50分
4月1日 12时4分	15日 11时46分
15日 12时0分	11月1日 11时44分
5月1日 11时57分	15日 11时45分
15日 11时56分	12月1日 11时49分
6月1日 11时58分	15日 11时55分
15日 12时0分	31日 12时3分
7月1日 12时4分	

由上述可知，4月16日、6月15日、9月2日、12月25日四天内，地方民用时和日晷上的时刻是相同的；在2月11日，日晷比地方民用时慢14分，5月15日差不多快4分，7月27日又慢6分多。每天的时差数值都刊登在天文年历上。

在有些日晷上附有一种装置，可借此直接读出民用时来。常用的一种装置是在固定的日晷上给出一根曲线，可从这根曲线上读出每天中午的民用时。这根曲线叫作**平时的子午线**，形状像一个拉长的8字，每天一到民用的中午（即时钟上是12点），指针的末端便投影在这根曲线上。因此，观看针影经过这根曲线而得民用时的中午，正和观看针影经过子午线而得真正中午一样容易。

图24　17世纪所用的天文仪器和测量仪器

巴黎天文台门额上的浮雕。图下方是一座惠更斯的重锤摆钟。

图 25　**公元 1600 年制的太阳表**
马德里制造，现藏巴黎天文台博物馆。

日晷的形状很多，有些很是奇特。有一种名叫人影晷，观测者站在相应的日子点上，他自身的影子便指出当时的时刻。法国安省(Ain)某教堂内以及第戎(Dijon)和阿维尼翁(Avignon)两城各有这样人影晷一具(图 9)。

1911 年 3 月 9 日法国颁布法令，废除使用以巴黎子午圈为准的时刻。经过多年的考虑之后，法国终于采用了以格林尼治的子午圈所决定的时刻为法国的标准时。这条子午圈是在 1884 年于华盛顿举行的国际外交会议上所决定采用来作为本初子午圈的。从 1911 年至 1916 年，格林尼治的民用时曾用于法国和阿尔及利亚(Algérie)。但在第一次世界大战期间，因为经济上和社会上的种种原因，仅在夏季采用一种**夏季时**，即在格林尼治民用时上加上 1 小时。从 1916 年至 1940 年，**冬季时**和夏季时交互使用，改变期常在 4 月初和 10 月初。从 1940 年至 1945 年，冬季时钟拨早 1 小时，夏季拨早 2 小时。从 1945 年开始，全年采用夏季时，到本书出版的这一年(1955)，还没有再使用冬季时。

图 26　**漏钟**
第十八王朝埃及王阿米诺菲斯三世制造，现藏开罗博物馆。

事实上，自1911年3月9日的法令颁布以后，法国加入了全球的时区制。设想在地面上24个等距的子午圈上，将全球分为24个部分。这些子午圈中的任何一个和其他一个的经度之差，是一个整的时刻。由这些时区向东计算，从0时区到23时区，而所谓国际本初子午圈，即在伦敦附近格林尼治天文台的子午圈恰好平分0时区。在这个时区内，从北极到南极都使用格林尼治的民用时，又叫作世界时〔人们时常把世界时和格林尼治平时混淆。平时是从中午起算，因为平时制的一日24小时不是从半夜而是从中午计算。我们（法国）所用的所谓民用时，是在平时上拨快12个小时。除了天文台，平时从来没有在实际生活中使用过，所以国际天文学联合会在1928年和1948年曾两度建议使用GMT（格林尼治平时）代表世界时，这是唯一应该普遍使用的时刻，故以UT（世界时）的符号表示，但一般人不明白这个符号的意义，以致弄得非常混乱〕，它的一日24小时是从格林尼治的平子夜（夜半）起算〔民用时和平时的差别即平时是从正午开始计算，而民用时因实际生活的需要，是从正子时（夜半）起算〕。1时区主要包括中欧各地，那里是使用世界时加上1小时的时刻，以此类推，以至23时区，那里使用世界时加上23小时的时刻，换句话说，那里钟表上指针的位置，恰好比0时区慢1小时。

时区制经全球普遍使用以后，全球所有的钟表在每一瞬间都有相同的分数和秒数，任何两时区内各地时刻之差，仅是整整的一个或者几个小时罢了。

在海上航行的船只，向东行时，每经过一时区，船上的钟就要拨快1小时；向西行时，每经过一时区，就要拨慢1小时，这也没有什么不便〔可是这个规则一般只用于军舰，而不用于商船上〕。在陆上疆域不大的国家里，如法国、意大利、西班牙、德国等，它们的国土大部分处在某一时区，但也没有硬性规定它必须属于某一时区。例如上面说过的，法国从1911年属于0时区，可是从1940年以来改属于1时区。经度宽广的国家，如美国、加拿大和俄罗斯，它们便把自己的领土分为若干个时区〔我国在中华人民共和国成立以前也把全境分为长白、中原、陇蜀、回藏、昆仑五个时区。中华人民共和国成立后全国一律用中原时（即8区时，比格林尼治快8小时），大家把它叫作“北京时间”。——译者注〕。

图27　便于携带的日晷

形状是立方体，五面刻有花纹。一面向东，一面向西。利用铅垂线，使上面倾斜，以适应观测地的纬度。现藏弗拉马里翁天文台博物馆。

天空是一座天然的时钟，观测者用精确细致的仪器（图25、图27），就可以读出时刻来。但是这个时刻只确切地表示在观测时的那一瞬间，需要把它保留下来，

天文学家别致地把这叫作守时。工业和技术的发展，最明显地表现在时钟改进的历史上。公元前16世纪已有漏钟，这是一个盛水的器皿，下面钻有小孔，让水缓缓滴出，一根立在它浮标上的针用来表示时刻。阿拔斯王朝哈里发拉西德(Harounal-Rachid)献给法皇查理大帝的漏钟，可称为中世纪的奇迹〔我国很早就用漏壶来计时，现存于中国国家博物馆中的一套完整漏壶制造于1316年。——校者注〕。

用重锤的机械钟出现于13世纪，但是它的行动没有规律，一直到1657年才被惠更斯(C. Huygens)发明的摆钟所代替。从那时起，时钟在天文台占有重要的地位。现今，天文台主要的摆钟守时的精确度很高，一日仅差千分之一秒或千分之二秒。但是，电钟有代替摆钟的趋势。石英钟的主要部分是一片在交流电场内振荡的棒状或者环状的晶体。一架好的石英钟，守时的误差值在一日内还不到万分之一秒。天文观测要达到这样高的精确度，还需要作更多的努力。

可是在平常的生活中，一般人并不需要这么高的精确度，巴黎天文台装置的说话钟(图29)，便可以满足他们的需要。这座钟上有一根特殊的电话线和巴黎市民通话。广播电台每天也转播几次。这座钟的主要部分有二：其一是高度精确的摆钟，因摆动使电接触，发出极短暂清脆的时号；其二是像电影一样，在每一时号发出之前先报告时、分、秒。这座钟每天经人校准数次，时号发出的精准度达百分之一秒或百分之二秒。

石英钟自然不是工业上登峰造极的成就。物理学家现已不用摆或石英的振荡，而用发射或吸收比较低频辐射的分子或原子的振荡来制造时钟。根据这个原理，利用气体状态的氨分子或铯原子的特性，已经造出分子钟或原子钟，此外，还有更精致的实验在进行中。现今，精

图28　17世纪所用的天文仪器和测量仪器
巴黎天文台门额上的浮雕。

确度达每日万分之一秒的石英钟，在不久的将来一定会被原子钟所超过。有人或许会问：为什么要这么狂热地去追求天文观测绝对不能达到的精确度呢？

图 29　巴黎天文台的说话钟

每 10 秒钟发一声响(第 50 秒钟除外)，由天文摆钟控制。这具说话钟报告时、分、秒是由卷在滚筒上的二三套声带发出的，每一带上附有光电接收器。

自开普勒(Kepler)以来，有些大胆的聪明人，时常觉得没有一种高度精确的标准去核校地球的自转运动。地球自转的绝对均匀性这一概念，像是亚里士多德学说的残余，一直到最近几年以前为止，它一向是被人盲目地信服着。1687 年，牛顿曾说："可能没有绝对均匀的运动可以作为时间量度的标准。"过了一个世纪，拉朗德(Lalande)断言：假使有足够完善的时钟，我们便有方法找出地球自转的微小的不均匀性来。这个预言久已被人遗忘，直到最近才得到了明确的证实。今天，已经没有人相信地球像一个理想的刚体那样，均匀地绕着自己的轴旋转，我们已经知道怎样测定它运动的不均匀性。首先，由于日月的吸引而引起的潮汐，对地球起了一种抑制的作用。它自转的周期，我们大约定为 86 164 秒，在每年里，增长 0.001 64 秒。你们或许说，这种变化真是太渺小了。不错，可是这样积累的效果是随时间的平方〔这是因为地球自转周期的增长率与时间成正比。——译者注〕而增加的。自从古希腊有名的天文学家喜帕恰斯〔Hipparque，旧译伊巴谷。——译者注〕以来，地球的自转已经慢了 3 个小时之多。换句话说，假想有一架钟，为喜帕恰斯测定的太阳日的长短所校准，那么，今天这架钟在我们中午的时候，就要指着 15 时(午后 3 时)了。自然，人类用手所做的钟不可能经过 20 个世纪而不损坏，但是有一架绝不受时期影响的天然钟，那便是在其轨道上运行的月亮。如果从古代的月食所观测的时刻出发，计算现在月食发生的时刻，比起实际的时刻要早几个小时。这便是地球的自转变慢所产生的效果。

图 30　巴黎天文台的天文摆钟

摆钟装置在地下 28 米的地窖里,借以避免温度的日变与年变。这些钟放在紧密封闭的筒内,部分抽空,保持气压不变。因摆的摆动,每两秒内有一次电接触,将信号传达到观测地区去。

不仅如此,除了因潮汐引起的这种长期的缓慢的变化以外,还有一些经现代天文学家证明确实存在的奇怪的变化,只是原因还不明白。我们转动的地球好像一架质量不好的时钟,它的轮机是由一个拙劣的钟表匠制造拼合成的,它无故地有时快来有时慢。在 1680 年,它快了 20 余秒;一个世纪以后,它却慢了 30 余秒。一个半世纪以来,地球有转快的趋势,可是相当不规则。从 1920 年至 1950 年,它平均每年快半秒,但是在 1873 年 1 月 1 日和 12 月 31 日之间,它快了将近 2 秒。这些变化,天文学家因为不知道原因,所以不能预测。这些变化也许是与深层的地质现象有关。另外,还有一些相当有规则的季节变化,好像是受了地面气象的影响。地球的自转在 3 月里要比在 9 月里稍微缓慢一点。地球自转的周期,全年的总变化是千分之二秒。这些季节的变化是将天文的时刻和极好的时钟的时刻加以比较而发现的。由此可见,我们今天已有比地球自转还更均匀的时钟——拉朗德的希望终于实现了。

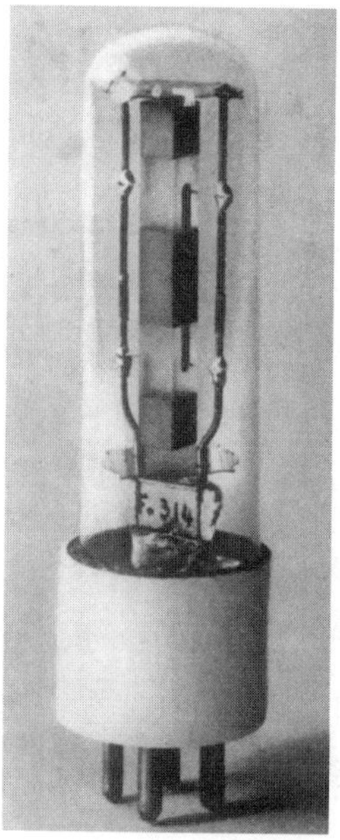

图32　石英钟内的石英片

封闭在密封的真空玻璃管内。安装在石英晶体上的电极做成一个交流电场,以维持晶体每秒10万周的振荡。分频器将频率减至每秒千周,然后再由钟以交流电输出。(图31已删掉。——译者注)

但是有人会说,这些不能解释的变化,是不是破坏了规定天象不变的天体力学定律呢?只要举一个简单的例子,便可以消除这个疑团。假设地面的温度增高，使两极地带的巨大冰雪完全融化，这些融化了的冰流入海洋，使水面增高，甚至汹涌在赤道区域。力学告诉我们，在这种情形下，地球的自转将会变慢，一日的周期将会变长一点，可是地球绕着太阳的公转却没有改变，因此，一年的周期没有变化。由此可见，用年的周期作为时间的标准，比用日的周期更为准确些。

◀年　和　历▶

地球绕地轴周日旋转和绕太阳的周年公转是两种绝对独立的运动，两者之间并无共同之处。一年并不刚好有若干个整日。地球绕着中央的星(太阳)旋转一周所需的时间不恰好是 365 日，也不是 366 日，而是 $365\frac{1}{4}$ 日。所以每四年内应有一年是闰年，该年 366 日，其余三年都是 365 日。1/4 这个数字也还是近似值，在 365 上所加的不应该是 1/4。如果连续在若干世纪中每四年均置一闰，结果便会矫枉过正，不久我们的时间便将比自然慢了。

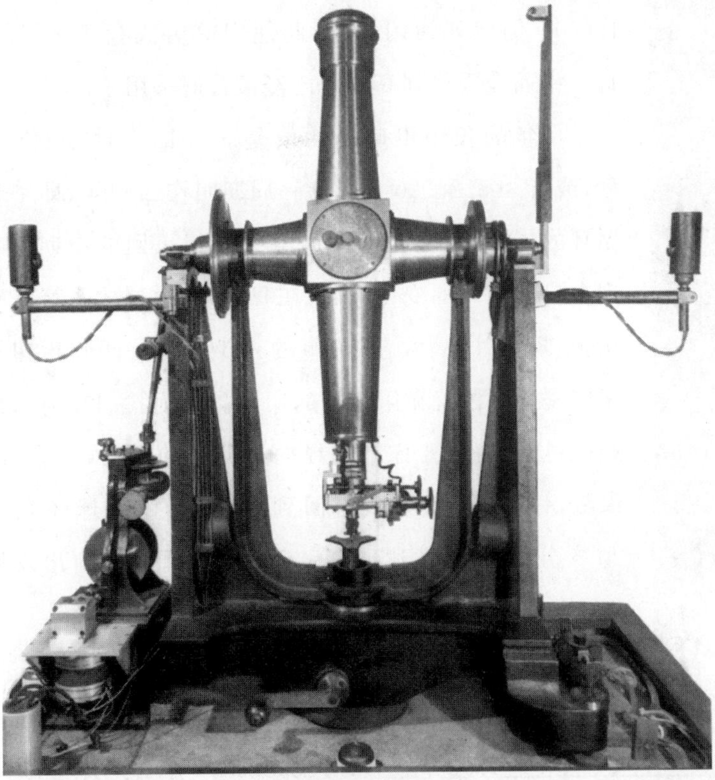

图 33　天文测试用的子午仪

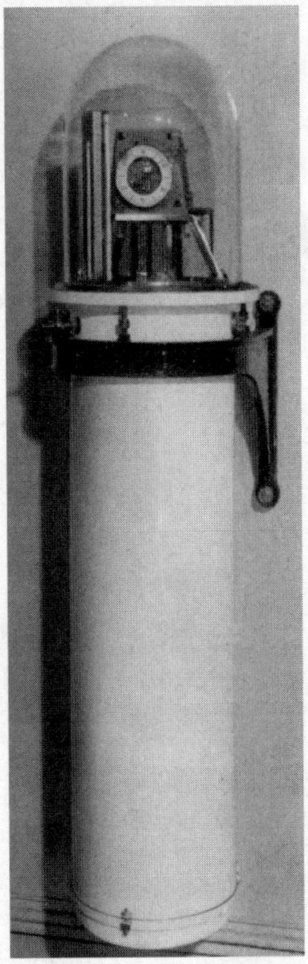

图 34　恒压的天文摆钟

实际上也的确发生了这样的事。教皇格列高利十三世因历法和天象不合,才于1582年改订了历法。在那一年里规定,把自儒略·恺撒以来积累的10日减掉,因为儒略历于公元前1世纪制定时,将先前365日的一年加上1/4日,换句话说,即在四年内置一个366日的闰年。16世纪的天文学家解决了这迟慢的问题,将1582年10月4日星期四以后的一天叫作10月15日星期五,而且为了避免再发生这样的差异,规定每逢百的四年之中三年不置闰。因此,1700年、1800年、1900年在儒略历是闰年,在格列高利历不是闰年,但2000年又将是闰年。只有能被400除尽的年,如1600年、2000年、2400年,才有闰年。格列高利历起初仅流行于信奉天主教的国家,别的国家因宗教和政治的缘故不采用,直到最近才采用这个改革过的历法。他们宁可与自然不合,不愿与教皇相合,将1700年、1800年和1900年仍然列为闰年,因此他们的历法竟又慢了13日。幸而今天格列高利历已经被普遍采用了。

一年的长短更确切的值是365日5时48分46秒,或者365.24220日。这一周期叫作**回归年**,即季节循环的周期,也是太阳在天空中视行来回的周期。表现在自然现象的变化上面,在我们看来,这才真算是一年,是规定气象、农业、民事的一年。可是回归年却不正好是地球围绕太阳运行的周期。因为我们在前章已经说过,以后还要详细解释的二分点的进动(岁差)的缘故,一年以后,太阳再回到春分点时,地球还须走20.5分的时间,才达到它完全环绕太阳一周所出发的那一点。

地球的天文周期,或者叫作**恒星年**,是365日6时9分11秒或365.25636日。

图35至图38　从上到下为:12月(烤火的人),3月(翻土的农民),7月(收获),10月(榨葡萄汁)(阿米原教堂的浮雕)

在查理大帝时，在法国和法国管辖的地方，岁首规定在基督诞生日。这一天同时庆祝元旦和圣诞。更合理和更好的办法是把岁首放在冬季结束而太阳北返的时候，换句话说，就是把岁首放在春分日，即现在的3月21日，或者像2 000年前那样，把岁首放在3月1日。从前的人在最适宜的季节里过新年（至少在北半球是这样的），可是现在却在寒风刺骨、雨雪交加、风景萧条的日子里祝贺新年！自查理九世于1563年命令以圣诞节后一星期为岁首，法国沿用至今已有300多年的历史了。1752年英国采用这个日子时曾发生了一场骚乱，因为那年的岁首由3月25日移至1月1日，妇女们感觉她们一下子就老了三个月。改革历法的人虽殷勤解释，也不能获得她们的原谅。工人们也以为在一年里丢掉了三个月，在没有明白这只是一个表面现象以前，也产生了骚动。市民们在伦敦街道上向吉斯斐耳德爵士呼叫："还给我们三个月来！"那时英国的历书上保证新历并不违背自然，甚至说："即使是猫，它在旧历岁首怎样扑地，在新历岁首也还是一样。"这些幼稚的故事和罗马人把每四年加在2月里的闰日叫作"双六日"一样的可笑。由于这种"偷天换日"的办法，2月总是28天，借此以免亵渎神灵而给群众带来的灾祸。这一个附加的日子就这样隐藏在另外两个日子里，神灵便看不见了。

岁首放在1月1日既不合理又不妥当，而且将原来的月序也弄乱了，更增加历法上的紊乱。罗马人的岁首是3月1日，12个月的分布如下：

月序	名称	意义
1	Martius	纪念战神
2	Aprilis	意指开发
3	Maius	纪念玛亚(Maia)女神
4	Junius	纪念司婚女神朱诺(Junon)
5	Quintilis	第五(月)
6	Sextilis	第六(月)
7	September	第七(月)
8	October	第八(月)
9	November	第九(月)
10	December	第十(月)
11	Januarius	纪念两面神雅努斯(Janus)
12	Februarius	纪念斐布儒斯(Februus)

第一月是纪念罗马人的最高守护神战神，最后一月是纪念死者。五六两个月因尊重儒略·恺撒和奥古斯都两位皇帝，已改名叫作 Julius 和 Augustus 了。后来的罗马皇帝，如提比略（Tibère）、尼禄（Néron）和康茂德（Commode）都想把自己的名字改作以后的几个月的名称，然而没有成功。

到了今天,原来的7月变成了我们的9月,8月变成10月,9月变成11月,10月变成12月,即最后的一月了。你想还有比这样安排月份的方法更荒唐的吗?这一切的混乱,都是因为把岁首从春光明媚的3月移到一般说来是萧索愁苦的1月去的缘故。由此可见,现行的月的名称起源于罗马,既不是基督教国家的历法,也不合它原有的意义,因为它经过了颠倒错置,而且不与气候的变化相合。只有1789年法国大革命时代所颁布的共和历,才弥补了气候变化这一点。每一季度的三个月都有同样的语尾,都和气象或农业发生联系,真正做到音义均佳的程度。酒月是在收获葡萄的时候,霜月下霜,雨月多雨,萌月、花月、草月是代表在春季欢乐的太阳下跳舞的女神。下表记载共和历12个月和格列高利历相当的时期:

共和历	和格列高利历相当的月日
酒月	9月21日至10月20日
雾月	10月21日至11月19日
霜月	11月20日至12月19日
雪月	12月20日至1月18日
雨月	1月19日至2月17日
风月	2月18日至3月19日
萌月	3月20日至4月18日
花月	4月19日至5月18日
草月	5月19日至6月18日
获月	6月19日至7月17日
热月	7月18日至8月16日
果月	8月17日至9月20日

共和历各月的日期随春分日而有改变。每月规定为30日,平年加例外日5日,闰年加例外日6日。这样已经是复杂的了,而且还把这些例外日命名为"共和党人日"。不幸的是以气候命名的这些月份既不能适用于南半球,也不能适用于北半球的一切地方,因此共和历不具有世界性。所以除法国以外,共和历从未被人使用,而且从1806年以后就废止了〔现行历法既不合理又不完善。如果保存月的名称,每年应该从3月1日开始。如果以1月1日为岁首,便该更改月的名称。28日的一月安插在两个31日的月中间,像什么样呢?这种历法里每月的日序和星期的周序不合,每月的任何一天可以是星期里的任何一天,一件历史的或个人的事件发生在星期日的,可以在以后每年的任何周日来纪念它。我们可以避免这个混乱,可以建立一种均匀的永远是一样的年的历法。只需将1月1日当作是节日,不列入月序和周序里(闰年则有这样两个节日)〕。

图39至图42 共和历(从上到下):草月、获月、雾月、风月

图 43　海上的落日

太阳因大气折光而呈现扁圆形。

第三章

地球怎样围绕着太阳转动

以上我们讨论了地球的自转和由自转所产生的影响，并且也提到了由于地球绕日公转而来的一年的日数。我们现在继续分析这两种运动，因为这是自然科学的基本常识。

我们居住的这颗行星，在空中沿着围绕太阳的一条轨道而飞驰。尽管有昼夜循环、冬去春来、花开果落、世代更替、民族消长、世纪飞跃等这些变化，可是地球仍然是在无休止地运转着。地球围绕着发射热和光、位于它的轨道的焦点上的太阳而运行，由此引起了气候的差异和季节的变迁。在两极地区，倾斜的太阳只射来微弱的热和暗淡的光。在这些凄凉的地方，旅行家看见在漫长的黄昏中间或露出一些明亮的极光。至于在赤道地带，灼人的阳光当头直射，在这样炎热的地面上长满了茂密的植物。由此可见，太阳造成了气候和季节。

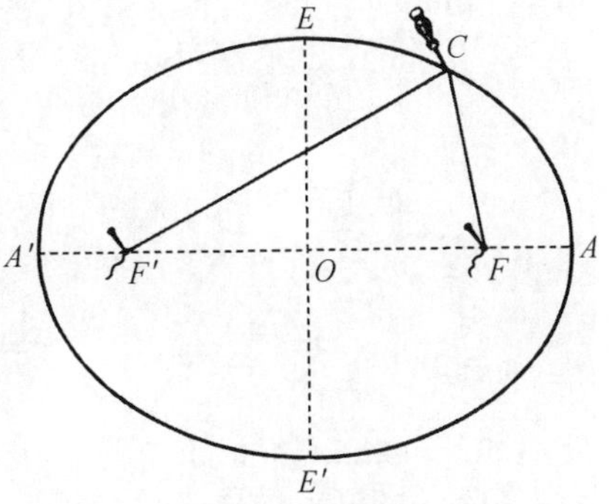

图 44　怎样画椭圆

地球绕日的周年轨道，我们已经说过，不是正圆而是椭圆。大家知道怎样画一个椭圆。最简单的方法便是园丁所用的方法。先在地上钉上两根木桩（图 44），再系上一条比两根木桩之间的距离长一些的绳子,用一根针把绳子拉紧,随着这针尖在地上运动,所绘出的曲线便是椭圆。这两根木桩越是互相接近,这个椭圆越是接近正圆;反之,两根木桩越是彼此离开,椭圆越显得扁长。一切天体的运动所沿的轨道都不是正圆,而是椭圆。木桩所在之点叫作椭圆的焦点(图中的 F、F' 两点)。椭圆的中心在 O,直径 AA' 叫作长轴,直径 EE' 叫作短轴。我们把地球绕太阳运行的椭圆轨道叫作地球轨道,太阳就在这个椭圆轨道的一个焦点上。因此,地球和太阳之间的距离在一年里随时变化。每年 1 月 2 日地球和太阳最接近,7 月 2 日离得最远,这两点分别叫近日点和远日点(图 45)。地球在这两点时和太阳的距离是:

近日距离……………………………1.471 亿千米(1 月 2 日)
平均距离……………………………1.496 亿千米(4 月 3 日,10 月 1 日)
远日距离……………………………1.521 亿千米(7 月 2 日)

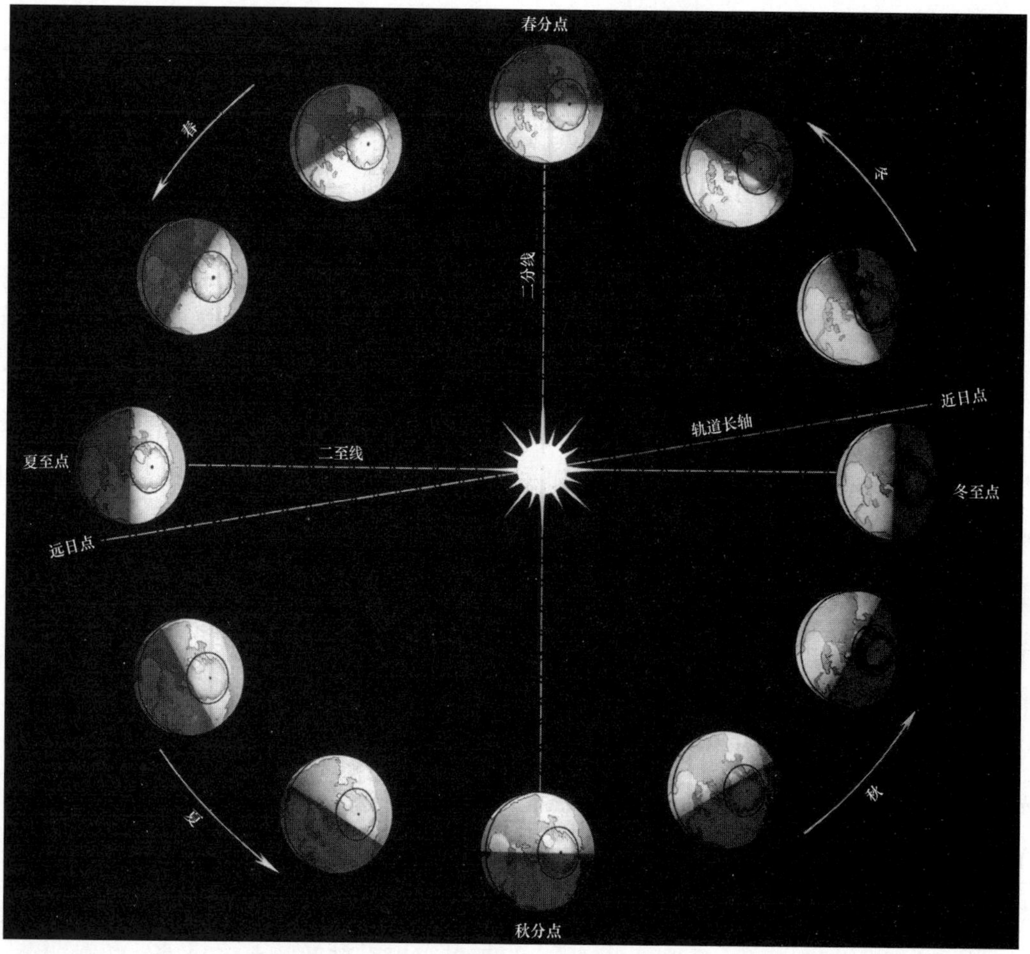

图 45　**地球围绕太阳的周年运动**

这是一年内地球接收日光的情况。为了清楚起见,图中表示的地球和太阳的大小是与实际不相符合的。

由此可见，地球在近日点比在远日点，即在1月初比在7月初要接近太阳约500万千米。所以，就整个地球来说，在1月中，地球接收更多的热。那时北半球正在严冬，南半球正在盛夏。事实上，在1月里，日光斜射北半球，热力薄弱，并且昼短而夜长；反之，在南半球日光差不多直射地面，并且昼长而夜短。相反的情形将发生在7月内。这样看来，南半球在夏季因地球更接近太阳，好像要比北半球的夏季更热一些。但是两半球的气候情况是难于比较的，北半球多大陆，南半球多海洋。此外，我们将要看到，地球绕太阳的运动在近日点比在远日点快，因此，在北半球有186日昼长于夜，在南半球只有179日昼长于夜。总之，两半球的气象不能预先机械地加以区别。

◀ 地轴的倾斜 ▶

读者由图45可以明白地球是怎样绕着太阳在转动。首先，你可以看见地球常保持它的自转轴平行的特点，在空间里保持一定的方向，这自转轴不是和黄道面正交，而是斜交成66°33′的角。南极或北极在6个月里被太阳照着，在另外6个月里太阳照不着它。在两分日（春分、秋分）被照着的半球的分界圈恰好通过两极，因此可见，在全球各地，昼夜平分，各为12小时。但是，愈接近夏季，因地轴的倾斜使阳光愈照射到北极的那一面，于是北半球各地白昼越来越长，黑夜越来越短。如果我们研究一下地球在冬季的位置，情形恰恰相反。例如在巴黎，6月里昼长16时，夜长8时，而12月里昼长8时，夜长16时。越是接近北极，昼夜的差异越大。一到了北极，如果不计算黎明和黄昏，则那里6个月全是白昼，6个月全是黑夜。在南半球某一纬度的地方，6个月前或后所发生的现象和北半球在同纬度的地方所发生的现象是相同的。

因地轴倾斜所造成的昼夜长短的不同，随我们所居处的地方而有差异。赤道上每天总是昼长12时，夜长12时。在离北极等于黄赤交角23°27′的地方，或者说，在北纬66°33′的地方（因为从赤道到北极是90°），在夏至日太阳便不下落，在半夜的时候，太阳只在北方的地平线上溜过。从这个纬度的地方以至北极，太阳没有起落。在越是接近北极的地方，发生这样的情形的日子也就越多。

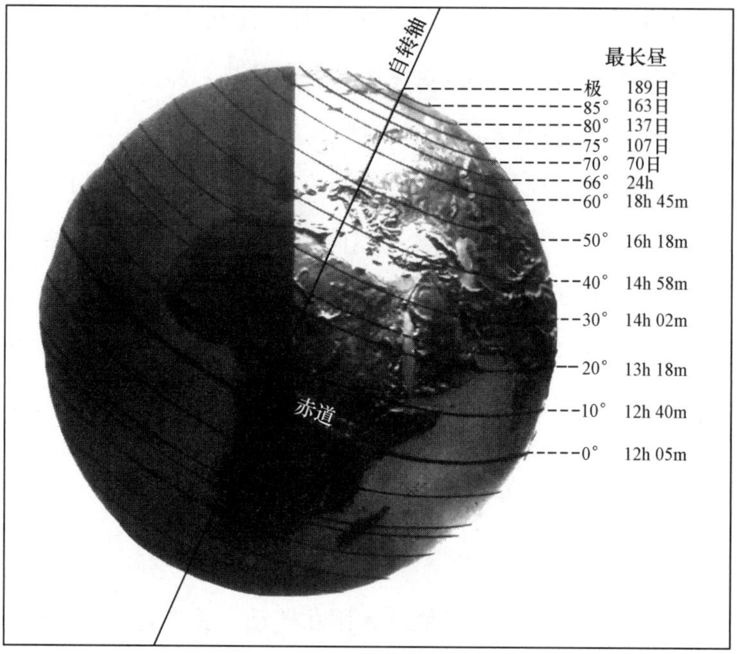

图 46 北半球各纬度圈上最长的昼（6 月 21 日，图中 h 为小时，m 为分）

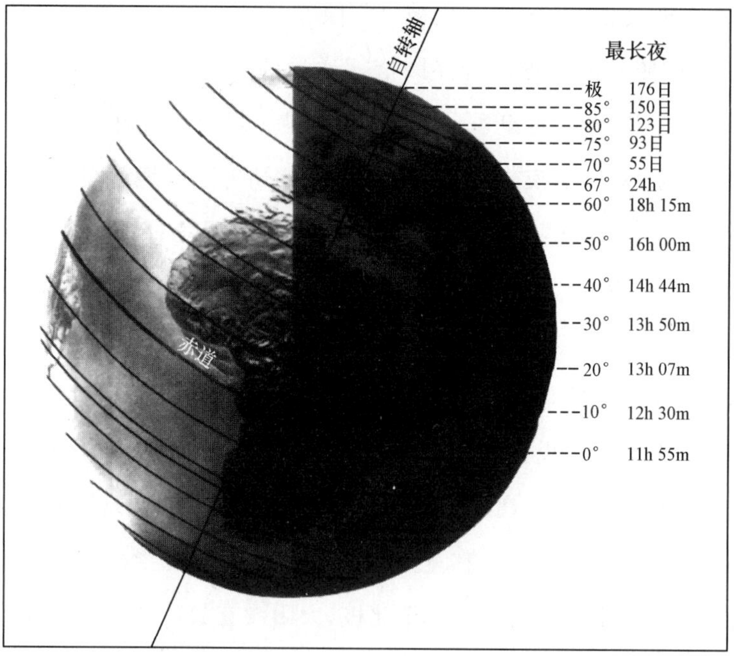

图 47 北半球各纬度圈上最长的夜（12 月 21 日，图中 h 为小时，m 为分）

法国的纬度范围是自 42°至 51°，巴黎是 48°50′，那里最长的白昼是 15 时 58 分，最短的白昼是 8 时 2 分。在这些由于几何学的原因而来的数值上，还必须加上因大气折光抬高了天体的真实位置而来的数值。大气折光的作用使我们在太阳出升到地平线以前，便已看到它升起，而在太阳下落以后，看到它还没有落下。于是，在巴黎最长的昼是 16 时 4 分，最短的昼是 8 时 8 分。因大气被曙暮辉照明的缘故，更增长了昼长。太阳在地平线下 18°的时候，上层大气还被阳光照着，于是便产生了一种奇特的现象：在巴黎 6 月 21 日，太阳向西北方斜斜地落下，第二天早上再从东北方升起，可是在半夜，太阳恰在正北方的时候，它只在地平线下 17°43′。因此在夏至日，巴黎没有全黑的夜晚，换句话说，就是黎明和黄昏连接在一起了。

图 48　欧洲极北拉普兰的半夜的太阳

人们越向北去，这种效果越是显著。在斯德哥尔摩（Stockholm），6 月 21 日半夜还相当明亮，人们可以写字。

因大气折光的缘故，我们用不着到北极圈便可以看见太阳不落，在半夜，它掠过地平线又升上来。在瑞典和芬兰纬度 66°的地方，人们可以看见我们认为是奇景的**半夜的太阳**（图 48、图 49）。

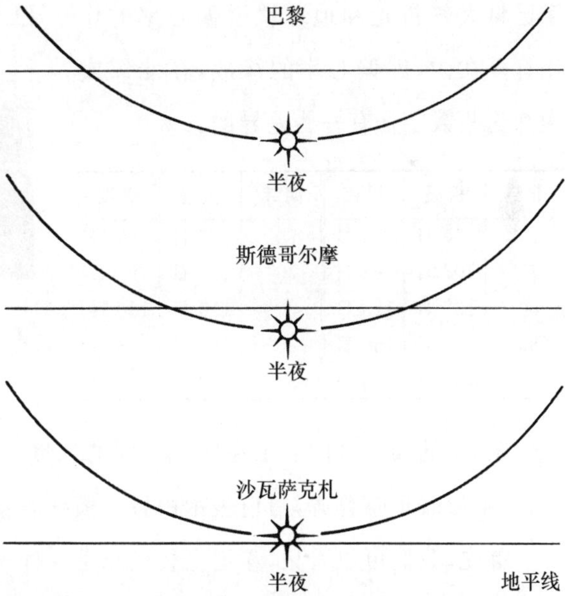

图 49　半夜的太阳

夏至日（6 月 21 日），在巴黎半夜时太阳在地平线下 17°43′，整夜有微弱的光亮；在斯德哥尔摩，太阳在地平线下只有 8°18′，夜里还是很亮的黄昏；在极圈外的拉普兰等地，太阳不落，半夜当太阳处于最低位置时，它仍然在北方的天上放光。

下表记载南北几个纬度圈上的昼长，表内的数字已经把大气折光的作用计算在内：

北纬或南纬	最长的昼	最短的昼
0°	12 时 5 分	12 时 4.5 分
10°	12 时 40 分	11 时 30 分
20°	13 时 18 分	10 时 53 分
30°	14 时 2 分	10 时 10 分
40°	14 时 58 分	9 时 16 分
45°	15 时 33 分	8 时 42 分
50°	16 时 18 分	8 时 0 分
55°	17 时 17 分	7 时 5 分
60°	18 时 45 分	5 时 45 分
65°	21 时 43 分	3 时 22 分
65°59′	24 时 0 分	2 时 30 分
67°7′	24 时 0 分	0 时 0 分

下表记载极圈内各地昼长及夜长（极昼和极夜），即太阳常在地平线上不落下，或者常在地平线下不升起的日数，这些数字已将大气折光和地球轨道偏心率的作用计算在内，因偏心率的缘故，在北纬或南纬这些数字是有一些差异的：

北纬	极昼	极夜	南纬	极昼	极夜
70°	70 日	55 日	70°	65 日	59 日
75°	107 日	93 日	75°	101 日	99 日
80°	137 日	123 日	80°	130 日	130 日
85°	163 日	150 日	85°	156 日	158 日
90°	189 日	176 日	90°	182 日	183 日

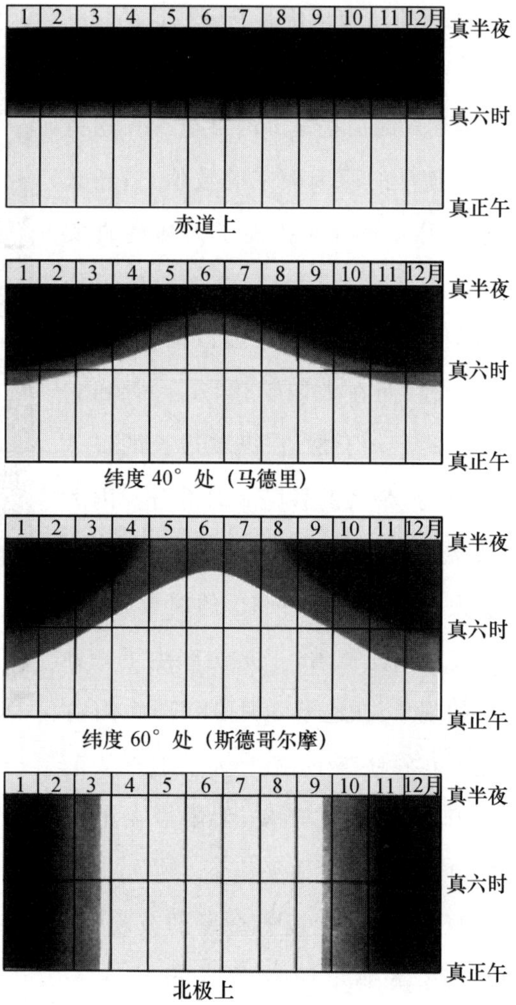

图 50　一年内各月各纬度处昼、夜、曙暮辉的长短比较

图 50 的四个分图表示在四个不同的纬度上一年内昼夜长短的分布。图中黑影表示黑夜，半影表示曙暮辉，白色表示白昼。横标表示 12 个月。

首先，我们可以看见，赤道上昼夜总是一样长。在北极那一个图上却表现为另外一个截然不同的现象：6 个月的白昼伴随着 6 个月的黑夜。

愈近北极，曙暮辉增加愈快，因此，实际上有极夜的日子比没有大气情况下的极夜要少得多。

自纬度 67°以上，冬至日太阳便不升起。两天、三天以至一个星期过去了，在中午的时候，太阳也不会在南方地平线上升起。更往北去，一个月、两个月不见阳光，世界埋藏在冰雪的黑夜里，只被月亮或间歇的极光照着。太阳不在了！漫长的黑夜持续几周甚至于几个月之久！极地的探险家对于这种漫长的极夜描写出异常动人的情景。

美国人皮里(Robert Edwin Peary)经过23年的奋斗，向北极区作了八次探险以后，终于在1909年4月6日到达了北极，在那年3月里还遭遇到零下59摄氏度〔表示温度的摄氏温标(℃)，又称百度温标。在这种温标上，0℃相当于冰的融解点(在华氏温标上为32℉)，100℃相当于水的沸腾点(即华氏温标212℉)〕的寒冷。到过南极的斯科特(Scott)船长在旅行日记里记载过

图51　极地风光

冰雪崩裂的情况。

−44℃至−30℃的气温，再加上强烈的冰风，使得严寒的伤害更难以忍受。他的一个分队于1911年8月在罗斯(Ross)大冰障甚至遭遇到−60.5℃的恶劣气候。

南极在高3 000米的广大高原之上，可是在北极，北冰洋的深渊下陷到3 000米深度。

美国海军上将伯德(Richard E. Byrd)曾经到过南北两极。1926年到北极，1928年至1930年间曾两次到南极，1935年又去过第三次。他曾说过："到达极点并不算什么，有价值的是你途中所搜集的科学资料；还有一件事，那便是你到了那里，而没有死掉。"这位探险家在1934年南极的黑夜里，在纬度80°8′处建起了他的观测站，地点是在罗斯冰障漆黑的大平原上。他曾经在1934年4月14日的日记上写道"进行了零下89度的日常散步"，这是就华氏温标来说的，相当于−67.2℃。他在下面还写道："我站着细听，四周非常寂静。我呼出的热气透过两腮的时候结成了晶体，好像是一股清凉的微风。验风机对着南极，一瞬间它们都不动了，表示寒冷已'冻死'了风。我呼出的热气凝结了，悬在头上好像一片浮云。"

他常记录−56℃甚至−62℃的气温。在他的帐幕里，他有时候必须忍受−54℃至−40℃的寒冷(7月7日)。

再提一下探险家阿蒙森〔Amundsen，挪威极地探险家。——校者注〕，他在1904年在北磁极曾遇到−61.5℃的最低温度。但这还不算是人类记录过的最低的气温，最低气温的记录是在北纬67°、东经134°的西伯利亚的一个小城上扬斯克，那里的气温曾低至−69.8℃。

地球赤道相对于地球运行轨道倾斜的效果，使我们将地球分为五带(图52)：(1)热带——这是赤道两边两条回归线，即南北纬23°27′之间的地带，那里的人在一年中的某个时期里可看见太阳经过天顶；(2)温带——这是包括在两条回归线与南北极圈之间的两地带，这里太阳绝不会过天顶，而且每天必定落下；(3)寒带——这是围绕两极，以纬度66°33′为界限的两地带，那里在冬至日或夏至日期间，太阳连续几天常在地平线上或地平线下。如字面所表示的，热带气候炎热，因为那里的阳光差不多是直射的；在温带，气候温和，因阳光斜射，四季比较显著；最后所说的寒带，真是冰雪严寒，因为阳光仅从地面掠过，每年中有一个时期完全被黑夜笼罩着。

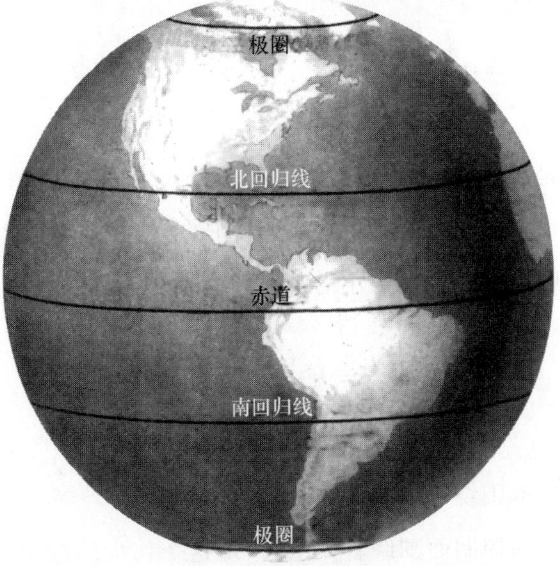

图 52　地面的五带

图 53　圭亚那的热带

图 54　温带的一个人口稠密区

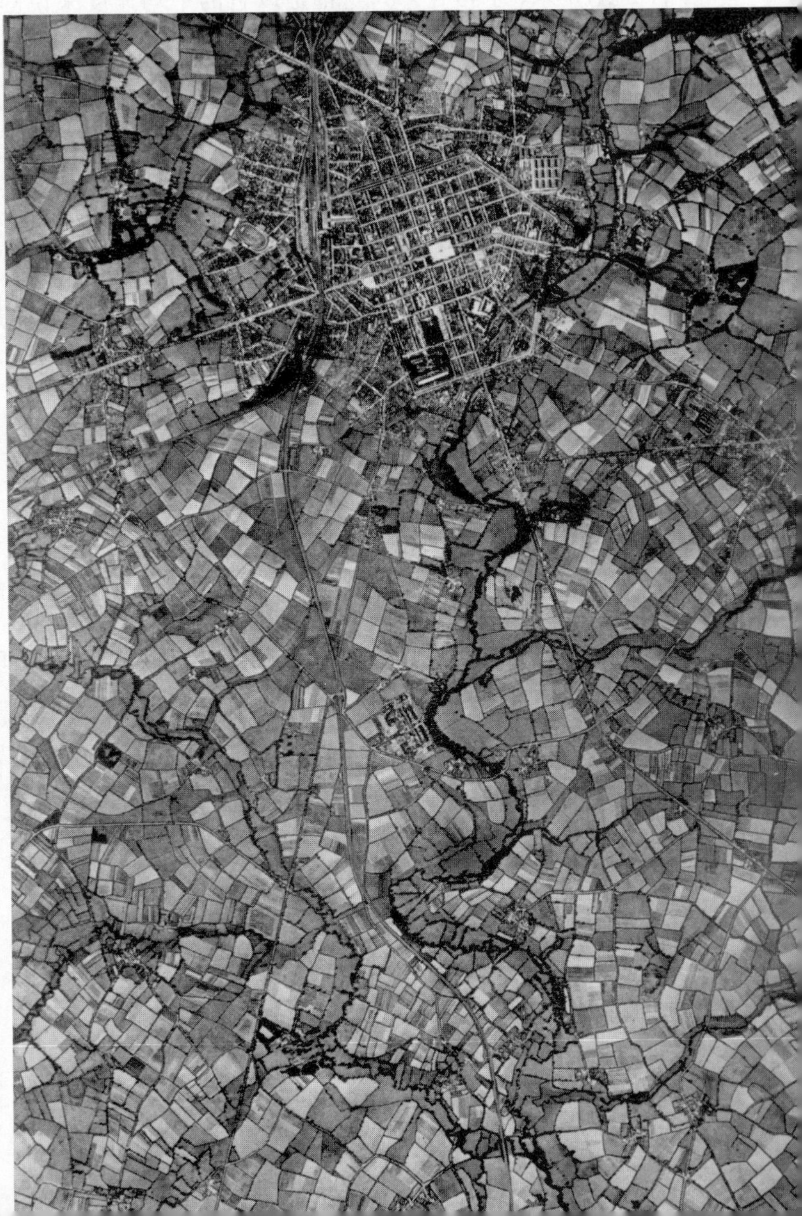

这些区域的大小是很不相等的，热带占整个地球表面的 40%，南北两温带占 52%，至于南北两寒带，仅占 8%。所以，最适宜于人类居住的、文化生活发达的两个温带占地面一半以上，不可居住的寒带，仅占地面很小的一部分。

◀ 季节、气候 ▶

我们现在来讨论地球围绕太阳的运动。

地球因受太阳引力的控制而围绕着太阳公转，这个伟大的球带着我们绕圆圈，7 月在远日点，比 1 月在近日点的运行要迟缓一些。地球每年所运行的轨道全长约 9.4 亿千米，所用时间为 365 日 6 小时，所以它每小时运行 10.72 万千米，每分钟行 1 786 千米，每秒钟行 29 770 米（约 30 千米），这都是以它的平均速度来说的。至于它的瞬间速度，由 7 月 2 日的每秒 29 270 米增加到 1 月 2 日的每秒 30 270 米。所以，在地球围绕自己的轴转一周的期间，它在它的轨道上走了它的直径的 200 倍那样长的距离！在一小时里，它走了它的长 12 740 千米的直径的 $8\frac{1}{3}$ 倍（图 55）。这种运动，比速度最快的炮弹还要快 30 倍，真可以说快得难以想象了。如果地球骤然停止不动，它便会立刻燃烧，那将是一场巨大的火灾，会毁灭了这个世界。因此，地球不能在它的前进中停止，即使发生了这样的事，也不会成为历史，因为那时再不会有人来叙述这个史实了。

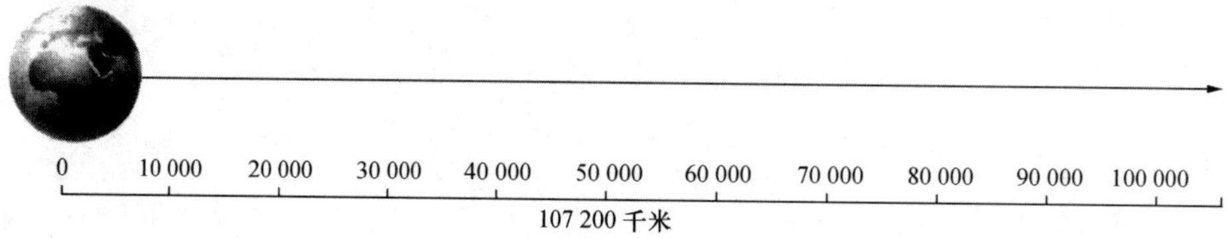

图 55　一小时内地球在它的轨道上所走的路程

我们知道，地球在它的轨道上，由春到秋所走的那一段路程，比由秋复回到冬所走的那一段要长一点。这就是说，春夏两季比秋冬两季要长一点，这是因为地球在夏季比冬季运行得要慢一些。下表记载了四季的长短（误差在 1 小时以内）：

春季	92 日 19 时	共 186 日 10 时
夏季	93 日 15 时	
秋季	89 日 20 时	共 178 日 20 时
冬季	89 日 0 时	
全年	365 日 6 时	

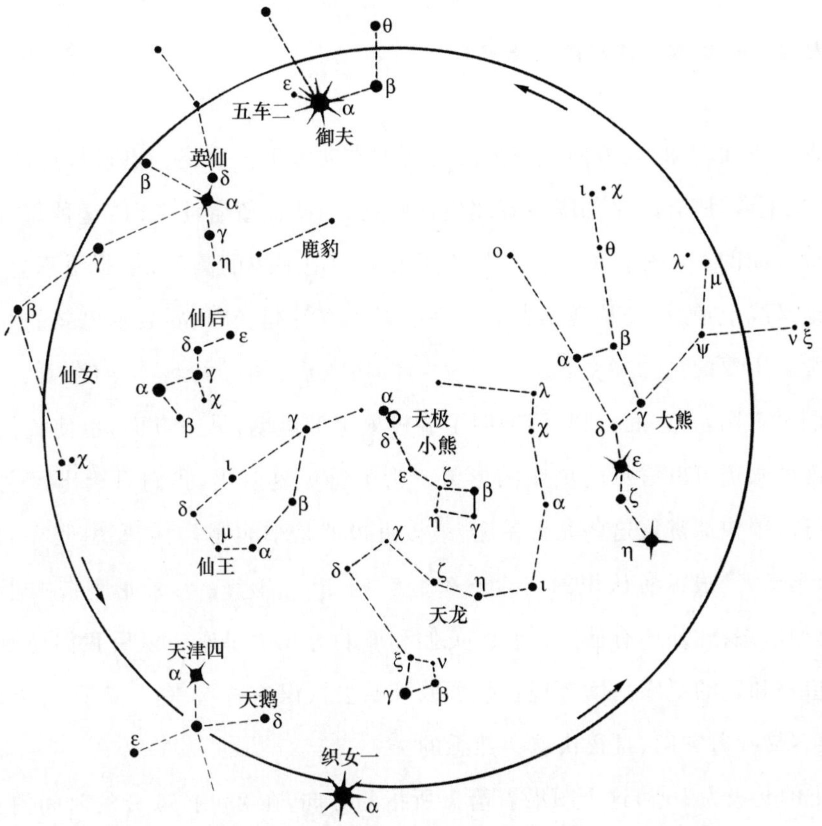

图 56　通过巴黎的纬度圈上的拱极星图

这些星从来不会落到巴黎的地平线下面。

我们常用希腊字母代表恒星。有的读者不认识这些字母，以为这是一种难以克服的困难。其实这是很容易学习的。我们在下面列出这些字母的写法与读音，只要仔细学习十分钟，你在星图上就会辨认出这些字母。

α 阿尔法	η 伊塔	ν 纽	τ 陶
β 贝塔	θ 西塔	ξ 克西	υ 宇普西隆
γ 伽马	ι 约(yāo)塔	ο 奥米克戎	ϕ 斐
δ 德尔塔	κ 卡帕	π 派	χ 希
ε 艾普西隆	λ 拉姆达	ρ 柔	ψ 普西
ζ 泽塔	μ 谬	σ 西格马	ω 奥米伽

每一个星座里最亮的星，以第一个字母命名，有时也有一个专名，例如天狼、织女、大角、五车二等。

因此，在一年中，太阳在北半球比在南半球要多 8 天。因近地点相对于春分点的运动，四季的长短有一种缓慢的变化，当这两点相重合的时候，春与冬同长，夏与秋亦同长。在 1250 年，近地点与冬至点相重合，秋与冬同长，春与夏也同长。

天文的四季开始于两分日和两至日，换句话说，即 3 月 21 日和 6 月 21 日，9 月 23 日和 12 月 21 日，因年份不同，可有一两日的差异。这些日子应该是代表每一季的中间日子，因为从 6 月 21 日起白昼虽然减短，从 12 月 21 日起白昼虽然加长，可是在夏至日以后，因热气逐日积累，温度仍在升高；相反，在冬至日以后，温度仍在降低。每年最热的日子在 7 月 15 日左右，最冷的日子在 1 月 12 日左右，可是这两个日子随年份不同而大有差异。同理，每天最热在午后 2 时前后，最冷在早晨 4 时前后。

可以想象将地球的自转轴延长到天穹上去，就可表示出天上的北极，布满繁星的天好像围绕着这一点在转动,其方向正与地球自转的方向相反。和这一点最接近的星叫作“极星”。从现象上看,所有的星都围绕着北极在转动,当我们望着北极时,这种每日一周的运动是逆时针方向的。星和极的距离如果小于北极距地平线的高度,星辰便不会落下,它们从西方的地平线上掠过,又从观测者的右手或者东方升起。图 56 表示巴黎的纬度圈上所能看见的几颗主要的星〔相当于中国东北北部一带地区所能看到的星空。——校者注〕。这个小星图对于我们很有用,一方面,向我们表明了绕极繁星的运动,另一方面,也使我们有一个在我们的纬度处永远可以看见的星座的形象。为了避免复杂化,我们只绘出了主要的几颗星。我们可以很快地辨认这些北天星座:最接近极的是小熊座;大熊座由明亮的七颗星组成,又叫作车子,是很容易认识的〔我国叫作北斗七星。——校者注〕;天龙座在大小两熊座之间,呈蜿蜒的形态;此外还有仙王、仙女、英仙和鹿豹等几个星座。以后我们还要讨论怎样认识这些星座和别的星座。读者现在就可以开始去认识这些星座,只需在一个晴夜,望着北方,就很容易找着它们,且很快就会熟悉的。

以图上的北极为中心,这个图沿着箭头所指的方向,在 23 时 56 分的时间内转动一周。这图代表 12 月 20 日半夜 12 时的天象,也代表 3 月 20 日晚 6 时、6 月 20 日正午和 9 月 19 日早 6 时的天象。如果我们把这张图上下倒置,那便是 6 月 20 日半夜 12 时、9 月 19 日晚 6 时、12 月 20 日正午和 3 月 20 日早 6 时的情况了。如果我们将这一页的左边放在下边,这便是 3 月 20 日半夜、6 月 20 日晚 6 时、9 月 19 日正午和 12 月 20 日早 6 时的天象,依此可以类推。

每日天象随时间变化。在描绘好这张图的 1 小时以后,大熊座升高一些,2 小时以后更升高一些,6 小时以后它就在天空高处盘旋,随后就往下沉。如果黑夜足够长,那么在 12 小时以后,它所占的位置正和开始观测时所占的位置相反。因此,人们很容易借大熊座的位置来辨别黑夜的时刻。在巴黎所在的纬度上,大熊座是不下落的,古代人早已知道这个现象,所以古希腊的荷马、罗马的奥维德(Ovide)两位诗人都歌颂过大熊星座。

天上所有的星在 23 时 56 分之内都围绕着北极,沿着与地球自转相反的方向运行一周,都两次经过子午圈(子午圈是由北到南把天球分成两个等份的理想大圈),对于有升有落的星来说,其中一次中天(即过子午圈)是在地平线下。它们再从东方升起,缓缓地升至天空的最高处,再向西方落下,正如太阳每日出没一样。天文台有一种名叫子午仪或者子午环的基本仪器,它被装置在子午面内,仅能在这个平面内转动,指向各种高度,而不能左右移动,星过子午圈就是用它来观测的(图 33)。星过子午圈的确切时刻是借助星过望远镜视野中垂直丝的时刻来决定的。

这种望远镜上装有一个有刻度的圆环,位置在垂直平面内,用来测量星的高度或者与天极或赤道的距离，而垂直丝是用来精确地决定星过子午圈的时刻。我们可以说，子午仪能使我们知道星在天球上的确切位置，正如地球上一个城市的位置是由经度、纬度来决定的一样。

这种仪器只能在星过子午圈的时候进行观测，不能指向天空中别的方向，所以这种仪器的用途是特殊的。别的望远镜则可以指向空间任何区域。图 57 中的这种仪器，我们把它叫作赤道仪。它有一个等速运动的马达自动地带着这架望远镜沿着和地球自转相反的方向转动。所以如果仪器指着某一颗星，它就跟着这颗星的周日运动行走。这样，对于天文学家来说，地球好像停止了它的运动。我们在这里就不多谈这类光学仪器，因为后面还有专门的一章会谈到的。为了结束这一章，我们还必须讨论地球的第三种运动。

图 57 默东天文台的大折射望远镜

这座折射镜是双筒的(目视与照相)；目视的物镜口径为 83 厘米，焦距 16 米，在欧洲是最大的。

月亮每月围绕我们的地球运行一周，它把地球在空间的位置也整个移动了。事实上，地球和月亮成了一对配偶，绕着它们

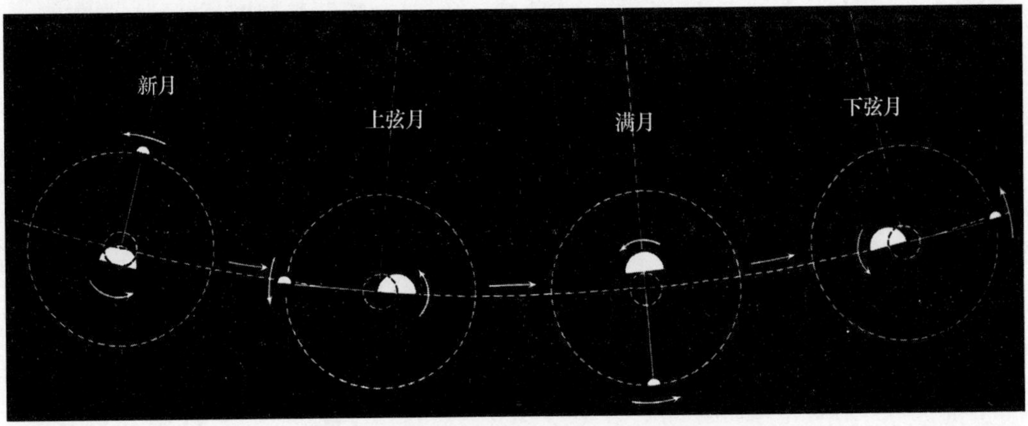

图 58 地球和月亮绕它们的公共重心旋转

公共重心围绕太阳作一个椭圆。地心和月心的轨道蜿蜒在这椭圆上。

的公共重心转动（图 58）。月亮的质量是地球质量的 1/81，因此这个公共重心距离地球中心比月亮中心距离地球中心要靠近 82 倍。这个重心离地球的中心只有 4 660 千米，我们的地球在每月内绕着在自己内部距离中心等于半径 3/4 的这一点转动。新月的时候，我们的卫星（月亮）在太阳和我们当中，此时我们离太阳远一些，如果没有月亮，便不会有这种情况（图 58）。反过来说，满月时，我们要靠近太阳一些；上弦月时，我们在轨道上前进了一些，因为那时月亮在我们的后面；下弦月时，我们在轨道上后退一些，因为那时月亮在我们的前面（图 58）。地球这种运动的效果，便使我们看见太阳有一种周期性的大小和位置的变化。我们看到，在新月时太阳要比在满月时小一些，上下两弦月时，太阳好像离开了自己的位置，这个移动的距离可以达到太阳直径的 1/150。

图 59　**撒哈拉沙漠中的霍加尔(Hoggar)火山区**

在北回归线附近。该照片是从飞机上以倾斜的角度拍摄的，地平面上显现出地的圆形。

第四章

地球的第四种运动——岁差

孩子用肥皂水吹成的彩色气泡，在阳光照耀的空气里飘荡着；地球被宇宙间的力量控制着，在太空里旋转运动，也和这气泡一样活动。我们已讲过地球绕着太阳周年运行的速度和绕轴每日一周的自转所产生的效果，以及地球因月亮的存在而产生的位移。地球所有的运动不仅仅是这三种，现在我们来讨论它的第四种运动，这是由于月亮和太阳对于地球的吸引作用而引起的。

我们说过，地球自转轴指向天空的一点(极点)，在一年里常是指向那相同的一点。但是，地轴并不是绝对固定的，它缓缓地在移动，在长时期里描出顶角为 47°的一个圆锥。这第四种运动正像陀螺绕着自己的轴旋转而它的轴在空间可以描画出一个圆锥(图 60)。天极既然是地轴延长和天穹相交的一点,可见,这一点在众星之间也有长期的移动。没有一颗星会永远拥有北极星的称号。现在是小熊座尾端的一颗星和极点最接近,所以得到这个特殊的称号,它距极点还不到 1°,而且还在向极点接近,到了 2 100 年,这个距离只有 28′。以后极点就渐渐离开它,一直要到 26 000 年以后才再回来。这种岁差运动的周期实际是 25 780 年,它在长时期里逐渐减少下去。另外,黄极(黄道的极)是天极运动的中心,它在天上也不是不动的,因地球受到别的行星的摄动的影响,黄道平面也在很缓慢地摆动着。真的,在我们的宇宙里,没有什么是固定的,没有什么给我们以绝对静止的概念!因为这种极其缓慢的运动,天极所绘成的曲线稍微和正圆有些差异,在 258 个世纪以后,这条曲线并不闭合。还有第五种运动加在这种运动上面。地球的自转轴在 258 个世纪中所经历的一周期里,月亮的作用使得这个轴另有一些小幅度的摆动,附加在上面所说的近似的正圆上。由于这一运动,极在天球上就描绘了一个椭圆,18 年零 7 个月经过一周。这个椭圆的长轴指着黄极,长不过 18 秒,短轴仅 14 秒〔这等于我们看放在 1000 米以外的一只大柠檬所张开的视角〕。这种运动是 1737 年英国天文学家布拉德雷(Bradley)所发现的,叫作章动。图 61 上所绘的那个圆周代表极点所行的路径,可是极点并不完全在那个圆周的上面,因为章动使得它在圆周内外有一些摆动。所以在岁差的长期运动上又加了一些波动式的摇摆,这更是极点不能再回复到它的出发点的一个缘故。

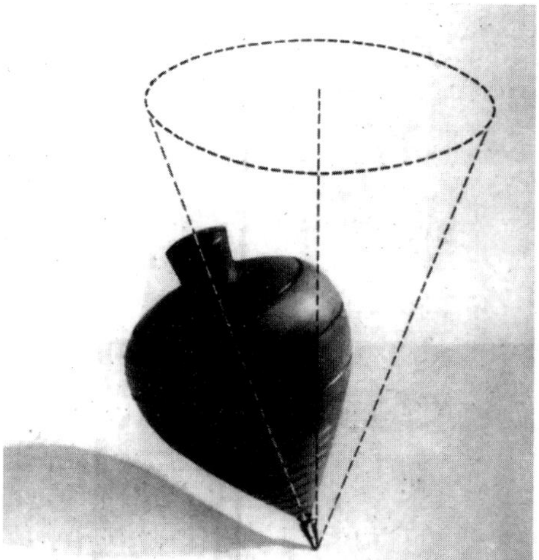

图 60　地球自转轴方向的改变,造成两分点的岁差,可以比拟为陀螺自转轴的运动

图 61 上仅绘了一个圆周,而省略了细微复杂的变化。这足以向我们表明,公元前 2600 年最接近极点的星,换句话说,即那时的北极星,是天龙座 α 星,星等为 3.6〔古代人把肉眼看得见的星按亮度分为 6 等。星等仅表示星的视亮度,并不表示星的大小;视亮度和星的真亮度及距离是有关系的。最亮的星,它们的星等可能是 0 或 1。比较暗的星依次是 2、3……等星。肉眼所能看见的最暗的星是 6 等。利用望远镜,再加以拍照,我们可以观测到 23 等的星。本书后面还要讨论到星等这个问题〕。这颗星在中国和埃及历史上都很著名。中国天文学家在关于公元前 2700 年的轩辕黄帝的典籍上曾经记载了这一颗星〔天龙座 α 星即紫微垣右枢星。——译者注〕;古埃及人在 50 世

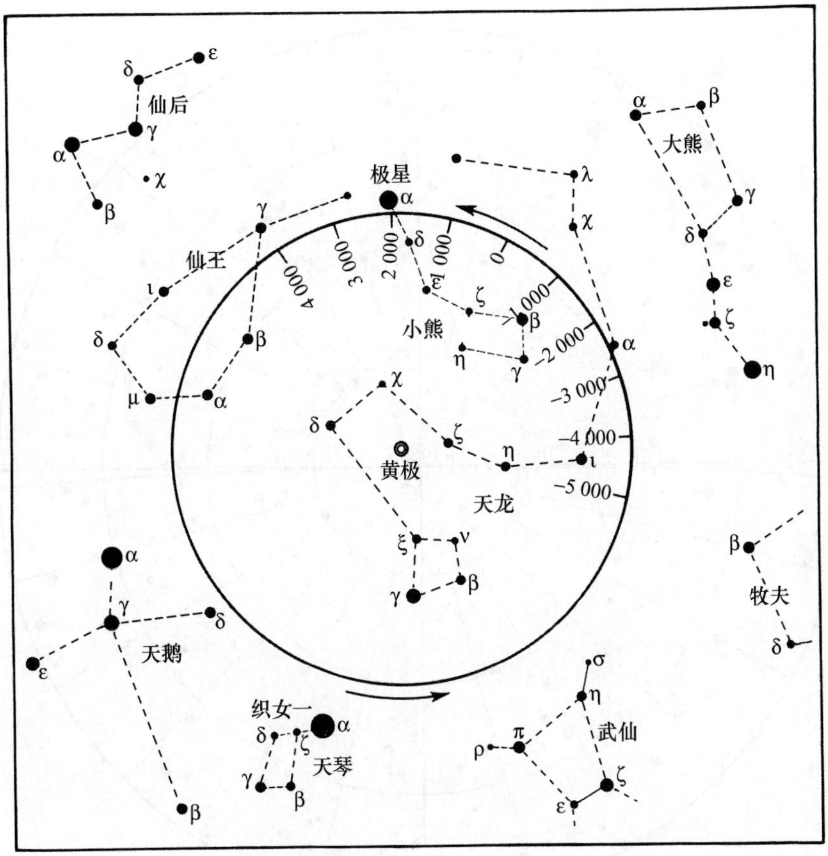

图 61　北天极对于恒星不是固定的

在 25 780 年内它走了一个圆周。图上注明公元前 5000 年至公元 4000 年的北极位置，这样也可以看出地轴方向的长期变化。

纪前利用他们的科学知识修建了金字塔，后人打开隧道进入塔内，从那里观望北天极，仰角是 27°，这正是吉萨(Gizeh)〔吉萨是埃及首都开罗附近的小城，大金字塔和狮身人面像就建在那里。——译者注〕的纬度，也是那时北极星天龙座 α 星在下中天时所应有的高度。以后北天极从小熊座 β 星和天龙座 χ 星中间经过，这是公元前 1200 年古希腊神话中的英雄乘天舟去取金羊毛的时期；再以后天极便逐渐接近小熊座的尾梢，如果金字塔的隧道今天还没有闭塞，我们在那里所看见的应当是小熊座 α 星。

图 62 是北极附近大比例尺度的星图，它是 1902 年由弗拉马里翁天文台所绘的。图上的星至照相星等 12 等。我们很容易在图的左面认出小熊座 α 星。图上描绘了自 1600 年至 2200 年极点的运动，因章动的缘故，极点的行径本应是一条波形的曲线，但是按照我们图上所用的比例尺，这曲线的波幅不过是十分之几毫米，很难表现在图上。1930 年前后，北天极很接近一颗 11 等星，在那几年里，它真可算是最近北天极的星了。但是，现在

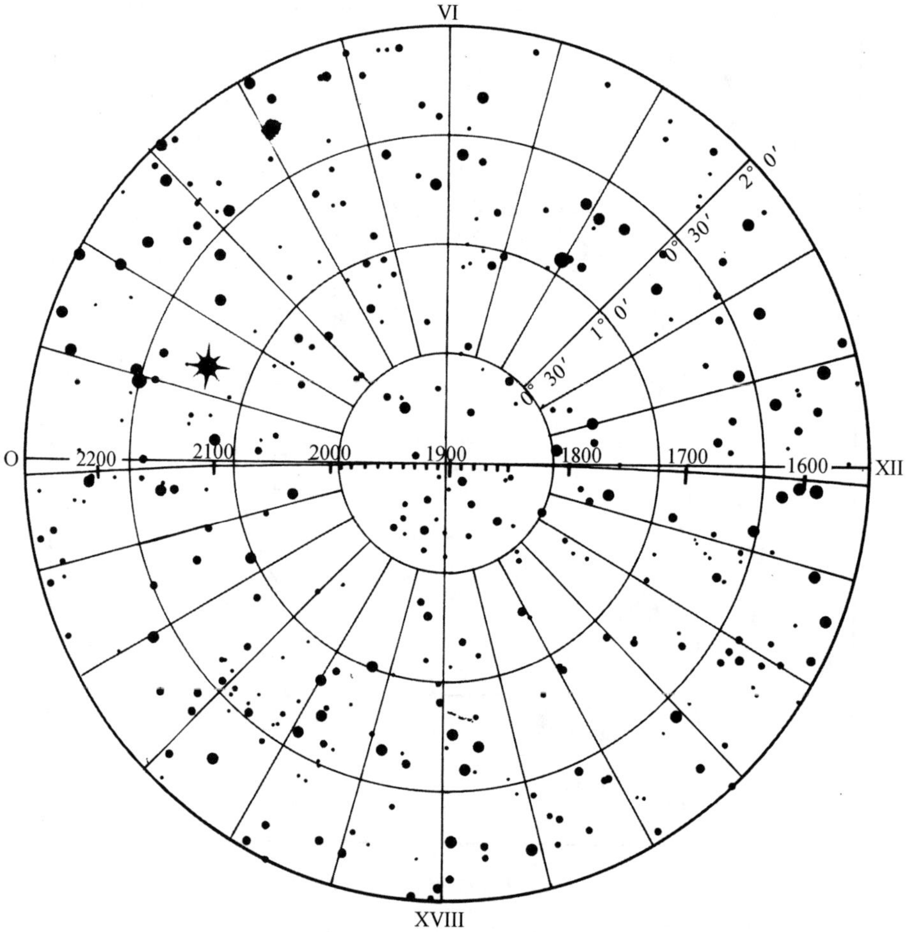

图 62　北极附近 356 颗星的图

1600 年至 2200 年的极点位置。

的北天极正以每年 20 秒的速率离开这颗星而去。

在公元开始的时期,没有亮星接近北天极。公元 800 年,北天极很接近鹿豹座的一颗小双星。现在这颗亮度为 2 等星的北极星,是北极在它的行径上所遇见的最亮的星,1 000 年以来它便享有盛名,并且还将保留到公元 3500 年,那时北天极便将渐渐接近一颗 3 等星,即仙王座的 γ 星了。公元 6000 年,北天极将在这个星座里的两颗 3 等星 β 星和 ι 星当中经过;公元 7400 年,它将和 1 等明星天鹅座 α 星接近;公元 13600 年,它将和北天耀眼的明星——天琴座里的织女星靠拢。至少在 3 000 年内,这颗星将是我们后代人的北极星,正如在 1.4 万年前,它曾是冰川时期我们祖先的北极星一样。

在这漫长的时期,天球的面貌随北天极的移动而改变,各地方所见的天象亦随时代而不同了。例如,几千年前,欧洲可以看见南十字等星,而几千年后,耀眼的天狼星将在欧洲的天穹上消逝。经历 258 个世纪的周期,全部的变化才能循环一次。

图 63 和图 64 表示巴黎纬度上的拱极星的星图，那就是我们现在看见的恒星。1.3 万年后还能看到的和 1.3 万年前曾经看到的是相同的星。在图 63 上，我们看到，左边的一个圈代表天穹的一个顶盖部分，这个圈内的星，对于与巴黎的纬度相同的地方来说，它们绝不落下（和图 56 比较一下）。至于右边的另外一个圆圈，它里面的星在 1.3 万年前也绝不落下，再经过同样长的时期，这样的情景又将重复出现。那时，织女星又将是北极星，河鼓二（即牛郎亦作牵牛）和天津四（即天鹅座 α 星）又将出现在地平线上，而仙后座的恒星和大熊座内大部分的恒星，每天都有一起一落。

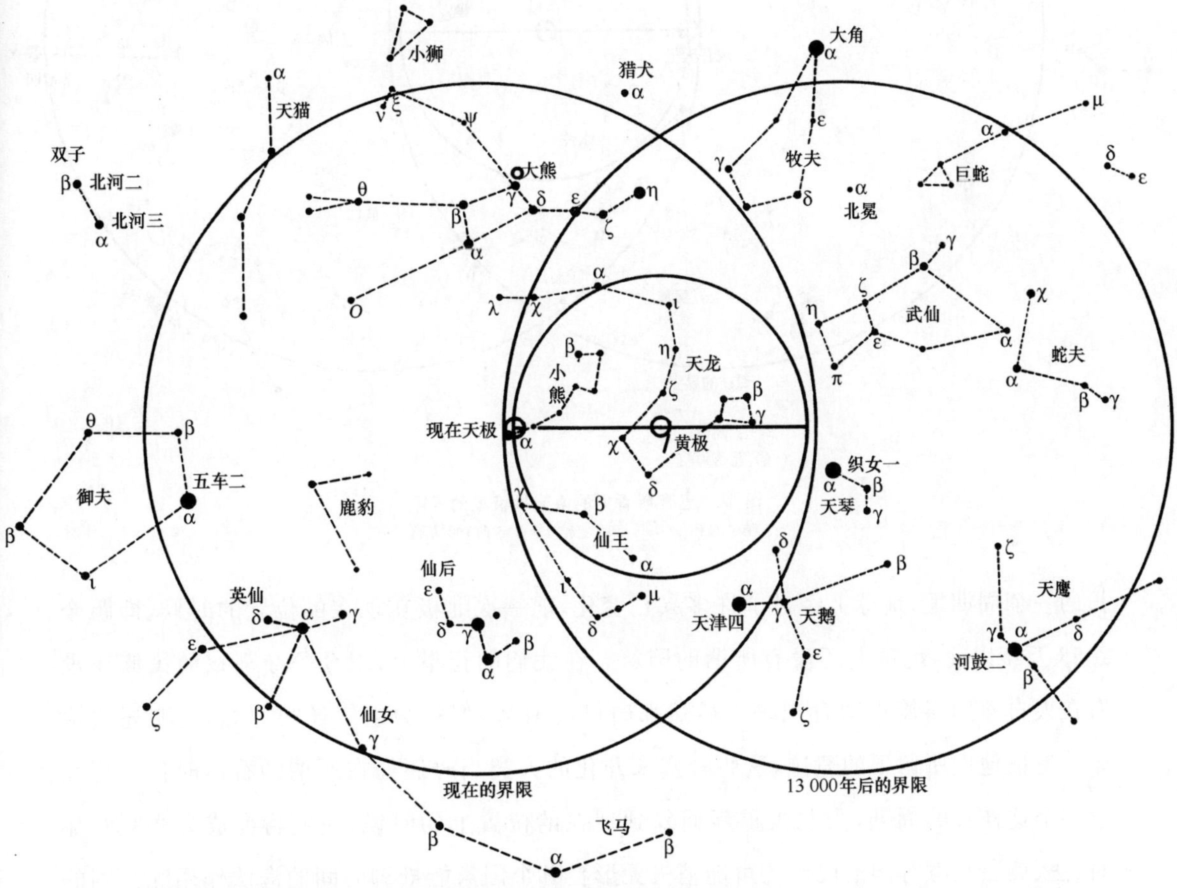

图 63　巴黎所看见的北天拱极星的界限

现在的或 13 000 年后（或 13 000 年前）的情形。这界限圆的中心绕黄极转动，图上绘出北极的轨道，这样就可以绘出这两个时期之间某一时期的界限圆。

详细研究图 64 又可以发现一些有趣的现象：天狼星（即大犬座 α）、参宿七（即猎户座 β）和猎户带上的三星，在巴黎的天穹上都将消逝，参宿四（即猎户座 α）须经过一段时期才能出现。但是人们却可以看见南十字、半人马、孔雀、杜鹃、凤凰这几个星座；那时天蝎座将是巴黎天穹上最美的星座。天穹的变化循环是何等的伟大而又何等的缓慢啊！在这漫

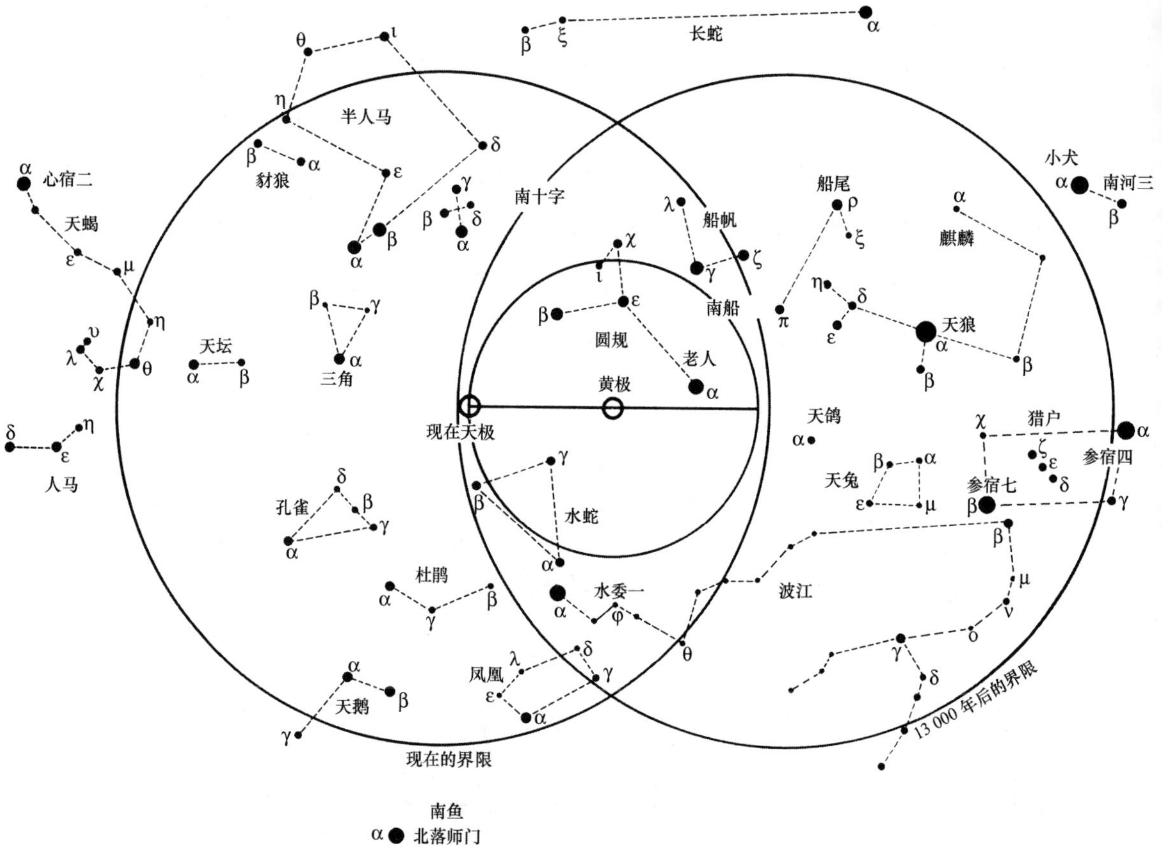

图 64　巴黎所看见的南天拱极星的界限

现在的和 13 000 年后（或 13 000 年前）的情形

长的一个周期里，地球上经过了许多兴亡变化，前一次北极在现在的位置的时候，即距今2.58万年以前，地球上还没有所谓的国家。在我们的行星上，现今争夺霸权的民族还没有在大自然的摇篮里哺育出来。虽然那时已经有人，但社会组织还很原始，文明还很原始。考证他们所留下的遗迹，这些野蛮未开化的人类当时还处在所谓的石器时代。再经过一个这样长的周期，当北极重新回复到现在的位置上的时候，我们将变成怎样呢？那时，法、英、德、意等国的民族均可能消失无形！哪个国家能抵御时间的淘汰作用呢？别的民族、别的语言、别的习俗也许老早便代替了现在的状况。将来有一天，漂泊在塞纳河〔塞纳河（Seine）是流过巴黎城的一条河。——译者注〕边的旅行者可能停步在一片废墟上，寻找在许多世纪里曾放光辉的巴黎。也许，他为着寻找昔日的这个名城，也会像今天考古学家要考证中东的古城那样感到困难。我们的 20 世纪也将沉没在古代史里，正如古埃及的王朝在今日我们的眼里那样！

繁星的天就这样整个地在运动，缓慢地围绕着黄道的极轴在旋转。黄道好像是太阳在天空绕着地球一年一周运行的路径。我们已经说过，事实上，这是地球环绕太阳运行而产生的现象。只是因为透视的作用，我们才感觉太阳在我们对面沿同一方向前进，一年运行一周。太阳在天空中视运动的路径叫作**黄道**。月亮必须在黄道上才能发生日食或月食。黄道的极是天球上的一点，在那里放上一个圆规，张开 90°的角，在天球上画一个大圆，便是黄道。

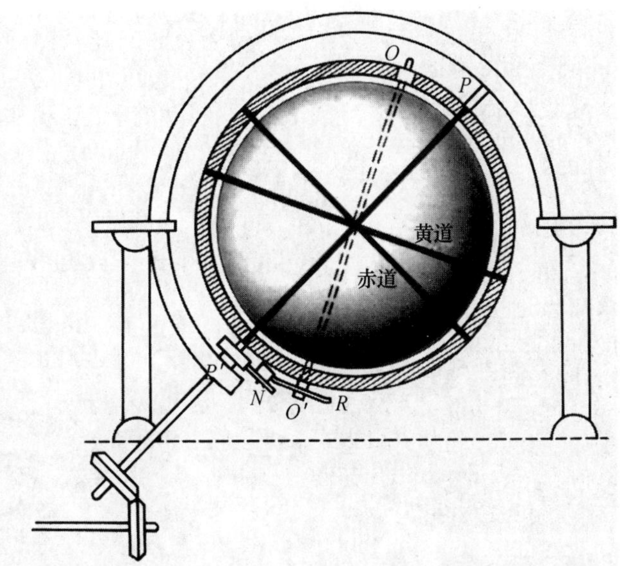

图 65　本图取自恩惹雷(Ungere)所写的《斯特拉斯堡的天文钟》，表示天球仪的装置

赤极轴是 PP'，黄极轴是 OO'，R 代表减速的齿轮，为明晰起见，图上只绘了一个齿轮。

因为有这样的普遍运动，天上繁星在连续两年里不会占据相同的位置。若相隔的时间较久，我们便不得不重新描绘我们的星图，这好像是在繁星后面将画幕的底掠动一下那样。1900 年所绘的星图不能适用于 1950 年，我们现在所绘的星图亦与 2000 年的天象不合。我们可以由很精确的数学公式去计算这些运动的影响，并且求出在过去或未来任何一个日子里星的确切位置。在历书上需要特别标明恒星的位置是属于哪一年代的，例如 1900 年的春分点或者 1950 年的春分点等。

图 66　黄道十二宫的符号

事实上，这种岁差运动正如周日运动和周年运动一样，并不是天穹所固有的。真正运动的只是地球，它的轴在长时期里沿与地球自转相反的方向转动了一周，这是由于太阳和月亮的吸引力对于地球的赤道突出部分吸引而产生的。如果地球恰好是一个球体，就不会有这样一种运动了。可是，地球两极扁平，赤道带突出。太阳和月亮对于这个突出部分所起的作用是使两极逆行，于是这个运动把整个地球都带动了。这种运动在公元前 130 年前后由古希腊的伟大天文学家喜帕恰斯发现，到了 1687 年，牛顿才说明了它的缘由。

图67　斯特拉斯堡教堂天文钟上的天球仪

这座大钟表现了二分点的岁差，因而表现了天极在恒星间的长期运动。图右下方的司动杆支持天球仪的衔铁，使它在一恒星日内转一周。这天球仪还随衔铁围绕黄极转动，在9 451 512恒星日内转动一周。图中的八对减速齿轮使这天球仪得到这样缓慢的运动。

地球的这个第四种运动常被人叫作二分点的岁差或进动，因为它使得地球绕太阳公转轨道上的春分点每年都有一个向前的移动。众星在天球上的位置从一条线算起，这条线从北天极引向春分时太阳经过赤道上的那一点；该点叫作春分点或γ点〔这是代表黄道里白羊座的符号，因为这个古希腊字母γ好像羊角那样〕。

这一点由东向西每年前进，经25 780年沿赤道走完一周。它的平均速度大约是每年50弧秒〔度、分、秒是代表角度大小的三种单位，关于这一点，以后还会谈到〕。

太阳周年视行所经过天空里的恒星，在不可稽考的远古时期便被分为12群，名叫黄道星座。2000年，太阳经过赤道时遇到的第一个星座叫作白羊座。按照由西向东的次序，第二个星座叫金牛座，第三个是双子座，以后三个是巨蟹、狮子和室女座，其余六座是天平、天蝎、人马、摩羯、宝瓶和双鱼（图66）。

很久以前，春分点已经离开了白羊座，它现在在双鱼座内，十几个世纪以后，它要到宝瓶座去。黄道大圈是黄道十二宫的中央线。我们在讨论地球的自转时说过，赤道是和黄道斜交的。黄道带可分为两段，每段各有六个星座。把一段放在另一段前面（图68），使首尾衔接起来，12个星座互相连续，然后，环绕着观测者的眼睛围成一个圆筒，这便成了天球上的黄道带。我们再在每个星座下面注上太阳经过每一星座的月份。

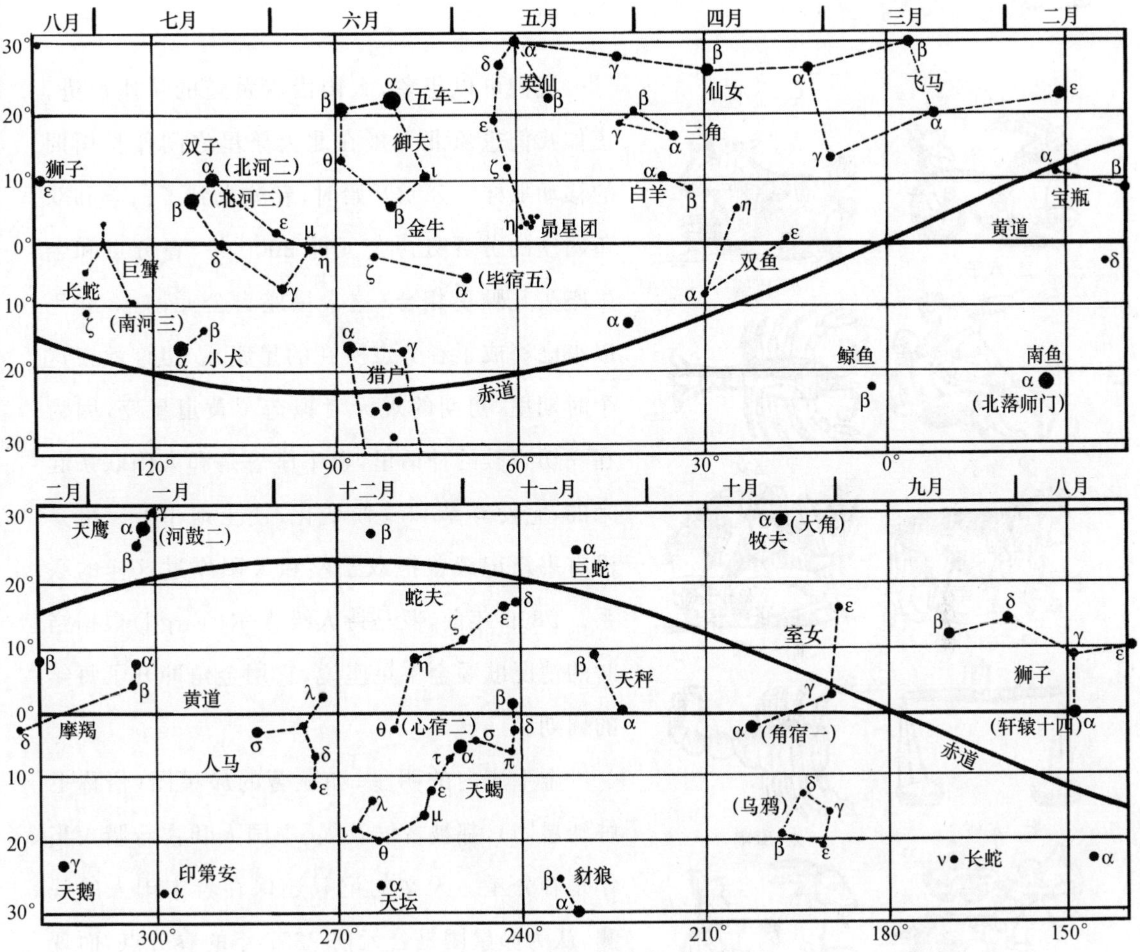

图 68　黄道十二星座

这幅星图和下面一幅星图是用黄道坐标，而不是用赤道坐标来表示的。图中正弦式的曲线代表天赤道的现在位置。

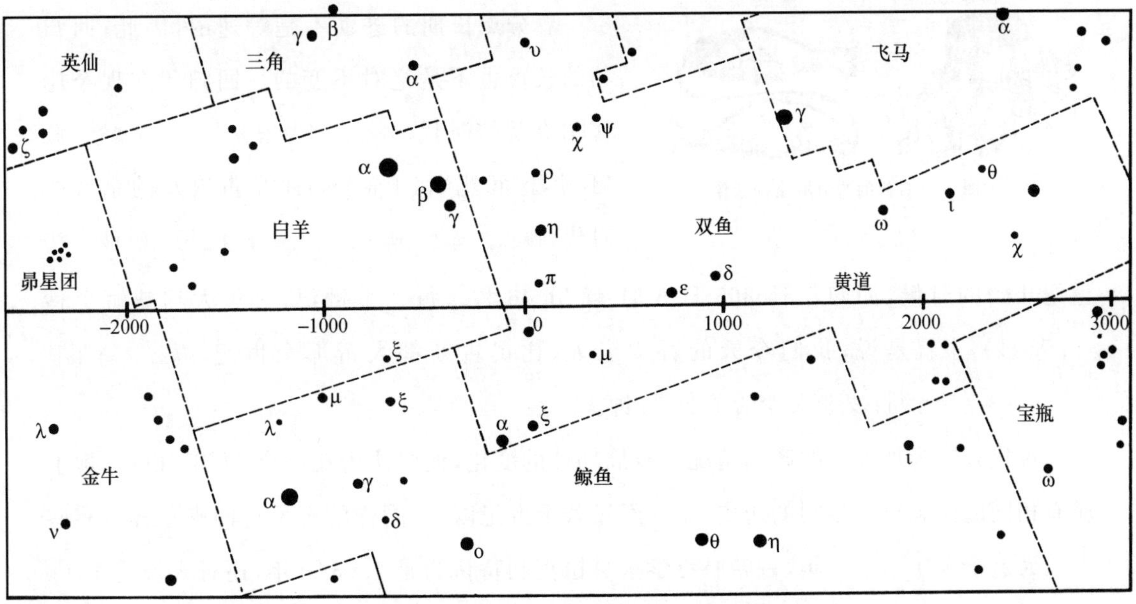

图 69　春分的移动图

春分点在黄道星座里从公元前 2000 年至公元 3000 年的移动情况。

图70　古代的黄道星座神话像

我们可以想象,太阳沿着黄道的星座前进,正如我们想象北天极在北天繁星之间作长周期的移动那样。公元开始时,春分点到了白羊和双鱼两座的分界处。公元前2000年,春分点和金牛座头几颗星相合(这个星座自公元前4300年以来已经成了春分点所在的星座)。也许就在这个时期里,初期的观天者拟造了黄道星座,因为在一切宗教的神话里,金牛座总是和太阳联系起来的,它使季节和气候变化,使土地生产。可是没有书籍记载曾把双子座和太阳作过这样的联系。1800年前,罗马诗人维吉尔(Virgil)根据当时的情况歌颂金牛星座说,它用金角冲开了每年的周期。

金牛座内的明星,如显著的昴星团(俗称七姊妹星团),都被古埃及人、中国人和古希腊人当作是春分星。天文的记载还保存着中国人的观测,认为昴星团是公元前2357年的春分点,而现在夏至点却渐渐接近于这一群恒星了。

春分点长期的进动不是等速的,因此,回归年的长短也不是绝对不变的。回归年在现今比喜帕恰斯的时代〔即公元前2世纪。——译者注〕短11秒,比底比斯(Thèbes)还是古埃及的京城的时代〔即公元前20世纪。——译者注〕短30秒。20世纪开始的时候,回归年长365日5时48分46秒。每一个世纪,一年大约减短半秒(0.53秒),也就是说,我们今天的百岁老人,比奥古斯都大帝那个世纪〔即公元前1世纪。——译者注〕的百岁老人少活了20分钟。

古代人以为地球上的政治情况亦有周期性的变化,他们认为在一个"大年"以后,地上应有相同的民族重演相同的历史,正如经过若干世纪以后,同样的天象再回来一样。有些人认为这个大年是365年,古希腊哲学家赫拉克利特认为是1.08万年,还有人说是1700万年!一般人都以为是3万年,无疑这个数字是因古人以为岁差的周期有这样长才决定下来的。因为人们相信，他们的命运是受了行星的影响，自然他们会联想到，当星象相同的时候，会有相同的人事。可是要行星回复到同样的位置，3 万年还不够呢。占星家以为创造世界的时候，所有的行星都在一条直线上，对这种荒唐的说法，我们还有什么话可说呢！

我们对于一位活了 100 岁的老人会感到惊讶、羡慕，而天穹演变的周期自然超出人们的想象。天体的现象常在几百个世纪或者几千个世纪后重新出现，我们看上去这好像稀罕极了，可是就地球的年龄尺度来说，却是常见的现象。这在宇宙的时钟上不过几秒而已。

图 71　英吉利海峡上的落日

第五章

地球的摄动和太阳在空间的运行

在前面几章里，我们叙述了地球的几种运动：绕轴的自转、绕日的公转、绕地与月的重心的运动，还有因日月两者的作用而形成地轴的一种迟缓运动（岁差），以及月亮的作用所引起的另一种运动（章动）。这一章内将要叙述地球的另外几种运动，它们是由于别的行星对于太阳和地球所施加的吸引作用而发生的，这些运动一概叫作摄动。这些运动是牛顿在 1687 年发现的，记载在他不朽的巨著《自然哲学之数学原理》之中。他认为这是万有引力定律的必然结果，该定律用数学的语言来说是这样的：万物互相吸引，其引力的大小和它们的质量成正比，而和它们之间的距离平方成反比。行星的质

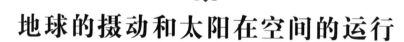

图 72　牛顿（1643—1727）

量比起太阳的质量来说是极微小的，因此，它们彼此间的引力比起太阳给它们的引力即维持它们各自在轨道上运行的引力来说是极微弱的，但却是不可以完全被忽略的，而且在长时间里它们的效果便显现出来，使它们的轨道发生缓慢的变化。

地球既然是一个行星，当然也难免受到这种摄动的影响，我们在下面举出几个例子，首先说明被我们排列为第六种的运动。

1950 年，地球的自转轴和它绕太阳公转的黄道平面的垂直线相交成 23°26′45″的角度。可见，地球是斜着旋转，可是这个倾斜的角度在千百年中常常变化着。根据托勒密〔Ptolemy，旧译多禄某。——译者注〕、埃拉托斯特尼(Eratosthènes)在公元前 3 世纪求得的，这个角是 23°50′；9 世纪，阿拉伯人求得它只有 23°35′；第谷(Tycho)在 1587 年定它为 23°30′30″；它现在减少的速度每世纪为 47″，或每 128 年 1′。假使这个角度继续减少以至于到零，那么季节的变化也将随着逐渐减小，以至于停顿。那时，地球上便出现了四季皆春的景象。

根据传说，古代有一个黄金时代，人类在自己的摇篮里过着快活的日子。那时，大地不需耕种而自然丰产，禽兽驯服，树常结果，花常开放，空气是芬芳的，阳光是明媚的，既无风暴，也无霜雪，极尽自然之和谐与美妙之能事。可是，弥尔顿(Milton)在他的《失乐园》第十节的奇妙诗篇里，却叙述了因亚当或夏娃的过错所得到的不幸的结果。其中有一段

图 73　夏至日的地球

地球赤道在黄道上的交角(23°27′)。

说:永恒的神派来了强壮的天使,“把地轴拨动成倾斜的”,于是使这一对幸福夫妻的倒霉后裔遭遇到极不适意的寒冬和炎夏了!……

可是天体力学证明这是一段梦话。赤道对于黄道只有细微的摆动,其摆幅很难超过两分。像这样的减少,地球还要运行一万年,以后才会开始增长。地球的这种第六种运动叫作黄赤交角的变化。下面记载了各年1月1日交角的数值:

1900年………23°27′8″.26
1910年………23°27′3″.58
1920年………23°26′58″.89
1930年………23°26′54″.21
1940年………23°26′49″.52
1950年………23°26′44″.84
1960年………23°26′40″.15
1970年………23°26′35″.47
1980年………23°26′30″.78
1990年………23°26′26″.10
2000年………23°26′21″.41

因为有了这种变化,我们所表示北天极长期移动的圆周,其半径发生交替的胀缩运动,这样便形成一种螺旋的形态。它现时在收缩,以后又膨胀。这种交替开合的螺旋运动,有点像手表的螺旋运动那样(图61)。这是地球运动的又一种表现形式。在我们看来,地球像是很沉重的,可是它对外围微小的影响都有感觉,地球真是非常的敏感而又非常的活跃。它的行动初看起来好像又严肃又稳重,可是不然,它却具有各种各样的摇摆,正如我们上面说过的,它像是飘荡在空气里的肥皂泡那样,在轻盈地摇摆着。假使我们不知道它不得不这样行动的原因,我们会把它当作是并不全心全意地接受太阳的牵引,而总想设法逃脱这种引力去改变它自己的旅程。

我们曾经说过,地球绕太阳的轨道不是正圆,而是椭圆(图44)。可是,这个轨道的形态也不是不改变的,这个椭圆的偏心率有时大有时小。现在的偏心率是0.016 8,在10万年之后,它却要比现在大3倍;2.4万年以后,偏心率要减至极小,那时地球的轨道差不多是正圆;随后,偏心率又将增加起来。这种偏心率的变化可以当作地球的第七种运动,影响了地球长期运动的形态。2.4万年以后,地球距离太阳将经常是一样的远,它的轨道上便无所谓近日点和远日点了。地球绕着发射着光和热的轨道焦点而运行,轨道形态的这种变化,显然在季节和气候上会产生一种长期的影响。

地球的第八种运动,也是由行星的一般影响而来的,它使地球轨道的长轴又叫作拱线发生旋动,使近日点和远日点沿着轨道而运行。因此在连续两年里,长轴并不保持一个绝对相同的方向。公元前4000年,地球在9月23日,即秋分日过近日点。公元1250年,于

12 月 21 日,即冬至日过近日点。那时,就北半球来说,冬季发生在椭圆轨道上最接近太阳的一部分,可能比较温暖;夏季发生在椭圆轨道上最远离太阳的一部分,可能比较凉爽。因近日点比远日点距离太阳约近 500 万千米,接收太阳的热量也可差至 1/15,所以这一种变化对于季节的寒暖,实在是有影响的。现在,地球于 1 月 2 日过近日点;公元 6400 年,近日点将和春分点相重合;公元 11500 年,近日点将和夏至点相重合,那时北半球夏季将最热,而冬季最冷;公元 16000 年,近日点将重返公元前 4000 年的情况,即它与秋分点相重合。所以这一变化的周期是两万年。

行星吸引地球而产生的摄动还有许多种。木星距离地球虽有 6.3 亿千米之远,可是它却影响地球,使地球越出轨道!两星最接近时,地球可越出轨道几千千米去向木星致敬。总之,地球随着它同木星、金星、土星、火星以及其他更远更小的行星的距离的变化,而受着时常变化的影响,因而扰乱了它的运行。

第九种的运动包括许多周期的变化,天文学家有方法计算出来。这些变化一概叫作地球轨道上的**周期摄动**。

但是,地球的运动还不止于此。太阳的位置恰在所有行星的轨道的焦点上,如果我们把这一点当作是绝对不动的点,那便大错特错了。

首先,这一点围绕太阳系的公共重心而转动。如果太阳系里可以找到一个相对不变动的标点,那一点便是这个重心,而不是太阳的中心。这两点之间的距离,并不如我们想象的那样接近。当所有的行星都在太阳的一边的时候,太阳便在重心的另一边,以便和这些行星取得平衡(图 74)。那时,这个重心和太阳中心的距离可达到甚至超过太阳直径或者日地间距离的百分之一,这是它所能达到的最大的数值。太阳的中心本是地球轨道的焦点,于是这个中心带着地球围绕公共重心描出一种奇特的曲线。地球参加了这种芭蕾舞式的运动,我们在这里把它叫作地球的第十种运动。

以上所述的无疑是过于专业了一些,正如诗人缪塞(Alfred de Musset)所说的,像"一位院士的讲演"那样不加修饰,但是如果我们要了解宇宙的真相,从地球在空间的位置着手研究是很必要的。可是,我们还没有说完地球的运动,我们应当在这里解释它的第十一种运动,这一种比以前的十种加在一起还更出色,因为它把整个太阳系、太阳和它的从属的行星、卫星与彗星一并带着,经过星际的空间。我们因为研究恒星的自行,而后才发现这种普遍的运动。我们试图用一个熟悉的比喻来说明我们是怎样得到这个结论的。当我们坐火车旅行时,经过田野、树林、山川、村庄,看见一切景物沿着和我们运动相反的方向奔驰。如果我们仔细观测恒星,我们在这些天体上会发现和上述相同的现象。天上的繁

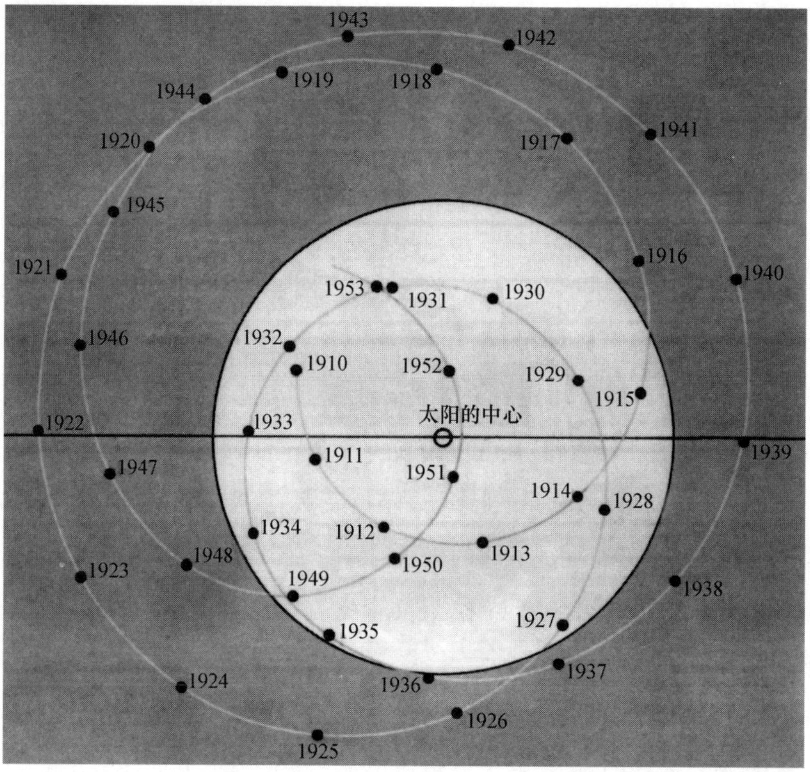

图 74　太阳系的重心

这重心围绕太阳的中心绘出一连串的环圈,它常在太阳的球体以外。事实上,这一点应当看作是固定点,围绕这一点运动的不只是行星,而且还有太阳。就这一观点来说,天体力学对哥白尼的太阳系的学说,作了一点修正。

星好像都向着天空中的一个区域奔驰,即向着和我们运动相反的方向奔驰。我们两旁的星都在后退,我们前面的星都好像在散开,好像在为我们开辟一条道路似的。计算说明,这种透视的现象是太阳带领着地球和别的行星向天空某一区域的移动而引起的,这一区域在天琴和武仙两星座之间。用天文家的术语来说,这一区域是在赤经 270°,赤纬 30°附近,离武仙座 ξ 星不远的地方。天球上这一点叫作**太阳的向点**(图 75)。我们向这一点飞去,速度每秒 20 千米,每日要走 173 万千米,每年要走 6.3 亿千米。我们沿着天狼星闪烁的区域,朝着天琴和武仙的明星飞去。太阳带领着地球的这一种运动是在 1783 年被威廉·赫歇尔〔William Herschel,旧译侯失勒。——译者注〕所发现的。

在夏季的晴夜里,静寂的天穹上闪烁着美丽的星星时,请你在银河边际的星座里去寻找天琴座里的一颗名叫织女星的 1 等明星。在离这个灰白区域不远的地方,天鹅座像一个大十字那样舒展着它的双翼。以织女星居中,和天鹅座正对着的是北冕座,其中主要的明星排成王冠的形式,很易辨识。

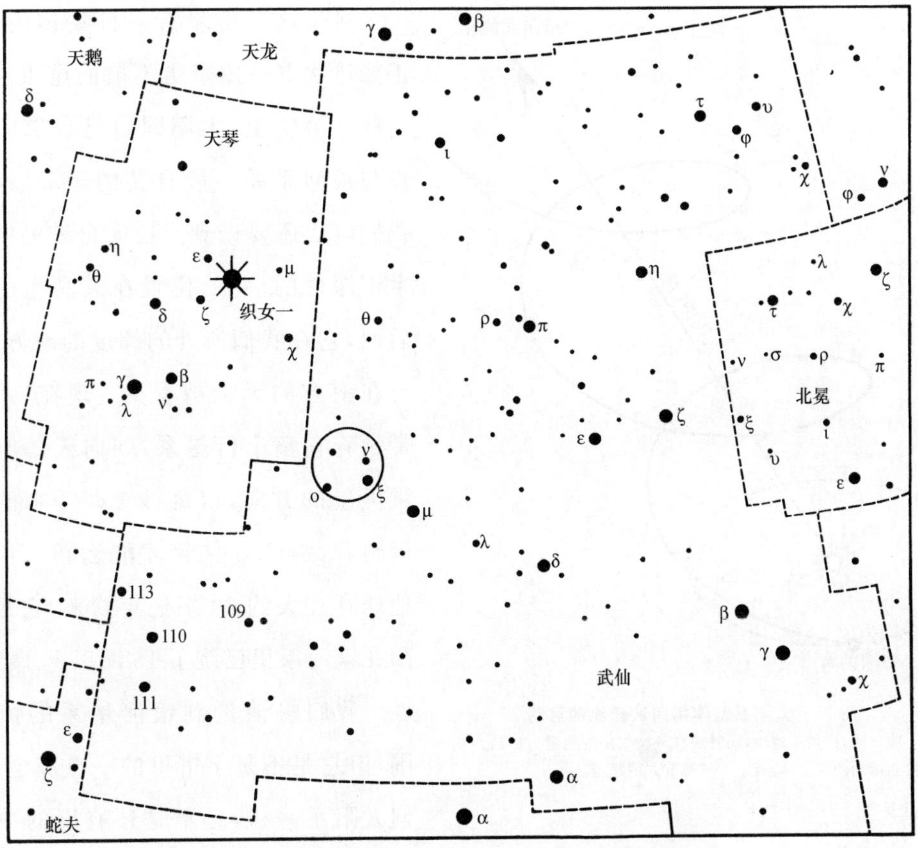

图 75 太阳率领行星指向天空某一点的运动（图中用小圆圈出）

在织女星和北冕座之间（图 75），你可以认出一些 3 等和 4 等的星，它们都属于武仙座，这便是在天空中我们长途旅行所奔赴的区域了。

我们设想一下，我们在无限空间里的这一种运动。宇宙中自然无所谓上和下，为了更好地表现我们在星际间的这一运动，可以取黄道平面为准，因为所有的行星带着它们的卫星围绕太阳运行的轨道都和黄道平面相离不远。假想把太阳系比作一个圆轮，把它抛掷在空间，这圆轮是垂直还是倾斜于自身的运动的方向而飞去呢？

如果把黄道比拟做地平面，黄道的极线比拟为垂直线，我们便可以把我们在空间运行的路径描绘出来。这条路径和黄道极线的方向相交约成 37°（图 76）。地球以高速度向着不可达到的深渊奔驰，这条路线是一条伟大的螺旋曲线，同时太阳（更确切地说便是太阳系的重心）便在箭头所表示的那条直线上飞奔。

这便是太阳和地球对于近星的相对运动。这些星自己都在运动，方向是很多的，但速度的大小则和太阳差不多。包括太阳在内的这一群恒星，好像一群内部纷乱的昆虫在作集体的飞行。

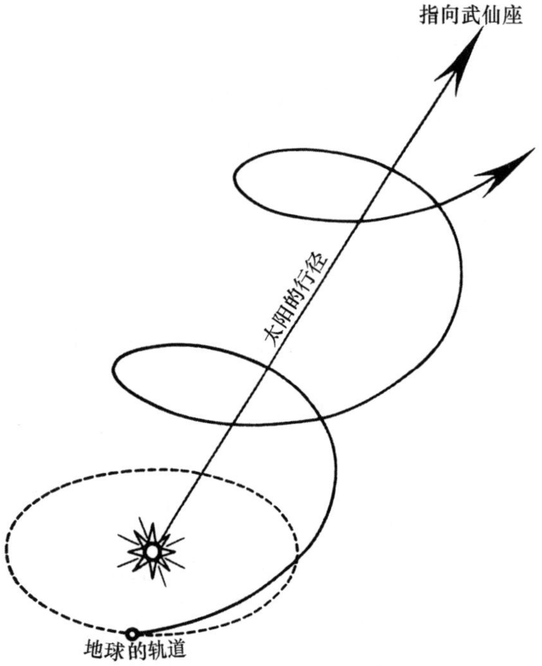

图 76　太阳系整体指向武仙座的运动
每一颗行星，特别是地球，同时还在环绕太阳的轨道上运动。这两种独立运动的组合，造成了一种螺旋式的轨道。

可是这一群星有一种集体的运动，正如风吹着一团聚集不散的昆虫在移动一样。事实上，太阳同自己近邻的恒星参与银河系的一般自转的运动，这一点我们以后还要谈到。银河自转的中心是宇宙深处的一点，位置在人马座的星云后面，它在我们所处的纬度的地方，夏夜可在南方的天上被看见。现在，太阳正带领着它整个行星系，朝向天鹅座的几颗恒星的方向，以每秒 268 千米的高速运转着，需 2.3 亿年才能运转一周。自地球存在大约 30 多亿年以来，它跟着太阳在银河系里已绕了 15 圈以上了。

我们将谈论到银河星系的惊人范围，但它是不是宇宙里的一点灰尘，像我们太阳系一样，是不是还有别的数以亿万计的河外星系呢？在这样超过我们所能想象的星空里，我们是不是终于找到了尽头呢？不，因为所有的星系都像在互相逃逸，这些星系距离我们愈远，逃逸得愈快，最远的几个星系的逃逸速度竟达到每秒几万千米！我们到现在也还不知道每一个星系里究竟有着怎样的运动呢！三个世纪以前，近代天文学已得出了太阳系的真实范围，我们的祖先已经对于那样的无限感觉眩晕。在现今天文学所表示的宇宙面前，我们又会有怎样的感觉呢？

图 77、图 78　地球上两种壮观的地貌

上图是阿尔卑斯山的勃朗峰顶，附近设有观象台；下图是加拿大马更些河的大盆地。

图 79　非洲图古尔特(Touggourt)东北的沙丘
沙丘坑里种植的是棕榈树。

第六章

地球运动在理论上和实验上的证据

古谚说:“聪明人不愿肯定他还没有证明的。”天文学在观测科学中是很精确的,它所表示的真理都建筑在事实上,谁愿意去研究它,谁就可以得到验证。

自然,这里有许多不是一般人所能了解的高等数学上的证明。幸而地球在空间的位置和它的运动的性质这些问题,基本上的证据是容易解说的,而且只需根据简单的推理便可以理解,而我们在这一章内所要说明的正是这些。我们所居住的地球的地位的确是我们应当首先明了的事实。一位相当聪明的法国科学院院士梅西耶(Messier)在 1805 年写道:“天文学家要使我相信我像一只烧鸡穿在铁棍上那样旋转,那真是枉费心机。”可是这位学者的偏见不能阻止地球的旋转,不论怎么说,我们真是在旋转。

但是在今天也还有些自信是受过教育的人怀疑地球在运动，并且列举理由说天文学家可能是弄错了，他们认为哥白尼的理论并不比托勒密的理论更有价值，将来科学的进步可以推翻我们现在的思想，正如近代科学推翻了许多古代的理论一样。很明显，这样的人没有仔细研究过这个问题。我们把所有关于地球运动的证据列举在这里，不但是有益的，而且也是有趣的。

地是球形的这个事实，似乎已不需要向读者举出证据了。400 年以来，人们已经沿着各种方向，随同地球不知道转了多少圈。测量的人已经测量过地球的大小和形状，这些粗浅的知识已经列入小学的课程内，无人怀疑地是球形的了。

今天还有一些人不承认地球像气球那样没有支持点而虚悬空中，其困难在于对引力有一种错误的见解。古代天文学史告诉我们，在昔日观测者开始明白地球是无依靠地浮在空中的这件事实后，不明白这样重的球为什么不掉下去。因为人类寄居在地球上面，所以他们为此感到焦急。巴比伦人以为地球是像船那样空凹的，浮荡在空气的大海里；古希腊人以为地球负在阿特拉斯(Atlas)神的肩头上；古埃及人以为地放在四只象的背上，象立在龟上，龟浮在海上……还有一些古代人以为地球系在它两极的枢轴上；更有人以为在我们脚下的地是无限深远的。为了消除古人的这些幻想，我们应当明白地心引力不过是万有引力的一种表现。地面上的万物都倾向地心，地面上所有的铅垂线都指向地心，地球像磁铁那样吸引住它上面的东西。地球会掉下去这种恐惧是无根据的。那么，地球究竟落到哪里去呢？如果我们假想有一些人围绕地球站着，手中各提着一根铅垂线，这些铅垂线代表地心引力的方向，汇聚于地心，那便是我们所谓的下方，这些人的头部自然代表上方(图 81)。如果我们了解地球是无依靠地悬在空间，便不会想到它会掉到哪里去了的

图 80　麦哲伦，他在 1519—1522 年间的远征里第一次周游了世界

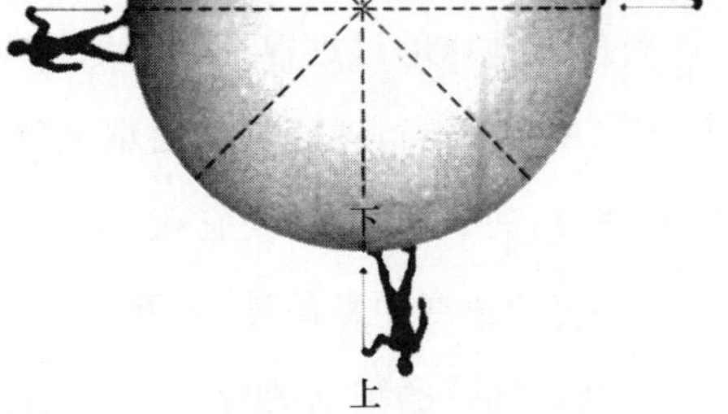

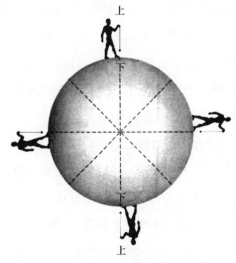

图 81　**“上”与“下”完全是相对的概念**
只在个人所在的地方才有效。

问题。宇宙中原来没有什么上方或者下方。设想如果宇宙中只有地球,那么因为缺少了标志,它的任何运动也就都不能被辨识出来了。

现在我们再研究一下运动这个问题。我们看到,天上的星每24小时围绕地球转动一周。有两种假说可以解释这个现象:或者说,那是因为天上所有的星由东向西绕着地球在转动;或者说,那是因为地球由西向东绕着自己的轴在旋转。这两种情形,在我们眼里的现象都是一样的,因为不参与地球运动的天体作了地球运动的标志。打个比方,假使有一个人坐在一条航行的船上,有人告诉他,而且他也相信他所看见的现象是真实的,即他的确看见两岸的树木和山岭缓缓地在他两旁走过。如果要叫这个人改变他的见解,实在有相当的困难,我们向他说理,也难立刻说服他,使他改正错误的见解。他必须加以仔细考虑后,才会明白两岸的树木和村庄是不动的。

地球也像一条船,我们坐在这条大船上面。怎样能不假思索便确信这个现象的原因,不是天绕着地转,而是地绕着自己的轴在转动呢?

在天绕地转那个假说下,你们将会得出怎样的结果呢?最接近地球的星球是月亮,月地距离是38.4万千米,所以在24小时内,月亮要走过长241万千米的圆周。因此在每一秒钟里它须走28千米。月亮和地球当中的距离是用三角网的方法确切地测量过,正如巴黎和罗马间的距离那样可靠。还不仅如此。太阳距离地球1.49亿千米,在24小时内太阳要围绕地球经行长9.39亿千米的圆周,那么每一秒钟它便需飞行1.09万千米!这样,太阳在一日里所走的路程,等于地球在一年里绕太阳所走的路程了。这个假说之不合理,从力学的观点也可以看出,只需将大小悬殊的日地两球表示在一起(图82)便可以明白了。太阳的直径是地球直径的109倍,至于日地间的距离,曾经根据几个不同的方法确切测定过。由这种比例悬殊的尺度看来,如果还以为是太阳围绕地球转动,那才真是缺乏常识呢!这正像歌剧《西哈诺》(*Cyrano de Bergerac*)中那位主角所说的那样,我们把一只鸟放在铁叉上,我们不把鸟儿固定而转动铁叉,相反要去转动的是火炉、厨房、整个房子和整个城市!这岂不是大笑话吗?

行星离地球的远近曾经精确地测定过,它们也都参与周日运动。如果采取天动的假说,它们在空中运行速度之大更难想象。古人所知的最外的一个行星(土星),距离太阳是日地间距离的9.6倍,假使它在24小时内环绕地球转动一周,那么它将走过长90亿千米的圆周,它的速度便是每秒10万千米了。

现在所知道的最远的行星——冥王星〔在2006年国际天文学联合会大会上,冥王星被降格为矮行星。——编辑注〕,在这种假说下,24小时内就应运行长380亿千米的圆周,速度每秒应

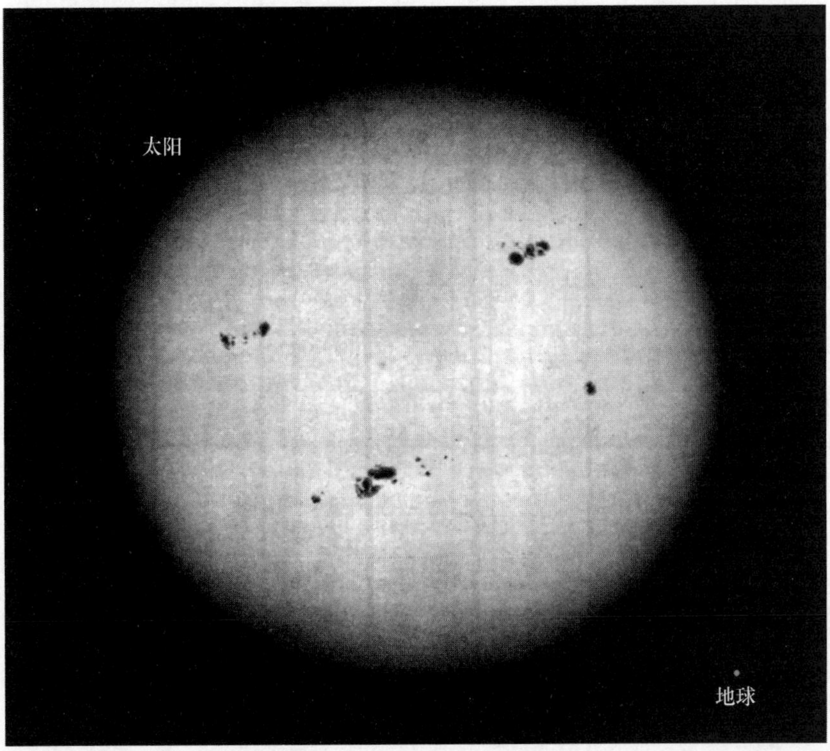

图 82　太阳与地球大小的比较

是 44 万千米了！

还有恒星呢？……距我们最近的一颗恒星，距离我们是日地间距离的 27.5 万倍，换句话说，等于 41 万亿千米。如果这颗星在 24 小时内环绕地球运转一周，它便走过 258 万亿千米长的圆周，它的速度应是每秒 30 亿千米！这还是最近的一颗恒星。比这远差不多两倍的天狼星，在这个假想的圆周轨道上运行的速度，当是每秒 60 亿千米！五车二（即御夫座 α 星）与地球的距离是天狼星与地球的距离的 6 倍，在这种假说下，它的速度当是每秒 360 亿千米，竟是光速的 12 万倍了！还有许多星和星云，它们的距离更是无可比拟的遥远呢！

你看，这两个假说，该取哪一个？把整个宇宙看成是每天绕着地球运转一周，还是让宇宙不作这样的运动，而假设地球绕着它的轴旋转呢？

如果我们明了天空的辽阔，其中有若干万亿颗星，距离在不能想象的远方，再回想一下地球的渺小，我们便不会假设这一切天体都以相同的速度，在 24 小时内围绕像地球那样小的一颗原子在转动了。天上所有的星在 23 时 56 分的平时里围绕地球运行一周这个假设，不但是不可能，而且可以说简直是荒谬的，除非蒙昧无知的人绝难相信。这些各自独立、距离遥远的天体，能够在每日里不约而同地围绕一个枢轴，像一个整体那样转动，它的真实性实在是很难想象的。难道这还不足以证明地球的自转实在是没有丝毫可以怀疑的吗?

这些星当中有一些比地球要大若干万亿倍,它们之间并没有什么紧密的联系足以形成我们所见天球的运动,而且它们远近悬殊,天穹上的星结构非常复杂,不可能像机械那样整体地联系着在自转。那么,我们只好放弃"地心系统"这个荒谬的见解,而承认我们所居住的小球在23时56分里,绕着自己的轴在旋转了。有不少直接的证据证明地球的自转,我们将要在下文叙述。即使没有直接的证据,根据常识的推理,也使哥白尼发现了这个真理。地球绕轴自转时,地球赤道圆周为4万千米,需要24小时转动一周,因此,赤道上的一点的速度为每秒465米;在巴黎的速度是305米;愈近两极,这速度愈小,因为转动的圆圈也愈小了。

哥白尼死后一个世纪,人们发现了许多现象可以证实地球自转这个假说,这才使人相信它是一个真理。望远镜发明后证明,像地球这样的行星,都有绕轴的自转运动。例如,我们的近邻火星,自转一周需时24时37分23秒;离我们愈远的行星,自转的周期就愈短。即使太阳也不例外,它也有自转,自转周期在赤道附近是25日。因此,从简化机构和类比推理两个观点来看,都不得不承认地球的自转。还须加上一句,只有地球自转才能符合天体力学的定律,如果以为整个宇宙围绕地球转动,便与这些定律大大地违背了。

古人在承认地球的自转运动的问题上,有下面所说的一种困难:如果地球在我们的脚下自转,那么,假使我们离开地面,并在空中停留几秒钟再落下,我们便将落到原出发点以西的某一点上。譬如在赤道上,如果我们有办法在大气里停上一分钟再落下,着陆点将会距离原先升起的那一点有28千米那么远。这好像是一个最好的旅行方法,西哈诺就是这样认为的。他认为如果他驾驶着气球停留在空中几小时以后,着陆的地方将不再是法国而是加拿大了。还有一些多情的人以为地球如果自转,斑鸠便不敢出巢飞翔,因为转眼它便不能看见它的小斑鸠了。但是读者不难答复这种反对的论调,只要你们想到,凡是地上的东西都参加地球的自转运动,即使是大气的最外圈,地球也还是带着它和其他所有的东西一同运行。

如果我们在一艘速度很快的船上玩球,两个球在两个相反的方向上将会碰撞得一样有劲。如果在这样航行的船只的桅杆顶上让一块石头落下,它将垂直落在桅杆脚下,就像船在静止时的情形下一样〔18世纪有人造了一种名叫斯太兹(steiz)的仪器,可以使人看见运动的合成。一辆装有弹簧的小车,在室内地板上行驶。弹簧上面的盆里盛有一枚小球,弹簧一弹,将球抛在空中,与此同时,小车还在迅速地行驶着。小球上升又复下落,虽然小车已经前进,但小球仍然落在原先出发的盆里,好像小车并未行驶的情形那样。我们看得明白,小球并未直起直落,而是走了一段抛物线路程,即从车中升起的一段和从顶点落在车中的一段，这是在车子行程中所形成的。这样看来，小球的运动显然是由车传给球的水平运动和弹簧给予球的垂直运动这两种运动组合而成的。小球同时遵循这两种运动所合成的运动而运动。有一天，本书作者弗拉马里翁乘气球经过奥尔良城(Orléans)的上空，他写了一封信给该城的主要报馆，信件系上一个重物，盼望它能垂直地落在城里的一个广场上面。他满心以为这封信好像沿着系在气球上的一根线一样，一溜就下去了。可是因为这位飞行家飞得很快，这封信不但没有落在广场上、城市里，却淹没在洛瓦河里。弗拉马里翁说道："我竟把我在中学时学过的'关于同时运动的独立性'的课程都忘记了！"〕。船的运动传给桅杆、石头和船上的一切东西，唯有当船推开水面的阻力时，才使船中的人明白船是在运动着。火车、气球和飞机上的情形都与这个情况一样。

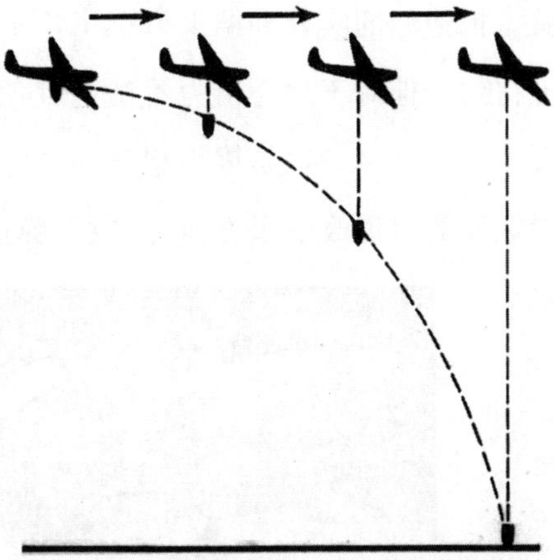

图 83　**飞机轰炸时，炸弹以等加速度的运动自由落下，但同时它保留着飞机给予它的水平方向的速度**

因为地球没有遇见外边的任何阻碍，所以在自然界里没有什么东西会因其阻力、运动或碰撞而使我们感觉到地球的运动。地上的东西都参与了这种运动，即使它们高飞空中，也不能例外，因为它们同样具有地球运动的方向和速度，它们即使到了大气的最外层，仍然跟随着地球在运动。

垂直向天顶射击的一颗炮弹，仍然会落到炮管里来，虽然当炮弹在空中的时候，炮管已随地球向着东方前进了几千米。理由是很明显的：当炮弹射出在空中时，并未损失掉地球运动所给予它的速度，且它所接受的这两种运动并不互相抵触。它可以在它向上升 1 千米的同时，向东走 6 千米，即走了一段抛物线路程；又因地心引力的作用，它再沿着这抛物线坠落到炮管里去。这在地面上的旁观者看来，它始终维持在一根垂直线上。

因风的干扰和炮身难于放成垂直两个原因，这个实验是不易进行的。17 世纪梅森(Mersenne)和帕蒂特(Pettit)曾经做过这个实验，可是他们并没有找到他们的炮弹。瓦里农(Varignon)在他的论文《地心引力的原因的猜测》一文里，给这个实验画了一张插图，我们把它转载于此(图 84)。图上的两个人站在瞄准天空的大炮旁边，一个是军人，一个是教士，他们望着天空，好像在寻找刚才射出的炮弹。图上印了几个字："它会落下来吗？"图中的教士是梅森神父，军人是军需官帕蒂特。他们把这个危险的实验做了好几遍，由于他们的技术不高明，没有能够使炮弹落在他们的头上，他们便断定炮弹留在空中了。瓦里农没有追究事实，只是叹息道："一颗炮弹悬在我们的头上，也未免太可怕了！"这两位大胆的实验者把他们的实验和结果告诉了笛卡儿(Descartes)。笛卡儿在这个他们信以为真的结果上得到了他对于地心引力看法的证明。这个实验后来又在斯特拉斯堡市做过,炮弹在数百米之外觅得。这是因为炮身没有完全直立,加以风的干扰、炮弹的旋转、空气的阻力,使得炮弹的轨道改变了方向,造成了弹道学上的所谓"偏差"。

图 84　垂直向上发射的炮弹会不会再落下来呢?
17 世纪的一幅木刻图。

此外,还有一些现象给予地球自转无可怀疑的证据,试举例如下。由于地球的旋转,便产生了一种离心力。这个力在两极为零,在赤道上为极大;距离地轴愈远的物体,所受的这种离心力便愈大。事实上,如果我们把物体由两极带到赤道,因离心力的缘故,这些物体便损失了一部分重量。而且因为地球的赤道带特别突出,物体离地心较远,所以,它更是要轻一些了。

摆钟的摆动也证明了这个事实。在巴黎,一个长一米、放在真空里的摆,一日 24 时内摆动 86 136 次;若把这个摆带到两极,它却要摆 86 236 次;如果带至赤道,它只摆 86 009 次了。每秒摆动一次的摆,在巴黎它的长度是 994 毫米,在赤道是 991 毫米。

从巴黎五层楼上落下一块石头,第一秒所走的距离是 4.90 米;在两极,因引力大一些,它落得要快一些,所走的距离是 4.92 米;在赤道要缓慢一些,所走的距离是 4.89 米。

因地球自转而产生的离心力,在赤道上能抵消引力的 1/289,这种离心力是按自转速度的平方而增加的。因为 289 恰好是 17 的平方,假使地球旋转 17 倍快,那么离心力抵消了吸引力,赤道上的物体便不会有重量了。

因离地心愈远离心力愈大,一块石头在地面上要比在深井里向东移动的速度更大。如果我们使一个小铅球掉落在一个深井里,它不走铅垂线的路径,而却向东方偏移一些。

卡西尼(Cassini)曾在巴黎天文台的深井里做过这个实验,别的人在矿井里也曾做过。他们都观测到这种向东偏移的现象,但是实验中的物体受了种种干扰,如物体初落时所获的速度和它所经过的空气的运动〔1903 年,弗拉马里翁从巴黎国葬院离地 68 米高处扔下几粒钢丸,根据计算应偏东 8.1 毫米,而实际结果是偏东 7.6 毫米〕,使实验不能得到预期的效果。

地球物理学也提供了许多有关地球自转的证据。地球的形状是一个略呈椭圆的球,赤道突出,两极扁平,这恰是旋转的流体所应有的形状。

还有一些现象,例如和江河里旋涡相似的旋风以及赤道带的季节风,它们旋转的方向也可说明是由于地球的自转而形成的,但是,这些现象没有以上几个例证那样有力,因为它们也可由太阳运动的假设去说明。

这里我们应当提到 1851 年傅科(Foucault)在巴黎国葬院所做的有名的实验(图 85、图 86)。这个实验使我们亲眼看见地球在自转,而不能加以否认。一根钢丝上端嵌在置于屋顶的金属板上,下端拖着一个相当沉重的金属球,球的下方嵌上一枚尖针。这样制成的摆,在运动的时候,摆尖在两个沙盘上划出了痕迹。摆在连续多次的摆动里,针尖所划的痕迹并不互相重合。这些痕迹只在中心相交,显然表现摆的摆动面有由东向西的、缓慢的、持续的移动。事实上,摆的摆动面

图 85　傅科在巴黎国葬院所做的实验(1851)

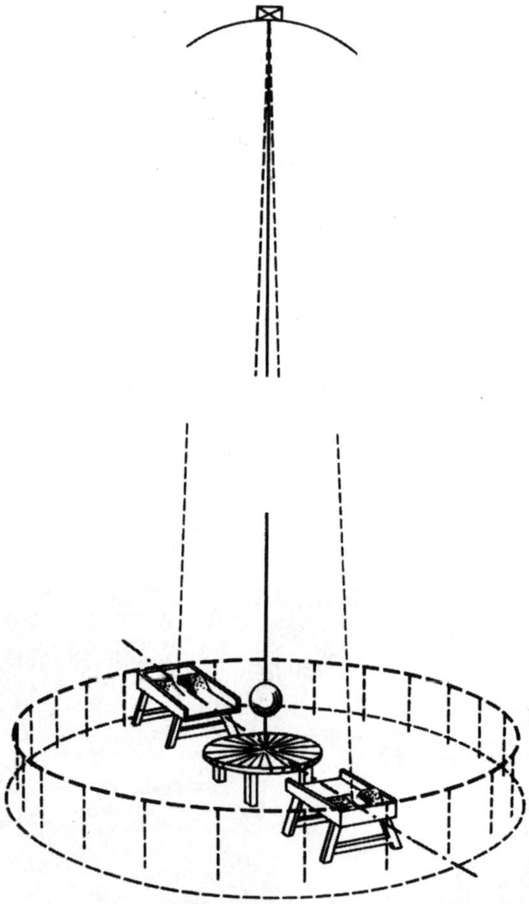

图 86　傅科摆的示意图

是不动的，我们所看到的现象，是由于地球由西向东转，把地面上的沙盘带动的缘故。在这个实验里，在摆的摆动面周围作为标志的东西，应该是在运动着。

假想有一个摆悬在地球的一个极上(图 87)，一经摆动后，它的摆动面是固定不变的(不考虑钢丝的扭力)，但是地球在摆的下面转动，因此摆的摆动面好像沿着与地球自转的相反方向转动，在一个恒星日里转动一周。

如果把这个摆放在赤道上，它的摆动面便不会有这样的转动了。如果在赤道面上我们使摆的摆动沿东西向进行，摆便没有理由向任何方向偏转；如果使这个摆沿着其他的方向，例如南北向摇摆，我们可以断定也有同样的结果，摆的摆动面总是不变的。

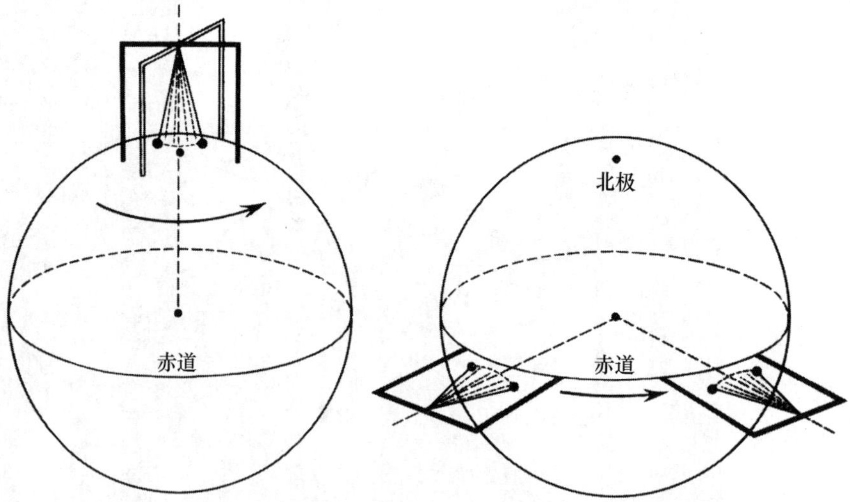

图 87　傅科摆

左图摆悬在北极，右图摆悬在赤道上。

在既不是赤道也不是两极的其他纬度的地方,由理论可以说明,摆的摆动面转过的速度是与纬度的正弦成正比的。在巴黎,傅科摆的摆动面旋转一周需要 31 时 47 分。因为摆的摆动受阻力而渐渐趋于停止,实验只能进行几小时,但是只要装置得好,已足够证明理论所需要的结果了〔傅科在巴黎国葬院所做的实验,1902 年弗拉马里翁在法国天文学会的主持下复演了一次〕。

长 67 米的摆来回摆动一次需时 16.5 秒。摆底尖针在离心 4 米的沙上所划的连续两条痕迹,相差达 3.6 毫米。

这些便是地球绕轴自转的实际证据。地球绕日公转的证据也是很有说服力的。

首先,所有的行星都围绕着太阳在公转,地球不过是一颗行星,当然不会例外。古代天文学家为了在地球是不动的假说下解释五大行星(水、金、火、木、土)在天球上的视行,把行星的体系弄得异常复杂,甚至想出有 72 个晶体的圆周互相地嵌合着! 一直到哥白尼,才说明地球和所有的行星一样,都是围绕着太阳在运动。地球在它大圆圈的轨道上所看出的景象的变化是不难想象的。当我们前进的时候,有些行星好像在后退,有些时候,这两种运动的组合使得某一时刻行星在天球上仿佛固定不动。在地球绕太阳公转的理论下,这些变化便很容易得到解释,而且容易计算。如果采取相反的地心不动的假说,这些现象的解释则极其复杂。在 18 世纪所达到的复杂的程度,使得精通天文的君王阿方索(Alphonse)十世竟这样说:"如果上帝在创造世界的时候要找人来提意见的话,我可以劝他采取更简单而不用这样复杂的方式。"可是这位君王为什么不抛弃前人的见解呢? 自 18 世纪以来,人们研究了在空中各个方向运行的彗星的轨道,虽然这些披头散发的彗星十分奇特,可是它们却一致地与前人假设的体系不符,正如丰特奈尔(Fontenell)所说:"它们早已打破天空的这些晶莹的轨道了。"人们计算彗星的轨道日益准确,已能预测它们在天空再度出现的方位,可是如果把地球当作是不动的,计算就会变得异常的复杂。18 世纪末,在土星轨道之外发现了天王星,19 世纪中叶发现了海王星,1930 年又发现了冥王星。它们都是围绕太阳而不是围绕地球在运行,而且最后这两颗行星,还是数学家按照万有引力的定律首先计算出在 50 亿千米之外有这两颗大星,然后才经人用望远镜观测到的。还须说明在火、木两星之间,我们曾经发现 2 000 多个小行星,它们都毫不例外地围绕太阳在运行。可见太阳系是一个大家庭,只有太阳才是稳坐在中心的统治者。不仅如此,由于地球每年绕太阳运行一周,使我们看见一些由此而反映在天空中的现象。恒星并不是在无限远处,有一些恒星和我们相当接近,距离我们只有几万亿千米。地球绕日运行在空间走了一个直径长 3 亿千米的轨道,如果我们在一年里仔细地观察一颗近星,而把这颗近星附近的另外一颗远星作为它的背景，我们将会看见这颗近星因地球的自转所形成的现象，即看到这颗星不是固定的，而是于一年内在天上走了一个小小的椭圆。事实上，天文学家就因为测量这些小小的椭圆而算出恒星的距离，关于这些，在本书后面还要讨论到。自哥白尼、第谷、伽利略（Galileo）以来，因为人们未能找到恒星的这种视运动，被人引为反对地球公转的有力论证。但是天文观测的精确度不断地提高，这个论证也和别的论证一样已经被驳倒了。

还有一个证据。由于地球绕日每年运行一周，在天球上将会表现出另一种名叫光行差的现象。星光沿直线以地球公转速度的一万倍向我们射来，如果地球是静止的，我们将直接接收这些光线而没有偏差，但是我们在这些光线下面奔跑，正如在垂直落下的雨点下奔跑一样。我们跑得愈快，愈是应该把雨伞向前倾斜，才不会使我们的衣服淋湿。我们在火车内时常看见，车行方向的速度和雨点落下的垂直速度的两者组合使雨点斜向地落在车厢的玻璃上。那么，我们可以把我们指着星光的望远镜比拟成向着雨点的伞。地球运动的效果，就使我们不得不把望远镜稍微倾斜一点去接收星光。因为地球绕日公转，不断地在改变它的方向，而且在一年之内扫过了整整的一个椭圆，所以我们看见，在天球上每颗星每年内也走了一个椭圆。这椭圆的大小，不但随星与地球的距离有所不同，而且随星和黄道的相对距离也有所不同。这种在前一节已简略谈过的远景效应上的现象，是近代天文学上的一个重要的发现。借着光行差这一发现，天文学家证明了两件事实：既证明了光线的速度是每秒 30 万千米，也证明了地球绕日公转是一个真正的事实。假使地球是静止的，恒星的这两种位移便绝对无法解释。但是这些现象一旦得到解释，又是多么的简单而又清楚呀！

以上所说的地球运动，反映在天象上，使人们可以察觉，除非人们宁愿闭着眼睛而不愿认识真理。今天已经证明的，不单是我们这颗行星有这两种运动，在空间中和我们的地球相似的姊妹星也有这些运动。这些运动的理论根据，就是万有引力定律，它已经被近代天文学上的一切事实所证明而成立了。牛顿发现了这一定律以后，今天便可利用它来预测天体间互相吸引的细微影响，甚至可利用它来发现未曾见过的天体。海王星和冥王星就是根据它计算求出，然后才用望远镜去发现的；天狼星的伴星也是这样先由计算发现，以后才被观测加以证实的；而且有 100 多颗恒星的伴星都是这样被证实其存在的（因它们和主星过于接近，人们不一定会看见）。科学上所有的事实都证明了近代天文理论的真实性，并没有一件事实和它们发生矛盾。所以我们敢说，地球的运动是无可辩驳的真理。

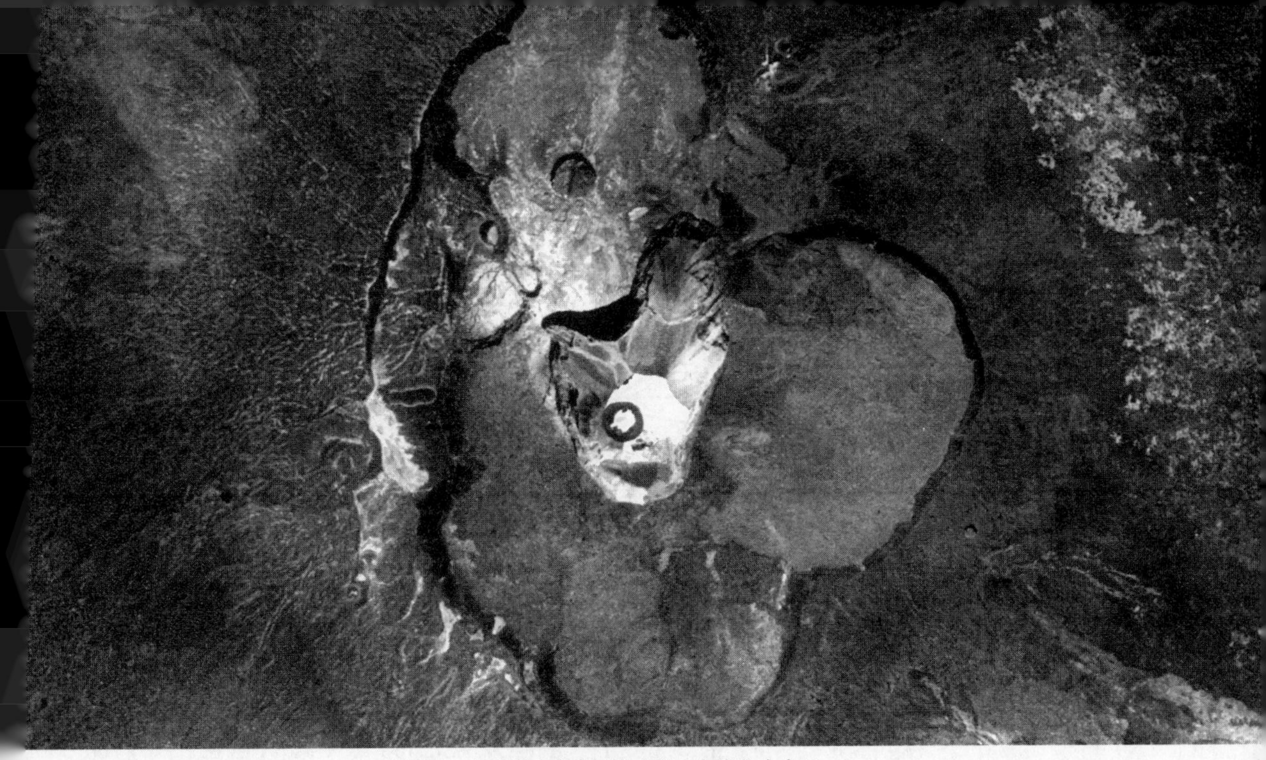

图 88 印度洋大科摩罗岛上的卡尔塔拉火山口

第七章

作为行星和世界的地球

现在我们来谈谈地球上活跃的情况。这个载着我们的球,其赤道处的直径是 12 757 千米。它不是一个球体,它是一个略微扁平的椭球。连接两极的直径比赤道带的直径要短一些,两者之差是 1/297〔更精确的数字是 1/298。——译者注〕,或者 43 千米。在直径 1 米的球上,这个 1/297 的差异不过是 3.13 毫米。地球上最高的山峰是喜马拉雅山的珠穆朗玛峰,海拔 8 848.43 米,在这作为标本的球上也只是 0.7 毫米。所以地球比一个最圆的橙果还要圆,或者和台球一样圆。至于居住在地球上的人,他们的身材真是太渺小了,在 1 米直径的球面上,字母 O 这样大的范围内,容得下 3 万人身挨着身地躺在里面。

人离地面愈高,眼界愈是开阔,他的眼睛所能看见地球上的圆圈的直径大约随高度的平方根而增加。在 300 米高处(图 89),可以看见 68 千米外的天界,换句话说,即人的眼睛所能看见范围的直径是 136 千米。在勃朗峰(Mont-Blanc)〔欧洲阿尔卑斯山的最高峰,在法国

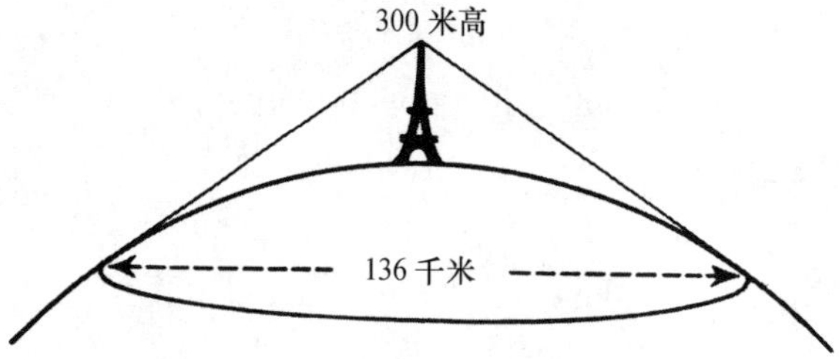

图 89　人站的位置越高，他看见的地平线越远

境内。——译者注〕4 807 米的高处，当天气极晴朗的时候，如果将折光的效果计算进去，眼睛可以望见 270 千米外的平原。

地球被大气所包围，人在它的下层呼吸与生活着。这大气是氧、氮、氩、二氧化碳等所组成的，还有一些分量时常变化的水汽（水汽是由江、湖、海、洋以及潮湿土地所蒸发而升起的）。大气不是绝对透明的，它漫射日光，使天空呈现蓝色，好像半穹状地盖在我们的头上。空气的分子被日光照亮，使我们白天不能看见星星。最明亮的行星，如金星、木星以及最亮的新星，有时在蓝色天幕上特别突出，就是在白天人们用小望远镜或涂黑的空管也可以看见它们。好的望远镜增加星的视亮度，减少蓝天的光亮，在白天也同样可以望见星座里的明星。

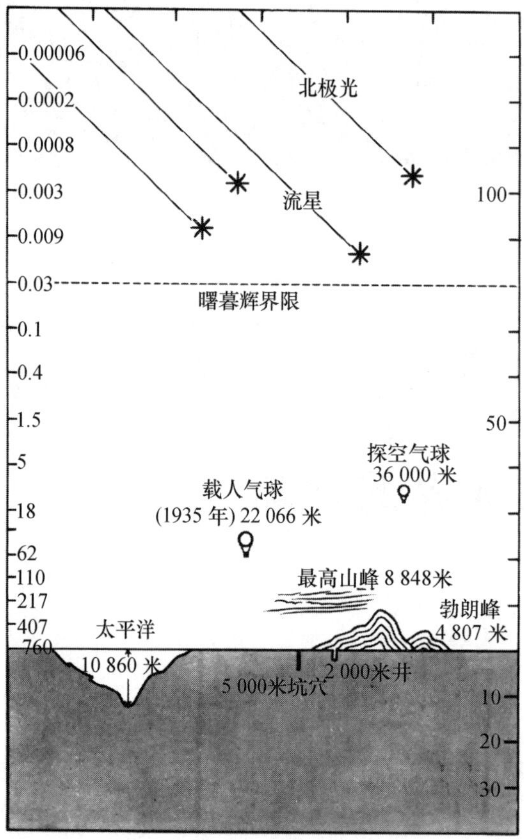

图 90　地球的大气

右边纵坐标表示高度，单位是千米；左边纵坐标表示气压，单位是毫米汞柱。

上升愈高，大气愈是稀薄，可是它并没有确定的上限。人乘气球已上升到了 22 千米高〔斯蒂文斯（Stevens）和安德森（Anderson），1935 年 11 月 11 日〕，而没有载人的探空气球会上升到 36 千米〔维冈（Wigand），1930 年〕。人到了 7 千米或 8 千米高处，空气稀薄到不适宜呼吸的程度，便非有帮助呼吸的器械不可了。（图 90）

曙暮辉的现象给予我们一些关于高层大气的情况。地面上的观测者可以看见，日落时阳光还会在短时间内照耀着高层大气（图 91）。记下黄昏在天顶消逝的时刻，我们便可以算出漫射阳光的气层高度，这高度是 70 千米或 80 千米。1883 年，喀拉喀托（Krakatau）

火山爆发，喷射出大量的灰尘。经过两年之久，这些灰尘还漂浮在大气中，使得整个地球呈现曙暮辉这种特殊的现象。早晚的红霞特别鲜明，那时在法国测得这些灰尘云最高达 72 千米。

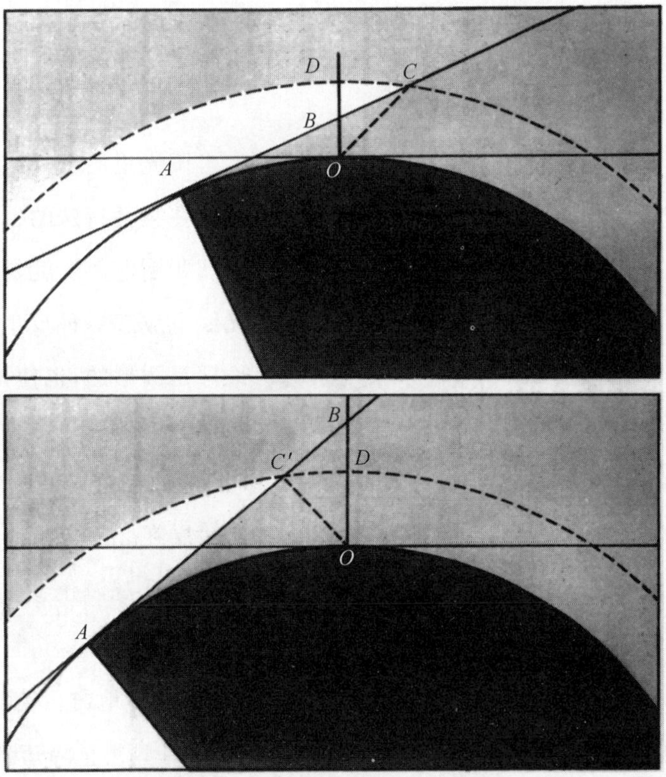

图 91　曙暮辉

观测者 O 看见在地平线和 C 点之间的天空是明亮的。

近年来，利用火箭直接对大气进行研究有了很大的进步。第二次世界大战时，火箭是一种杀人的武器，战后便用来做科学研究。1947 年，有一枚火箭带着各种科学仪器到达 160 千米高处，以后这记录又屡被打破，曾经到达 400 千米的高空〔实际上在本书法文本出版后，1957 年以来地球上连续地发射了一系列的人造地球卫星、宇宙火箭、宇宙飞船，打破了以往任何的飞离地面的高度记录。——校者注〕。在大约 100 千米高处，气压就只有千分之一毫米汞柱。至于温度，也发生了显著的变化。利用探空气球我们发现，从地面起至 10 千米高，大气的温度逐渐降低；再往上去 20 多千米之内，气温没有什么变化，常保持在－60℃至－50℃之间（图 92）。地面和地面上 10 千米之间的大气下层，叫作对流层，这以上的大气叫作平流层。

到了 30 千米以上，气温又迅速地增高。这里气温骤增的原因是由于氧气，特别是由于高空相当多的臭氧吸收阳光的能量而造成的。在离地面 50 千米处，气温高至 50℃或者更高些。但是在 55 千米以上，已超过了臭氧层，气温又下降，一直下降到－50℃。然后，温度又升高，至 90 多千米的高处，气温升至 0℃，至 110 千米时又增高到 80℃。

地球上空有一层臭氧，实在是自然的一种恩赐，因为这种气体有一种特性，最能吸收太阳发出的紫外辐射。假使没有这层臭氧的保护，这些极端有害的辐射便会把动物和植物的机体组织破坏掉，世界上便不会有生物了。幸而经常有这一层保护层，使人类不致灭亡。虽然因阳光里紫外辐射的影响，空气中的一部分氧变化为臭氧，但一部分臭氧又在分解,所以总是维持着一个十分稳定的平衡。30多年前,法国物理学家查理·法布里(Charles Fabry)开始进行这一观测,以后全球各地陆续进行观测,证明保护我们的臭氧含量的变化是极其微弱的。

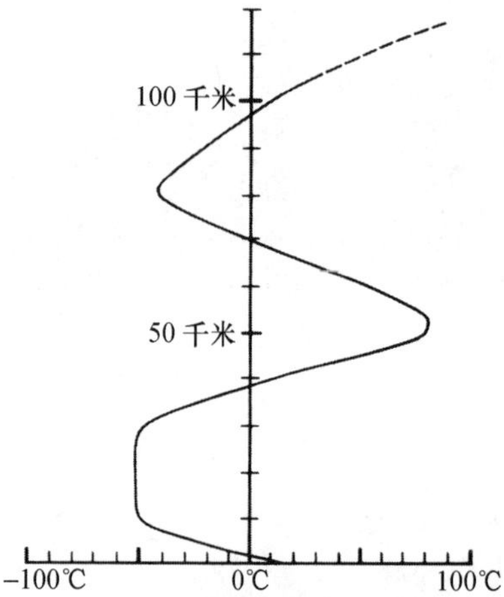

图92　温度随高度的变化而变化

阳光里的紫外线还有别的效果,它使某些空气层维持在某种特殊的带电情况,一般叫作电离的情况之下。所谓电离层就是这些特殊气层的总称,它们对于无线电波起一种反射作用,纵然电波走的是直线,而地球是圆形的,也使得电波可以达到距离发射站很远的地方,甚至到达地球的另一面去。电离层有一层名叫E层,在白天里最为活跃,它高出地面120千米;还有一层在250千米或300千米高处,叫作F层。物理学家每天观测电离层的变化,因为它和无线电通信有关。

在120千米高空的地方是流星经常出现的地方。明亮的流星在达到80千米高空的地方便已熄灭,较大的流星可以深入下层,有些甚至降落到地面上来。这些在本书第五篇我们还要详细讨论到。极光是由太阳喷射出的质点激发高空的空气所产生的现象(图93)。我们测出了它们所在的高度,它们常出现在100千米至120千米的高空,还有一些出现在1100千米的高空。人们所观测到的地球上的现象再没有比这个更高的了。所以,我们可以认为我们的大气层是有1000千米至1200千米之厚,这以外便是行星际空间了〔1957年以来,从人造地球卫星所得到的资料证明,地球大气层比从前估计的要高,它的高度大约是3000千米。——校者注〕。

和我们直接有关的气象现象,如云、雨、风、雹、风暴、飓风、台风等,都发生在对流层里,而这一层不过占全大气层厚度的百分之一,可算是非常薄的一层。

大气对于天文观测有很大的影响,它使星光偏向,使我们所见的星光的方向不是它真实的方向。这种偏向,叫作天文折光或蒙气差(图94)。在我们头顶上的点,学名叫作天顶,那里没有偏向的效果,因为光线垂直射在它所经过的气层里。但是距离天顶愈远,这效果便愈显著;接近地平线的时候,这效果之大,能使初升的太阳或月亮虽还在地平线之下却能被观测者看到它已升起在地平线上了。根据同样的道理,当夕阳的下端接触大海边沿的时候,其实整个太阳已落在地平线以下了。事实上,地平线蒙气差比大约半度的太阳或月亮的视直径还大一些,而在45°高的地方,即地平线和天顶当中,蒙气差不过是一弧分。这是因为星接近地平线时，蒙气差增加很快，而且使初升或刚落的太阳呈现了比较扁平的椭圆形状，因为太阳的下部边缘比起上部边缘显然是更被提高了一些。地球的体积是 1.083 亿立方千米。科学家曾用卡文迪什(Cavendish)的天平测定出地球的质量，于是求出地球的平均密度是水密度的 5.5 倍。因为地壳的密度只是 2.7 克/厘米^3 至 2.8 克/厘米^3，所以地心的密度应该假设是大于 5 克/厘米^3 的。大气的质量大约占地球的质量的一百万分之一。

图 93　帷幔形的北极光(出现在拉普兰)

地球的面积为 5.1 亿平方千米，其中 3.57 亿平方千米是海洋，其余 1.53 亿平方千米或者说 1/3 是陆地，但这里面还有一部分是不适宜于居住的。

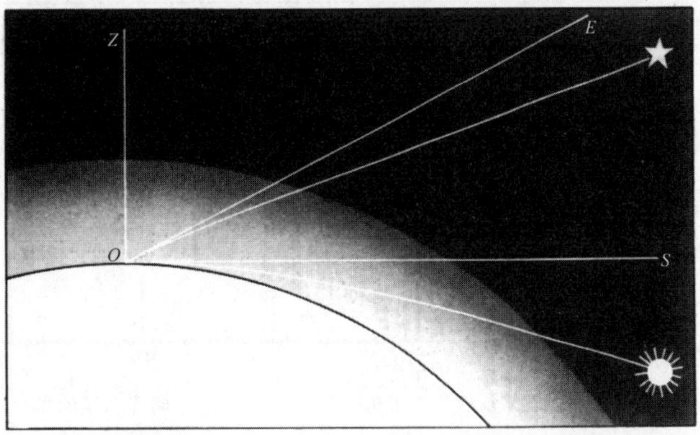

图 94　星光经过大气遭到弯曲而造成的天文折光(蒙气差)

我们所看见的星的方向不是它的真实方向，因为天文折射，太阳接近地平线还没有升起的时候，我们已经可以看见它了。

我们的地球作为一颗行星，有它的生命史，但详细的情况我们还不太清楚。我们的土地里有电流，名叫地电。磁针指北而且常常动摇不定的原因还未找到。磁针所指的方向，每日、每年、每世纪都在变化。在巴黎，300 年前，磁针向东偏转；1666 年，正指向北方，后来又偏向西；1700 年由北偏西 8°；1800 年偏西 22°；1814 年再转过来；这个磁偏角在 1900 年更变为 15°，1950 年为 7°(图 96)。如果变率像这样继续下去，在 2000 年，巴黎的磁偏角将再为零，即正指北点。

图 95 朝阳从阿尔卑斯山岭后面升起

在地平线附近，因为温度和湿度的不均匀，大气层里发生异常的折射，于是使日轮的边缘变形。

这个奇妙的磁针，在每一天里经常绕着它的轴摇摆，8 时偏东，13 时偏西。在这种周日变化里，还时常有或大或小的变动。

周日的变幅以及地磁扰乱的频率，每年也有不同，引人注意的是这些变化都和太阳的活动有紧密的联系。图 97 表示两条可以互相重合的曲线：上面的一条代表 1933 年至 1950 年间太阳黑子数的变化，下面的一条代表磁偏角日变幅的年平均的变化。这两条曲线的相似是非常明显的。如果假设这些日变化是由于上述电离层的变化引起的，这就容易得到解释。因电离层是由于太阳的紫外辐射而形成的，所以它的电离的程度自然和日面活动有密切的联系。

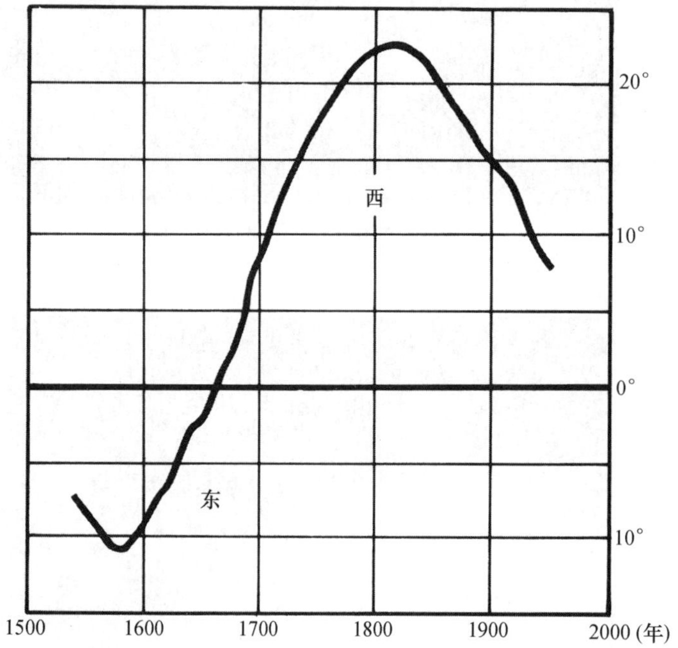

图 96 磁偏角的长期变化(1541 年至 1950 年间在巴黎的变化)

磁针扰乱的周期是变化不定的，扰乱最剧烈的时候，偏角可达几度之大，这种现象叫作磁暴。磁暴常发生在日面发生爆发现象的时候，即太阳射出的带电粒子流穿过我们的高层大气的时候。磁暴常和极光一起出现，但是磁暴出现的地区远超过极光出现的地区。巴黎的磁针常随瑞典或挪威天上出现的极光而发生激烈的颤抖，直到远处的极光消逝之后磁暴才能停止。在自然界这本大书中，这种联系表现得多么鲜明呀！

我们仔细观察地球，还会发现一些和天文现象有密切联系的地球物理现象。居住海边的人，谁能不被潮汐引起惊奇的注意呢？海洋每天有两次涌起，波涛冲撞着海滩，碰击

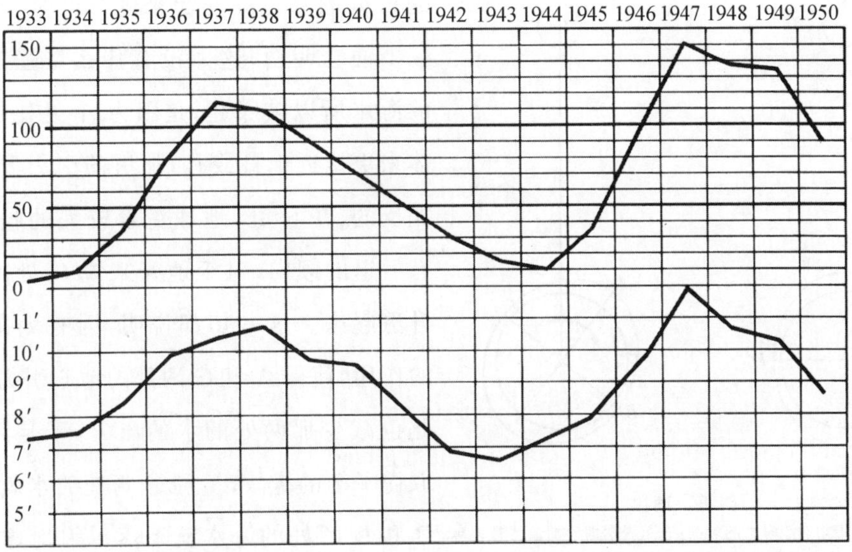

图 97　巴黎磁偏角的变化(下)和太阳活动(上)的相关情况(自 1933 年至 1950 年)

着岩石;每天也有两次海水退走,露出海边大大小小、高高低低的暗礁,人们可在那里观察海洋生物繁荣滋长的情况。拉普拉斯(Laplace)曾写道:“当风和日丽之际去看这么大规模的海水在汹涌澎湃着,猛烈地碰击海岸,酿成滔天的波涛,真是一件惊人的奇迹。”

图 98　满潮

潮汐的原因很久以前便已知道。它是太阳的引力加上月亮的引力一起施加在地球的液体外衣上面所造成的,而牛顿是从理论上加以说明。我们暂时假设地球整个被水盖住(图 99)。太阳或月亮的引力使得海面变形,在固体的地壳上吸引起两个区域:一个是正对日或月的 A 处,另一个是在和 A 点作直径相对的 C 处。这个说法也许会引起没有考虑过这个问题的读者的怀疑,太阳或月亮吸引起和它正对着的 A 处的海水,那是自然的,但是为什么和 A 正相反

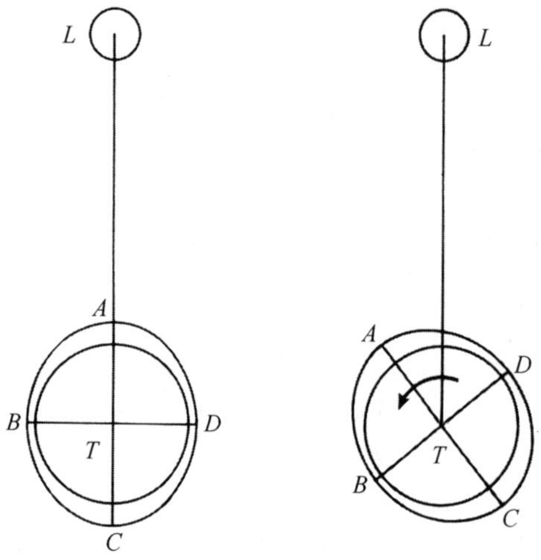

图 99　潮汐

月亮的引力对于海水的影响，右图表示潮汐的波涛被地球的自转带动，太阳引力也有类似的效应，但变幅只有月亮所引起的潮汐的变幅的一半。

的 C 处的水也高涨起来呢？可是，只需考虑一下便会明白，这并没有什么奇怪的。A 处的海水所以被吸起，是因为 A 处比起地球整体来更接近于日或月，那里的引力要大一些。相反的，在 C 处，地球受着较大的吸引力，它有后退的倾向，对于地壳来说 C 处的海水便升涨起来。这一切都说明，因有太阳和月亮的作用，使得 A 和 C 两处的地心引力减少，因此也减少那两处的水的压力，于是因力量须取得平衡的缘故，A 和 C 两处的水就上涨，而 B 和 D 两处的海水就下落。因地球的自转，在一天里地面上的每一定点均陆续处在 A、B、C、D 处那样的地位，于是观测者在一天里有两次要看见涨潮和退潮相继而来。

每逢新月时，太阴潮和太阳潮同时发生，所以效果是两者相加的；在满月的时候，也发生同样的效果（图 100）。可是在上弦月或下弦月的时候，太阴潮的涨潮和太阳潮的退潮同时发生，于是两者的效果互相抵消，因月亮和地球很接近，所以太阴潮胜过太阳潮。潮汐大约随月亮的视行而变化，但是潮汐的幅度在上下弦月时比在朔望时显然要小得多。举一个例子来说：1950 年 4 月 3 日，刚满月不久，在布雷斯特，高潮的幅度是 7 米；7 天以后的 4 月 10 日，即在下弦月以后不久，低潮的幅度只有 2.5 米。

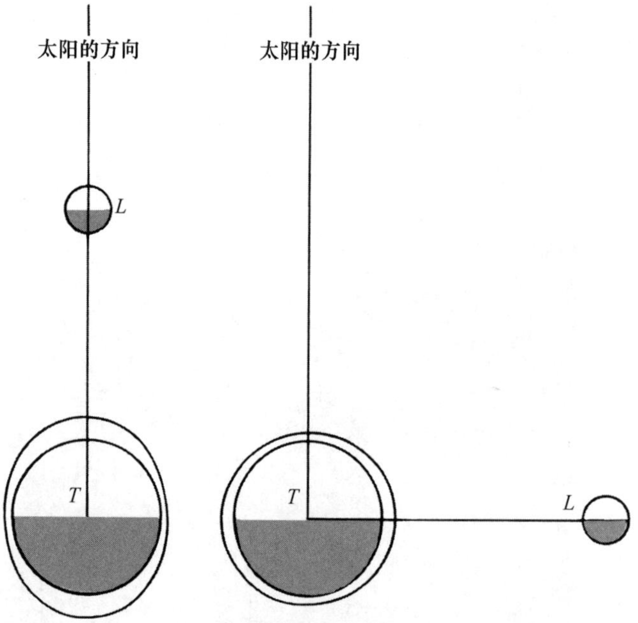

图 100　潮汐

左图表示朔望大潮，这是由太阳和月亮引力的混合作用的结果，右图表示上下弦小潮，是由太阳和月亮的引力互相阻碍的结果。

以上所说的只是关于潮汐的一点基本概念，但是还有别的原因，如地球夹带着海水的自转、高出海面的大陆、海底高低不平的地势、水的黏滞性等，使得潮汐的理论异常复杂，成为天体力学中的一个困难问题。根据以上的简单理论所算出的结果和观测的事实大有出入。例如高潮的到来绝不和月亮的中天同时，潮总要落后一些(图 99)。在布雷斯特，高潮常发生在月亮中天以后 3 小时至 4 小时，而且大潮也不发生在朔望，而是在朔望以后的一天半。

图 101 墨西哥帕里库廷(Paricuti)成长中的火山

假使整个地面都覆盖着水，潮汐的波浪便是有规律地由东向西传播，可是在有些狭窄的浅海里，情形恰恰相反。海潮通过英吉利海峡需要 7 小时，从布雷斯特到布洛涅(Boulogne)，换句话说，也就是向东去，英法两国的海岸愈接近，潮汐的幅度愈变大。在布雷斯特潮高 3 米，到布洛涅即变成 4 米。在大洋里潮流并不显著，可是一到了窄的海峡，如英吉利海峡、爱尔兰海峡、白令海峡，它就非常显著了。每天因水的黏滞性而带来的摩擦，使潮汐的一部分机械能变成了热能，这便是以前讲过的地球转暖的主要原因。

图 102 维苏威火山爆发的情况

固体的地壳亦有潮汐式的变化，这一现象直到 20 世纪的前几年才被人发现，因为以前没有人找着识别这种运动的标志，而且需要精细的观测才能证明它的存在。自然陆潮也像海潮一样，是因月亮和太阳的周日运动所引起地心引力的周期性变化。陆潮的变幅常很小，最多不过几分米。陆潮使得铅垂线有微小的变化。我们以为自己、房屋和精密的仪器都是稳定地安置在坚实的土地上，但事实上却不是这样，我们是居住在受着各种外界影响的动摇的地球上面。还有，因为地球内部的变动，有时候在地面上亦出现可怕的现象，如里斯本（Lisbonne）、墨西拿（Messine）的地震，喀拉喀托、马提尼克（Martinique）的火山爆发，其间死亡人数常以数千计〔最近在 1960 年 5 月 21—22 日在南美洲智利发生的大地震中，至少有 5 000 人死亡。——校者注〕。幸而这种灾难性的变化相当稀少，在天文学家的眼光里，我们的行星上的日常变化是相当微小的，只有用灵敏精确的仪器才能将地球的这种活动记录下来。一个世纪以前，没有人怀疑地轴的固定性，可是在今天，我们知道，地极每天都在移动，这种移动的分量虽然微小，但是还是可以在地面上标记出来。我们怎样能够发现这种不规则的运动，而且描出它的曲线呢（图 103）？方法是简单的：如果两极固定不变，地球上每点的地理纬度也就不会变。天文工作者能很精准地测定他们的子午仪所在点的地理纬度，可是发现这些纬度随时间在作微小的变化，于是他们根据这些变化定出地极的运动。图 103 表示地球的北极在 1900 年至 1908 年间的移动的轨迹。图上 1/10 弧秒相当

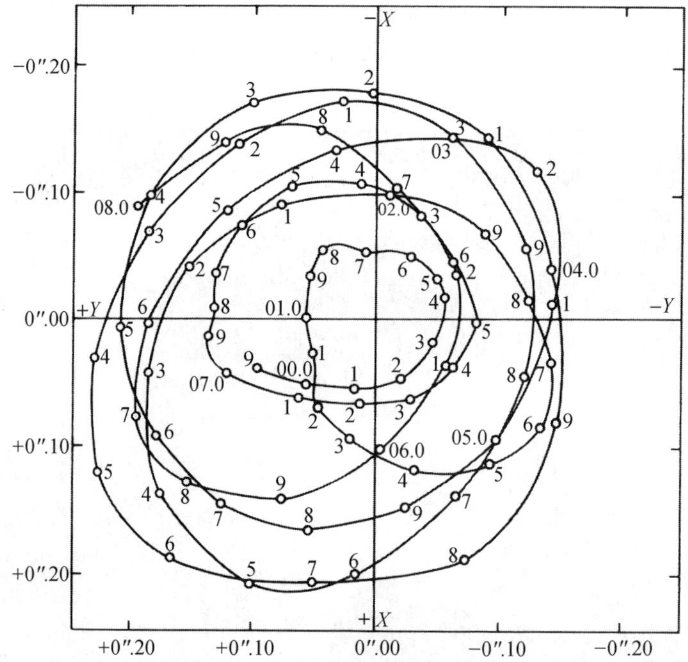

图 103　地球北极的移动（1900—1908）

图中小圈表示极在每 1/10 年的位置，X 轴指向格林尼治，1/10 弧秒相当于地上的 3.10 米，极离它的平均位置从未超过 9 米。

于地上的3.10米，这样就可以确定图上的比例尺。极移的范围从未达到20米以上。这些运动自然是地球上的变化，特别是季节性气象变化的原因。

◀地球上的生命▶

地球上还生存着有机的生命。植物装饰着地面，动物繁殖其间，人类居住生息。据最近统计，地球上的人口约为23.4亿〔这是本书中文译本第一版出版时的统计数字。——编辑注〕，每秒钟大约出生一人，死亡一人，但是出生率要比死亡率大，所以人口在不断地增长。自从地球上有人类以来，已经生存过几十万亿人了，但是他们都相继死去，生命是不断地在新陈代谢。从腐朽的老橡树上生成的一颗种子，组成了新生产儿的身体上的细胞，而这产儿不久又将消逝变化。经过了若干世纪后，生命常被别的生命所代替，如果说生命是常存的话，但是，活跃的不是相同的心，含笑的不是相同的眼。死亡不断地把人和物送到坟墓里去，但是生命的火焰始终是光明的。地球不断给人以果实、牲畜和财富；生命在流转，春天常回来。有人认为，我们的生命虽然脆弱而且短暂，但它却是我们行星的生命中一个组成部分，正如千年古树上每年的叶，也如苔藓和霉菌那样，仅在地上繁殖一会儿，只作为行星的伟大生命的一个过程罢了。

人类对于土地环境和气象变化适应的程度，比别的生物还要低，但因精神的活动、知识的进步，人类能逃避自然的威力，得以生息于各种气候之下，但却不能避免推动整个地球运动的力的影响。

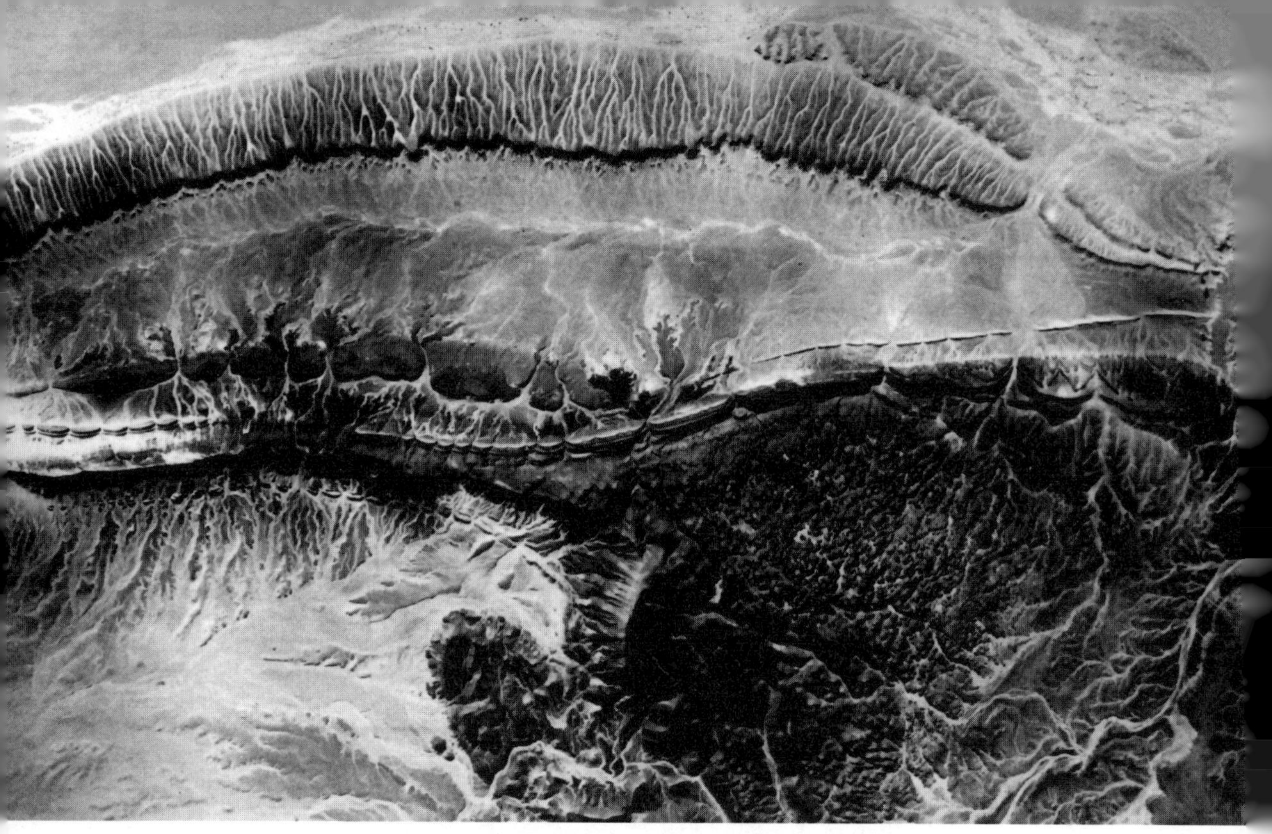

图 104　沙漠区的侵蚀(撒哈拉沙漠里的萨乌拉区)

第八章

地球的起源

以上所谈的使我们认识了人在宇宙中的地位,使我们明白地球是天上的一颗星球。这就是我们对于地球的正确的、初步的认识。现在,我们就按照宇宙间距离和位置的天然次序来谈谈别的星球。我们谈论的次序,是天体距离我们远近的次序。我们在宇宙旅行的第一站便是月亮,我们将在它的表面停留,欣赏它奇特的风光。它是和我们最接近的星球,可以说,和我们是一体,因为它总是绕着地球转动,距离不过是地球直径的 30 倍。

随后我们就去谈谈太阳,它是行星系的中心,我们将在这巨大的熔炉里看见分离的元素异常活跃,就是它们,将有益的光辉散播给所有的行星世界。

我们将在每颗行星上停留一会儿,从和太阳最接近的水星,以至现在所知道的太阳系边界的冥王星。至于卫星、日食和月食、流星、彗星等,都要引起我们的注意,使我们得到所需要的知识。

这不过是我们旅程中的最微小的一段,因为我们还要跳出太阳系的边界,去游览恒星世界。每一颗恒星都和太阳一样,发出自己的光和热,也许还有它的行星系统,在这些行星当中,也许有些是可以栖息生物的。在这里可以说,我们已经进入了无限的境界。太阳之外有太阳,世界之外有世界,为数之多,不只以千百计,而是以亿兆计。半人马座α星离我们40万亿千米,天狼星离我们80万亿千米。可是这些太阳还是最近的,而且可以说是很近的。在这一切太阳之外,还有别的宇宙在发光,望远镜的能力虽强,也难窥测宇宙的深渊。无限的境界总是在向外扩展!

在我们还没有进行这奇特的游览(无疑它将给予我们丰富的令人惊奇的知识),还没有离开这寄居的、作为观测站的地球而进入空间的黑暗以前,回顾一下地球的命运和它过去的历程,那也不是无益的。天体起源论,基本上是一些猜测的看法,因为没有人亲眼看过行星的形成,而且这一变化可能发生在几亿年以前。天体起源论不同于物理、化学那样的科学理论,它仅是一些假说。在人类思想进步的每一个阶段里,聪明有远见的人根据物理、化学、生物的知识,企图对天体的起源加以解说。虽然在物质的构造或能量的转换上种种伟大的发现都扩大了知识的领域,但是唯有天文学上的进步,才不断地扩大了我们所要认识的境界。所以,天体起源的假说是科学进步中不断地加以综合的假说,就它的性质来说,总是暂时的、时常变更的。

太阳系的起源也不能脱离这一个法则,虽然行星和多数卫星同出于一个起源,就事实来说,显然是很难置疑的。首先,行星围绕太阳运行的轨道面是很接近的,它们都离黄道平面不远。如果我们把太阳系描绘在一张纸上,或者说,在一个平面上,那是和真实的情况很接近的。卫星的轨道和黄道所成的交角也很小,例如月亮的轨道便是这样。

图105　拉普拉斯(1749—1827),《天体力学》和《概率论的解析理论》两书的作者

第二件值得注意的事,便是这些天体都朝一个方向运行。行星绕日公转,无一例外地都和地球绕日公转的方向相同,而且卫星除极少数的例外也是这样的。行星绕轴的自转,除天王星之外,也都和地球绕轴的方向一致。在太阳系

内我们所知道的1 600多种公转或自转运动里,不过仅有十几个特殊的情况。就其整体来说,太阳系是很扁平的,绝大多数的成员都朝着同一方向运行和旋转(唯有彗星是例外,需分别加以讨论)。一切假说必须能说明太阳系里这些显著的一致性。如果否认地球和行星有相同的起源,这样的均一性便很难解释了。

还有第三个证据:行星和太阳的距离不是互不相关偶然形成的,这一事实在18世纪已经为提丢斯(Titius)和波得(Bode)所说明。行星和太阳的距离实际上是一种几何级数。这一条法则的意义在后面还要说明,现在我们只简略地说:从一颗行星到太阳的平均距离,大约等于它轨道外面的另一颗行星到太阳的平均距离的一半,至少对于地球以外的行星来说是这样的(提丢斯-波得定则,以后要说明也适用于地球和地球轨道以内的行星)。所以,小行星的平均距离(离太阳的平均距离)约为火星距离的一倍,木星的平均距离约为小行星平均距离的一倍,土星的平均距离约为木星的一倍,天王星的平均距离约为土星的一倍。但是海王星破坏了这一和谐性,然而我们须注意到,在天王星和太阳的距离两倍远处,我们找到了冥王星。

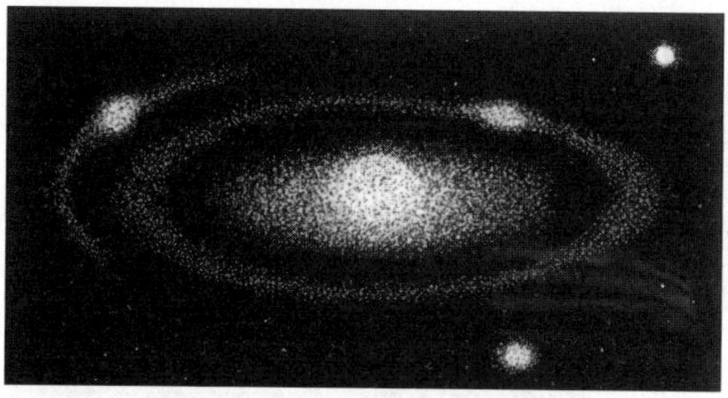

图106 拉普拉斯假想的原始星云

一个半世纪以前,拉普拉斯根据康德(Kant)和布丰(Buffon)的看法提出一种太阳系起源的假说,他认为上面所说的事实,在他的假说里都得到了解释。拉普拉斯认为太阳系是由星云凝结而成的,因施于星云物质上的离心力和万有引力的作用,原本极度弥漫涣散的星云(超过最远的行星轨道的范围)逐渐变为很扁的椭球,其中心有一个较密的核。凝结继续进展,星云的形状终于变成中心的球状物质被相对稀薄的赤道圈所环绕。这些环状物渐渐从星云本体分离,造成若干同心环,逐渐远离本体。中心物质密集至相当程度,便由星云形成恒星的形态,那便是太阳;同时,那些不安定的同心环终于破裂,环上的物质凝结成椭球状的核心,由星云变为行星,再以同样的程序形成了卫星。在这一假说下,行星的轨道不会和星云的原始赤道面远离,一切行星绕日公转的方向亦会和凝聚期中星云自转的方向一致。

拉普拉斯本来不喜欢作不能验证的假说,他对于太阳系起源于星云的理论只写了几页文学意味多于科学意义的文章。他绝没有料到,他的这个假说引起了后人极大的注意,得到了无比的声誉。拉普拉斯具有数学的天才,唯有对这一假说没有加以数学的阐述,也许他知道里面的困难是难以用数学说明的。可是他的后人洛希(E. Roche)、法伊(H.

Faye)、庞加莱(H. Poincaré)等却试图用天体力学去验证这个凝聚的假说,去说明太阳、环状物和行星的形成,那时他们才感觉到拉氏的文字叙述和真正的科学理论相差得很远,到处都是困难。要说明行星绕轴自转的方向和提丢斯-波得定则,还须加上一些不太可能的假说。20世纪初期,太阳的辐射能量从太阳物质的凝结而来的理论,在物理学家看来是有些神秘难解的。如果这样,按照经典物理学的原则,太阳在几亿年前早已熄灭,可是现在它还丝毫没有衰熄的迹象,并且仍像一颗年轻的星那样发光。

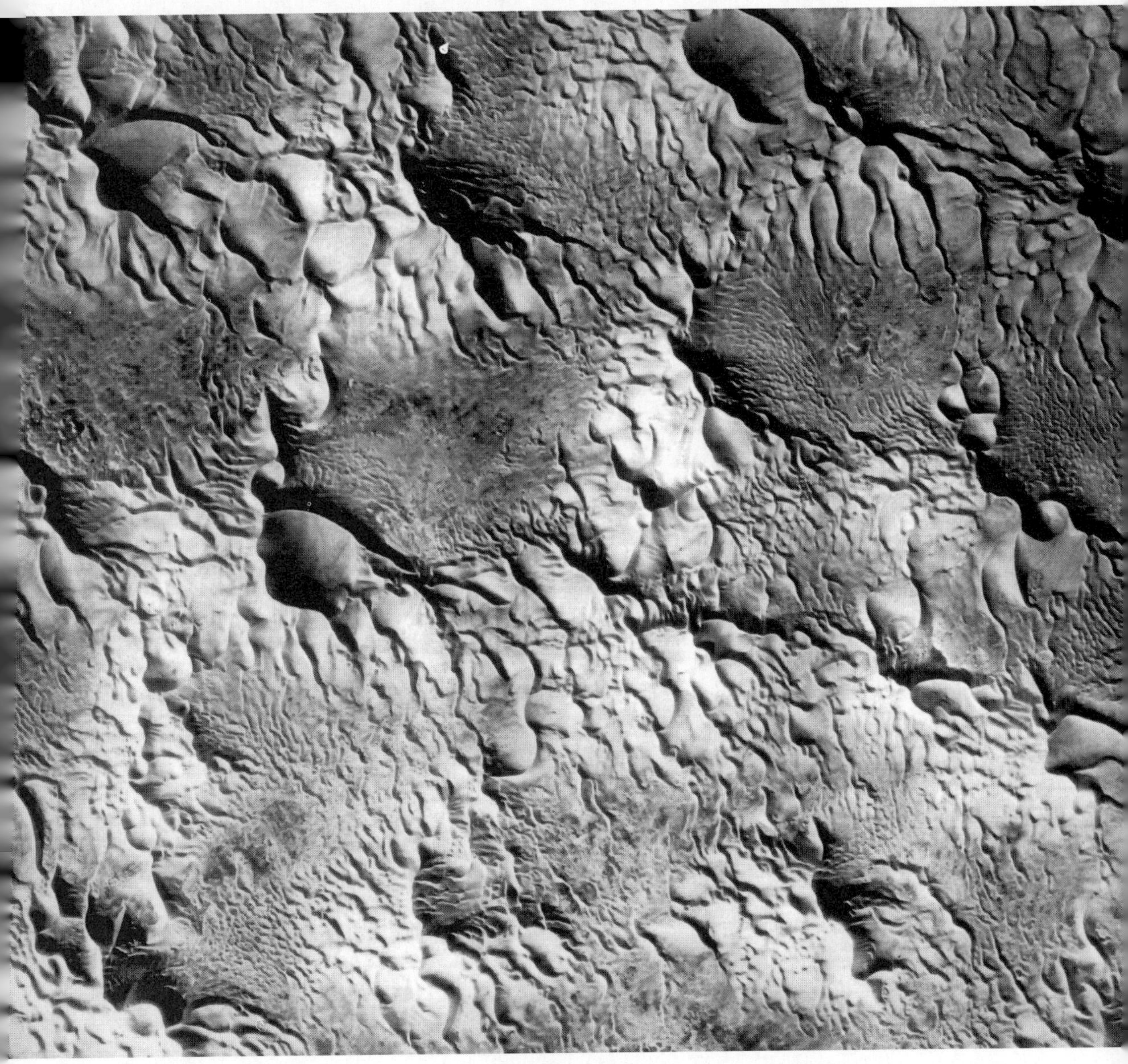

图107　沙漠里高低起伏的沙丘

我们将铅弹射击在钢板上的时候，铅弹的动能变为热能。根据同样的道理，原始星云里的分子，当其向中部核心坠落时，它们的动能亦转变为热能。由此可见，一团比较寒冷的星云可以因凝结而变成一颗耀眼的星球。但是，当凝结的过程完了或者非常缓慢的时候，这颗星在最大光明之后，便进入了衰颓的阶段，由变冷而终于熄灭，起初缓慢，随后逐渐迅速地进行。如按太阳现在发射光和热的能量计算，如果以为这一切能量是由凝聚而来，那么，太阳的发光期只有2000万年，但是这个时间，在地质学家的眼里确是太短暂了。有许多遗迹使我们相信，在10亿年以前，地球上已有生命，那时的太阳和现在的情况没有什么区别。在这所谓地质时期里，太阳不但没有熄灭，而且它的辐射能量并未减少，这就是说，它所蕴蓄的能量过去是、现在还是远远超过仅是由凝聚而来的能量。然而，这种似乎无穷的能量，究竟从何而来呢？这在50年前还没有人能够加以说明。当时，这一困难虽然没有克服，但它却动摇了拉普拉斯的假说。

放射性物质发现以后，开始了原子物理和核物理的时代，于是在这一难题上出现了新的曙光。今天我们知道，恒星特别是太阳，是核反应的场所，从这一方式发出的能量之巨，绝不是最猛烈的化学反应，更不是力学现象所可比拟的。太阳之所以能够将现在发放能量的速率维持几亿年而不衰减，是由于它的氢元素聚变为氦元素之故〔由氢元素变成氦元素，是一种聚合反应。在聚合反应过程中，有巨大的能量放出。——编辑注〕。太阳的温度不但不降低，而且缓缓地在上升。这样用去的氢只是一个微小的分量，积蓄的氢还可以放射数十亿年！

天文学家明了这一重要之点以后，便转过去修正拉普拉斯的假说。按照这种假说的原来说法，一团弥散、相当寒冷的星云，因凝聚而变成炽热的星球，一方面是太阳，另一方面是行星。所以地球从前是一个炽热的球，经历过气体、液体和黏体三个阶段，它的自转运动使它变成扁形，如像测量学家所测出的那样。地球经过漫长的火热期才形成一层薄薄的硬壳，接着便形成充满沸腾热水的海洋。这些海洋经过冷却以后才出现生物，同时，经过能改变地质情况的火山作用，才塑造了地壳的形态。

地球在炽热情况下从星云中分离出，再经过一个火热的时期，这个假说，在今天我们已经不十分相信了。根据近代的研究（我们就要提到的），地壳的年龄大约和银河星系的年龄相差不远，至于我们的太阳系比银河星系先存在，这种说法的可能性很小。为了调和这些估计的数字，便需缩短地球初期的历史，假设它在形成时温度并不算高，而且已有一个硬壳。同时还可无矛盾地假设它具有相当的可塑性。不久以前人们还以为这只是在高温下才出现的性质，可是今天我们明白，寒冷的固体物质在高压下也会像液体那样流动。于是我们不需假设地球曾有过一个炽热的时期，也能解释它的扁平的形态了。

图 108　霍加尔火山口及由火山口喷出的岩浆流动情况

现今比较受人欢迎的太阳系起源学说，好像是魏茨泽克（Weizsäcker）的假说。据魏氏的意见，在太阳已经成为和现今的形态差不多的个体时，诞生行星的赤道环圈已可能在其周围形成。这个环圈上的物质也许取自星际物质，它在原始的太阳周围形成一个大直径、薄薄的轮盘。它的密度很小，它的质量不超过太阳质量的 1/10。它的质点按照开普勒定律围绕太阳转动，这些质点距中心愈远，角速度愈小。根据理论可以说明，这种情况适宜于互相嵌合的旋涡的生成，而且这样形成的环和太阳的距离是按照几何级数增长的（提丢斯-波得定则）。在赤道圈内。每一同心环都可以形成五个旋涡（图 109）。

但是这些旋涡是很不稳定的，在极短期间，也许在几年内，一部分物质坠入太阳，一部分物质逃往空间，剩下的物质在各环的顶端形成了行星。魏茨泽克的理论虽然还没有将拉普拉斯假说上的困难完全消除，但是除了说明提丢斯-波得定则之外，它还能解释许多重要的事实，如行星自转的方向，行星的物质分布的规律，行星密度很大的差异。而且它

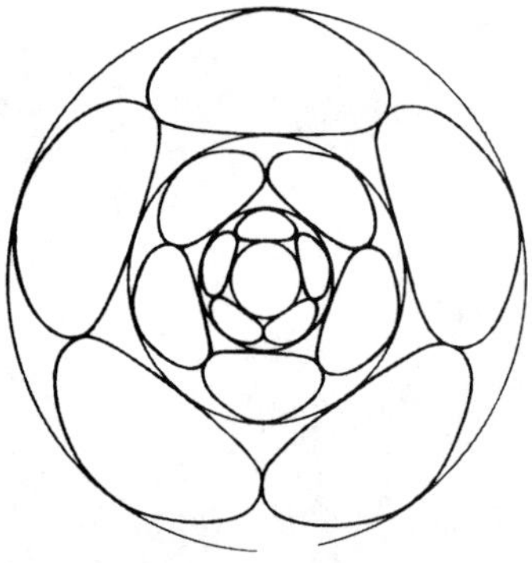

图 109 魏茨泽克假设中的旋涡
行星在大块旋涡的界限上形成。

并不需要假设地球在形成时有很高的温度,像一个冷却的小太阳,其上面覆盖着沸腾的热水。这些新观念更是与现今地质学相符合的。地质学家认为,大陆和山脉的形成并不需要假设是灾难性巨变的结果。他们不同意居维叶(Cuvier)的见解,他们认为即使在生命出现以前,现今的地质因素已经在起作用,使地球具有我们今天所看见的面貌。我们只需要承认这些因素不断地作用了几十亿年。火山、冲刷和沉淀所产生的效应在我们眼中之所以伟大无比,是因为这些效应在地球初期便已开始,并且持续不断,没有止息。山岳的堆砌需要几千万年,再被削成平地所需的时间更是漫长。地球也像生物一样,先生成,然后缓缓地变化,以至终了。

地球内部的构造是怎样的呢?我们对于围绕它的大气、覆盖它大部分表面的海洋以及在它表面上薄薄的沉淀层都有直接的了解。在这些沉淀层下面的花岗岩层,地质学家叫作硅铝岩,以填平作用著名,它的厚度约有 20 千米,密度不大,只有水密度的 2.7 倍。花岗岩层下面是玄武岩层,愈往下密度愈增大,叫作硅镁岩。因在 300 千米的下面温度高达 2 000℃,这里的岩土是胶状的,具有可塑性,它是火山熔岩的来源。

300 千米以下的情况,便完全出自猜测了。这些知识从地震现象的解释而来,因地震波穿过地球的内部,而被记录在地震仪上,使人们从其效果去追究原因。这些地震波在地下某些岩层面上反射,犹如光在镜面上反射一般,这便是岩石性质改变的区域。根据布伦(Bullen)的研究,从硅铝岩层到硅镁岩层,密度从 2.7 克/厘米^3 增至 3 克/厘米^3;到地面下 3 000 千米处,密度达到 5 克/厘米^3;再下去,密度由 5 克/厘米^3 骤变至 9 克/厘米^3,随后又慢慢增长;到地面下 5 000 千米,即离地心 1 370 千米处,又有第二次的骤变,密度由 12 克/厘米^3 变至 18 克/厘米^3,然后至地心便无多大的变化了〔黄金密度是 19.3 克/厘米^3,白金密度是 21.4 克/厘米^3〕。从地面下去,压力增长很快,到地心达 400 万标准大气压之巨。至于地心的温度,还不太清楚。如果按照一般的假设,放射作用在地球中心不如地壳附近强烈,那么,入地愈深,温度是否继续增高,这还不能确定。在核心区,每加深 1 千米,温度是否像在硅镁岩层那样增长,现在也不能肯定。

在 19 世纪,地质学家借着化石学和古生物学的帮助,将各种地层加以分类,并按它们生成的年代加以排列。但是地质年代的量度,即使以相对数字表示也还是猜测的。只有斯堪的纳维亚的冰川沉积岩曾被人一层一层地细数至 1.2 万年。这是一个例外的情形。

图 110　非洲尼日尔河的洪博里山峰

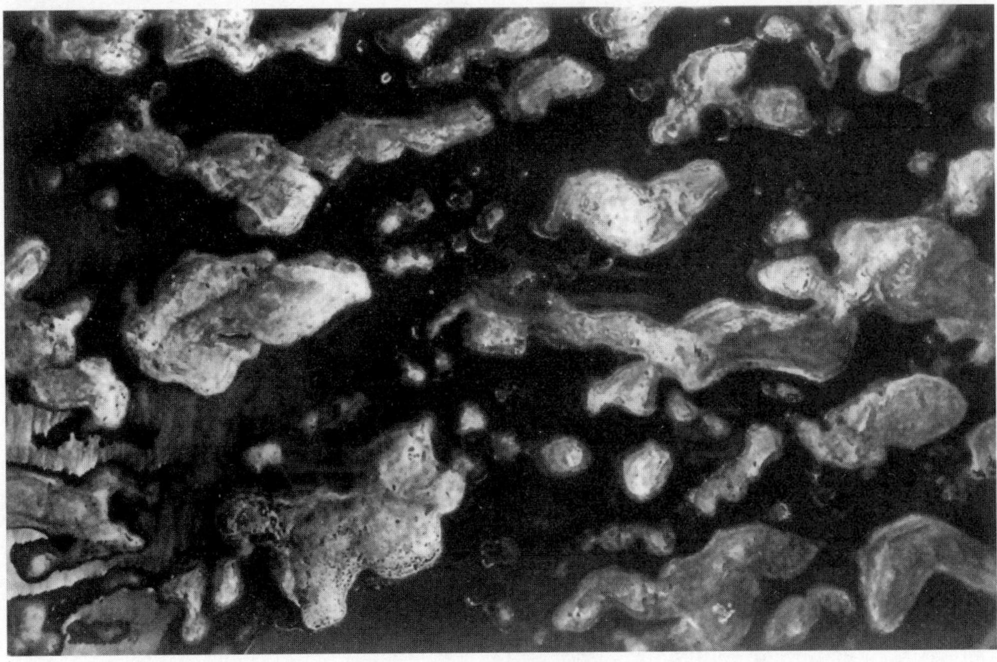

图 111　非洲乍得湖里的浮岛

图 112　水平向的沉积岩层

美国科罗拉多州的大峡谷。

图 113　沉积岩的垂直褶皱

美国蒙大拿州的天峰。

可是地质研究的主要成果已能以一种可靠的数量级来表示地球的年龄，这一研究特别说明了地质年代的悠长，而且说明了变化是持续的，地球并不是因突变才成了现在的情况。但年代愈往上溯，可用的资料愈少，而且对地层和化石的直接观测无法进行，因为这些遗留物由于变形或毁坏，已经消逝不可复得了。因此，我们对于前寒武纪和太古代的所知是极稀少的，只感觉它占去地球历史的一大部分而已。至于根据天体起源论的假设所算出的地球的年龄，总具有猜测的性质，正如用凝聚理论来推算太阳发光的年代和太阳冷却的岁月一样的不可信赖。

幸而近几年来，原子核物理学在这个问题上提供了一个满意的、合乎科学的解答，可算是牛顿和拉普拉斯以来的一种伟大的成就。我们先对放射现象的基本概念作一简要的介绍。

天然的放射性物质是自然的、持续的、不可逆的变质的元素，它在变化过程中发出辐射，最终变成了新的稳定的元素。例如，铀和钍放出氦核而蜕变成铅。天然的铀是两种铀的混合物，它们的化学性质完全相同，因此不能用化学分析的方法把它们分开，可是它们的放射性质却有差别，这两种铀就叫作**同位素**。同位素的差别是它们的原子核内部组成的不同。关于这一点，我们还必须稍加说明。物理学家把物质化学变化中的最小微粒叫作原子，它是由一个带正电的核和若干围绕核运动的带负电的电子组成的。物质的化学性质决定于核外围的电子数目。由此可知，铀的两种同位素的电子数是相同的。因放射性是出自原子核，可知这两种铀的核是不同的。核的电荷是由其中名叫质子的带正电的粒子而来，质子的数目常等于核外围电子的数目，另外，原子核内还含有不带电的名叫中子的基本粒子。一种原子具有一定的性质，是由它的质量数，即核内的质子和中子的总数所决定的。例如，氢原子只有一个电子和一个质子，而没有中子，所以它的质量数是1。同

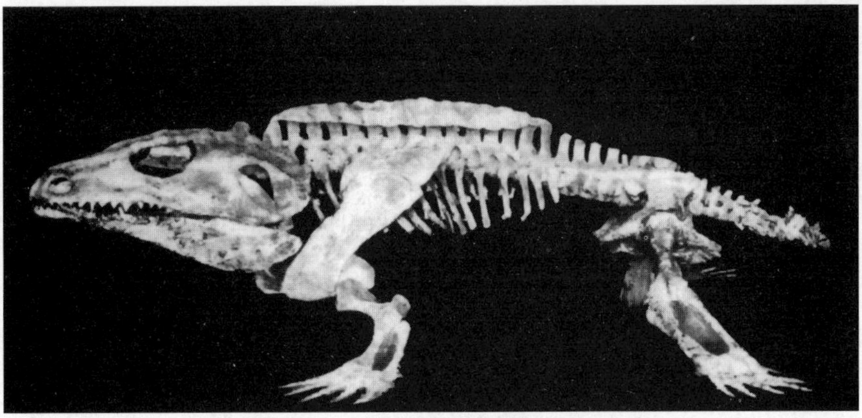

图114　古生代末期出现的脊椎动物

在位于俄罗斯东北的佩尔棉(Permin)发现。

位素是不同的原子，它们核内的质子数相同，而中子数不同，因此它们的质量数是不同的。例如铀的两种同位素，质量数是235和238，一般常用^{235}U和^{238}U两种符号表示。同样，天然钍的符号亦写为^{232}Th。

这些元素由于蜕变都产生铅和氦，但是这些铅是三种不同的同位素，用上面所说的符号，可将这三种变化表示如下：

$$^{238}U \rightarrow {}^{206}Pb + 8He, \quad {}^{235}U \rightarrow {}^{207}Pb + 7He, \quad {}^{232}Th \rightarrow {}^{208}Pb + 6He$$

（Pb是铅的符号，He是氦的符号）

要了解如何根据这三个核的蜕变方程去决定地球的年龄，必须先说明放射性物质的周期是什么意义。原子的蜕变使得放射性物质的质量逐渐减少，至于蜕变后产生的固体物质（如上面三个例子内的铅），便逐渐增加。所谓放射性物质的周期，便是这种物质蜕变一半所需的时间，因此又叫作半衰期。实验室里对于随着放射现象而来的辐射的测量，让我们知道铀238的半衰期是45亿年，铀235的是8.5亿年，钍232的是140亿年。我们还知道，没有任何因素能够改变这种周期，换句话说，我们不能使用任何方法去增长或缩短放射性物质的半衰期。就是因为放射性物质的这种周期的恒定性，它们便成了计算地质时期的可贵的计时钟。在一块岩石里去测定铅和它的组成部分的铀或钍的比例，便容易断定那块岩石的年龄，换句话说，即断定自它生成以来所经历的年代。

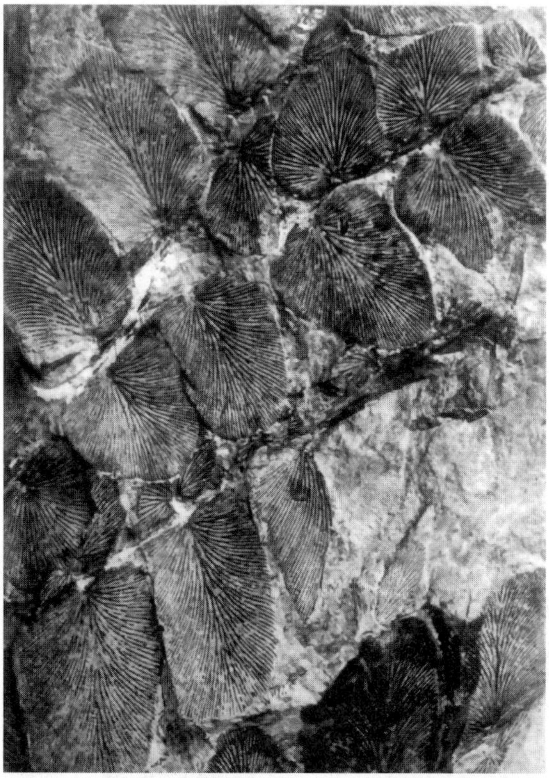

图115　古生代的叶化石

有人会问，这种在今天是一定的周期，怎能知道在地质年代里也是一定的呢？矿物学家对于这个问题的回答是很有说服力的。在显微镜下考察有些云母矿的晶体，发现上面有许多名叫“多向色晕圈”的小黑点。这些晕圈天然生成在云母矿所含的放射性物质的周围，它们是放射性物质在蜕变时向各方面射出氦原子所造成的。黑圈的半径只与被射出的原子的能量有关。科学家观察过来源不同、年代不同的各种云母矿，发现它们上面的晕圈的大小总是一样，没有差别。因此产生多向色晕圈的放射性物质的性质，至少在10亿年以来没有发生变化。

这个质量比的方法还有另外一种验证，那便是借含有两种铀、一种钍的岩石，计算其中所含的三种同位素铅的分量，然后比较由此推出的三种年龄。下面这一个例子所得出的结果与此是很相吻合的，由一块属于上泥盆纪的岩石所估计的年龄如下：测量铅206和铀238之比，得2.35亿年；由铅207和铀235之比，得2.54亿年；由铅208和钍232之比，得2.66亿年。对于更古的，如对20亿年前的前寒武纪的岩石来说，由这种方法所算出的各种年龄，其差异亦并不比这一结果更大。

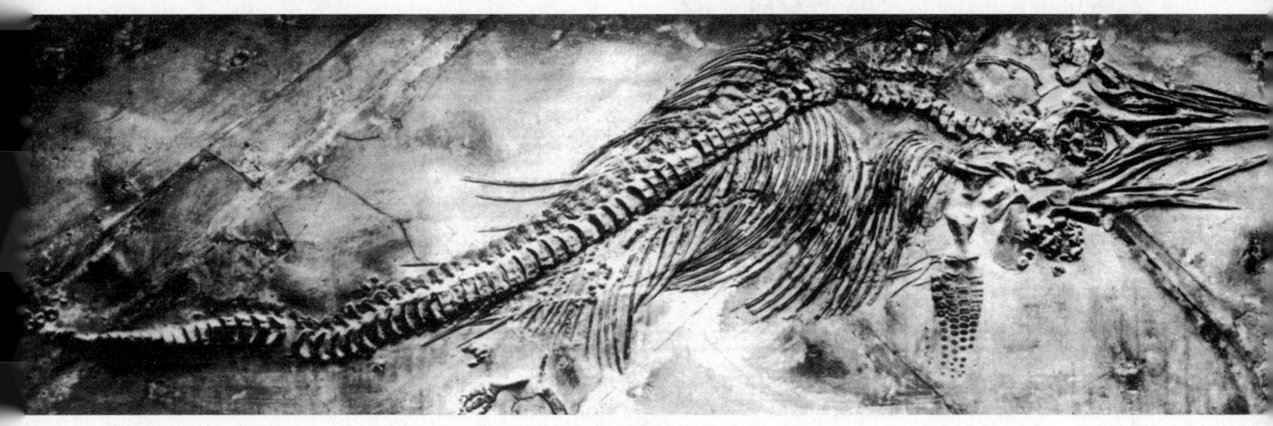

图116　鱼龙类动物化石（中生代）

上面叙述了岩石的年龄和形成岩石的地质期的年龄。至于地球的年龄，我们利用较为复杂的方法加以估计。譬如利用来源和组成尽量不同的岩石标本，求出其中铅的三种同位素的含量和这三种当中的任何两种之比，而后加以推断。科学家借此方法，确定地球

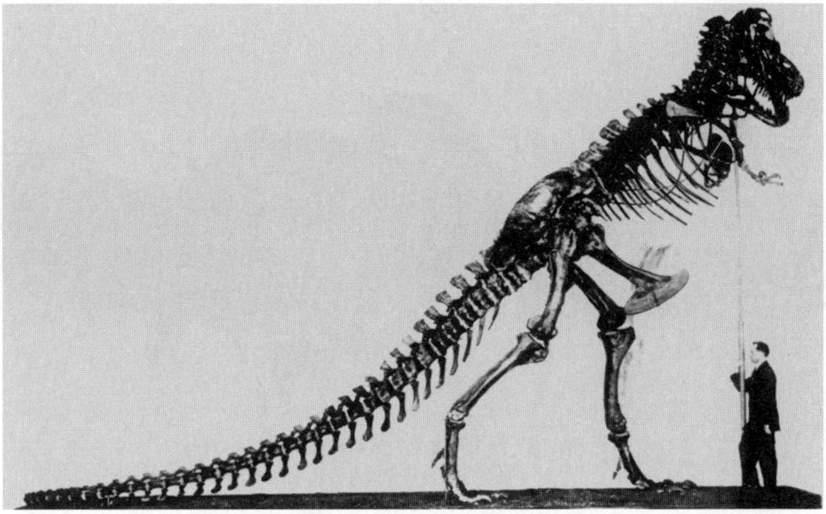

图117　恐龙化石（中生代）

图 118　翼手龙化石
中生代的飞行爬行动物。

的年龄不会超过 54 亿年,其最可能的数字也许是 47 亿年。

我们之所以宁愿在这里稍微涉及专门技术,而特别向读者介绍这种计算原始年代的方法,不只是因为由此所得的结果是有趣的,也是为了要向读者介绍近代科学上的一种最完善的成就。地球的年龄这一问题,在天文学书籍中固然应该讨论到,和它相关联的生物的历史与生物的年龄的问题,因其涉及别的行星上或星球上是否有生命的问题,也应该提到。

对于生命的起源这一问题,现在还只有各种的猜测,最有名的生物学家还认为这是神秘难知的〔请参阅奥巴林著的《地球上生命的起源》等书,科学出版社,1959 年。——校者注〕。古生物学家为我们说明了原始生物的悠远年代,且说明了生命所需要的环境的恒定性。在 10 亿年前便有三叶虫和介壳类的生物,它们的遗迹(化石)可在年代确定的地层里找到,可是它们已经是经过相当演化的动物,绝不是原始的形态。在更古的地层里还发现有无脊椎动物,据生物学家说,那也不是原始的形态。

有人设想,组成生物身体的蛋白质可以在海洋表面受太阳紫外线辐射的作用而形成,那时大气中还没有像今天吸收紫外线辐射从而保护着我们的臭氧。如像紫外线那样对生物起有害作用的,反而是生命有机的合成所必需的因素。说来真是奇怪,可是化学家却已证明这样的合成是可能的。至于蛋白质合成以后,怎样就组成了生命,我们便不明白了。

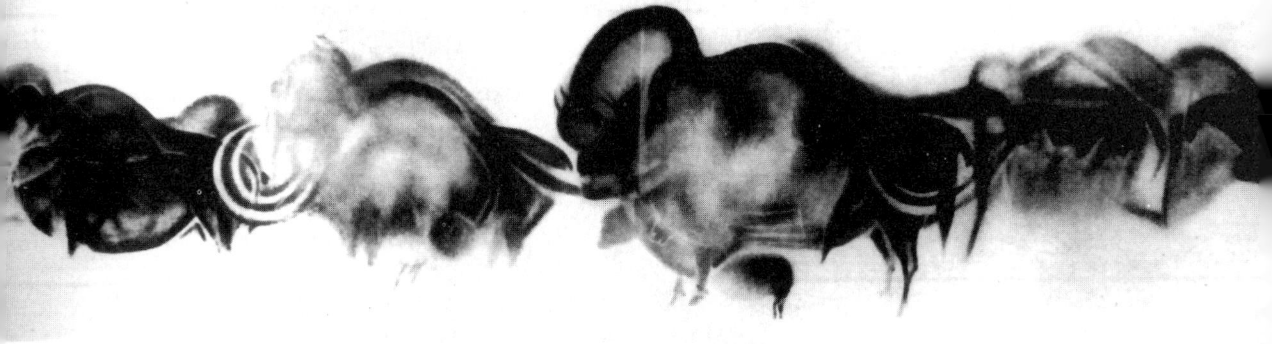

图 119　野牛、古象、驯鹿和马的壁画
在法国多尔多涅省的岩洞里。

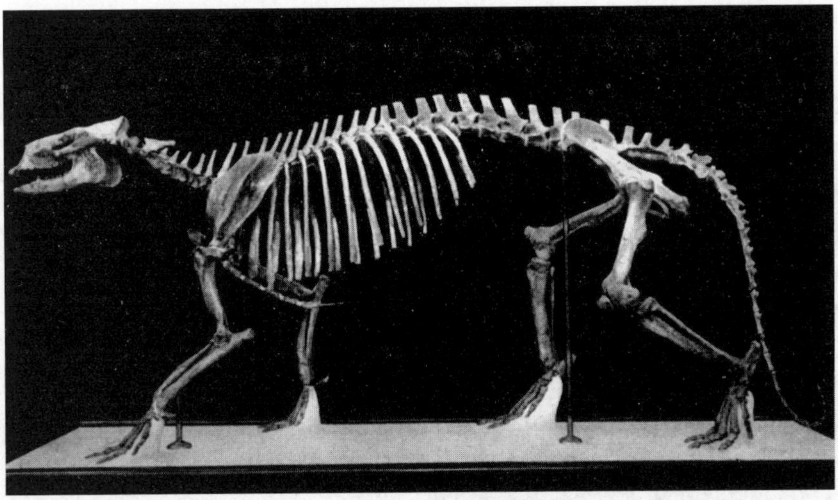

图 120　新生代里，爬行动物退化，哺乳动物发展(这种原蹄兽出现在始新世)

原始的细胞也许组成了细菌的身躯，但是在这以前也许还有大分子组成的过滤病毒。这些病毒好像才是无机物和有机物的分界。细菌之后是鞭毛虫，这是水中生长的微生物，它们的矿化骨骼常大量地出现在某些地层里，再以后是海绵、水母……动物。我们不确切知道，在什么时候，受了什么影响，生命才从海里出来。我们不过是这些生活在海中远祖的后裔，在我们机体内部流动的血浆，就其成分来说是和海水相近的。这事实是不是揭露了我们起源的秘密呢？生命是在永恒地演化着，生命绝不向后退缩。生命一旦出现在地球上，它就或快或慢地演化起来，遗留的化石使我们有可能把这个演化的过程重新加以组成。有些种属是非常恒定的，如像原始时期的一些动物，直到现在还生存着，没有什么变化。别的一些动物生存几百万年以后，便消失殆尽，没有后代遗留下来，例如第二纪的蜥蜴动物将不会再出现于地球上。地质时期，据估计太古代约有 20 亿年，大约占去地球年龄的 2/3 的时间，而造成炭矿的大森林仅在最近的两三亿年以前才繁荣在地面上。古生代的生物多半是水生的，如鱼类、两栖类、甲壳类等。中生代时期约为 1.5 亿年，那时陆海两界的生物异常繁荣。大家都听说过那个时代的巨大的爬行动物——恐龙，鸟和哺乳动物就是从那个时代才开始诞生的。

从新生代第三纪起，哺乳类才在地球上占主要的地位，那时也是造山运动的时期。这一纪比中生代还短，只经历了 0.6 亿年。在第三纪之末即距今 100 万年以前，才有类人猿——如爪哇人猿〔这是介于人猿和人之间的一属，其骨化石于 1891 年发现于爪哇。——译者注〕、尼安德特人〔这是极原始的人，其骨骼于 1856 年发现于普鲁士的尼安德特山谷的一个山洞中。——译者注〕，以及今天还未觅得的更原始的种属，最后才出现了我们真正的祖先：智人〔在我国周口店发现的中国猿人（亦称北京人）的化石是生活在大约50万年以前的人类祖先的遗迹。参阅：郭沫若等著《中国人类化石的发现与研究》，科学出版社，1955年；贾兰坡著《中国猿人（北京人）》，龙门联合书局，1950年。——校者注〕。

图121　美国科罗拉多州史前洞穴的人体骨骼

人类的历史仅占地质时期的最后几十万年，比起以前的几个地质时代来说，真是一个极短的时期，我们便是在此期间发展我们的官能、语言、制造工具和武器的技术。在这几十万年里，人类曾经历过几个冰川时期，在西欧，至少经过三个冰川时期。在法国的动物和植物已经屡次改变，驯鹿、大熊、巨象和虎、狮、象等动物已经交替出现了几次。工艺逐渐进步，起初十分缓慢，旧石器时代经历了几万年，以后才有削劈和磨光的两个新石器时期，这已经是公元前6000年或公元前8000年了。我们发现那时已有铜、铁以及其他金属，后来才有文字，这些代表文化的遗迹，考古学家都已考证出来，这时已经接近有历史记载的时期了。文化也许在8 000年至10 000年以前才开始产生、发展。现今在所谓史前洞穴内所发现的可称赞的壁画、雕刻以及其他简单精致的艺术，不也表现了当时的文化已经相当发达，人类已经有社会组织和知识的生活了吗？我们今天引为骄傲的技术，我们4万年前的祖先诚然还不知道，但是他们也像我们一样能运用思想，在物质生活以外，也能从事于艺术、文化的活动。

以上只谈了过去。人类的将来怎样？地球的变化怎样呢？世界终结的假说，比世界起源的假说还更难猜测。我们甚至不敢说，世界是不是有终结。很久以来，有人相信生命将因寒冷而灭绝，由于日光衰减，世界普遍冰冻。太阳的热量不足以维持生命所需的温度。可是今天我们已经能够回答这个问题，太阳还远没有到衰减期，它尚富有青春的活力，它的温度还在不断增高，至少在几十亿年内不会有冰冻的现象。可是，在比较不远的过去曾经有过几个冰川时期，这是不是因为太阳暂时变冷的缘故呢？天文学家并不同意这个见解。关于冰川期的一种最好的解释是这样的：太阳在银河星系里运行，有时穿过富有星际物质的空间。当它穿过一带宇宙云时，这个保护层使太阳系内的辐射外散缓慢，因而地球的温度增高；可是当太阳一旦进入星际物质很少的空间时，因辐射外散加快，温度降低，于是地球便进入冰川时期。如果这种假说是正确的，那么迟早还会出现新的冰冻。

但是这样的冷冻，将如同过去的情况一样，不会使生命在地球上灭绝的。

图 122　法国阿列日（Ariège）河畔的尼欧（Niaux）岩洞（圆穹上有壁画的装饰）

如果太阳的温度继续增高，那会不会把我们灼死，把地球变成沙漠了呢？生命的有机质固然有适应各种温度的能力，但是我们也知道，细胞内的蛋白质在 50℃的高温下便遭毁灭。假使地球的平均温度（14℃）再增高约 40℃，地球便成了不可居住的地方，生物也许会逃进地下去。但是这样的事情会不会有可能发生呢？古生物学家为我们证明，近 20 亿年以来，地球表面的情况事实上是相当稳定的，虽然气候不免有些变化，但不足以妨害生命的发展。这样的稳定，自然有它不变的原因，我们应该把这样的稳定性当作遥远的将来的保证。

第二篇 | 月 亮

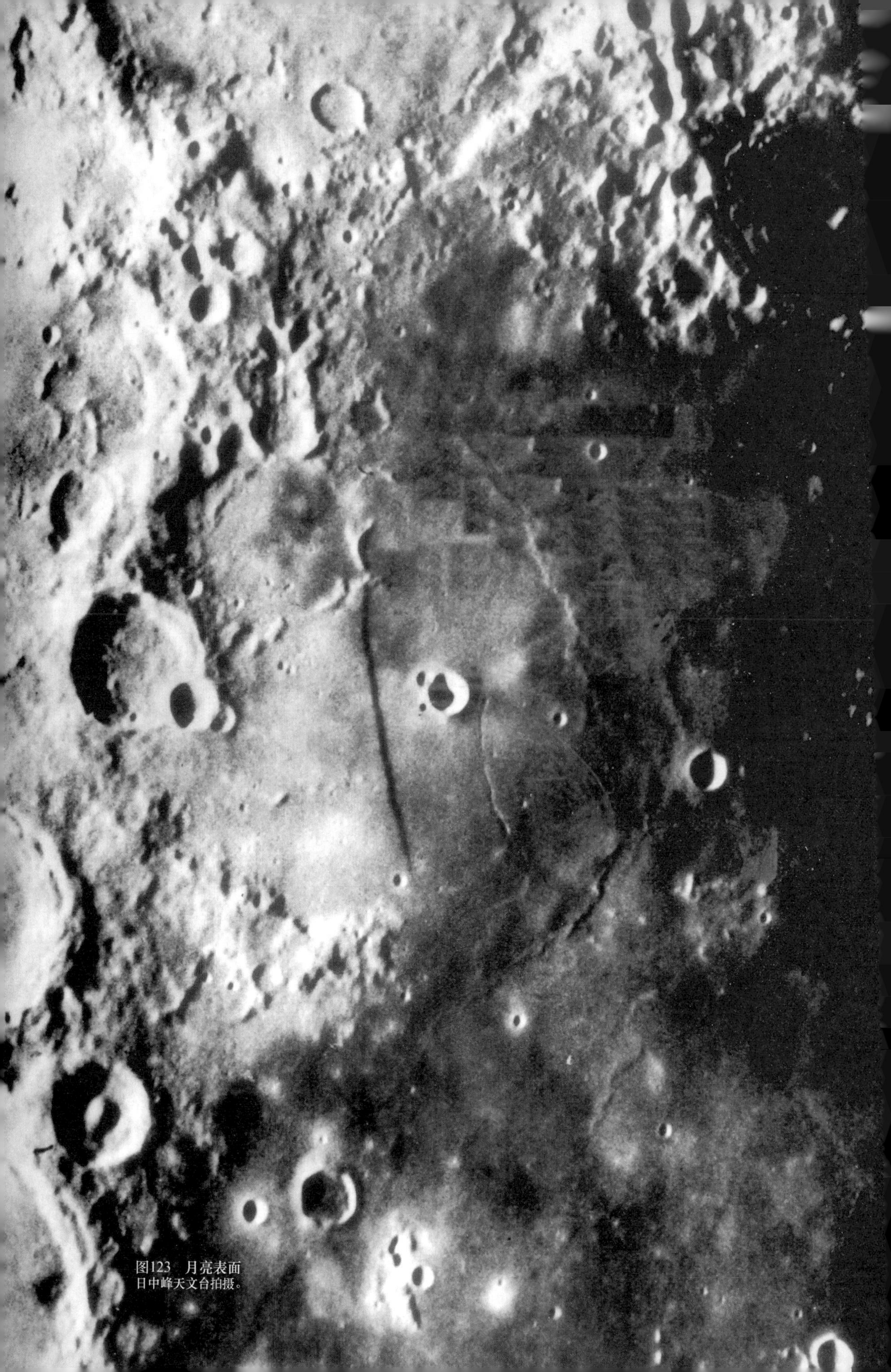

图123　月亮表面
日中峰天文台拍摄。

图124　月光

第九章

月亮——地球的卫星

月光可算是天文学的光辉，这一光辉照亮了人们研究这门科学的道路，使人们慢慢地将注意力转向星球和无边的宇宙。月亮柔和静寂的光辉使观赏者开始研究到别的星球世界。随着观测资料逐渐积累，人们这才创立了天文学。月亮不能算是远在天边，可是也不能算是近在眼前。

古希腊阿卡狄亚(Arcadia)地方的人，为了炫耀他们是最古老的民族，说在地球还没有月亮陪伴时就已经有了他们的祖先，所以他们自称是“先月族”(Prosélènes)。亚里士多德把这段神话当作历史，他说在还没有月亮的时代，居住在阿卡狄亚的野蛮人便被别的民族赶走。狄奥多尔(Théodore)更大胆地说出我们的卫星形成的年代，他说“那是在赫拉克勒斯〔Hercules，古希腊神话中具有强大的力量而且完成12件功绩的神人。——译者注〕战争以前”，罗马诗人贺拉斯也这样地谈到阿卡狄亚人。修辞学家米南德(Ménandre)取笑古希腊人这种自以为是和天地并老的骄傲,曾在公元前3世纪写道:“雅典人以为他们与太阳同时诞生,阿卡狄亚人以为自己诞生在有月亮以前,正如特尔斐(Delphes)人以为他们在洪水以后即来到地上一样。”其实不只阿卡狄亚人,还有别的氏族也夸耀地说他们的祖先曾经亲眼看见月亮被装上天穹。

月亮是地球的女儿,她出生已有几十亿年。在世界上还没有人抬头欣赏它温柔的光辉和研究它的行径之前,它早已照耀过漫长的岁月了。

月亮是和我们最靠近的天体。可以说,它是我们的伴侣,陪伴着我们,和我们同行;可以说,它近在咫尺,算得是地球的一个近邻。它和我们的距离不过是地球直径的30倍,所以若把29个地球排列在一条直线上,一个一个地衔接在地球和月亮当中,便在这两个星球之间架起了一座桥梁。从天文学的观点来看,这段距离实在算不得什么。很多航海家、很多飞行员甚至很多步行的人所走过的路程,都比这月地间的距离还长。一线光只需1秒多一点的时间便越过了这段距离。这段距离,和太阳与地球之间的距离相比实在很短,前者仅仅是后者的1/400罢了。至于到恒星上去,那就需要月地距离的1亿倍……所以说,我们的卫星是我们星际旅行的第一站。

当1783年人们刚发明气球,第一次飞上天空时,科学家兴奋到了极点,他们已经想到要去月球的旅行和星际间交通的问题了。那时有一块木刻图画,上面绘着一个快要飞到月球的气球,在月轮上面绘了一座建筑在一带山岭之下的天文台,还有一群意想不到的天文学家(图125)。

也许由于科学的进步,有一天人们会实现这样的旅行,但所用的交通工具绝不是气球,而应是火箭,因为在地球和月亮之间并没有像地面上那样的大气。月亮虽然是我们的邻居,可是也不是就在隔壁,它和我们的平均距离仍有38.4万千米。

也许有人会问,谁能证明这个数字是正确的呢?谁敢保证天文学家不会算错了呢?谁敢说他们没有骗人呢?富有怀疑精神而且害怕受骗的人这样发问是应该的。怀疑是人类智慧的一个起点,真正的科学不怕怀疑,而是要为人类解释疑问的。让我们立刻采用证明地球运动的方法辩驳反对的论调,解释怀疑的看法,而且证明天文学书籍上的数字是完全可靠的。

图 125　月球世界
18 世纪末的木刻图
勇敢飞行人，大家称是神。
奔走齐仰望，看彼上青云。
月中顿惊惶，智愚说荒唐。
何来此彗星，荡漾非寻常。

月亮的视大小、它的距离以及人们怎样测量天体的距离

我们知道星球的距离和大小只能凭借角度的测量和几何学的解释来求得。一个物体在我们眼里的大小(视大小)由它的真实大小和它离我们的距离远近而决定。例如像一般人所说的，月亮大得“像一只盘子”，这并没有说明月亮究竟多大。我们时常听见一个人描绘他所看见的流星，说那流星有 1 米长、10 厘米宽。这样的说明简直不能解决问题。

如果我们不预先知道一个物体的距离(对于星球一般就是这样)，只有一个办法表示它的视大小，那便是测量它对我们的眼睛所张开的角度。如果以后能量出它的距离，把这

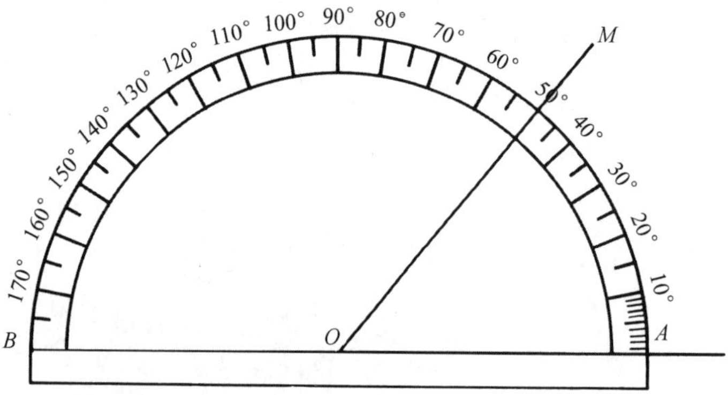

图 126　角的测量用弧度表示

距离和视大小组合起来，我们便能求得它的真正大小。

所以一切距离和大小的测量是和角度的测量分不开的。在一定的距离上，真大小和所测量的角度是对应的（成正比的）；在一定的角度里，真大小和距离也是对应的。由此可知，角度的测量是天体几何学的第一步。俗语说得好：“万事开头难。”大家都知道角是什么（图126），大家也知道角的量度以圆周的分数表示。绕着中心旋转的一条射线 *OM* 可以和沿着半圆周 *AMB* 以内的射线 *OA* 做成任何的一个角，甚至超过半圆，继续地旋转。我们把全圆周分为 360 等分，把每一等分叫作1°。所以半圆周代表 180°；1/4 周，或者一个直角，代表 90°；半个直角是45°；等等。在半圆周 *AMB* 上我们画上 5°的划分，在第一个 10°内，又一度一度地划分开来。

图 127　地球和月球大小的比较

所以 1°是全圆周的 1/360，这是一种和距离无关的测量。因为我们时常测量比 1°更小的角，所以我们把 1°的角再分为 60 个相等的部分，叫分；1′再分为 60 个相等的部分，叫秒。这样的名称和时间的单位分和秒有些混淆，为了区分，可把它们叫作角分（弧分）和角秒（弧秒）。

度的记法是在数字的右上角加一个小圆圈（°），分加一撇（′），秒加上两撇（″）。例如1950 年的黄赤交角是 23 度 26 分 45 秒，便可写成 23°26′45″。

叙拉古(Syracuse)的暴君有一天向阿基米德学习天文,并叫这位学者向他少谈一些数学的原理。阿基米德严肃地说:“即使对于君王,研究学问的道路也是没有捷径的。”

确实,研究天文学对于任何人来说都是没有捷径的,在开始学习的时候,知道一些有关几何测量的原理是必要的。刚才我们叙述了角是什么,据此,月轮的角直径平均是 31′4″(31 分 4 秒),即比半度稍大一点。若把 347 个满月排成一串,那么这些月亮得从地平线的一端达到对径的另一端,在天上占满了半个圆圈〔我们知道,周长 360 厘米的圆桌,桌边 1 厘米就相当于 1°。因此,月亮的视大小比一个直径为 0.5 厘米的圆放在 57 厘米以外看上去仅仅略微大一些(因为周长 360 厘米的圆周直径是 114 厘米)。人们常把月亮比作一个圆盘,所以人们对于月亮的大小总是有些夸大的感觉。事实上,普通大小的圆盘应该放在 25 米以外.看上去才和月亮一样大。我们在这里顺便提一下:当月亮升起或落下时,它显得特别大,比它在天空中更大。这是眼睛的一种奇怪的幻觉,因为我们如果用望远镜观测地平线上的月轮,使镜内的动丝和月亮的边沿相切,实测的结果证明月亮并没有变大。事实上,月亮在天顶上却要大些,因为它在那里和我们更近一些。这种幻觉的原因是什么呢? 这并不是像一般人想的那样,是由于大气中水汽作用的结果,因为这种看法已被实测所否定了。这种表观增大现象的原因有二:第一,因天穹看来显然有些扁平,因此,天界看来就好像比天顶远一些,当两个物体在眼睛里所张的角度一样时,我们的感觉会感到,远的那个要大些。同样的道理,试将天顶到地平线的距离分为两个相等的部分,你会常常瞄准得太低,约指向地平线以上 30°。大熊和猎户两星座在地平线上看来很大,也是这样的道理。第二,由于树木、房屋等物夹在月亮和我们当中,使月亮显得很远,于是我们便想象月亮比这些东西更大;同时,由于月亮在发光,而树木和房屋都不发光,所以月亮便显得更为突出〕。

如果现在我们想立刻明白真大小和视大小之间的关系,只需注意同一物体放得愈远就显得愈小,而且把它放在它的直径的 57 倍远的时候,不管这一物体的真大小究竟是怎样的,它在我们眼里所张的角度恰是 1°。例如直径 1 米的圆轮,放在 57 米以外它在我们眼里所张的角度恰好是 1°。

月亮在我们眼里所张的角度比半度稍多一些,我们根据这一事实,便可以知道月亮距离我们是比它的直径的 2×57 倍略短一些(实际是 111 倍)。

但是,如果我们不能直接测量出这个距离的话,这个概念还不能使我们知道月亮的真距离和它的真大小。

在 2 000 年前我们已经知道月亮的距离,而且知道的是一个很近似的数

图 128　地球月亮间的距离和两球的大小

值，但是直到 18 世纪（1751 年），这一距离才被两位法国天文学家拉朗德和拉卡伊(Lacaille)确切地测定出来。他们站在地球上很远的两点，一个在柏林，一个在好望角。现在请看图 128。图中的月亮在上，地球在下。月亮愈远时，以月亮为顶点的角就愈小，测定了这个角便可以求得从月亮上看到的地球的视直径，这是两倍于一般所谓的月亮视差。

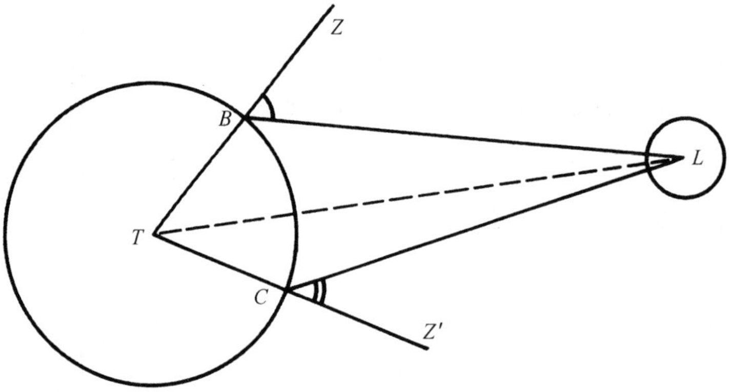

图 129　从相隔相当远的两站 B 与 C 测量到月亮的距离

所谓月亮的视差，就是从月亮看地球半径所张的角。我们现在来详细研究一下这两位天文学家所用的测量方法。不习惯于使用初等几何学原理的读者，可以略去这一节。这两位天文学家在差不多相同的经圈上，使用象限仪测量了月亮的方向和他们的铅垂线方向之间的角度，而他们的观测是在月亮中天的时候进行的。当拉朗德这一面测得角 ZBL 的时候（图 129），他的同事测得角 $Z'CL$。假使月亮到地球的距离 TL 比起地球的大小来说是无限大，则 TL、BL 和 CL 都将是平行的，因为这些直线是不会在有限的距离处相交的。在这样的情形下，角 ZBL 和角 ZTL 便会相等，角 $Z'CL$ 和角 $Z'TL$ 也会相等。那么这些角两两相加，它们的和也是相等的。换句话说，这两位天文学家在月亮经过他们的子午圈时所测得的角 ZBL 和角 $Z'CL$ 的总和，会等于这两处的铅垂线所成的角 BTC。但是事实上月亮离开地球并不是无穷远，因此他们所测得的两角之和显然大于两铅垂线间之角（这个角是已知的，因为它大约等于柏林和好望角两地的纬度之和），这样超过的数量恰好是角 BLC，这个数量的准确性恰和月亮上的观测者量出的柏林和好望角两地所夹的角一样。这样求得角 BLC 以后，我们就不难推出从月亮看地球半径的角度，或者说月亮的视差了。这个视差是 57′3″。月亮上的观测者看地球在它的天上是一个直径大约 2°的圆轮。下面我们列出了角度和距离间的关系，这里所取的作为距离的单位是我们所测量物体的视直径的真实大小：

1°的角度所相当的距离是	57 米
30′所相当的距离是	114 米
6′所相当的距离是	573 米
1′的角所相当的距离是	3 483 米
30″的角所相当的距离是	6 875 米

20″的角所相当的距离是	10 313 米
10″的角所相当的距离是	20 626 米
1″的角所相当的距离是	206 265 米

假想一个人身高 1.70 米，在离他身高 57 倍，即 97 米处去看他，那样的高度就代表 1°；每边 10 厘米的方纸，在 5.70 米以外看去，也盖着了 1 平方度；每边 1 厘米的方纸块在 34 米以外看，代表 1 平方分；绘在墨板上宽 1 毫米的直线，在 206 米以外看，代表 1″；一根头发约有 0.1 毫米粗，放在 20 米外去看，也代表 1″。这样小的角度实在非常微小，不是肉眼所能觉察的。

对于角的大小，有了以上的了解，才可以使我们明白以后怎样估计一切天体的距离。月亮的视差，平均值既然是 57′（差不多是 1°），所以它的平均距离大约是地球半径的 60(60.27)倍。以整数表示，便是地球直径的 30 倍。

地球的与视差相关的赤道半径是 6 378 388 米，所以月地间的平均距离是 38.44 万千米。这个事实和我们的存在一样真实。

我们在图 128 上，按正确的比例尺表示了这个距离和月地两球的大小。在这张图上，地球的直径是 6 毫米，圆圈代表通过柏林和好望角两处的经度圈，月亮的直径是地球的直径的 3/11，即 1.6 毫米，放在离地 180 毫米即地球的直径的 30 倍远的地方。现在试举一些例子来想象一下这个距离究竟有多远。

图 130　月轮表面和欧洲大陆的比较

一颗初速度为每秒 500 米的炮弹，到达月亮需要 9 天。声音传播的速度（在空气中 0℃下）是每秒 332 米。假使月地之间充满了空气，月亮上火山爆发的声音，如果有足够的强度可以使地球上的人听见的话,那么我们将在爆发后13.5天才能听到这个声响。传播得最迅速的光,只需1.25秒钟,就能到达地球。

既知月亮的距离,我们便可从它的视体积来算出真体积。因从月球上看地球的赤道半径是57′3″,而从地上看月亮的赤道半径是15′32″,这两个球的真正直径之比,应当是这两个数字之比。稍加计算,便得到月亮和地球的直径之比是272∶1000或者大约是3∶11,由此可知月亮的直径比地球的直径的1/4还要稍大一些。因地球的直径是12757千米,所以月亮的直径是3473千米,由此就容易算出月亮的表面积是3800万平方千米,体积是220亿立方千米。这颗近邻星球的表面积大约是欧洲大陆的4倍,或者是南北两美洲相加那样大。月亮的体积只相当于地球体积的1/49。所以,要有49个月亮,才能组成和地球一样大的球。可是,要造成和太阳那样大的球,却需要6400万个月亮!

对一个星球的距离和它的体积的测定,看来是很奇妙的,可是事实上却是非常简单而且可靠的。我们希望读者至此已经明了这种测量天体的既合理又精确的几何方法。让我们再说一次,月地的平均距离是38.44万千米。

在这个距离上,月亮围绕地球运行的周期是27日7时43分11秒,平均速度是每秒1017米。

月亮怎样围绕地球运行

根据历史记载,关于月亮运动的研究使我们发现天体运动的基本原则和宇宙的稳定性。牛顿就因研究我们的卫星,而发现了万有引力定律。

这是距今天差不多300年以前的事了。有一天夜晚,一位23岁的青年,在他祖先的果园里坐着沉思。在夜的静寂里,据说,有一个苹果落在他的面前。这个简单的事实,别人不会在意,就让它过去算了,可是它却吸引住了这位年轻人的注意。那时,一轮明月挂在天空。他开始思考把万物向地吸引的这种奇异的力量究竟是怎样来的。他天真地问道:“为什么月亮不落下来呢?”他经过详细思考之后,终于发现了一个伟大的定律。这一发现,是人类可引以为骄傲的。这个青年人便是牛顿!这个因苹果坠地所引出的伟大的发现,便是万有引力定律,这一定律成了一切精确的天文学理论的基本原则。

现在我们把证明地心引力和使星球运行的力量是同样一种力量的理解经过,叙述在下面。

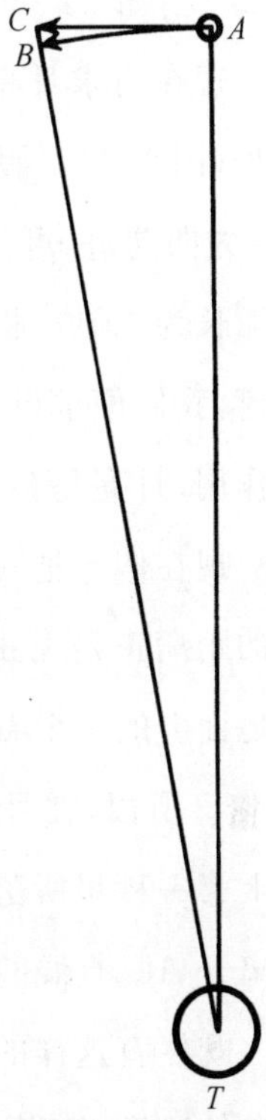

图 131　**月亮是怎样地向地球坠落而不碰撞**

如果地球不吸引月亮，月亮就会沿直线 AC 的方向运行，地球的引力使月亮向地球坠落 CB 那段距离，使 TB 等于 TA。

使物体坠落到地上的地心引力，不但是表现在接近地面的地方，在屋顶和最高的山巅也存在着，而且它的强度好像并没有减弱。当然，我们会想到，在更远的地方，如像在离开地球等于地球半径 60 倍的月亮那里，这种吸引物体向地的引力也还是存在的。那么，维持月亮在它的轨道上围绕地球运行的力量，是不是这种地心引力呢？牛顿首先向他自己提出了这个问题。

伽利略曾经研究过物体落地的运动，他说明地心引力对于物体，在相同的时期里应当产生相同的效果，而不管它们的状态是静止的还是运动的。一个不具初速度而垂直落下的物体，不管开始下落后经过了多少时刻，它的速度在每秒钟内常增加相等的数量。在一个物体向任何方向抛出的运动里，水平方向的速度是恒常不变的（如果不计入空气的阻力），可是垂直方向速度的变化，和物体垂直坠落的情形是一样的。举例说明如下：

沿水平的方向抛出一个铁球，假使没有地球的吸引力，它将以同样的速度，沿同样的方向无限制地向前运动，可是由于地心引力，它渐渐离开它被抛出的那个方向而下落。它离开这条直线继续下落的速度，和这个物体没有初速度自然垂直下落所具有的速度相同。将这条代表抛出铁球方向的直线延长到被这个铁球击中的垂直的墙上，然后测量墙上击中点离开这条线的距离，所测得的正是在发出至击中那段时间里，铁球不受初速度影响而垂直下落所应该落下的距离。

这个很简单的概念可直接应用到月亮的情形上。在每一瞬间，月亮绕地球的运动，我们可以把它当作是朝水平方向抛出的铁球。在某一瞬间我们假想月亮沿直线 AC（图 131）方向被抛射出去，它不是无限地沿该方向运动，而是在它的轨道上走了一段弧线，不知不觉地接近了地球。它在每一瞬时，都向我们坠落，它这种坠落的分量是容易求得的，因为正如铁球的情形一样，只需将月亮在这段时间内所走的弧长和假使它的运动不受别的影响在 A 点的切线方向上所走的距离加以比较，便可求得。那么我们怎样计算月亮在每一秒钟内向地球坠落的距离呢？地球既然是一个球，它的大圆（经圈或赤道）的周长是 4 万千米（即 4 000 万米），月亮的轨道也可以当作一个圆周，它的半径是地球的半径的 60 倍，因此月亮的轨道的周长是 4 000 万米的 60 倍，即 24 亿米。

月亮在这样长的轨道上运行一周，需要 27 日 7 时 43 分 11 秒，或者说 2 360 591 秒。

以24亿除以2 360 591,我们便知道月亮在每一秒钟行1 017米,即1千米多一些。

现在再求月亮每一秒钟内向地球坠落的距离。假设在某一瞬间月亮在A点,地球在T处(图131)。假想月亮向左方沿水平方向被抛出去,如果地球不起作用,月亮便沿着AC方向前进,可是事实上,它不在这条切线上运动,而是走了AB那一段弧线。假设这一段弧长为1 017米,那便是月亮在一秒钟内所走的距离。如果我们测量C点离开B点的距离,我们便求得月亮在一秒钟内向地球坠落的距离,因为前面已经说过,假使没有地球的作用,月亮是会走AC那条直线的。这段CB线的距离是1.35毫米。

现在假想把一个石块放到月亮那样高的地方,让它落下来,在第一秒钟,它向地球坠落的距离正是1.35毫米。地心引力离地心愈远就愈减少,并且是随距离的平方而减少。在地面上的一个石块,在落向地心的第一秒里走了4.90米。月亮距地心是地面距地心的60倍。所以,在月亮上,地心引力减少了60^2,或者是3 600倍。所以要知道一个石块在月亮上第一秒里所落的距离,只需将4.90除以3 600,结果确是1.35毫米,正是一秒钟里月亮离开AC直线的距离。

既然有这样的坠落,为什么月亮不会早就和地球碰撞了呢?这是因为月亮有它沿AC方向的速度,使得由它这种运动所产生的离心力恰好抵消了地球的吸引力。假使没有这种吸引力,月亮由A至C便离开了地球,但是吸引力使它走AB弧,结果使得TB等于TA。

我们试在头顶沿水平方向迅速地旋转一个用绳系着的石块。因为我们手上所持的绳索把石块系住,所以石块所画的曲线是圆周。石块受到向圆周外的一种力,这在我们手上是可感觉到的,这便是由于这种运动所产生的离心力。石块自转的速度愈大,这种离心力也愈大。但是我们所持绳上的张力抵消了这种离心力。如果我们骤然丢掉绳子,石块便沿它已有速度的方向,即向它所运转的圆周的切线方向飞去。假使地球的吸引力没有了,月亮也会这样飞出去的。

牛顿凭他的天才,已经领悟到使物体坠落到地面的地心引力和使月亮在它的轨道上运行的力量,确实是同一种力量,可是他所处时代的观测和理论,都没有精确到足够给予这个发现以无可辩驳的证明。下面的故事,无疑是有些戏剧化,但是它太美了,不能不在这里叙述一下。牛顿停留了16年无法严格证明他的理论。直到1682年,他听说了法国天文学家皮卡德(Picard)测量地球的新结果,赶忙回家,重新计算他放下了16年的问题。当他把新的数据代进算式,计算愈进展,他所要求得的结果愈是明显。这时,这位思想家非常激动,简直不能继续计算下去,只好请他的朋友帮他完成这个计算。如果真的像人们所说的，这个故事是一位传记家渲染的笔墨，也不要把它抛弃，因为意大利的谚语说得好，“纵然不是真实的，却也算是美妙的”呀！

牛顿利用他所发明的微分学的方法证明，如果太阳有这样一种力的作用，每个行星会走一个椭圆轨道，太阳就在这些椭圆的一个焦点上。这正是开普勒根据长时期的观测，由经验得出的行星运动的一个定律。月亮环绕地球的运动也应该遵循这一定律。牛顿因此敢说，卫星受着它们所依附的行星的吸引，而地球上物体所受的重力，不过是使行星绕太阳以及卫星绕行星作公转运动的万有引力的一个特殊例子而已。

把这个概念一般化以后，我们可以说，空间的星球互相吸引，是按照这个引力定律，或者说是按照万有引力定律。天文学的进步证明了这种引力的万有性。这个定律可用言语表达如下，读者们应该记住：

万物互相吸引，引力的大小和它们的质量成正比，和它们之间距离的平方成反比。

以后在行星绕太阳运动那一章里，我们还要讨论到这个定律。

我们已经说过，月亮围绕地球运行，周期是 27 日 7 时 43 分 11 秒，速度是每秒 1 千米多，每分钟约 60 千米。这样就产生了一种离心力，使它在每一瞬间有离开的趋势，这一离心力，恰好和地球对它的吸引力使它接近的趋势相抵消，结果，它在空间里和地球总保持着一定的距离。

在月亮围绕地球运行的同时，地球也在围绕太阳而运行。在 27 日里，地球约运行了它一周的 1/13。地球带着月亮的公转运动，使得月相的周期比月亮的公转周期要长一些。

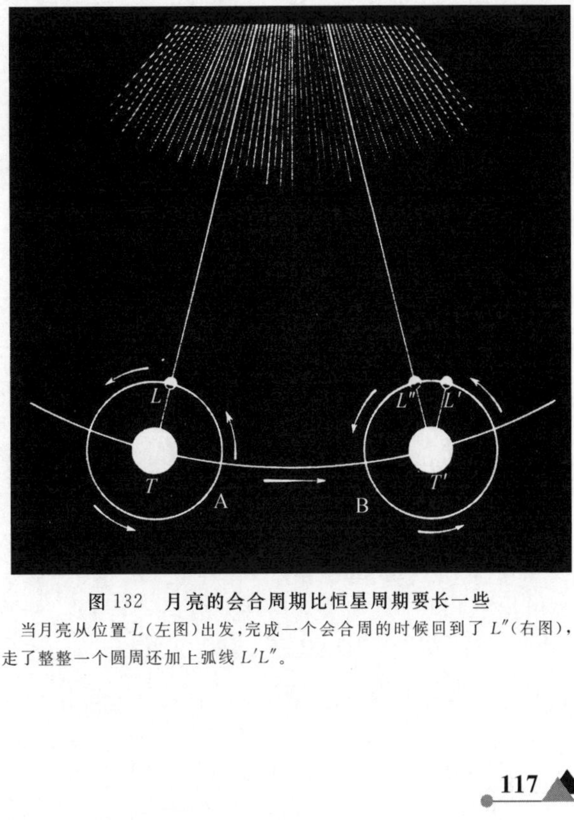

图 132　月亮的会合周期比恒星周期要长一些

当月亮从位置 L（左图）出发，完成一个会合周的时候回到了 L''（右图），它走了整整一个圆周还加上弧线 $L'L''$。

月亮和地球一样，是不发光的天体，因为被太阳照着，反射日光才被人们看见。日光只照着月球的半个球面。月相是随月亮和太阳与地球的相对位置而变化的。月亮在地球和太阳之间时，它被太阳照着的半球对着太阳而背着地球，所以我们看不见它，这便是新月；当月亮和太阳正交，我们看见照着月球的一半，这便是上弦或下弦;当地球在月亮与太阳之间时,月亮把它被照亮的半球整个对着我们,这便是满月。月相的周期为什么和月亮的公转周期不同,初学者有时难于理解。为了说明这件事,先设想在新月时,我们可以假定地、月、日三体排列在一条直线上,如图 132A 所表示的情况。那时,月球在地球和太阳之间,所以是新月。当月亮按箭头所表示的方向绕着地球运行时,地球和月亮所组成的整个体系由左向右运行,这时月亮公转了一周,来到 L' 的位置,还不能达到下一次的新月($T'L'$ 是和 TL 平行的)。事实上,月亮须到了 L'' 的位置才是新月,所以它还须走上附加的 $L'L''$ 那一段,就是说在它的运行周期上还须加上 2 日 5 时 0 分 52 秒。因此,由新月再到新月的朔望周期是 29 日 12 时 44 分 3 秒,这叫作月亮的**会合周期**。至于它的真正周期,叫作**恒星周期**。这两种周期的差异恰和我们所说过的地球的自转周期和太阳日的长短两者之间的差异一样。

月亮由西至东的自行和月相的循环,可以说是人类观察天象最先明了的现象,也可以说是时间的测量和历法的最早的基础。

图 133　儒维西的弗拉马里翁天文台(特别注重观测月亮)

第十章

月　相

我们的祖先比我们和自然更为接近。他们既不需矫揉造作,也不受近现代生活的束缚。他们对于自然现象的直接观察,奠定了科学的最初基础。如果说,天文学是最早的科学,那么,对月亮的观测便是最早的天文观测,因为这种观测最简单、最容易而且最有用。明月的光辉,现今城市居民已不太重视,可是原始人却把它当作一种特殊的恩惠,所以他们把月亮当作女神来供奉。月相的循环给牧羊人和旅行人以计时的标准,仅次于因地球

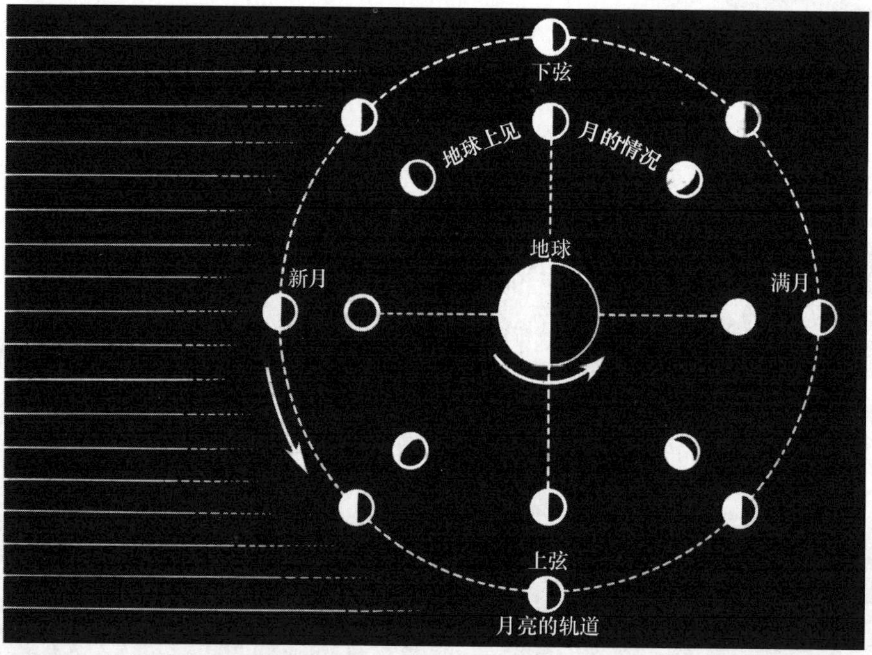

图 134　月亮的位相决定于会合周期(29.5 日)，因为位相随月亮对于太阳的相对位置而变化

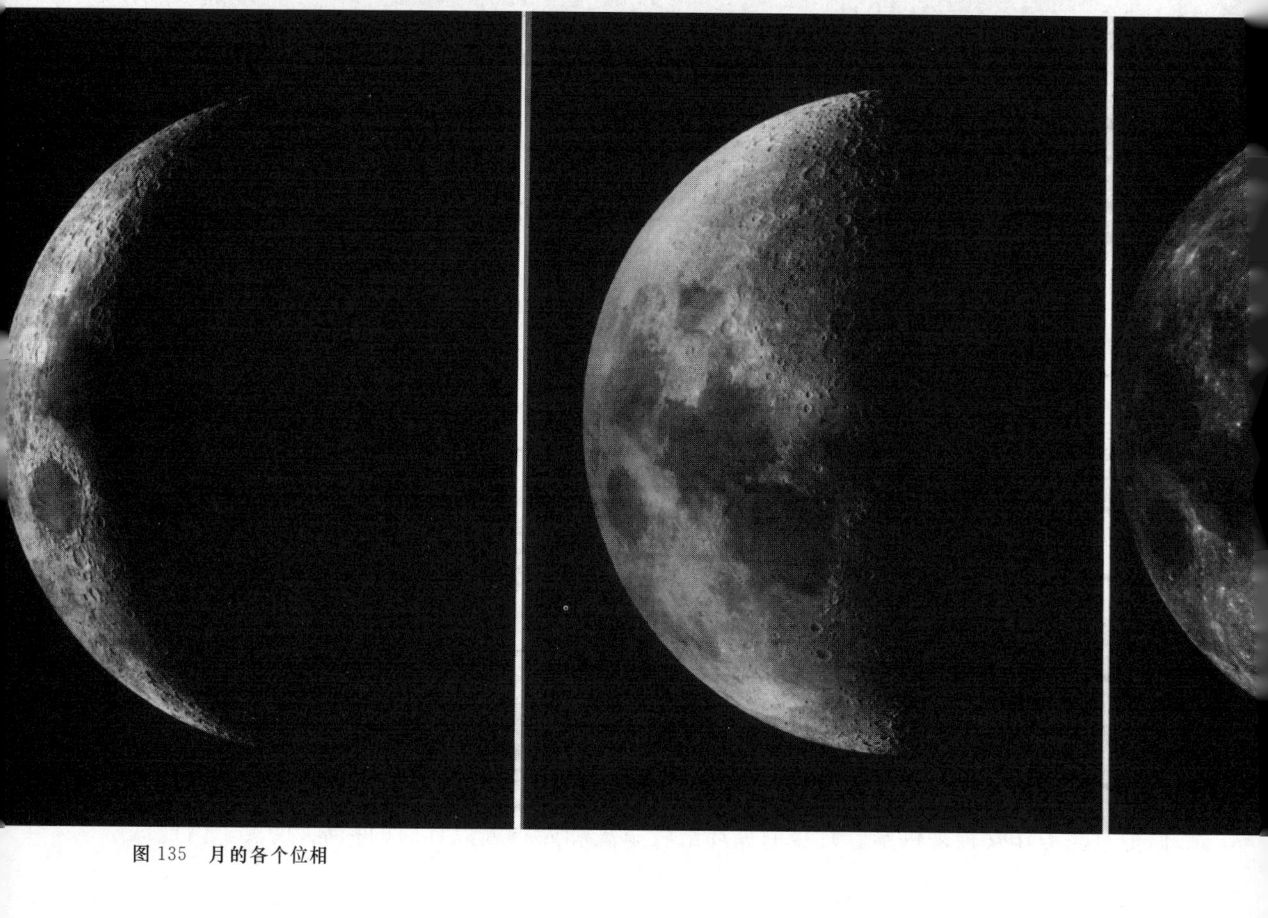

图 135　月的各个位相

自转而来的昼夜循环的周期。月相比四季循环更为简单明显，所以曾经被人当作一种天然的历法。

我们说过，在大约一个月的时间内，我们的卫星沿着与周日运动相反的方向，在天上行经一周；同时它和别的星球一样东升西落，每夜它都比别的恒星升起得迟一些，好像向东方后退一样。这种运动非常显著，只需连续几夜注意月亮的位置，便会觉察出来。例如某夜月亮在一颗明星附近，它很快离开这颗星，沿着与周日运动相反的方向而去，绕天空运行一周：在一夜之间它离开了 13°，两夜 26°，三夜 39°……最后过了 27 天，它从相反方向回来，再碰到那颗明星。它回到它前一个月所在的那一点，好像依次拜会了它旅途上的每颗恒星。

人类先注意到月相，然后才察觉到它在恒星间的运动。月亮在某一夜从太阳的光辉里诞生，那便是初生的新月〔又叫作朔〕。和太阳相合的第二夜，月亮呈现一丝娥眉的光辉，它的凸面常向着落日的一面〔许多画家没有注意到这个事实，常常把这个现象的方向画反了！〕。娥眉月逐渐长大起来，五六天以后它成了半圆的形状，明暗部分的界限似乎成了一条直线，

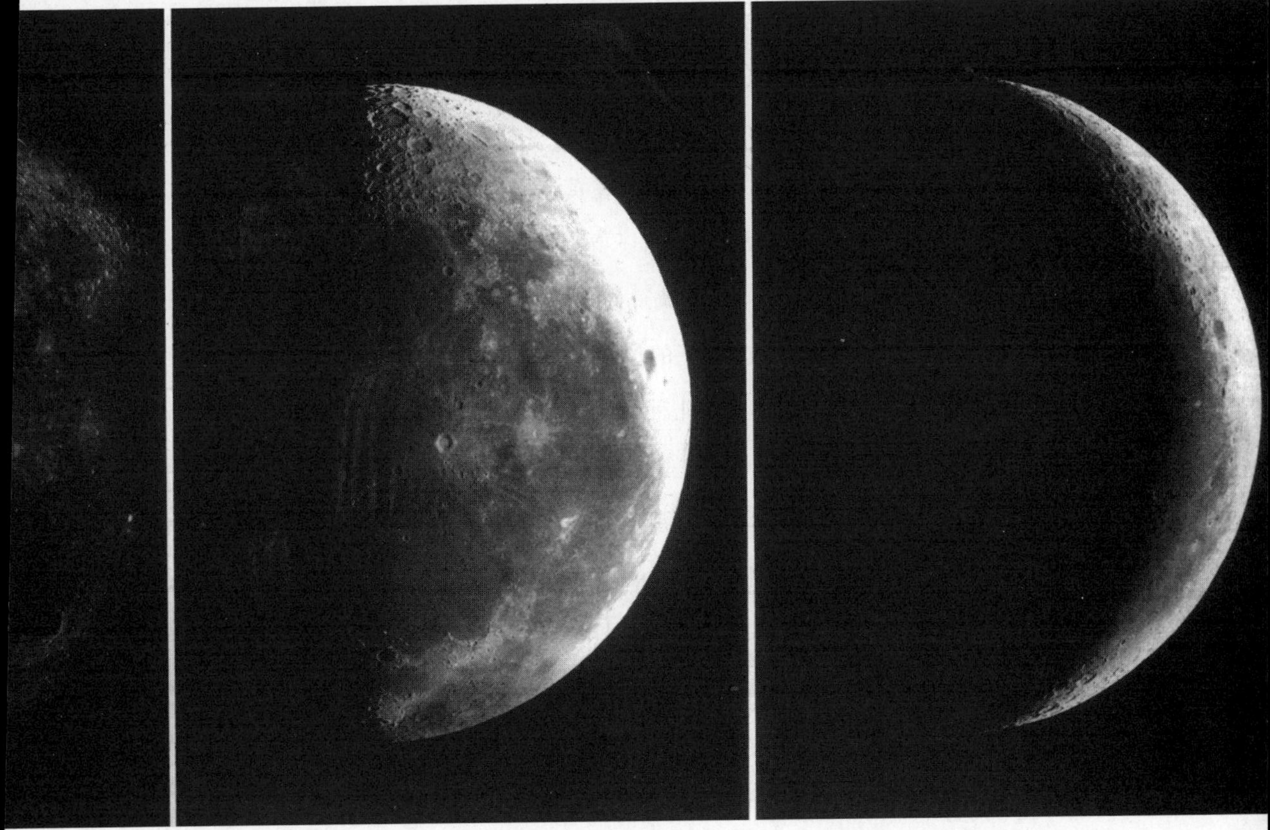

那时叫作上弦,在白天也容易看见。它继续离开太阳,成了卵形,又经过七天,光辉不断增加,以至满轮发光,通宵照耀,便到了满月〔又叫作望〕。那时它半夜中天,太阳东升,月亮西落。对于我们说来,这种现象说明月亮和太阳处在相反的方向,而且说明太阳是迎面地而不是侧面地照着月亮,我们才看见它的整个明亮的圆轮。

继满月而来的,便是月缺的时期,重新表现月盈期的月相,先由卵形逐渐亏损,而到半圆(下弦)。这半圆继续亏缺,呈娥眉的形状,更逐日变窄,而且它的弦角是背着太阳的。那时月亮在早上日出前一些升起,它更接近太阳,随着就失落在日光里。那时月亮又变成了另一个新月,又来到朔的时期。

我们已经说过,月亮在我们眼里所表现的这一系列现象,是在29日13时的它的一个会合周期里发生的。新月和满月的日子叫作朔望,月亮成为两个半圆时叫作上弦或下弦。

在前一篇里,我们说过,太阳中天比恒星中天每日要迟4分钟。因月亮经天一周(恒星周期)比太阳经天一周要快13倍,所以月亮每日中天更要落后。在继续两天里,月亮中天比太阳中天迟50分钟。所以用月亮来计算日子,每日应是24时50分。不过这数字只是一个平均值,月亮的异常复杂的运动,使得这种"月亮日"有很大的变化。

月亮成为新月或太阴月开始的时候,显然不能用直接观测立刻决定,除非是恰好在朔的时候,掩盖着日面而造成了日食。

可是日食不是每月都有的,因为月亮虽然在黄道星座中运行,可是它离开黄道还有一些距离。下一章谈到月亮的复杂运动时,我们还要提到这件事。如果月亮像太阳总是在黄道上运行,那么每逢新月便形成日食,每逢满月便形成月食。可是我们只需检查年历,便可知道,在5个朔望里,有4个都没有食,月亮的位置总是太偏北或太偏南,不能造成食的现象。

图136表示朔日前后月轮的连续几种情况。假设在新月的时候,月轮在日轮的北面(从我们的纬度看去,月轮在上)。它的一丝娥眉总把凸面向着太阳,但是到了合朔的时候,这一丝娥眉的光辉也完全消逝,即使那时并无日食。事实上,月亮表面的凹凸起伏很大,环形山的棱脊和高山的峰巅侧影互相重叠,使得月面向太阳的一些部分不能被人看见。这现象在弦角上尤其显著,因为在月轮周围,娥眉月占去的部分不及一半,弦角好像被剪裁过了。当月亮距离太阳20°时,因月面凹凸起伏的效果,娥眉的弧度减少了12°,可见的弧只有168°;距离太阳15°时,可见的弧只有142°;在离太阳9°处,娥眉的开口不过88°,还不到一个直角;在离太阳7°处,它就完全消逝,月亮的被日光直接照着的部分在地上就丝毫也不能够被看见了。

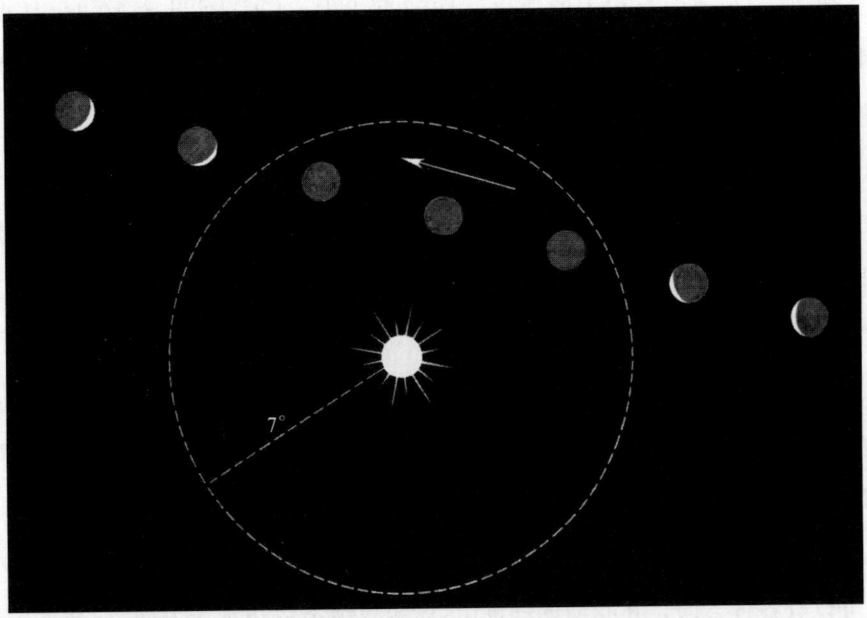

图 136 在每次合的时候，月亮不一定造成日食

平均五次中有四次月亮从太阳的上面或下面走过，当月日间角距离小于 7°时，便不会有娥眉月，因为月亮只被灰光很微弱地照着，所以它对着我们的一面完全看不见。

总之，由于月面上的起伏，在新月前后，娥眉月的视表面和亮度显著地减少，这也是在合朔前后或长或短的一些时间里，完全不见娥眉月的原因。在中午，即使在最好的天气，用肉眼或望远镜去看娥眉月，须在它离太阳至少 24°那么远，在小于 30°处看见娥眉月，实在是相当困难的。但是在太阳升起或落下的时候，就适宜得多。如果前面是海阔天空的地方，又逢晴朗的气候，即使月亮距离太阳只有 15°，因太阳在地平线下面，亦易辨出一丝娥眉的光辉。这种现象转瞬就看不见了，因为太阳在地平线下须有相当距离，才不致使晨昏的天光掩蔽了娥眉的微光，而且在地平线附近常有或多或少的雾气，也常会掩蔽了这稀微的光辉。这种现象只能有几分钟，观测者必须事先做好准备。有人在月亮距太阳 10°处看见过它，更有两处，根据计算，除掉视差在角度只有 7°到 8°之间，也看见了新月。新月初生作为太阴月的开始，在不可查考的古代，就有一些民族用宗教仪式来庆祝，一直到今天还是这样。娥眉月怎样才能被人看见，曾经成为许多人研究的题目。可惜的是，观测的人只说，在合朔以后，经过了若干时日，他才看见了新月，换句话说，即是在什么月龄看见月亮。可是新月被人看见，不但是由于月龄，而且是因月和日中间的角度（自然还有气象的情形和观测者在地球上的位置）。我们再看图 136，便会明白，单是月龄不能决定它和太阳的距离，因为当月龄为零，即正当合朔的时候，日月间的角距离可以由 0°到 6°。还有，如像我们在下面要谈到的，月亮在它的轨道上运动，情况异常复杂,它的视速度有很大的变化。1952年8月21日,月龄才12时,月离太阳只有5°,因无娥眉,故地上没有一个地方可以看到月。可是1953年4月4日,月龄仍是12时的时候,月离太阳9°,一个位置适当的观测者可以很清楚地看见一丝娥眉月,这两个例子足以说明,只是月龄不足以表示它能被看见的情况。只有掌握月亮和太阳位置的确切数据的天文学家才能指出观测是否可能,如有可能,应该在哪里去寻找娥眉月。

我们还需对这个引人注意的问题说一句话。太阳和月亮都在天上所谓黄道星座之内。可是太阳刚落下,我们要去找新月的时候,黄道和地平线所成的角却随四季而有变化。以巴黎来说,春季时这个角度是64°,秋季时不过18°。只需看一下图137,便会明白为什么在春季容易看到新月,因为那时它离开地平线要高一些。反之,在秋季的时候,人们应当早起,在黎明的曙光前,去看即将消逝的一丝残月。

这张图也使我们明白,娥眉月的弦角线(即连接角尖两点在月轮上的弦线),对于垂直线来说,可以有各种方向。在我们的纬度上,弦角线绝不会在水平方向,而在低纬度处,情况便不是这样,新月甚至可以把它的凸面对着东方。

图137　在我们的纬度上,西方天上新月在春季(右上方)比在秋季(左下方)容易看见

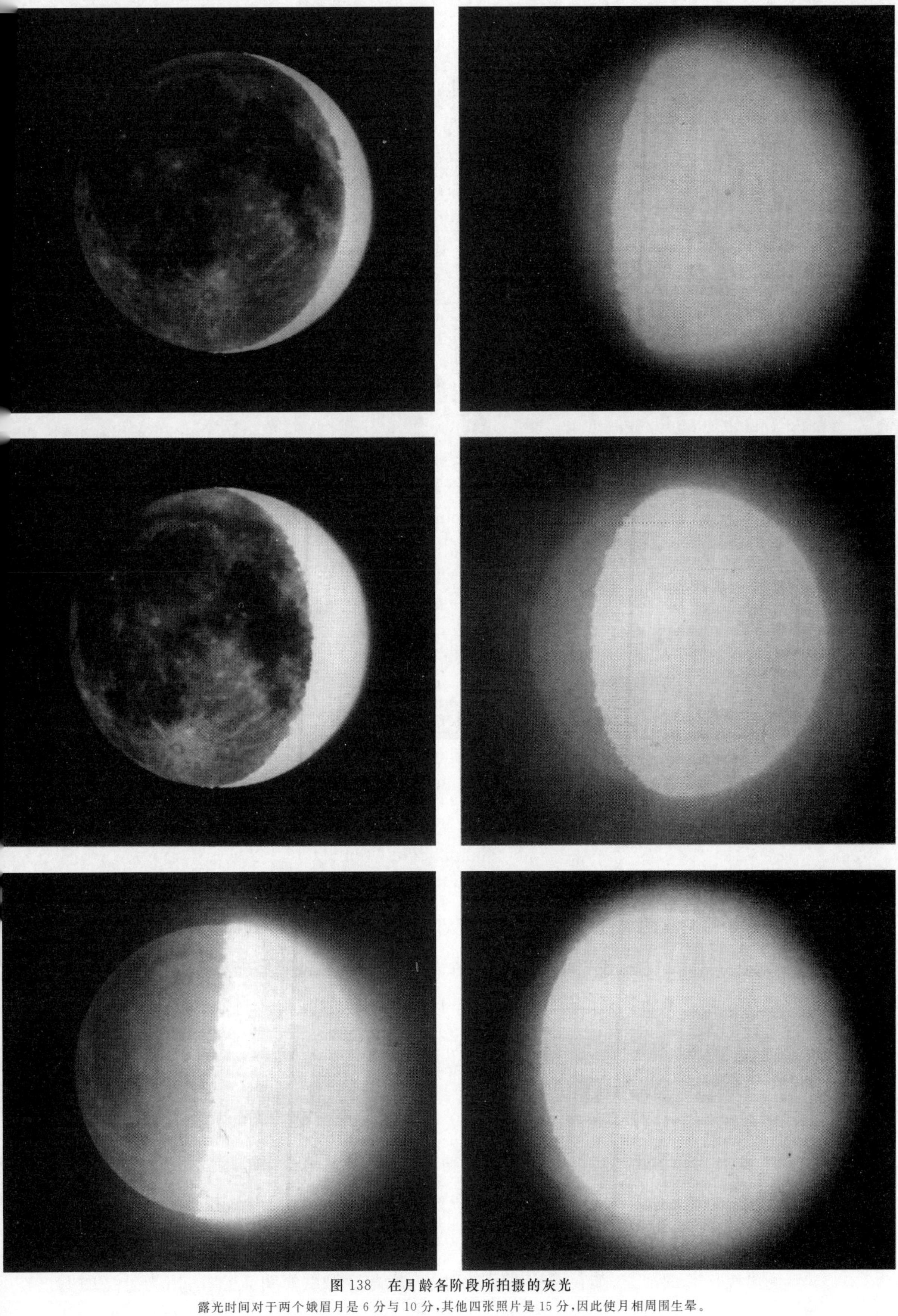

图 138　在月龄各阶段所拍摄的灰光

露光时间对于两个娥眉月是 6 分与 10 分，其他四张照片是 15 分，因此使月相周围生晕。

图 139　蛾眉月与灰光(1935 年 2 月 5 日拍摄)

◂ 灰　光 ▸

月龄开始的头几天，当月亮还是娥眉形状的时候，我们仍然可以看见月轮上其余部分还显现着暗淡的光辉(图 138、图 139)，这便是灰光。这种光线的来源是由于地球的反射，因地球把照在它上面的日光散射在空间。对于我们来说，月亮和太阳是朔的时候，对于月亮来说，地球和太阳是望，在月亮上看地球，那时地球是一个圆轮。地球反射给月亮的光辉约为满月反射给地球光辉的 45 倍。

古代人很难解释这种二级的光辉，有些人以为是由透明的或发磷光的月亮自身所发射出来的，而有人以为是恒星的反光。开普勒说，第谷以为是金星的反光，而开普勒的先生默斯特兰(Moestlin)于 1596 年首先说明灰光的真实原因。但是，早在 1518 年，著名画家达・芬奇(Léonard de Vinci)就已经说过这句话了。

观测者在掩蔽的地方，如在屋宇下面的时候，灰光显得更要明亮一些，因为月亮的明亮部分总有一点掩盖灰光的作用。我们在灰光里还可以辨认月轮上的大黑点，特别是在月龄三天的时候。月亮在上下弦时，肉眼差不多看不见灰光，这是因为：(1) 地球也在"弦"的位置，散射的光辉较少，因此月上的地光减弱了；(2) 直接接受日光的半个月亮把人的眼睛弄眩晕了。但是用一个拭去灰尘和潮湿的好望远镜，仍然是可以看见灰光的。事实上，仅在满月前三天，灰光才隐匿不见。在满月后三天，它又再次出现了。

关于灰光的颜色，各人的看法不同，有人说是灰的，有人说是有些带绿色的，或者甚至是橄榄绿的。事实上，用色度学的方法测量，它是蓝色的，因此，地球所散射的光是带蓝色的。因照片对于蓝色辐射特别灵敏，月亮的灰光虽比较弱，但对于照片的作用，却比想象的还要强烈得多。即使在上弦以后，灰光也还容易被照出来。儒维西天文台曾拍了一套这样的照片，我们在这里只选印了几幅。有些研究灰光的人说，在相同的月相里，灰光在早晨比在夜晚要强一些。近代的光度测量否认了这个意见。可是早上的娥眉月却不如晚上的娥眉月那样明亮，这是因月中黑点(被人错叫作月中的海)占有更多的位置。在映衬之下，灰光显得更浓一些，其实这不过是一种幻觉。

另外一种光的幻觉，便是明亮的娥眉部分显得比月轮上其余的灰光照着的部分要扩大一些，这便是英国人所说的"新月抱旧月"。这只是一种光渗的效应，这种现象是由于比灰光明亮得多的娥眉月使肉眼感到眩晕而发生的。在弦月时，月亮被太阳照着的半轮所接收的日光，比另外半轮接收地球的光线要多一万倍。

◀星　　期▶

月相和月亮的面貌的循环变化，使人有月和星期的计时方法，月相按一月的周期而循环，月貌每七日一变化。天空中再没有别的现象变换得这样显著，比这个更容易测定。自从人类有数的概念，就会用日和月来计时。新月的出现，代表一个月的开始，一向被教士们细心观测，用号角报告给人民。古时迦勒底、埃及、犹太这些国家或民族的人也同样注意这种天象；波斯人、古希腊人都庆祝新月，奥林匹亚竞技会也在新月的时期开始；贺拉斯也说过，罗马人有新月节日，和罗马同时代的高卢人在新月下行槲寄生的典礼；许多部落，以至澳大利亚的塔斯马尼亚族都有同样的习俗。

在原始的历法里，政府应该预言一年里哪些日子是合朔，人民才好预备庆祝。有一个故事曾谈到神灵命令古希腊人遵守这种神圣的习俗。由此可见，古人是怎样地努力去发现一个使月相发生在每年的相同日子里的周期。这一发现，是天文学家默东(Meudon)在公元前433年向奥林匹亚竞技会上的古希腊人所宣布的。我们看一看这个默东章是什么意思：由于某种月相经29.5日再行出现，而且因为19个太阳年差不多恰好等于236个太阴月，所以19年后某月某日的月相应该和19年前的同月同日的月相相同，因此只需把19年间每日的月相记下，以后每19年内都是一样的重演，可以先期预言。经过一个默东章，月亮和太阳差不多相合在天上的同一点，换句话说，即新月发生在太阳年的同一日。这一周期，也许是古希腊人从东方人学来的〔春秋中叶，我国已经知道19年置7个闰月的方法，要比古希腊默东的发明早160多年。——译者注〕，它要经过312年才会差错一日。

古希腊人以为这是一个很美妙的发现，把它用金字刻在神庙的门额上，以供人民使用。他们把1月1日适逢合朔的那一年作为19年周期开始的一年，现行的一年在那个周期里的序数叫作“金数”。这个数字现在仍然刊布在宗教的历书上，它对于月亮和太阳的运动来说都是一种准则〔教会历法的许多宗教上的节日系根据复活节去推算的。复活节规定在春分或春分后满月后的第一个星期日。教会历法家把春分固定在3月21日，每年的复活节总是在3月20日以后的满月的第一个星期日。因此，复活节不能在3月20日以前，也不能在4月25日以后，于是复活节可在这中间35天的任何一天。教会历法里日期可变的节日，因根据复活节出发而推算，每年总是在前后移动。教会历法家计算所根据的月亮，也不是真实的月亮，而是一种平均月亮，有人叫作“教会月亮”。这个平均运行的假月亮，可以比真月亮提前或推后一两天月圆。例如1954年3月21日以后的满月在4月18日6时，这一天是星期日，复活节应规定在4月25日，可是实际却被定在18日〕。

上面说过，星期也是根据月亮的月相推算而来的：这是朔望两弦四相，每相七日的天然计时单元。星期的来源也很早，可以上溯到迦勒底和犹太民族，以后才传到古希腊，最后到罗马帝国。古代神话里有主要七星，数目和星期的日数相等，就用一颗星作为一日的保护神，所以今天一个星期的七天的名称，仍沿用日、月和古人所知的五个行星的名称：星期日、一、二、三、四、五、六，顺次有日曜、月曜、火曜、水曜、木曜、金曜、土曜等七个曜日的称号。

星期制自3世纪以后，开始实行于西方各国。古代的埃及和中国不用星期制，而以十日为一旬。法国大革命时代所用的旬日制，他们以为是一种创见，其实不过是恢复了几千年前的古代制度而已。

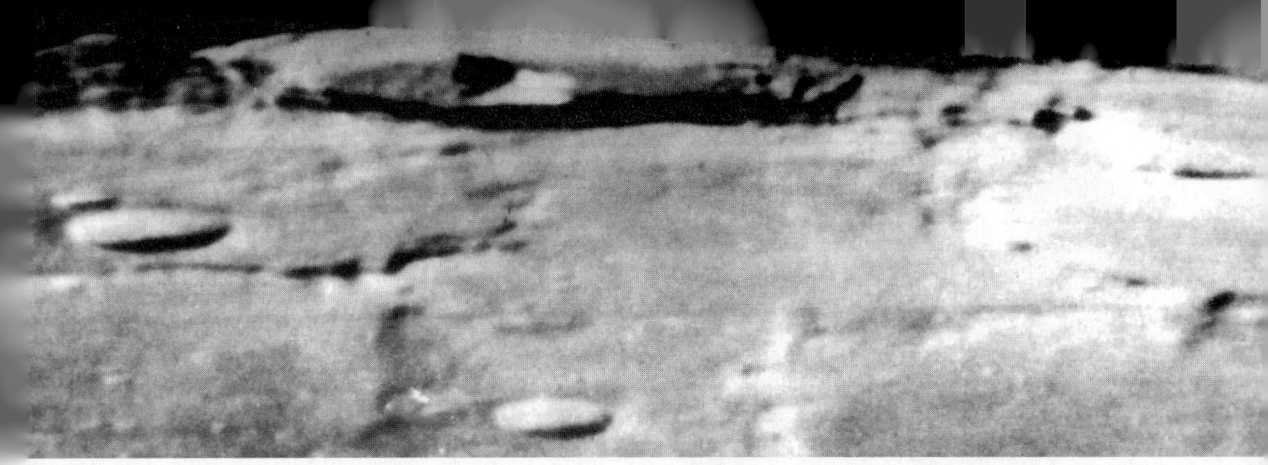

图 140　月面环形山的斜视象

第十一章

月亮围绕地球的运动

月亮围绕地球所走的轨道不是正圆而是椭圆，偏心率是 1/18。如果以 18 厘米为长轴的椭圆来代表月亮的轨道，那么两焦点间的距离只有 1 厘米，焦点距中心只有 0.5 厘米。这个偏心率以小数表达是 0.055，比地球轨道的偏心率 0.016 7 要大一些，换句话说，月轨的椭圆要比地轨的椭圆扁长一些。在公转的一周里，月亮的距离有显著的变化，这可由月轮的视直径的测量求得，因为视直径的变化和距离的变化有关系。当月亮在长轴上和焦点最接近的一端时，距离最短，那时它在近地点，它的视直径最大。在长轴的另一端，或者远地点，距离最长，视直径最小。在短轴的末端，距离是以上两极的平均数，视直径也是这样。下表记载了这个椭圆的轨道上直径和距离的变化：

	视直径	距离(比较值)	距离(千米)
最长距或远地距	29′22″	1.054 9	405 500
平均距	31′4″	1.000 0	384 400
最短距或近地距	32′46″	0.945 1	363 300

图 141 赫维留(1611—1687)

可见,在 15 天之内,月亮的距离由 36.33 万千米变至 40.55 万千米,或者说,增加了 4.22 万千米,即大约增加了 1/9。这个差异显然会表现在它的视直径上面,这也说明为什么日食有时是全食,有时是环食。距离的这种变化也会影响潮汐的高低。如果我们用近地点的距离减去地球和月亮两球的半径,那便是我们到月亮表面的最近的距离了。这距离是 35.5 万千米。在这种情形下,用一架放大 2 000 倍的望远镜看月亮,好像在 177 千米之外看一件东西那样。

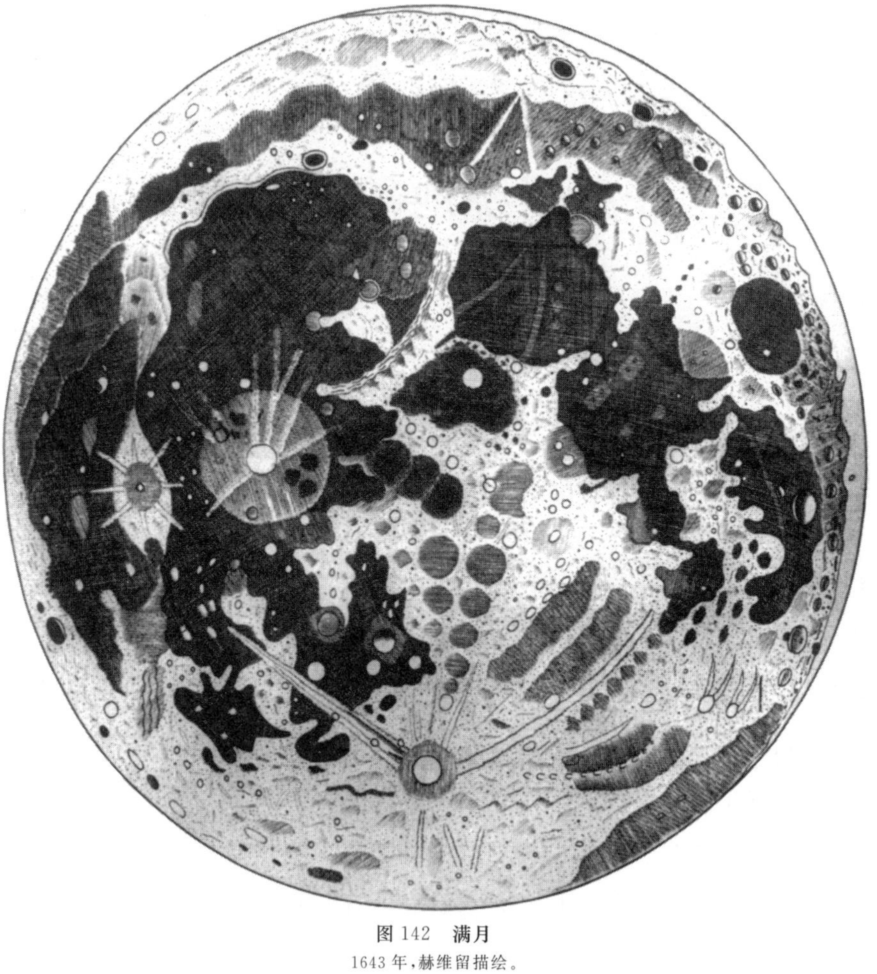

图 142 满月

1643 年,赫维留描绘。

月亮在空间的运动比地球的运动还更复杂。我们不必详细叙述，只选取最奇特的几种来说明一下：

(1) 月亮围绕地球所走的椭圆，在它的平面里不是固定的，这个椭圆绕着地球，在它平面里沿正方向即月亮运行的方向而运行。这个椭圆的长轴在 3 232 日或者 8 年零 310 日里转一周。这是与地球轨道的拱线(即连接近日点和远日点的直线)在 2.1 万年绕过一周的运动相似，不过月亮的情形是更快得多了。

(2) 月亮的轨道(白道)不在地球绕日的黄道平面里，我们已经说过，正因为这样，所以不是每逢新月有日食，每逢望月有月食。白道的平面和黄道的平面相交成 5°多的角。这两个平面的交线叫作交点线。这条交点线也不是固定的，因为每一个交点在 6 798 日或 18 年零 224 日内沿相反方向，在黄道上转动一周。

(3) 黄白两平面的交角也在变化。它的平均值是 5°8′48″，常在极小的 5°0′1″和极大的 5°17′35″之间摆动，周期是 173 日。

初学天文的人不需要研究月亮运动的一切特点，但是知道它有这许多特点也是很有趣味的，让我们再举几点来谈谈：(4) 中心差，由于月亮轨道的偏心率，月亮在每月一周的行程里，有时超过，有时落后，差别可达 6°之多。(5) 出差，周期是 32 日。(6) 二均差，周期是 15 日。(7) 月行差，周期是一年。(8) 视差，周期与会合周同是 29.5 日，它的测定是测量地日间距离的一个好办法。此外，还有许多各种各样周期的特点，天文学家都要细心计算出它们的大小和变化，以便计算在月行的历书里去。布朗(Brown)在拉普拉斯、达穆瓦索(Damoiseau)、汉森(Hansen)、德洛内(Delaunay)等人之后，贡献毕生的精力，研究了月亮运动的理论，研究出这一复杂运动里有 1 500 多种差，这个问题自牛顿以来耗费了许多数学家的精力。幸而其中许多差都可略而不计，可是在编造月行表的时候，还须保留 500 项之多。

由月亮运动的分析，查出月行有一种长期的加速运动，每一世纪中约为 12″。假设一个观测者于 1850 年很确切地测定月亮在它轨道上的速度，我们利用他观测的结果去计算月亮在 1950 年某日某时在天上应占的位置。可是实际观测的结果表明，比计算的位置前进了 12″或 22 千米。这种相差的数量，其中的一部分已经由拉普拉斯解释过，是由于月亮轨道的偏心率的长期变小，但是还有一半差数，是由地球自转的长期变慢。这变慢的原因，上面说过，是由于潮汐的摩擦。如果地球转慢，日子就会变长，于是在一天内各个星球在它轨道上所走的路径也按比例加长了。所以我们的地球只要稍微有一点任意运动，就反映在天体的运动上，可见宇宙中的一切都有联系。

在作进一步的讨论以前，我们谈一下月亮运动的另一特点，这是一般人所注意到的现象。阿拉戈(Arago)写道："英国的收获期在9月中旬，人们发觉，那时满月在太阳落下后就马上升起来，好像白天增长了似的。而且人们又注意到那时连续几个晚上，月亮差不多在同一个时候升起，在同月的其他晚上，月亮连续两次升起的时间可以相差至1时15分之多。主张目的论的人认为那时田里的工作很忙，上天故意作这样的安排，于是有人便把9月的满月叫作获月。"

为了明白为什么有获月这个现象，我们只需提两件事实：(1) 月亮的行径常离黄道不远。(2) 满月常和太阳相对，因此它那时在天上所占的位置是离6个月前太阳在天上的位置不远的。所以在我们的纬度上，冬季的满月如夏季的太阳一样，在天空的高处照耀，至于夏季的满月则如冬季的太阳一样，暗淡发红，徘徊在天际的云雾里。现在，我们再来谈谈9月里的满月，它那时的位置接近春分时太阳的位置。月亮在18时升起(这是真时，太阳也大约在那时落下)，因为在连续那几天里，它的赤经增长得快，所以它连续两晚的升起迟延不过几分钟。农民所以注意到这个现象，就是因为在那时白天正是变短的时候，而忽然出现这种有益的月光。

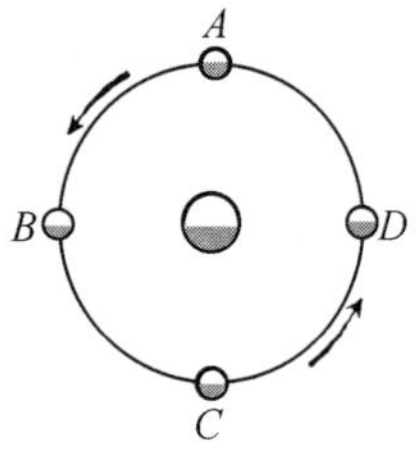

图143　月亮对于地球的运动(不考虑地球围绕太阳的运动)

要想对于我们的卫星的运行有一个确切的概念，请看月亮绕地球每月的运动和地球绕太阳每年的运动综合而成的结果是怎样的。假使地球不动，月亮运行一周之后，重新回到出发点，轨道将是一个闭合曲线，如图143那样。可是地球不是静止的。例如，当月亮由A到B的时候，即是由新月到上弦的时候，地球在它的轨道上向右边去了(图144)，在7天之内，它已带着月亮在空间走了7×257.2万千米，上弦发生在B；再过7天，地球走得更远了，满月发生在C；再过7天，下弦发生在D。当月亮绕地球一周，再回转到A，它在空间里所走的，事实上不是一个如图143的闭合曲线，而是如图144那样，连接A、B、C、D、A那些位置的曲线。但事实上，这条曲

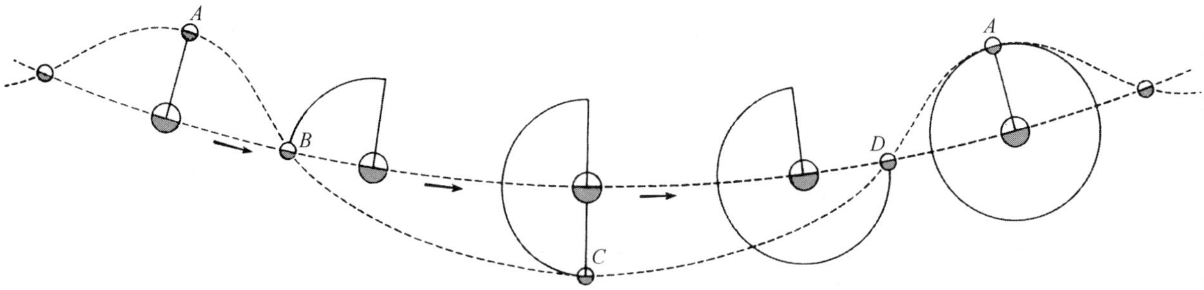

图144　月亮绕地球和地球绕太阳两种运动的合成(示意图)

为了使图画清楚起见，我们夸大了地月间的距离和两球的大小。

线也不是像图 144 所绘那样的波状曲线，而是张开得很大，因为月亮的轨道比地球的轨道范围小得很多(大约只有 1/400)。这条曲线的确切形状如图 145，它常以凹面对着太阳。

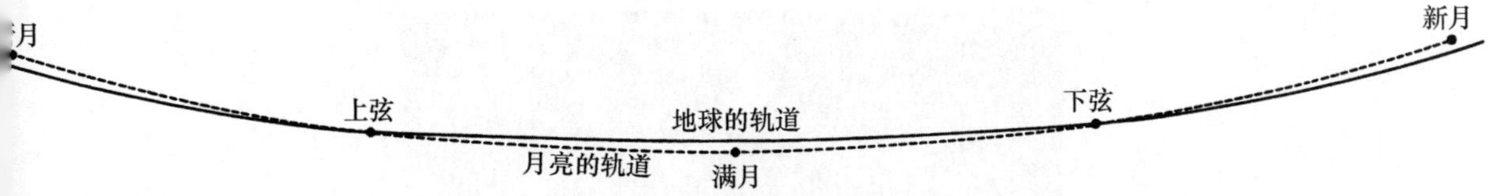

图 145　月亮的真实轨道

这幅图是按比例绘出的。

月亮的质量和密度

我们已经知道月亮的距离、大小和运动。我们现在将要飞到它起伏不平的表面上去看一看。进行这个旅行之前，还有一点必须加以说明，那便是它的质量、组成它的物质的密度和它表面上的重力。我们怎样来测定月亮的质量呢？

我们只需了解天文学家所用的方法，不必详细理解他们的技术。

对月亮质量的测定，是由分析它对于地球所产生的引力的效果来决定的。这个效果当中最显著的一个便是潮汐。由于我们的卫星默默地吸引海水，使海水每日升高两次，准确地研究这种升高的水的高度，我们就知道掀动这些水的力量有多大，因此便可以推算出产生这种力量的质量是多大。这是第一种方法。

第二种方法建立在月亮对于地球的运动所产生的影响上面。前面说过，因为有月亮，地心围绕地月系统的重心走了一个轨道，这种运动表现在太阳的视行发生了一种周月差。对太阳的观测可以测定这个重心相对于地心的位置，从这里便不难推算出月亮的质量。用这些方法所测定的月球的质量是地球质量的 1/81。地球的质量是 6×10^{24} 千克，因此，月球的质量为 7.4×10^{22} 千克。

由此结果所推出的月球平均密度是 3.36 克/厘米^3，仅为地球平均密度的 3/5。因此，月球的平均密度并不比组成地壳岩石的平均密度(2.7 克/厘米^3)大多少。

月球表面的重力比我们地球的小，假设地球吸引它表面上物体的力为 1 000，在月面上，这个力就减小为 166。月面上物体的重量仅为地面上重量的 1/6，这是因为月球吸引它们的力只有地面上的 1/6 的缘故。1 千克重的石头移到月球上去，只有 166 克重。地球上 70 千克重的人，在月球上只有 12 千克重。假想有人到了我们的卫星，而且在那里仍然是和在地上一样的身强力壮，他便可举起 6 倍重的东西，而身体则只有原来的 1/6 重。肌肉稍微用力,便可跳到惊人的高度,跑得可以像火车那样的快。在本书后面我们可以看见,月面重力的薄弱,如何影响了它表面结构的形成和演化。

图146 傍晚天上的新月

图 147 风暴之时的小港

第十二章

月亮对于地球的影响

如果读者没有忘记上一篇里的阐释，应该知道为什么海水每天涨落两次从而造成有规则的潮汐现象。这种现象使古人很烦恼，绞尽脑汁还是莫名其妙，可是留心观测的人便会发现，在潮汐和月亮的运行这两者之间存在一些联系。古代也有几位天文学家认识了这种联系。例如奥古斯都时代的古希腊作家克累奥梅德(Cléomède)在他的《宇宙论》里明白地说“月亮产生潮汐”。普林尼(Pline)和普卢塔克(Plutarque)也曾经这样说过。可是这并没有得到证明，而且还有人加以否认。在近代，伽利略和开普勒也不相信。直到牛顿，才开始用数学来证明。拉普拉斯完成了这项工作，证明潮汐现象确实是由月亮和太阳的引力所造成的。

天体力学给我们证明了太阳潮和太阴潮之比是 1∶2.17。本书虽然不作数学上的推演，可是好学的读者要想知道这个比例，也是不难明白的。万有引力定律表明，引力的强度是和吸引物体的质量成正比，而和它们之间距离的平方成反比。读者可参阅图 99 和那里的解说。我们可以证明，使潮汐发生的原因并不是太阳和月亮的绝对引力，而是海洋上的 A、B 两点和刚体的地球 T 所受的引力的差异。用数学的语言来说，这是一种微分效应。在和距离平方成反比的力的情形下，微分效应便和距离的立方成反比，但仍然和吸引物体的质量成正比。

所以月亮和太阳两种潮汐高度的比例，是将日、月两体和地球距离的立方比除以它们的质量的比。太阳的质量是月亮质量的 $2\,710\times10^4$ 倍；日地间的距离，就平均值来说，是月地间距离的 389 倍，389 的立方大约是 $5\,886\times10^4$。用 2 710 去除 5 886 便得 2.17，就是说，太阴潮是太阳潮的 2.17 倍。

根据第一篇第七章所说的简单理论，潮汐波由东向西，沿周日运动的方向传播，连续两次高潮中间经历的时间是半个太阴日，即 12 时 25 分。但是必须假设全球都是海洋，情况才是这样。海岸是潮汐波传播的障碍，当潮汐波冲进狭窄的海峡（如英吉利海峡、爱尔兰海峡）的时候和对面而来的波涛互相碰撞，波涛的振幅（高度）逐渐增加。图 148 代表在英法两国之间的海里，月亮中天和高潮到来中间所经过的钟点。这里海岸阻挡潮汐的影响特别显著。

潮汐进入窄海，就变得愈来愈高，在英吉利海峡固然是这样，在大河的入海口这种现象尤其显著。驰名的钱塘潮〔指我国浙江省杭州湾钱塘江口的大潮。——校者注〕，凶猛得真是惊人。法国塞纳河入海的维勒基耶（Villequier）和科德贝克（Caudebec）两处也有这样的江潮，在春秋分附近（2 月至 4 月、8 月至 10 月），这种现象更是壮观。这种江潮常出现在潮汐涌入的河道里，潮头像高山一般滚滚而来，阻住江水入海，以相当高的速度溯流而上，有些历书如法国经度局的历书预告每年这种现象将要发生的时期。

当这种江潮来时，如果小船没有及早躲避在安稳的港湾里，一定会遭遇不幸。在塞纳河下游，江潮在浅海里形成，大潮来时，逆流一转即成风起水涌之势。河的流量、气象的情况以及塞纳河出口海岸的暗礁的情况等等，均助长波涛的汹涌，但近几年来，情况不凑巧，波涛亦不如过去那样厉害了。表现在潮汐的月日引力有一种明显的效应：在一定的地方，重力有微小的变化，这一变化可达千万分之一，这是可以由重力和生潮力的比较而推算出来的。保存在巴黎附近国际度量衡局的 1 千克的标准衡器的质量是不变的，但是它的重量即它所受的向下拖引的力量，是每日一周期地增减 0.000 1 克。这样的变化.是不能用

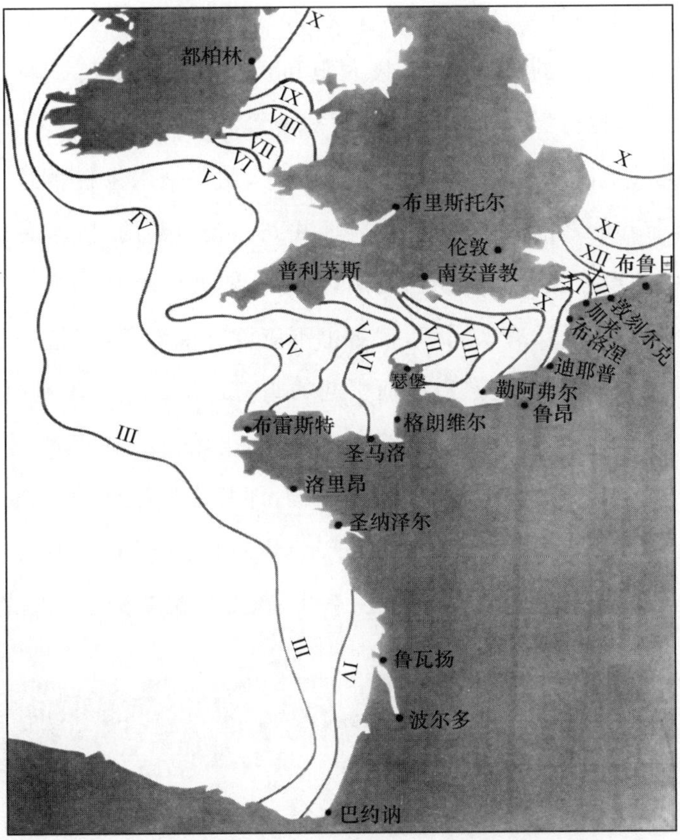

图 148　**英吉利海峡里潮汐的传播**

附有罗马数字的曲线表示月亮中天后每一小时内潮汐的位置。

通常的天平检查出来的，因为在天平两端平衡以后，两端的砝码与物的重量同时增加或减少，天平的平衡不受破坏。但是，我们可以使用一种很灵敏的如像弹簧秤那样的测力计，使欲测的力量和弹簧的弹力取得平衡，这样就可以测出这种变化。现在科学家制造出一种重力计，非常灵敏，可用来观测重力的周日变化。月日引力的变化虽然十分微小，但这种重力计却可以把它表现出来。这是潮汐理论的一种有力的证明。

图 149　**科德贝克河口的江潮**

我们可以问:太阳和月亮是不是也可以在大气里造成潮汐?科学家曾经详细地分析了气象台气压表上每日的记录,以寻找太阳和月亮对于大气的影响。太阳的影响是显著的,例如在巴黎,地面压力平均每天有两次极大值,一次在早晨,一次约在22时;另外,其中间有两次极小值。这种变化的平均总幅度,比1毫米汞柱稍微大一些。如果这真是由于太阳所引起的气潮,那么我们也应该找到月亮引起的气潮,而且幅度应该约大一倍。但是,人们并没有找到这样的太阴潮,这与一般人以为月亮对大气的影响很大的看法是不相符合的。如果没有太阴潮,自然也不应该有太阳潮,于是上述气压的周日变化,应当解释为由于地面空气先热后冷而引起的垂直运动。这就不是引力,而是热力的效果了。

我们现在谈到另外一个常常引起争辩的问题,即月亮对地球的影响。如果我们承认“人言即神言”这句谚语,便应该相信月亮对于地球和地面上的居民有很大的影响。一般人以为气候的变化、大气的情况、动物、植物、鸡生蛋、麦结粒以及地面上的所有一切,都受

图150 高潮

月亮的影响。我们日常的语言，许多都和月亮发生联系，从“蜜月”以至“赭月”。在这些因袭的信仰里，究竟有些什么事实的根据呢？

法王路易十八有一天对向他献历书的经度局代表们说：“我很高兴看见你们在我周围，因为你们会向我解释赭月是怎么回事，以及它怎样影响收成。”这句话特别是对拉普拉斯说的，可是他茫然不知怎样回答。这位大数学家虽然发表了许多关于月亮的文章，可是绝没有想到赭月上去。他望望他的同僚，没有人敢于回答，他便开口说道：“陛下，天文理论并没有谈到赭月，因此我们无法满足陛下的好奇心。”法王把他的经度局的大学者们难住了，很是高兴。那天夜里，在游戏时，他还特别把这件事拿来取乐。拉普拉斯听了心里不安，便去请教阿拉戈，询问这个有名的赭月究竟是怎么一回事。阿拉戈便到植物园向园丁和老农们请教。下面就是他探询到的结果。

图 151　低潮

种园的人们所说的赭月，发生于4月，在那月末或者5月内而变成满月。根据一般人的见解，四五月间的月光对于植物的幼苗有一种破坏作用。据说，在晴朗的夜里，有人亲眼看见幼叶嫩苗在月光下变成赭色，虽然在空气里温度计还在零上几摄氏度，可是新生的植物已经冰冻。而且他们还说，如果天上有云遮蔽月光，不使它照着植物，即使气温相同，亦不致产生相同的效果。为了研究这种有害的作用是不是真实的，我们先讨论一下这个所谓赭月的时期。首先，它的定义是含糊的，4月内开始的新月，不一定在4月末或在5月内变成满月。例如，1946年4月的月相，朔在2日，望在16日。在这样的情形下，如果农人们问天文学家，这个需在4月末或5月内变成满月的赭月何时开始，你想，这位天文学家该怎样回答。

可是阿拉戈经法王这一问难，把事情弄得更复杂化了。事实上，这些园艺家们所说的赭月毋宁说是在复活节后的那个太阴月（朔望月）。譬如在1946年便该是朔月（新月）在5月1日的那个太阴月。如果是这样，那么一年就会有两个赭月了。

在我们讨论完所谓赭月难于确定的时期之后，再看看这现象的本身又是怎么一回事吧。月光所含的能量是很薄弱的，能使幼苗冰冻而不会使气温降低，这是一种奇怪而不合理的见解，应当弃置不论。而且这里所说的冰冻是否属实，我们很难判断。

事实上，在野外所放的温度计上的温度，未必一定代表空气本身的温度，也不表示它所接触之物的温度，它只代表玻璃管内汞的温度。因暴露在风中和夜天光里，并受周围房屋和物件的辐射，温度计可表现出各种各样的温度。需要特别留心方能证明植物冰冻的温度实际上低于周围的温度，而且这件事也只有气象学家才能去证实。事实上，气象学家就因春季推迟从而有害于农作物一事，曾经做了许多小气候学的重要研究，但绝没有谈到什么赭月这个因素。比较相反的情形，在晴朗而又没有云雾的夜里，土地、石块以及植物会迅速地变冷，乃是一件屡经证明的事实。为了避免这样的温度下降，农民故意造出一种雾气来保护农作物。

四五月间的晴夜，对于农作物诚然可以是有害的，但是却和月亮丝毫没有关系。在有月亮的夜晚，天清气爽是有目共睹的；在无月亮的夜晚，就很难使人去注意空气的透明程度了。月亮出现是好天气的结果，而不是因为月亮才造成了好的天气。我们可以总结说，事实上并没有赭月。自然，我们还可以举出许多有关月亮或月相与气象之间的关系的谚语，例如“月亮吞云雾”之类，但是这就不必再辩论了。如果气象和月亮之间有一种久经考验的因果关系，可以用作气象预报根据的话，那么气象学家为什么不去用它，反而把它置之不理呢？非常可惜的是，这些话语有些只是一时的现象，未曾经过长期的考验，在事实面前是没有实际价值的。

图152 **卡西尼**（1625—1712）

图 153　**卡西尼所绘的月面图**(1680)
按巴黎天文台的样本复制。

关于农业的有些谚语，也像气象的有些谚语那样，是没有真正根据的。如“月初换桶的酒不会澄清”“月初播种的生菜和白菜不会卷心”等，说这些话的人是不是考证了反面的事实？因为这是科学研究所必须做的。他们一定没有这样做过。他们把符合他们主张的事实记录下来，而对于不符合的事实就忽略过去，认为没有或者是例外。如果白菜是在认为合适的月底播种，但不卷心，他们便会一声不响地把它拔掉，或者责备雨、旱、风、虫等祸害，而却不责备谚语的荒谬。但是你也许会说：为什么月亮能产生潮汐，而不影响植物或动物呢？不需要思索便知道这是瞎扯。掀起海水的简单机械现象和使白菜生长或鸡下蛋那类异常复杂的生物现象，怎么会有类似的地方呢？

太阳辐射所具有的能量比月亮光线所具有的要大得多，太阳才真正和地上的生命与气象的变化有关系。太阳的能量虽大，但却不是像数学那样严格地规定季节的变化。我们都知道，有迟来或者早来的春日、凉爽的夏季、温暖的冬季等现象以及花开的日期可以在年历上或迟或早一月之多。可是人们却以为月龄上几天的差异便会影响酒的发酵和植物的生长，甚至在几个月前判断收成的丰歉，在几年前预推将来砍伐的木料的好坏，那怎么可能呢？

这一切都不过是过去巫术和占星术信仰的残余，它们曾经在许多世纪里使人类的思想离开了真正科学的道路。

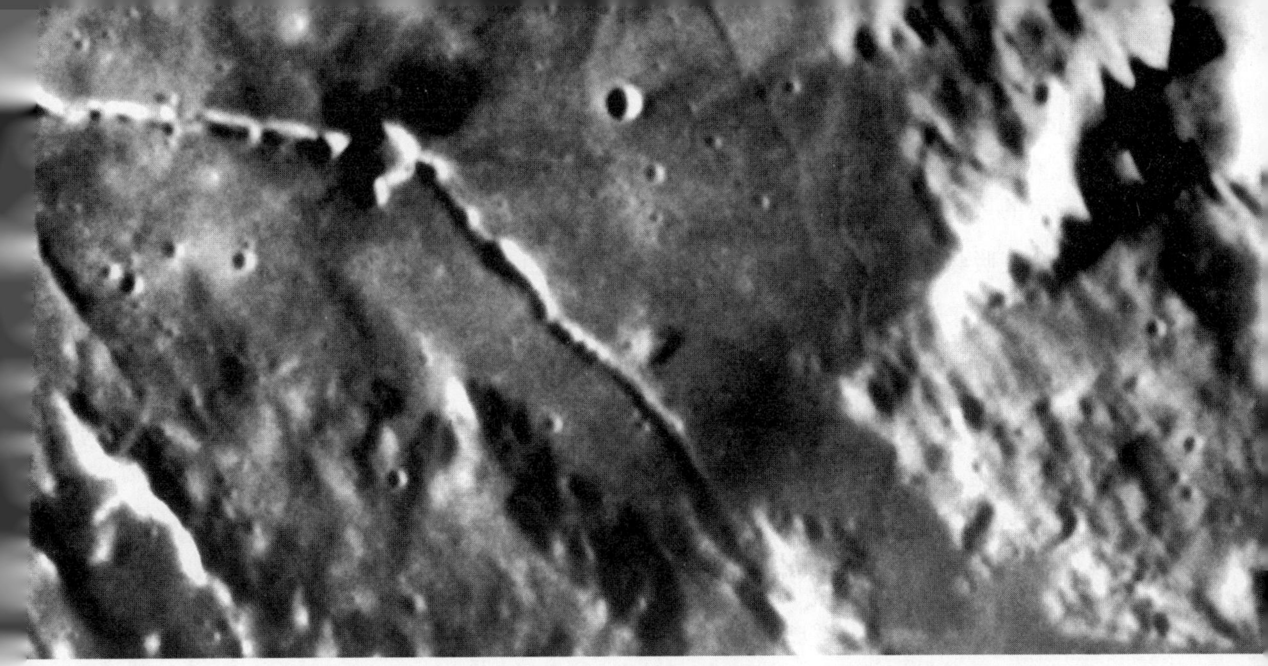

图 154　伊纪努断裂痕

第十三章

月亮的表面状况

月亮不断地对地球提出问题。人类对于已拥有的知识从来不会满足的。我们总是想明了万事万物的性质,在无法深究的地方才去加以猜测。能从像月亮这样近的一个世界去探索那里的真相,岂不是很愉快的事?真的,月地间的距离只有 38.4 万千米,和恒星遥远的距离相比,真可算是近在咫尺!古代哲学家大多数都谈到月亮,他们因为缺少观测工具,就凭借自己的理解和想象去设想月亮的表面状况。有些人猜测它不是自己发光,而仅反射太阳照在它上面的光辉。自泰勒斯(Thalès)以来,阿那克西曼德、安那克萨哥拉(Anaxagore)和恩培多克勒(Empédocle)都有这样的看法。毕达哥拉斯(Pythagoras)和他的弟子以为月亮里有像地球上那样的土地,那里的动物比这里的还要庞大而且美丽。还有一些古人以为月亮是一面大镜子,它从天上反映出地球的情况。这种种看法很难和月相的现象相调和。

月亮的光辉是从太阳而来,这一点光谱分析已给我们证实得很明白。但是月亮不是一个完美的散光体，它吸收了绝大部分来自太阳的能量，它所反射出来的不过只有 7%而已。因月亮吸收的日光约有 93%，从光谱中检查，由红端到紫端吸收之量愈来愈多，所以月亮比太阳看来更要黄些〔近年来所拍摄的月亮的彩色照片完全证实了这一点。——校者注〕。这种说法也许会引起读者的怀疑，因为人人都感觉到月光是淡蓝色的，比太阳的光辉冷静得多。但是，这只是一种光学的幻觉，或者说是一种生理的现象，在科学上叫作普尔基涅(Purkinje)效应。

下面的实验给我们说明这个效应的意义。假想我们在银幕上投射一线白光的光谱，这一光谱从红到紫呈现在我们眼前。于是我们逐渐使光辉微弱(例如用一个光阑套在投射透镜上逐渐缩小光圈)，光谱里各种颜色就按同样的比例黯淡下去。光谱上各部分光亮逐渐变暗，以至在快要看不见的时候，我们便感觉到红、黄两色比蓝、紫两色显然消逝得更快，一直到难于看见。如果不把光线分开成光谱，而只将一个白色光点投射在银幕上，这一光点在逐渐变弱，在完全看不见以前，先转变成了蓝色。

画家在要表现很微弱的光线时，常常故意选择冷的色调，而把热的色调用来表现太阳。从光度的角度来说，好像是弄错了，但从生理学的角度来说，他们却是对的。实际上，月光应该比日光更黄一些，因为由月面散射的光线中所含有的蓝色辐射要比日光更少一些，但是普尔基涅效应将颜色的感觉改变了方向，结果这效应占了优势。名画家夏凡纳(Puvis de Chavannes)给他的名画《圣女守护沉睡的巴黎城》的色调是近于锦葵的蓝色，在观众眼里是非常自然的。

科学家曾用特种光度计，测量了夏季正午太阳的日光和满月的月光两者之间光强度的比例，这比例大约是 40 万比 1。将月亮在各种月相的光亮一并计算在内，太阳在 20 秒钟里所发的能量，比月亮在一年里所发的还要多些。

大家总以为月亮的亮度与它被太阳照着的部分成正比例，例如满月比两弦时要亮 2 倍。可是光度的观测却证明这是很大的错误：满月比弦月要亮 12 倍。换句话说，在相等的表面，满月要比弦月亮 6 倍。在具有大视场低倍率的目镜的望远镜里很容易证明这一件事。如果肉眼在黑暗里停一会，然后用这样的望远镜去看娥眉月，感觉是舒适的，可是对象如果是满月，则有一种令人昏眩的感觉。下表使我们了解月亮的亮度随位相角(即月亮和黄道上与太阳直径相对的一点之间的角度)的变化而变化，表中以满月的亮度作为 100 计算。

我们已经说过，月亮离太阳 7°即位相角 173°的时候，娥眉月已经消逝不见了。

天文学家用反照率来表示星球散射日光的能力。反照率是入射日光和星球散射部分的比例，余下的便被星球吸收了。天文学家计算反照率的方法是用光度计来比较各位相的星球和太阳的比例。鲁纪耶(G. Rougier)用这种方法测得月亮的反照率是0.073。所以我们的卫星在可见辐射区域里吸收了它所接收日光的92.7%。

位相角	亮　度
0°	100(满月)
30°	46
60°	21
90°	8(弦月)
120°	2.5
150°	0.4
180°	0.0(新月)

为了比较起见，在这里提一下，按照灰光的光度测量求得地球的反照率是0.39，它是月亮的反照率的5倍多。从月亮上望地球，地球在天空的圆轮的直径约为2°，即为由地球上望满月的4倍，如果月亮上有居民，“月中人”所见的“地光”，要比我们所欣赏的月光明亮得多。还必须说明一下，作为行星，悬在空间里的地球，比太阳和月亮都要蓝得多。譬如，从金星看地球，它将会像天上最亮的星，如天狼、织女、南河三(即小犬座α星)一样蓝，当然，这必须是在大气中没有大量云雾的时候。同时，在金星上看，月亮是黄白色的，而火星则呈现熊熊火光那样的颜色。

人类用肉眼看月亮，最初想象的图画一定很像人的面貌，因为月面斑点的位置颇和眼、鼻、唇等部位相当，所以有那样的想法。这种相似的模拟不过是偶然的，因为有些人在月面上看出负薪的人形，有些人又以为是一只兔子。但若用一架望远镜，即使是小倍率的望远镜去看月亮，这种不正确的印象便立刻消逝了。

1609年伽利略首先用望远镜观测月亮，他在那里面发现高山和深谷(构成那时人们所没有想到的凹凸起伏)以及被他比作孔雀羽毛上的翠眼那样的环形山。自那时以来，关于月面形状的详细研究有了很大的进步，如我们在下面所要陈述的。可是，我们所认识的只是月亮永远向着地球的那一面，因天平动的缘故，我们所能看见的也只有全月球的3/5，其余的2/5的月面只好留给未来的星际航行家乘火箭环游月球时去欣赏了〔苏联在1959年10月4日发射的第三枚宇宙火箭，将自动行星际站发射到高空，在它上面已经拍摄了月球背面的照片，用无线电将月球背面影像传到地球上来，并在10月27日公布了第一批月球背面的照片。——校者注〕。将观测者或自动的仪器放在炮弹里，抛射到月球上去，在今天已认为是幼稚的见解。因为要使一枚炮弹达到月球，它离开大气时的速度必须是每秒11千米，又因为大气阻挡运动，所以炮弹被射出大炮口的速度还要大得多。没有什么东西能够抗拒这样的冲击力。只有慢慢加速，如像火箭那样的机器，到月亮去探险才有成功的可能。

图 155　月球的南部

与本章所有的照片相同,这是倒像,北方在下边(1944 年 1 月 3 日日中峰天文台拍摄)。

对月亮的观测

夜晚,用天文望远镜望着月亮,其景象是动人的。月面上山岭起伏的形势,好像被光和影蜿蜒雕琢成似的。在上下弦时,黑影清晰,使这种起伏的形势格外突出。在满月时,因日光直射,使我们感觉月面是一片石灰铺成的沙漠。月面最富有特征的地方,显然不是

图156 月面的环形山：托勒密、阿方索、阿尔查赫耳与弗拉马里翁
1944年5月30日拍摄。

偶然的结构,这些地方显然是按照一样的图案所造成的,这些是巨大的“圆形广场”,被天文学家按其大小叫作火山口或者环形山。图156表示环形山密集的情况,那是用30厘米口径、4.50米焦距、放大率200倍的望远镜所看到的景象。这好像是把月球放在2000千米以外的情形。将来星际航行者在离月面这样高的上空里,隔窗望去,就会看见这个景色。

在黑影的极限处右方,从月面掠过的光线使凹凸的形势更是突出,坑穴显得像无底深渊一般,在环形山低处隆起的地方又被阴影所扩大。这幅图里下方黑影的边缘上有一个具有小坑穴的大环形山,叫作托勒密山。它上面的一个环形山叫作阿方索,这是为了纪念一个曾做过国王的天文学家而命名的。在此环形山的中心,有一个闪耀着光辉的山峰。图中在此山的上面是一个具有台阶形的深环形山,名叫阿尔查赫耳(Arzachel)。

为了更清楚地察看这个区域,我们再把它放大400倍,如图157所示。它的细节部分看来是多么的显著!我们看到,在托勒密环形山的底部有一系列的小坑穴。在这个环形山中部偏左有一个大坑穴,其凹下处像一只大碗,在这个大坑穴下面还有一个很老的好像已经被冲刷作用所削平的环形山的墙壁。图156最右下方的那个环形山名叫弗拉马里翁。

图157 托勒密环形山
1945年3月21日拍摄。

大家或者会想,放大一倍便是把像的大小增加一倍,那么也就使我们更接近月面,由2 000千米而减至1 000千米,我们便会看出两倍小的细节。可是事实上并不是这样,因为我们在地球上观测,而地球周围环绕着一圈大气。我们透过这层大气去看星球,对于穿过大气的光线,情形常是不利的。空气的扰动、冷热气流的对流,常使星像在望远镜里显得抖动。由于常常受了大气的阻挠和限制,我们的观测不能达到十分精确的程度。而且,即使在澄静的天气里,望远镜的光学性能也是极精确观测的障碍,如果再增加放大率,细节便将成为模糊不清的状况了。

为了看得清楚,观测者首先需用口径较大的望远镜,其次需要有耐心,另外,还需乘机利用特别良好的大气状况。大气的扰动变化得非常厉害,可是在有些日子里比较适宜于观测。可能遇到一个短暂的时期,大气特别澄静,如果由于凑巧或者由于勤勉,我们恰在望远镜那里,那时我们才有可能把很高倍率的放大目镜使用上去。最好的办法便是把大口径的望远镜装置在大气特别澄静的地方。所以新近去世的法国天文学家李奥曾在比利牛斯山最高峰的天文台进行观测。他在日中峰(Pic du Midi)天文台用60厘米口径、18米焦距的望远镜在3 000米高处所拍的月亮的美丽照片被我们用来作本篇的插图(图123)。荫蔽仪器的圆顶直径只有10米,需使用两个反光镜,经过反射将光线折为三段。这种物镜也是很完善的。

因有空中缆车作为交通工具,观测者只需短时间便可达到日中峰的最高处。从瞭望窗往外望,天际间陡峰壁立,令人想到月亮里光秃秃的情况。我们在这个夜晚的旅程里,心理上即已做好准备,当目镜把我们带到邻近世界去的时候,这不过是比利牛斯山上空中旅程的继续而已。

让我们像李奥在日中峰用望远镜进行观测那样,再去看一下托勒密那座环形山吧。放大率虽已经达到900倍,但是观测者还是感觉吃力。图157内的细节好像在30厘米外所看见的景象。这一次在环形山圆场的底部出现了几百个小坑穴。图上最小的坑穴直径是600米,但用肉眼还可看到更小的、口径为300米的小坑穴。如果你有一天去看这个景象——这将是宝贵的机会——你将终身不能忘怀。

一方面由于大气的稳定,另一方面由于仪器的精确,我们已经达到对月球观测的极限:在它表面大约300米范围的细节都可以一一识别出来。

◀月面形势▶

图158表示月面上各种各样的山。图的右部我们叫作雨海,其实海这一名称是不恰

图158　阿基米德、奥托吕科斯、阿里斯提吕斯环形山和亚平宁山脉
1944年5月30日日中峰天文台拍摄。

当的。这是一片广大的阴暗区域，底部差不多是平坦的，只是有些突出的褶皱和一些或明或暗的斑痕。左角上有一些大陆，比海要亮一些，也高一些，它们是被复杂的地势所分裂而没有联系的。有些大陆主要是连绵不断的山脉，图158的左上方便是一个这样的例子，叫作亚平宁山脉。这条山脉上有些峰峦高达4 000米，最高峰高出附近海面4 540米。利用这些山峰的阴影，用三角测量的方法，就很容易测出它们的高度。这些山峰常常是陡峻的，但却没有直立的山坡和锋刃式的山脊。这些连绵不断的群山是在很古时期形成的，它们曾经经过长期的侵蚀。

陆上也如海里一样，到处都是环形山和坑穴，直径有大到200千米的。图158里的大圆场名叫阿基米德，直径是85千米。这是一个老年的环形山，已经遭过剥蚀，只留下四周的墙壁，在它的中部充满着和海一样的物质，它的底部平坦，但因为月亮是球形的，故略微显出凸起的形态。以上几幅图里的托勒密环形山也是这样的，奇怪的是这座环形山内部比邻近的海还要暗黑，一切环形山都有这样的现象，而柏拉图环形山尤其显著。

再看一下图158中部有一座环形山，名叫阿里斯提吕斯(Aristillus)，此山山脊如锋刃，四壁耸立，好像没有受过侵蚀，在它的中心有一个像是用乱石堆成的山峰。对于近期的环形山来说，阿里斯提吕斯算是出奇的大了。在整个月亮上，到处都是少年期的小直径的环形山，不规则地分布在海洋和陆地上，它们都是在近期形成的，常夹杂在古代的环形山和山脉里面。它们的直径从几百米到20多千米不等。

图159右边显示一座异常美丽的结构，名叫哥白尼。这是少年期环形山中最大的一个。它像阿基米德，直径也是85千米，但是它的墙垣没有被侵蚀。在它周围200千米附近有许多孔穴，这也许是在环形山形成时被石块所冲击而成的。这种冲击，甚至还使得表面上形成了许多裂缝。从这一中心射出许多明亮的斑纹，当满月时，迎面被日光照着，显得特别明亮，环形山里面好像满满地覆盖了一种明亮的灰。图内的中心靠下方一点的地方有一座很古老的圆场，除墙垣的顶部之外，几乎全部被淹没了，只留下一个大圆圈。我们可以想象，从前大陆曾经陷落在这一区域里。

图160、图161表示汽海附近的奇特形态，这里许多地方显现龟裂的纹路。这种裂纹叫作辐射纹。图160是特里斯纳凯尔(Triesnecker)环形山的照片。那里断崖交叉，使附近的土地发生裂隙。图161表示更大更曲的裂口，名叫伊纪努斯(Hyginus)辐射纹。这些辐射纹不深陷，边沿被剥蚀，墙垣也不直立，而且可说是坡度缓慢，好像一部分被附近海里的粉末状的物质所填塞似的。

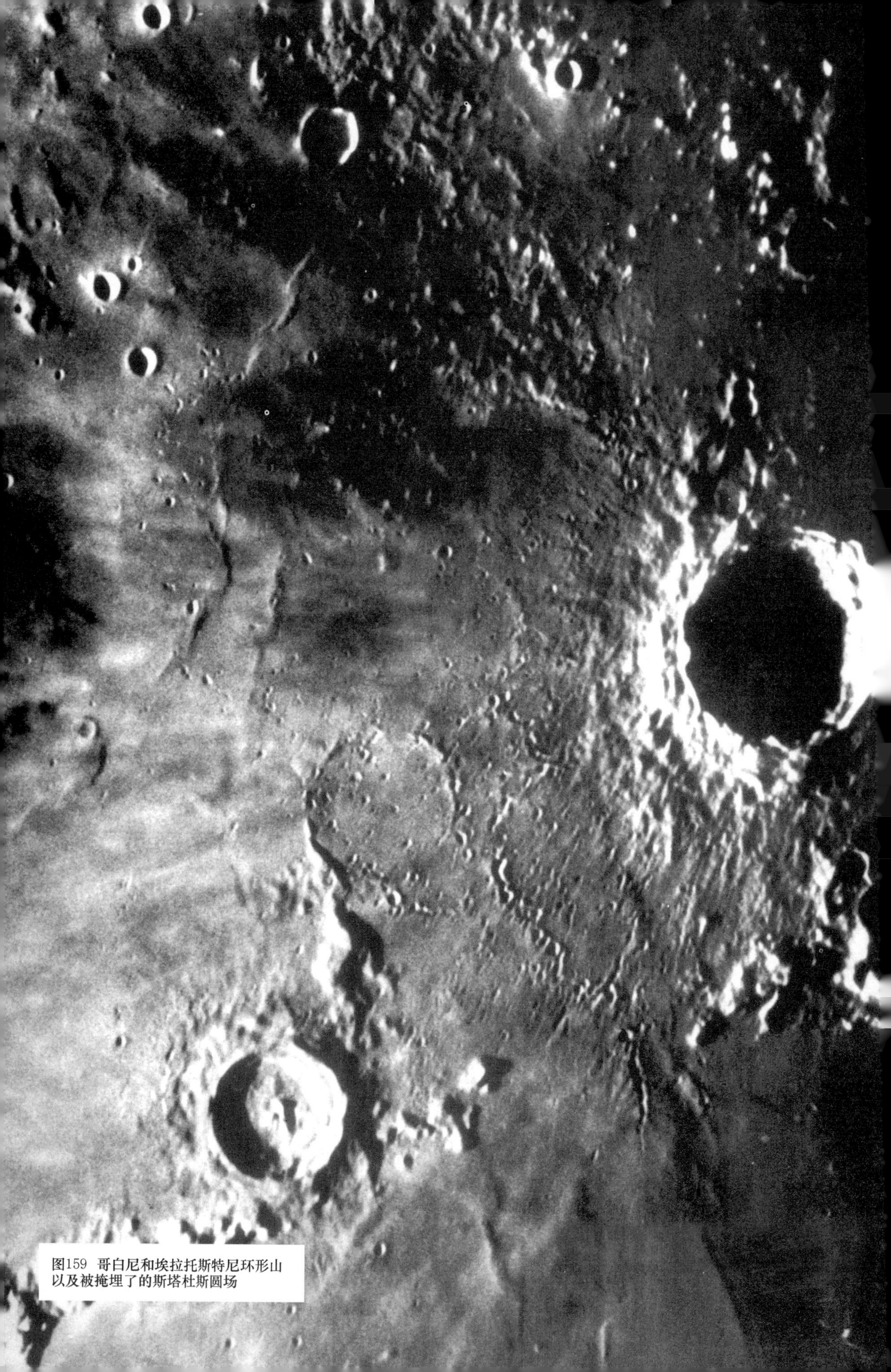

图159 哥白尼和埃拉托斯特尼环形山以及被掩埋了的斯塔杜斯圆场

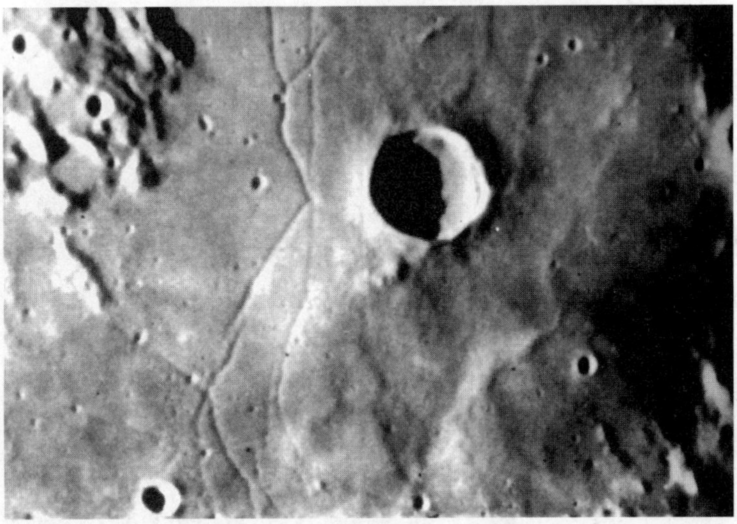

图 160　特里斯纳凯尔辐射纹

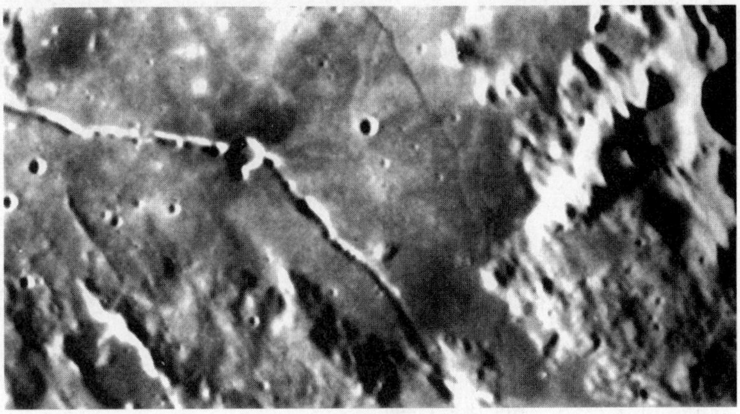

图 161　伊纪努斯辐射纹

图 162 表示湿海附近的大裂缝，它们形成类似同心的圆弧，宽达 2 千米，它们差不多完全被填塞了，特别是中间的一段。是什么力量在月面的陆上和海上耕犁，才造成这样的谷呢？

在别的区域里，我们还可以看见差不多是直线的谷。弗拉马里翁环形山的右下方(图 180)便有这样一道深谷，它好像把弗拉马里翁环形山截开了似的。

横断亚平宁山脉还有许多谷(图 158、图 172)，方向是和山脉正交的，造成一些宽阔的山峡，但它们大部分已经被填塞了。一大群的大断层，好像网上的孔眼一般，出现在托勒密和阿尔查赫耳区域附近(图 156)。

读者在图 123 的中部看到屏障着平原的高大绝壁，不能不感觉惊异。那长 120 千米、高 500 米的绝壁，叫作直壁。

月面图和月球上的地名

现在我们来认识一下月球上各种各样的土地。为了识别这样复杂的月面图上的细节，自然需要一种命名法，而且还需要作为标志的点。地理学家对于辨识地方有三种方法：他可以用经度和纬度作为一个地方的坐标；可以把那个地方绘在一张图上；还可以说

图 162　湿海附近的大裂缝

那地方距附近有名的地方有多远。月面学家也使用地理学家的方法。月球上也有一种经纬度的坐标系统，一些重要的地点便是用它们的经纬度标志在表册上面的。天文学家需要以这些坐标来研究月球的自转运动。卡西尼所发现的月亮运动的规律如下：

(1) 月亮绕轴自转，其轴的两极固定在月面上。这种运动是等速的，它的自转周期严格地等于月亮经天的恒星周期。

(2) 月亮的赤道和黄道相交，成 1°32′不变的角度(卡西尼的数值稍微大了一些)。

(3) 黄道的轴、月亮自转的轴和月亮公转轨道的轴，三条直线总是和一个平面平行。因为有这第三个规律，月亮的自转轴在 18 年零 7 个月内做成一个圆锥，这个圆锥的轴是和黄道面正交的。知道这个圆锥在每个时候的位置，便容易在月面上定出一种经纬的系统，去规定月面上任何一点的位置，像在地球上一样可靠。

月面图曾经绘过好几幅。第一幅是伽利略初用望远镜时所绘出的。后来绘月面图的有：法国的默郎(Claude Mellan，1636)、西班牙的郎格尔努斯(Langrenus，1645)、丹泽的赫维留(Hevelius，1647)、意大利的里希奥利(Riccioli，1650)和格里马尔迪(Grimaldi，1650)。巴黎天文台藏有卡西尼于 1671 年至 1679 年间绘成后刻制的一幅直径 54 厘米的月面图。这幅图的铜版不幸于 19 世纪初被毁坏，直至 1791 年和 1802 年施罗特尔(Schröter)刊布的月面图，始有更好的成就。其后又有比尔(Beer)和马德勒(Mädler)绘的月面图(1837)。施密特(Schmidt)于1874年完成的月面图,直径达1.80米,虽然绘得十分详细,但却不太明晰。

19世纪末,大家都承认用望远镜目视法去描绘月面图是不会再有改进的,而只会枉费精力。为了寻求月面可能发生的变化,只有用照相的办法才能获取不能辩驳的证据。阿拉戈对于尼埃普斯(Niepce)和达盖尔(Daguerre)的工作〔即照相术的发明。——译者注〕曾经说过:照相术将革新月面学,但是要拍得好到足以超过以前手绘的月面图的月亮照片还是有许多技术上的困难,这是需要解决的。从1894年开始,巴黎天文台的洛伊(Loewy)和皮伊瑟(Puiseux)照有很美丽的月亮图,两年后他们刊布了巨幅的《月亮摄影图》。这个伟大的制作超过了从前最好的绘画,直至几年前,它还是月面观测者的主要工具。

李奥企图做得更好一些。洛伊、皮伊瑟两人所用的仪器是装置在巴黎的肘形折射望远镜上的照相仪,其口径60厘米、焦距18米。李奥把同样的一个物镜装在日中峰。他详细研究照片上乳胶的性质,选出几种最适用的照片。另外,他改进了仪器上的导动设备,决定了像上应有的直径。他更耐心地等待最澄静的气候。因为这种种的准备,他所拍照片的精细程度比洛伊、皮伊瑟两人的都要高两倍。因照片上的乳胶颗粒更细,所以照片上的衬度增加了三倍。李奥最好的照片和肉眼观测的细节一样丰富。他已经收集了一部新摄影图的资料,但愿早日刊布出来〔随着宇宙航空事业的发展,近年来世界上已编制出版了几种很好的月面图,可供参考。——校者注〕。

在郎格尔努斯的图上,主要的地方都已给出了名称:如奥国海、公教峡、和平地、道德地、菲利普斯第四环形山、路易十四环形山等。现在通用的名称是从里希奥利开始的。他和郎格尔努斯一样,是任意给海取名的,如危海、澄海、湿海、梦湖、雨海、静海、冷海、风暴洋、露湾、热湾;山脉一概借用地球上的山脉的名称,如阿尔卑斯、亚平宁、比利牛斯、喀尔巴阡、高加索、阿尔泰等。至于环形山和坑穴,则随里希奥利的高兴,以古今天文学家和哲学家的名字命名。举其重要的来说,有柏拉图、亚里士多德、阿利斯塔克、阿基米德、埃拉托斯特尼、喜帕恰斯、托勒密、哥白尼、第谷、开普勒、伽桑狄(Gassendi)等。300年以来又在这些姓名之后加上了好些,如笛卡儿、卡西尼、伯努利(Bernoulli)、克莱罗(Clairaut)、拉朗德、拉格朗日(Lagrange)、拉普拉斯、阿拉戈、雅各比(Jacobi)、爱里(Airy)、柯西(Cauchy)、让桑(Janssen)等。当然,推进月面学的天文学家也没有被人遗忘,如郎格尔努斯、里希奥利、格里马尔迪、施罗特尔、赫歇尔、比尔、马德勒、内史密斯(Nasmyth)、皮伊

月面上的地名

1 Meuton 默东
2 Arnold 阿尔诺德
3 W. C. Bond 邦德
4 Gardner 加德纳
5 De la Rue 德·拉·鲁
6 Endymion 恩迪米昂
7 Atlas 阿特拉斯
8 Hereule 赫克里斯
9 Aristote 亚里士多德
10 Eudoxe 欧多克索斯
11 Alexandre 亚历山大
12 Cassini 卡西尼
13 Aristillus 阿里斯提吕斯
14 Autolycus 奥托吕科斯
15 Posidonius 波西当尼斯
16 Chacornac 恰科纳克
17 Messala 默萨拉
18 Geminus 杰米纽斯
19 Cléomède 克累奥梅德
20 Gauss 高斯
21 Stephanides 斯迪芬奈兹
22 Römer 罗默
23 Macrobe 马克罗布
24 Tisserand 蒂斯朗
25 Proclus 普罗克吕斯
26 Picard 皮卡德
27 Condorcet 孔多尔塞
28 Hansen 汉森
29 Neper 讷珀
30 Schubert 舒伯特
31 Firmicus 弗米卡斯
32 Apollonius 阿波罗尼
33 Mac Laurin 马克洛林
34 Toruntius 多朗提斯
35 Messier 梅西耶
36 Pickering 皮克林
37 Maskelyne 马斯基林
38 Cauchy 柯西
39 Pline 普林尼
40 Dawes 道斯
41 Vitruve 维特鲁威
42 Maclear 马克利尔
43 Ross 罗斯
44 Arago 阿拉戈
45 Sabine 萨比恩
46 Ritter 里特
47 D'Arrest 达雷斯特
48 Tempel 滕珀尔
49 Agrippa 阿格里巴
50 Godin 果丹
51 Delambre 德朗布尔
52 Jules Cesar 儒略·恺撒
53 Manilius 马尼吕斯
54 Triesnecker 特里斯纳凯尔
55 Hyginus 伊纪努斯
56 Lade 拉德
57 Rheticus 雷蒂库斯
58 Saunder 叟德尔
59 Hipparque 喜帕恰斯
60 Horrocks 霍罗克斯
61 Albategnius 阿巴特纽斯
62 Parrot 帕罗特
63 Halley 哈雷
64 Hind 欣德
65 Descartes 笛卡儿
66 Abulfeda 阿布费达
67 Almanon 阿尔马农
68 Theophile 捷奥菲尔
69 Cyrille 瑟里尔
70 Catherine 嘉德琳
71 Fracastor 弗腊卡斯多尔
72 Rosse 罗斯
73 Mädler 马德勒
74 Capella 卡佩拉
75 Isidore 伊西多尔
76 Gutenberg 古登堡
77 Goclenius 苟克冷纽斯
78 Langrenus 郎格尔努斯
79 Vendelin 文德林
80 Webb 韦布
81 Kastner 卡斯特内尔
82 Lapeyrouse 拉佩鲁斯
83 Ansgarius 昂斯加律斯
84 Colombo 哥伦布
85 Cook 库克
86 Monge 蒙日
87 Santbeck 散特贝克
88 Biot 毕奥
89 Wrottesley 罗特斯勒
90 Petavius 佩塔威斯
91 Hase 哈斯
92 Legendre 勒让德尔
93 Phillips 菲利普斯
94 Humboldt 洪堡
95 Snellius 斯内拉斯
96 Stevin 斯特芬
97 Reichenbach 雷申巴赫
98 Borda 波达
99 Furnerius 弗内留斯
100 Rheita 勒伊塔
101 Mallet 马拉
102 Metius 梅提斯
103 Fabricius 法布里休斯
104 Janssen 让桑
105 Piccolomini 皮科洛米尼
106 Sacrobosco 萨克罗博斯科
107 Azophi 阿佐菲
108 Abenezra 阿邦内兹腊
109 Geber 贾贝尔
110 Argelander 阿格兰德
111 Airy 爱里
112 Donati 多纳蒂
113 Faye 法伊
114 Delaunay 德洛内
115 Playfair 普勒弗尔
116 Apian 阿皮安
117 Krusenstern 克鲁辛斯特恩
118 Werner 韦内尔
119 Aliacensis 阿里辛西斯
120 Poisson 普瓦松
121 Gemma Frisius 杰马·弗里修斯
122 Pontanus 蓬塔努斯
123 Walter 瓦特尔
124 Zagut 扎克特
125 Rabbi Levy 腊拜·勒维
126 Riccius 里絮斯
127 Stiborius 斯提博腊斯
128 Rothmann 罗特曼
129 Busching 布申
130 Buch 布赫
131 Maurolycus 莫罗利卡斯
132 Barocius 巴罗夏斯
133 Faraday 法拉第
134 Stoefler 斯托弗勒尔
135 Licetus 利塞塔斯
136 Heraclitus 赫拉克利特
137 Cuvier 居维叶
138 Clairaut 克莱罗
139 Breislak 布赖斯拉克
140 Bacon 培根
141 Pitiscus 皮提斯卡斯
142 Rosenberger 罗森伯惹
143 Lilius 利吕斯
144 Jacobi 雅各比
145 Zach 察赫
146 Pentland 彭特兰德
147 Curtius 柯蒂斯
148 Moret 莫雷特
149 Schomberger 顺拜格尔
150 Simpelius 辛普路斯
151 Mutus 穆土斯
152 Manzinus 曼济纳斯
153 Pontécoulant 蓬特库朗
154 Short 雪特
155 Casatus 卡萨图斯
156 Klaproth 克拉普罗特
157 Gruemberger 格鲁姆贝格
158 Blancanus 布兰卡纳斯
159 Scheiner 席奈尔
160 Clavius 克拉维斯
161 Rutherfurd 卢塞福尔德
162 Bailly 贝利
163 Kircher 克彻尔
164 Maginus 马纪努斯
165 Longomontanus 龙果蒙塔努斯
166 Schiller 席勒
167 Bayer 巴耶
168 Phocyclide 福西克利德
169 Wargentin 瓦根廷
170 Schickard 席卡尔德
171 Piazzi 皮亚齐
172 Lagrange 拉格朗日
173 Viete 维埃特
174 Hainzel 亨泽尔
175 Heinsius 亨萨斯
176 Tycho 第谷
177 Pictet 皮克太特
178 Sasseride 扎西里德
179 Saussure 索绪尔
180 Orontius 沃朗塔斯
181 Huggins 哈金斯
182 Lexell 勒克塞耳
183 Deslandres 德朗达尔
184 Gauricus 果里卡斯
185 Wurzelbauer 维泽包尔
186 Pitatus 皮塔图斯
187 Regiomontanus 雷乔蒙塔努斯
188 Purbach 普尔巴赫
189 Thebit 锡比特
190 Birt 伯尔特
191 Capuanus 卡普纳斯
192 Mercator 梅卡多尔
193 Campanus 康庞努斯
194 Kies 基斯
195 Bouillaud 布约

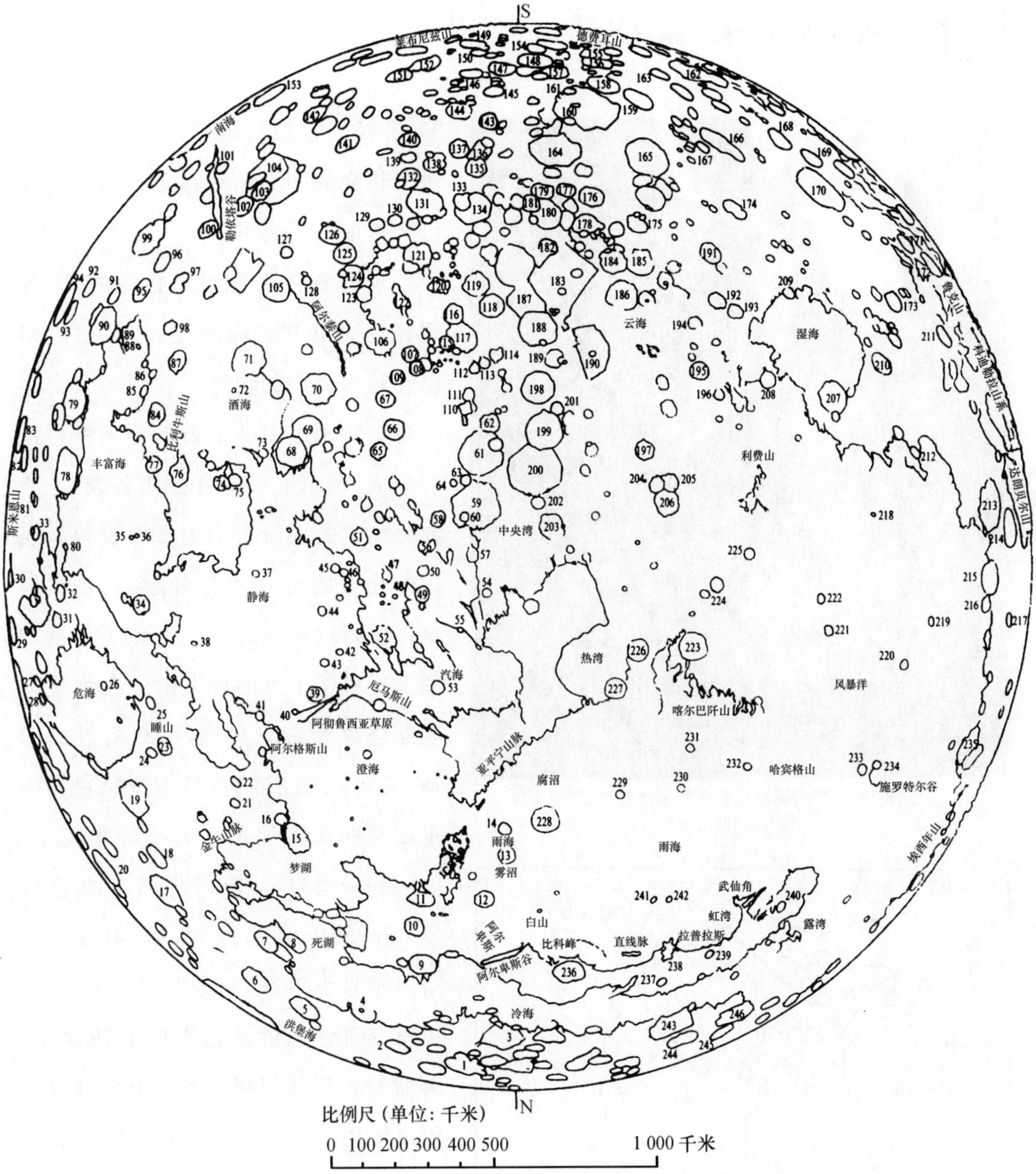

图 163　月面图

196 Lubiniezki 吕班尼兹基
197 Guericke 格里克
198 Arzachel 阿尔查赫耳
199 Alphonse 阿方索
200 Ptolemy 托勒密
201 Alpetragius 阿普特腊纪斯
202 Herschel 赫歇尔
203 Flammarion 弗拉马里翁
204 Parry 帕里
205 Bonpland 博普朗德
206 Fra Mauro 弗腊・莫罗
207 Gassendi 伽桑狄
208 Agatharchide 阿加撒契德
209 Vittelo 维特洛
210 Mersenne 梅森
211 Byrge 比尔季
212 Hansteen 汉斯特恩
213 Grimaldi 格里马尔迪
214 Riccioli 里希奥利
215 Hevelius 赫维留
216 Cavalerius 卡瓦勒里斯
217 Olbers 奥伯斯
218 Flamsteed 弗拉姆斯蒂德
219 Reiner 雷内尔
220 Marius 马里乌斯
221 Kepler 开普勒
222 Encke 恩克
223 Copernicus 哥白尼
224 Reinhold 伦霍尔德
225 Landsberg 兰德斯堡
226 Stadius 斯塔杜斯
227 Eratosthènes 埃拉托斯特尼
228 Archimede 阿基米德
229 Timocharis 提莫恰里斯
230 Lambert 朗伯
231 Pytheas 皮特阿斯
232 Euler 欧拉
233 Aristarque 阿利斯塔克
234 Herodotus 希罗多德
235 Otto Struve 奥托・斯特鲁维
236 Platon 柏拉图
237 La Condamine 拉・孔达米恩
238 Maupertuis 莫佩尔蒂
239 Bianchini 比扬基尼
240 Mairan 梅兰
241 Le Verrier 勒威耶
242 Helicon 黑利康
243 John Herschel 约翰・赫歇尔
244 Anaximandre 阿那克西曼德
245 Pythagoras 毕达哥拉斯
246 Babbage 巴巴日

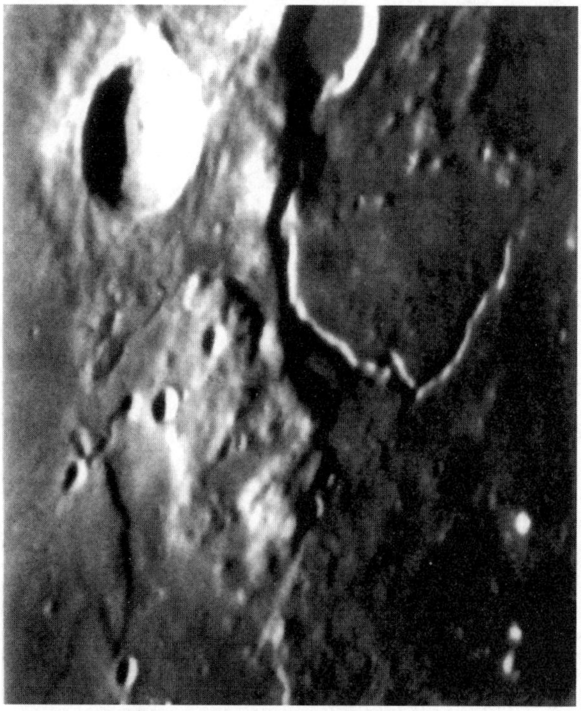

图 164　阿利斯塔克和希罗多德环形山区
可和图 165 比较。

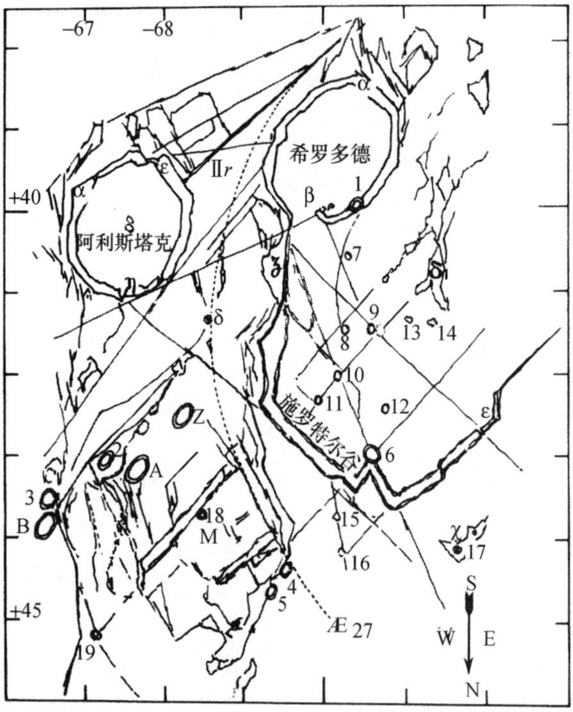

图 165　同一区域的地形图
图中的命名是按国际天文学联合会的规定。

瑟、弗拉马里翁、古达尔克(Goodacre)等。将来的天文学家将会感到好地方已经被前人占去了。

这种命名法显然是必需的,因为现在月面上有名称的地方,数目之多已经超出我们的记忆了。国际天文学联合会特别组织一个委员会来修订这些名词,刊布了一个月面地名表,是研究月面学的人所必需的参考资料。表内仅是大的地方才有名称,只要它们足以供附近小地方定位便够了。例如图 164 里两个大的环形山的名称是阿利斯塔克和希罗多德,那么附近的凹地、坑穴、小孔、低地,只需按照它们的重要性顺次附加拉丁大字母来表示,如阿利斯塔克 A、阿利斯塔克 B 就行了。至于山岭、高地、高原、山脉等则附以希腊小字母,如希罗多德 α、希罗多德 β 等。辐射纹则附以罗马数字,再加上 r,例如阿利斯塔克上面有一辐射纹便用Ⅱr 表示。至于国际月面地名表中所不载的地方,观测者更可以用阿拉伯数字 1、2、3……代表它们〔苏联科学院在 1960 年出版了世界上第一部《月球背面图册》,图中把月球背面的 700 多处都编了号,有些还定了名称。——校者注〕。

◀ 月面土地的性质 ▶

既然望远镜能帮助我们认识月面上大的结构，如山、环形山和谷，那么我们只需要一座好的高倍率放大的望远镜便可以识别它们。另外，根据月光的物理性质，天文学家还可以判断月面土地的微观情况，换句话说，就像是在显微镜下观测出土壤的结构。

我们把光线视为在传播中作周期性的振动。在光线中的每一点，振动是和传播的方向正交的，而且在一般的情况下，各个方向上都有这样的振动，至少在所谓天然光线里是这样的。当天然光线照在某个东西上，譬如照在月亮的表面上，这束光线的一部分漫射到各个方向上。可是在这条新途径上的光线，振动的性质发生了改变，这种振动不再是绕着光线的各个方向都有，因为漫射仅容许在几个有利的方向上才有振动。漫射的光线已经不是天然光线，物理学家说它受了偏振。说确切一些，漫射光线是天然光线和一些偏振光线的混合光线。这些偏振光的振动方向叫作偏振向。

偏振光的成分和偏振向是与漫射面的性质和漫射的角度有关系的。物理学家利用偏振计研究各种物质的漫射性，所得到的数据便是该物质的特征。天文学家用装上偏振计的望远镜去观测月亮，测定它表面上各个区域漫射光的偏振率。这样持续地测定了一个月，便研究出月亮在各位相或者各个漫射角上的偏振情况。李奥就是这样绘出了月亮的偏振曲线（图 166）。横坐标表示位相角（在满月时为零），纵坐标表示偏振光的成分。当光线在经过日和月的视向面的正交方向振动时，这成分算是正的；当光线在视向面上振动时，这成分算是负的。李奥所设计的偏振计非常灵敏，即使偏振光仅有天然光的千分之一，也可以测出来。

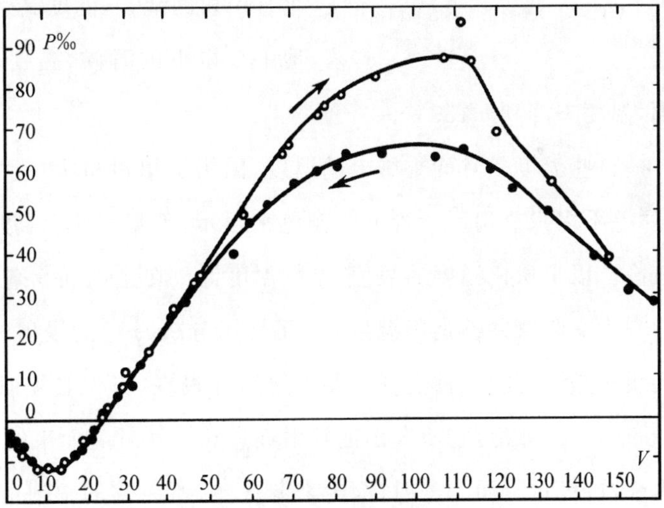

图 166　月光的偏振曲线

李奥绘出月亮的偏振曲线之后，拿去和各种各样的地质标本的偏振曲线加以比较（这些标本的漫射性质经李奥在实验室里加以测定),由此,他得出一个结论:月亮表面盖有一层灰,那是很细的粒子,很能吸光,而且不透明,好像地上的火山灰那样。图 167 表示这样的灰在显微镜下的情况,这也就是用放大镜去看我们卫星表面看到的情况。

别的方法也证明了这个结果,特别是我们说过的对月亮光度的观测。对月亮的温度的测定,更要给我们另外一种新的证明。

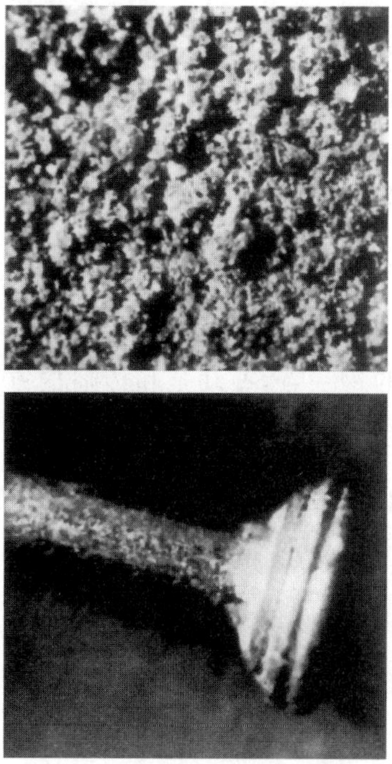

图 167 火山灰在显微镜下的情况

火山灰和月面的土壤具有相同的性质,下面是一个钉头在同一尺度下的情况。

月面的温度

在望远镜里,月亮好像是一个冰冻的世界,但这是一种幻觉!天文学家曾测过月面的温度:在赤道附近被日光垂直照射的地方,温度高达 100℃;只是当太阳落到月球的地平线以下的时候,温度才骤然降低,夜晚不见日光的一面,温度下降到－150℃。

这些温度是月面土壤上的温度,因为那里没有大气。放在土上的温度计所表示的温度,差不多只靠温度计管上的颜色来显示,如果变黑,温度便升得高,如果变白,它便表示较冷。以上所说温度的数值,是指温度计放在土内 0.5 毫米深处的温度。

天文学家并不是用温度计,而是用分析月亮的漫射光的方法去测得这样的温度的。光线只是温度的一种表现。要了解这种表现,首先必须研究光的能量在光谱内各部分的分布。光源愈冷,它所发出的辐射波愈长。从月亮而来的能量有两个来源:一个是由太阳而来,再经过月面的漫射,因为来源很热,所以它的辐射能量大部分集中在青色附近的可见光谱里;另外一个来源是月球自身,因为温度很低,因此能量集中在红外区,波长约 10 微米的附近。利用滤光器就能相当容易地分开这两种来源不同的辐射,再用一套很灵敏的温差电偶去测量它们。这样把测量所得的结果加以计算,便可求得月面的温度。

有人曾用收集能量最多的威尔逊山上的口径为 2.50 米的大望远镜作过这样的测量(图 168)。在真空管内装置有 6 对温差电偶,月亮的辐射能量照在它们上面,产生一点很弱的电流,然后加以放大,再用电流计去测量。这是一种很精细的实验,帕蒂特和尼科尔森(Nicholson)曾经成功地做了这个实验,使我们了解了如上面所谈到的月亮的温度。

图 168　用来测定月面温度的望远镜

利用更长的可以进入土里的辐射波,我们可以测定月面较深处的温度。这一次需使用的不是光波而是射电波,观测时需用口径大且焦距很短的一种射电望远镜。射电望远镜的镜面并不需要像光学望远镜那样考究,只要把金属丝织成抛物面形式的帘幕,便是一座射电望远镜的好镜面。测量从月球来的波长为 1.25 厘米的辐射,射电望远镜的直径是 1.10 米。在它的焦点上并不安装温差电偶,而是放上一根小的天线和放大器与电流计相连接。这种仪器是由澳大利亚的射电天文学家皮丁顿(Piddington)和米内特(Minnett)安装成功的,于 1948 年瞄准月亮。他们求得月亮的土壤温度是从－75℃到 30℃,这种变化随位相而变化,但是有几天的延迟。反之,帕蒂特和尼科尔森对于红外辐射所观测到的从－150℃到 100℃的变化却是和位相的变化完全相合的。

这种差异是容易解释的:射电波比红外线容易透过组成月面土壤的物质,所以用射电波所求得的温度和用红外线所求得的温度相比,前者是属于月面下比较深的地方的温度。因为热量在月球内部遭受阻挡从而传播缓慢,所以变化很小且迟缓。从这一系列的实验所得的数据是可以和地球上岩石的性质相符合的。

由这个方法我们推出月面漫射层不是由石块而是由均匀、细小的粉末所组成的。这些粉末只有几毫米那样厚,它们是不是火山灰呢?

这些结论在月食时又得到一种印证。当日光骤然不照在月面上时,月亮立即变冷。帕蒂特和尼科尔森于 1927 年 6 月 14 日月食以及帕蒂特于 1939 年 10 月 28 日月食时,测得月面的温度迅速地降低到－90℃。所以应该假设,组成月面土壤的物质具有极小的热容量和弱的传导性。这正是真空管里很细的不透明的粒子组成的粉末所表现出来的情况。

月亮的大气

许多年来大家都以为月亮没有大气。日食的时候,月亮的边缘在明亮的日轮上显得十分清晰,一点半影都没有。一颗星被月亮掩蔽的时候,它一下就看不见了,而在消逝前,相对于它附近的星并不表现有丝毫的移动。即使月亮的大气只有地球的大气的0.001那样多,也可以把星的位置移动几秒。月亮里是不是一点儿大气都没有呢?在地球上的大气,每一立方厘米里有约 3×10^{19} 个空气分子。因为月亮的质量少,所以它不会吸引住太多的分子,但是月亮既然和星际空间接触,那就很难想象它不经过一个逐渐变化的过程。从月面的下层一定有气放出,虽然分量很少,但是最重的分子,不会像别的分子那样迅速地弥散到空间里去,因重力的吸引它们可能聚集在月球的表面上。因此天文学家虽然早已知道月亮的大气是异常的稀薄,却要努力去探寻它究竟有多少。

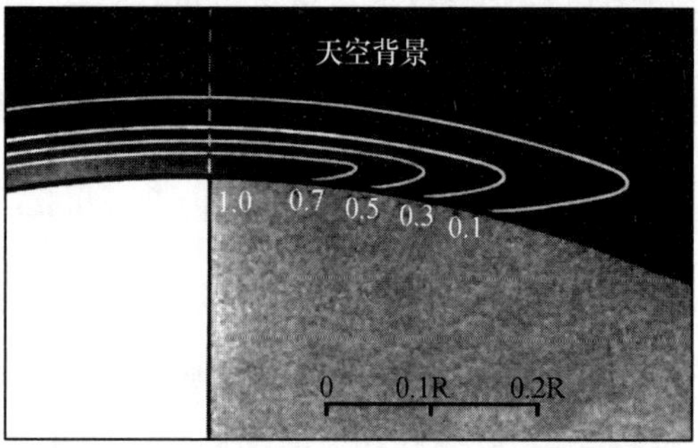

图169 人们可能在月角外观测到光亮(在上弦时,如果月面存在着大气)

对于这种性质的问题,只能使用极细致的分析方法。罗素(H. N. Russell)建议观测娥眉月角处月亮大气里的曙暮辉(图169)。事实上这是一种昏光,因为对于"月中人"来说,在日落以后,这种微弱的光辉还照着那里的天空。假设月亮正在上弦,则在望远镜里看来,明亮部分在左边,黑暗部分在右边,而中间是明暗分界线。按照这种理论在天空背景上绘出昏光的等强线。如果设法用帘幕将月亮明亮的部分遮住,那么只需月面大气密度是地面大气密度的十万分之一,我们就一定可以看见这种昏光。但是这样的观测没有得到结果,所以可以断言:月亮上若有大气,一定比这样小的密度还要小些。

1948年李奥和多尔菲斯又从事这个细致的研究,观测的条件比以前优越得多,从而增加了灵敏的程度。虽然罗素在望远镜的视场里使用帘幕遮住炫目的光辉,可是别的不利的效应仍然妨碍观测。首先,地球低层大气里的灰尘和粒子因漫射光线使视场里有一种普遍的微弱的亮光,所以月角附近天空的背景不是漆黑的,这个幕罩就掩盖了我们所要寻找的月亮上的昏光。其次,照在物镜上的月光被光阑以及被镜面的灰尘和细小条纹所漫射和衍射。这些寄生的光比大气里漫射的光还更妨碍观测。

这两位观测者在日中峰3 000米高处得到了很澄静的大气。至于由仪器而来的有害的光线,他们使用日冕仪来消除它。这架日冕仪是李奥发明的,它是用于非全食时观测日冕的。使用安装在日中峰天文台的日冕仪去观测娥眉月角,如果在月面的大气密度是地面的亿分之一,当会查出月亮的大气。可见,这种方法比罗素的方法要灵敏1 000倍。但即使经过长时间的拍照,这两位观测者仍然查不出月球上的大气!

1950年多尔菲斯在日冕仪上再装上一个偏振计,再度进行研究。如果月面有大气,月角的昏光就应该偏振化。他拍照了两个多小时,又将以上方法的灵敏度提高了10倍,可是照片上并未显示丝毫偏振的痕迹!

同时柯伊伯(Kuiper)想要从满月边沿的光谱里去寻找二氧化硫的吸收谱带。虽然这种方法和上面的方法一样灵敏,可是他也一样失败了!

这些精细的实验已经证明,月亮如果有大气的话,密度当是地球上大气的十亿分之一。这是1毫克和1000千克之比。如果承认这样小的一个比值,那么月亮的大气每一立方厘米仍含300亿个分子。这问题现在还是悬而未决的,如果将来有人发明一种更灵敏的方法,也许他终于会满意地发现月面的大气〔苏联天文学家利普斯基曾经用极精细的偏振观测发现月亮上有微弱的大气。月亮大气的总质量是地球大气质量的十万分之一(见库利考夫斯基著《天文爱好者手册》,科学出版社1956年版,26页)。又据近年来射电天文学的观测资料,说明月亮上的大气密度只是地球上大气密度的二十亿分之一(见南京大学天文系编《天文学教程》上册,177页)。——校者注〕!

月面结构的起源和演化

读者由直接观测或者通过照片认识了我们的卫星,天文学家用物理方法分析它的辐射而认识了它。可是读者还不会满意,因为他还想知道月面上那些和地面上很不相同的各种各样的结构的起源。对此问题,天文学家只有凭直觉来推论,这样,常常被人难住。

月面盖着灰尘。这种灰尘是从哪里来的?又是怎样形成的?有人说,来自火山;有人说,来自陨星,因为100万年里落到月面的陨星的物质足以铺成1毫米厚的一层。可是这种灰尘的性质各处有差异:在海里是暗黑的,在山上是明亮的,在环形山底是深黑的,而在墙垣上却又是炫目的明亮。陨星的微尘绝不会有这样的表现,火山灰也不会造成这样不同的现象。早期的月面学家相信月面结构是由于火山的作用,但今天的天文学家差不多一致怀疑这个看法。我们应该假定这些灰尘性的物质,主要是由月球表面岩石的崩解而来。

这种崩解可以由小陨星的坠落而引起,但是最重要的作用应当是由于温度的变化。太阳升起,土地骤然变热,因为没有大气,土地又特别吸热,于是温度增高很多。岩石的颜色不同,温度的增高便不一样,因膨胀不相同,岩石便会崩解。起初是受斜向的照射,使整块岩石的一边比另一边更热,这也就加速了它的分裂。分裂出来的小块再行分裂,而且这种过程愈来愈快,因为这些岩石的表面积比它们的体积要变小得慢些。可是当这些岩块变小到透光的时候,这种过程也就变慢,因为在它们整个物体上是均匀地加热了。对偏振的观测表明,这些物质很不透明,分裂还在继续进行,一直到颗粒的直径只有几分之一毫米那样的细微为止。这些物质分布在表面,像灰尘那样在月面上铺上一层。在阳光下,它们形成一种很不导热的帘幕;在真空里,每一颗粒和旁边的颗粒仅有一点互相接触。相对于月亮上的"地质年代"来说,这种过程的经历是很迅速的。一切新的结构也就很快地被这种灰尘性的物质所覆盖,例如在直壁的陡坡上就能找到这样的证据。灰尘之所以能够粘在那里,可以解释为是一种静电或者光电现象,更因为月面上的引力微弱的缘故。

当一个环形山形成的时候(我们就要谈到它是怎样形成的),灰尘向各方喷射。它们在真空里走的是漫长的抛物线的路径,因为月面的重力只有地面上的 1/6,所以这些灰尘被喷射得相当远。它们铺在月面上成丝线的细长形态,造成环形山周围的辐射纹。近期形成的第谷和哥白尼两座环形山顶上的光圈,在小型望远镜里可以看见。它们的辐射纹洁白美观,并且拖得很长。形成这些辐射纹的物质,被射出的速度还不到每秒 1 千米,这是真空里可能容许的数值。

侵蚀地面的主要因素是水和大气,这在月亮上虽然完全没有,可是我们的卫星仍然在演变着,它所受的作用是地质学家所不知道的。毁坏月面结构的物理因素之所以在地面没有产生显著的影响,只是因为在地面上,空气和水起了主要的作用。

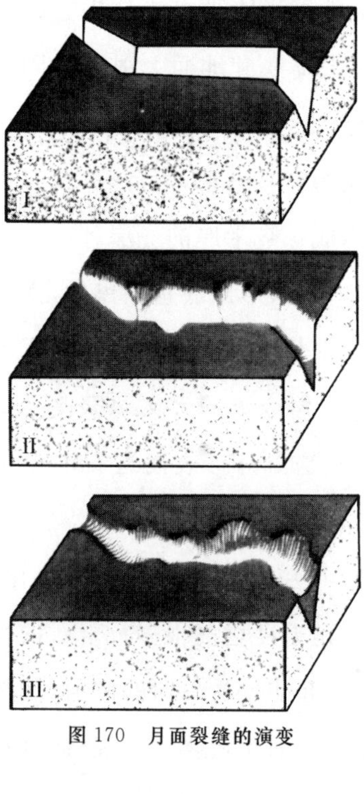

图 170 月面裂缝的演变

起初,月球表面有逐渐生成的尘土。这些颗粒状的尘土渗透到断层里去填充堆集,如像我们在特里斯纳凯尔辐射纹和施罗特尔谷里所看见的那样。图 170 里的三个图表示这种演化的过程。热的效果或小陨星的冲击使得裂隙的直壁倒塌,脊棱变成圆形,尘土填塞凹槽,逐渐形成浅的直线式的沟道。许多月面学者在这些沟道里看出一系列的坑穴,这些小坑穴可能偶然形成在断层的延长线上或者裂隙里面,按照热的侵蚀作用完全可以解释深的裂隙如何转变为一系列的圆形的低地。在阿尔马农和阿布费达两座环形山之间的有名的沟道是很显著的(图 171)。

除这种崩裂和填塞的作用之外，还须加上一种因可塑性而来的缓慢变形。组成月壳外层的物质像松香那样具有黏性，它们变形缓慢，甚至需要地质年代那样长的时间，但这却解释了为什么古代的结构差不多完全消逝了而仅留下一点儿痕迹。这种效应和灰化效应相结合，就足以说明高耸突出的结构为什么都平伏化了，老年山为什么也都慢慢地被削平了。

图 171　连接环形山阿尔马农和阿布费达之间的辐射纹

环形山也会变老。图 173 里的环形山,年龄大有差别。嘉德琳墙垣(图 173 的上方)已经成了一个坡度较缓的斜面,一切棱角都磨圆了。图中部的瑟里尔生成要晚一些,有些地方的墙垣仍露出锋利的棱角,中间还有一个小山的遗迹。再下面的美丽的环形山捷奥菲尔表现少年期的一切特征,它还没有被侵蚀或者沙掩所改变。

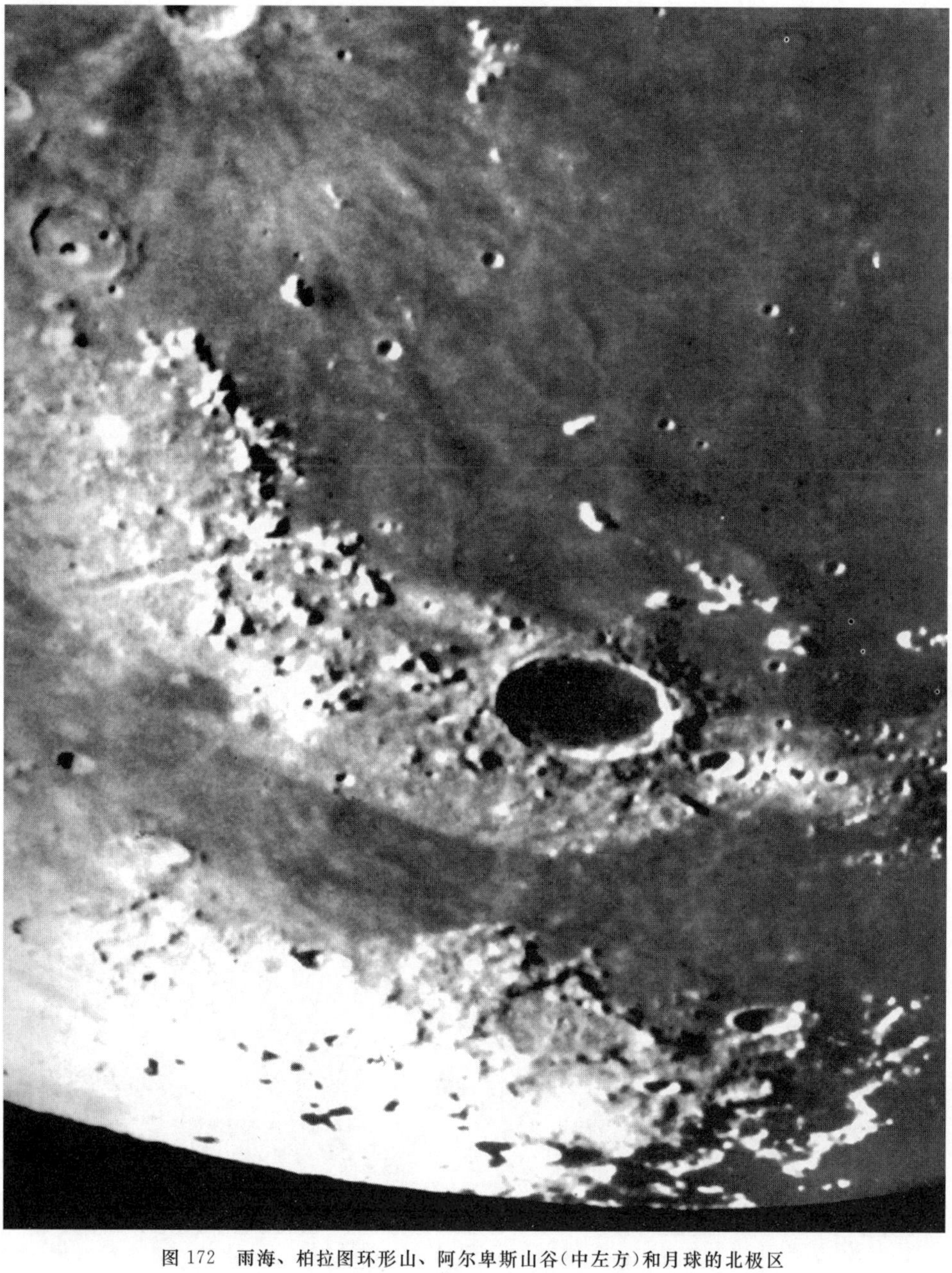

图 172　雨海、柏拉图环形山、阿尔卑斯山谷(中左方)和月球的北极区

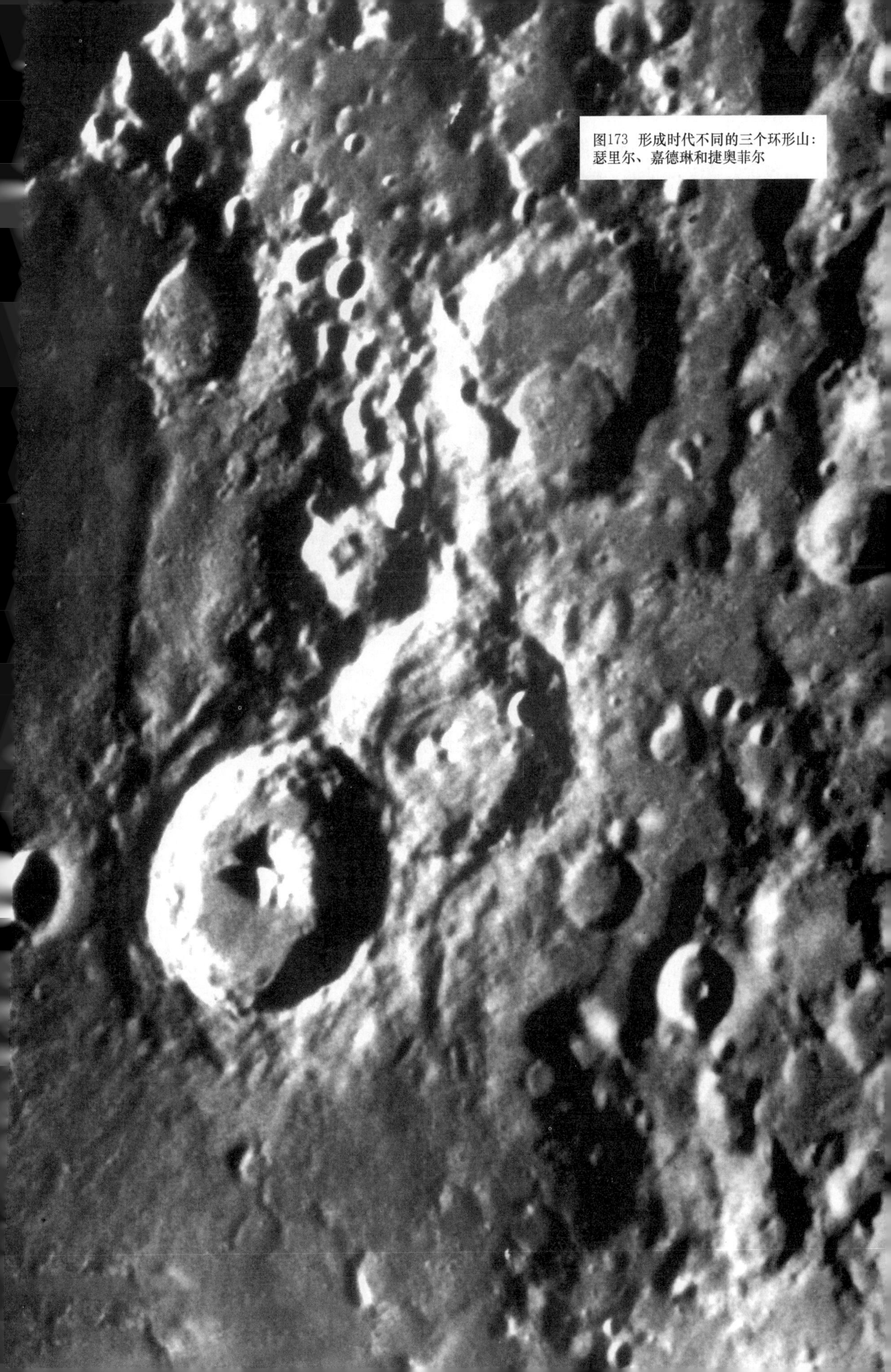

图173 形成时代不同的三个环形山：瑟里尔、嘉德琳和捷奥菲尔

图 174 里的大圆场显然是很古老的，这可由它边沿上有那么多的环形山和坑穴而看出。这个圆场名叫克拉维斯，直径达 220 千米。图 175 里的哥白尼环形山和它相反，是月面上最年轻的结构，这里棱脊以及从墙顶到圆场的台阶都很完整。

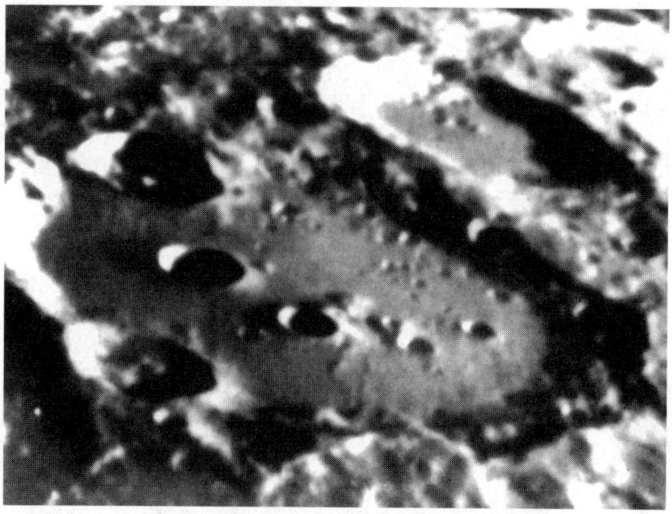

图 174　很大而古老的克拉维斯环形山
其中散布有小的幼年的环形山或坑穴。

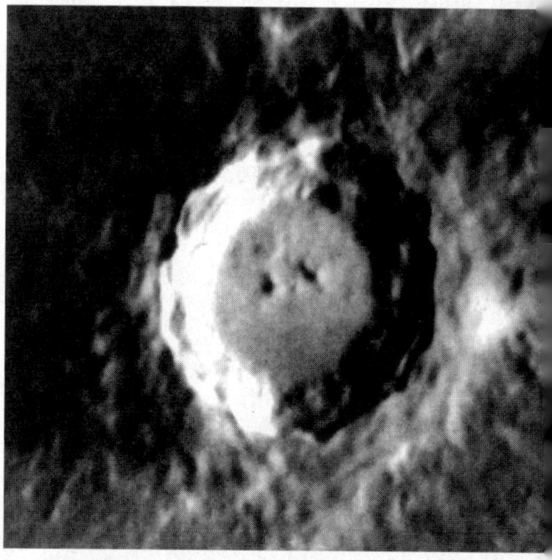

图 175　保存得很完整的一个大环形山
——哥白尼环形山

月面结构的基本特征已经体现在这些照片上。环形山是月壳上的下陷部分，有时可能很深。人们常把它们比拟作地上的火山喷口，那是不恰当的。我们的火山是喷出物所堆成的锥体，上面有高峰，峰顶有一个不大的坑穴。哥白尼环形山的外形不是这样的，它是缓缓地从它附近升高。将来的星际航行者如从它的墙垣上飞过，将会感到他在一个直径数千里、四围闭合的盆地上面。它里面圆形的被人错叫作中心小山的突出处，并不算高，而是比环形山周围的平原要低得多。

如果我们再研究一下围着环形山的海和陆，它们演化的迹象更是明显。月面的土壤好像是由两种物质组成的。海是一种较暗的具有或者说曾经具有过相当可塑性的物质，而大陆是较凝固的亮的物质。试看一下虹湾和赫拉克利特海峡（图 176），它们好像因缓慢的垂直的运动而把高度改变了，好像黏性液体的物质铺在陆地的低下部分而把它们浸没了似的。

图 177 表示这种机械作用，说明下沉的陆块被海的可塑性物质所覆盖的情况。在本章的几张照片上，读者不难认出部分沉没的古代环形山。一般说来，在海的表面上很少出现坑穴，或者出现近代形成的环形山。

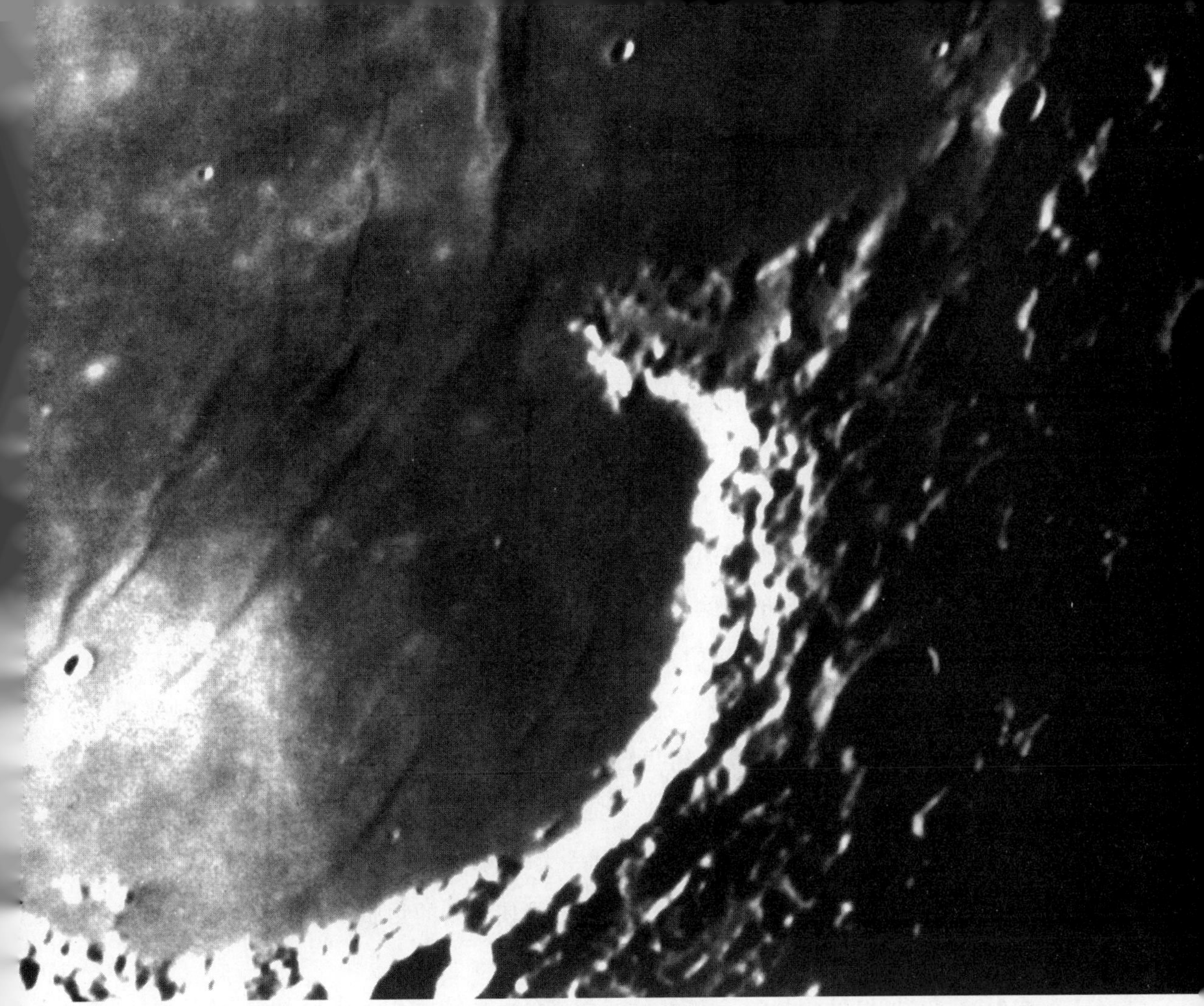

图 176　虹湾和赫拉克利特海峡

坑穴和环形山的起源

自望远镜发明以来，人们以好奇、求知的心理观察了月面的坑穴和环形山，但它们至今仍然是一个疑谜。现在我们以为研究宇宙已经达到最遥远的河外星系，可是近在咫尺的星球就把我们的头脑弄得糊涂。解释这个问题的假设并不少：火山说、旋涡说、渗出说、膨胀说、陨星碰撞说。这一切假说都曾被人提出过，而且还有人加以有力的维护。

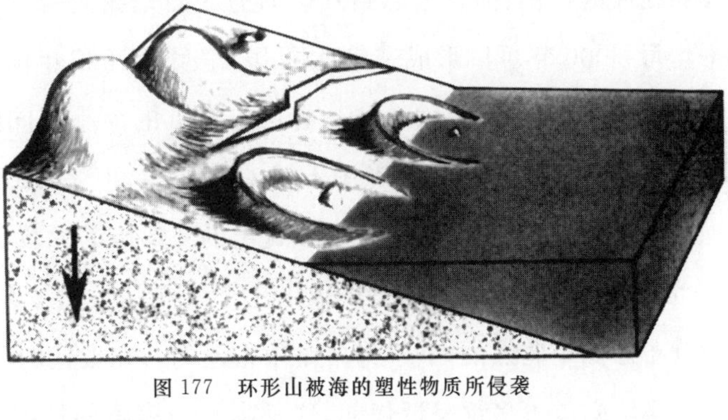

图 177　环形山被海的塑性物质所侵袭

在这些假说里，唯有陨星碰撞说最受得住理智的非难，在它主要的理论上,至今还没有什么破绽。当一大块固体物质,以陨星的方式撞着月面时,它骤然被挡住。它坠落的速度至少每秒 15 千米。它所具有的动能忽然变成热能,使得这块物质本身和它碰着的东西温度升高,以致达到像太阳的温度那样高,于是,它就立刻挥发,造成一个轰轰烈烈的爆炸,使得大量的固体物质被抛射到远方去。这样在爆发处便造成一个坑穴,可能比原来的陨星的范围还大得多。如果这个解释是正确的,那么墙垣里的体积应该等于爆炸时所陷下去的部分,就少年期的还没有被侵蚀的坑穴来说,的确是这样的。由飞机上扔下的巨型炸弹,在地面上所造成的坑穴和月面上的坑穴十分相像。从空中拍摄被轰炸过的战场所得的照片和本章里的月面图并没有多大区别。好像自然为我们做了一个规模更要宏伟的实验。事实上,在地球上也有一些大坑穴,它们来源于陨星的碰撞,这是无可怀疑的。最完善的一个是美国亚利桑那州的陨星坑。它的直径是 1 200 米,墙垣比它所围绕的坑底高 40 米,坑底是陨星的铁质碎片所组成的,这就清楚地表明了这片坑穴是怎样形成的。从月亮上用我们的望远镜去看这个深坑,就和我们在这里看月亮上的小环形山一样。但是如果撞成这个坑穴的陨星落到月球上去,那么它所产生的后果必定更要大得多,因为月球上没有大气,这一大块物质在碰撞月面以前,既不会受到阻止,也不会部分挥发,而且又因月球的重力微弱,会使更多的物质因爆炸而被抛射到更广大的范围去。

我们立刻会想到一个问题:如果环形山是由陨星的坠落和爆炸形成的,那么,它们为什么在月面上是那样多,而在地面上又是这样少呢?我们认为,这是因为地球一向被一层稠密的大气包围着,形成一种有效的保护层,因此,较大块的陨星常在没有落地以前就在空中爆炸。另外,地球上的侵蚀现象比月球上更要厉害些,这样轰炸成的遗迹转眼就被湮没了。

地球平均每 200 年接待一个大的陨星,它们大半都落在海洋里。如果我们计算了月面和地面的比例,而且考虑到月球的另一面是我们所看不见的,则我们可以算出,月球上平均每 6 000 年可以形成一座环形山。假设在 1 亿年前形成的古代环形山已经被侵蚀或者被湮没了,那么在月面上还会有可以看见的大小不同的环形山或者坑穴 1.7 万个。虽然洛伊和皮伊瑟的月面摄影图上没有这样多,但是因观测方法的进步,时常有新的被发现。这个估计的数字,是现今可以查出的环形山的总数,也是一个合理的数字。

更能抵御毁坏因素的大环形山比小坑穴的数目要多一些。环形山在陆上最多,它们的分布好像是偶然的,其中许多是很古老的。在近代的环形山顶上还有光环和辐射纹。

小坑穴差不多都是近代的,这可由它们完整的情况看出,很古老的小坑穴极少看见。

图 178　陨星坑(在美国的亚利桑那州)

小坑穴在月面上的分布比大环形山更均匀,有时甚至在古老的环形山的墙垣或者山脉上面,这说明陨星下落是偶然的。小坑穴在海里不及陆上那样多,这也许因为海底的土壤有可塑性,加速了它们的消逝。即使月面没有环形山和坑穴,地势仍是很崎岖的,还有山、海、谷和像直壁那样的悬崖。要解释这些现象,只好把地质学上的问题搬到月球上去。也像对于地球一样,我们假设月球内部是同心层的结构,密度愈向外层愈是稀薄。最轻的表面层因辐射而先冷却凝固成固体,它是一个黏结在一起的比较薄的壳,浮在有可塑性的核心上面。

因为收缩和压缩的作用,月亮表层发生褶皱和破裂,造成这些现象的详细机制目前还不太清楚。我们应该注意,不要把地球上的情形硬搬到月球上去,因为这两个球冷却的经过是很不相同的:一个周围有大气,且一部分被水覆盖着,这两个球的密度也不相同;另外,地球上的重力是月球上的 6 倍。因为有这些差异,我们应该假定这两个世界的演化是不相同的。

月球上的变化

月亮在望远镜里像是一座冰冻了的世界。可是那里既没有大气又没有水,更没有变化莫测的气象现象,像“月中人”望见天空中地球上那样复杂的变化。我们也知道,环形山的形成是在相当久远的时代,也许在有历史的时期以来还没有看见它曾经出现过一座。可是人们却想在这个不变的沉寂的世界里去找出一些变化来！人们怀着极大的兴趣,去探索是不是有一点运动的迹象会打破这永恒的静寂！可是人们在月亮上从来没有发现丝毫变化的迹象。自从望远镜发明以来,热情的天文爱好者孜孜不倦地考察着月面上的情况。有一些具有"发现迷"的观测者,甚至宣布有新的环形山被发现、旧的被消灭或者变形。但综合过去的文献,加以详细的研究,我们认为这些所谓的发现或者变化,并不能得到证实。有一些小坑穴特别引起观测者的注意。在晴海边缘名叫林奈的坑穴,在100年前,有人认为不见了,并且也得到别人的印证。可是,现在只需要用一个15厘米直径的优良望远镜,便不难看见这个坑穴,只是观测的时间需要适宜,即要在日光斜照在它上面使它的凸凹起伏的形势特别突出的时候进行观测。这个坑穴的直径只有900米,它的墙垣仅高出它周围土地30米。在满月时,它的所在地只有一个白色的圆光;在日光的垂直照射下,这个坑穴就再也看不见了。这只是光线影响的结果,坑穴本身并没有发生变化。在梅西耶双环形山上,有人以为有了变化,也可以这样加以解释。有一个奇怪的实验,说明地上火山灰的性质和覆盖着月面的灰尘物是类似的。有人曾将两种不同的灰铺在一个盘上,一种铺在底下,另一种以十字形铺在它的上面。这个盛灰的盘子在不同的光照下,拍了两次照(图179):左图是在斜射光线照耀下拍摄的,十字形看不见;右图是在直射光线照耀下拍摄的,十字形明显地出现。物理学家对于这个现象的解释是:这两种灰的漫射曲线不同,这两条曲线对于某一种照射角度是相交的。月亮上的灰尘物也表现出这样的差异。两个相邻接的区域,在太阳升起时是最暗黑的,然而在满月时可能是最明亮的。这样的变化可以造成形态、轮廓和大小的改观,可是在月亮上一切都没有变。在这一点上,最有趣味的结构应当是作为亚平宁山脉末端的那座名叫埃拉托斯特尼的环形山。在一个太阴周里,它的形态、大小、各部分的色调,有着惊人的改变,这是人们在小号望远镜里就可以看得见的。但是这不过是光和影所形成的表面现象,在这一区域里尘埃的光学性质有了各种各样的表现。

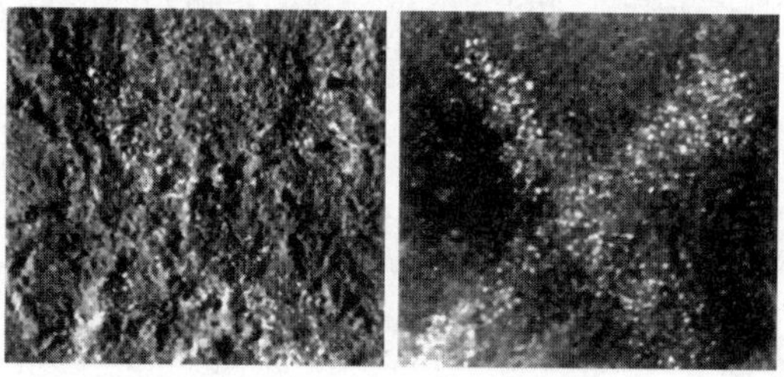

图179 一堆火山灰上面盖有一层十字形的性质不同的灰
左图光线斜射,十字看不见;右图光线直射,十字出现。

可是月亮上一定有新的环形山出现,但是上面已经说过,这必须在很长的时间里才会发生,而且肉眼能不能观测到也很成问题。为了增加发现的可能性,应该预备一幅比洛伊和皮伊瑟的月球表面图还要详细的照片,以留作将来比较之用。如果只就这两位作者的图上的最小坑穴来说,我们曾经估计要6 000年才能出现一个。所以,用2000年所拍的照片和该月球表面图比较,要寻出月球上的一点儿变化,可能的机会实在是少极了。如将来有高度清晰的照相机,装在适当的地方来对月亮作不断的拍照,所搜集的大量资料应当是

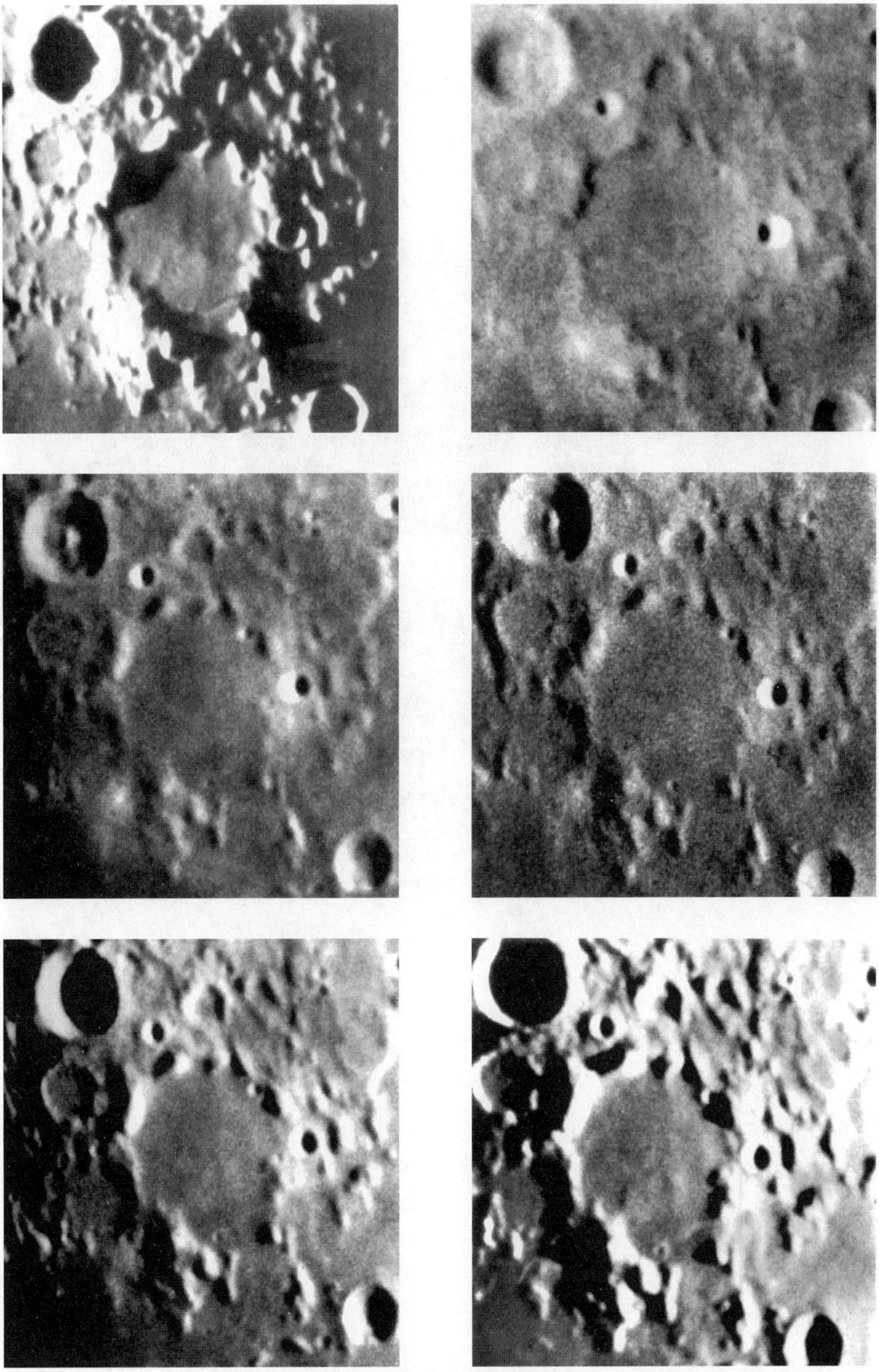

图 180　**月面情况随照明的变化而变化**

中央是弗拉马里翁环形山。

有益的。如果在这些照片上能够分辨直径100多米的范围，那么新近被陨星击成的坑穴，就有被人发现的可能。

至于用望远镜作直接观测，在天文学家的注视下，要亲眼看见一块陨星爆炸从而造成一个坑穴，这件事之稀罕，正如陨星忽然落在遮盖望远镜的圆顶上面那样的稀罕。

图181　日食在泰国（1688）

图 182　观测天象

第十四章

月食和日食

现在我们谈到一个伟大、惊人、有目共睹的自然现象。在一个美丽的日子里，无云的晴空上，炫目的日轮发光的表面逐渐缩小，终于连最后的一线光辉也完全消逝了，大地变成黑夜。这样奇妙的情景，将给我们一种怎样难忘的印象呀！如果你不知道这是月亮暂时掩蔽了光明的太阳，是我们卫星的运动所造成的不可避免的结果，你怎么能不恐惧这黑夜的忽然降临而想象是妖精在作怪或神灵在发怒呢？事实上，在任何时代，任何未开化的民族的心理上，都有这样的看法，许多民族以为是一条看不见的龙把太阳吞食掉了。月食的现象也造成类似的印象〔我国民间传说认为是天狗吞月。——校者注〕，人们总恐惧天上的运动失去了和谐。不久以前，每当日食、月食发生的时候，许多人还敲锣打鼓去恐吓这条龙，叫它吐出它所吞食的太阳或月亮。

许多年以来，日食、月食和彗星都被人当作是不可避免的灾祸的预兆。举一个在法国

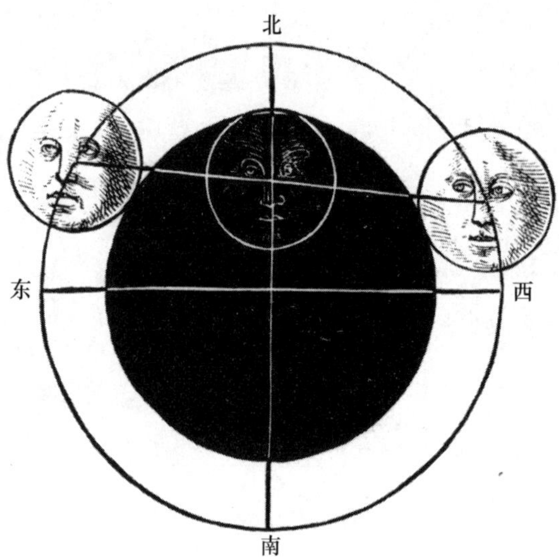

图 183　1558 年 4 月 2 日(儒略历)的月食(当时的木刻图)

发生的例子来说：在人们知道 1560 年 8 月 21 日将有日食的时候，有些人以为国家将有政变，罗马将要毁灭；有些人以为洪水将要重新淹没世界；还有人以为地上将有大的火灾，至少空气里也会染上瘟疫。相信这些灾祸的人很多，许多被吓昏了的人遵照医生的嘱咐，把自己关在密闭的、烧暖的、熏香的地下室里，以便躲避邪恶的影响。帕蒂特有这样一段记载，他说：当日食的日子快要到来的时候，恐怖达到了高潮。一位乡村教堂的神父由于做忏悔的人众多(人们以为死期将近)，无法应付，不得不登上讲坛，向他们宣布说"各位不要着急，因为悔罪的人太多，日食延期两星期以后举行"。这些善良的农民自然相信日食延期这个说法，因为他们所相信的只是日食所带来的灾祸。这也是因为在 1560 年间法国正当内战扰乱的时期，日食的预告很容易在人民的精神上激起很大的恐怖。可是 45 年以后，在亨利四世的统治期间，1605 年 10 月的日食只引起史学家埃斯多瓦尔(Estoile)的一段笑话："这时节，有一些怪病流行在巴黎，在本月 15 日太阳被吞食以前，有一些人已经先被疾病吃掉，看不见日食了。"

我们认为，有记载的最早的日食，发生于公元前 2137 年 10 月 22 日，这一记载是从中国的古书中找到的。据说，当时的御前天文学家羲、和两个人沉湎于酒，忽略了观测天象，严重地懈怠了工作，没有事前预告使人准备，以致在日食发生的时候，射者不执箭，乐人不击鼓，不能去恐吓恶魔叫它吐出所吞食的太阳。虽然太阳并没有被恶魔食掉，可是惊慌未定的中国皇帝却把羲、和处死了〔这是指我国《尚书·胤征》所载"羲和湎淫，废时乱日，胤往征之"。——译者注〕。天文学家米切尔(Mitchell)风趣地说道："所以，从那时以后，每逢日食，没有一位天文学家敢沉湎于酒了！"因日食、月食的影响，在历史上发生的可记载的事实实在不少。历史上最有名的日食当推古希腊七贤之一的泰勒斯所预言的一次。古希腊史学家希罗多德(Hèrodotos)曾经记载说："吕底亚(Lydia)和米底亚(Media)两国，兵连祸结，胜负未分，业已五载。在第六年里某一次战斗正激烈的时候，忽然天昏地暗，黑夜骤临。战士们以为上天示警，立即抛下武器修好言和。"这次日食，竟出人意料地消除了一场战争。据天文学家计算，那次日食发生在公元前 585 年 5 月 28 日午后。

图 184　在地球半影里的月亮

1953 年 1 月 30 日 1 时 42 分(世界时),在出本影后的一会儿。

这是由史事去追寻古代日食的日期,而日食的日期亦可用以考证年代学上的往事。亚历山大在阿贝拉(Arbela)战争以前,在军中看见月全食,曾向造成这种现象的日、月、地三大神灵献祭致敬。雅典统帅尼希厄斯(Nicias)的死亡,大军在西西里的消灭,以至雅典的衰颓,都被归咎于某一次月食。据说,哥伦布在牙买加的时候,加勒比人要将他和他的随从饿死,他宣言如果加勒比人不给他食物,他那夜就不给他们月光。月食刚一开始,加勒比人就投降了。这一次月食发生在 1504 年 5 月 1 日,在欧洲曾经有两位有名的天文学家观测过那天晚 6 时牙买加岛所看见的月食。

自从人们明白日食、月食是日、月、地三大天体的运动组合成的自然的不可避免的结果,自从人们知道这些运动都是确定的永恒的,因而可以用计算的方法预知未来,或者追溯过去发生的日食、月食之后,这些现象就不再引起人们丝毫的恐怖了。18 世纪一位名叫潘格雷(Pingré)的天文学家计算了 3 000 年来所有的日食、月食,1887 年奥波耳子(Oppolzer)发表了《食典》一书,记载了从公元前 1208 年至公元 2161 年的 8 000 次日食和从公元前 1207 年至公元 2163 年的 5 200 次月食。

今天我们都知道,当围绕地球运行的月亮走到太阳和地球中间时就造成了日食;至于月食,那是月亮在地球背后,被地球挡住了射到月面上的日光所造成的现象。这两种现象在性质上是有一点差异的。日食的情况,因观测者在地球上的位置不同,所看到的食的程

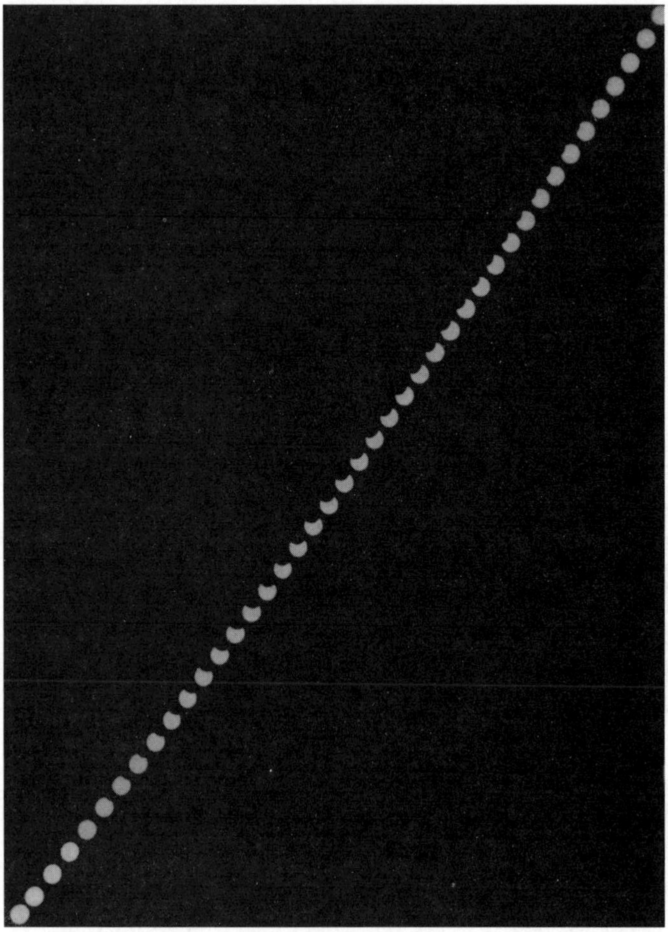

图185　日偏食

1949年4月28日在巴黎拍摄,在同一张照片上自始至终每3分钟露光一次,现象从左下方开始至右上方终了。

度也就不同。这里看到的是全食或环食,那里看到的不过是偏食,而且偏食的成分又有多少的不同;同时,也还有些地方完全看不见食的。可是,在月食的情况下,因为月亮进入地影的时候,是全部或者一部分不被日光照着,所以在看得见月亮的半个地球上的人们看来,月食现象都是相同的。

所以月食的推算比日食简单得多,因为对于月食,我们只需算出对于所有观测者的一般情况就够了。但是对于日食,就不能只说一般情况,因见食的情况随地区而大有变化,而且能见全食或者环食的地带,实在是很狭窄的。由于古人不如今人这样确知月亮的运动,所以没有办法确切地预推日食。他们却更容易预言月食,只把它当作是一个周期现象,每隔18年零11日差不多照样重演一遍,所以只需观测记录下来的前一个周期里一切月食的情况,就可以相当准确地预言下一周期里所有的月食。

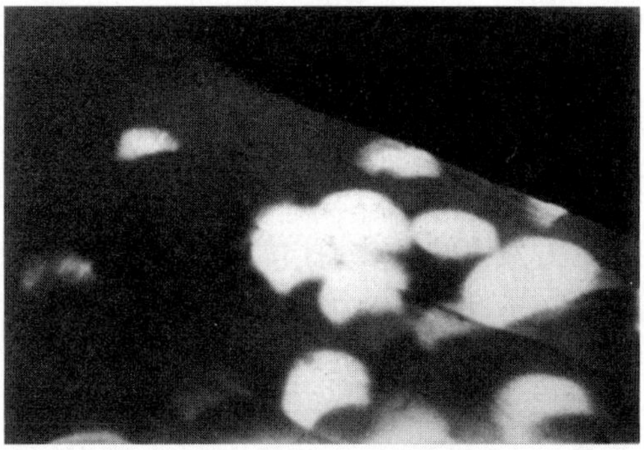

图186　日食时树荫下的光影

由于现在我们对于月亮的运动比古人知道的确切得多,我们可以在很多年甚至许多世纪以前,预先计算日食的一般情况和日食在各地发生的细节。同样,我们也可以上溯过去发生过的日食,在什么地方曾经看见,用它去考证历史上有争议的年代,或某一个史事发生的日期。在下一节内,我们将对这些现象详细说明。

日食总是发生在新月朔日，月食总是发生在满月望日。这个事实使得人们很早就去猜度它的原因。新月时，月亮经过地球和太阳之间，可能遮掩着太阳光辉的一部或全部；满月时，地球在月亮和太阳之间，可能阻挡了日光射到月面上去。知道了这一点，一切都容易解释了。

假使月绕地转和地绕日转，两个轨道都同在一个平面内，那么每逢新月，必有日食。但是我们已经说过，月亮常在黄道面的上边或者下边经过，所以不是每逢新月便有日食；同样，也不是每逢满月便有月食。

读者再研究一下图 187，便很容易明了日食、月食发生的缘由。图上部是发光的太阳，下部是有月亮伴随着的地球。我们可以看见月亮是绕着地球在运行。满月时，如果月亮穿过地球的黑影(图的最下部)，它就受不到太阳光的照射，这便产生月食。月食有全食或偏食，这需要看月亮是全部或者部分没入地球的黑影而定。在这个完全黑暗的地影(叫作本影)的两旁，还有所谓半影的，这是因为太阳不是一个发光点，而是一个在我们眼里张有 $32'$ 的球，有一部分日光可以进入半影里去。新月时，如果月亮恰好经过日面，月亮背后拖着的黑影正好落在我们的头上，这个黑影在

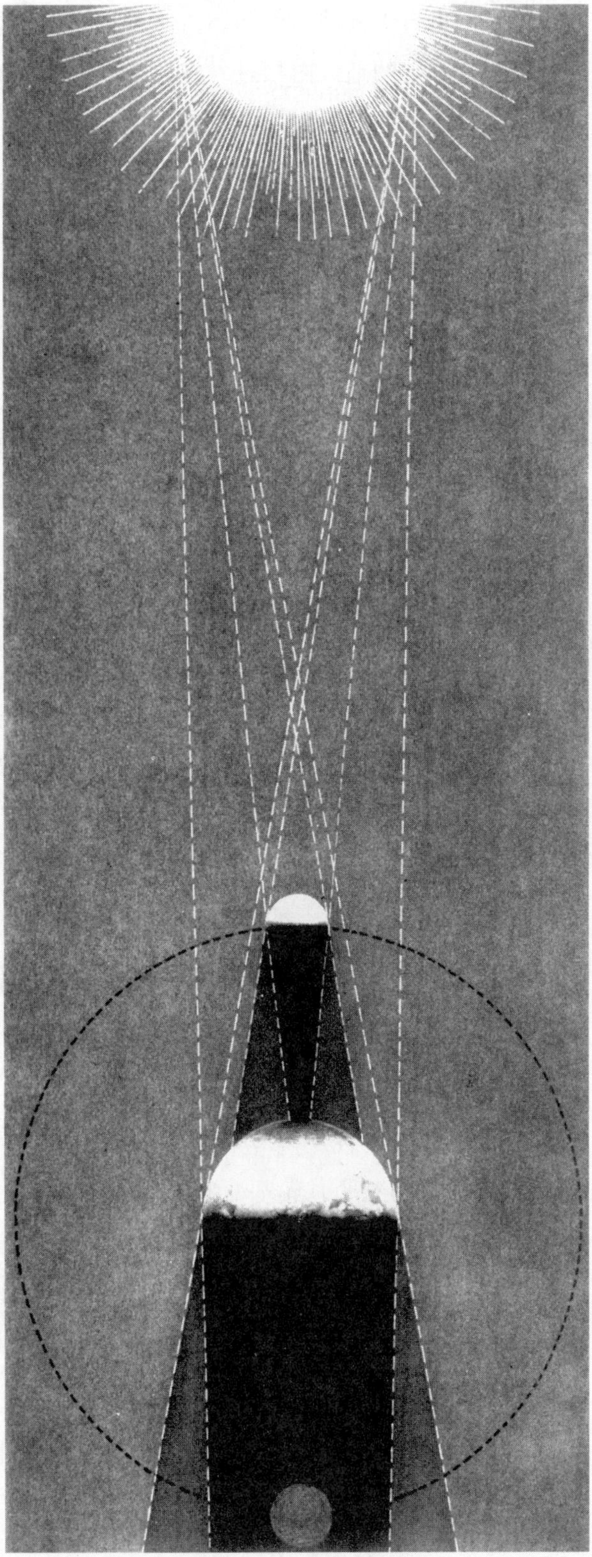

图 187　日食和月食的图解

地球面上描出一个椭圆形的黑圈。地球的自转和月亮绕地球公转的综合,又使这个黑影在地球面上一定的地区内扫过。在这个黑影经过的地方,人们看见太阳被遮蔽了一会儿,这便是日食;如果月亮正好和我们相当接近,它的视直径大于太阳的视直径,这便演成日全食;如果月亮在它的轨道上适逢离开我们最远,月轮盖不满日轮时,便形成日环食(图197);如果日、月两轮的中心不相合,月亮只能掩盖日轮的一部分,这叫作日偏食。在一个地区看到日全食的机会是异常稀罕的。

这便是日食、月食的一般理论。现在,让我们先从月食开始,详细研究一下这些现象。

◀月　　食▶

月亮虽然比太阳小得多,但是因为它和我们很接近,所以从地球上看去,月亮和太阳在我们眼里所张的角度差不多是相等的。我们曾经说过,因为日月两球和地球的距离随时在改变,所以它们的大小在我们眼里有差别,月轮的直径比起日轮的直径也时大时小。

地球背着太阳的半面拖着一个圆锥形的黑影,长达地球赤道半径的217倍,即138.4万千米。在月亮和地球的平均距离38.44万千米处,地影约比月亮大3倍(2.7)。我们的卫星经过这个黑影时,可以全部淹没在这个黑影里面。

月全食开始时,月球东边沿上的光先开始黯淡,起初还觉察不到,接着便愈来愈显著,那时月亮已经进入半影(图184)。随后,月轮上发生一个小缺口,这个缺口愈来愈侵蚀光明的圆轮,这时,月亮渐次进入了本影。缺口的边沿是圆形的,这是地球是球形的最早的证据,因为物体的阴影显然是和它的侧面像同形的(参看图4)。

月食的一般情况是这样的:起初,黑影是蓝灰色的,被食部分的细节辨别不清楚;黑影侵入月轮以后,被食部分变为红铜色,同时主要黑影的细节也更容易看清楚了;一达到全食的时候(食既),整个月轮都变成了红色。可是即使在同一次的月食里,这种颜色也是有变化的。月亮越过了地影的整个宽度以后,从那里走出,先露出一丝明亮的娥眉后逐渐扩大起来。因月绕地运行是由西向东,或者说由右向左,所以它的左边或者东边首先进入地影,开始被食,也同样是这一边开始走出地影而生光。

在月全食时,我们还是可以看得见月亮,原因是由于日光的折射,日光经过地球最密的低层大气变成了折射,然后把它像夕阳那样的光投射在月面上去。这个解释首先是由开普

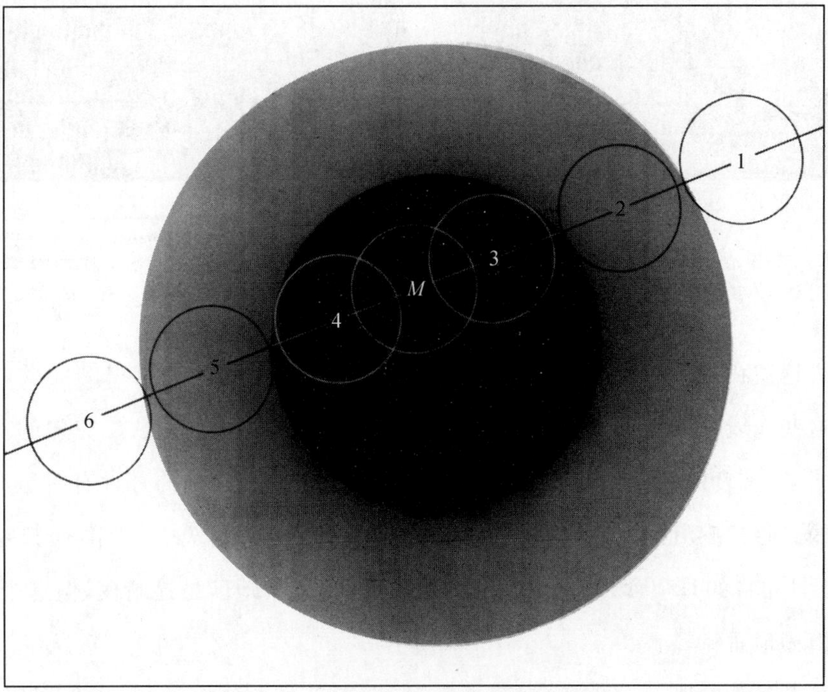

图 188　月亮在地球半影和本影里的行踪

1953 年 1 月 29—30 日，图 184 与图 190 所拍摄的照片便是这一次的月食，此图表示月亮在与半影接触(1 和 6)及初亏(2)、食既(3)、生光(4)、复圆(5)等情况，食甚(M)是全食的正中。

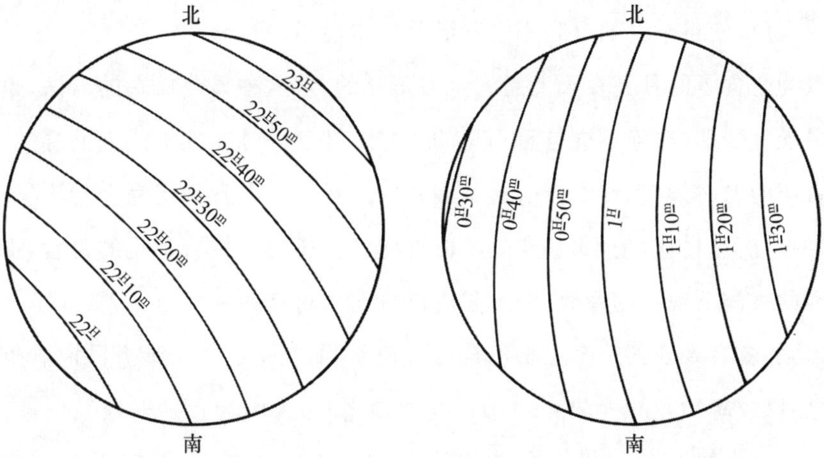

图 189　地球本影的边缘在月面上的几个位置

这是 1953 年 1 月 29—30 日月全食的几个偏食阶段，可以和图 184 与图 190 比较，图中 H 为小时，m 为分。

图 190　月食的各个阶段

1953 年 1 月 29—30 日，由左至右进行，北在上。

1 月 29 日 22 时 5 分，露光 0.2 秒，月亮部分进入本影。　1 月 29 日 22 时 33 分，露光 1 秒，月亮部分进入本影。　1 月 29 日 23 时 2 分，露光 15 秒，月亮部分进入本影。　1 月 29 日 23 时 12 分，露光 20 秒，全食开始。

勒提出的。这些在地球大气里走了相当长的路程、被折射到影锥里去的光线，照耀着月面。如果这些光线在地球大气里遇着云雾或者透过从火山喷出的悬在空中的灰尘，这些光线便变弱了，被食的月亮也就没有那样鲜明了。所以我们看见的月食有时亮有时暗，是不足为奇的。喀拉喀托火山爆发之后一年，大气里直至离地 70 千米高处都还有灰尘。1884 年 10 月 4 日的月全食，看上去是一个灰色的轮，巴黎地区虽逢晴夜，但这个被食的月轮也只能模糊地看见。

有些月食异常的明亮，在有些观测者眼里，它不仅具有红铜的颜色，甚至还被以为是满月，不过，这只是一种过于夸大的说法。在最高的月全食时，人们用肉眼很容易在被食的月轮周围看见星星，这是因为没有月光干扰之故。最常见的现象是月球上各区的明亮度不是均匀的，近影心的部分黯淡无色，别的部分却带着有特征的红铜颜色。这种各部分不一样亮的现象，使得全食的月亮不会和满月发生混淆。

有人以为全食了的月亮在天上是完全看不见的，对这种另一极端的看法，也该保留地对待。如果天气晴朗，这绝不会是看不见的；当然，被食的月在地平线上的雾气里，特别是在黄昏或者黎明的时候，也许不会引起观测者的注意。有人常举出完全看不见的月食，例如 1601 年的一次月食，但是，那一次只是偏食而已！还有一些看不见的月食，那只是因少数人在不利的气候下观测的缘故，并不是应该食而不见食的。

自古以来，就有人说到一个似乎不合理的现象，那就是在一个地方同时看见落日和初升的被食之月（或者初升的太阳和快落下的被食之月）。因为食的时候，日、地、月必须在（至少大约在）一直线上，又因视差的效果使得观测者看到地平线附近的月亮下降了约有 1°，这种同时看见的现象似乎不可理解。不过，蒙气差（或称天文折光）使日、月两圆轮各升起 0.5°多一点，这样便可以抵消了视差的效果，并且在观测的时候，月亮的中心可能在地影的中心上边。这种同时可见的现象毕竟是转眼就过去的，这种现象至多不过经历几分钟罢了。

1月30日0时35分，露光15秒，月亮部分在本影里。
1月30日1时4分，露光1秒，月亮部分在本影里。
1月30日1时23分，露光0.5秒，月亮部分在本影里。
1月30日1时42分，露光0.2秒，月亮部分在半影里。

利用太阳和月亮的位置表去计算月食，并不是很困难的事，但是请读者原谅，我们不能详细讨论这个数学上的问题，这在一般球面天文学书中都有叙述，读者可去参看。可是我们不能不谈到预测月食和日食的方法，这种方法虽不十分准确，但却是简单而且方便的。自迦勒底最早的天文学家预测月食、日食以来，这一方法一直为人所采用。他们凭经验发现，一次食以后再发生同样性质的食，中间需经223个太阴月或者18年11日8时。这种迦勒底周期通常叫作**沙罗周期**。

这种周期值得详细解说一下。在月食的时候，月亮须处在与太阳相冲的位置，经过若干太阴月以后，可再回到同样的位置来。可是我们已经说过，并不是月亮逢冲即食，它还须在黄道上，即到日、月两轨道的交点上。月亮回到交点的周期，叫作**交点周期**，是27.2122日；至于连续两次相冲的时间，叫作**会合周期**，是29.5306日。如果沙罗周期恰恰是食的周期，我们便可以断定它既含会合周期的整倍数，也含交点周期的整倍数。这样，我们就容易计算出，223个会合周期（即朔望月），只差51分钟便等于242个交点周期。所以经过18年11日8时，月亮同时再相冲而且再回到黄道上来。但是这样并不足以保证食的再现，因为我们已经说过，月亮的运动很复杂。因为它的轨道的偏心率大，在近地点和远地点中间的时候，它可以相差前后6°之多。实际上，并不需要差这么多就可以使食不再发生。这里有一个很奇特的偶合情况，那就是223个朔望月差不多等于239个**近点周期**（只差5时），经过这样一个周期，月亮会再回到它轨道上差不多相同的一点。我们还可以注意到这样一点：食在每年的同一时期发生，每次较前一次约迟11日，这种周年差也和沙罗周期的余数相同！所以，就因为这一连串情况的巧合，使得18年11日8时的沙罗周期成了有力的预测日食、月食的方法。如果将连续18次的日食、月食列成一个表，再在这表上每次食发生的日期上加上18年11日，便可得到下一沙罗周期里见食的日期。我们可以想象，这一周期曾经使它的发现者怎样的惊奇；即使是我们，虽然已经知道其中的缘故，也还是会惊诧这种料想不到的偶合。这也是独一无二的情况，例如有人在木星的卫星里去

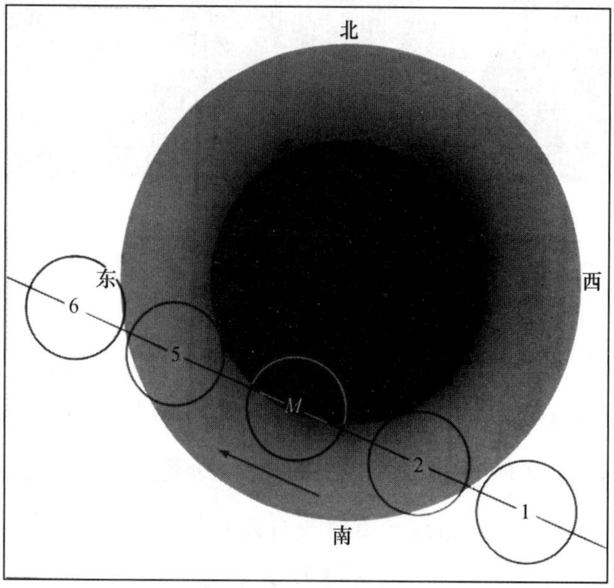

图 191 月亮在地球的半影和本影里的行踪

1952 年 8 月 5 日月偏食的情况,食中,本影仅食月亮直径的 53%。

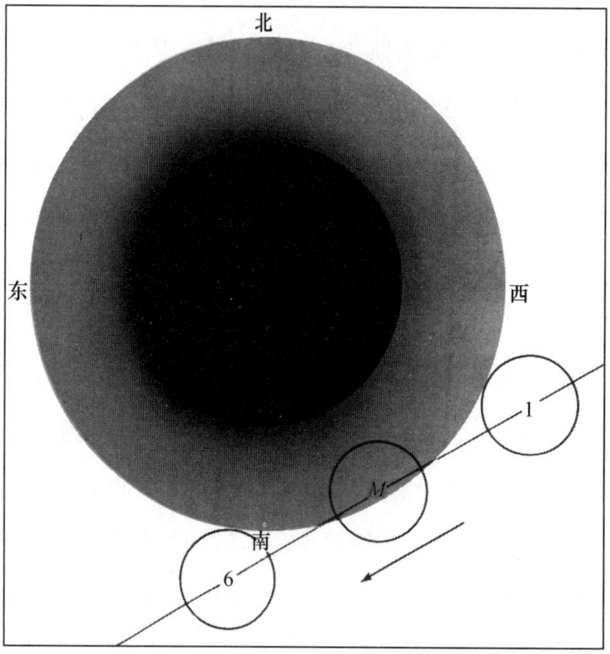

图 192 月亮在半影里经过的行踪

1951 年 3 月 23 日的情况,食中,半影掩盖月亮直径的 64%。

找这样的组合,便找不着。

因为一个沙罗周期除了 6 585 个整日以外,还有 8 时,所以经过 18 年 11 日所看见的食,不在地球上的同一区域,这一次在这里的天顶所出现的月食,下一次应出现在它的西方大约 120°的地方。例如,1931 年 9 月 26 日的月全食,食甚发生在印度洋东经 62°的某一点天顶处,1949 年 10 月 7 日这现象复见于大西洋上西经 46°处;第二次复见是 1967 年 10 月 18 日,在太平洋上西经 158°处;只是在第三沙罗周期,即经过 54 年 34 日,在 1985 年 10 月 28 日,再回到印度洋东经 90°地方见食。

在连续两沙罗周期里,食象是有变化的,例如 1931 年的月全食长达 1 时 20 分,1985 年只长 42 分。事实上,沙罗周期并不是一个固定的周期,因为如像我们所看过的,它不是会合周、交点周、近点周和回归年四个周期的整倍数。所以在一个很短时间的全食以后,可能继续来一次偏食,或者一次偏食以后来一个很短时间的全食。在上面所举的四次月全食以后,还有一次月全食,将发生在 2003 年,但 2021 年的月食只是偏食。以后经过几个世纪,这一系列的月食都是偏食,食时逐渐变短,以至一系列的半影食(图 192)。

如果再追溯到过去,同系的第一偏食在 1625 年 3 月 24 日,同系的第一全食在 1769 年 6 月 19 日。但是在第一次偏食以前,已经有一系列的半影食,预告这一系列月食的开始,可惜它们没有经人计算。然而我们可以证明一整系的月食,如果把半影食包括在内,平均有 70 个沙罗周期,约经过 13 个世纪。虽然我们不能根据沙罗周期去推测每次日食、月食的情况,但是却可以说出它们发生的日期,而且在这一点上很少有错误。现在我们谈一谈月食经过的各个阶段。假使我们能够在天上对着太阳和地球,在满月所在的空间里铺上一张巨幕,我们就会看见地球投在那上面的圆形本影和它外围的半影。这个本影的直径平均是 9 300 千米,半影的直径为 1.64 万千米。月亮可以整个进入这个黑影,因为它的直径不过是 3 474 千米,这样就形成了月全食。但是我们知道不是所有的月食都是全食。

月轮接触半影的外围时,便是月食的开始或完结。也许在这个起讫期间,月轮没有接触到本影,只是部分或全部经过半影,这叫作半影食(图 192)。半影食须食去月轮的一半,才足以引起观测者的注意,靠近本影的那一部分月轮显然是要黯淡一些。不久以前,天文学家对于这种半影食并不感兴趣,因而也不预告。自 1951 年以来,法国天文年历才开始记载半影食,因为观测这种现象可以研究地球的大气。此外,在天文研究上也有价值,由于缺少了半影食,食的统计便不完全。

如果在月食中,月轮进入了地球的本影,我们称这种现象为本影食;如果月轮一部分在本影内,一部分在半影内,这叫作偏食;如果月轮在食中全部进入本影,这叫作全食。当然,在全食阶段发生的前后,都有偏食的阶段。下面叙述一次月食现象的全部经过。

1953 年 1 月 29—30 日的月全食

进入半影	29 日 20 时 42 分(世界时)
进入本影(初亏)	21 时 54 分
全食开始(食既)	23 时　5 分
食中(食甚)	23 时 47 分
全食终了(生光)	30 日 0 时 30 分
退出本影(复圆)	1 时 40 分
退出半影	2 时 53 分

对于偏食,较之上表可少两行:

1952 年 8 月 5 日的月偏食

进入半影	17 时 28 分(世界时)
进入本影(初亏)	18 时 34 分
食中(食甚)	19 时 47 分
退出本影(复圆)	21 时 1 分
退出半影	22 时 7 分

最后还有半影食的记载如下:

1951 年 3 月 23 日月亮的半影食

进入半影	8 时 50 分(世界时)
食中	10 时 37 分
退出半影	12 时 24 分

图 188、图 191 和图 192 三幅图表示三次月食时月亮在地球的本影和半影里经过的情况。月食自入半影至出半影中间经过的时间,在中心食最好的情况下可达 6 时 19 分,全食时间可达 1 时 45 分。下表记载了一个沙罗周期中自 1940 年至 1957 年间所有的月食。

1940 年至 1957 年间的月食

日期	食况	日期	食况
1940 年 3 月 23 日	半影	1949 年 4 月 13 日	本影 全食
1940 年 4 月 22 日	半影	1949 年 10 月 7 日	本影 全食
1940 年 10 月 16 日	半影	1950 年 4 月 2 日	本影 全食
1941 年 3 月 3 日	本影 偏食	1950 年 9 月 26 日	本影 全食
1941 年 9 月 15 日	本影 偏食	1951 年 3 月 23 日	半影
1942 年 3 月 3 日	本影 全食	1951 年 8 月 17 日	半影
1942 年 8 月 26 日	本影 全食	1951 年 9 月 15 日	半影
1943 年 2 月 19 日	本影 偏食	1952 年 2 月 11 日	本影 偏食
1943 年 8 月 15 日	本影 偏食	1952 年 8 月 5 日	本影 偏食
1944 年 2 月 9 日	半影	1953 年 1 月 29 日	本影 全食
1944 年 7 月 6 日	半影	1953 年 7 月 26 日	本影 全食
1944 年 8 月 4 日	半影	1954 年 1 月 19 日	本影 全食
1944 年 12 月 29 日	半影	1954 年 7 月 16 日	本影 偏食
1945 年 6 月 25 日	本影 偏食	1955 年 1 月 8 日	半影
1945 年 12 月 19 日	本影 全食	1955 年 6 月 5 日	半影
1946 年 6 月 14 日	本影 全食	1955 年 11 月 29 日	本影 偏食
1946 年 12 月 8 日	本影 全食	1956 年 5 月 24 日	本影 偏食
1947 年 6 月 3 日	本影 偏食	1956 年 11 月 18 日	本影 全食
1947 年 11 月 28 日	半影	1957 年 5 月 13 日	本影 全食
1948 年 4 月 23 日	本影 偏食	1957 年 11 月 7 日	本影 全食
1948 年 10 月 18 日	半影		

这一个沙罗周期以后,继之而来的有 1958 年 4 月 4 日的半影食,那是上表内 1940 年 3 月 23 日一次半影食的重演。同样将 18 年 11 日加到上表内各日期上去,便构成下一沙罗周期的月食表。如果在 18 年内遇到 5 个(而不是 4 个)闰年,则在第五个闰年的日期上要加上 10 日,而不是 11 日。由上表可见,这一个沙罗周期里有 14 个半影食,12 个本影偏食,15 个全食,总共 41 次食。但这些数字并不是一成不变的,可以增减几次,这些数字变化的周期约为 590 年。一个沙罗周期里月食的平均次数是 43 次。我们现在是近于极小期。上表内本影食为 27 次,这数字可以从 25 变至 29。我们还可以看见,本影食常隔 6 个朔望月有一次。因为 12 个朔望月等于 1 年少 11 日,月食日期在连续两年里常提前 11 日〔这种日期的改变,是由这一年到次年提前 11 日,不应该把它和由第一次沙罗周期到第二次沙罗周期食期后退 11 日的另一件事混淆起来〕。例如 1952 年 2 月 11 日和 8 月 5 日,1953 年 1 月 29 日和 7 月 26 日,1954 年 1 月 19 日和 7 月 16 日等 6 次月食。在这些成群出现的本影食之间有 17 个无食的月或者仅有半影食的 23 个朔望月(或者很例外的只有 11 个朔望月)。如果把半影食也计算在食数之内,我们可以明白没有无食的年。事实上,

图 193　日食

1912 年 4 月 17 日在世界时 12 时 24 分 21 秒(全食后)拍摄,地点在法国塞纳与瓦兹省的格里尼翁地方(默东天文台拍摄)。

图 194　日全食

1914 年 5 月 21 日在克里米亚的太奥多西(Theodosic)拍摄,月亮黑轮周围的光辉就是日冕。

一年里月食的次数至少有 2 次,至多有 5 次。

半影食常在连续两个满月里出现:例如 1973 年 6 月 16 日和 7 月 15 日,1980 年 7 月 28 日和 8 月 26 日,1984 年 5 月 15 日和 6 月 13 日等次的半影食。可是本影食却不会有这样的事。月食可以隔 1 个月、5 个月或 6 个月发生,其中以隔 6 个月的时期为最多。

对于古代的天文工作者来说,对月食的观测是一件重要的事,因为他们可以利用观测去检验他们关于月亮运行的理论。现象证实了预测,给予古代的科学家以信心。到今天,月食的现象还是天文学上值得研究的课题。虽然月食的观测对于天体力学工作者来说已引不起多大兴趣,但是地球物理学家还要对月食作光度或分光的研究,以便由此了解我们的大气。另外,天体物理学家也想由这样的研究去明了月亮上土壤的性质。最后,我们来回答这样一个问题:在一定的地方,例如在巴黎,可以看得见多少次本影食呢?自 1925 年至 1949 年中间经过了 25 年,那里的人看到了 19 次月食,其中 8 次偏食,3 次全食但那里只见偏食〔这是因为月全食之时,月亮已经在巴黎西落了或还未从东方升起。——译者注〕,和 8 次真正看见的全食,平均来说,9 年内有 7 次月食,其中 4 次见偏食,3 次见全食。但是这个统计是只就这个比较少食的时期来说的。

◀日　食▶

在一切天象里,没有什么比日全食更能引起人们的幻想了。有什么现象能够比晴天中午太阳骤然消失更令人奇怪的呢?在人们还不明白这种现象的原因之前,太阳昼晦被人当作超自然的神灵发怒的表现。自从人们发现了这个自然现象的原因,并根据计算可得出和事实非常吻合的预测之后,即使是没有受过许多教育的人也不会再感到恐怖,可是这个伟大的现象仍然会给人难忘的印象。一到了预言初亏的时刻,我们在明亮的日轮的西边沿上便看见一丝黑影在持续发展,侵蚀着日轮,一直到日轮上只剩下娥眉月似的一丝光辉。同时人们会感觉到,日光逐渐减少,一种凄惨暗淡的微明代替了辉煌夺目的日光,地面上顿然显现一种阴暗的景象。转瞬间,太阳已变成一丝光明的弧线,人们仍然把希望寄托在自古就照耀着地球的太阳,愿它不会从此消亡。刹那间,最后一线日光也消失了,只剩下一片黑暗(因为它来得突然,所以我们感觉特别黑)笼罩着我们,使整个自然处在惊愕和沉寂中……而明星出现在天空!在全食前人们还在一边注意现象的发展,一边谈说各人的观感,但现在,在发出一声惊奇的叫喊之后,大家都沉默了,好像被什么惊呆了。刚才还在歌唱的雀鸟,现在蹲在树叶下战栗;狗躲藏到它主人的腿下去;母鸡把它的雏鸡藏

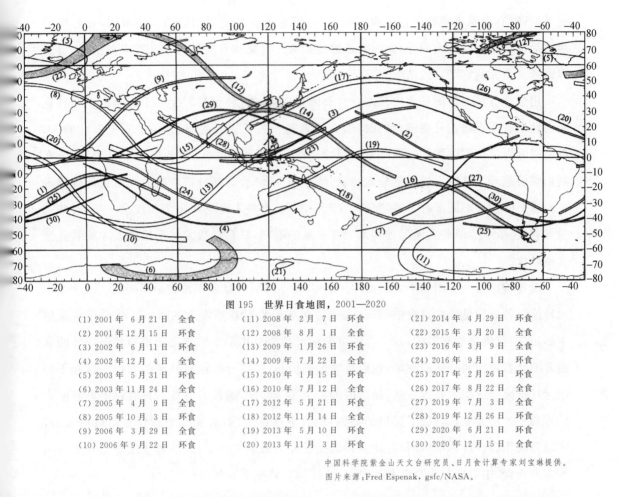

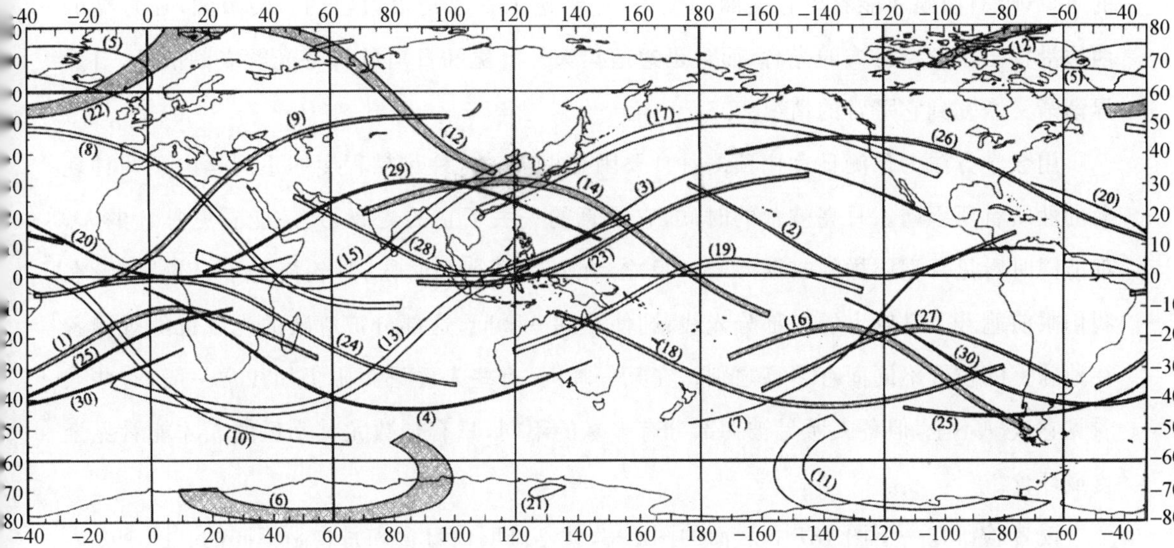

图 195　**世界日食地图**，2001—2020

(1) 2001 年 6 月 21 日　全食
(2) 2001 年 12 月 15 日　环食
(3) 2002 年 6 月 11 日　环食
(4) 2002 年 12 月 4 日　全食
(5) 2003 年 5 月 31 日　环食
(6) 2003 年 11 月 24 日　全食
(7) 2005 年 4 月 9 日　全食
(8) 2005 年 10 月 3 日　环食
(9) 2006 年 3 月 29 日　全食
(10) 2006 年 9 月 22 日　环食
(11) 2008 年 2 月 7 日　环食
(12) 2008 年 8 月 1 日　全食
(13) 2009 年 1 月 26 日　环食
(14) 2009 年 7 月 22 日　全食
(15) 2010 年 1 月 15 日　环食
(16) 2010 年 7 月 12 日　全食
(17) 2012 年 5 月 21 日　环食
(18) 2012 年 11 月 14 日　全食
(19) 2013 年 5 月 10 日　环食
(20) 2013 年 11 月 3 日　环食
(21) 2014 年 4 月 29 日　环食
(22) 2015 年 3 月 20 日　全食
(23) 2016 年 3 月 9 日　全食
(24) 2016 年 9 月 1 日　环食
(25) 2017 年 2 月 26 日　环食
(26) 2017 年 8 月 22 日　全食
(27) 2019 年 7 月 3 日　全食
(28) 2019 年 12 月 26 日　环食
(29) 2020 年 6 月 21 日　环食
(30) 2020 年 12 月 15 日　全食

中国科学院紫金山天文台研究员、日月食计算专家刘宝琳提供。
图片来源：Fred Espenak，gsfc/NASA。

在翼下；活跃的自然变成无声无息了。黑夜降临了，这种黑夜，有时很黑，但时常是不完全黑的，呈现出一种奇怪的反常的景象。地球仍然被一点儿红光模糊地照耀着，这是从月球影锥之外太阳的高层大气而来的。在有些日全食时，所有在地平线上的行星和 1 等、2 等星都可以看见，然而有时只是几颗明星和行星可以看见。气温迅速地降低，有时候有一种叫作日食风的风开始吹刮起来。

所有的眼睛都望着天空的一点，在那里呈现出怎样的奇观呀！在日轮上飘荡着漆黑的一个月轮，外围镶着淡红色光的细丝，那是太阳的色球层。从这个色球层喷出高度可达 90 万千米的巨大火焰，这便是太阳的日珥。在色球颜色圈的外边还有白色或者珍珠色的光环，延展出去达到几个太阳的直径那样远，这是日冕层，自古以来它就引起人们的注意。开普勒于 1605 年在那不勒斯、卡西尼于 1706 年在观测日食时都对日冕加以描绘，但是他们都相信这种光辉是地球大气所造成的，或者是月亮边沿对日光的漫射。但经过 1842 年的观测以后，人们才开始承认它有可能是属于太阳的，用望远镜不足以欣赏这个无可比拟的景象,唯有肉眼才能看出它美丽的全貌,可惜这个景象是很短暂的。转瞬间,在月亮的西边沿冒出一丝弯月式的光辉,而且迅速地扩大。日冕和日珥的神秘光辉立刻消逝,自然界渐渐又恢复到它平常的情况。

用数学方法去预测日食比预测月食要困难得多。这种难易程度的不同是由于两种现象的性质有所不同。月亮被食的时候,它是真的失去了它的光辉,凡是能看见月食的人,都能同时看见月亮同样的暗淡亏缺。反之,在日食进行的时候,月轮掩盖了日轮,月轮在我们眼前遮蔽了日轮上的一部分光线;即使在同一瞬间,这部分被遮蔽的光线也随观测者在地球上的位置不同而有多寡之别。在某一瞬间,有些人看见太阳仍如往常一般,有些人看见它残缺不全,但各人所见被食部分有多寡的不同,只有少数尤其幸运的人才能看见全食或环食。

读者若研究一下图 187 和后面的图 198,就不难明白日食和月食是不同的。图 198 表示地球上各处看见某次日食的情况,和本影与半影投射在地面上的界限。我们还要谈到本影,它的范围是很有限的,而半影的范围却可延展至几千千米之远。半影界限以外的观测者不会看见任何特殊的现象,他们看到太阳仍和往常一样,没有丝毫的亏损。这并不是因为月轮离开这些人要远一些,而是因为它是黑暗的,不能被人看见。只有在半影界限内的观测者才能看见日轮遭了黑影的侵蚀,而且愈在半影内,看见亏损的程度也就愈大,这些地方叫作偏食区。最后,只有在本影锥接触地面的小区域里,观测者才能看见一般人叫作的**中心食**,中心食分为全食和环食两种,我们将要在下面加以解说。

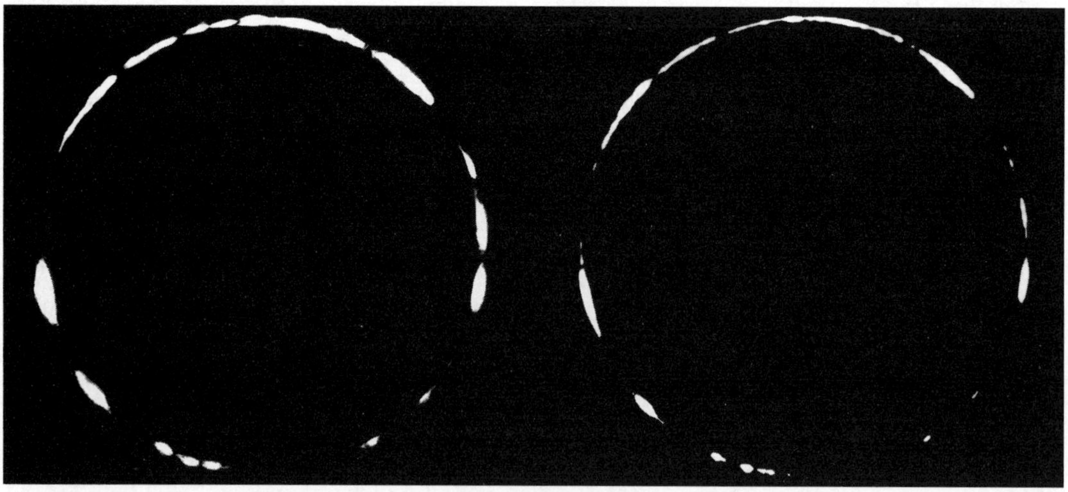

图 196　两个珍珠食

这两张照片相隔 36 年 22 日(两个沙罗周),左图是在 1912 年 4 月 17 日 12 时 9 分 53 秒(世界时),于法国塞纳与瓦兹省的圣隆拉布尔特西所拍摄的,右图是在 1948 年 5 月 9 日 2 时 50 分 32 秒(世界时),于日本北海道礼文岛所拍摄的。照片上因照相的乳胶弥散光线,大大增加了倍里珠的效果。

中心食的阶段必然是暂时的，因为月亮的运行拖着本影扫过地面，比地球自转带着观测者前进还要快些。月亮的速度大约是每秒1千米，而地面上一点的自转至多不过是几百米（在赤道上每秒465米），所以本影迅速地向东奔驰。飞行的人可以看见本影在地上奔驰，正如站在山上的人看见乌云的黑影在平原上奔驰一样。1912年4月17日，几位飞行家就看见这样的本影在法兰西岛的乡间扫过，它的直径只有两三千米。那一次日食，日、月两轮的视直径差不多是相同的，观测者看见全食的时间很短。在巴黎附近的圣日耳曼·翁·雷（Saint-Germain-en-Laye）地方所看见的，既非全食，亦非环食。月面高低起伏处没有完全把日轮盖住，还有一些凹凸的点子可以望见。这样，在月亮的黑暗圆轮的周围好像装饰着一串明亮的珠子。但这种现象的出现到消逝其间不过两秒钟，并不是所有照相的人都能有机会拍摄到这种镶着光珠的食象。

中心食在怎样的情形下是全食，在怎样的情形下是环食呢？我们已经说过，月亮的视直径是变化的。在日食的时候，它可能小到29′22″，大到33′26″，变化的范围差不多有4′。太阳的视直径也随季节而有变化，可能由31′28″变到32′32″。由此可见，月轮较之日轮有时大有时小（图197）。上面所列的数值是观测者看见月亮在地平线上的数值。如果月亮在天顶，它要和我们更接近一些，我们应该在上面的数值中加入它的1/60，所以最大值可达34′多一点，这样更有利于形成中心食。如果在一次中心食的时候，日、月两轮中心重合，月轮超过日轮，这便形成全食；地面成了黄昏傍晚的情况，日珥、日冕、行星、明星都可以在暗蓝的天空中出现。当日轮比月轮要大一些，月轮周围则环绕着一圈耀眼的光环，地面也不太黑暗，这便形成环食。在环食时，一般是看不见日珥或者日冕的。

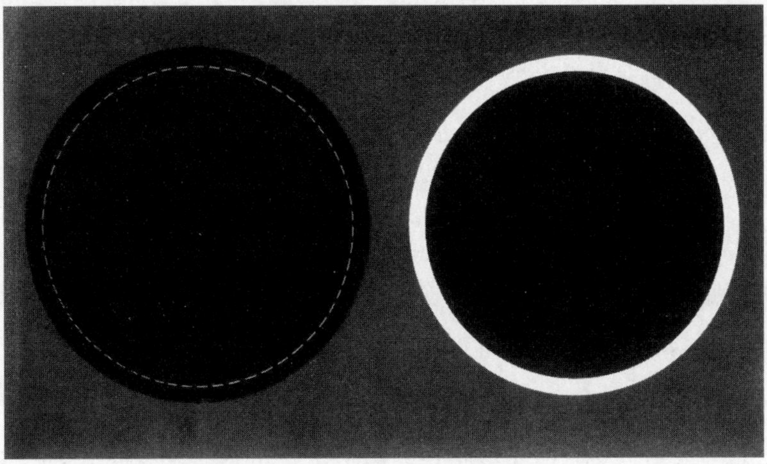

图197　中心食可以是全食或环食

按照月轮完全掩盖日轮（左图）或不完全掩盖日轮（右图）而分。

关于日食的几何学只叙述这些,但为满足需要更进一步去了解的人,我们还要指出一点:日全食的时候,月亮的本影锥接触地面,假使地球是透明的,这个影锥的顶点应在观测者的脚下。至于在环食的情形下,本影锥的顶点在空中,仅是锥的延长部分接触地面,实际上,地面上并没有本影。只是在本影锥延长处和地面接触的一小区域里,人们看见环食,正如在真本影锥里的人们看见全食的情形一样。

中心食区宽度不过几百千米,它在地面上扫过的面积形成一个长带,叫作中心食带。凡是居住在这一带里的人,在一定的时间内都可看见中心食,换句话说,即全食或环食。当然,在全食带里的两个观测者,如果相距百余千米将不会同时看到全食。日食的路径一般是由西向东行。

在中心食带的两旁有一个较广的区域,人们在那里可以看见偏食,但在更远一些更广一些的区域,那里是看不见日食的。天文年历中对于每一次日食都有图绘出日食经过的区域(图 198)。天文工作者在事前很久便绘出这样的日食路径图,并预备派遣远征观测队到全食带天气晴朗、见食时间长的地方去,以免浪费大量的人力、物力。在后面的另外一章里,我们将要谈到太阳物理学或者就是物理学,从日全食的观测中得到了什么发现,为做这样的观测,科学家为什么不辞劳苦,常长征万里到全食带的地方去。

图 198 原载于《法国天文年历》,表示 1947 年 5 月 20 日的日食路径图。这次日食从靠近科迪勒拉(Cordillère)山系安第斯(Andes)山脉的阿根廷某地开始,这是地球和月亮的半影锥接触的地点(幸而只是非物质的影子)。大约 1 小时以后,本影锥便和地面接触,接触点在智利海岸和胡安-费尔南德斯群岛(Juan Fernandez)之间的地方,这便是全食的开始。黑影迅速地向东北方扫去,在圣地亚哥的巴伊阿(Bahia)附近经过南美洲。日食的中央发生在大西洋靠近赤道的地方,在南美和西非两海岸的中间。黑影在大西洋里经过约一个半小时,便达到几内亚湾的北岸,一直到喀麦隆,终于消失在东非的维多利亚湖和印度洋之间。这是全食的终了,月亮的本影射在地面上共有 3 小时 12 分之久。至于一般的食况,还可维持 1 小时之久,在非洲中部还可以看见,直至东经 26°、北纬 6°这一点,月亮的半影才离开了地球。半影形成的偏食现象,计有 5 小时 12 分之久。

这次全食最长达 5 分 14 秒,但可惜是在大西洋里。在非洲西岸如多哥(Togo),全食时间也只有 4 分钟。但是即使这样短的时间,已足够使天文工作者完成他们繁重的观测计划了。最长的全食时间也仅有 7 分半钟。但是在最近 1 000 年内,还没有碰到过这样好的机会。1955 年 6 月 20 日的日全食,可算是最长的一次,因为它在中南半岛和菲律宾之间达到 7 分多钟。

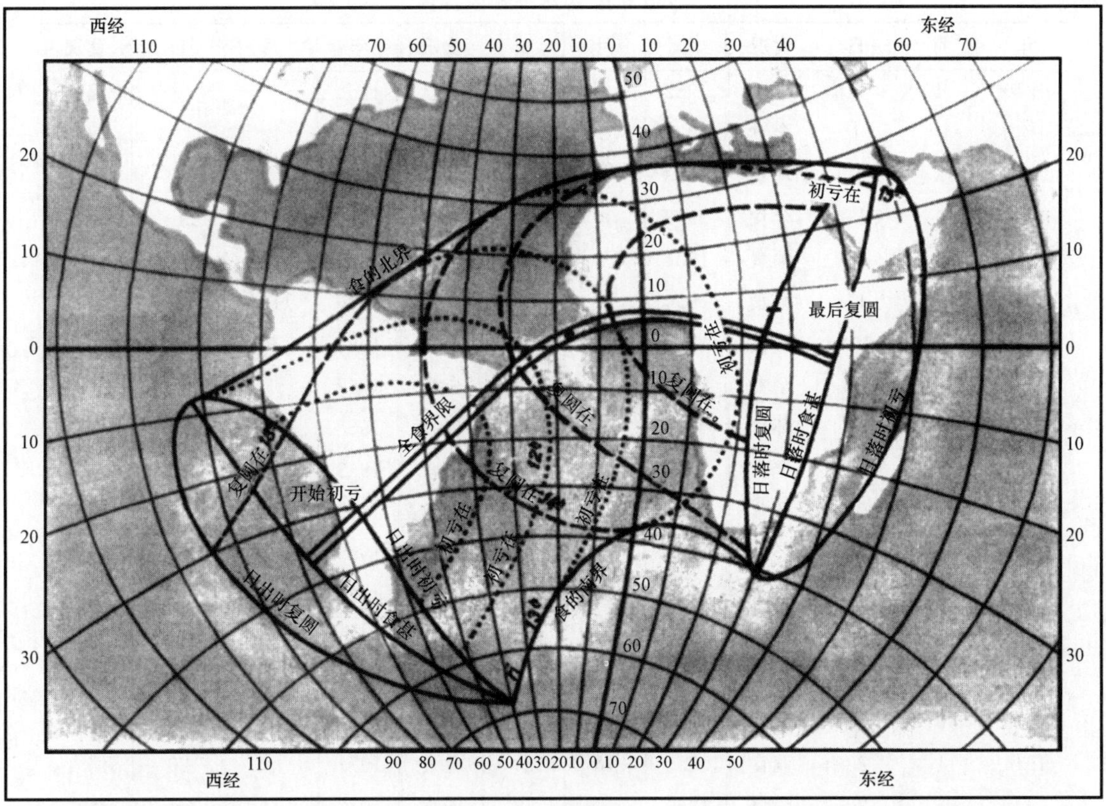

图 198　日全食图

1947 年 5 月 20 日的日全食，取自《法国天文年历》，月影扫过全食两界限中的一带，方向自西向东。外边两条线表示半影扫过的界限。例如在世界时 14 时，直径大约 180 千米的地方，全食占黑点所表示的位置。同时半影的界限是一个卵形曲线，自巴西至西非，一部分是点线，一部分是虚线，这条曲线的长轴约有 8 000 千米。

有时只是月亮的半影，而不是本影和地面接触，这时，就没有地方可以看见全食或者环食，而只能看见偏食。这类日食只对南北两半球高纬度的国家才有意义。

日食也和月食一样，有 18 年 11 日 8 时的周期，见食的地方也有变化。例如上面所说的于 1955 年在中国领海发生的特别长的日全食，是 1937 年全食期很长的那一次日食的重演，也是 1919 年的那次日全食的继续。那次日全食之所以著名，是因为在巴西和非洲的观测队测出了星光在太阳边沿的偏折，证实了爱因斯坦的相对论。

下表列出了 1940 年至 1975 年两个沙罗周期里的日食。

1940 年至 1975 年间的日食

年	月	日	食况	年	月	日	食况	年	月	日	食况
1940	4	7	环食	1952	8	20	环食	1964	7	9	偏食
1940	10	1	全食	1953	2	14 *	偏食	1964	12	4 *	偏食
1941	3	27	环食	1953	7	11	偏食	1965	5	30	全食
1941	9	21 *	全食	1953	8	9	偏食	1965	11	23 *	环食
1942	3	16	偏食	1954	1	5	环食	1966	5	20 * †	全环食
1942	8	12	偏食	1954	6	30†	全食	1966	11	12	全食
1942	9	10†	偏食	1954	12	25	环食	1967	5	9	偏食
1943	2	4 *	全食	1955	6	20 *	全食	1967	1	12	全食
1943	8	1	环食	1955	12	14 *	环食	1968	3	28	偏食
1944	1	25	全食	1956	6	8	全食	1968	9	22	全食
1944	7	20 *	环食	1956	12	2 * †	偏食	1969	3	18	环食
1945	1	14	环食	1957	4	29 *	环食	1969	9	11	环食
1945	7	9†	全食	1957	10	23	偏食	1970	3	7	全食
1946	1	3	偏食	1958	4	19 *	环食	1970	8	31	环食
1946	5	30	偏食	1958	10	12	全食	1971	2	25†	偏食
1946	6	29	偏食	1959	4	8	环食	1971	7	22	偏食
1946	1	23	偏食	1959	10	2†	全食	1971	8	20	偏食
1947	5	20	全食	1960	3	27	偏食	1972	11	6	环食
1947	11	12	环食					1972	7	10†	全食
1948	5	9 *	全环食	1960	9	20	偏食	1973	1	4	环食
1948	11	1	全食	1961	21	5 * †	全食	1973	6	30†	全食
1949	4	28†	偏食	1961	8	11	环食	1973	12	24†	环食
1949	10	21	偏食	1962	2	5	全食	1974	6	20	全食
1950	3	18	环食	1962	7	31	环食	1974	12	13	偏食
1950	9	12 *	全食	1963	12	5	环食	1975	5	11†	偏食
1951	3	7	环食	1963	7	20	全食	1975	11	3	偏食
1951	9	1†	环食	1964	11	4	偏食				
1952	2	25†	全食	1964	6	10	偏食				

上表内的日期是格林尼治经度圈的日期。表中有 * 表示在北京可以看见日偏食，有 † 表示在巴黎可以看见日偏食。

由上表可见，自 1940 年至 1957 年一个沙罗周期里能见的日食是 41 次，和同一沙罗周期里的月食次数相等，其中有 27 次环食或全食，14 次偏食。另外，我们看过，在同一周期里月亮有 27 次本影食和 14 次半影食。这两个统计数字之相同是值得注意的，它足以说明月亮的半影食和日偏食是同类的。

自1958年至1975年的沙罗周期里应有40次日食,因为1942年8月12日的日食成为半影食,而不再被人看见了,同样1971年7月22日的偏食也是一系列日食中的最后一个,于是下一沙罗周期里的日食数只有39次,成了最少的一周。3个世纪以前,曾有一沙罗周期里有日食47次之多。我们上面关于日食发生的次数以及两次同样的日食之间经过的时间的叙述,也可以应用于月食。如果将日食和月食合并起来统计,我们可以得出下面这样一条规律:在一年里,至少有食4次,2次日食和2次月食;至多有食7次,月食4或5次,日食3或2次,或相反的,日食4或5次,月食3或2次。要达到每年7食之数,第一次食必须发生在1月开始的11天内。这里和以前一样,我们把月亮的半影食当作月食看待,由此可见把半影食略而不计是不合理的。

研究一下在某个固定地方的见食次数也是有趣的事。在上表里可以看出,在巴黎,36年内见食15次,平均两年多见食一次。在巴黎,没有一次能看到全食或者环食,所以对于某个固定地方来说,中心食是很稀罕的现象。例如自公元600年以来,在巴黎天文台所在的地方只看见过两次日全食,即1406年6月16日的一次和1724年5月22日的一次。有一个故事和后一次日食有联系,据说在日食结束后,有一位侯爵伴着几个贵妇人走进巴黎天文台去,他对她们说:"夫人们进去吧,卡西尼先生是我的好朋友,他会把日食再表演一番给你们看的。"还有一幅油画,画出一群巴黎人在天文台周围观看日食的情况,他们使用了各种各样的仪器,如漏斗、乐器,自然还有熏烟玻璃和盛水的桶。图上一颗行星,也许是金星,在黑暗的天空里闪烁(图199)。

1912年4月17日的日全食的中心食带差不多同时经过法国曼特农(Maintenon)、圣日耳曼·翁·雷、吕扎什(Luzarches)、桑利斯(Senlis)一带地方,巴黎看见很大的偏食。在食甚的时候,巴黎天文台所观测到太阳的直径只有0.004没有被食。这一次的日食实在奇特,在开始(委内瑞拉)和结束(西伯利亚)的时候,离地平线不远处见环食;在中午前后,于葡萄牙、法国、比利时等地见全食,因为那时月亮和地球接近了几千千米。1912年的全环食于1930年重演,极盛地点在加利福尼亚;它于1948年再次出现于朝鲜。1966年5月20日又有像这样的一次日食,在法国见偏食;此次日食的中心线比1912年的日食更接近赤道一些。

1961年2月15日的日食,在法国南部可见全食,巴黎能见食分最大的偏食;1999年8月11日,巴黎始见全食,全食时间不过是两分钟〔请参阅《天文学报》4卷1期中的《1951—2100年中国可见的日全食和日环食》一文。此外由紫金山天文台编写、科学出版社出版的《二百年年历表》中有我国今后可见日食情况的详细资料,可供参考。——校者注〕。

图 199 1724 年在巴黎发生的日食

此图现藏巴黎天文台博物馆。

1900 年 5 月 28 日,弗拉马里翁在西班牙观测了日全食,他留下了极生动的记载。我们现在引用几节于下:

“中心线经过阿利坎特(Alicante)附近,由于仅有 3 万居民的美丽小城埃尔切(Elche)晴天的可能性大,所以我选定了它作为我的观测地点。

“我们的临时观象台设在好客的市长的乡间别墅的土台上,四周空旷没有障碍,天穹地平完全在望。在我们的眼前好像是一座阿拉伯的城市,周围有像生长着棕榈的沙漠中的绿洲;从阿利坎特流到穆尔西亚(Murcie)的河流蜿蜒在平原上,流进远处的蓝色的海里去;背后是一带不高的山,近处是花园和田野。几位卫兵维持着秩序,以便阻挡太多的好奇的人过来打搅我们。我的博学的朋友德·拉·博姆·普吕维内耳(A. de la Baume Pluvinel)在土台上装置了大量的仪器,他要用照相和分光的方法记录下现象的各个阶段,正在和他的助手们紧张地工作着。各种各样的仪器把这座田庄骤然间改变成了一座天文台。

“日食开始的阶段还不使人感觉奇特。一直到日轮的一半被月轮掩盖的时候，大家才认识到自然现象的伟大。这时候我唤起站在庭前人们的注意，星星就要被人们看见了。我特别指出金星在天上的方位，我问眼力好的人是不是看见了，有 8 个人立刻说看见了。这颗美丽的行星正处在它最光明的时期，对于一位视力好的人，即使在白昼里也可以用肉眼看见它。

“大约当太阳的 3/4 被食去的时候，鸽子便飞回庄来，栖息在角落里不再移动，正如日食前一天黄昏时它飞回来一样。稍过一会儿，母鸡回到鸡窝，好像黄昏已经来临，孩子们也停止游戏，回到他们母亲的裙边。雀鸟迅速地飞回巢去。庭园里的蚂蚁表现出极度的骚动，茫然失去了行动的方向。蝙蝠也飞出巢来。

“15 时 50 分。光线已很微弱，天空像铅那样的灰白，山岭从地平线的背景上惊人地凸出，好像和我们接近了一些。

“15 时 55 分。气温降低，使人感觉到一阵冷风掠过。

“15 时 56 分。大自然呈现出一片深沉的静寂，这静寂像是从天象而来。所有的人都没有说话。

“15 时 57 分。光线大量减少，显得苍白而奇特，像是灾祸快来的景象。风景像铅一样的灰白，海水成了墨黑。这样的风光并不像每天夕阳西下后的情景。整个自然里充满了愁惨的气氛。过了一会儿人们就习惯了。人们虽然明知月亮掩盖太阳是一件自然现象，可是总难免有一种焦急不安的感觉。非常的景象快要到了。

“这时候我们研究最后的日光对于光谱七色的影响。为了决定日食光线的色调，我早就预备了七个纸板，上面涂着光谱上的鲜明的颜色：紫、靛、蓝、绿、黄、橙、红。同样也预备了这些颜色的丝织物。这些颜色的纸和丝放在我们脚下的土台上。我们看见前四种颜色依次完全消逝了，在几秒钟之间，紫、靛、蓝、绿都相继变黑了。

“其余三色变暗不少，但仍然可以看见。

“我们必须说明，这和每天夜晚一般情况下所看见的现象是相反的：平常在红色消逝以后，紫色还看得见。

“这个实验证明，日食所发出的最后的光线是黄和红。这原是太阳大气里的主要色彩。

“我们验明这件事实以后，立刻又注视着太阳。这是怎样神秘而壮丽的景象啊！全食开始了，太阳不见了，月亮的黑轮完全把它掩盖了，在这个黑轮周围四射出光辉可爱的日冕。人们或者以为这是一次环食,但是,日冕并不使肉眼疲劳,人们可以安然地观望,这是日冕与环食的不同之处。

“这种日冕光所形成的大气,围住了整个的日轮,厚度颇有规律,大约是太阳半径的1/3。

“日冕以外,还有一些散布更广但是比较暗淡的光辉,它们射出长长的光芒,这些光芒主要来自太阳赤道的方向和黑子与日珥活动的区域。这些光芒在日轮上方显现出锥的形状,在下方变为双支,右边一支终于收缩成了一点。不远的地方,水星像1等星那样在发光,它好像故意停顿在那里,使我们可以用它去测定日冕的范围和方向。”

在结束这一章以前,我们还须提一提月掩星的现象。在理论上,这是和日食相同的现象。要观测这个现象,我们只需用一个带着低倍率目镜的大视场的望远镜,在月亮周围的天空进行探索;最好是把观测的时间选在娥眉月通过银河星区的时候(春天的夜晚便有这样良好的机会)。如果你碰巧在望远镜的视场里看见一颗星接近于月轮,而且正处在月亮的路径上,那么你将看见月亮慢慢地接近这一颗星,把它遮盖住或长或短的一段时间。在我们这样纬度的地方,这时间可以长至一个半小时。因为月亮的运行是向东方,这在倒像的望远镜的视场里看去是向右方。在上半个月(即由朔至望),星的被掩(失明)常发生在月轮的暗的一边(因灰光的缘故,这部分还是隐约可见),过一会儿再从亮的弯月一边出现(复明),在下半个月,月亮发生亏缺的时候,失明在亮的一边,复明在暗的一边。月亮的中心到黄道的距离,即月亮的黄纬度,不超过5°18′。如果将月亮的视差和视半径计算在内,只有黄纬不超过6°5′的恒星,如毕宿五(金牛α)、昴宿、轩辕十四(狮子α)、角宿一(室女α)、心宿二(天蝎α)这些亮星才可以被月掩蔽。但是这些星没有一颗在每个月里都被月掩的,因为月亮的轨道平面(白道)是移动的。我们曾说过,白道和黄道的交点在迅速地逆行。一颗星要被月掩,必须在黄、白两个轨道的交点占有某一个固定位置。所有的行星都可以被月掩,因为它们都在月亮运行的区域内运行。图397表示1921年7月2日早晨,金星快被月掩的情形。行星的轮那时只有它的直径的1/4,在35秒的时间里,逐渐被月亮遮蔽。但是恒星的视直径实在很小,我们可以把它们当作是发光的点,它们的失明和复明都可当作是瞬间的现象,这样的忽隐忽现给了初次观测的人一种惊奇的印象。一个有经验的观测者不难将他所看见的这个现象的时间决定至0.1秒的精确度。在0.1秒钟里,月亮在天上经过0″.05,在它的轨道上运行了100多米,所以观测一次月掩星就可以很精确地决定月亮的位置。

自望远镜发明以来,特别是自17世纪末以来,人们曾经作了许多月掩星的观测,而且把观测的结果记录下来。纽康(Newcomb)在1680年至1753年间作了100多次月掩星的观测,在巴黎天文台收藏的手稿本里可以找着这些观测的记录。这些可贵的数据和近代的观测联合在一起,就得到两个重要的发现:月亮的运动在百年来有一种长期的加速度,还有一种没有预料到的不规则的变化。我们在第一篇第二章内曾经说过,地球的自转有一种长期的变缓,即日子愈来愈长。这样的现象反映在月亮上,便是它的运行产生一种加速度。至于月亮运行的不规则的变化,也是地球自转的不规则的反映。自从发现这些事实以来,许多观测者将月掩星纳入他们的工作程序里,因此地球的任性自转,也不能逃避观测者的密切注意〔图200已被译者删去。——校者注〕。

第三篇 | 太 阳

图201　**低层日冕与日珥**

1927年6月29日用长14米的照相机拍摄，注意内层日冕的复杂结构和在日冕上月轮的显著轮廓（格林尼治天文台的照片）。

图 202 阿匹里(Apulien)式杯上太阳神的马车花纹
现藏巴黎卢浮宫博物馆。

第十五章

主宰世界的太阳

太阳是光明、热量、运动、生命的来源,给人们以庄严美丽的印象。原始人把它当作神来崇拜。在任何时代里,它都受到人民的感激和敬仰。一般人爱它,因为感觉它的力量伟大;科学家喜欢研究它,因为知道它对行星世界的重要性;艺术家欣赏它,因为从它的光辉里可以看出一切和谐的根源。它从天上把能量发射到我们小小的地球上,以至辽远的冥王星和暗淡飘荡的彗星上。如果没有日光的照射,这一切星球都会变得寒冷以致死亡。

这些能量从太阳四周发出,以不可想象的速度在空间里传播。它只需要 8 分钟,便越过太阳和地球间的深渊,这种每秒 30 万千米的飞跃,真是不可思议呀!

把地球当作直径为 1 米的球,太阳的直径将是 109 米,我们从这个比喻里就已经感到太阳的伟大。如果我们把人类智慧所造成的大圆顶室(如佛罗伦萨的圆顶直径 46 米,罗马圣彼得教堂的圆顶直径不及 43 米,巴黎废兵院的圆顶直径 24 米,法国国葬院的圆顶直径只有 20.5 米)和这 109 米直径的大球比较,那么这个球之大就可以想象了。如果将太阳比拟为巴黎废兵院的圆顶那样大,那么地球就会缩小为直径为 19 厘米的球体了〔北京天文馆大圆顶的直径为 25 米,如果这代表太阳的直径,那么地球大约只相当于一个足球的大小。——校者注〕。

当然,太阳的质量和它的体积成正比,像我们这样的地球,要 33.25 万个才能够等于一个太阳的质量。这团质量巨大的星球把所有的行星管辖在它的权力之下。如果不认为是亵渎的话,我们可以把太阳比作住在蜘蛛网当中的蜘蛛。它控制住它周围的世界,好像它们是在它周围转动的玩物一样。我们把伟大的太阳和它周围渺小的星球比较一下。下面的几张表,虽然是由数字组成的,却也很有意义。且先看太阳系的一般情况:

行星到太阳的距离和公转周期

行星	到太阳的距离		公转周期
	以日地间的距离为 1	单位:万千米	
水星	0.387	5 800	88 日
金星	0.723	10 800	225 日
地球和月亮	1	15 000	365 日
火星(2 个卫星)	1.524	22 800	1 年 322 日
木星(12 个卫星)	5.203	77 700	11 年 315 日
土星(10 个卫星)	9.555	143 000	29 年 167 日
天王星(5 个卫星)	19.218	288 000	84 年 7 日
海王星(2 个卫星)	30.110	450 000	164 年 280 日
冥王星	39.6	590 000	250 年

上表不需要解释已很明白。我们看到,最远的冥王星到太阳的距离为地球距离太阳的 40 倍,为水星距离太阳的 100 倍。因为光和热是随距离的平方而减少的,所以最远的冥王星所接收的光和热仅为最近的水星的万分之一。同时,我们也看到,冥王星上的一年等于我们的 250 年,等于水星上的 1 000 多年。现在再考察一下太阳系内主要成员的大小和质量,按递减的次序排列如下表:

大小和质量的比较

	直径	体积	质量
太阳	109	1 295 000	332 500
木星	11.2	1 310	317
土星	9.4	742	95
天王星	4.0	64	15
海王星	3.5	43	17
地球	1	1	1
金星	0.96	0.87	0.81
火星	0.53	0.15	0.11
水星	0.37	0.051	0.053
月亮	0.27	0.02	0.012

太阳系成员的密度(以水的密度为单位)

水星	5.8	海王星	2.1
地球	5.5	太阳	1.4
金星	5.1	木星	1.3
火星	3.8	天王星	1.2
月亮	3.4	土星	0.7

这些数字也不需要做什么解释。我们看到，如果以地球的直径为单位，木星的直径便为 11，水星的直径只是地球的 37%，或者说 0.4。太阳的质量以 33.25 万那样大的数字代表，至于水星，其质量不过是地球的 0.05，海王星却有我们的地球的 17 倍之多。从质量和体积，我们容易算出组成这些星球的物质的密度，换句话说，就是单位体积内所含的质量。

左表表明，太阳系里的成员，其组成物质最密的是水星，最稀的是土星，它还不及水的密度。

在这两个表中，我们没有谈到在火、木两星之间运行的小行星。这些小行星也许是一颗大行星的碎片，其中的大多数直径不过几千米或者几百米。我们已经发现的小行星有 1 600 多个。

读者如果仔细研究代表太阳系全体的图 203、图 204，便会得到你们对于太阳系想要得到的知识。图内行星的轨道是依次序按比例尺绘制的。

这两个图使人感到无穷的兴趣。我们生息运转在第三个圆圈上，离发光的焦点可算不远，但是为什么我们不像围绕灯火的飞蛾那样眼盲体灼呢?

仔细考察一下这幅太阳系宇宙的图案，便容易看出行星轨道的大小不是完全合乎一种规律的。你不会感到从天王星到海王星的距离太短了吗? 事实上，它是和土星到天王星的距离相同的，这样便破坏了别的行星之间的距离按比例递增的情况。天文学家提丢斯在 18 世纪即注意到这一点(波得刊布了这个法则，故用他的姓命名这个定律)，这个定律的意思是说，行星至太阳的距离，顺次可用一个很简单的级数表示。我们先写下以 2 为公比的以下一系列数字：

3,6,12,24,48,96;

在上列数字前面添上一个 0，然后再在每个数字上加 4，即得

4,7,10,16,28,52,100。

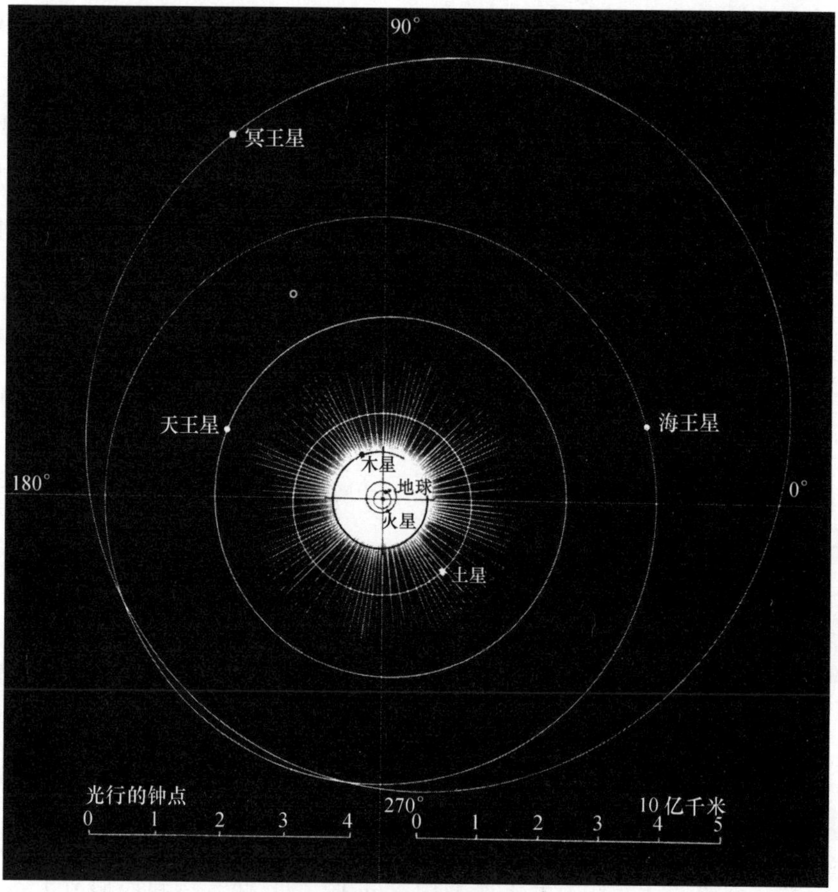

图 203　太阳系

由地球到冥王星(按轨道的大小比例和偏心率描绘,关于水、金两星见图 204)。

如果把地球和太阳之间的距离用 10 表示,其他行星到太阳的距离便可以用这一系列数字表示:

水星	金星	地球	火星	小行星	木星	土星
3.9	7.2	10	15	27(平均值)	52	96

在这个规律发现以后,天王星的距离经人算出为 192,与由这级数所求出的 192+4=196 相差不远。可是海王星的距离却不是 384+4=388,而是 301,也就是说,实际上是太靠近太阳了。冥王星的距离为 396,好像应该代替海王星,而居于第九位。

万有引力使太阳系内所有的星球都绕太阳而运行。愈接近太阳的星球运行得愈快。正如我们在讨论月亮那一节里所谈到的那样,星球因绕太阳运行的速度产生了一种离心力,这种力量使它离开太阳,而太阳的引力使它接近太阳,两者恰好彼此抵消,因此这个星球永远维持在平均距离那样远。我们在讨论月亮围绕地球的运动那一章里,谈到牛顿研

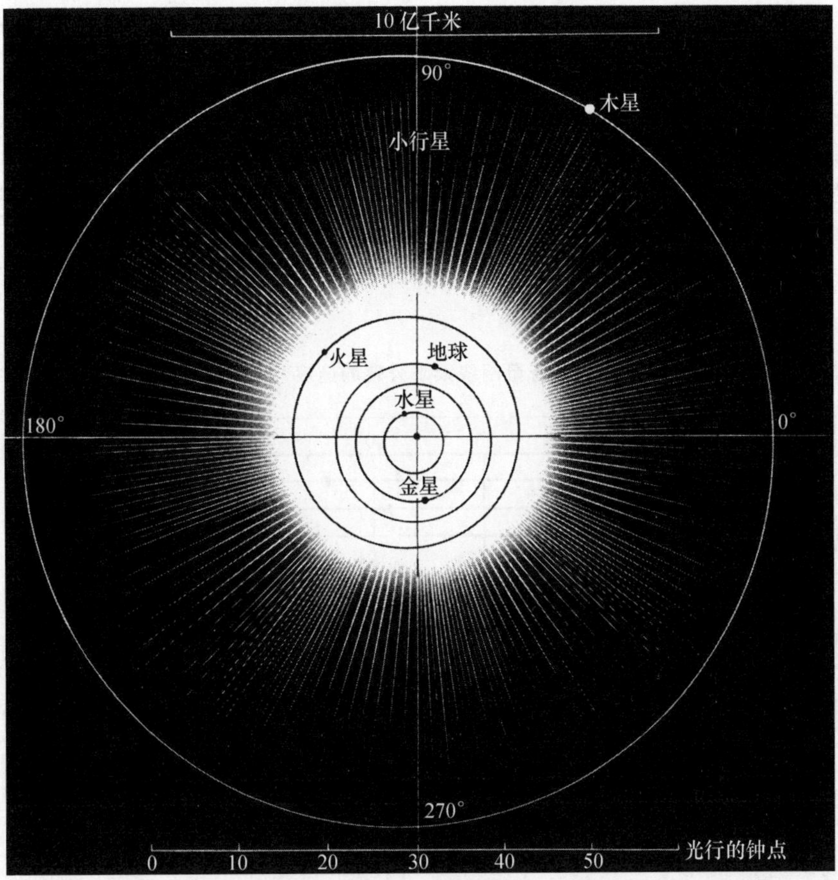

图 204　**太阳系**

由水星到木星(注意水、火两星轨道的偏心率很大)。

究天体运动的原因,我们看到,万有引力按距离的平方而减少。在两倍远的距离,引力减少到 1/4,在三倍远的地方,引力减少到 1/9,等等。因此我们很容易在各行星所在的距离处计算太阳引力的大小。下表列出了行星在 1 秒钟内离开直线运动的距离,换个比喻说,也就是把一个石块放在各个行星那里,会向太阳坠落的距离。

在第一秒钟里,向太阳坠落的距离

在太阳面上	137 米	在木星的距离处	0.11 毫米
在水星的距离处	19.6 毫米	在土星的距离处	0.032 毫米
在金星的距离处	5.6 毫米	在天王星的距离处	0.008 毫米
在地球的距离处	3.0 毫米	在海王星的距离处	0.003 毫米
在火星的距离处	1.3 毫米	在冥王星的距离处	0.002 毫米

可见,一个未经抛掷的自由落下的石块,如果是从太阳表面出发,在第一秒里它会坠落 137 米;可是,如果从地球的轨道上任何一点出发,它不过移动 3 毫米;如果从冥王星的轨道上任何一点出发,它只移动 2 微米。如果这个石块从各个行星的轨道上直落到太阳

上去被化为灰烬，它在途中所需要的时间也不难计算，现在把这些数字列表如下：

从各行星坠落到太阳上所需要的时间

水星	15 日	火星	121 日	天王星	15 年
金星	40 日	木星	766 日	海王星	29 年
地球	65 日	土星	5 年	冥王星	44 年

如果读者要想更精确地自己求出这些数字，可以用 32 的平方根，即 5.656 854 2 去除每颗行星的恒星周期。

行星围绕太阳公转的速度

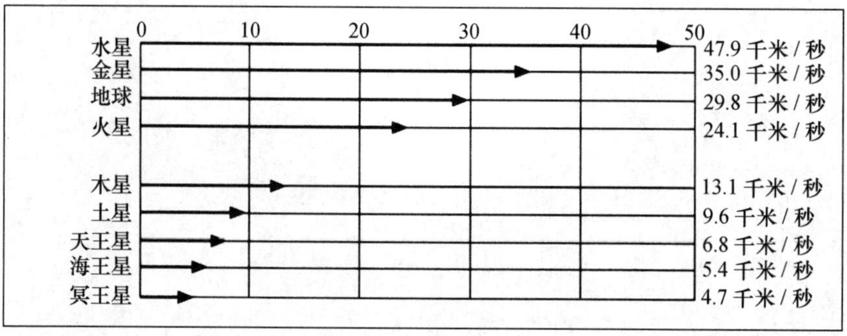

行星在它们轨道上的速度同它们与太阳的距离有关，由此速度所产生的离心力总是永远和太阳的吸引力相平衡。我们已经知道地球的公转速度是每秒 30 千米。上表列出了主要行星的平均速度〔我们不难证明，这些速度同行星与太阳之间的距离的平方根成反比〕。假使一颗行星在运行中忽然被阻挡住，它的动能立刻变为热，由于它的物质挥发而发生爆炸。大陆和海洋均变成一团炽热的云雾，造成了一团星云。

在讨论地球运动的那一章里，我们曾经说过，地球绕着太阳在椭圆轨道上运行，我们也知道牛顿怎样因分析月亮的运动而发现了引力定律。现在我们知道，这个定律可以应用于整个太阳系。我们现在来叙述开普勒所发现的定律：

1. 行星围绕太阳运行的轨道是椭圆，太阳在这个椭圆的一个焦点上。

在讨论地球绕太阳的周年运动里，我们已经仔细地研究过这种运动，我们刚才又看到，一切行星都和地球一样，也绕着太阳运行。

2. 连接太阳和行星的向径线所扫过的面积，和所花的时间成正比。

现在来讨论一颗行星，试在它的轨道上的几个位置（图 205）描出在等时间内（例如 30 天）所走过的弧 AB、CD 和 EF。

行星的速度随它在轨道上的位置而变化。在平均距离 SA 那个位置的时候，它是按平均速度在运行。当它接近太阳，如像弧 CD 上那些位置时，它的速度极大。当它远离太阳，如像弧 EF 上那些位置时，它的速度极小。所以地球在它的轨道上运动的速度不是均匀的，当地球在近日点的时候(1 月 2 日)，它的速度达每秒 30.27 千米，可是当它在远日点的时候(7 月 2 日)，这个速度只有每秒 29.28 千米。在相等的时间内所走的弧线，当行星愈远离太阳时愈短；但是，如果两条向径线(如 SC 和 SD，SE 和 SF)之间所包括的面积是相等的，当运行速度变小时，向径线就会长些。这是一个奇特的事实。例如地球由 E 到 F 和由 C 到 D 所用的时间相等，可是弧 EF 比弧 CD 却短得多。这些向径线所扫过的面积和所用的时间成正比：如果所用的时间是 2、3 或 4 倍长，那么所扫过的面积也是 2、3 或 4 倍大。

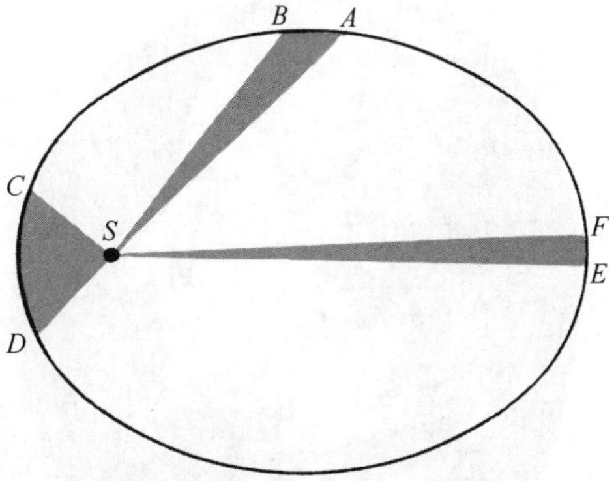

图 205　**行星的椭圆运动和面积定律：AB、CD、EF 三段弧都是在相等的时间内所走过的，有阴影的三个面积是相等的**

认识开普勒第三定律对于确切明了行星的运动是必要的，它是这样的：

3. **行星绕太阳运行的周期的平方和它们轨道长轴的立方成正比。**

这个定律是基本的，因为它把所有的行星都联系起来。

图 206　**开普勒**(1571—1630)

行星离太阳愈远，或者说轨道的直径愈长，它的周期也愈长。按离开太阳的距离去排列行星和按它们公转周期的长短去排列行星，其次序是相同的，不过两者不是按比例增加，周期比距离增长得要更快些。

例如，海王星离太阳的距离为地球离太阳的距离的 30 倍。将 30 连乘三次，我们便得 2.7 万。可是海王星的公转周期为 165 年，只需 165 连乘两次，便得 2.7 万(这是只就大概的数字来说，因为海王星的公转周期既不恰是 165 年，距离也不恰是 30 个日地间的距离)。所有的行星都有这样的关系。行星的卫星，例如木卫，也遵循同样的定律。

图 207　克莱罗(1713—1765)

图 208　欧拉(1707—1783)

可见行星的公转周期是被它和太阳之间的距离规定的。愈远的星球运行得愈慢。

这三个定律以发现人开普勒来命名,我们还可在它们上面再加上一个补充它们和解释它们的第四条定律,那便是牛顿根据开普勒的工作所发现的万有引力定律。这个定律已经在讨论月亮运动的一章里说过,现在重说一遍:

物质互相吸引,其强度与质量成正比,并与距离的平方成反比。

不论这种引力是物质本身具有的性质,或者仅仅是为了解释天体运行的一种假说,事实证明一切物体实在有这种超距互相吸引的效应。这种引力与距离的平方成反比,那就是说,距离愈远,引力愈小,但这并不是按简单的比例,而是与距离的平方成反比例。一个物体在两倍远处,引力便为原来的 1/4,在三倍远处,引力便是原来的 1/9,等等。

这种天体间的相互吸引力只规定了它们的运动,而不是形成了这种运动。行星的公转运动无疑应从原始星云的分离而来。

分析到最后,一切都归之于两个原因,或者两种力量。一种力便是重力或者吸引力,这是两个物体、两个星球互相吸引的趋势,这种趋势是和两个物体的质量成正比并和它们之间距离的平方成反比的。这种力量使得地面的物体坠落,也就是造成重量的原因。假使只有吸引力,月亮便会和地球并成一体,以不断增加的速度,一起落到太阳上去。组成太阳系的行星和一切物体都会结成一团,那么宇宙早变成混沌的情况了。

可是除了这种向心的引力之外,每个行星还有另外一种力量。假使只有后一种力量,那么行星会沿着其速度所决定的直线方向飞离太阳:这是一种惯性力。牛顿利用几何学和分析数学,把这两种力量综合在一起,定出它们同时作用所造成的运动,于是证明,这种运动所遵循的定律和开普勒所发现的定律是符合的。毫无疑问,在我们的思想里,只有运动和解释运动的力。首先我们要明了事实的性质，并加以描写，然后才有理论。理论的正确性决定于它是不是能够说明事实，是不是能够使由理论推出的结果和观测的结果相符合。但是，我们不应该把理论引入的力看成是用形象表示现象的一种精神创作，而应看成是预言现象的一种方便的方法。

一门名叫**天体力学**的科学在牛顿所奠定的基础上建立起来。由于这门科学的研究，天体受万有引力而运动的理论已经得到各种各样的结果。要想了解行星运动的各种细小情节，只计算太阳对于每一颗行星的吸引力是不够的，同时需要讨论行星间的相互吸引力。如果我们将行星的相互吸引力略而不计，那么我们就会再得到开普勒定律，可是这些定律并没有严格地表现事实，因为每一颗行星受其他行星的吸引，因而会稍微偏离这些定律所规定的路径。我们把这些差异叫作**摄动**。摄动虽然很小，但仍没有逃脱从前大观测家的注意，如开普勒已经察觉木星和土星的运动不十分遵循他的定律。天体力学完全解决了这些困难。杰出的数学家，如牛顿、克莱罗、欧拉(Euler)、拉格朗日、拉普拉斯、勒威耶、纽康等把摄动的计算搞得十分完善。我们从这些大学者手里得到精密的方法，可以预先算出主要行星的位置。当我们谈到最远的行星海王星和冥王星的发现的时候，我们还要详细讨论到这个问题。

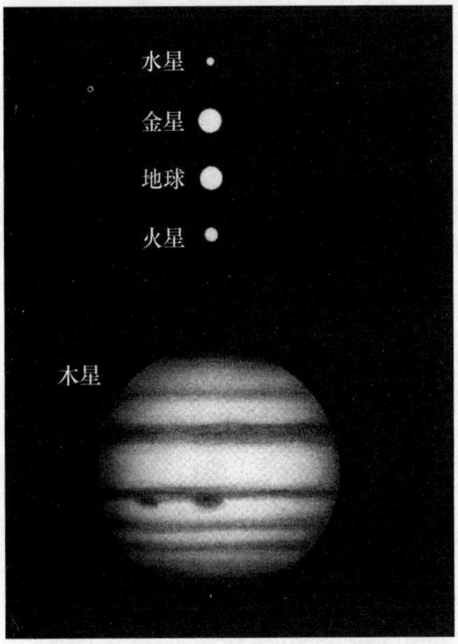

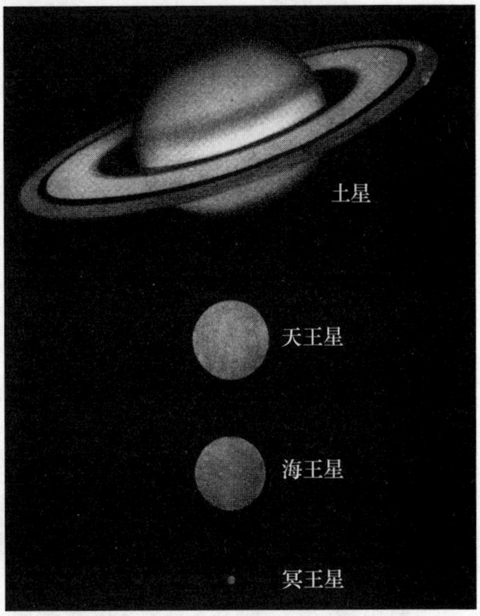

图 209、图 210　九大行星大小的比较

现在我们已经明白行星环绕太阳的运动。卫星环绕它们所隶属的行星的运动，也同样遵循开普勒定律。但是太阳系里不只是有太阳、行星和卫星，还有彗星，它们的运动也遵循开普勒定律。彗星的轨道大部分是极长的椭圆，这些轨道的远日点远在冥王星轨道之外。哈雷彗星可远到为日地间距离的 35 倍(海王星可远到 30 倍,冥王星远到 39 倍),还有别的彗星可远到 10 倍乃至 100 倍之处。太阳引力的影响是不是到那里便停止了呢?不,这种影响传播到空间,直到进入另外一个太阳的引力圈以前并不消失,其距离不是几十亿千米,而是几十万亿千米之外。

每一颗星,或者每一颗太阳,就这样地管辖着行星世界,这些行星也就在它周围的光辉和权力下运转。空间里难以数计的太阳,就悬空在万有引力这种非物质的结构里。

宇宙是多么伟大、多么和谐呀!一种普遍的运动挟带着无限空间里的"原子"(星球),而且按照一定的规律进行着,就像钟表面上绕中心而转动的指针,又像静水里受到一点打击就在它周围展开的圆形波浪。这种宇宙里的和谐的音乐不是人类的耳朵所能听见的,诚如毕达哥拉斯所说,只有凭借智慧的探索,才能够欣赏它的美妙。

图 211 皇帝向太阳神献礼

美索不达米亚的纪念碑顶,现藏卢浮宫博物馆。

图 212　古埃及关于太阳的神话

左图：皇族崇敬太阳；中图：夜神把太阳交给昼神；右图：被太阳再造了的灵魂。

第十六章

怎样测量太阳的距离、大小和质量

上面所说到的关于太阳系大小的一切数字，都依据太阳到地球的距离的测量。这真可算是宇宙里的米尺。前一章说过的行星距离的相对比值，不需要先测量它们的绝对值便可以决定。哥白尼便是这样做的，他先从观测决定行星的相对距离，以太阳和地球间的距离为单位去表示，这是他的前人所未曾知道的。如果我们没有测定日地间距离的绝对值，我们便不能把行星距离表示为若干千米。例如我们说过最远的冥王星的距离等于日地间距离的 39 倍，最近的恒星等于这距离的 27 万倍，但是要把这些距离表示为绝对数字，我们就应该把这个单位测定，并用千米来表示。所以无怪天文学家都很看重这个天文单位的测定。

读者也许还记得，月亮距离的测定是由地上相隔相当远的两点对它同时作观测。这两点便是已知长度的底线的两端，问题便成为已知两个角和一共同边去作出三角形的作图题了。这是一个很容易解决的问题，我们已经说过了。原则上，这种方法也可应用于太阳,但在实际上,从这方法所得的结果却不太好。因为太阳距离我们为月亮距离我们的400倍,因此从测量角度而来的视差效应也仅为后者的1/400,但观测上微小的误差却会造成很大的影响。为了避免这种困难,我们应该把这种三角测量的方法大加修改,才可以获得准确的结果。

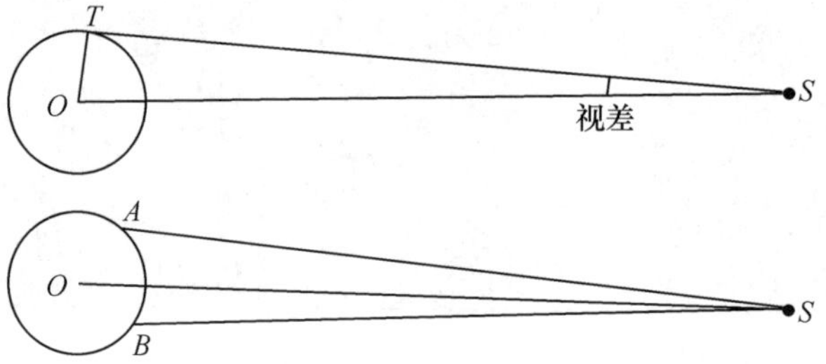

图213 视差的定义

左边圆圈代表地球,S 代表太阳或行星,上图的角 OST 即是视差;下图表示视差可由角 ASB 的测量求得。

我们刚才提到了"视差"这个名词。在第九章里,我们说到的月亮的视差,是一位假想的观测者在月亮里定出的地球的视半径,或者说真半径所对的角。这个定义也适用于太阳系里任何一颗星,换句话说,太阳或者行星的视差,便是在太阳或者行星定出的地球的视半径。星愈远,它的视差愈小。地球的大小是由大地测量测定了的,测出一颗星的视差,便可量出这颗星的绝对距离。如果我们明了了这一点,以后所说的就很容易了解了。

假设 O 代表地球的中心(图213),观测者在太阳的中心 S,所谓太阳的视差,按照刚才所说的定义,便是 OST 这个小角。在讨论月亮时,我们曾经说明,从地球上已知经纬度的两点 A 和 B,由两位观测者同时瞄准 S 点,便可求出 OS 那段距离。如果知道 OS 和地球的半径 OT,视差的计算便不困难了。我们不把详细的计算在这里叙述,读者可以相信这只是几何学上的一个简单问题。距离 OS 的绝对数值和太阳的视差之间的互相换算是没有什么困难的。在天文常数表内常列有太阳的视差,而不把它的距离表示为若干千米,就是这个原因。

这个视差是怎样测定的呢?首先我们暂时放弃对太阳作直接观测,我们观测的对象应该是离我们最近的行星,因为它有比较大的因而容易测得的视差。因为行星距离太阳和地球的远近,就相对数值说,是已经知道的,只需要求得一颗行星的距离的绝对数值,别的行星的绝对距离便很容易算出来。直至19世纪,在最近的行星中,我们只用了在下合时的金星和冲日时的火星。那时,要测的距离只是太阳距离的1/3或1/4,行星的视差比太阳的视差要大3或4倍,观测便会容易一些。1672年,卡西尼使用三角法去测量火星的视差,他把他在巴黎天文台所作的观测和特别派遣到南美洲卡宴(Cayenne)去的里奇(Richer)所作的观测加以综合研究,求得了火星的视差是25″。因太阳的距离和火星的距离大约是8比3,于是卡西尼推出太阳的视差大约是9″。

这个结果的影响很大，因为它推翻了当时关于太阳系大小的观念。哥白尼、第谷和开普勒都以为太阳的视差是3′或者180″。视差下降为9″，就把太阳的距离弄远了20倍，于是太阳系里的一切天体的距离和体积都扩大了。

现今的测量证实了卡西尼的数值，因为现在公认的太阳的视差是8″.8。可见，卡西尼和里奇的观测，就其时代来说，精确度之高是值得称赞的。在太阳那里测量地球，它的视直径只有18″。要明白这个角度究竟是怎样的小，读者可把一个足球放在3千米以外去看它，想象它的直径所对的角度有多大。如果不借助望远镜，这样远的一只球简直看不出有圆的轮廓，好像从地球上看金星或者火星那样，只是一个光点罢了。除了天文学所揭示的一切伟大之外，这一点却可使我们人类谦逊一些：在伟大的行星空间里，地球不过是一粒尘埃。在行星的行列里，它只占平凡的地位，它唯一优越有利的地方，便是不太接近太阳而变成一座炉灶，也不太远离太阳而变成冰冻的世界，所以我们人类才能够在它上面生活。

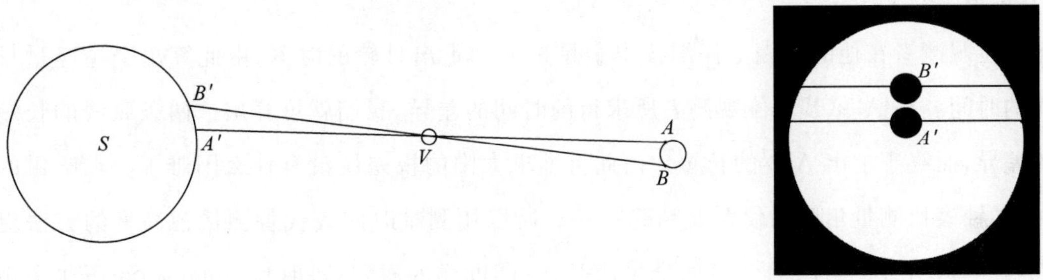

图214　利用金星凌日测量太阳的视差

18世纪初，英国天文学家哈雷（哈雷彗星就是以他的姓来命名的）建议一个巧妙的方法，可以很精确地测定太阳的视差。这个方法是利用金星过日面（金星凌日）的现象，在地球上的几个地方测定这颗行星由东至西穿过日轮所用的时间。

在金星凌日的时间里，金星的圆轮在太阳的圆轮上，形成一颗直径大约1′的黑点（大约是太阳直径的1/30）。地球上两地的观测者A和B，由于透视的缘故，同时看这颗行星并不投射在太阳面上相同的一点。当A看见金星的中心在A'的时候，B却看见它在B'（图214）。如果我们定出$A'B'$，则三角形ABV便容易作出。这便是哈雷所建议要解决的问题。直到这里，哈雷的方法和卡西尼的方法可以说是相同的。但是，哈雷方法的特点和优点，在于他所推荐的测量的方式。在金星凌日的时候，A'和B'两点在日轮上各走一条弦线，这两条弦线的长度不相等，因此A'和B′两点在这两条线上走过所需的时间也不相等。

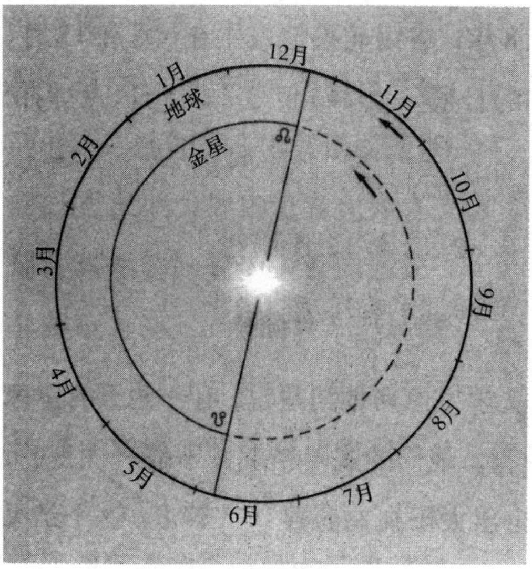

图215　地球和金星的轨道平面相交在一条直线上，要使我们看见金星的圆轮投射在太阳的圆轮上面，应当是金星在下合的时候恰好通过轨道的交点，这时正是12月9日或6月6日，但这是极罕有的事情

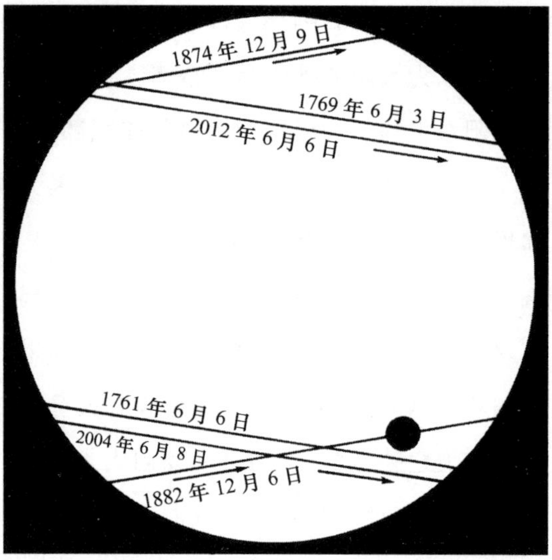

图216　过去四次、将来两次金星凌日的路径，黄道在水平面上

每一位观测者在他的钟表上仔细读出金星进入和走出日轮的时刻，由此算出金星经过日面的时间。由A和B两位观测者所求得的时间的差异，我们就可算出这两条弦线的长短的差异，而终于求出A′B′的长短。由此再推求太阳的视差便没有什么困难了。在哈雷的时代，钟表比测量角度的仪器要精确一些。所以用测量时间去代替测量视高度的方法更有利一些。1874年12月9日的金星凌日，在印度洋的凯尔盖朗(Kerguelen)经历4个小时，在西伯利亚的堪察加(Kamtchatka)经历4个半小时。如果我们将金星凌日出入日轮的时刻测准至几秒，我们便有希望将视差测定到一个很准确的数值。不幸金星凌日是很稀罕的现象，哈雷知道在他的一生中不能观测到这种现象。哈雷的方法，直到现今，只用过四次：

1761年6月6日	1874年12月9日
1769年6月3日	1882年12月6日

金星凌日常是两次为一组，其间相距8年；各组轮换地发生在6月和12月，在相继的两组间相隔一个多世纪。将上列的日期加上243年零2或3日，我们便得到将来金星凌日的日期：

2004年6月8日	2117年12月11日
2012年6月6日	2125年12月8日

很自然，18世纪的金星凌日，曾被天文学家急切地期待过，有一些天文学家还作了长途的旅行，到地球上各处去作观测。他们的观测结果并不都是优良的，潘格雷只得选择其中最好的，定出太阳视差的数值为8″.8。这个结果并没有立刻被人承认，但是最后终于被大家公认。这个数值现在已经被记载在一切天文学的书籍中了。

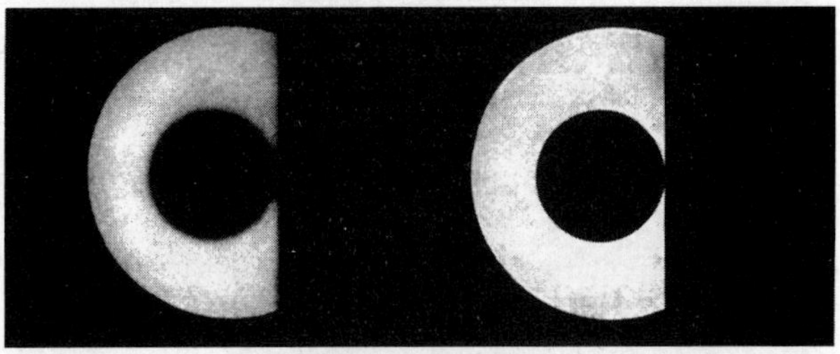

图217　使用哈雷的方法去求太阳的视差，应当尽量确切地测定金星出入太阳时这两轮内切的时刻，但是由于望远镜的衍射现象，两轮的边沿模糊，便使这种观测困难而不确定。

右图：金星和太阳的边沿正相内切；左图：同一现象在口径2厘米的望远镜中所看到的情况。衍射效应和口径的长短成反比。

在法国天文学家勒让提（Le Gentil）的生活里曾发生过一段关于18世纪的金星凌日的动人故事。这位天文学家于1760年搭船赴印度，想到那里去观测1761年6月的金星凌日。可是，那时英法两国正在海上作战，便阻碍了勒让提的行程，他到达目的地的时候，凌日的时期已经过去了。因为热爱天文学的缘故，他便英勇地决定留在印度的本地治里（Pondichérry），等待8年，观测1769年下一次的金星凌日。因为那地方在6月里气候经常是良好的，他对于他的成功具有很大的信心，于是他在那里修造观测站，装置仪器，学习本地的语言，且研究印度的天文学，终于等到他认为是幸运的一年。整个5月里和6月的前两天，太阳都照耀得异常光明。可是在期待了8年的那一天，天气忽然变坏，正当金星凌日的时候，暴风突起，雷雨交加，连太阳的影子也看不见了。老天好像故意在开玩笑似的，在金星退出日轮几分钟以后，天气转晴，日光又普照大地。勒让提既已饱受热带气候的影响，又遭遇观测的失败，垂头丧气，病倒床褥。他感觉没有兴致，不与朋友通信。1771年，他扫兴地转回法国，才知道在他音讯断绝期间，大家以为他早已客死异乡，他在科学院的院士位置的遗缺，已经被人补上，他的财产已经被人承袭。他起诉至法庭，据当时的法庭批复说：法庭按法律处理，即已经被认为死去的起诉人，便无权再拥有他已经被人承袭了的地位和财产了。他反而还要付出这场官司的诉讼费，这样更使得他一贫如洗了。

在1874年和1882年两次金星凌日的时候，有许多远征队被派遣到世界各地去观测。没有一位天文学家遭遇着勒让提那样的不幸，不过也有几位天文学家像他那样失败而归。但是根据所搜集的大量数据，纽科姆定出一个很可靠的太阳的视差，数值是8″.794。1874年那一次，法国派遣的观测队到了长崎、北京、西贡、太平洋的努美阿（Nouméa）岛、印度洋的圣保罗岛和摩里斯岛。1882年的一次，法国又派出11个远征队，从北非到墨西哥，从美国到智利，都有人在观测。

图 218　1874 年金星凌日的纪念章

是不是我们需等待到 2004 年 6 月 8 日再去作下一次的太阳视差的测定呢？不，因为人们已经发现有比金星凌日更好的方法，我们敢预言，将来的金星凌日不会像过去的 4 次那样引起天文学家的兴趣了，也许人们注意的对象会转移到金星的物理性质的观测上去了。

现在我们大略叙述一下现今测量太阳视差的主要方法。卡西尼应用于火星的直接测量的方法还没有被人放弃，只是今天观测的对象是和地球有时靠得很近的小行星。大多数小行星运行在离地球比火星还远的空间里，可是也有少数例外，譬如 433 号小行星，名叫爱神星的，有时距离地球只有地球和太阳间距离的 1/7，这约相当于火星或者金星最近时的 1/3。事实上，这种最接近的时期，需经过 30 年才有一次。例如在 1900—1901 年冬季以后，又在 1930—1931 年冬季，都曾测量过爱神星的视差。在这两次冲日的时候，有几个月，爱神星在望远镜里都像恒星的形态，全球主要的天文台都将它和它周围的星野一并拍照。这样拍得的照片有数百乃至数千张之多，都仔细加以测量，将这些测量结果，又加以总的计算。最后的结果，即太阳的视差数值，是经过十多年辛勤的整理才推算出来的。1930—1931 年的观测结果是 8″.790。

我们知道，地球的赤道半径长 6 378 千米。如果取太阳的视差为 8″.790，那么日地间的平均距离便是 1.496 75 亿千米，以整数表示，可说是 1.5 亿千米，约等于 1.17 万个地球的直径。换句话说，如果要在地球和太阳之间修一座桥，需要像我们这样的地球接连成串地并排 1.17 万个。

还有另外一个绝对不同的方法，用它亦可求出同样的结果。我们知道，光线由一点射到另一点是需要时间的，譬如从木星到地球，随观测时期的不同，需要 35 分钟至 50 分钟不等。木星的卫星被木星掩蔽，当相冲之时，即木星离地球最近时，这个现象的发生要提早 8 分 19 秒；可是在相合时，即木星离地球最远时，这个现象要延迟 8 分 19 秒。1676 年在巴黎天文台发现这个现象的天文学家罗默(Römer)，正确地断定这 8 分 19 秒的时间是光线用来经行日地间的距离的(图 219)〔罗默起初求得这个时间是 11 分，以后才减到 8 分〕。由图可见，在相冲的时候，木星地球间的距离减短了这段距离；在相合的时候，又增长了这段距离。可是光线在1秒钟内经行29.98万千米。一个简单的乘法，使我们求得日地间的距离是1.496亿千米，这和用视差的方法所求得的结果是相吻合的。

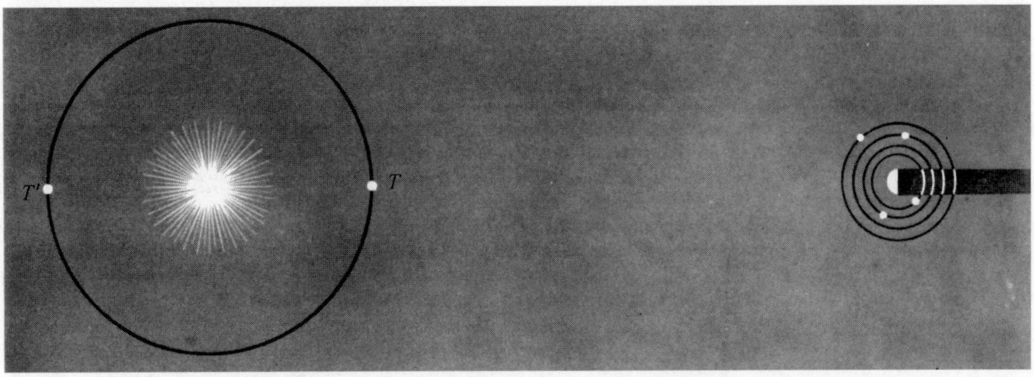

图219　地球太阳之间距离的测定利用木星的卫星被食的方法：木星冲时地球在T，木卫被食早8分19秒；在合时地球在T'，木卫被食迟8分19秒

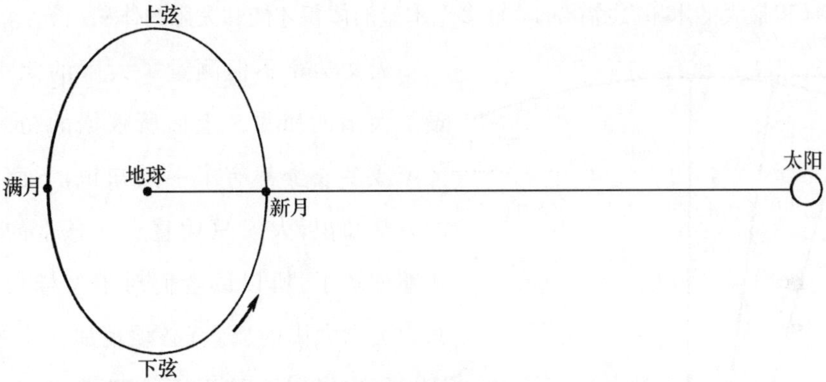

图220　月亮的视差变化

因为太阳引力的作用，月亮的轨道变成卵形，短轴指向太阳，地球不在卵形的中心；月亮的向径在满月时比在新月时要短一些。这种离心性表现在月亮的运动里，就是月亮的视差变化。

天文学家还有别的方法去测量太阳的距离。再谈一个依靠天体力学的方法。月亮在地球的引力作用下运行，但是太阳也吸引月亮，因为太阳的质量大，所以它对月亮所引起的摄动很大。这些摄动中，有一个是由于新月时太阳对月亮的吸引比满月时厉害一些而引起的，因为与满月时相比，新月时月亮和太阳的距离要短一些。月亮绕地球的运动，在新月时受这个效果的抑制，在满月时却又受这个效果的推动。事实上，由观测得知，月亮平均常常迟4分钟到上弦，而且平均常常早4分钟到下弦。由此计算推出日地间的距离是月地间的距离的389倍。月地距离是地球半径的60.3倍，即38.44万千米，因此用这种方法求得日地间的距离是1.495亿千米。

上面所说的那些很大的数目，很难使人想象，需要和日常的事物比较一下，才能明了它的意义。首先需说明，这样远的距离不是地球上的行程所能比拟的。围绕地球赤道旅行10

周,约等于地球距月亮的距离,但是,要围绕地球的赤道走 3 750 周,我们才能到达太阳。这是人力所办不到的,因为即使用等于声速的喷气式飞机,完成这个旅程也需要 14 年之久。

现在,既然用几个不同的方法所求出的太阳的距离都是相符合的,这就足以使我们相信它的正确性。要从太阳的视差和视直径去求它的直径的长度是很容易的事,我们在谈论月亮距离的那一节里已经讲得很清楚了。我们刚才说过,从太阳看地球,它的直径所对的角度叫作太阳的视差,数值是 8″.8。由观测又求得太阳的平均视直径是 32′,视半径是 16′即 960″。所以,太阳和地球的直径之比是 960∶8.8,或者说是 109∶1。那么,太阳的直径便等于 218 个 6 378 千米,或者 139 万千米,这大约等于月亮轨道直径的 2 倍(实际是 1.8 倍)。假使把地球放在太阳的中心,月亮便在太阳的体内,差不多在太阳的表面与中心的中间。

如果我们把 109 自乘,结果是 11 881,这便是太阳表面比地球表面大的倍数。再拿 109 去乘这个数,便得 1 295 029,这便是太阳体积比地球的体积大的倍数。如果不选地球作为比较的标准,而选体积最大的木星,也需要 1 000 多个木星的体积才能和太阳的体积相等。

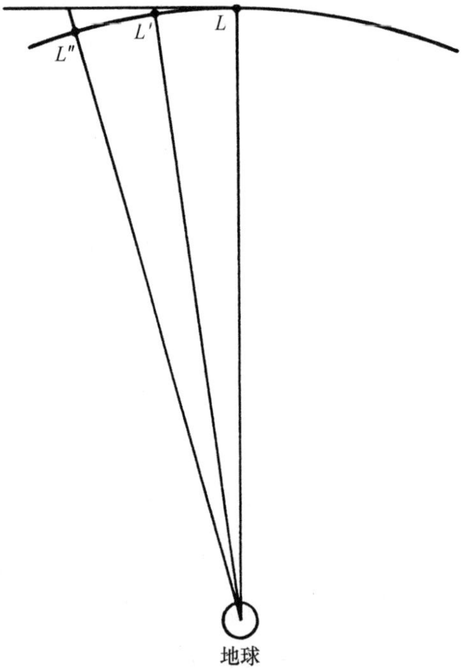

图 221 假设月亮在它的轨道上 L 点的时候,忽然没有了地球的引力,它就会循图中的直线飞去,引力使它在 LL′L″ 的轨道上运动,在它经过 L 以后一秒钟,它到了 L′,离开 L 点的切线 1.35 毫米,两秒钟后它到了 L″,离开这切线 4×1.35 毫米,即 5.40 毫米

天文学家不但测量了太阳的大小,而且测量了太阳的质量。上面所根据的初等几何学,大家或多或少都有了一点知识,下面所要引用的力学知识,大家只凭直觉或日常的经验就不能够理解了,所以读者们对于怎样根据力学的知识去求太阳的质量,必须稍加注意才会明白。读者们也可以不管下面的解说,而直接接受所得的结果。

在讨论月亮的一章里,我们已经说过,地心引力和万有引力是同一种力量。牛顿计算地球的引力使月亮离开不受引力作用时所走的直线究竟有多远时,得到了这个相同的证明。要完成这个计算,必须知道月亮的距离和它的恒星周期,读者也必须具备一些三角学的知识。这样,我们就不难求得在第一秒之末,月亮离开它的直线 1.35 毫米;第二秒末,离开的距离将是 4 倍;第三秒末,离开的距离将是 9 倍;等等。因为这种偏离的程度是和时间的平方成正比的。1.35 毫米这段距离代表在月亮那样远处的任何物体向地球自由坠落时第一秒内应走的路程(参看图 221)。

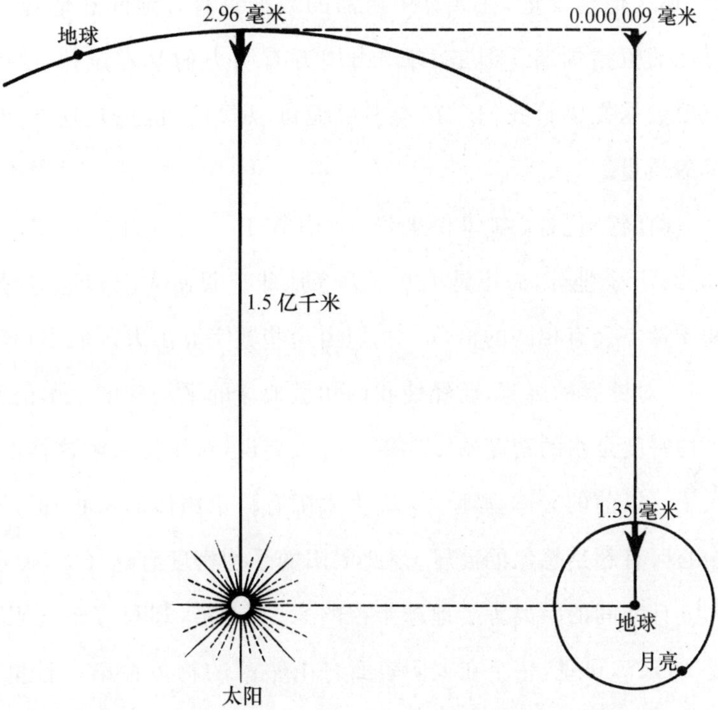

图 222　怎样测定太阳的质量

离开太阳 1.496 亿千米处的一石块向太阳坠落,在第一秒里下落 2.96 毫米,这一石块在离开地球一样远处第一秒里只走 0.000 009 毫米,因此太阳的质量和地球的质量之比为 2.96∶0.000 009,即 330 000∶1。换句话说,即是太阳的质量等于地球质量的 33 万倍。在这种理论里,我们并没有假定这石块是从地上的一点落向太阳,而是说在像地球离开太阳那样远处有一石块向太阳坠落,同样,在月亮轨道上的一点有一物向地球坠落,也是说在像月亮那样远处有一物体在坠落。

设想我们把一块石块不是移到离地 38.5 万千米处,而移到离地 1.496 亿千米处,并在那里把它放开。它只受地球的引力,在第一秒里,这块石块向地球坠落多远呢?根据牛顿的定律,立刻便可得到答案,因为引力是与距离的平方成反比的。这个新距离(到太阳的距离)是到月亮的距离的 389 倍,389 的平方是 151 321,地心引力使这块石块从它的新位置开始坠落的第一秒里坠落 1.35/151 321 毫米,即 0.000 009 毫米。

好了,现在我们像刚才说地球那样来讨论太阳。既然已经知道地球轨道的半径是 1.496 亿千米,地球用 365.25 日在这个轨道上运行一周,那么我们便容易算出地球每秒绕太阳所走的路程,以及它对直线的偏离。这样,如果地球只受太阳的引力,我们可以求得(见前章)在第一秒末地球离开它开始坠落时速度所在的直线 2.96 毫米。一块石头在离开太阳 1.496 亿千米那样远时,若只在太阳的引力作用下自由坠落,在第一秒末也落 3 毫米(用大约数表示)。但是,如像刚才我们所计算过的,这 3 毫米就是这块石头只受地球的引力自由坠落 0.000009 毫米的 33 万倍。换句话说,对于在相同距离的物体来说,太阳的引力是地球引力的 33 万倍;更完善的计算,必须把摄动的作用计入,所得的正确数字是 33.25 万倍。

如果读者对于以上冗长的推理还不感觉讨厌,如果读者自始至终跟随着我们的讨论,那么他会发觉,在计算中所需的数据只有日地间和地月间的距离的比例以及地球和月亮的恒星周期。但是,必须引用万有引力的基本定律才能够把太阳的质量这样一个重要数据提供给我们。在本书后面可以看见,也正是这个定律帮助我们算出了某些恒星的质量。

前面已说过,拿体积来说,太阳等于 129.5 万个地球,但是拿质量来说,太阳等于 33.25 万个地球,而不是 129.5 万个地球。假使太阳和地球的平均密度相等,那么在体积和质量上会有相同的倍数。我们由这些数字算出太阳的平均密度大约是地球平均密度的 1/4。对钟摆的观测,已经使我们知道地球的平均密度是水的密度的 5.52 倍,因此太阳的平均密度是水的密度的 1.4 倍。有人会说,对于像太阳这样的气体星球,这个密度未免太大了。以前的天体物理学家以为太阳有一个固体的核心,但是现在的理论研究表明,太阳中心区有超出想象的高压,因此太阳的平均密度有这样大,便不足奇怪了。

日地间的距离等于地球半径的 2.35 万倍,却只等于太阳半径的 215 倍。215 的平方是 46 225,可见,一个在太阳表面自由坠落的物体在第一秒里下坠的距离应是 2.96 毫米的 46 225 倍,即 137 米(当然必须假设它不被焚毁)。在地球上,这个物体只落下 4.90 米。所以在太阳面上的引力比地球面上的引力强 28 倍。在这样大的引力场里,一个寻常人将会重 2 000 千克,可是跑到月亮上去,他不过重 12 千克〔由这些例子可见,质量和重量不是同义词。质量代表一个物体内所含物质的分量,和它外界的情况无关。重量是一个引力中心加在这物体上的力量,它随这个力心的性质和它与力心的距离而变化。本书初版中,这一章名叫"怎样称太阳"。物理学家说,人们不能测定太阳的重量,只能测定它的质量。为了使这些学者们满意,我们把这个很形象化的章名改了。但是物理学家们用天平比较两物的质量的时候,他们也说把它们称一下,可见他们也不能免掉这种通俗的说法〕。

图 223　17 世纪的天文观测

席奈尔在 1630 年出版的书中的插图，说明“太阳的黑子和光斑怎样被人固定不动”，此图的下部分用投影法观测黑子，现在还经常使用。

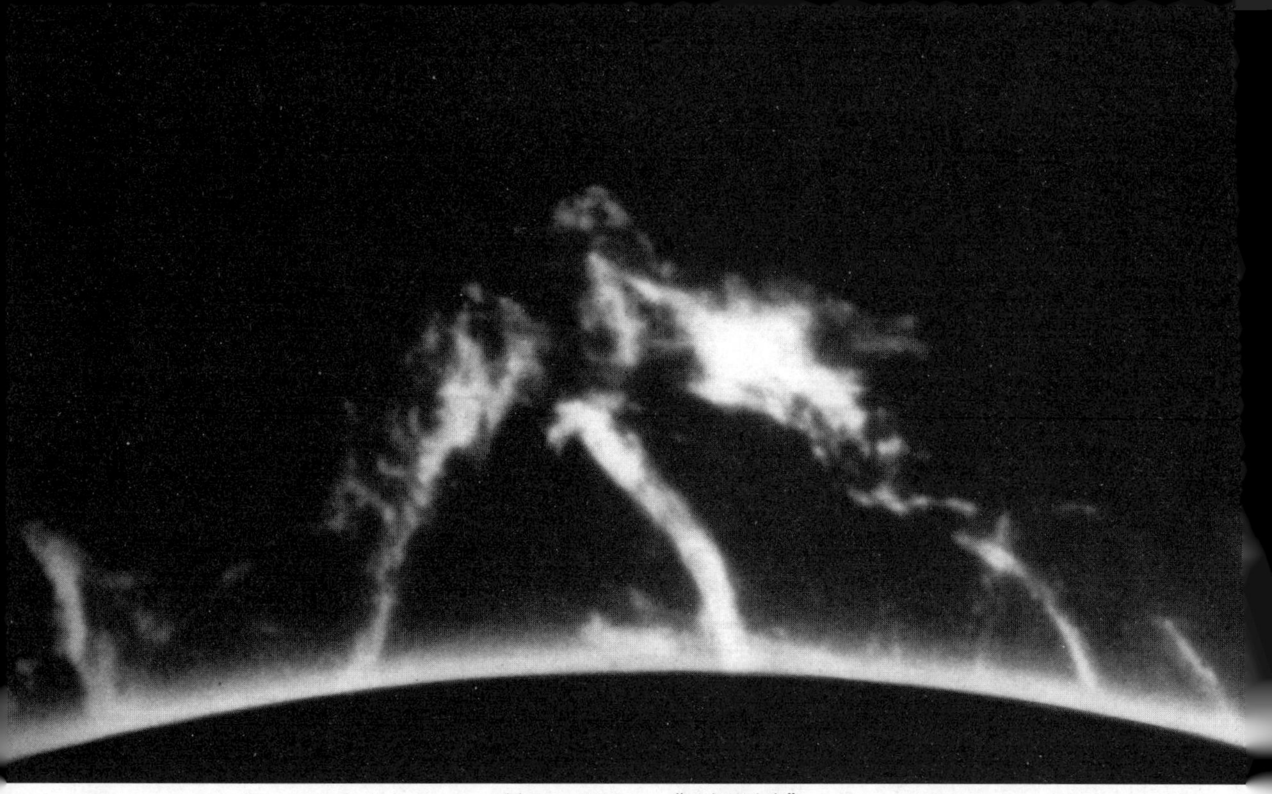

图 224　日珥——“巨大的喷泉”

1937 年 6 月 10 日日中峰天文台拍摄。

第十七章

太阳物理概观

太阳与人·太阳物理学的目的

无论是原始的人或开化的人，古代的人或现代的人，没有不崇敬太阳的，这是可以理解的，因为它是光和生命的源泉、善良的象征、黑夜和恐怖的永远征服者。城市的居民需要日光浴进行治疗。天文学家和物理学家专心地研究这个光明的世界，努力去明了他们所看见的，猜测他们所没有看见的，这些都是对于太阳爱慕的表现。关于太阳的一切，人们都感兴趣，这也是很自然的。我们知道，或者我们感觉到，地球上的一切变化，乃至动植物的生命，都起源于太阳。太阳除了对于地球的形成和演化是主宰的因素之外，它还是地面上一切可用能量的来源。

什么叫作能量？这一概念今天的读者已经熟悉，起初物理学家介绍进来，是为了统一热和功两个概念。无数的实验证明，这两个量是完全相当的，人们可以任意将热变为功（如蒸汽机），也可以将功变成热（如摩擦现象）。

能量可以表现为各种形式，但只需要回想一下，便会明白，我们在地球上实际使用的一切能量都是从太阳而来的。例如，我们消费在照明或生热上的电能量：电流可从一个水力发电站而来，它是借助涡轮机转动交流发电机而产生的，而涡轮机被流水推动。流水是因太阳的热能蒸发海水，风卷云涌再变成雨降落到高山上，再由高山流至山谷，所以水电站的能量实际上是从太阳而来的。风和洋流的能量也与流水中的能量相同。储蓄在植物里以碳化物表现的能量，煤炭、石油以及由森林或寄生物、微生物的化石所留下的能量〔碳和碳氢物的蓄积，在现代人们的生活中特别重要，原来是生物活动的结果〕，我们消耗的体力或脑力劳动的能量，这一切能量虽然千变万化，机制复杂，但其来源同出于太阳，这是无可怀疑的。只有潮汐的能量才是由地月系统所蕴蓄的能量而形成的。最近被人类控制的原子能或许也是一种例外，不是由太阳而来的能量。

假使没有太阳，地面上便不会有运动，也不会有生命。太阳现今的放射率哪怕是稍微改变一点，对于生物也会有致命的危险。假使太阳的能量减少一半，地面的温度便会下降到 0℃以下，河海都会冻结。假使太阳的能量增加 3 倍或 4 倍，海洋里的水将会沸腾成为蒸汽。由于太阳辐射维持平衡，我们才能够生存于地球上。地质史所揭示的冰期，可能是太阳辐射变化的结果，也可能是纯粹由于地球上的因素所引起的气候变化的结果。

太阳为什么会发光？为什么它恰恰发出一定的能量呢？太阳的辐射在量与质两方面都是不是恒定不变的呢？从多久以来，还要到多久以后，太阳像今天这样给我们输送光和热呢？这些是和人类生存有关的几个问题，太阳物理学家是应该寻找出它们的答案来的。

要解决这些大问题，显然应该先从太阳表面的发光区域入手。我们必须先知道，太阳上的物质，至少我们所看见的那部分，和地上的物质，如物理和化学所讨论的物质，是不是有相同的性质呢？因为我们不能到太阳那里去取来一些标本分析它的成分，我们只好从太阳发出的光线去探寻一切情况。于是，我们借光谱学这一门科学去研究太阳的光线和发射或吸收光线的物质两者之间的关系。太阳、蜡烛、蔚蓝的天、燃烧食盐颗粒的火焰、炽热的铜丝，这一切所发出的光不都是相同的，它们的强度和颜色都有区别，它们的性质和它们的成因自然也有差异。问题就在于要明白这些差别，而且要把这些差别和发光的物

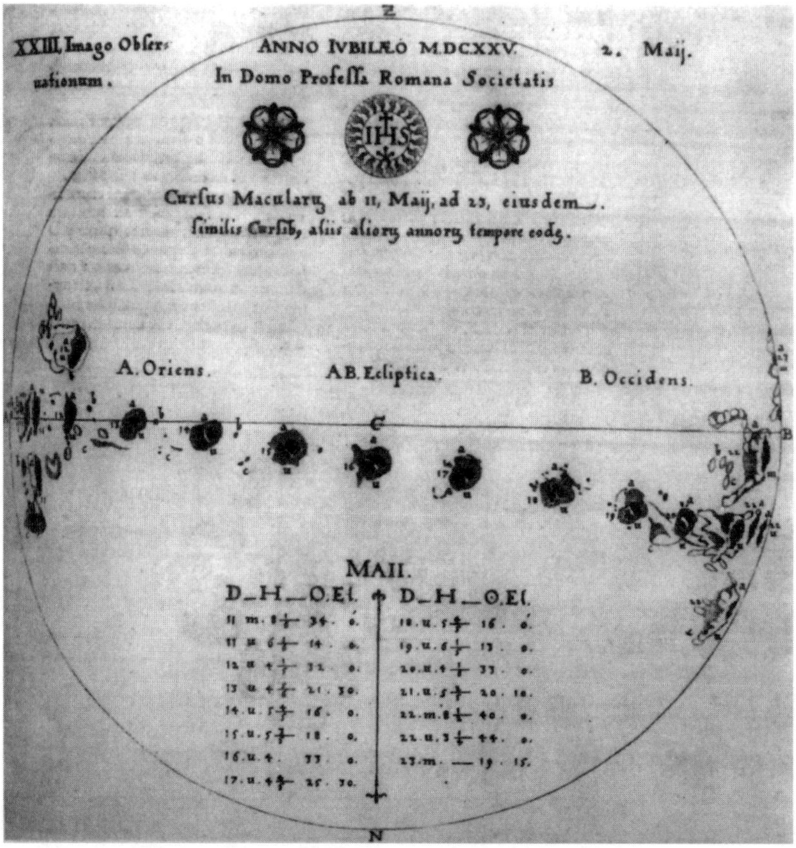

图 225　大黑子经过日面的几个位置与形象(席奈尔的图画)

当黑子在边沿附近时,出现明亮的片状形象(光斑),席奈尔也把它描绘出来,为了使图画清晰,有时故意将黑色区上下移动一点。

质,或者光线透过的物质的化学成分和物理状态(温度、压力、密度)联系起来。问题归结于对火焰或者太阳的光作光学分析,就像使用温度计、压力表那些仪器所能知道的一样,当然这一切知识只能从对光的研究中得到。

物理学的这一分支的发展和太阳的研究是绝对分不开的。不要认为人们在实验室里先发现辐射的定律,然后才应用到太阳的光线上去。事实上,太阳物理和辐射物理这两门科学是携手并进的,自 19 世纪起,直至今天还在发展。太阳成了我们实验室的一个扩大的“部门”,不断向我们提出问题,结果在理论和实验两方面都发展了纯粹的物理学。我们还要仔细地谈到天体物理学的惊人的发展历史,从那里我们会知道天上的科学和实验室里的科学是怎样协调地进步着,在科学的一致性以及天文学在人类知识进步中所起的主要作用这两点上,都给予我们一个极好的典型。现在我们只谈一下太阳光谱学的主要研究成果:太阳发光的表面层里的物质是和地球上的物质相同的,性质也没有两样。太阳(至少在它表面层上)是氢、氦、碳、氧、铁等元素所组成的,和地球上物体中的化学元素是

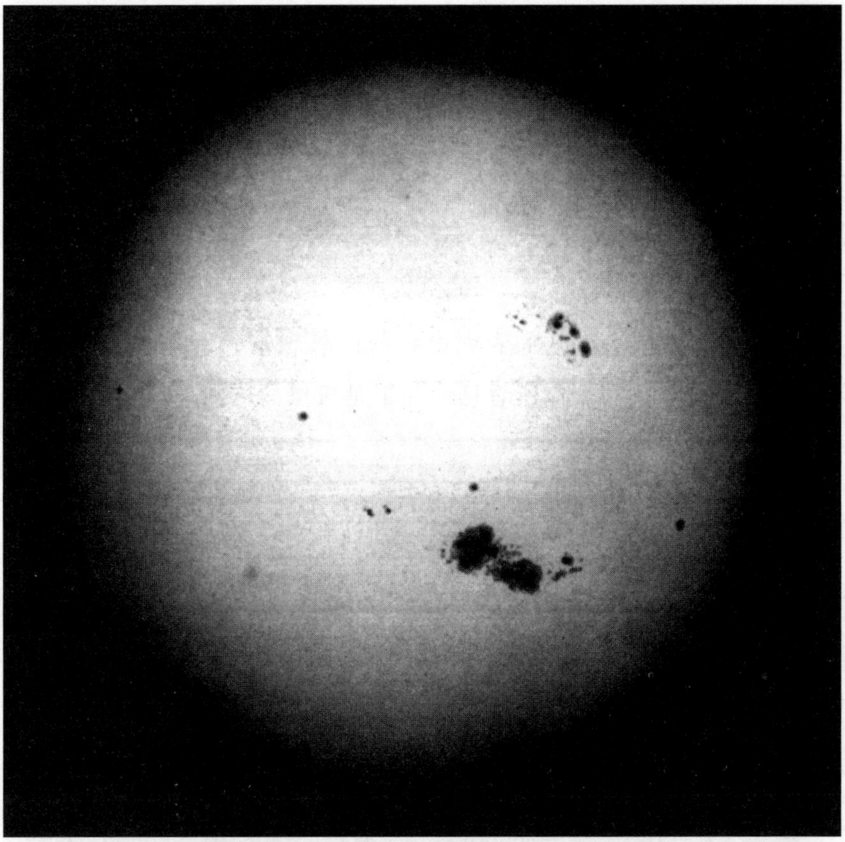

图 226 有一群大黑子的日面(1947 年 3 月 11 日)

相同的。太阳的辐射可以由实验的定律和由定律综合成的理论得到解释。这样,我们就可放心地把定律和理论应用到观测不能达到的太阳的内部去,巨大能量的生成就是在这个内部。地球所接受的分量虽很微小,但却是生命所必需的。

除了能量生成的基本问题以外,对太阳表面的观测也发现一些奇特、伟大的现象。用望远镜,有时甚至用肉眼,在灿烂的日面上发现了黑子。席奈尔(Scheiner)和伽利略首先用望远镜于 1610 年间观测到黑子。黑子出现于日面,生存几天或者几个星期就消逝了。从表面看,黑子连续不断地在日面上移动,由一边沿到另一边沿大约要用 13 天的时间。愈近边沿,黑子愈显得扁圆,在对着中心的方向上,黑子的长度不断变小。这个现象使观测者明了太阳是一个球,黑子接近边沿时变形,不过是透视的效果。黑子有规则的运动可以解释为由于太阳整体的自转。总之,对黑子的观测表明,太阳是球形的,约 27 日绕着自己的轴旋转一周。关于黑子的最显著的事实,便是它们的数目和面积不是恒定的,而是以 11 年的周期而变化着。每隔 11 年,黑子的数目和大小都增加到一个极大值,然后又渐渐减少;到极小时,黑子非常稀少,随着又开始另外一个周期,重新再增加到一个极大时期。

太阳上许多别的现象，以及许多地球物理现象都和黑子一样，有着11年的周期的变化，这些现象都被认为是受了太阳活动的影响。

例如，使短波无线电传播发生困难的电离层干扰、地磁上的磁暴、频繁出现的北极光、一部分宇宙线以及一些气象变化，都或多或少与太阳的黑子活动有联系。黑子和黑子的作用，对于我们小小的地球和人们的生活既然有这些影响，我们对于太阳的研究，当然是更有实际的价值了。

在日全食的时候，太阳更为我们表现出新颖而料想不到的另外一方面。当月亮完全掩盖了耀眼的日轮的时候，人们所看见的并不是漆黑的一团，在这个被食的日轮四周

图227　1936年6月19日的日全食（在希腊齐阿岛上拍摄）

注意日冕和它的光在水上的反射像月光的情况；地平处大气、海和岛都在本影的外边，还被娥眉状的太阳照着，所以还很明亮；在太阳的右上方可以看见金星。

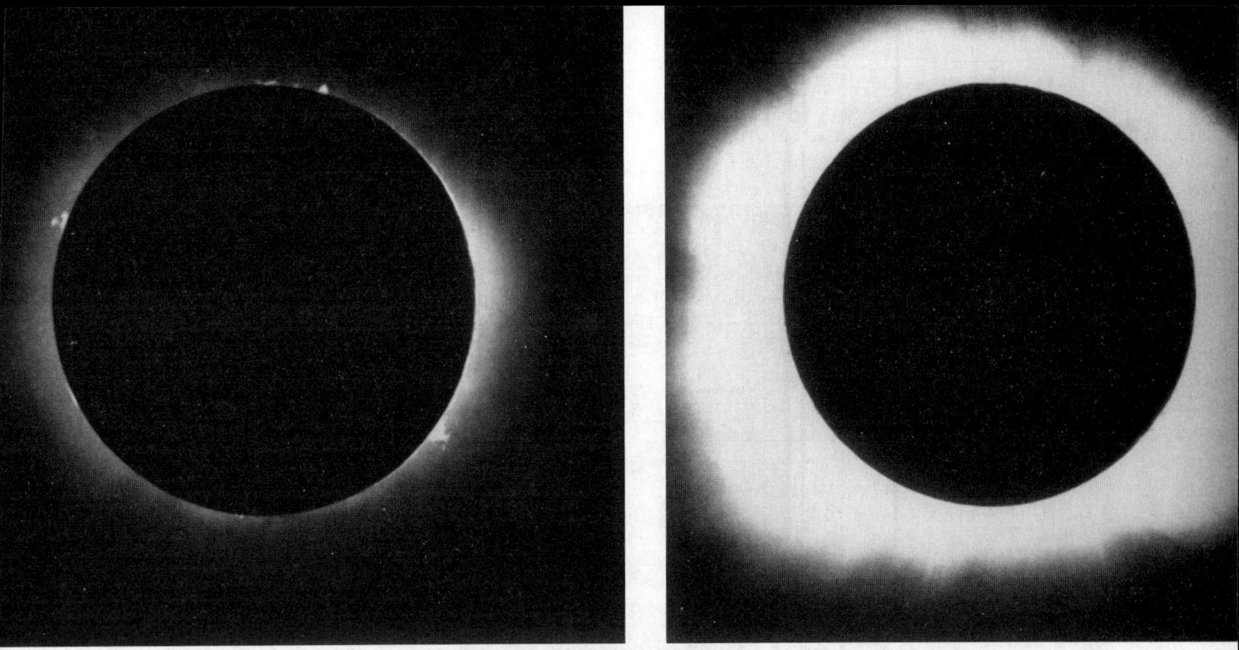

图 228　1918 年 6 月 8 日日全食的两张照片

左图：露光时间短，只表现色球的一丝明线、日珥和内日冕；右图：露光时间长，表现范围很大的日冕。

有一圈平时看不见的大气，在几分钟的暂时黑夜里放出光辉。下面的部分有朱红色锯齿状的发光气层，叫作色球；上面有弧线状红色的火焰叫作日珥；再上面还有日冕，那是范围广大的不规则的白色光辉。这些都围绕着被食的太阳，呈现出一片无比美丽的景象。

对太阳的这一层大气的研究，引起人们极大的兴趣，所以从 19 世纪开始，天文学家便不惜长途跋涉去观测日全食，因为我们说过（第十四章），每一次日全食，地面上只有很小的区域才可以看得见。今天我们已经能够在非日全食的时候观测太阳的外层，因为技术的改进，我们可以区分外层所发出的弱小辐射和深层所发出的能量的洪流。因此，我们揭露了色球层、日珥和日冕的许多特性，而且发现了太阳大气里的许多奇特现象，其中有一些是和太阳的活动有关的。今天摆在天文学家面前的有不少新颖而激动人心的课题。它们的解决，不但会增进我们对于太阳的认识，也会推动纯粹物理学的发展。例如氦这个元素，因为它的辐射特性，我们先在日珥内查出，然后才在地面上找到。我们说过，太阳是我们实验室的扩大的“部门”，这句话是怎样的确切啊！

太阳大气的研究提出了星球和它所在的星际空间哪个更重要的问题。正如对于一种生物，我们不能离开它的自然环境去研究它们，譬如我们要了解鱼，怎么能够不谈到水呢？如果我们要完全明了太阳，便不能脱离它周围的若干亿个太阳，而去孤立地了解我们的太阳。这样便会使我们记住，太阳只是一颗星，一颗十分平凡的星。不过，这是一颗离我们最近的恒星，只有它才使我们看得见显著的直径，使我们能够详细地进行研究。这样也就使我们明白，研究太阳对于恒星的了解是如何重要。我们常拿恒星的各种各样的特殊现象去与太阳里特别显著的现象作比较，从中去了解它们。例如，我们以为有些星球上也有

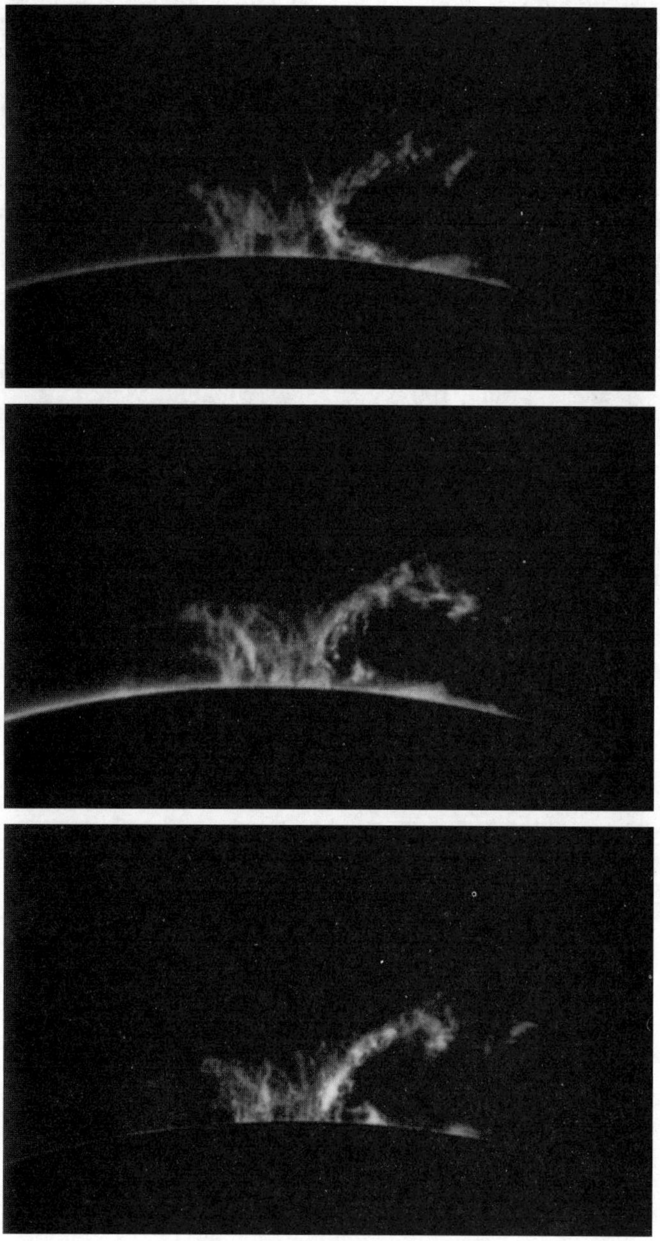

图 229　日珥生活史中的三张照片

像色球那样的大气，而且扩展得更大，我们也谈到像日珥那样的“星珥”。总之，太阳在天文学家的眼里，就好像白鼠在医生的手里一样，新理论像新药物一样，先在它身上应用，然后再推广到别的较大的范围里去。

关于太阳物理的大问题，有些是产生自人类的思想，有些是起源于观测。经过了这样简略的叙述以后，读者无疑会明白为什么科学家会这样努力地去追求太阳的知识，因为它是我们能量的供给者、伟大的实验室、典型的恒星等，而且还应该说，太阳是一个神秘迷人的世界，从它的研究里显现出一些最美丽的景象、最难理解的现象，因而也是天文学上最能激动人心的课题。由于有了这一切原因，研究太阳的天文学家可能有古埃及人对于太阳神阿蒙拉（Amon-Râ）的那种崇拜情绪。

研究太阳的仪器概述

太阳的能量主要是以“可见光”的形式发出的。一个棱镜便可以把一束日光分解成各种颜色的光〔关于光的性质和光谱分析这一类的问题，在下一章里还要详细讨论到〕。太阳光里的蓝色光（至少在穿过大气以后）是最强的，我们的眼睛感觉最灵敏的也是蓝色光。我们喜欢

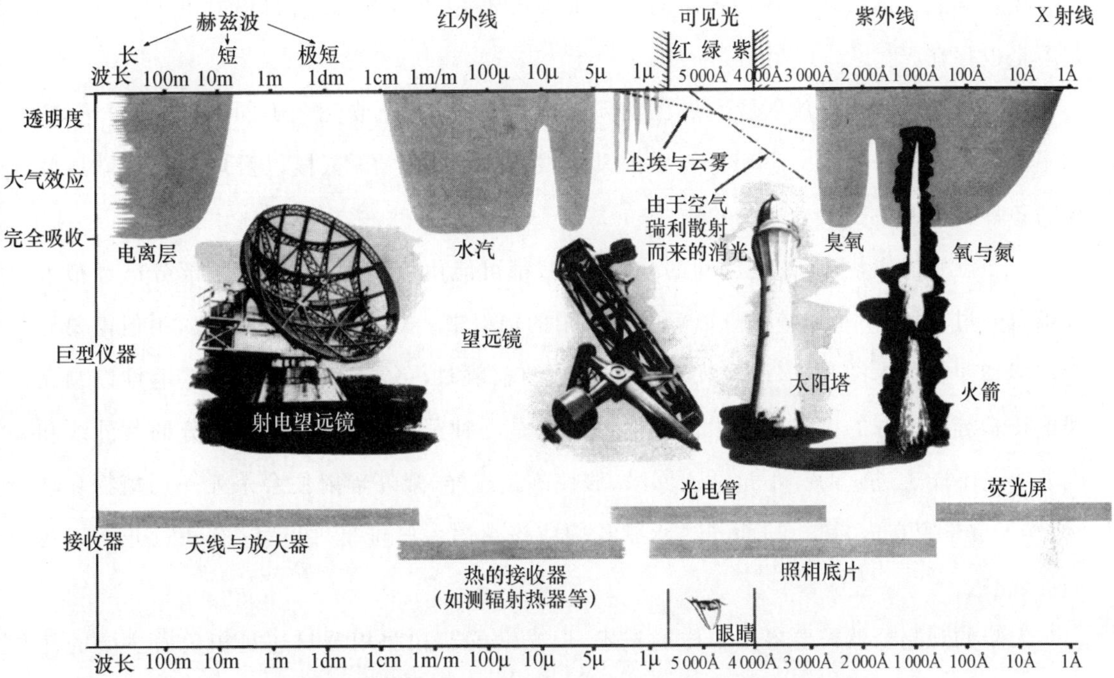

图 230　可见的与不可见的光波表和我们怎样观测这些振动的方法

在波长的标尺下用曲线表示大气对于这些波的吸收情况，曲线的最低处表示完全吸收，吸收原因也加以注明。在这下面绘出研究用的仪器，如巨型的聚波器以及对于光谱每一区域里的接收器。

的是和日光里的能量分布相同的光线。但是还有不可见的光，因为它们的实际用途，即使不精通物理学的人也已经很熟悉。这些不可见光，一端是红外线和射电波，另一端是紫外线和 X 射线等。这些辐射都是同一种形式的能量，唯一的特点就是它们在空中都以每秒 299 790 千米的速度传播。是什么在传播呢？一种振动。声音是琴弦或别的物体在空气中引起的一种振动，光线和声音相似，也是空间里的一种振动。凡是振动都有周期，例如小字一组的 la 这个音的周期便是 1/435 秒。那就是说，我们感觉到的像小字一组的 la 这个音，它是空气的不断变形和复原，在一秒钟内变化 435 次，所以小字一组的 la 的频率是 435〔这是 1859 年法国政府规定的标准，与现在通行的 440 有所不同。——编辑注〕。同样，我们(指法国)感觉到的射电波(不如说接收天线感觉到的！)，和光一样，也使空间变形。它的频率是 69.5 万周，是法国专用的波，至于橙色光的频率，是 500 万亿(5×10^{14})周。我们常用波长来表示一种振动的特征：波长是一个周期里振动在真空内所走的路程。法国专用波的波长是 431.70 米，橙色光的波长是 0.000 6 毫米〔为了表示光波和紫外线那些短波的波长，我们使用单位“埃”(Angströrm，这是 19 世纪一位瑞典光谱学家的姓)，它等于 1 毫米的千万分之一。所以橙色光的波长大约是 6 000 埃(Å)〕。可见光里的各色光以及各种不可见光，差别只在波长不同，从长波的射电波直到硬的 X 射线，波长顺次地减小。

物理学家逐渐发现了各种各样的像光那样的辐射，同时在太阳的辐射里去找寻它们是不是也存在。

我们也知道特别是放射物所发出的粒子辐射，它们和光波完全不同，根据相对论，它们不能和光走得一样快。它们是物质的基本成员：电子、质子、氦核以及现今物理学所发现的各种各样的粒子。

一切已知的辐射，无论是波动的或粒子的，都可能由太阳射出，其中大部分已经被人仔细研究过，也有一些只是被查出存在于太阳的辐射中。对太阳物理的研究，不但需要光学仪器和照相技术的改进，而且在观测不可见的辐射时，更需要光电管、温差电堆以及无线电技术等。地球的大气对于太阳辐射的研究是一种很讨厌的障碍，大部分的紫外线和红外线是不能透过它的。不过话说回来，假使不是这样，紫外辐射便会杀死一切植物和动物，连天文学家在内，都一扫而光。所以我们应该感谢大气帷幕，纵然它有一点儿妨碍我们的观测。

太阳的观测虽然需要各种各样的技术，但光学仪器和照相器材还是担负着主要的任务。在一切天文观测上，光的接收器总是必需的部分。在对太阳的观测里，光线异常强烈，观测者把肉眼放在望远镜的目镜上去看太阳，那是非常危险的。为了直接观测太阳，我们常在物镜前放上光阑，使用特殊目镜，或者是把太阳像投射在白色的散光屏上。

为拍摄太阳的像，我们常使用小焦比（即口径与焦距之比，常用的焦比大约是 1/100）的仪器，并且露光时间非常短。

图 231　**默东天文台的定天镜**

反光镜向左转投射一束日光到右边的反射镜，它再把这束日光沿水平线方向送进实验室里去。

如果用摄谱仪〔参看第十九章〕去研究太阳,要将日光展开成为一个光谱,以便仔细地分析,问题便两样了。可见光由一个只宽几百分之一毫米的隙缝进入摄谱仪,在那里被展开成为一个几米长的光谱。这时人们不嫌日光太强,有时还觉其太弱。如果我们不愿意使观测的细节被衍射现象所干扰,接收光的仪器的直径便不该太短,所以观测太阳的望远镜的口径有时仍达 20 厘米至 50 厘米:口径小了会减小观测细节的可能性,大了又成浪费。只有恒星天文学研究所需的仪器才是愈大愈好。

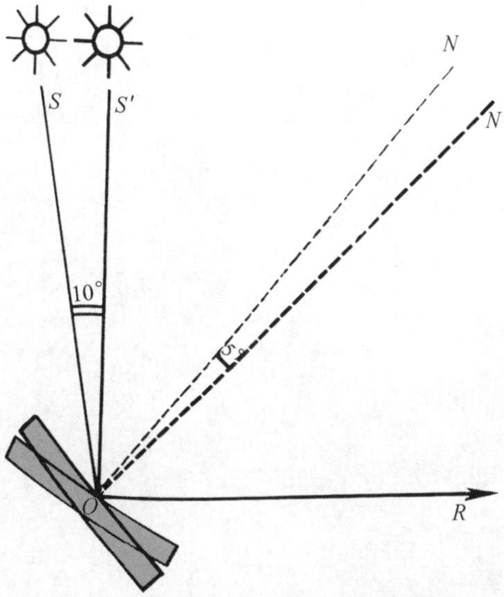

图 232　定天镜的原理

研究日光的摄谱仪是一种庞大的仪器,长度达几米,自然不会把它装在一具望远镜上面去随着太阳作周日运动。观测太阳的望远镜和附件都是固定的,用一面或多面反光镜。这些反光镜中有一个是运动的,追随着太阳,其他的反光镜是使反射出来的光束有一定的方向,使得日光反射到固定的望远镜上去。可以用不同的方式获得这样的结果,最好的装置名叫定天镜〔这种仪器上有一平面镜,绕着它平面内和地轴平行的一个轴旋转。太阳的运动实际是绕这根轴转动(图 232)。据反射定律,反射光线 OR 和镜子的法线 ON 所成之角,是日光 OS 和 OR 所成之角的一半。如果 OS 转过 10°而成 OS',法线 ON 转过 5°变为 ON',那么 OS' 与 ON' 和原来的反射光线 OR 所成之角的比仍是 2∶1。所以新的反射光线和旧的反射光线是一致的,这便是我们要达到的目的。所以反光镜应该在 48 小时内旋转一周。再用一个辅助反光镜,便可把这束反射光线送到水平或者垂直方向上去〕。

图 233　罗马玛丽奥小天文台的新太阳塔高 37 米,下面有窟深 18 米,安装有摄谱仪

图 234　默东天文台的射电望远镜

抛物面反波镜的口径长 7.50 米，支柱和安装接收器的小屋都是由德国遗留的雷达改装而成，镜面是铁丝编成，作用像一个连续的反光镜面，将射电波反射，汇聚在一点上。

太阳的光线被定天镜定在一个方向上，这个方向时常是沿垂直方向落在一个垂直光轴的物镜上面。这种装置叫作**太阳塔**，现在世界上有十几座。因为天文学家需要在这种物镜的焦面上有一个相当大的太阳像，以便进行详细的研究，所以物镜的焦距颇长，因而太阳塔很高，如威尔逊山天文台所修建的高达 50 米。太阳像投射在地面层，摄谱仪放在垂直向的深坑里或者水平方向的远距离处，日光被另外一面反光镜反射到这个方向上去。自然，这种仪器的望远镜和摄谱仪，也可以像默东天文台的装置那样都放在水平方向上。以下几章还要谈到太阳摄谱仪和它的附件，这里就不多说了。

观测太阳可见光区的仪器，也可用来观测红外区和近紫外区。照相底片是主要的研究工具，光电管也用得很多。我们说过，地球上大气不但让可见光通过，而且让比可见光的波长短些或长些的波通过。别的波长的辐射最近才开始有人研究。第二次世界大战以来，天体物理学家得到新技术的帮助，发现而且了解到一些日面的新现象，并且寻找出这些现象对地面造成的影响。这些技术原来应用在军事上，这些仪器原来也是为摧毁或者防御敌方的目的而使用的。

为了控制大气对于 2 900 埃以下的短波长的辐射的吸收，天文学家不得不把仪器送到臭氧层上的离地面 40 千米高的地方去，这虽是一个困难的问题，却已用 V2 火箭完成了。现代的火箭已经能够携带 1 000 千克重的有用的载荷，上升到 200 千米的高处。这里所说的“有用的载荷”，自然是指火箭所带的科学仪器，而不是爆炸物品！所以，太阳的光谱可以拍摄到 2 200 埃。另一方面，一向怀疑可能从日冕发出来的软 X 射线，现也已经被人证实了。一个新的研究领域已经打开了，但要进一步研究，还需付出大量的人力和财力。

幸而在长波，即赫兹波〔即无线电波，以发现人赫兹命名，以资纪念。——译者注〕那一段，我们没有遇见同样的困难。1942 年 2 月，英国军队中的雷达受了很大的干扰，一位英国物理学家研究了这种有害的影响，发现这种干扰性的电波是从太阳而来的，那时太阳上正有一个很大的黑子。这是对太阳发出来的无线电波的第一次观测，虽然在无线电发现的初期，天文学家就用不完善的方法去寻找过它。第二次世界大战期间，因军事上的需要，短波无线电的接收器大有改进，战后产生的所谓射电天文学这门新的学科得到迅速的发展。太阳所发出的赫兹波，自几毫米至十几米的波段，都被人加以研究。这些也是无线电通信所常用的波段。在这个研究领域里，一些天文学家变为无线电专家，同时一些无线电专家也变为天文学家。于是，天文台里装置起射电望远镜的天线和接收器，由于这种努力，得到了大量惊人的成绩，扩大了天文学研究的领域和对象。

图 235　用以拍摄太阳光谱的一座太阳塔

至于太阳的粒子辐射，还只能利用地面上的效果去探索，可是我们已经明白，太阳的研究固然使我们了解到地球的不少物理现象，我们也由此获得了一些关于天体物理学的知识。

为了详尽地叙述研究太阳天文学的一切仪器，还需提到自来水笔和计算机，这些是理论学者的武器，也是不可小看的。观测的技术日趋精密，物理学的理论日趋复杂与抽象，使得一

图 236 威尔逊山天文台

左边是水平望远镜,中部是 1.55 米口径的反射镜圆顶室,右边是 2.55 米口径的反射镜圆顶室。

个人不能既观察实验和测量计算,而又同时对结果加以解释与联系。在一切科学的历史里,人们的智慧常有两种偏向。迦勒底人是不知疲倦的观天者,可是古希腊人却不常抬头看星,而只是在沙盘上绘出许多图形以便去了解天象。第谷费了 30 年的精力,精密地观测了行星的位置,他的学生开普勒只从这位辛勤观测者所积累的数字里寻出隐秘的定律。勒威耶从计算寻得海王星,可是他却没有兴趣从望远镜里去看他所发现的行星。太阳天文学也如一切科学,理论的研究有它固有的任务,那便是联系观测的结果,再推证出新的结论。使用精密仪器的天文学家和伏案思维的天文学家相互提出问题,他们的努力综合起来,才促成了科学的进步。这两种才干在一个人的身上同时具有是很少的。关于太阳的研究在数学物理学上开拓了重要的篇章,例如,辐射传播的理论可以应用于各种各样的现象中,如光线经过星球的大气层或者中子经过原子堆的变化。

根据上述,读者可以感到,关于太阳的科学,由于它所提出的问题和所使用的方法,使得它处在天文学和物理学的十字路口上。天文学的这一分支借用而且给予许多科学和技术以知识。要想将太阳天文学的成就和前景叙述在本书的短短篇幅里是很困难的,这方面的许多问题，我们只能大致提一下。关于这个未知的、有趣的世界，但愿我们能够给读者们一些概念：这个世界便是离我们很近的恒星，也就是和我们有着密切关系的太阳。

图 237　蜜蜂式火箭上升的情况

图 238　太阳能的利用，设在法国东比利牛斯省路易山的研究中心

第十八章

光　球

太阳的能量

借太阳的白光，我们去看它的边沿，好像界限十分清楚，表面也完全确定。这个被目视到的表面叫作光球。从光球射出的充满能量的洪流中，只有很少一部分才达到地球，带来了光、热和生命。

现在我们要测量太阳的能量。我们可以测量地面（垂直于太阳的地方）每平方厘米的面积上每分钟接受热量的多少，当然，必须假设该地区在大气以外，因为大气吸收了这热量中很大一部分。这样测定的一个基本数字叫作太阳常数。这个数字的测定是很困难的，可以说，现在还不十分确定。最可能的数值是 1.95 卡·厘米$^{-2}$·分$^{-1}$。这个数值的意义是说，地球上每平方厘米在每一分钟内接受（当然假设在大气之外）的热量，足以使 1.95 克水增加温度 1 摄氏度。所以，地面上每平方米接受从天顶而来的阳光，折为功率

图 239、图 240 在路易山上有几个太阳炉，是由大的抛物面镜吸收的日光烧热的。最大的一个(图 239)表面有 900 平方米，这炉子是固定的，由一个活动的平面反光镜(图 240)而获得日光。这抛物面聚光器和它的焦点上的装置见图 238，这太阳炉经常可达 3 000℃，可用的功率约为 7.5 万瓦

〔功率是每秒产生或消费的能量。大气的吸收使地面上每平方米接受的太阳功率大约只有 1 000 瓦〕约等于 1 360 瓦。但是，和太阳每秒钟所发射的巨大能量相比，这不过是微不足道的一点儿。从太阳常数出发去计算太阳所发出的能量是不困难的。我们所求得的数字，以瓦为单位表示，是 38 后面加上 22 个零，即 3 800 亿兆瓦，等于地球上所有的发电站、蒸汽机、高炉、马达……总和功率的几千兆倍。既然知道太阳的总面积，我们便容易算出它表面上每平方厘米发出 6 200 瓦的功率。如像邮票那样小的一块太阳表面，它所发的能量足以点燃 60 瓦的灯 100 盏，而且这小小的面积比 100 盏灯还要明亮，因为它所发出的能量大部分都以光的形式出现，而白炽灯却不是这样的。

太阳表面每平方厘米所发出的功率，给予我们一种测定日面温度的方法。根据日常的经验，一个物体每单位面积发光愈多的温度愈高。电灯丝被电流热至 2 000℃ 时比 500℃ 或 600℃ 的火炉的内部要明亮得多。不但是物体的辐射总量，即使是它的辐射的颜色或者波长，亦随温度变化而变化。例如 600℃ 的火炉发射的主要是红外线和一些红色光，温度增加时，可见光的成分也增加，红色愈加鲜明，再转向橙色，乃至白色。所以一个辐射体的温度和它所发射的总功率有关系，而且也和这功率在各种波长(特别是极强的辐射的波长)上的分布有关系。

这些关系不是简单的。辐射光谱的强度和分布，不但随温度而且随物体的性质而变化。譬如有一只发光的白炽灯，它的灯丝看上去膨胀得很大，它的边沿十分清楚而明晰，这表明只是灯丝在发光，而灯泡内的气体氮或氩是完全透明的，即使在很接近灯丝的 0.1 毫米处，温度可以接近 2 000℃，这些气体也不发光。再举一个实验：在同一气体火焰里放一根玻璃丝，再放一根铁丝，虽然它们都处在相同的温度之下，但却不是一样的光明，铁丝的发光强烈得多。这些日常的事实使我们明了一个重要的物理定律，它是19世纪的物理学家经过长期的研究以后才发现的，名叫基尔霍夫（Kirchhoff）定律。一个愈不透光的物体烧得愈是明亮；透光的物体即使烧得很热，可是也不明亮。在一定温度之下，物体所能达到的最大亮度是完全不透明的物体的亮度，这样的物体叫作黑体，黑体显然可以热到像雪那样白。

完全的黑体实际上是没有的，这是物理学家理论上的创造物，可是它的用途却是很大的：一方面它具有很简单的性质；另一方面，许多真实的物体的性质和它相当接近，可以把由这个理想的物体所得的结果应用到实际情形中去。

黑体每平方厘米所放射的总能量〔这里的黑体必须放在真空里，除了它自己的辐射以外，便没有别的能量可以和外界交换〕只和温度有关，随温度的四次方而变化（斯忒藩定律）。

对一个类似于黑体的物体所发射的辐射能量的测量，给了我们一个测量温度的方法，费里（Féry）的高温计便是利用这个方法而制造的，常作为工业上测量高温的仪器。可是需注意，这样测温的标度和通常的百度表的标度是不相吻合的。百度表的零点是表示正在融化的冰的温度。可是一块冰已经是一个显著的辐射体，黑体完全不发出辐射时的温度还在冰点以下273℃，这叫作绝对零度。辐射所表现的这种温度叫作绝对温度。

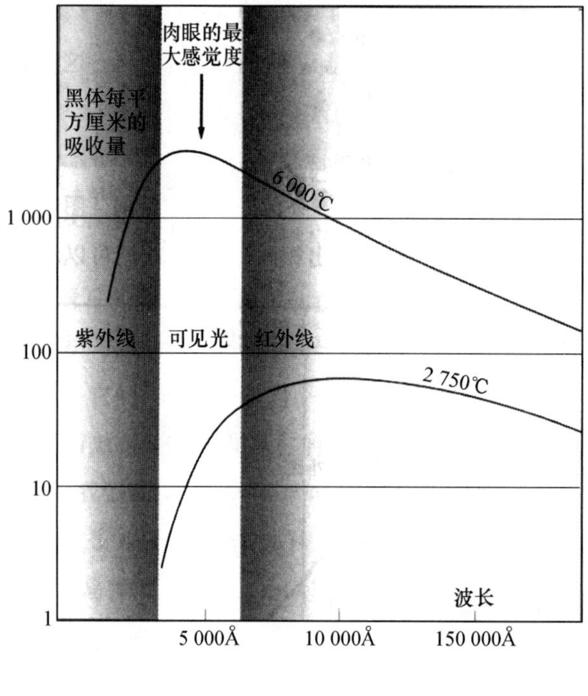

图241　各种黑体所发出的能量按波长的分布

最冷的黑体（绝对温度是2 750℃）主要发射红外线，大约是炽热灯的情形；最热的黑体（6 000℃）的辐射和太阳的辐射相近，极强处在可见光内。

我们已经说过，一个热体辐射的颜色，或者说在各波长上它的能量分布，也和温度有关系。对于物体来说，一个微小波段里的辐射的亮度，叫作单色光的亮度，由普朗克（Planck）定律所规定。这个定律在物理学上引起了一场伟大的革命。为了解释由实验表明的单色光亮度随波长的变化而变化，普朗克不得不假设一定频率的光的能量不可能是一个任何大小的量，而只是一个能量量子的倍数，换句话说，光是由一种不可分割的叫作光子的微粒所组成的。被光子携带的和频率 ν 联系着的能量，等于 $h\nu$，h 是一个普适常数，为了纪念这位天才的发现者，故叫作普朗克常量。

我们不想在本书中详细叙述 20 世纪物理学上的大发现，如像刚才所谈到的量子理论。这些大发现已经有学者在别的书里作过通俗的介绍，我们只想唤起熟悉无限小宇宙的读者的注意，而对于另外一些想知道这些问题的读者，则只引起他们的求知欲望。我们现在不得不回过头来，再谈谈我们的太阳。

我们说过，作为辐射体的太阳，它每平方厘米表面发出 6 200 瓦的功率，如果我们应用斯忒藩定律，我们便可求得太阳的温度是 5 750℃。这样求得的数字叫作光球的有效温度〔天体温度是根据它的辐射量的多寡的测量来确定的。光量的测量叫作光度学，当然是天文学家必须具有的技术〕。假设光球是黑体，这就是它的真正的温度。有两件事实可以说明太阳只可当作近似于理想的辐射体。首先，光球的能量按波长的分布并不与普朗克定律相吻合。有些光谱区段（如蓝色）非常强烈，而有一些区段（如紫外区和大于 2 微米的红外区）又相当微弱（图 242）。另一方面，黑体表面的每一个单元向各个方向发出相同的光量。我们可以从各个角度去看光球所发出的辐射，因为太阳是一个球。我们观看日轮的中心，便是从法线方向去看它的表面；如果去看它的边缘，便是从切线方向去看太阳。观测表明：在日轮上，愈向边缘愈变昏暗。可是对于球形的黑体，它的圆轮上到处是一样的明亮。

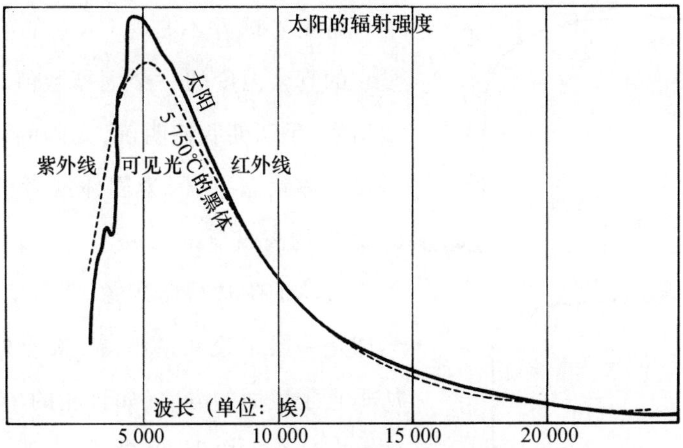

图 242　**太阳辐射和黑体辐射的比较**

两辐射体所造成的总能量相同，由图可见光球和理想的辐射体显然有一些差别。

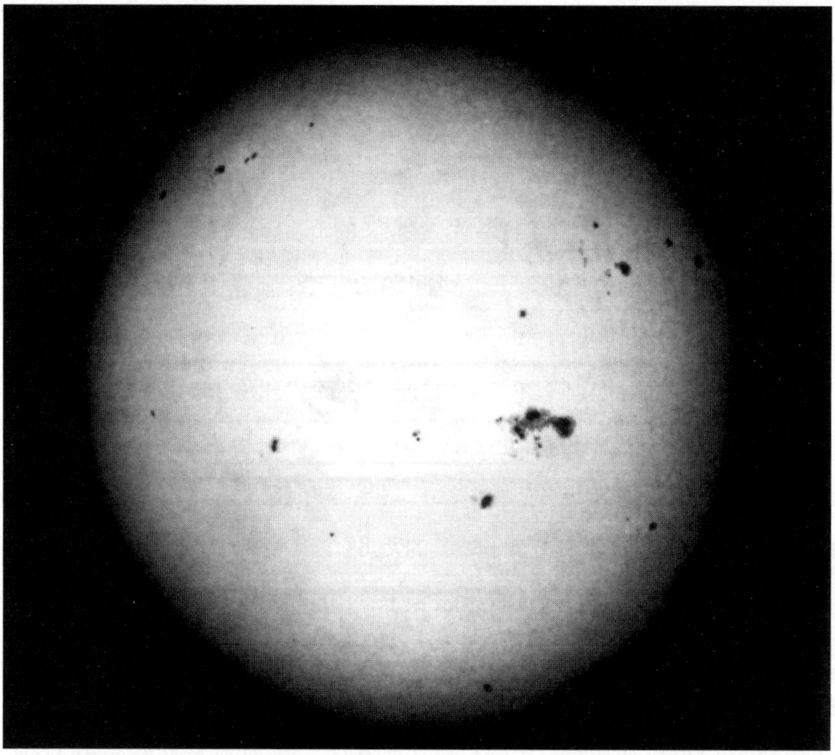

图 243　太阳相片（1937 年 2 月 5 日）

注意边缘昏暗现象，这说明太阳面是由部分吸光的气体所组成的。1937 年是太阳活动极盛的一年，黑子多而广，在边缘附近出现的黑子有明亮的光斑围绕。

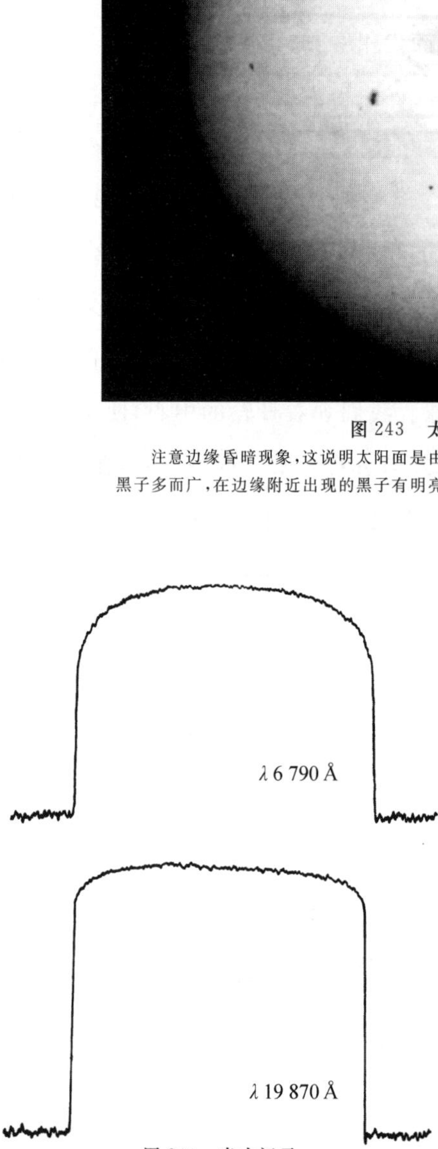

图 244　光电记录

表明太阳的亮度怎样自中心至边缘而变化，注意临边昏暗对于短波辐射的影响更为显著。

可见光球并不是黑体，它的有效温度至多仅是它的真实温度的一个大概数值。可是从这一提示出发，足以使我们明确，太阳的表面区域很可能是在气体状态下，因为固体或者液体不能存在于 6 000℃的高温下。

日轮的临边昏暗现象，是很容易得到解释的。光球是一层半透明的气体，愈深处温度愈高。先从垂直于表面的方向（如日轮的中心）去看这层气体。在这个方向上，光线在达到表面以前所经过的吸光物质的深度是最薄的（图 245、图 246），而从较深也是较热的下层所出来的光，自然比较强些。现在再讨论一下从一个相当大的角度去看光球层，或者说看日轮的边缘的情形。这个和法线有很大角度的方向、从某一深度处所发出的光线，在达到表面以前应该走一段比较长的路径，只有从较冷的临近表面层发射的光线才能发射到外面去，所以这样的光是比较微弱的。这样至少在性质上解释了临边昏暗的现象。至于这个现象的数学理论，已于 1906 年由史瓦西(K. Schwarzschild)求得。理论和观测数值的一致，是理论天体物理学最早得到的一个大胜利。

由此可见，光球不是一个真正的表面，它是一层半透明的气体，温度从大约 4 300℃ 开始向太阳内部逐渐上升。这一层的厚度大约是 300 千米〔这个数据好像很简单，实际上经过许多周折，而且必须对光球的物理性质有精深的认识，才能求得〕。更深层的辐射在达到表面以前已被吸收，至于太阳大气的更外层部分基本上是透明的，只发出一点不足计较的光而已。这个上层的温度大约和光球区的平均温度相同，对于半径达 70 万千米的星球来说，这显然是很薄的一层薄膜罢了。

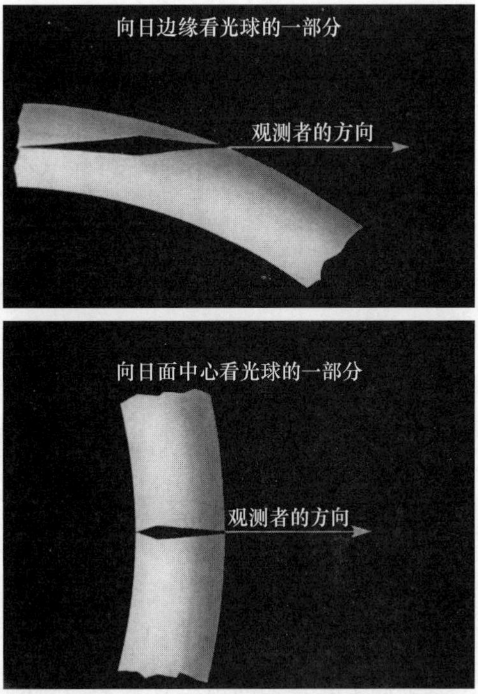

图 245 观测者从日轮中心所接收的光线是由光球深而热的区域而来的，日轮边缘的光线是从浅而冷的区域而来的，所以它没有那样强，这样足以解释临边昏暗的现象。图中光线的形成区以粗黑线表示

直到现在，我们只是把太阳的表面当作是一个辐射体来研究，我们应用斯忒藩定律和普朗克定律求得它的温度。以上这一切，有些读者会觉得相当枯燥无味。我们试看一下光球是不是仅仅一层没有什么变化的 5 000℃ 至 6 000℃ 的气体呢？让我们再回来叙述丰富多彩的天文学中忠实的读者们所极想知道的部分。在开始之前，我们必须先向天体物理学家阿博特(Charles Greeley Abbot)致敬，他首先精确地测定了太阳常数、临边昏暗和光球辐射的光谱分布。阿博特的研究是从实用的观点出发的，他和资助他工作的斯密逊学院都以为太阳常数是有变化的，而且这种变化直接影

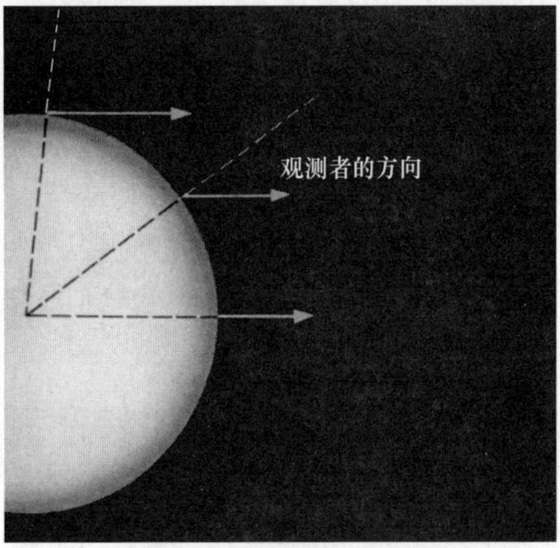

图 246 眼望日轮中心的观测者所接收的光线是垂直于日面发出来的。如果他望边缘，他所接收的光线愈近边缘，和光球的法线所成的角度愈大

响了气象。骤然看来,这个观念好像是错误的,可是阿博特的结果在今天仍然是太阳物理的基本知识。确实,一个做得好的科学工作是永远有利于人们的。

◀ 黑子、光斑、米粒斑 ▶

要把日面的相片拍摄好是很不容易的事,因为日面和底片之间有空气的障碍。日光首先须经过 3000 米至 4000 米高的、既不均匀又在扰动着的一层大气,这层大气的扰动也就是使星星闪烁的原因。如果日光贴近地面射来,更严重的困难也来了:由于日光的作用,安装望远镜的圆顶、墙和屋顶、仪器的金属部分以及周围的土地都被晒热,于是这些受热部分附近的大气产生激流,这和夏季烈日炎炎下在路上或者海边我们所看见的灰尘跳跃一样。在这样扰动的大气层里,气压和折光率每一点都在变化,透过这样的气层去看太阳,就像透过破玻璃去看风景一样。在万分的留心、多次的失败之后,我们才可能拍摄到大致满意的如像本书内所复制的光球的像。自然,肉眼观测也遇到同样的困难。

光球上最显著的现象是黑子,有时用肉眼便可以看见,其范围之大可以超过 10 万千米。席奈尔本是一位天主教的教士,他却首先观测到日面黑子,这是违背他本人和他的神父意愿的事。原来太阳一向被人尊崇为纯洁无瑕的天体,那时的官方学者绝没有人敢想到太阳表面上会有斑点,那时这是谋反叛逆、离经叛道的事。这位教士反复观测,对于黑子的存在已经没有丝毫的怀疑,他跑去见他的神父——一位热烈拥护亚里士多德学派的人。神父绝对不相信有这回事,他对席奈尔说道:“我读过了几遍《亚里士多德全书》,我敢告诉你,那里面并没有谈到有这类的事。”他把席奈尔遣走,还说道:“去吧! 孩子,放心吧,这一定是你的玻璃或者你的眼睛上的缺点,你错误地把它当作了黑斑。”在那个时代里,对经典的崇拜远远超过对于自然的研究。幸而有敢自由思想、不受羁绊、喜爱观测的人,如德国的席奈尔、意大利的伽利略,以及一切像他们这样爱观测的人,都证明黑子的存在是千真万确的事〔其实中国古代史书上早已记载了公元前 28 年发现的世界上最早的太阳黑子记录。——译者注〕。

如果我们在一张图上记下黑子每天的位置,我们就会发现它们的视行:在靠近中心时要快一些,临近日轮的边沿时好像走得很慢。图 225 是三个多世纪以前席奈尔所绘的黑子路径图。这幅图足以表明这条视轨道是曲线的,黑子临近边沿时便由圆形变成椭圆形,随之更缩小,成为直线而消失。这样的变形只是表面的,我们所看见的现象是投射在一个平面上的,事实上黑子是在一个圆球上面。这也可以说明太阳不是一个平面的轮,而是一个围绕着自己的轴旋转的球。

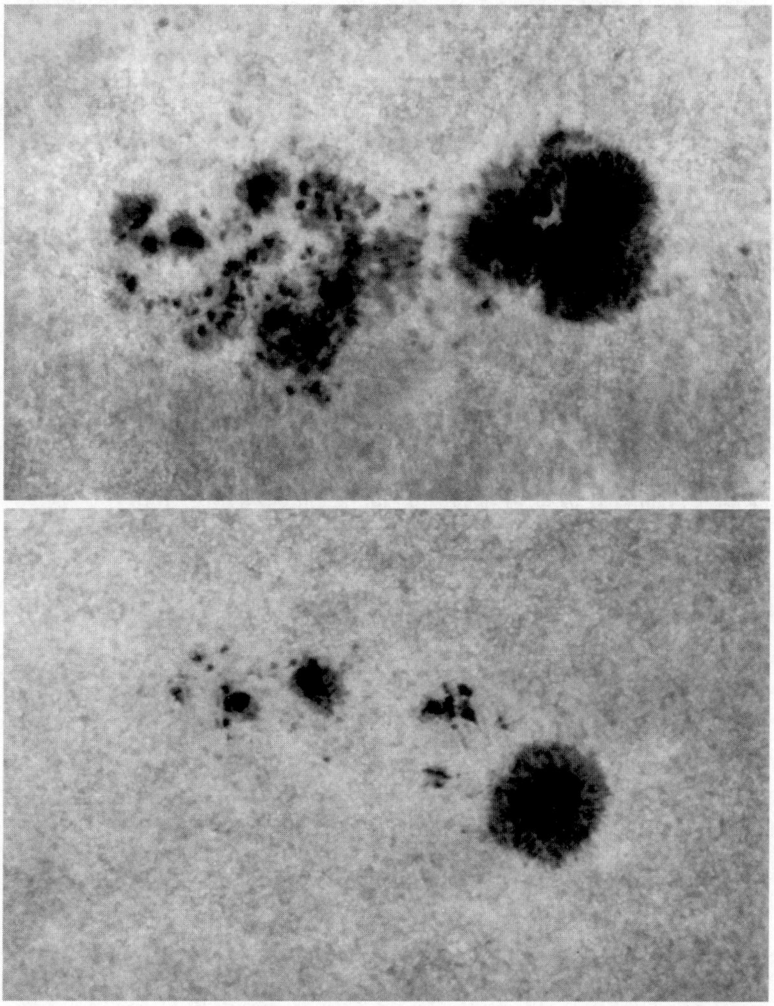

图 247　**光球的两个放大照片**

上图：一个复杂的黑子群（1885 年 6 月 22 日）；下图：一个小黑子群（1894 年 4 月 1 日）。下图拍摄较好，显出精细的米粒组织。在这尺度上太阳的直径是 90 厘米。

我们暂且不谈黑子的物理性质，权且假设黑子固定在日面上，把它们用来作为研究太阳自转的标志。于是根据黑子在日轮上的视轨道和视速度，我们可以定出太阳的自转轴相对于恒星的位置，以及它自转的速度。

太阳的赤道和黄道平面相交大约成 7°的角。如果读者还记得各行星距离地球轨道平面是不远的，便会发现太阳绕轴自转和行星绕日运动差不多具有相同的轴。对自转速度的研究得出一个很不寻常的结果，这结果表明：太阳不是作为一个整体在自转，它表面上的黑子或别的标志自转一周所需的时间，随它距离日面赤道的远近有所不同。赤道上的黑子只需 25 天便转一周，但是在纬度 40°左右处的黑子却需要 27 天才转一周。假使地球也是这样的，那么巴黎的一天比赤道上的布拉柴维尔（Brazzaville）的一天要长两个小时，而不是在一天里到处都是 24 个小时。由此可见，太阳并不像一个刚体那样在转动，所以，它表面上的物质在转动的同时还受到扭转。这种现象对了解太阳内部的情况是很重要的。

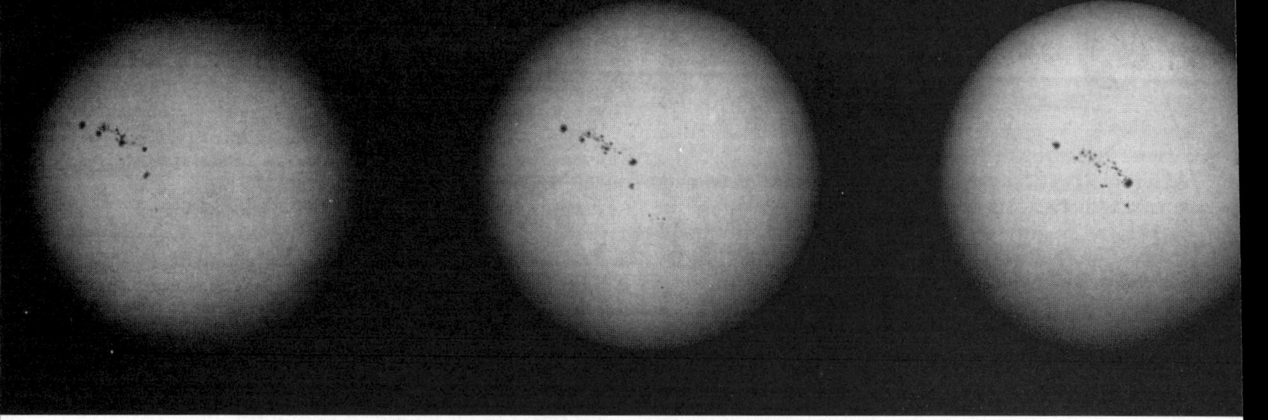

图 248　太阳的自转，由黑子群的视运动表明出来

这是 1920 年 3 月 19—23 日和 26 日所拍摄的。

黑子并不在太阳表面上到处出现，而只出现在两个区域里，席奈尔把这个区域叫作“大道”。这个大道从赤道起，一直到南北纬大约 40°为止。所以，仅由黑子，我们不知道纬度愈高日面自转速度愈小这个推断，一直到两极是否仍然有效。但是，还有别的方法可以验证这是有效的，例如，由日珥的视运动或者借分光的方法去研究它。

黑子还有一个很重要的性质，在本篇开始关于太阳的概论里我们已经大略提到，那就是它的 11 年的周期。在 19 世纪的前三十几年内，一位德国天文爱好者施瓦贝（Schwabe），以观测太阳黑子，数它们的数目作为消遣。每天，只要看得见太阳，他便那样做。他把他的观测结果寄给有名的《天文通报》（*A. N.*），编辑主任迟迟不愿登载，以为这没有什么用处。过了 25 年，施瓦贝从他观测到的黑子的数目和面积，推算出黑子的变化有大约 11 年的周期。这个周期里有极盛时期，那时太阳表面不断地遍布着黑子；还有极衰时期，那时有几日、几周甚至几月没有一颗黑子出现。

沃尔夫（Max Wolf）搜集和分析了自发现望远镜以来所有的黑子观测资料，证明了这

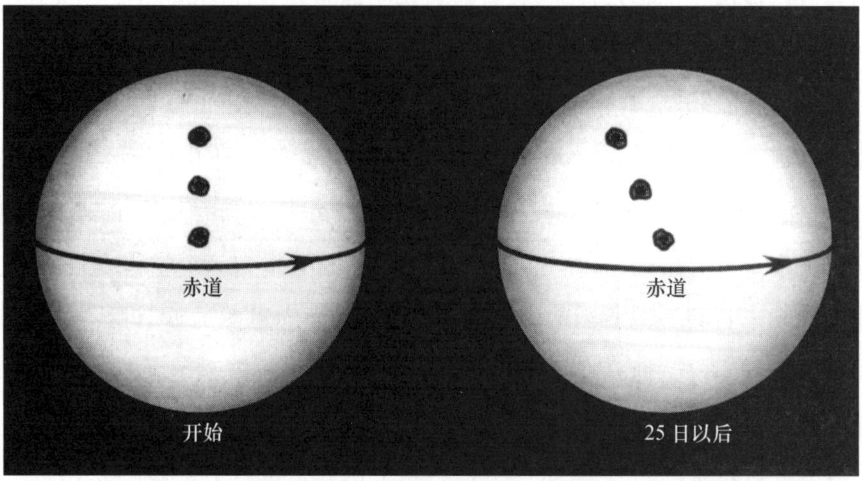

图 249　日面自转较差现象的示意图，赤道带比高纬度区自转得快些

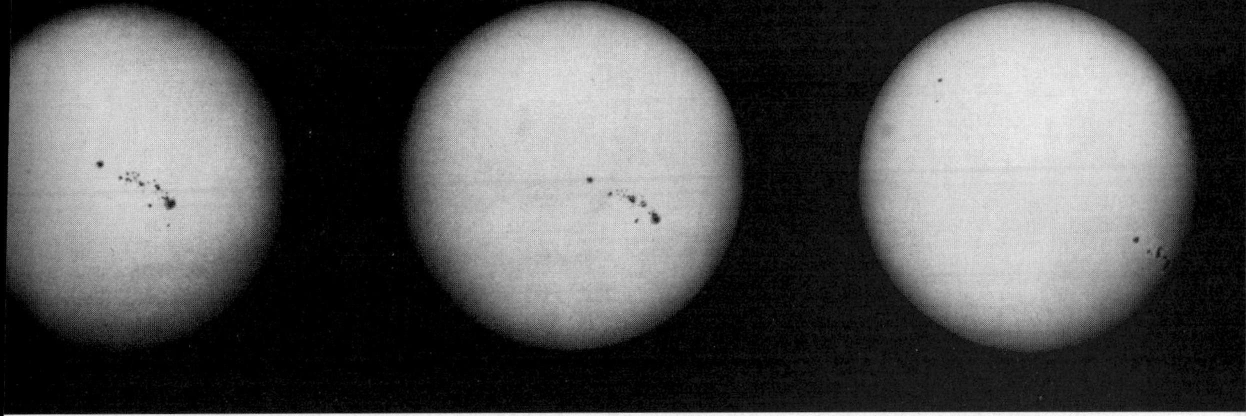

个结果。我们可以从两个世纪以来黑子变化的曲线图(图250)上明白这种现象并不是很有规律的。有些周期里,太阳比较平静;另外一些周期里,比较活跃。有些情形下,在周期开始两三年后便达到极盛时期,有时则要到11年周期的中段,才达到极盛时期。周期间的这些差异好像并不是没有关联的,它们遵循某些我们还不知道的规律,这些规律对于现象的了解无疑是很重要的。现在我们认为,在黑子的极盛期,太阳在作激烈的爆发,爆发愈强烈时来势愈猛,为期也愈长。每一周期开始的时候,黑子出现在纬度40°左右,和地面相当的纬度比较,可以说是在温带上。渐渐地,黑子的区域接近热带,随着就到了赤道,黑子也就稀少了。这种变化经卡林顿(Carrington)发现后又经斯波雷尔(Spörer)证明,黑子出现的平均纬度以11年为周期变化的情况,表示在图251的4张照片上面。

个别黑子的特性也和它们的统计特性一样有趣。一粒黑子在诞生前几小时,至多一天以前,有明亮的纤维状结构的光片出现,这叫作光斑。忽然一个孔穴出现在片状的光斑上,便产生了黑子。随着黑子长大,它的特征结构发展为黑沉沉的一个小范围。其中间相当黑的,叫作本影;周围比较明亮的,叫作半影;向径上分布有纤细的条纹。在同一区域里,产生一个、有时几个黑子。在几天或者几十天以后,最小的黑子消逝,或者消融在大黑

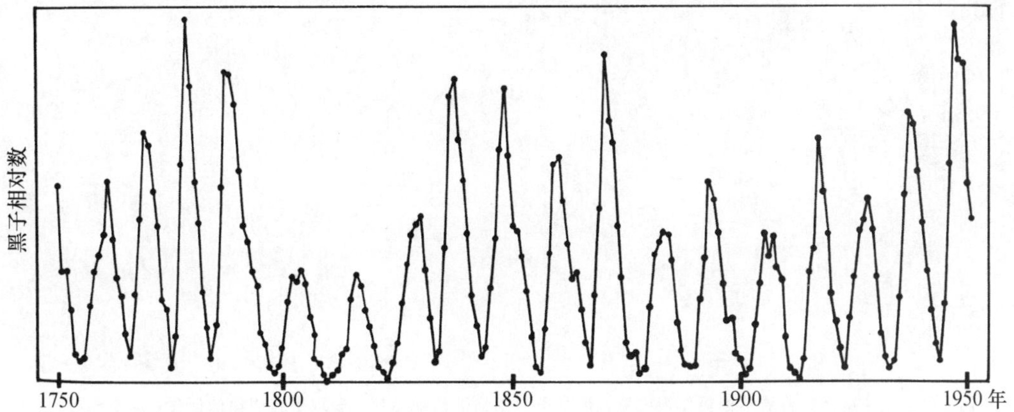

图250　自1750年至1950年黑子活动的变化

纵坐标表示每年的黑子的沃尔夫数字,这数字代表每日所见的黑子的数目与面积,11年的周期很明显。

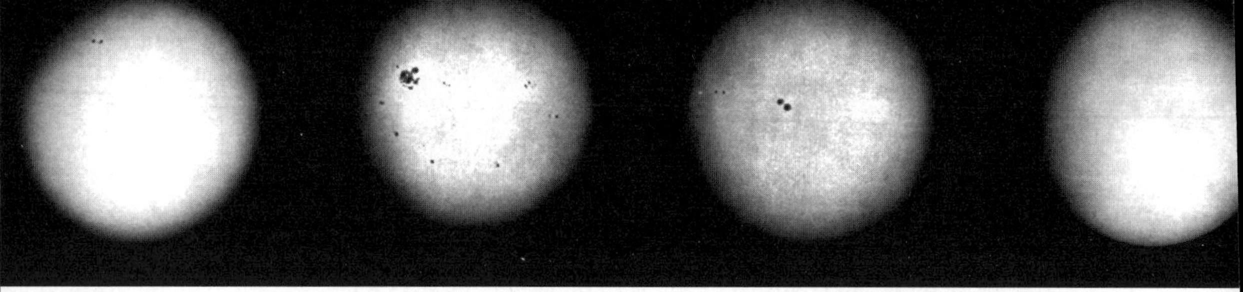

图 251　11 年周期里(1912—1923)各阶段的日面情况

黑子除了有数目变化以外,还有它们在日面上平均位置的变化。在一周期开始的时候,黑子出现的区域离太阳的赤道颇远,约在纬度 40°处。周期愈进展,南北两半球的黑子愈接近赤道,这现象综合成斯波雷尔定律。

子里;大黑子也衰微而至消灭。光斑仍保留一些时候,最后也还是绝迹,可是在同一区域里有别的黑子重新出现的趋势。黑子的寿命长短和它的大小有紧密的联系,最大的可以生存到三个月之久。黑子时常成对出现,同一对的两颗黑子差不多常在日面的同一纬度圈上。

黑子群是很活跃的,我们可以看见黑子的离合运动和小黑子在几小时内的生灭变化,还有在很大的半影内的亮点,以及发光的桥状物等一切还不明了的活动。可是另一方面,

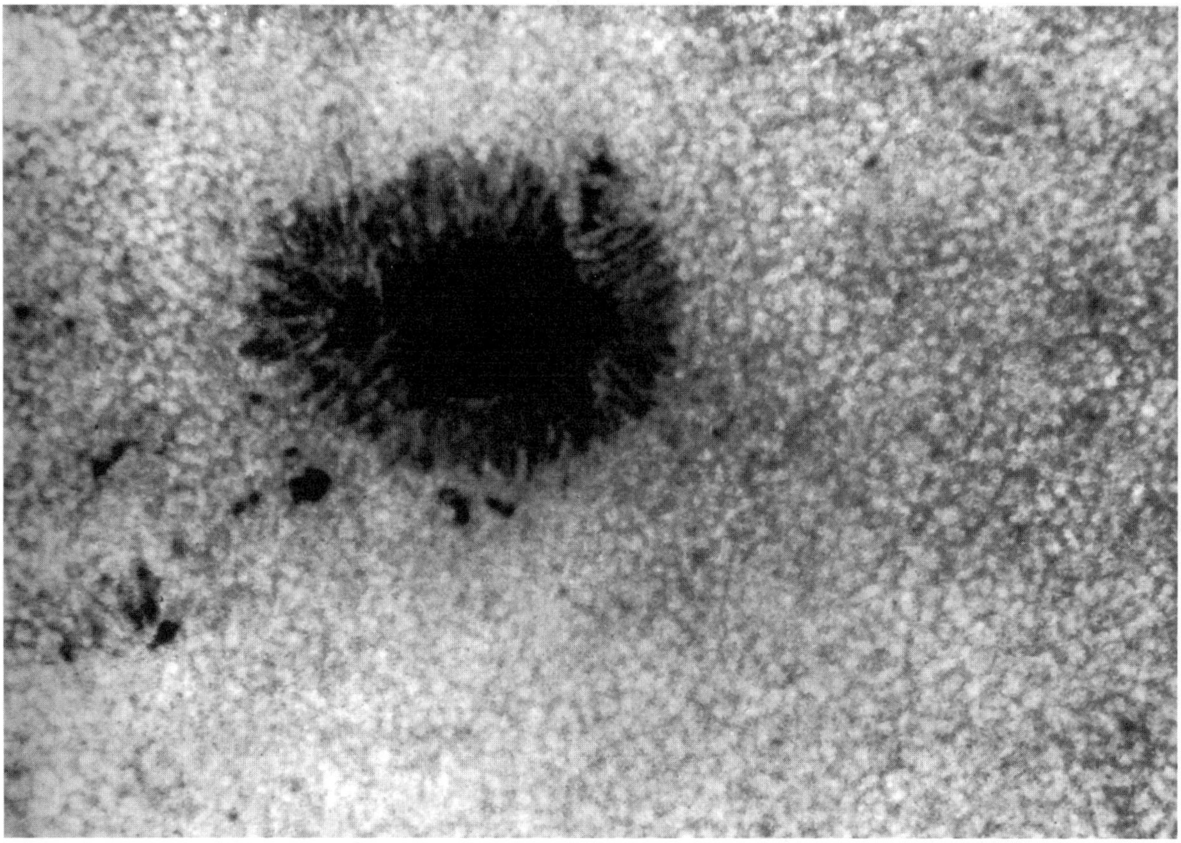

图 252　光球精细结构的拍摄虽然很困难,但李奥却拍到了活动影片,表现米粒组织的诞生、演变和死亡

这张图是他于 1943 年 5 月 17 日所拍到的照片的复制。在这尺度下,太阳的直径是 2.20 米。在这张图上,特别是在黑子的半影里,我们可以看出小至 300 千米范围内的细节。

有些大黑子非常沉静，一直到它消灭的那一天都无丝毫变化，我们也不明白它消灭的缘故。在耀眼的日轮的背景上，黑子显得是黑色的，不过这只是陪衬的效果：一个大黑子本影的亮度还可达光球亮度的10%，它的有效温度（即按斯忒藩定律求出的）约为4 300℃。我们真不该说黑子是冷的啊！

上面说过，光斑是比光球明亮并伴有黑子的相当明亮的一片。光斑只在离日轮边沿不太远的时候才可以被人看见。这是说，组成光斑的特别明亮的区域处在太阳大气的外层，因为我们在前面解释过，当我们向太阳边缘观测光球的时候，我们所看见的是它的外层。这样，我们可以说光斑是太阳表面上的凸出部分。同样，我们可以把黑子当作太阳表面上的凹下部分。千万不要曲解这种文字上的比喻的意义。像太阳这样一团气体，不会有表面，也不会有明确的起伏，这里所说的毋宁说是一种光学的起伏：在光斑里光从比较高的地方发出，在黑子里光从比较低的地方发出。从前的观测者把光球当作像地面那样的有高低，把黑子当作真的坑穴，光斑当作真的山岳，这种错误是将外貌当作事实，将比喻当作真理看待了。

在结束对黑子的讨论以前，我们还须谈一下（将来还要谈到）它的另外一种重要的特性。根据对分光的观测，我们可以查出和测量出磁场。根据黑子的光谱（见第二十章），我们证明黑子无论是单颗的或者是成群的都具有很大的磁性。20世纪初，海尔（Hale）由黑子磁场的发现，首先证明电磁现象在太阳物理上有很大的重要性。

在太阳活动的强盛期间，除了容易看见的黑子和光斑之外，当观测情况良好时，在太阳的表面上还可以看见细小的米粒斑。光球绝不是均匀的一片，而像是在阴暗的背景上显现出无数明亮的颗粒。这些米粒的平均直径达1 200千米。它们在几分钟里出现、放光又复消逝。有些人观测到，光球上的米粒斑在日轮中心得到最大的陪衬而显现出来，愈临近边缘就愈少被人看见。这好像说明，米粒斑是光球深层的结构，因光球的表层是比较均匀的。根据理论的探讨和对米粒斑的观测，现代天体物理学家认为太阳的表层结构是这样的：外面是均匀而稳定的气层，里面的物质组成骚动沸腾的另外一层。就在这一层的不深处，出现米粒斑。

我们已经概略地讨论了光球的外貌，由黑子、光斑和米粒斑等可以看出太阳上的现象是怎样的活跃、复杂而且神秘啊！

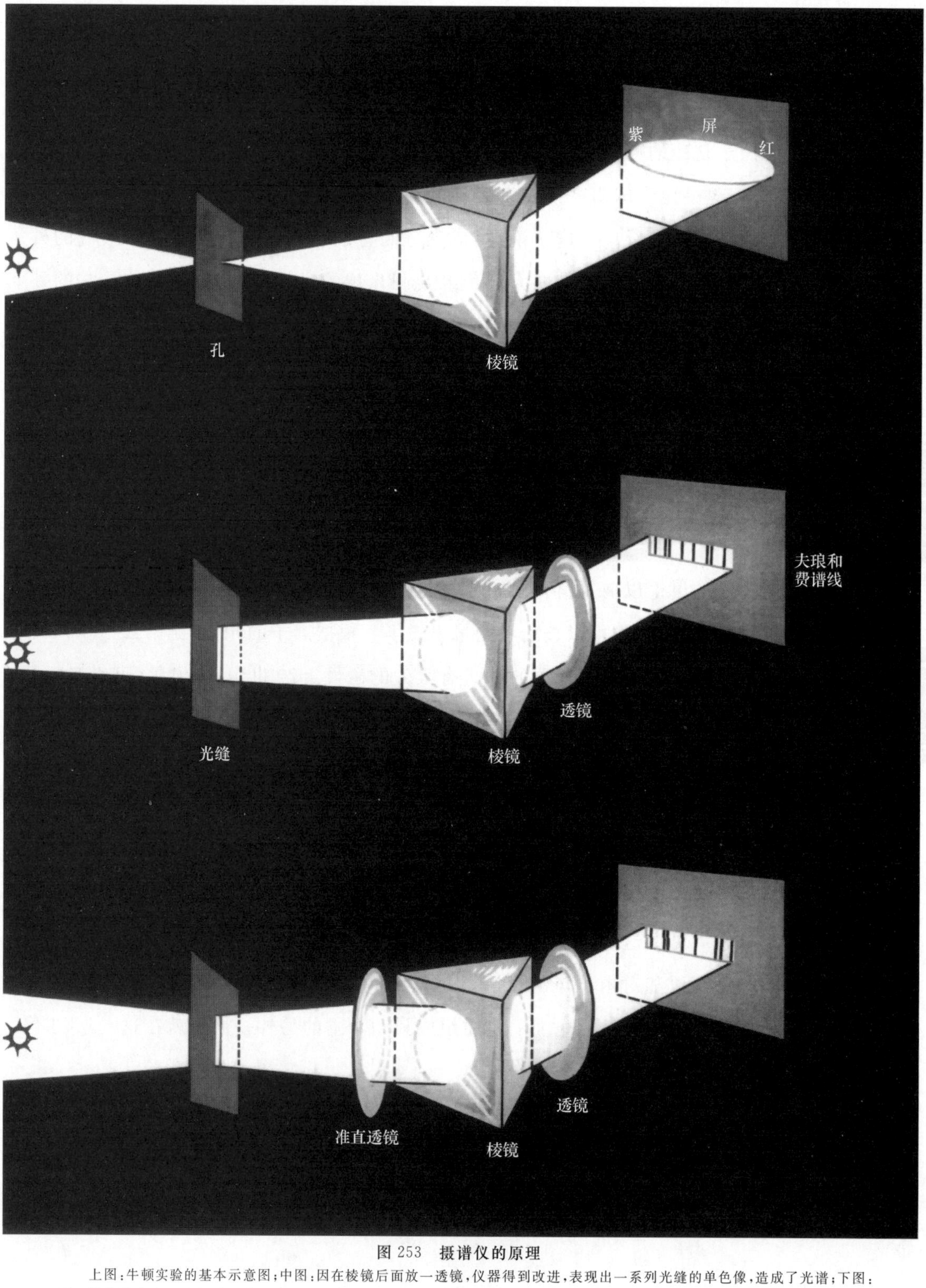

图 253 **摄谱仪的原理**

上图：牛顿实验的基本示意图；中图：因在棱镜后面放一透镜，仪器得到改进，表现出一系列光缝的单色像，造成了光谱；下图：再于棱镜前面放一透镜，将由光缝出来的光束变为平行的，使仪器得到更进步的改进。

图 254　阿尔塞特里天文台

在佛罗伦萨附近，是伽利略工作过的地方，现在主要研究太阳物理。

第十九章

原子与摄谱仪

光谱学的历史和原理

大概是开普勒首先做了一个实验，这个实验貌似平凡，但对整个物理学来说却有着最伟大的意义。开普勒使日光透过玻璃棱镜，他看见日光被分解为有颜色的光束。一个世纪以后，牛顿再做这个实验，才明白这些颜色是光线的特性。我们所看见的白光，不过是许多有颜色的光的混合。开普勒和牛顿作为不朽的天才，不但在天文学上奠定了行星运动的理论基础，而且由于对光学的研究，还开辟了天体物理学的大道。

自扬(Young)和菲涅耳(Fresnel)的研究以来，人们把光当作是一种波动现象，认为光的颜色是和光的振动频率或者波长联系着的。棱镜的作用便是使由光源发出的具有不同波长的辐射分散开来。我们把所要研究的光射在一个狭窄的光缝上(图 253),把一个透镜放在棱镜的后面,使光缝成像。照在光缝上的光有多少不同的波长,就有多少像。这一系列的单色像组成要分解的光的光谱。这种装置的仪器,如果接受光谱的是照相底片,就叫作摄谱仪;如果我们用放大镜去看光谱,这就叫作分光镜。

分光镜上最主要的部分,除了棱镜之外,就是成像的光缝和透镜。假使去掉光缝,由范围较大的光源而来的各种单色光互相交叠,彼此就分不开了。牛顿已经想到了光缝,可是他将棱镜所给的有色的光束投射在一张白纸上面。夫琅和费(Fraunhofer)才加上透镜,并且用放大镜去看光谱,这是一个很大的改进。另外再加上一个名叫准直的透镜,放在棱镜前面,使由光缝出来的光束平行,它是由西姆斯(Simms)在这之后所引入的,这样才成了这种仪器的现在形式。

18 世纪和 19 世纪初,除了日光之外,人们也研究了别的光线,发现有些光源所成的光谱是不连续的,中间只有几条亮线;另外一些光源所成的光谱是连续的,那里有一切颜色的光。换句话说,前一种光谱里只有几种波长在发光,后一种譬如说太阳的光谱,就发出全部波长的辐射。

现在我们来谈谈天体物理学的创始人夫琅和费的生活和伟大事业。他于 1787 年生在一个很贫穷的人家,11 岁的时候做了一个光学师傅的学徒,住在慕尼黑城的一座快要倒塌的破屋里。有一天,这座房子真的倒塌了,里面的房客都被压死,只有这个孩子幸免于难,可是也受了重伤。巴维尔(Bavière)封地的侯爷对这个没有死掉的孩子起了怜悯之心,给了他 18 块金元。可是这个少年把这笔款子全部用去买了书籍和光学仪器。他独自辛勤地工作,不久就成了一名最能干的光学工人。19 岁时,他被一家制造玻璃和光学仪器的工厂雇用。三年后,他成了这家大工厂里的一位主任。

为了改进天文望远镜上的物镜,他从事于对棱镜和折光的研究。他重做了牛顿的实验,但是在棱镜后面加上一个小号望远镜来接收有颜色的光束,使得光谱特别清晰。他的棱镜比牛顿的优良得多。1814 年,他发现在太阳的连续光谱里有无数的黑线,这表明有些波长的光是没有的,至少在太阳的光线里是很微弱的。太阳光谱里的黑线以后就被人叫作夫琅和费谱线。他不但发现了这些谱线〔日光里 4 条重要的谱线早于 1802 年被沃拉斯顿(Wollaston)发现,他把这些黑线当作是颜色的天然界限〕,而且测量了它们的相对位置,绘出了光谱图。经过一系列的精巧实验,他证明这些黑线确实是日光的一种特性,并不是仪器的欠缺所造成的结果。

夫琅和费还对别的天体的光谱进行了观测,他发现金星的光谱和太阳的光谱是很相

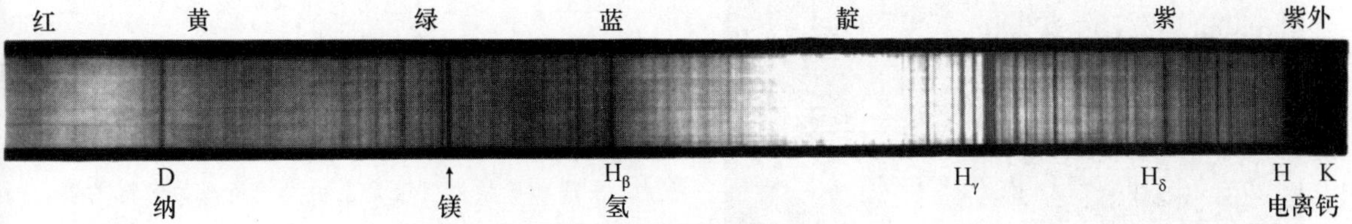

图 255　**太阳的可见光谱和夫琅和费主要谱线**

似的。对明亮的恒星进行的分光观测，使他感到困难，同时也使他惊异，原来他在天狼星的光谱里看见了几条和日光的谱线完全不同的谱线。他又发现各种恒星都有不同的光谱，就这样，他开辟了恒星光谱学的道路。这位勤劳不倦的光学家，同时又研究了人为的光源。他特别证明了有一条明亮的黄线（毋宁说是两条紧接的黄线）在所有的火焰里几乎都存在。这对谱线所占的位置，和太阳光谱里很重要的黑线（他叫作 D 线）的位置恰恰相同。这个事实在 30 年以后才得到解释：这条 D 线是由钠元素产生的，这种元素在地球上十分普遍，特别是它的氯化物即我们所用的食盐里更多，所以地上光源的光谱里总是有这样一条线。火焰里只要有极少一点钠，便会发出 D 线。

夫琅和费还对衍射现象发生兴趣。所谓衍射现象，就是一束光经过小孔所发生的变形。他研究了这样一种情形：使一束自无限远来的光先受光阑的限制，再投射到一个物镜上，使它汇聚在焦点上。在实际应用时这是一种基本的方法，也就是用望远镜观测星时的情形。夫琅和费是一个制造望远镜的工人，无怪乎他对于这种装置感兴趣。他制造了许多望远镜，有名的一具是为多尔帕特（Dorpat）天文台制造的。在当时，那是巨型的，在威廉·斯特鲁维（Wilhelm Struve）手里做出了许多成绩。夫琅和费用一个光缝观测了衍射现象以后，再试两个光缝，最后并排了许多光缝。为了得到这样一系列光缝，他将一根金属丝缠在两个相同的螺丝钉上，这些线之间的空隙便形成了许多光缝，这便是最早的衍射光栅。这位发明人证明，白光经过这样的光栅以后分解为许多光谱，它们和用棱镜所得的光谱完全相似。

确切地说，有一线白光透过去并没有分解，在它两边有一系列的光谱。对于中心的白光偏折最少的，叫作一级光谱，其次是二级光谱、三级光谱等。在被光栅形成的光谱里，颜色的展开随级数的增加而增大。

夫琅和费制造了许多光栅，或者是把线缠在螺丝钉上面，或者是用另外的技术，例如将平行纹路刻在贴于玻璃片的金叶上面。他造了一架机器来做这项精细的工作，做到在 1 厘米长的金叶上刻上 360 条细纹！后来，他用金刚石尖在玻璃片上刻画，将纹路的数目较前增加了 10 倍。在这种情况下，两纹路间的玻璃起了光缝的作用〔如果将被刻的玻璃片镀银，

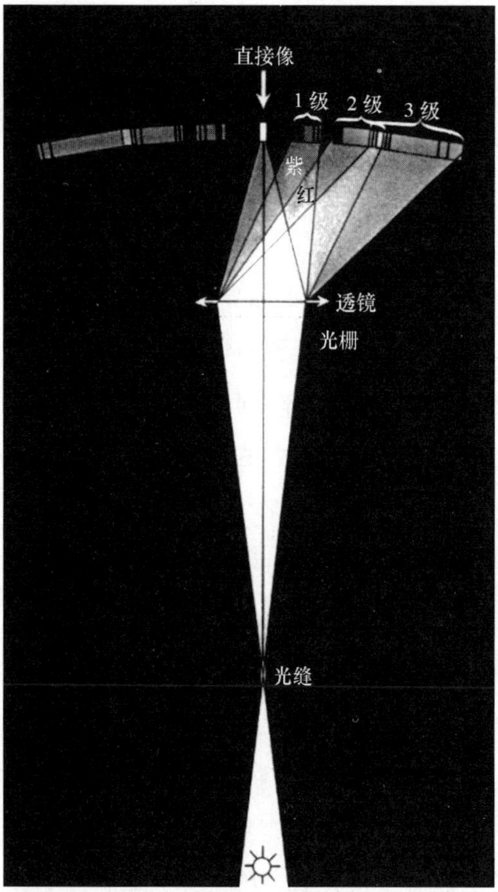

图256　由光栅产生的各级光谱示意图，注意各级光谱可能互相干扰

我们便得到一个不透明和反光相间的表面，这便是反射光栅，今天用得很多〕。这样的光栅比分光镜里的棱镜还好，因为它更加容易使各单色的光散开〔夫琅和费根据经验定出由光栅所成的光谱的性质，证明了根据 n 级光谱中一根单色谱线的位置来求它的波长 λ 的基本定律。如果这条谱线被衍射的方向和中心白光的方向之间的角度是 θ，则 $\sin\theta = n\lambda/d$，d 是光栅上相邻两光缝间的距离。由这个公式可见，如果光缝间的距离愈窄，光栅便愈能将各波长的光散开。因此，这位天才的物理学家努力使光栅上的纹路刻得愈来愈密。根据这个方程式和用十几个光栅所做的测量，夫琅和费于1822年首先测定了钠的D线的波长〕。

科学上这一切伟大的成就都是夫琅和费在闲暇的时候做成的，因为他为商业服务，总是忙于磨制高级物镜，改良量日仪、动丝测微器、天文望远镜的座架等工作。我们会问，在这样短暂的生命里（夫琅和费死于1826年，只活了39岁），他怎么会完成这么多伟大的工作呢？他从幼年起就开始学艺，做出了许多伟大的发明，未到40岁就死去了，他真可以算是物理学上的莫扎特〔莫扎特（1756—1791），有名的奥地利音乐家，死时才35岁。——译者注〕！

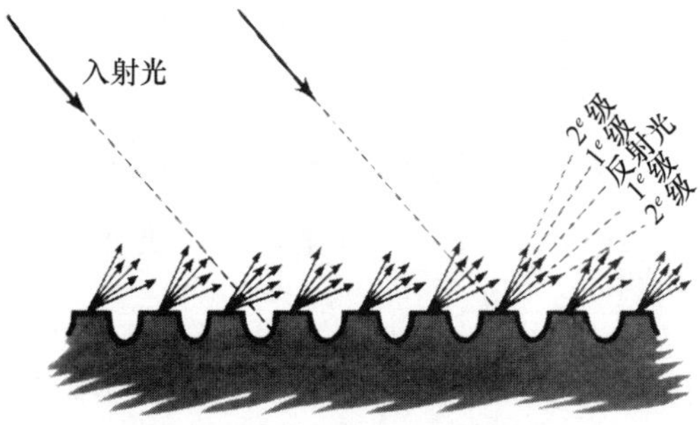

图257　反射光栅的原理

在每根条纹之间所反射的光线是经过衍射散开在各方向的，但在某些反射方向上的光线效果相加，造成各级光谱。这只是一种原则性的解释，事实上却很复杂，在真的光栅上我们尽量缩减条纹的面积，光栅的形式也影响仪器的性质。

单单就仪器来说，自夫琅和费之后分光学的研究已算有了工具，但是要能了解现象，还有许多工作要做。在以后的年代里，各国的许多学者都在这方面作了努力。他们渐渐明白，光谱线实在是物体固有的特征。海德堡大学的物理教授基尔霍夫于1859年宣布了关于光谱分析的基本定律。该定律认为，物体对于某一波长辐射的吸收和发射的能力，有一定的不变的比例，这

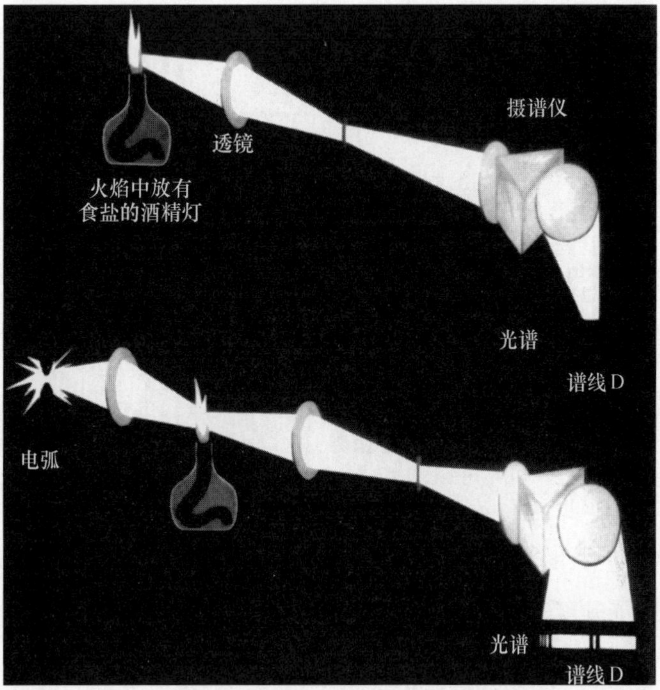

图 258 基尔霍夫的基本实验

放几粒食盐在酒精灯的火焰里，发出黄光，光谱中有两条明线（D 谱线）是钠元素的特征，如果一个高温的光源（如电弧）所发的光经过一个含钠的火焰，它的光谱便有吸收的 D 谱线。钠原子吸收的恰好是它所能发出的那一波长的光线。

比例只和温度有关。一个透明的物体发光也一定不会很明亮了，而且物体应吸收的与发射的波是具有相同特征的辐射；这些辐射，不管是吸收或者发射，总表明在所研究的光的路径上有这种物体的存在。光谱分析学就这样建立起来了。举例来说，在黄色区发出一条明线的钠蒸气就应该吸收强光源所发出的和这条黄线的波长恰恰相当的光（图 258）。这是基尔霍夫根据实验证明了的。他还说，太阳里的黑色 D 线的产生，是因为太阳的大气里含有钠的蒸汽，将太阳深层所发出的和钠的波长相同的光吸收了的缘故。因此，太阳的表面是气体的，借夫琅和费谱线，我们可以对太阳上的物质作化学的分析。基尔霍夫得到他的同事、化学教授本生（Bunsen）的帮助，进一步研究了这个问题。他在夫琅和费谱线光谱里，找得许多已知元素的谱线，于是证明太阳是由和地球一样的物质构成的（图 259）。同时，他们又将光谱分析法应用到化学上去，在研究了许多金属的光谱以后，于 1861 年发现了两种新的碱金属，即铯和铷。在这个例子里我们可以看见一位科学的天才只要掌握了正确而深刻的观念，他很快便会使自然泄露出无数秘密。

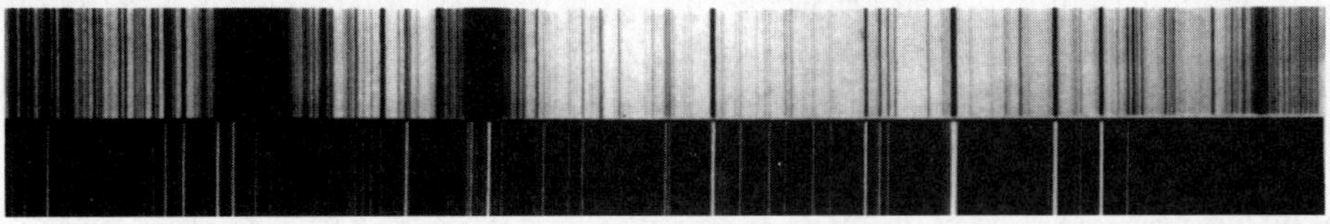

图 259 太阳光谱和铁弧光谱的比较

（近紫外区）我们看见太阳的夫琅和费谱线（太阳光谱内的黑线）有许多条和铁的特征明线相重合，所以铁存在于太阳的大气中。

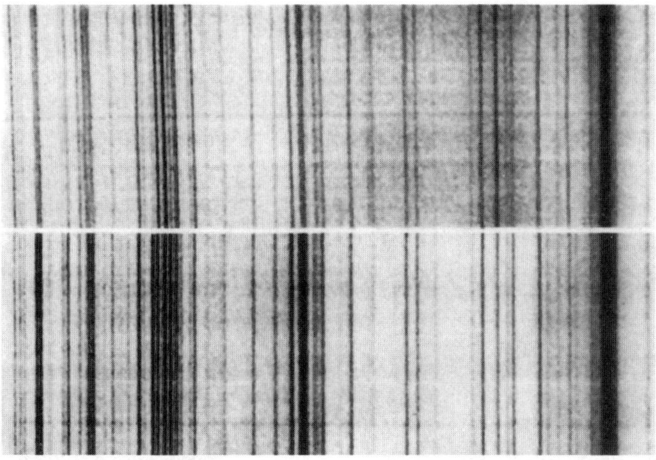

图 260 天顶附近的太阳光谱和地平附近光谱的比较，后一情况下有些谱线变强，表示它们是由地球的大气组成的大气谱线

也许读者会有些怀疑:为什么夫琅和费谱线不会是由于地球大气的吸收而来呢? 1833 年布鲁斯特(Brewster)就曾经提过这样的问题,并且实际证明:当太阳在地平线上,阳光须经过很厚的空气层才达到观测者的时候,有些夫琅和费谱线会变得特别显著(图 260)。可是,大多数的夫琅和费谱线并不因此发生改变,这些谱线便是太阳的大气所形成的;另外一些谱线是我们的大气形成的,它们重合在太阳的光谱上面,这些黑线叫作大气谱线。由此可见,摄谱仪可以使我们对星球的表面层作定性的化学分析。化学元素(譬如钠)在星球大气里的这种选择吸收,自然和这大气里所含的这种元素的数量有关系,量愈多时,吸收也愈强。可见,夫琅和费谱线的强度,即在光谱里相应的单色光消失的程度,自然和星球大气里造成这条谱线的物质的丰富程度有关。由此可见,由谱线强度的研究可以对星球上的物质作定量的化学分析。这一研究需要对谱线的强度作精密繁重的光度测量。由此我们再一次看到,科学上一个重大问题的解决,是必须经过漫长而困难的技术改进的过程的。

多普勒效应

现在我们谈谈摄谱仪这种伟大仪器的另外一种用途,这便是利用多普勒(Doppler)效应去测量发光物质的速度。一切周期现象(包括光在内)的频率,随现象的来源和观测者互相接近或者离开而变化。要明了这个效应,假想有一辆汽车以每小时 120 千米的速度离开我们,同时发出一种周期的信号。譬如有一位狂人坐在车上,每 30 秒放枪一次。在继续两次放枪之间 30 秒的时刻里,汽车走了 1 千米,而枪声要多用 3 秒钟来走过这多走了的 1 千米,所以在第一次听到枪声以后,要经过 33 秒钟才能听见第二次枪声。所以,枪

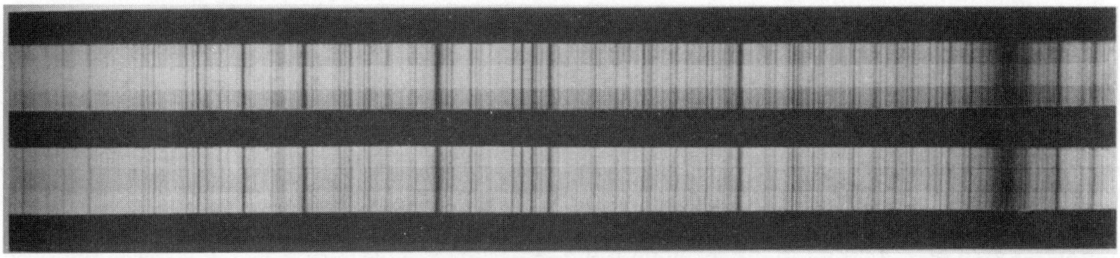

图 261　由多普勒效应证明太阳的自转

太阳一边沿的光谱被另一边沿的两光谱框着;夫琅和费谱线的微小错开,表示一边沿离开,另一边沿接近,换句话说,即太阳自转的情况。

声的视频率减少了一个分数,这个分数就是车速和声速之比。如果这位疯狂的驾驶人乘车回来,汽车和我们愈来愈近,那么每 27 秒内我们便可听见枪声一次。马达的响声是另外一种周期现象,因此也有同样的结果:在汽车和我们接近的时候,马达的响声要比它静止或者离开的时候尖些(因为频率更要高些)。如果飞机飞得不高,这个效应在飞机飞过的时候特别显著。当它在头上飞过的时候,马达的声调好像骤然间起了变化。飞机上发生的一切周期现象,例如无线电波的发射或者定位灯所发的光线都有这样的现象。当飞机离开时,这些光线更红一些;飞来时,这些光线更蓝一些。自然,我们的眼睛不会觉察频率上这样微小的变化,我们已经说过,这种变化等于飞机的速度和光速之比。但是摄谱仪却能够查出多普勒效应所引起的谱线的微小位移。我们容易测量出,当光源和观测者之间相对速度超过每秒 1 千米时,在频率(和波长)上的变化只有它的三十万分之一。我们必须注意,借多普勒效应所求得的速度只是光源和我们远离或接近的速度(叫作视向速度)。至于不改变光源和观测者之间的距离而作横向运动的光源,对于我们所接收的波长没有丝毫的影响。

多普勒效应对于天文学的重要性是可以理解的。例如,它可以使我们知道一颗星是离开还是接近我们,而且是以怎样的速度在离开或者接近我们。将太阳中心的和边缘的夫琅和费谱线的波长加以比较,我们可以测定太阳的自转速度,因为在自转中,东边边缘接近我们,西边边缘便离开我们。直接照相可以测量天体在垂直于视向方向上的位移,而摄谱仪又给我们以视向方向上的位移,所以我们可以求出星星在空间的真实位移。

◀原子与光▶

物体貌似连续,而实际是由无限小的颗粒(原子)所组成的,这个观念自人类有思想以来就存在了。德谟克利特(Démocritus)和卢克莱修(Lucretius)是古希腊罗马时代对于这个学说最有名的倡导者。到了近代,化学使原子的观念复活。一切化学变化,例如水的形

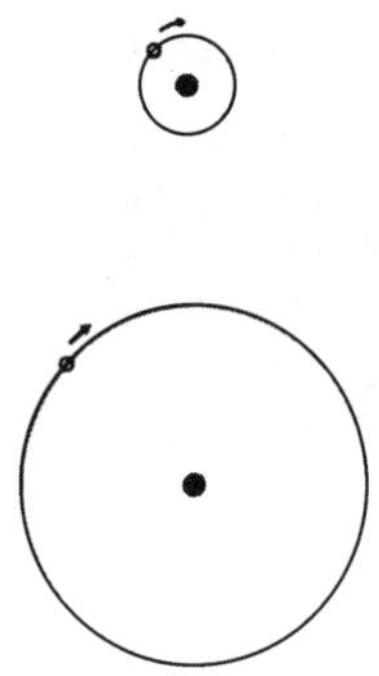

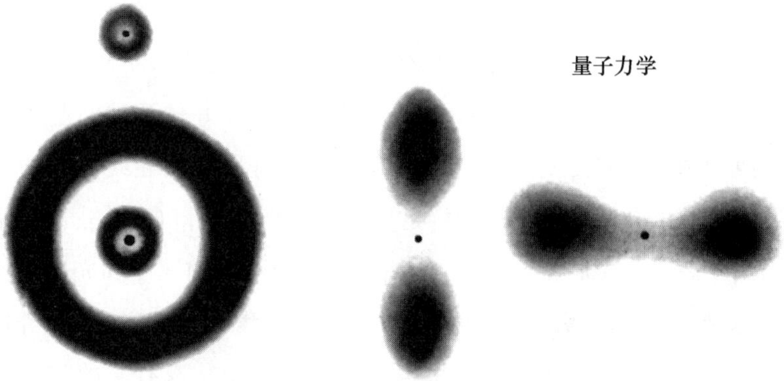

图 262　这是根据玻尔的理论和量子理论所假想的氢原子的形象

在玻尔的原子里,电子围绕原子核走一圆周轨道,轨道半径的长短随代表能量状态的特征数字 n 而变化。最小轨道的半径($n=1$)是 0.528×10^{-8} 厘米,$n=2$ 的轨道为其 4 倍,$n=3$ 的轨道为其 9 倍。在量子力学里不便谈电子的轨道,甚至没有电子的确定的轨迹。电子分布在原子核周围的云雾上,量子理论告诉我们电子在这层云雾某一点上的概率。在我们的示意图上,电子存在的概率愈大,代表云雾的色彩愈浓,这里的尺度和对于玻尔的原子所采用的尺度相同。在量子理论里,可能的状态更要多些。对于每一个主量子数 n,有几个能量基本相同的可能的原子组态。自然还有 $n=3$ 或 $n=4$ 等的状态,图上没有表示。

成,只需要有绝对一定比例的元素(氧和氢)。要解释这个事实,我们不得不假设水是由微小的分子构成的,而水的分子便是两个氢原子和一个氧原子的结合体。有一个重要的事实,即宇宙里只有 96 种元素〔现在发现的元素已经有 118 种。——编辑注〕,虽然化合物的数目好像有无限之多,可是它们都是由这 96 种单质或者元素所组合而成的。

根据西文的字源,“原子”这个词的意义就是“不可分割的”。原子可以互相化合,有些原子有相似的性质,可以加以合理的分类(门捷列夫周期表),这一切事实都表明原子有一定的结构。两位英国物理学家汤姆孙(J. J. Thomson)和卢瑟福(E. Rutherford),确定了原子的结构。汤姆孙证明,各种元素,不管它们的性质怎样,都能发出电子〔例如物体在高温下,在光线照耀下(光电效应),都会发出电子〕,所以电子是构成原子的一个成分。卢瑟福建立了原子构造的一般形态。原子有一个带有正电的核,周围围绕着一些电子,电子的负电荷恰和核所带的正电荷中和,因此原子的电性是中性的。可见,使原子结合的力是电力,这和孩子们用自来水笔管在毛衣上摩擦所生的电能够吸引纸屑的力相似。

96 种单质的元素,在质量上、核的电荷上以及外围的电子数目上,都是不同的。原子核的质量是氢原子核(质子)质量的整数倍,而氢原子核的质量是电子质量的 1 838 倍。氢只有 1 个电子,氦有 2 个,氧有 8 个,铀有 88 个。

现在我们要问:电子是怎样分布的?为什么它们不落到核里去?事实上,电子并不互相接近,实际上原子是很空的。原子可以比喻为一个网球场,场上放了一个小球(原子核),同时有几只蝴蝶(电子)在铁丝网边飞来飞去。起初有人假设电子沿轨道绕核旋转,因电力的规律是和牛顿的引力定律很相似的库仑定律,于是原子可以想象为太阳系的微小缩影。但是,人们不久就发现这样的比喻是不恰当的。因为,若电子在椭圆轨道上运行,应当像无线电台的天线那样发出电磁波来。原子里的这种微小天线发出的波的波长非常短,以致发出的是光波而不是无线电波。但是,像这样的辐射,电子将会失掉动能而坠入原子核,正如行星停止运行便会坠落到太阳里去一样。事实上,原子是稳定的,这表明这种行星系的模型是不能接受的。玻尔(Bohr)、德布罗意(de Broglie)、薛定谔(Schrödinger)、海森伯(Heisenberg)等人的工作解决了这个困难。因为经典力学不能应用于原子内部,他们建立了一种新力学去说明这种无限小世界里的现象。这种力学就叫作波动力学或者量子力学,随我们的着重点放在两个相等情况的哪一方面而定。

电子和一切质点都被波浪陪伴和导引着(波动力学)。这些波的存在给予质点的运动以振动的特性〔例如,我们可以观测一束电子流受晶格的作用而产生的衍射现象〕。原子里具有基本粒子的振动,它不能类比于行星系,而应该类比于琴弦那样的振荡器。琴弦不能随便地振荡,在一定的张力和弦长的情况下,它只能发出一种基音及其谐音。同样,原子振荡器也不能在任意方式下振荡,它的能量不是任意的,而是经过量子化的(量子力学)。原子常常忽然由一种能量状态过渡到另一种能量状态,随着这种能态的改变常伴有光量子(或称光子)的吸收或发射。既然能量的这种变化不会是任意的,发射或者吸收的光子也不能有任意的频率或波长。这样一来,光谱分析的原理和各种物体有特殊的光谱这一事实,便都可以得到解释了。

我们现在讨论一下一种最简单的、宇宙里散布得最广的原子,即氢原子。其他原子的性质和氢原子的性质并没有根本上的差异,只是其他原子比氢原子更复杂一些罢了。氢原子只是由质子和电子两个基本质点所组成的。这样的系统有一系列可能的状态,与最低能量相当的状态,叫作基态,别的状态叫作激发态。要使原子由基态激发到激发态,必须供给它能量〔反过来说,当原子在其他状态时,它有失掉能量再回到基态的倾向。所以基态是最稳定的状态,因为原子只需一亿分之一秒的时间便能转回到基态去〕;这能量可以是由于别的质点碰撞,也可以是由于辐射的照耀而来。原子所蓄积的能量也不能是任意的,而是经过量子化的,就像表的弹簧一样,表的弹簧不能接受任意大小的张力,而只能够接受为制动齿轮所规定的张力。在退激发时,原子也像弹簧一样,归还它所接收的能量。一只冒失的手可能将表里的弹簧扭断,而对于氢原子来说,这样的意外事件就是损失一个电子,叫作电离〔各种状态下的能量形成一个很有规律的系列。每一个状态有一个对应的数字,叫作主量子数。由基态(1)跃至态(2),原子要吸收的能量是 $R(1\sim1/2^2)$(R 是一个常数),所以这颗原子吸收一个确定的辐射(光子),其频率等于这一能量除以普朗克常量 h。这种辐射是紫外区里的一条谱线,叫作赖曼 α 线(记为 L_α),波长是 1 216 埃。同样,由态(2)跃至态(3),需要能量 $R(1/3^2\sim1/2^2)$,原子吸收一条红色的辐射 H_α,波长是 6 563 埃。由态(3)跃至态(4),所需能量是 $R(1/4^2\sim1/2^2)$,吸收绿色谱线 H_β;如此类推……从态(2)起,氢原子的吸收谱线组成一个谱线系,叫作巴耳末系,系中第 n 条谱线的频率是 $R/h(1/n^2\sim1/2^2)$。如果我们供给氢原子至少等于 $R(0\sim1/2^2)$ 的能量,是说,它吸收的光子波长短于 3 647 埃时,氢原子便电离了。在这种谱线系的极限之外,原子可以吸收任何频率的辐射而失去它的电子,因此有一个连续吸收光谱。上面所说的,自然对于发射也同样有效〕。

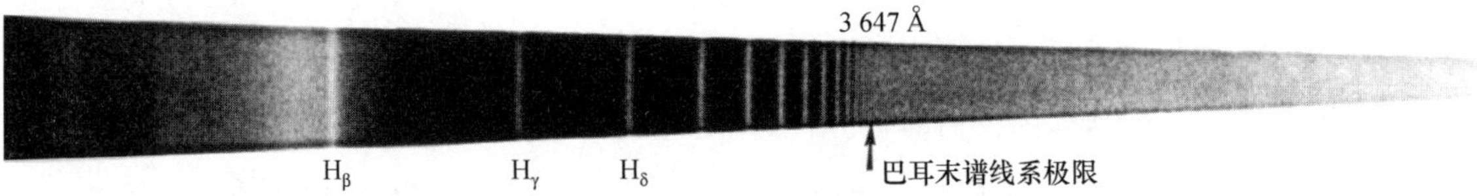

图 263　天鹅 α 星的光谱(负像)

这光谱里差不多只有氢的谱线(巴耳末系)。H_α 看不见,因为所用的底片对于红色不感光。我们看见巴耳末系里的其他谱线,逐渐溶成一个连续的吸收光谱。比 3 647 埃更长的波里氢原子只能吸收几条谱线,但是原子因失去它的电子,能吸收所有波长较短的波。

图 264　布朗运动

流体里一个分子运动的示意图,右图表示在某一瞬间一些分子的速度。

在太阳的大气里,所激发的原子和离子通常都很多,它们是由气体状的原子不断地碰撞而造成的。原来,气体的或液体的原子有一种永不止息的运动,名叫布朗运动(图 264)。温度愈高时,这种运动也愈迅速,因而原子间的碰撞也愈猛烈,激发和电离也愈增加。于是我们可以预见,随温度的高低不同,同一物体可以表现为不同的光谱,因为它的原子或多或少因吸收了某一谱线而受到激发。如果温度过高,所有的原子都失掉一个电子,我们便可观测到电离原子的特征谱线。例如,假使温度超过 20 000℃,电离氦的光谱(有一点像氢的光谱,因为电离了的氦原子也只有一个电子)便会出现。由此可见,恒星光谱里某些谱线或隐或现是它的温度的标志。于是我们得到分光学的一种新应用,即测量恒星大气的温度。

我们知道，这一章不会使读者满意。但为了使读者窥见摄谱仪对于天文学可能做出的伟大贡献，我们大略地叙述了原子的结构。这样的知识，对于我们了解太阳或者远方的恒星给我们的消息来说，是必需的。我们的叙述很不完全，无限小的和无限大的世界是不可能包含在同一本书里的！可是，无论怎样小或者怎样大，人们总是充满好奇、不知疲倦地向前探求……我们已经知道，摄谱仪可以使我们求得星球上的发光物质的化学成分、温度和运动，它真可算得是天体物理学仪器中的统帅。

图 265　**德朗达尔(1853—1948)，法国太阳物理学家**

图 266　**默东天文台的一个太阳物理实验室**

图前面是巨型摄谱仪；右边的凹面反射镜被从定天镜来的日光照着，将太阳的像形成在仪器的光缝上(图上不可见)；左边有 7 米长的照相箱，中央底部还有别的类似的仪器，注意仪器的重要部分安装在水泥砌成的砖柱上，以维持其所必需的稳定状态。

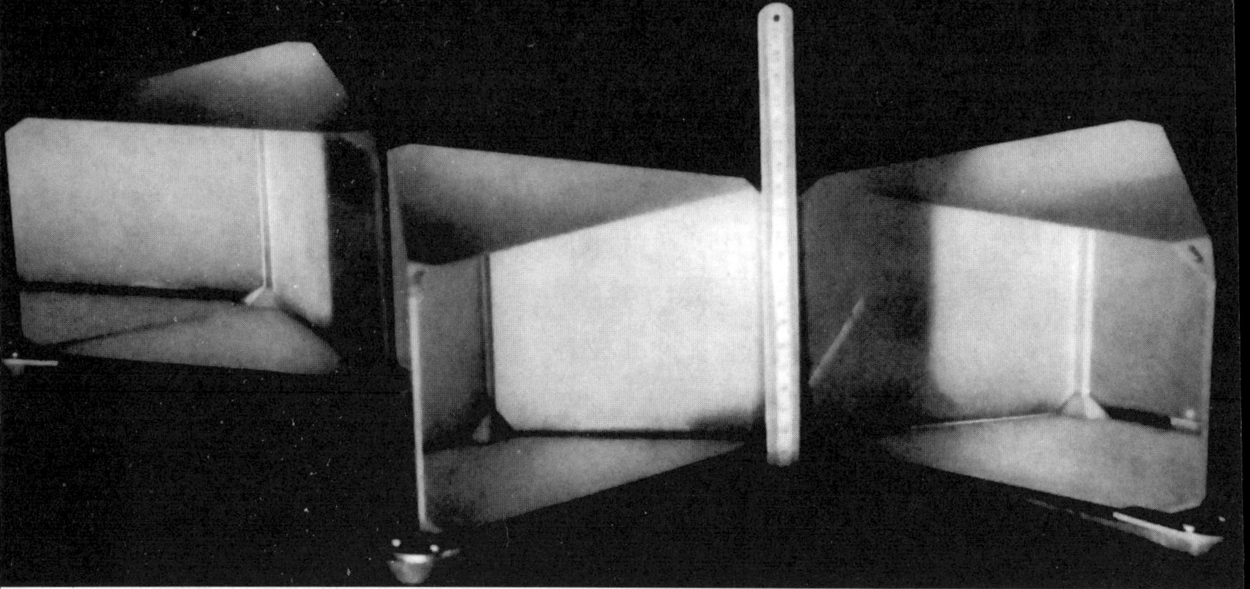

图 267　默东天文台摄谱仪里的一列棱镜，标尺长为 20 厘米

第二十章

太阳光谱带来的消息

大型摄谱仪和它的附件

既然摄谱仪是研究太阳物理学的主要工具，天文学家就在物理学家的帮助下不断地去改进这种仪器。

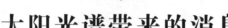

图 268　钠的 D 谱线附近的夫琅和费谱线

左图的分解度高，右图的分解度低。拍摄这两图所用的摄谱仪是一样的，只是拍摄右边一个光谱图时遮掩了光栅的一大部分，而且将光缝大开。注意左图中明白清晰的谱线，在右图变得模糊，如果分解度再减少，甚至可以消失不见。

人们首先要求这种仪器能把两条很接近的谱线分开，用术语说，即要它有大的分辨力（又叫色散）。摄谱仪的这种性质很类似无线电收音机的选择功能。选择功能差的收音机把两个波长接近的广播混淆在一起，嘈杂不清；分辨力低的摄谱仪同样不能分开两条接近的谱线。还有一点，好的收音机能够接收很远很弱的广播，这种品质对于摄谱仪也是一样的重要，换句话说，就是由好的摄谱仪所得到的谱线是明亮的。决定摄谱仪这两大品质（分辨力和明亮程度）的因素很多，而且有些是互相矛盾的。对于太阳的观测，因为它很明亮，一切的努力集中在增加分辨力上，时常就牺牲了亮度。

对于大型的仪器也常有这样的要求。如果我们使用棱镜，各种波长的色散都随光束透过玻璃的厚度而增大，于是要求制造很大的棱镜，这给了玻璃制造工业以严峻的考验。至于光栅，分辨力也随它的尺度而增加，此外，如前章所说过的，分辨力还随条纹的紧密程度而增加。因此，曾有人努力在 20 厘米长的光栅上，在每 1 毫米内刻画几百条纹路。像这样在一片玻璃上刻画的 12 万条严格相似的而且平行且等距的条纹，连接起来可达 10 千米之长，这在技术上的困难可想而知。所以，一具好的光栅实在是一件精致的艺术品。

为了尽量利用大棱镜的或者光栅的分辨力（不管照相底片的颗粒的结构），使得能够分辨出最细最弱的谱线，天文学家常用几米长焦距的透镜（海尔在巴撒登那的太阳实验室所用的透镜的焦距达 25 米）去获得光谱的像。可见，太阳摄谱仪和化学家所用的小分光镜差别之大，正如大望远镜与观剧镜那样。

为了研究紫外光谱或者红外光谱，我们又遇到别的困难。首先，快要看不见的紫外部分不能透过玻璃，为消除这个障碍，我们用反光镜代替透镜，用石英棱镜代替玻璃棱镜。对于红外区段，玻璃仍然透明，可是色散度变坏。而光栅对于一切波长都一样地使人满意。

照相底片对于紫外光谱和可见辐射是好的接收器，可是，对于红外线感光就不灵敏，到了 9 000 埃或 10 000 埃，照相底片就不能使用。那时，只好使用热电的或者光电的接收器。光电管在可见区和紫外区一样有用，因为在光度的测量上，光电管比照相底片还更灵敏、更准确。对于近红外区，硫化铅所做的光电管在现在是最好的接收器。对于波长在 3 微米以上的辐射，我们常用电阻测辐射器。在这种仪器里，辐射被插在电路（惠斯顿电桥）上的一根黑色导线所接收。这根导线受了或多或少的热，它的可变电阻便会使电流发生变化，于是可以量出这根导线所吸收的能量。阿博特就是用这样的仪器去研究太阳能量在它光谱上的分布的。

在这些仪器的使用中，我们所接收的光的分量总表现为电流的变化，被电流计测量或者记录。显然，它们一次只能被用来研究一个波长。由于棱镜或光栅的转动，使各波长的辐射依次投射在一条光缝上，这条光缝后面便装置接收器的灵敏面。于是，光谱就表现为按波长而接收的能量记录。在这个记录上，一条吸收线便成了一个谷（图 269）。

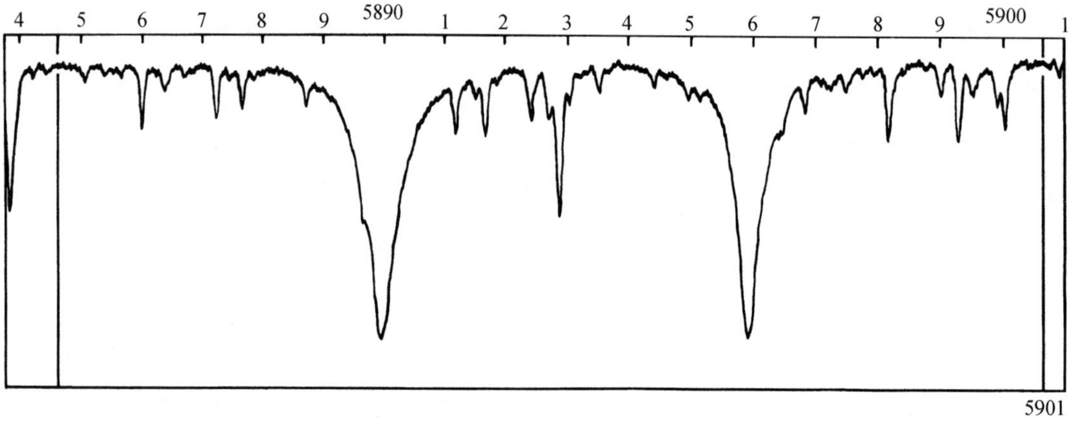

图 269 太阳光谱在 D 线区域的显微描记图

取自乌特雷希天文台所刊印的太阳光谱光度图。

电子管虽然成了接收辐射的有力工具，但是照相底片仍然使用得很多。照片有两个重要的优点：一方面，因为照相底片有积累它所接收的能量的本领，所以可以任意延长露光的时间，使微弱的辐射也能被记录下来；另一方面，照相底片可以探查而且测量照在它表面上的光，至于电子管接收器，只能每一次测量一个小点。可是，照相底片对于光度的测量是很不理想的，这种测量需要相当复杂的技术。利用一种名叫显微光度计的仪器，我们可以在露过光的照相底片上测量每一点的透明度。这种透明度和照在那一点上的光的分量有一定关系，哪一点接收的光愈强，当然它的透明度也就愈小〔当然，这里指的是负像（底片）。正像虽然具有美术上的意义，但是我们只能在底片的负像上作光度的测量〕。不幸这种关系随底片的性质、冲洗的情况、露光的时间以及光的波长而有变化。

如果在摄谱仪里照相底片的位置上安装一个光缝，选择出一个特殊波长的辐射，那么这种仪器叫作单色器。这种仪器常用以拍摄太阳表面的单色像，叫作太阳单色光照相镜〔这仪器的设计人是默东天文台的创办人让桑，后来被法国的德朗达尔（Deslandres）和美国的海尔同时制成〕。在这种仪器的入光光缝上，投射的日像作连续不断的移动，放在“选择光缝”后面的照相底片应当有一种同步的运动，以便连续将入光光缝上所经过的日面各点的单色像不断地记录在底片上，结果便用所选择的那条单色光（至少是由选择光缝所限制的最窄的那一段波长的光）拍摄成太阳的像。这种仪器的变型，借肉眼用单色光观测太阳的，叫作太阳分光镜。有了太阳摄谱仪和太阳分光镜以后，我们对于太阳外层大气的知识有极大的增加，这将在第二十二章里叙述。在今天，这两种仪器可以用另外一种更灵巧、更光明的名叫偏振单色滤光器的仪器来代替，它是天才的发明家李奥〔这位科学家于 1952 年 4 月 2 日逝世，是天文学上一大损失〕所创造的，他的多种多样的发明我们以后还会谈到。

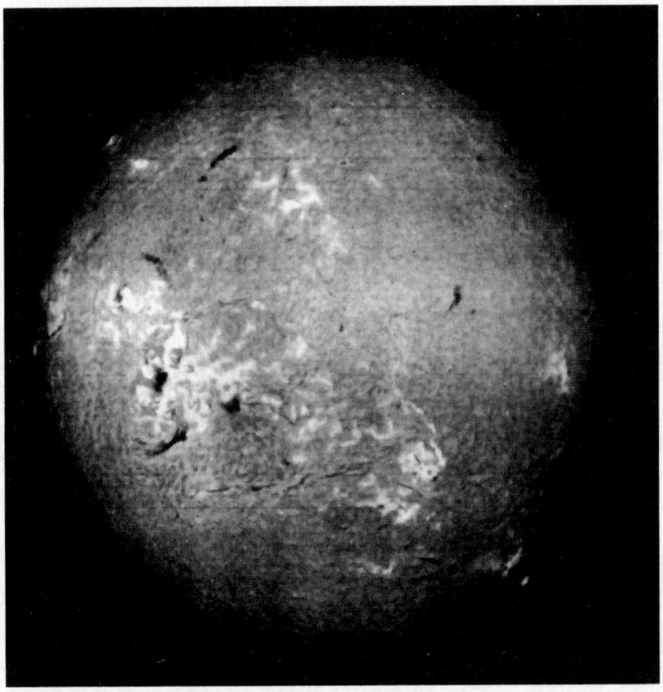

图 270　太阳单色光摄影图

这是用一个波长的光里的氢的 H_α 谱线的中心所拍摄的太阳像。

◀太阳化学▶

我们说过，夫琅和费谱线可以用来作为形成这些谱线的太阳表面区域的化学分析。在这一群谱线里（在 2 975 埃到 10 218 埃之间至少有 21 835 条），天文学家能够鉴别出地上的大多数元素的特征谱线。至于还有一些元素的特征谱线没有被人查出，也容易这样解释：不是因为那些元素的特征谱线在看不见的紫外区域里，便是因为那些元素在太阳上含量很少，所以它们的谱线很微弱，不是用现在的方法所能测量的。

有一些化合物也在太阳里找到了，它们一般是由双原子组成的分子，例如 CN、C_2、CH、NH 等〔读者知道，元素是用符号表示的：C 代表碳，N 代表氮，H 代表氢〕。大多数分子不能在太阳的大气里形成，因为它们一旦形成便立刻被高温下气体的碰撞所毁坏。有许多在太阳表面查出的分子，都只出现在黑子光谱里，因为那里的温度比较低，便于它们的形成。有趣的是，有些太阳上的分子在地球上是不存在的，因为在我们的实验室的情况下，它们是不稳定的。

总之，太阳上和地球上的化学组织在性质上是相同的，其不同之点也容易理解。但是，天文学家同化学家一样，并不满足于只求得性质上的知识，一位药剂师只知道他的药品里有些什么东西而说不出它们的成分,还算得上什么药剂师呢?我们应当进一步,对太阳的大气作定量的分析,这个问题是和夫琅和费谱线的强度有密切关系的。

要细致地去研究这个问题,这在天体物理学上算是最复杂的问题了。自然,我们不会在这里把它的一切困难都陈述出来,我们只谈谈使一条吸收谱线或浓或淡的主要因素。为了达到这个目的,我们可以把太阳的大气当作有两层,中间被一薄层所分开。这薄层就是光球,下面一层是连续光谱的来源,上面一层叫作反变层,是造成选择吸收形成夫琅和费谱线的原因。这些谱线中某一条(例如钠的D线)的浓度,显然依赖于反变层中恰好处在所要激发状态下的钠原子数目的多少,可以吸收D这条谱线。反变层的钠原子中,有些是处在中性状态的(即没有因电离而失去外围电子),在这些中性原子当中,又有一些刚被激发到恰好能够吸收那条谱线的程度。事实上,光球发出的一个光子被反变层吸收,依赖于三种因素,这正如某城里的一位少女找到一位对象的机会一样,要看那座城里男性居民的多寡,这些男性居民当中的未婚者的百分数,以及这些未婚者当中愿意娶妻者的比例数。在各种激发状态下的原子的分布只和温度有关(玻尔兹曼定律),因此,根据同一种原子的吸收谱线的相对强度可以定出反变层的温度,这样得出的结果叫作激发温度。至于中性原子的比例数,与温度很有关系,也大致与每立方厘米气体内的电子数有关。印度物理学家萨哈(Saha)用一个公式表示出这三个量之间的关系。既然我们已知温度,于是可以算出电子压力,因此我们有必需的条件去测定反变层内每平方厘米上的钠原子的数目。同样的方法当然也可应用于其他的元素,于是我们对于太阳大气中的物质有一种完备的化学分析方法。这一成就是1929年美国天文学家罗素首先得到的。

我们在这里所说的这些近似方法以及罗素本人的成就,都是不太合理的,因为把大气分作两层,一层产生连续光谱,另外一层产生吸收光谱,是与事实不相符合的。事实上,显然是同一大气产生各样的光谱。不过一般说来,吸收光谱比起连续光谱来,是在浅层里形成的。还有一种困难,吸收谱线随吸收原子的数目而变强,这个关系不是简单的定律所能规定的,而是被一个名叫生长曲线的复杂关系所规定,幸而我们能够根据经验把这个关系定出来。最后还有重要的一点,对谱线强度的研究需要纯粹原子物理学上的知识,例如,需要多少能量才可把一个原子激发到各种激发状态,以及这个原子将会作某一种跃迁的倾向,换句话说,就是它宁肯吸收某一种辐射的倾向。由此可见,太阳以及恒星的知识和对原子性质的研究有很密切的关系。

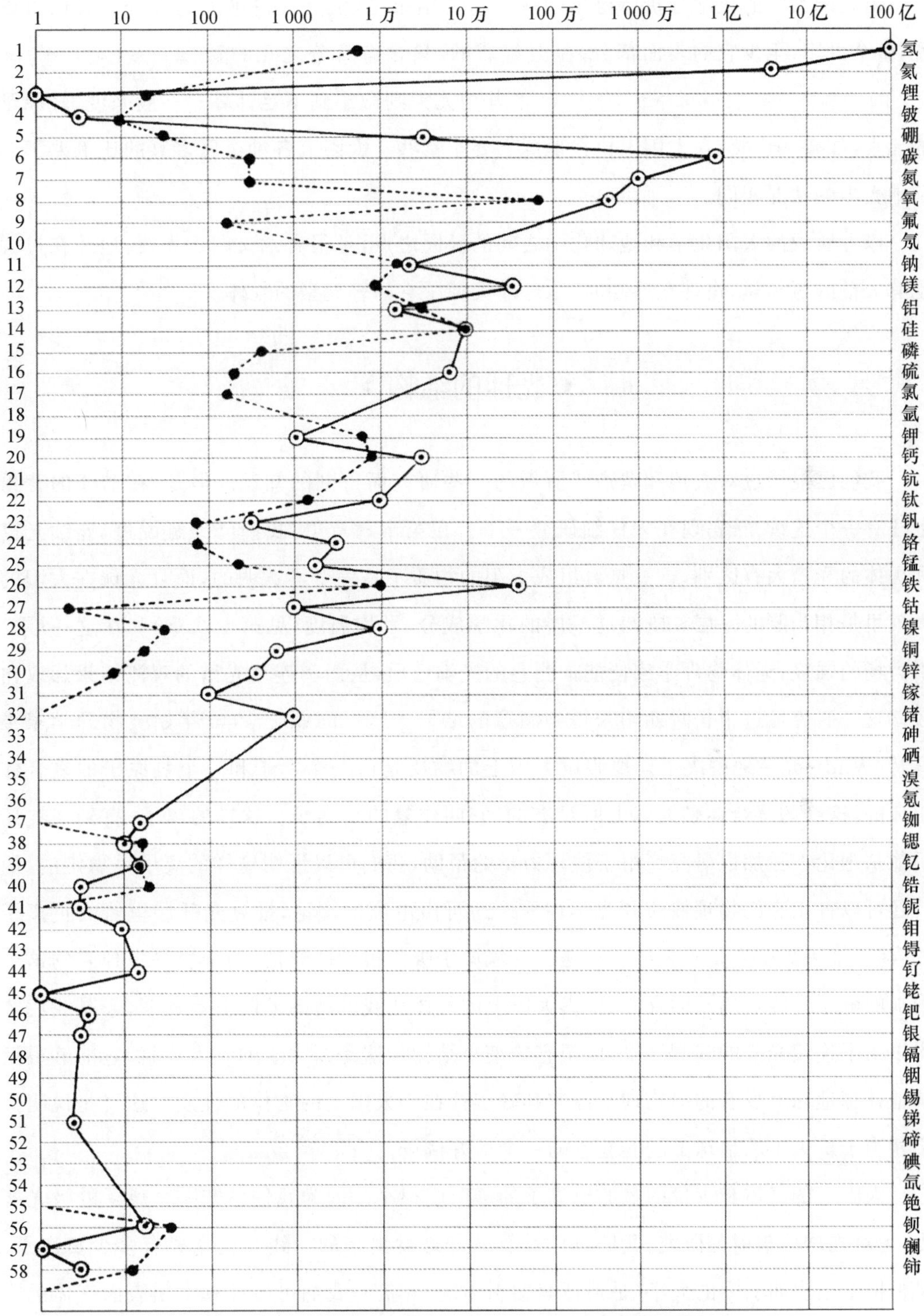

图 271　**太阳大气和地壳化学成分的比较(⊙代表太阳，●代表地球)**

以 10 万个硅原子为标准，这曲线表示各种元素的原子数目。平均说来，当原子序数增加(就是说当原子构造变复杂)时，原子的数目减少。轻元素如锂、铍、硼，异常稀少，也许是由于在核反应里它们容易变化，太阳在过去可能因发光用去了这三种元素的储蓄。注意铁特别多。图中只表示了至原子序数 58 为止的比较轻的元素。其他的元素，一般说来，更要稀少。

由太阳大气的化学分析所得出的一个重要结果是,氢元素占绝大的部分。我们可以说,整个太阳(至少它的表面部分)是氢组成的,只含有百分之几的氦〔氦的含量特别难于测定。100个氢原子里大约有4个或5个氦原子〕,其他元素则微小到不足计算。一般来说,轻原子的元素,如碳、氮、氧,在太阳上比在地球上要丰富些。太阳上各种金属多寡的比例差不多和地壳内的情况相同。

以上所说的太阳化学和地球化学之间的异同之点,是很有意义的。无疑,地球在过去也有大量的氢和氦,也许在冷却时,地球才失掉了它的轻元素的气体。

光球的结构

我们已经谈过对夫琅和费谱线所做的一些研究而得到的知识。但是,在谱线的背景上还有一个连续光谱,现在来仔细研究一下。在第十六章里,我们已经解说过,连续光谱和黑体的光谱大有区别,这意味着组成太阳的物质不是完全不透明的,而且光球在太阳的大气里是相当厚的一层。既知这一层的化学成分、平均温度(见第十八章)和在这一层上引力场的强度,天体物理学家便能推测它的光学性质,从而和连续光谱的观测结果加以比较。这一研究经过很长时期均未得到满意的结果。这一问题于1940年始被物理学家维耳特(Wildt)光荣地解决了。他假设太阳上的物质是由一个电子和一个氢原子的复合体组成的,这样的复合体是地球上所没有的,它叫作氢的负离子。这样的离子,直到现在还只能从理论上去加以研究。由于波动力学的帮助,我们可以证明这样的离子是稳定的,而且还可以推出它的物理性质和光学性质。还可由电离的理论,推算光球层里氢的负离子的含量,结果表明它是不多的。这是因为氢原子吸收很少的光能,便很容易失掉它的这个附加的电子。因负离子的存在,使得太阳上的气体比我们所想象的更不透明,于是我们才得以明了连续光谱的观测结果,以至它的细小结构。这是新力学的一大成就,它能够很精确地计算地球上没有的但物理学证实其确实存在于太阳上的物体的性质。这又是说明太阳相当于扩大了的地球上的实验室的一个极好例子。

太阳上的气体和少量的氢的负离子的透明度很小。因为我们已知一个离子的吸光能力,由对光球层辐射的研究,我们可以计算从光球发出来的一线光究竟碰着多少负离子。又根据太阳表面引力的大小(是地球表面引力的28倍),我们可以计算太阳表面气体的密度。最后,我们可以确定光球的厚度,即确定太阳大气里完全透明和全不透明两层之间究竟有多少千米。这样规定的光球约有300千米之厚。这里面,压力的变化自1万至10万微巴〔1 巴＝10^5 帕。——编辑注〕，约为地面大气压的 1/1 000～1/100。

我们已经说过，太阳的大气里没有不连续的面，因此太阳也没有像我们所看见的那样一个清晰的边缘。可是，太阳上面在到了某一层气体时，即使是很薄的一层光也透不过去。根据我们粗略的观测，光球上 300 千米薄薄一层在我们眼里形成了一个确定的表面。但是，假使负离子不存在，光球会更透明，太阳的边沿便会模糊得多。

根据上面所说，读者应该记住，太阳大气里相当薄而却很重要的一层中的化学组成、温度、压力等，都是可以很精密地测定的，这是由于理论原子学家和对吸收光谱进行连续的精细的观测的人共同努力获得的结果。

图 272　为研究天体物理和地球物理用的火箭，在美国西部的沙漠里，图为施放前的情形

◀ 极长波和极短波的太阳光谱 ▶

为了增进摄谱仪所表现的太阳大气的知识，当然应该将这些光谱的波长的范围愈扩大愈好。如果我们只观测太阳的连续光谱中的可见部分，我们便不会证明氢的负离子是使太阳上的气体不透明的原因，因为氢的负离子在近红外区里（1.6 万埃）有一个极显著的极小吸收的部分。天体物理学家不断地努力将观测推广到光谱的一切区域。因为红外线被地球上的水汽吸收，所以天文学家把他们的仪器安装在高山天文台里。例如阿博特的观测都是在沙漠的高原上做的，比利时物理学家米几奥特（Migeotte）亦曾在瑞士处女峰（海拔 3 546 米）对太阳的红外辐射作过长期的观测。红外区域里大气谱线最多，对它们进行研究所得的结果，对于地球大气的贡献比对于太阳大气的贡献还大。

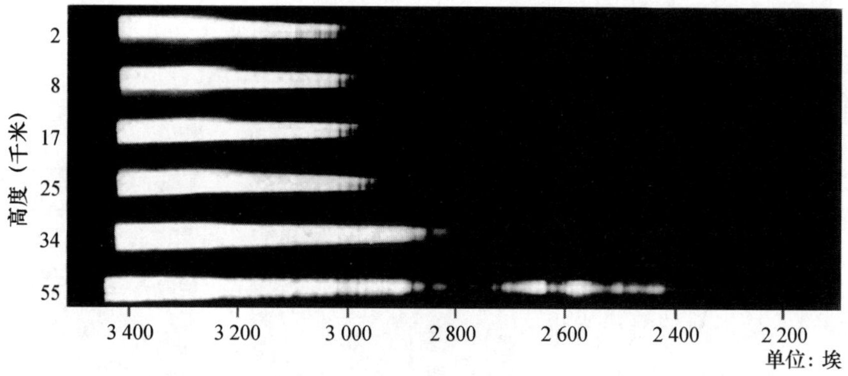

图 273　V2 火箭上升至各高度处所拍的太阳光谱

注意：当光线经过的气层愈少时，光谱愈向紫外一端增长；当火箭达到 55 千米高，这时已越过臭氧层，光谱达到它最大的长度。

为了推广到紫外区的光谱，只是到高山上去观测还不能解决问题。我们说过，大气中所含的臭氧把太阳光里可观测的波长限制在 3 000 埃以上。臭氧是氧的一种特殊形态，它的分子结构是三个氧原子，而不是像通常的氧那样由两个氧原子构成，这两种氧虽然只差一个原子，可是臭氧却成了能爆炸的气体了。在地球的大气里，臭氧的分布是不均匀的，在离地面 30 千米或 40 千米高空处，有一弥散的臭氧层。为了研究在这作为屏障的臭氧层以外的太阳的光谱，我们说过，应该把摄谱仪送到 50 千米的高空去，这当然有相当的困难。首先，必须要有一种运输工具，这便是火箭；其次，还需使装在火箭顶端或者翼端的摄谱仪的光缝常被太阳照着。为了达到这个目的，曾经设计了许多巧妙的装置。此外，还需设法把摄谱仪和拍摄后的宝贵的胶片收回来，这必须要有另外一种装置，使火箭缓缓下落，而且仪器还需坚固不致摔破。这样的飞升最先在 1946 年和 1947 年完成，将太阳光谱拍摄到 2 200 埃的极限。

在这样发现的光谱区里，最显著的特征是两条极浓的吸收谱线，它们可以算是太阳光谱中最引人注目的谱线，是由电离的镁所造成的。这些谱线的中心，显现出发射的状态，无疑是在太阳大气的极高层所形成的。这现象可以这样解释：下面一层气将光球里的上述波长的辐射完全吸收，因而上层中发光云的强烈发射得以突出。

对太阳紫外光谱的观测，虽然困难多、耗费大，但这是科学家所迫切需要的。对氢的紫外辐射赖曼 α 谱线的研究是太阳物理学家所最感兴趣的〔1952 年 12 月 12 日，在 80 千米高处拍摄的太阳光谱达到 1 200 埃的极限，赖曼 α 谱线以发射状态出现〕。

短波区段里再远一些，便是 X 射线的范围。要研究太阳所发的 X 射线，火箭更是必需，而且还需使火箭射到很高的上空去，因为组成空气的氮和氧很能吸收 X 射线。可是太阳光里比10埃还短的X射线，已经在100千米高的上空被人查出。在波长的另外一端，即射电波，对此范围中的太阳光谱我们了解得比较清楚。太阳的射电波是从它的大气的最外层发射出来的，在日食的时候，可以得到证明。因此，我们在后面还要讨论到这样的长波。

◀ 黑子的光谱 · 太阳的磁性 ▶

如果将黑子的像投射在摄谱仪的光缝上面，我们所得到的光谱和夫琅和费光谱颇有不同，于是给我们带来许多新的课题。中性金属谱线的加强，分子吸收光谱的出现，无疑表明黑子的温度要低一些。而且，在黑子光谱里，许多金属谱线都变宽阔或者分裂成几条谱线。发现这种现象的海尔证明，谱线的这种分解和实验室里光源放在强磁场里（例如放在强电磁铁的两极当中）的谱线的分裂是相同的，这种现象在物理学上叫作塞曼效应。一般说来，谱线被磁场分裂是很复杂的。最简单的情形，名叫正常塞曼效应的，谱线常被剖为三个分量，每一分量的强度随入射光束相对于磁场所处的方向而变化，而且分开的程度是和磁场的强度成正比的。

在磁场的影响下原子性质的这种改变，在物理学家看来一点也不奇怪，他们把电磁学上的定律应用到原子的小世界里去，得到了很好的解释。电子在原子里的运动就像一种电流。我们知道，磁场对于电流有作用的力量，这便是表现在电动机上的力量。因此，电子的运动受磁场的影响，于是原子具有一种附加的能量。这种原子的磁能量不是任意的，与原子尺度里的一切能量一样，它是量子化了的，换句话说，这种能量的大小只能有几个确定的数值，它们随原子在磁场里的方位的不同而不同。能量经过量子化这一事实，表明原子在磁场里不能占任意的位置，而只能在几个特殊的方向上，这是量子力学的一个显著结果。磁化的原子在正常能级下，只能按它的方位不同具有几个可能的状态。有这几个可能的状态相应地便有这些状态的跃迁，因而产生了多条的谱线。

谱线的每条分线是从原子在磁场里的一个特殊的方位而来，这一事实更可以解释各种谱线的偏振情况。

要想明白什么叫作光的偏振，我们可以打一个比方：手执一条长绳的一端，再把它摇动。如果我们把这条绳子从上到下，又从下到上迅速地摇动，这样形成的振动便向绳子的另一端传递过去（图274）。这样形成的振动叫作横振动，因为在波动经过的时候，绳上每一点运动的方向都和振动前进的方向正交。而且，这种振动发生在一个平面之内，即在起初手摇动绳子时所在的铅直平面之内。我们把这样的偏振叫作直线偏振。另外一种有趣

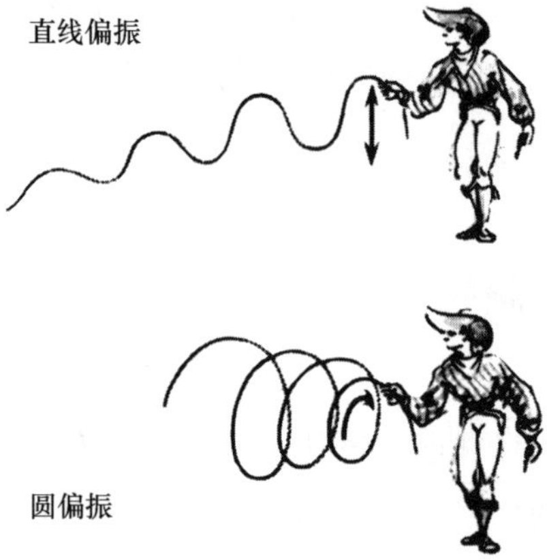

图 274　绳索的波动有一点像光的振动，这些波动可能在一平面内（直线偏振），或者在一圆柱上（圆偏振）

的情形，便是手作圆周运动，这样的圆运动沿着绳子传递过去，我们便得到**圆偏振**。

再回过头来谈谈光线。原子的作用像手那样，光则代表传播中的振动，至于绳子呢？……事实上没有人明白什么东西是和绳子相当的！对于光波的情形，我们不太明白什么在振动，可是我们至少了解光是一种横振动，并且可以直线偏振化或圆偏振化，这和上面所说的绳波完全相似。在一种原子占有任意方向的光源里，例如高温下的气体，这样的发射便不会产生偏振，这好像有无数只小手使绳子在各种方向上有很多种振动。但是，如果原子（例如受了磁场的作用）有几个固定的方向，它们所发出的振动将会是偏振化的。而且，偏振随所研究的光的方向而改变。在正常的塞曼效应里两个极端的情形，便是我们从垂直于磁场的方向去看，或者沿着磁场的轴的方向去看。在前一种情形里（横塞曼效应），三条谱线分量都是直线偏振化了的，中间一条平行于磁场偏振，旁边两条则和磁场正交；在后一种情形里（纵塞曼效应），旁边两分量变成圆偏振，中间一分量则不存在。总之，我们从塞曼效应可以求得磁场的方位、大小和方向。换句话说，对黑子光谱的研究，可以使我们知道在黑子上每一点磁针应指的方向，而且说出有多大的力量使磁针维持在那一个方向上。在地球上，固定磁针在一定方向上的力量是很弱的，但是在太阳的黑子里，这力量却很大，可以和强的电磁铁相比。计算磁场强度的单位叫作高斯〔这是磁场强度的一种单位，是为了纪念德国数学家和物理学家高斯（Gauss，1777—1855）而命名的〕。地磁场的磁场强度是 0.2 高斯，一颗大黑子的磁场强度可达 3 000 高斯。

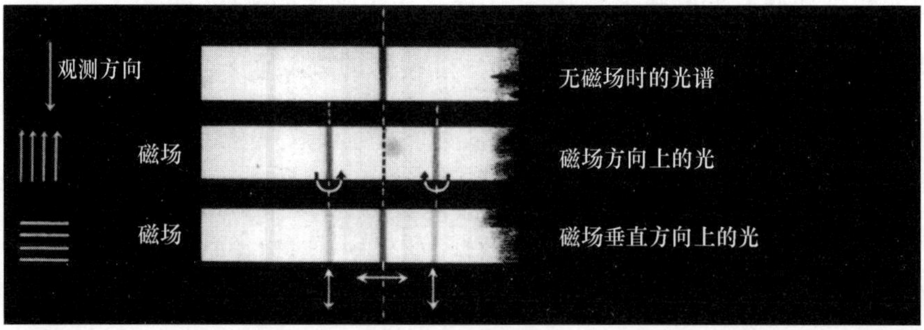

图 275　塞曼效应

谱线分裂为三条（如果我们从磁场的方向去看，其中一条便看不见），注意和每一个情形相当的偏振。

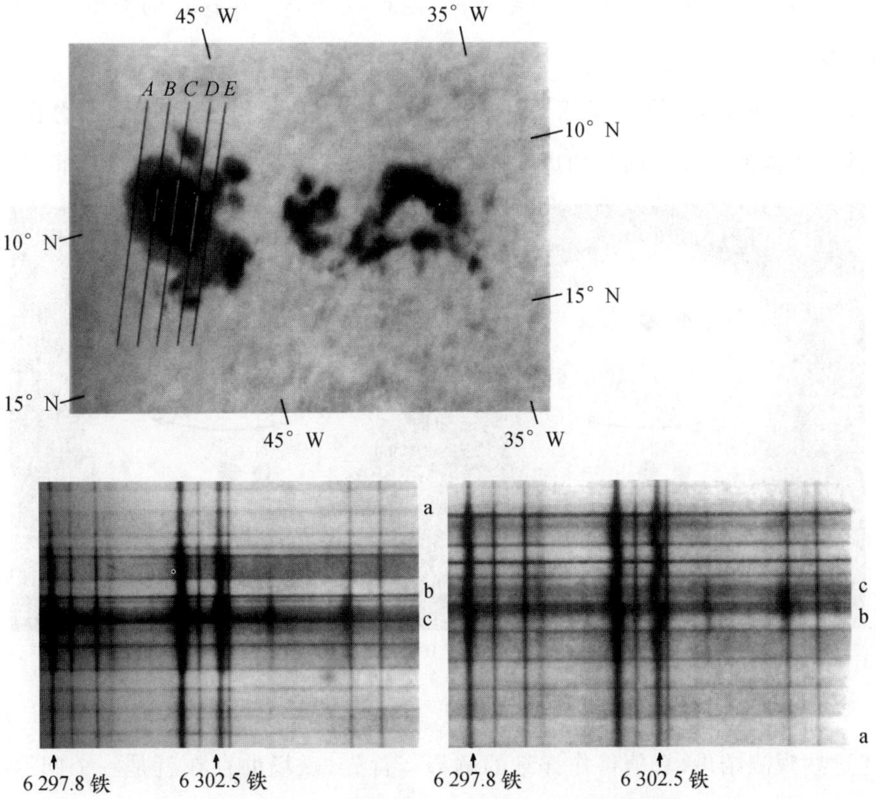

图 276　**黑子的光谱〔克吕贝尔(Klüber)拍摄〕**

在黑子群的照片上我们标出光缝被放在黑子上的几个位置，这里复制的光谱相当于 B(左)和 D(右)两个位置。水平向的光带是由特殊的滤光器所做成的，这些滤光器的作用在于寻觅偏振。塞曼效应将谱线分解的现象很显著，特别是 6 302.5 那条铁的谱线；不表现塞曼效应的细谱线是地球的大气谱线。在左边的光谱图上注意 C 谱带，它是一个纵向的塞曼效应的典型；右边的图上(横向效应)，水平向的谱带，不是少一个偏振化的分量，便是多一条谱线的分量(波茨坦天文台的照片)。

威尔逊山的天文学家对于黑子的磁场做过长期的研究，发现下列几种事实：

(1) 一切黑子均有磁场。

(2) 磁场的磁力线(即磁针所指的方向)在黑子中心处和日面正交，这些磁力线从那里射出，好像喷泉的水一般(图 277)。

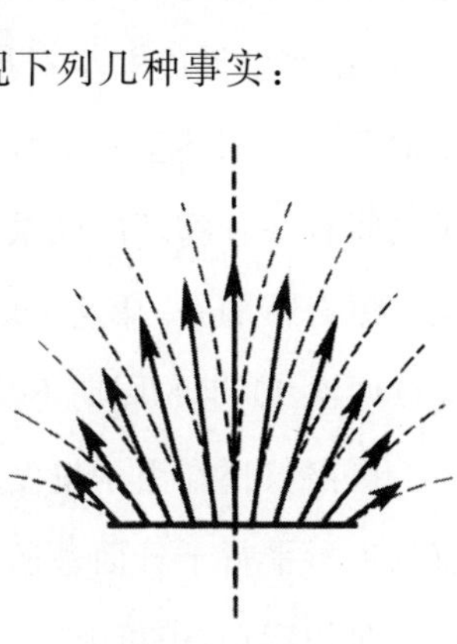

图 277　**太阳黑子上面磁场的形式**

(3) 磁场在黑子中心极强，愈向外愈弱，直到半影之外，然后消失。

(4) 在没有黑子的地方有时亦查出微弱的磁场，这种不可见的黑子预兆着可见的黑子出现，或者是过去的黑子的遗迹。

(5) 大多数黑子群都是两个黑子组成的,叫作双极群。在这样的群里一颗黑子是磁北极,另一颗是磁南极。

(6) 在 11 年周期内,同一半球上,一切双极黑子群里,头黑子和尾黑子均有相同的极性,这极性因不同的半球和前后的周期而发生改变,有如图 278 所表示的那样。

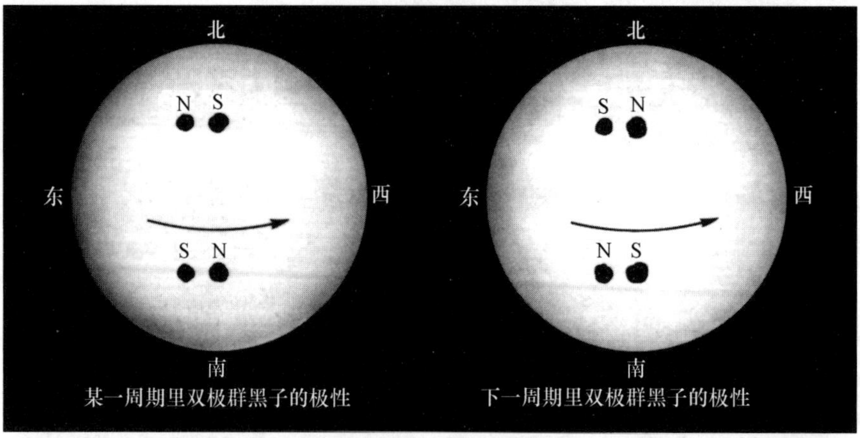

图 278 **黑子双极群的极能**

在太阳活动的一个周期里(例如 1945—1956 年),在北半球带头的黑子磁性是南,尾黑子磁性是北,在南半球恰好相反。在上或下一周期里这情形又逆转了。

上述这些观测结果,真值得作详细的解释。首先,磁场的存在就是一个问题,磁场常是发生于定向电荷的运动。在一恒定磁场(例如马蹄铁)里,常是原子本身被磁场排列整齐,例如一块钢受了磁化的情形,钢里的分子因其晶体格子的刚性,所以保持那个被排列后的方向。但是高温下的气体就不会被永久磁化。那么,我们该把黑子当作一个巨大的电磁铁。可是造成磁场的电流在哪里呢?在太阳的环境里,物质绝对导电且又是无限的广阔,在那里形成电流不是件容易的事,而且这电流还该是稳定的,它可以经历黑子生存期的几个星期甚至几个月之久。成对黑子的磁极异性似乎容易了解,毫无疑问,头尾两黑子之间有一种物理的联系,可是它们是不是像常见的磁石的两极那样,真的形成一块磁石呢?更奇特的是,从这半球到另一半球,从这个周期到下一个周期,极性发生转变。也许连续两次 11 年的周期不是独立的,黑子活动的真正周期是 22 年。

摄谱仪还在黑子里发现一种奇特的运动:由多普勒效应查出的谱线小位移,证明物质有从本影平行于日面逃逸的趋势,这种现象叫作埃弗谢德(Evershed)效应。随着这种水平方向的运动,很可能有一种垂直方向的运动,以补偿在水平运动中所损失的物质,不过因其太缓慢难于觉察罢了。这样的环流特别被伽利略所创建的佛罗伦萨天文台的台长阿贝提(Abetti)加以研究。

我们可以说,在黑子现象里一切都使人难于了解。磁场会怎样出现呢?会怎样维持住比周围的光球要冷 1 500℃的区域呢？黑子活动有 11 年的周期，有如春季的疥癣的发生一样，究竟为什么有这样一个奇怪的规律，而且连续两次的爆发又似乎有联系呢？直到现在，对于这些问题还没有任何满意的解释。最完备的解释当推瑞典物理学家阿耳文(Alfvén)的理论。自然这个理论还不成熟，可是，把磁场提到一切现象的首要地位，已经打开了了解黑子的道路。黑子里物质的冷却和环流很可能都是磁场的副产品。阿耳文一再述说电磁现象在太阳物理上的重要性，他的工作为天文学也为电动力学开辟了新的境界。

太阳表面上，除了黑子以外，还有一个微弱的变化着的磁场。早在 20 世纪初，海尔即宣告，像在地面上一样，日面上有一普遍的磁场。可是现今的工作并没有证实这种磁场的存在。对太阳磁性的研究，观测和理论两方面都才开始，同时需要有优越的技术和深入的理论探讨。

我们研究黑子的物理，虽然观测数据已积累了不少，但对所提出的问题还茫然无知、无法了解。以后几章里所谈的问题也有同样的情况。前几章在谈到太阳科学的成就的时候所给予读者的良好印象，将会完全幻灭。我们不能不承认我们的无知了。

图 279　1952 年到苏丹喀土穆的法国日食观测队，图中为口径 6 米的射电望远镜

第二十一章

日　　食

日食和人类

月亮每月绕着地球的运行，有时会掩盖了太阳的全部或一部分。地球上的观测者应该庆幸能够看见这种现象，因为月亮的轨道平面和黄道是斜交的，日食是一种相当稀罕的现象。关于在地面上一定地点观察日食的情况，我们已经叙述过了（第十四章）。月亮通常只遮住日轮或多或少的一角，仅造成日偏食的现象。天文学家对这样的日食不太感兴趣，一般人如果不于事前预备，临时用一片黑玻璃遮着眼睛去看，往往就会错过机会。在

日偏食的时候，日光可能有一些减少，但是减少与复原往往只经过 1 小时左右的时间，基本上不会被人发觉。可是，在日全食的情形下，一切都不同了，自然给我们表现出一种最伟大、最稀罕的景象。我们应当庆幸有这样难得的机会，因为如果月亮的直径短了 200 千米，我们便不会发现有日全食的现象。月亮遮住日光所成的黑影锥，在地面上形成一个椭圆，这椭圆式的黑影，以每小时 1 700 多千米的高速度在海洋和大陆上扫过几千千米的行程。因为这黑影的范围不大（最大的直径不过 268 千米），而且走得很快，日全食在地上某一点经历的时间十分短暂，在最合适的条件下，也只有 7.5 分钟。不管全食的时间是怎样短暂，但它先要经过一两小时的偏食阶段。当全食快来到的时候，光线迅速减少，才引起人们的注意。太阳忽然完全隐没从而造成一种现象，愚昧的人看上去将会感到恐怖，有知识的人看去是感动难忘的。在最早的书籍里就有关于日食的记载。我们能够计算过去一切日食的日期和情况，这对于历史学家是一个有价值的贡献，因为他们可以根据这种计算的结果去考证古代文化的重要日期。天文学的这一种奇怪的用途，我们已经在第十四章里有过叙述。我们现在再谈一谈日全食和人们的关系，特别是和天文学家的关系。

19 世纪中叶以前，在日全食的时候学者们对于月亮黑轮周围的奇特景象很少注意。大约是从 1842 年那一次经过法国南部和意大利北部的日全食起，人们才开始以今天所有的热情去注视日全食时所出现的太阳外层大气。

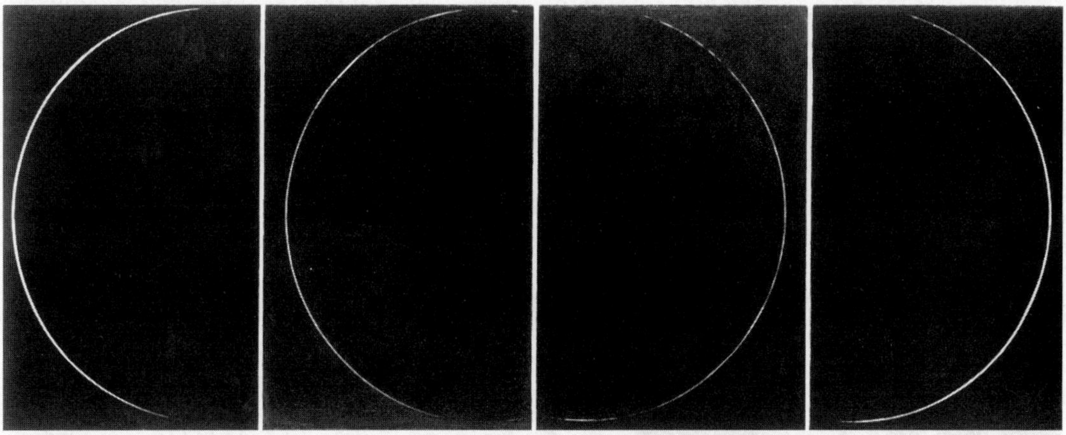

图 280　1912 年 4 月 17 日日偏食的几个阶段

由左至右：12 时 9 分 3 秒，12 时 9 分 50 秒，12 时 10 分 10 秒，12 时 10 分 31 秒。注意月面的山将娥眉光切断的情形，这种现象叫作倍里珠。

我们先叙述一下一般人对于日全食的印象。当天文学家所预言的日食到来的时候，在耀眼的日轮的西边出现了一个黑色的缺口，这个缺口缓缓地、不可避免地扩大起来，差不多需要 1 小时的时间，整个日面才能完全被掩盖。当明亮的娥眉形的部分不断地缩小的时候，日光也逐渐减少，最后呈现灰白的月色，四周的景色带着惨淡的情调。这时候，观众常兴奋地讲起话来，每个人都想压住他不安的心情，因此愈来愈喧嚷。许多没有开化的民族把日食当作天龙吞食了太阳。为了赎救他们所需要的太阳，他们总是大声呼叫，敲锣打鼓，企图吓走天龙。印度人常把身体浸在恒河或别的圣水里，以求赦宥。动物却比较安静了，鸟儿停止了歌唱，鸡也回到了窝里……最后一弯太阳继续逐渐变小。因月面上的山峦起伏，在即将淹没的日轮上形成一串光明的颗粒……忽然间，黑夜降临了，可是这是一个假的、不完全的黑夜，因为天空中不见全食之处，大气还带着红色的霞光。太阳附近的行星和几颗明亮的恒星也出现在天空。在月轮周围有一些不规则的光辉，这便是日冕，它的白色的光辉愈向外愈微弱，以至混淆在蓝天的背景上。这是一个令人难忘的景象，地球上很多人一生里都未曾见过这种景象。1860 年日全食时，米兰市的居民高呼"天文学家万岁"，他们以为天上的这幕出奇表演，是天文学家所编导的呢！日全食的时间，一般只有两三分钟便过去了。日冕发出它澄静的光芒，好像要永恒地照着我们一样。可是一下出现了耀眼的光辉，一丝日光出现在月谷的凹处。日全食结束了……日光迅速地恢复，观众们有两种感觉，一方面本能上有轻松之感，另一方面对于这种奇特的不能再见的景象转眼即逝，又有惆怅难忘之感。

天文工作者的印象与此自然稍有不同。他们常从远道而来，目的是对现象进行精密的观测。为了筹备观测工作，他们常在几月乃至几年以前，便开始辛勤劳动、深思熟虑起来。他们常组织远征队，携带笨重仪器，旅行了数千千米的路程，因为日食常可能发生在辽远、荒野的地方。有时全食带只从海洋里掠过，而不在陆地上出现。19 世纪末有一次又美好又长久的日食，法国天文家普吕维内耳想去观测，地图上在全食带中的只有两个荒岛，一个名叫瓦克岛，他详细调查以后，才明白这个岛仅存在于自称发现者的想象里。全食带在太平洋里仅接触一个礁石，在退潮的时候方才暴露在水面之上，人们很难在那上面建筑起临时的观测站来。

图 281　让桑（1824—1907），默东天文台和勃朗峰天文台的创办人，他于 1868 年日食时，和洛基尔同时在日珥里发现了氦元素

观测计划决定以后，天文工作者首先须向政府和议会请求发给派遣远征队所需的费用。掌权人士对于这类的申请总不太热心。普吕维内耳曾经作了这样的解释，他说："我们的政府对于我们所关心的星球丝毫不感兴趣，那是不足怪的，因为庞加莱业已说过，这些远方世界不参加我们的政治斗

争,即使那里有居民,也不会是选民来投赞成政客们的票的。”

费用申请到以后,天文工作者还要装置各种各样的仪器(而且常是新颖的),并加以校准。经过长期这样细致的准备以后,天文学家还要争取时间早日达到观测地点,安装仪器并再度校核,还需修建安置仪器的稳定基座。另外,避雨、防冻、防尘(在沙漠地区灰尘特别有害)的房屋和帐幕也需修建。自然,还应该有一个冲洗相片的实验室。这些预备工作时常是在艰难的条件下进行的。例如兰利(Langley)和他的同伴把帐幕安置在落基山4 300 米的高峰上,遭受雾、雪、寒、冻、坏天气和高山病等的袭击。这样艰苦地经过一个星期之后,他们得到了报酬:他们在高山特别清爽的天空上看见了一次美丽的日食和壮观的日冕。

日食的时候,天文学家遭遇的不幸事情更是多得不能数计,前面我们已经讲过了一些。在那一去不可复得的几分钟里,仪器比起平常特别容易失灵,这是因为观测者的精神极度紧张。在颤动的手指下,照片匣子总是打不开、关不上,一切机构都好像停顿了!为了减少这种心理的因素,在事前需进行无数次的练习,以便在日全食的时候一切动作均像机械一样,不假思索便能完成。天文学家们在全食的短短几分钟里忙于操作,对于这伟大的奇景时常是无暇去看一眼的。日食以后神经可以松弛一下,但他们还需当心好好冲洗宝贵的底片。当地的助理观测人员,有时也会弄出令人啼笑皆非的故事。普吕维内耳曾经向我们讲了这样一个故事:他把开关一架照相机的任务交给一位贪图安逸的本地人。这人不耐烦在烈日下等候日食的到来,他跑到夜宿的帐幕里去睡觉。一声号响,他一下跳了起来,开始他练过多次的动作……可是忘记了打开帐幕,阳光自然不能透过帐幕,日冕也不会照上去!

观测的帐篷自然需加圈栏,并派人维持秩序,可是好奇的人总以为在天文学家工作的地方日食特别好看。云雾对于天文工作者来说总是最难避免的仇敌,特别在日全食的几分钟里,很少的积云盖住了太阳,便会让几个月的努力付诸东流。据估计,对日全食的观

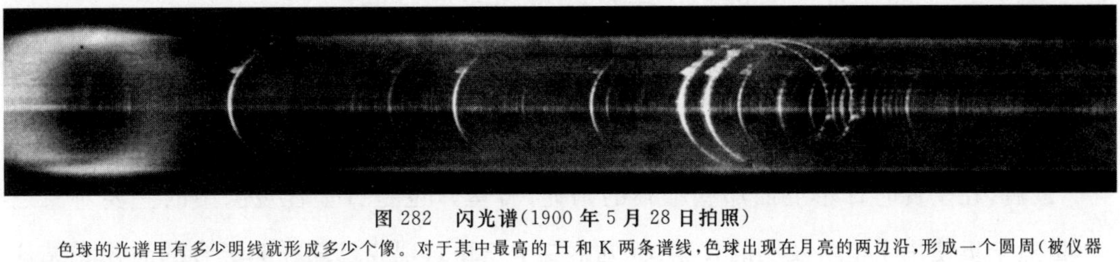

图 282　闪光谱(1900 年 5 月 28 日拍照)

色球的光谱里有多少明线就形成多少个像。对于其中最高的 H 和 K 两条谱线,色球出现在月亮的两边沿,形成一个圆周(被仪器稍微变形)。注意日珥的单色像和色球的单色像一道出现。

测有70%归于失败，或者由于云雾或者由于各样事故。观测者对于失败应当先做好心理上的准备，正如一切从事体育竞赛的人和远征探险者所需要的准备一样。我们可以说，对日全食的观测是天文学中最富竞赛意义的一项工作。

日全食的科学意义

日全食可以涉及许多有关天文和地球物理的问题。我们只谈谈几个重要的方面。

在食既或者生光的时候，即月球刚把炫目的光球圆轮盖住的时候，我们便看见在这个圆轮上，像衣服般镶上了一条锯齿形玫瑰色的花边。在19世纪之初，爱里（Airy）把它叫作“山脉”，今天我们给它命名为色球。色球的厚度有几千千米。它是许许多多明亮交叉的小型喷焰所组成的，好像草原上的苗芽一样。因为太阳大气的这一层不厚，所以在几秒钟以后便被月亮所遮蔽了。因此，我们必须等到19世纪末照相术发达之后，才能对色球作有收获的观测。所谓闪光谱，就是色球的光谱，要研究这个转瞬即逝的现象，有它特殊的困难。虽然今天我们利用摄谱仪已经能够在不是日全食的时候也观测到色球，可是在现今的日食观测中，闪光谱的拍照仍然是一个重要的项目。从色球上喷射出来的巨大的各种各样的红色“火焰”，叫作日珥。我们在日全食的时候用肉眼常常可以看见它。日珥可达几万乃至几十万千米的高度和长度。日珥的光谱于1868年8月18日第一次被让桑所拍到。这条光谱是明线的，如像低压下的气体所发的明线一样。其中最显著的是氢的谱线，还有一条强的黄线不属于当时已知的任何元素，于是将这未知的元素命名为氦。这种气体先在太阳里发现，过了许久才在地球上找到。氢的谱线 H_α 和 H_β 在让桑眼里非常明亮，他便问道：不在日食的时候，只用这些谱线去观测日珥，是不是可以胜过背景上的天光？因此，第二天他把他的摄谱仪的光缝对准日食时太阳边沿上有一个大“火焰”的地方，他看见明亮的 H_α 谱线重合在天空漫射光的光谱上面。同时，洛基尔（Lockyer）在英国也同样发现了日珥。由此可见，用摄谱仪可以在非全食的时候探查日珥，这便开始了以后不断的研究。意大利天文学家，如塞奇（Secchi），在这方面颇有贡献。虽然对日珥的经常观测自1868年即已开始，但是仍然只有在日全食时才能作精细的观测，例如对日珥光谱的光度研究，因为在平时总不免要受天空光亮的干扰。

最后，在全食时日轮上面那些耀眼的圆光（日冕），也是日全食观测中的主要对象之一，虽然李奥使用了他所发明的日冕仪（见第二十三章），现今已能在非全食的时候看见这种现象。照相术、分光学、偏振测量学、电子光度学等一切近代科学技术，都可用于日冕的

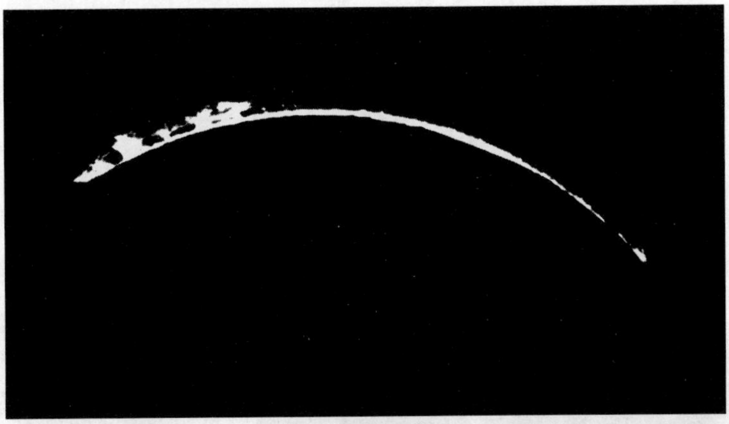

图 283　色球和一个美丽的日珥（1905 年日食）

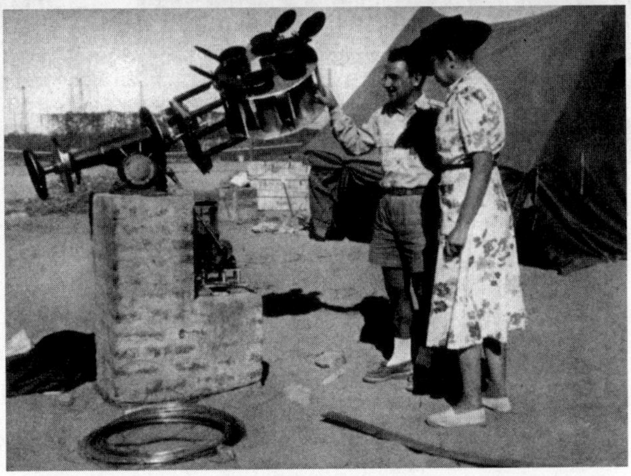

图 284　1952 年到喀土穆的法国日食观测队，图中为拍摄日冕的一组照相镜

研究，因为我们愈明了日冕的奥秘，它便愈能对我们提出更多的问题。日冕是太阳大气的最外层，也是分布在太阳系里云状物质的中心。当无月之夜时，在远离城市灯光的乡野里，我们遥遥望见的微弱的**黄道光**，便是这些云状物质的一种表现。

在太阳上，日冕和色球之间并无明晰的分界之处；在太阳的外边，我们也不知道哪里是日冕终了的地方，事实上，在每次日食里所看见的日冕变化很大。日冕的亮度在明亮的色球与夜天光相近的黄道光之间作连续的、迅速的变化。因此，对日冕的研究，无论在日食或非日食的时候，都受了下述原因的限制，如因空气分子、大气里和仪器上的尘埃而来的散射光线。图 285 表示出这些困难。避免的方法

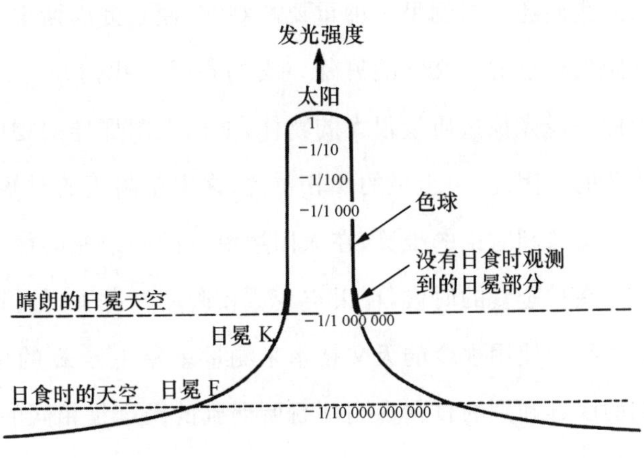

图 285　太阳各部分的相对亮度

（以太阳本身的亮度为单位）各层日冕以及各种情况下的天空高度。注意：离开太阳以后，日冕的亮度是怎样的暗淡，而且变弱是怎样的迅速，因此日冕的光常被天空的光所掩蔽，甚至在日全食的时候也是如此，由此可知日冕观测的困难。

图 286　美国海军部日食观测队的射电望远镜，用以研究 1952 年 2 月 25 日日食时太阳发出的极短的射电波

便是在高山干净的空气里去作观测。可是，在全食带上不常有容易上去的高山。1952 年 2 月 25 日日全食的时候，曾经有一架军用飞机飞到 1 万米的高空去观测可能达到的最远的日冕。由太阳而来的射电波，就是从日冕发出来的。但是究竟从日冕的什么地方发出来的呢？一般的天线不能够区分由附近几个方向而来的电波。天线的指向性和分辨力太差，从几度范围内来的波都混淆在一起。在日全食时候的观测便是一个补救的办法，可以用来研究射电波在空间里的分布：月亮依次遮掩了太阳的各个区域，在日食进程中，对由太阳而来的射电能量的记录可以使我们明了太阳各部分发射量的多寡。所以在现代的日食观测队里，不但有摄谱仪、照相镜，也有射电望远镜与最高级的天线和接收设备。

我们还需提到另一种重要的观测，便是爱因斯坦效应的观测，这是日食对于和太阳物理距离很远的天文学的另外一支的贡献。我们知道，光线和一切能量相同，是有质量的，因此一线光掠过质量很大的物体，如像太阳那样的物体时，是会受这种物体的吸引而发生弯曲的。因此，一组星的照相位置，在太阳附近的时候比不在太阳附近的时候更要移动一些。按照相对论的推算，在太阳边沿处的一线光的偏向值是 1″.75。

在日全食的时候，在天空变成夜晚的情况下，拍摄被食的太阳附近的星显然是很可能的。我们使用现今的天文技术来测量星象 1″至 2″的位移，这也是容易办到的。这里所遇到的困难和别的日食观测项目所遇到的困难是相同的，就是说，我们不能改变环境反复去作多次的观测以消除误差。

1919年和1922年开始的两次日食观测所得的结果和爱因斯坦的预测值非常符合，科学界热烈地庆祝这个成功。因测量上的困难，大家还是承认爱因斯坦的相对论已经由观测得到相当满意的证明。可是，以后的观测和讨论都说明观测和理论有一点差异，这只有留待将来更多的更精密的观测去决定，也许还有另外的现象重合在相对论的效应上，也许需要将理论加以修改才可使它和观测的数值完全符合。

图287　研究爱因斯坦效应的折射望远镜，1952年在喀土穆的观测队所装置的

随着天文学的进步，对日食观测的兴趣不是减少而是增加了，我们在上面只能列举几个由观测而得的重要结果。我们还可以说，待解决的重要问题仍然需要人们努力去作日食的观测。在今后的漫长时间里，我们仍然可以看见奔走四方的天文学家建起他们临时的观测站，热切地期待着那奇妙而短暂的日冕的出现。

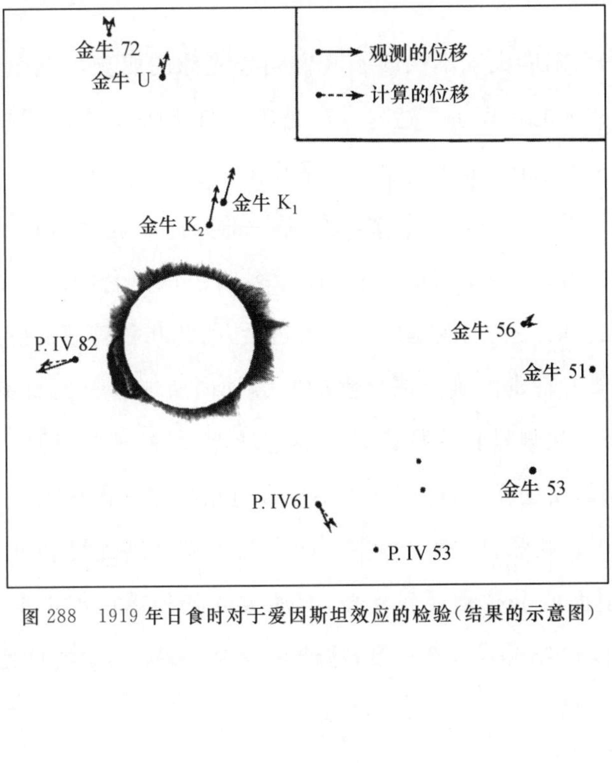

图288　1919年日食时对于爱因斯坦效应的检验(结果的示意图)

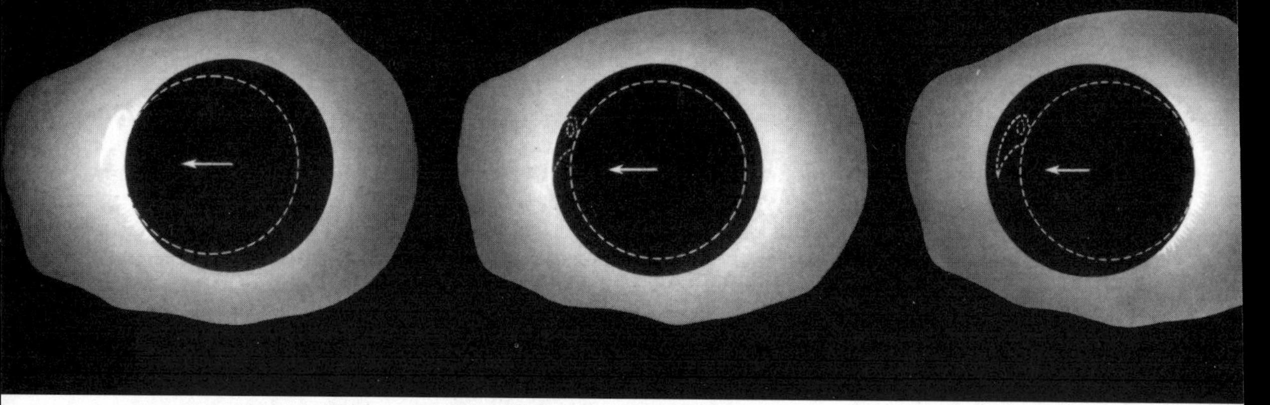

图 289 色球怎样出现于食既和生光的时候(示意图)

第二十二章

色球与日珥

日全食时的观测

我们已经说过,太阳的大气不仅限于我们叫作光球的明亮区域里。在光球上面的气层,因压力很弱,形成氢的负离子。这些气层是透明的,因而是看不见的,只是在日全食即月球将光球遮掩起来的时候,这些气层才会呈现出来。

色球是太阳大气里紧接着炫目的光球的那一部分。在全食的时候,色球表现为月轮上明亮的锯齿形的边沿,有玫瑰般的颜色,所以名叫色球。它的厚度大约有 5 000 千米。因为太薄,所以在全食期间它不能超出月亮的边沿,因此几秒钟以后它也被掩盖了。这样的情况使对色球的研究特别困难。在全食的几分钟内所能看见的日冕,要去观测已经是不容易的了,现在又要观测只有几秒钟时间的色球,真是一种“冒险”。可是,在每次日全食的时候,天文学家都要这样去冒险,从来不愿放过拍摄色球的闪光谱的机会。因为光球在我们眼里的宽度不过几弧秒,所以拍摄它的光谱不需使用光缝和准直透镜。光球的弧相当狭窄,在物镜前面放上棱镜或者光栅,其所成的各种单色像不至于彼此侵犯、干扰。物镜和反射光栅可以联合成一个光具组,这便是罗兰(Rowland)的凹面光栅,常用于对闪光谱的观测。

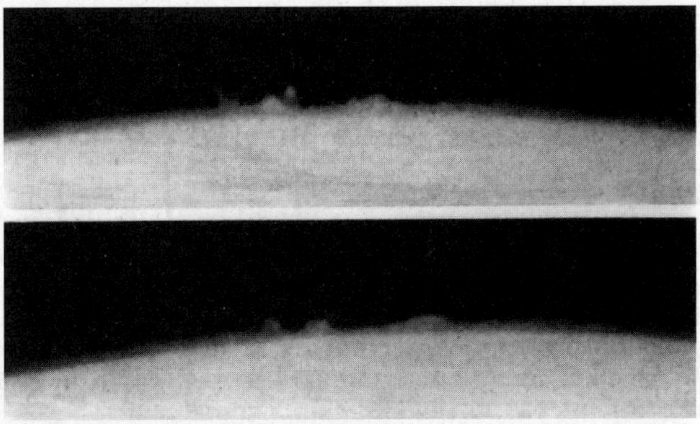

图 290　色球的结构：这两张照片是从李奥所拍的活动影片上所取出来的，这是利用他所发明的单色滤光器将色球光谱里最明亮的 $H_α$ 谱线孤立，于没有日食的时候所拍摄的。注意从色球发展的针状物。两照片的时间间隔是半小时

色球的光谱是由许多明线所组成的，它们的波长恰好和夫琅和费谱线的波长相同。事实上，它们和正常的太阳谱线的白、黑两色又是不同的，闪光谱上的正像有一点像夫琅和费光谱上的负像。我们可以把太阳的大气假想为一种夸大的模型来解释这个现象：下面有光球层发射强的连续光谱；上面一层密度比较稀薄，不能发射连续光谱，那里面的气体吸收和发射的辐射符合基尔霍夫定律。在这种稀薄的表面区所生成的谱线，在正常的太阳光谱里像是吸收线，因为这些谱线和光球强的连续发射线相重合了，可是当我们只能看见这一层的时候，换句话说，即从太阳的边沿的一边去看色球的时候，这些谱线就表现为发射线。事实上并不是仅仅在日食的时候才能看见色球的明线光谱，在平常的时候也可以看见，但是这些谱线在天空的明亮背景上（它的光谱和正常的太阳光谱相同），只有色球光谱里最强的谱线才能在天空的背景上显露出来。

前面把太阳的大气分为两层，只是一个粗略的说法。把它假想为三层更要确切一些：一层发连续光谱，上一层形成吸收谱线（反变层），再上一层就是色球，产生发射谱线。事实上，这三层是互相混合在一起的，为解说方便计，才强作这样的划分。在整个用光学方法可达到的太阳区域里，温度、压力、流体动力的性质都在连续地变化。太阳大气的光谱有各种各样的区别（光球或色球），一方面是上述物理性质连续变化的结果，另一方面也是由于观测情况有所不同。随着不同情况，我们所观测到的是高低不同的层次，因而也是性质不同的层次。

观测者特别注意到，在日面上他们所能探寻到的色球谱线的高度是按化学元素来区别的（甚至从这一谱线到另一谱线也有不同），例如氢气的色球好像比铁气的色球高些。有些天文学家以为太阳大气的成分随高度而有变化，有些原子，如氢原子，比别的原子要高一些。各种元素的这种分层，不能解释为它们的原子重量的不同。为什么相当重的电离钙的谱线 H 和 K 比氢的谱线还要高呢？有一种抵消重力的力量，足以解释这似非而是的现象，这种力量便是光作用于吸光的原子上的辐射压。很能吸光的原子，譬如电离钙的

原子之所以升得高,就是因为它们受了更强的辐射压。英国科学家米尔恩(Milne)所发展的这一理论,今天已被人放弃。大家更相信色球的化学成分是均匀的,关于谱线高度的变化即使不假设各元素是分层的也能得到解释。

主张色球是均匀的一个理由,便是色球受了极强的湍流的影响。我们很容易看出,色球是一大堆互相混淆、不断变化的气焰所组成的,这些叫作针状组织。它们表面的大小和寿命的短暂,使我们回忆起光球上的米粒斑,有些学者还以为这两种结构是有联系的。

闪光谱的一个特点,便是存在着氦的谱线和夫琅和费光谱里所没有的电离氦的谱线。氦是很难激发和电离的,因为它是一种很稳定的元素。氦的谱线(尤其是电离氦的谱线)是很高的温度的表现,有 20 000℃左右。于是我们得到一个离奇的结果:在光球的表皮层,温度约为 4 500℃,而且向高处增高。愈是远离太阳,它的大气不但不变冷,而且愈热了!

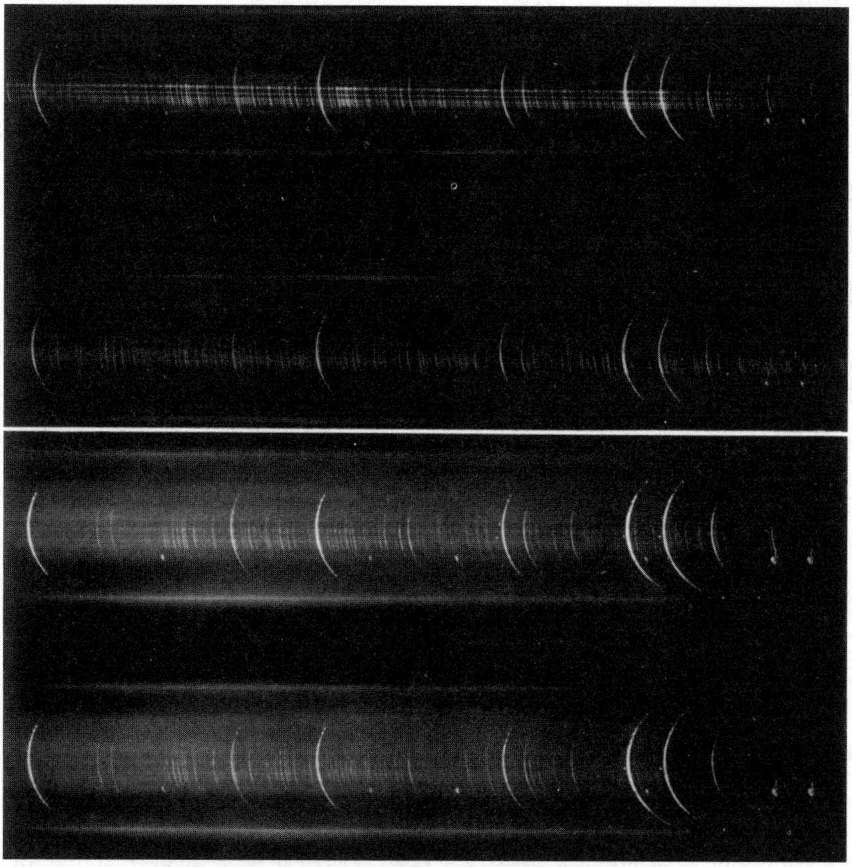

图 291　1952 年 2 月 25 日所拍摄的闪光谱(在喀土穆拍摄)

注意:当月亮逐渐将低层色球掩蔽、我们观测到高层的时候,光谱便逐渐简单化。露光时间在食既以后依次是 0.5 秒、2.0 秒、3.6 秒和 5.8 秒。

太阳单色光摄影图

我们已经说过，摄谱仪可以用来拍摄太阳的像，拍摄时所用的光是经过选择在一定界限内的很狭窄的波段，这样拍得的照片叫作**太阳单色光摄影图**。我们现在看一看太阳物理学从这种技术所得到的知识。

假设把选择光缝放在连续光谱里，这样拍得的照片和用大段光谱区所拍的照片便没有什么区别。可是，假设将光缝放在极强的夫琅和费谱线的中心，对于这样分出的波长，太阳的大气是很不透明的，其所利用的光线是从太阳大气很高层即色球层而来的。

这样拍得的太阳单色光摄影图表现了色球的结构。因为色球是透明的，所以我们使用白光就看不见它，但用很强的黑线的光辉，色球对于它不透明，因而就看得见了。

不在日全食的时候，太阳单色光摄影图给我们表现出来的色球，它不仅是在太阳的边缘，而且是在整个日轮上都可以看见。而且，由于所选择的谱线以及光缝在同一谱线之内的位置不同，摄谱仪所拍摄的就是不同高度的各层。由此可见，这种方法所能达到的范围十分宽广。

通常拍摄的太阳单色光摄影图是用氢的红色谱线 H_α 和电离钙的紫外谱线 K。其他的谱线也曾经被人使用。在很宽的 K 谱线里，我们可以将选择光缝放在谱线中心强度迅速增长的部分，或放在谱线的边缘上（图 293），这样便拍摄到图 292 内的 K_1、K_2 和 K_3 三幅太阳单色光

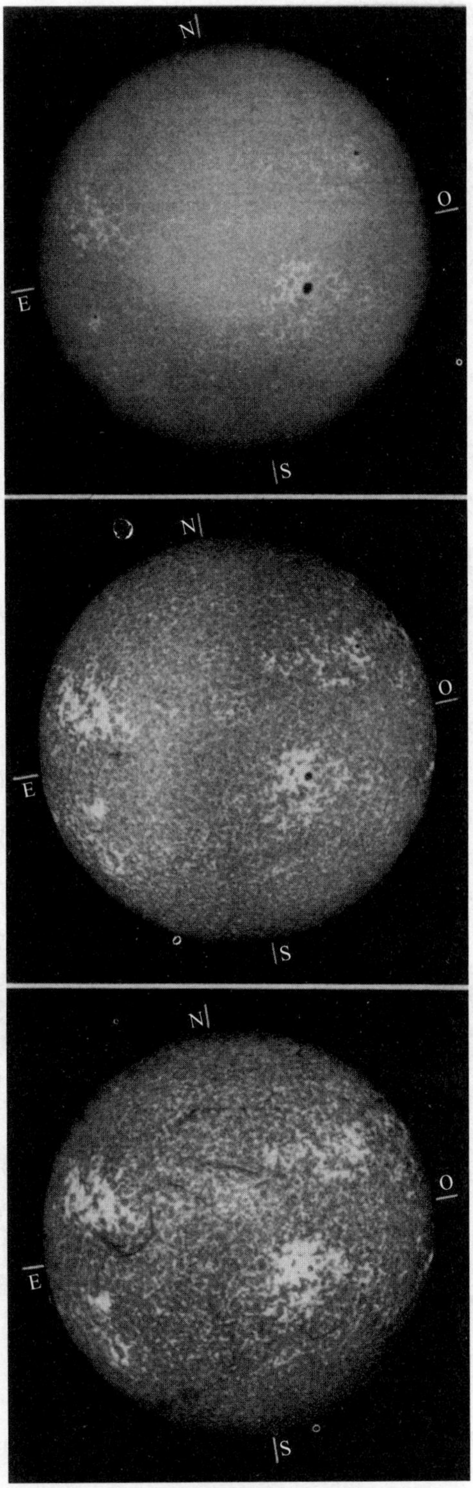

图 292　太阳单色光摄影图，1927 年 7 月 29 日用电离钙 K 谱线拍照。自上而下：K_1 照片（谱线的翼部），K_2 照片（中部），K_3 照片（谱线中心）

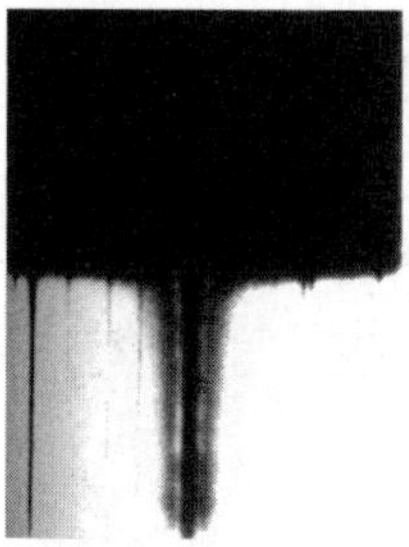
(V) K (R)
图 293 日珥边沿 K 谱线的结构

的照片。既然太阳大气的透明度在谱线的中心很弱（辐射 K_3），相对于 K_2 和 K_1 两辐射的透明度便要顺次增大一些，所以照片 K_3 比照片 K_2，更比 K_1 代表更高的气层。我们说过高层明亮的云所表现的光斑，当我们从连续光谱过渡到太阳单色光摄影图 K_1、K_2、K_3 的时候，我们觉察这些光斑愈来愈大，愈来愈显著，以至最终光斑将黑子完全盖着，在 K_3 图上黑子便看不见了。另一方面，我们说过高出日面几万千米的弧形或喷焰式的气体所表现的日珥，它在 K_3 图上表现为黑的暗条。在天空的背景上，日珥表现为火焰，但是在明亮的色球前，日珥却变成了一层障幕，这是我们多次引用过的基尔霍夫定律的又一例证。除了强烈的片状光斑和黑的暗条以外，在 K_3 图上我们还可以看见色球的灰白两色相间的结构，有一点像橙皮似的。这是由于有叫作一种谱斑的明亮的颗粒存在，它们的大小大约是 10″或 20″，以网状的形式盖住色球，网眼有达 1′的。在特殊的情形下，谱斑可以分解为更小的颗粒。用电离钙的红外谱线（波长分别为 8 498 埃、8 542 埃、8 660 埃）所拍得太阳的像和 K_3 图上的细节大体相似，只是光斑没有那样显著。

用氢的红色谱线 H_α 所拍的太阳像和用电离钙谱线所拍的太阳像，却有很大的差别（图 296）。在 H_α 像上，日珥仍表现为暗条，其片状光斑更明亮而广大，与钙光的图相比，这一切现象的轮廓更显著、结构更突出。它的背景是比钙的谱斑更细微得多的明暗条纹和颗粒结构。在远离活动中心色球的澄静区域里，米粒斑和暗条都是任意分布的，我们只

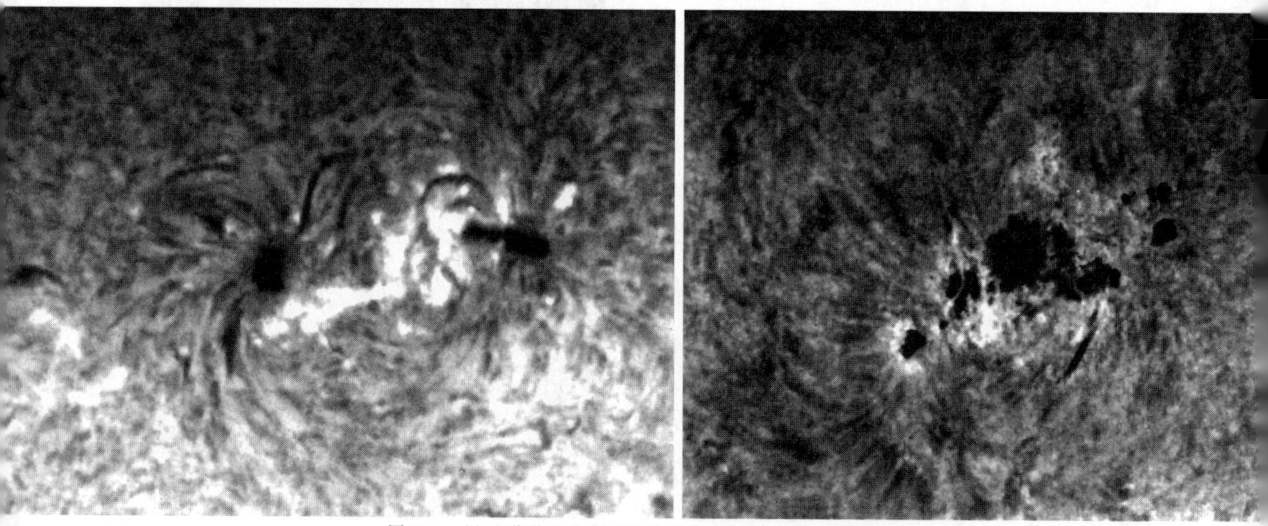
图 294 黑子群附近的色球结构（日面旋涡）用 H_α 谱线拍摄
左图：1926 年 9 月 20 日用太阳单色光照相镜拍摄；右图：1946 年 8 月 25 日用单色滤光器拍摄。

看见一个颗粒状的表面。反之，在黑子群的附近出现纤维状的结构，其组成部分有一定的方向，好像是被气流或旋涡所推动一样，所以叫作日面旋涡。这样的米粒斑好像绘出磁场的磁力线，有点像磁铁上面盖一张纸，铁屑在纸上所表现的磁力线一样。因为这两种图案很相似，所以这使得海尔在黑子里去寻觅磁场。可是我们不敢确定，也许这只是一种表面上的相似。譬如围绕黑子的色球旋涡的方向和磁场的极性没有关系，这样便说明在形成上旋涡和磁场并无联系，也许以 H_α 光拍摄的太阳照片背景上的细微暗条和在色球边缘所看见的红色的针状组织是相同的现象。

用 H_α 和 K 谱线所拍摄的太阳相片，外貌上的差异真有一些奇怪。譬如像氢这样难于激发的原子，其发射与吸收非常受温度的微小变化的影响。只要有一个区域比附近的背景稍微热一些，可以发射或者吸收一个 H_α 光子的氢原子数目就会大大地增加。可是，对于温度不太灵敏的电离钙，却不是这样的，也许这使得钙的结构成为更模糊的情况。

太阳摄谱仪所表现的一种雄伟的现象便是色球爆发耀斑：一个亮点首先出现在围绕具有活动中心的黑子的光斑区里。这一点扩大，别的点出现，混合成为一团炫目的纤维状的结构。从爆发处时常发展成为一个或者几个日珥，摄谱仪说明这些日珥具有很快的速度，常达每秒几百千米。明亮的光斑区的面积和光亮都增长得很快，随后却缓缓地衰微，以至在几分钟到几小时的时间里便变得和一般光斑无区别了。爆发日珥的异常发射线，只集中表现在几个特殊的波长上，即氢、氦和电离钙的谱线，很少有金属谱线；在个别的情形下，也查出弱的连续光谱以及特殊的以白色光出现的爆发日珥。无疑，它们发出大量的短波紫外辐射和粒子辐射，以及连带而来的强的射电波。在讨论到日冕（那里产生赫兹波）和紫外辐射及粒子辐射对地面影响的两节内，我们还要再谈到爆发日珥。

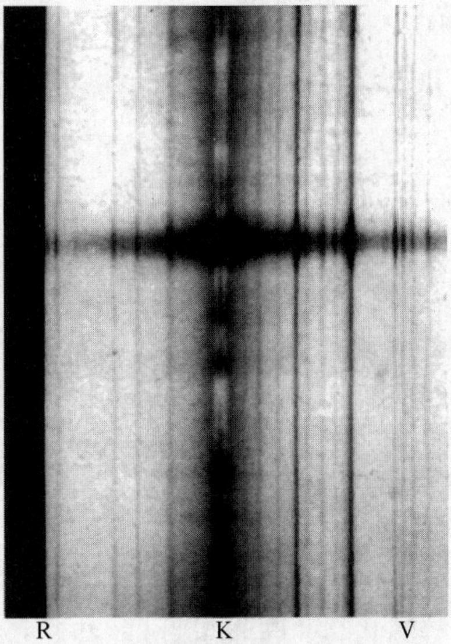

图 295　黑子和附近光斑的 K 谱线的结构

黑子表现在光谱里是一暗带。光斑在 K 谱线中心有一发射谱线，相当于 K_2 波长的单色光所拍的太阳的像，光斑以明亮的光片出现。

读者详细研究一下这里复制的照片，将会更能欣赏太阳分光摄影仪。利用李奥的比太阳分光摄影仪更明亮、更好用的单色仪，我们期待着对于色球现象有新的认识。但是，

图 296　用 H_α（上图）和 K_3（下图）两谱线所拍摄的太阳单色像的比较（1949 年 3 月 25 日拍摄）

注意两张照片上的精细结构：在天空背景上，日珥像是明亮的（四边沿），但在日轮上却变得黑暗，还有黑子群周围的明亮光斑（默东天文台照片）。图中用 E、S、O、N 代表东、南、西、北。

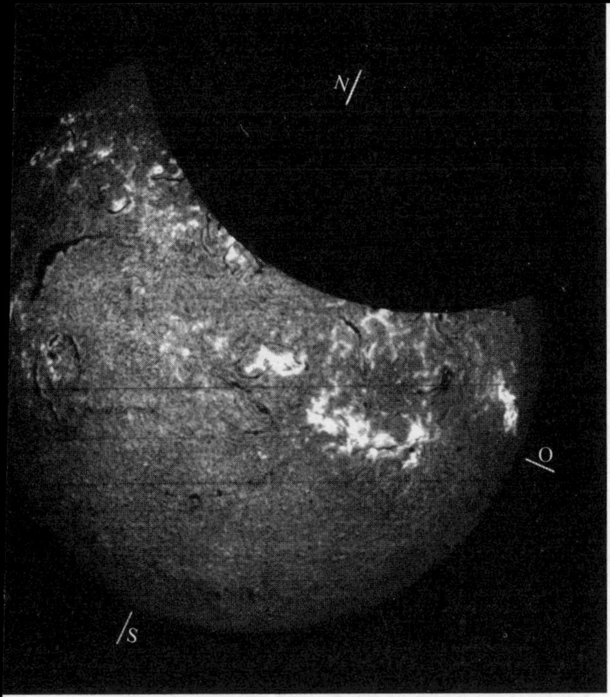

297　1949 年 4 月 28 日日偏食，用 H_α 谱线所拍摄的太阳单色像。直太阳活动极大期，色球表现出扰动情况，在这张照片上可以看出

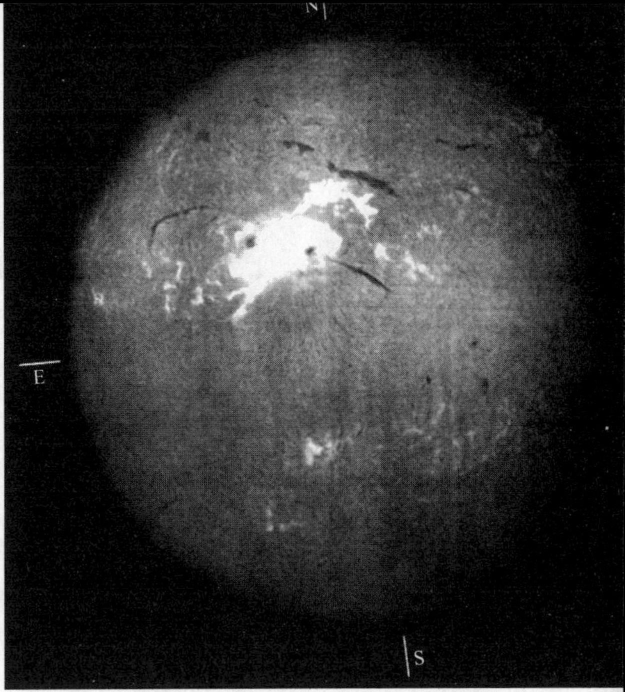

图 298　1946 年 7 月 25 日色球层上的大爆发

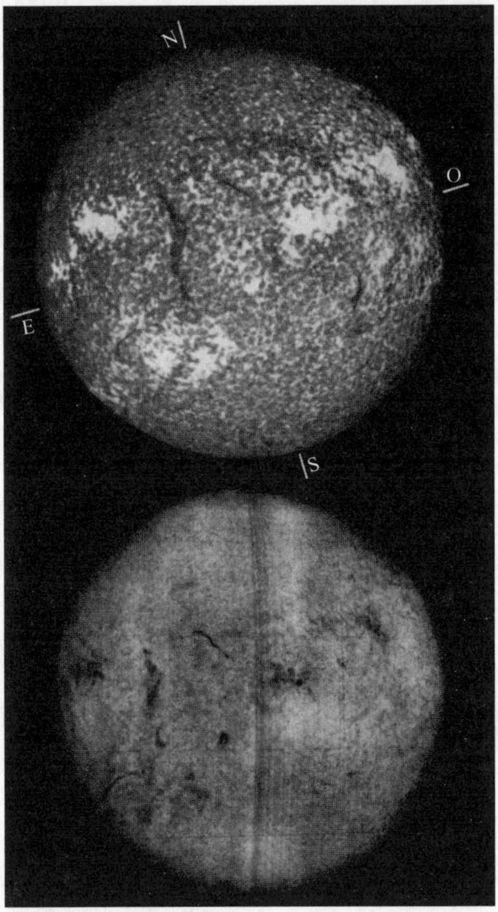

图 299　用氦的红外谱线(10 830 埃)所拍摄的太阳像和同一天的 K_3 照片比较

用电离钙所拍的明亮光斑,在用氦谱线所拍的像里显得黑暗。因对红外线感光的底片不容易得到,所以这张照片是唯一的一张。

在了解米粒斑、光斑区、明暗条纹等现象的细致工作里,太阳分光摄影仪仍然有它重要的作用。我们将活动摄影机装置在太阳分光摄影仪上,以构成所谓太阳分光活动摄影仪,用它去研究上述各种现象的演变,也是很重要的。活动摄影机自然更容易装置在单色仪上。天文学家现在正在努力筹备一个国际合作组织,使色球现象得到人们连续不断的观测。

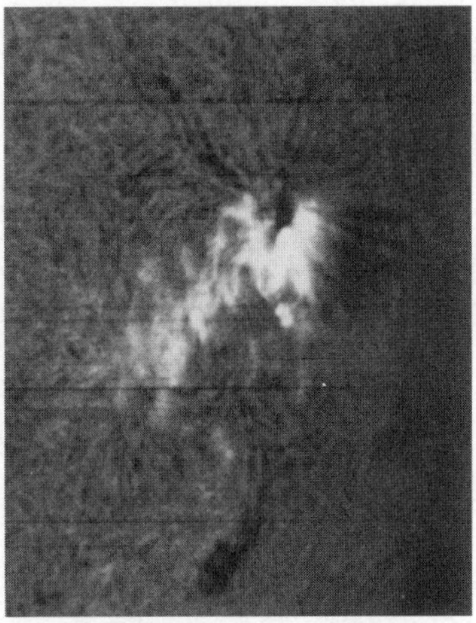

图 300　1949 年 10 月 12 日爆发的一束暗条结构，好像在爆发处发展

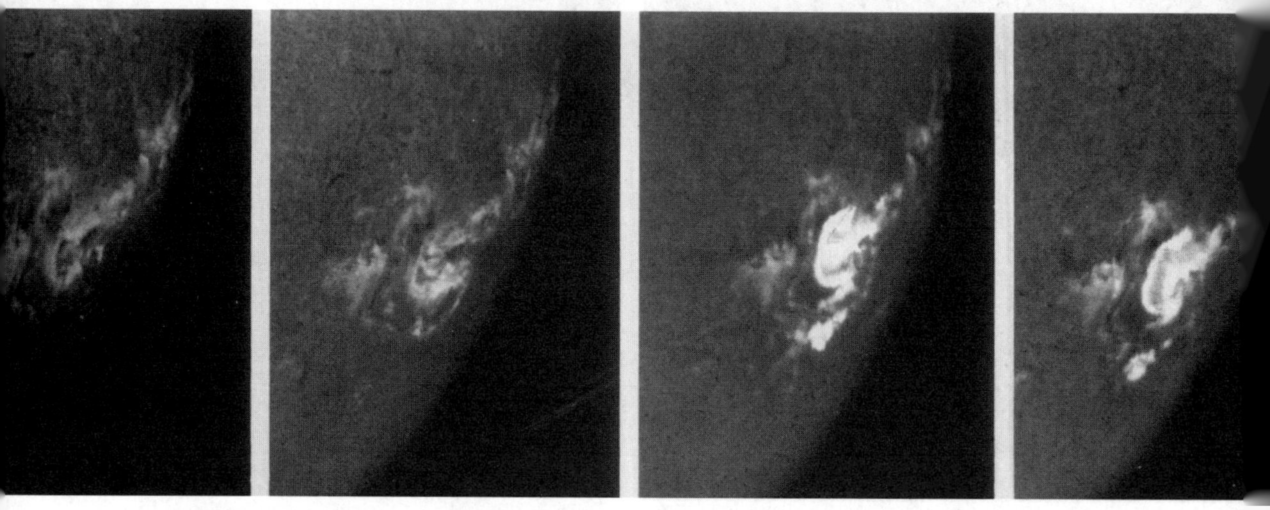

图 301　1949 年 8 月 5 日色球爆发的演变（拍照时间分别为：6 时 53 分、7 时 12 分、8 时 14 分、8 时 30 分）

◀日　　珥▶

我们现在谈谈太阳所表现的最好看的日珥现象。日珥在太阳的高层大气上好像形成一种永恒而巨大的火焰，升腾到几十万千米的高度。我们已经能够用单色仪去观测日珥的壮丽景象，它们出现的地方或在太阳的边缘，或在天空的背景上面，或在日轮上面。在后一种情况中，日珥虽然没有那样美观，但却一样有意义。

在大小、形状和动态上，日珥呈现无限的变化。天文学家研究日珥像人们研究动物和植物一样，首先是把日珥分类。不幸的是，对于日珥的分类，天文学家的意见是不一致的。所以，在日珥的研究上，一开始便产生矛盾和不确定的见解。但是，这些现象里有一些是以它们的稳定著名的，这便是所谓宁静日珥，它们可以生存几月乃至几年之久。它们的性质已经由默东天文台达藏比扎（d'Azambuja）夫妇加以研究，他们在 15 年内每天都拍摄太阳单色光摄影图。宁静日珥的富有特征的结构多数是低矮的环洞式的桥；环洞建在色球上面，桥身是一片气体，异常的长（平均 20 万千米，长的达 100 万千米），很高（平均高度超过 4 万千米），但是厚度不过大约 0.6 万千米。桥形的日珥可以是弯曲的、波状的、矩尺式的，或者 U 字形的，很像是两个邻近的现象所组合成的。成片状的气体不是严格的垂直，而是有一点向西倾斜。在赤道附近，日珥有随日面经度圈分布的趋势，而在边缘上表现它的整个面貌。在它很长的生存期里，它不断向极点移动，同时相对于经度圈也愈来愈倾斜。这个结果显然是由于日珥参与太阳大气的自转，特别是那种较差自转。日珥在低纬

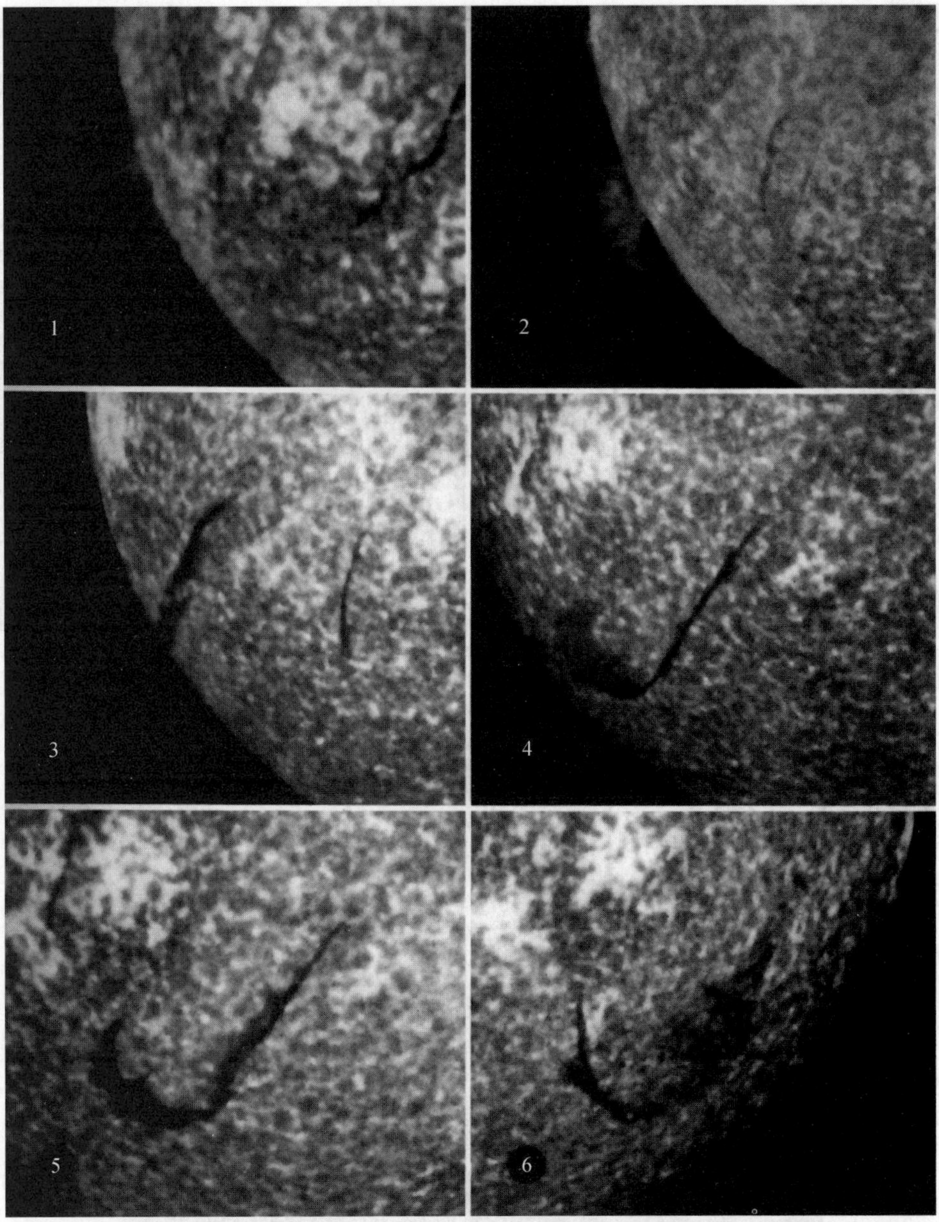

图 302　烟斗状日珥出现于太阳的东边沿(1929 年 8 月 25 日拍摄)，以后几天，因被太阳的自转带动，日珥随日轮前进，投影成黑暗的条纹。 9 月 3 日这条黑纹接近西边沿时，因天阴未能观测到

度的部分转得快一些,跑在别的部分前面,于是逐渐倾斜,终于使暗条平行于赤道。当暗条经过太阳边缘的时候,人们从侧面去看它,这便是极区日珥的正常情况。

统计结果证明,日珥和黑子的活动有一般的相关度。日珥相对于日面赤道及“热带”(多黑子区)所发生的黑子现象,其相关度特别大,而黑子的活动相对于常在黑子极盛期两年后发生在极区的日珥,其相关度便不甚显著。可是,暗条在极区和赤道区差别甚微。我

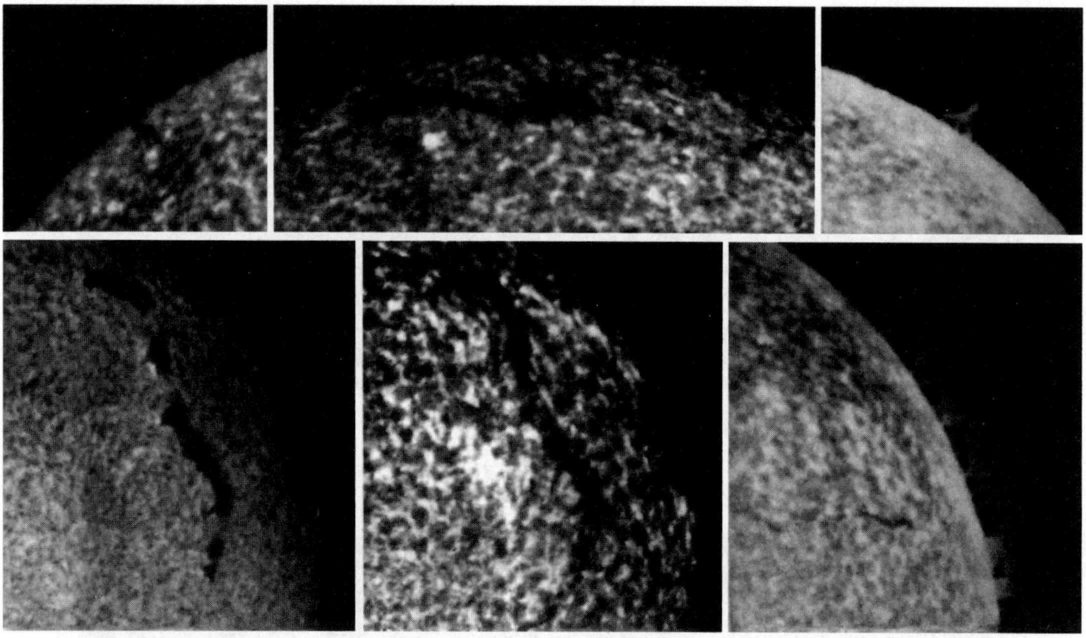

图 303　上图：极处的日珥从截面及从东西两边沿看在日轮上形成一长条暗纹。下图：太阳单色像中日轮上的暗条(左为 H_α，中为 K_3 谱线拍摄)到了边沿成为多孔桥形的日珥

们时常可以看见发生于多黑子区的日珥现象逐渐推移到两极，一年多以后，它和极区的日珥合并。

赤道带的日珥和黑子在相同的区域里形成。和黑子一样，日珥形成的平均区域在太阳活动周期里也是有变化的。我们在第十八章里曾经说过黑子区逐渐向赤道推移，我们把这叫作斯波雷尔定律。在许多情形中，我们可以看见许多暗条诞生在一群黑子里并逐渐扩大，在黑子和光斑消逝后还继续存在。极区的日珥常和活动区无关地独立出现，这也许是这种现象消逝了一些时间以后又复活了。而且，日珥，甚至很大的日珥，有时也常骤然地消逝；有时消逝后不久，又在相同的地方，以同样的姿态重新出现。这一切，都好像说

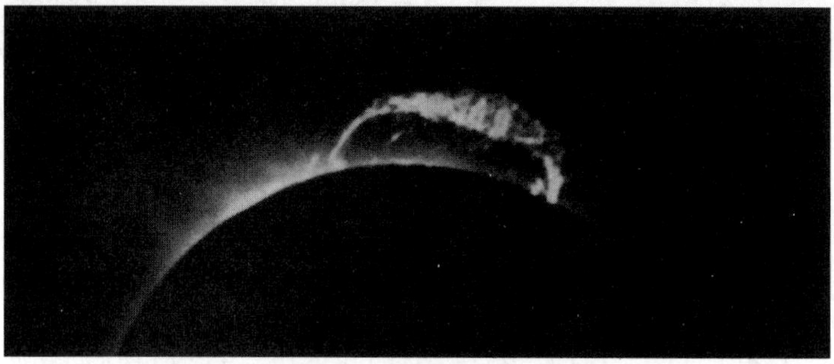

图 304　1919 年 5 月 29 日日食时拍摄的大日珥

这个大日珥命名为“食蚁兽”。我们应该承认这个日珥貌似这个动物，远远超过大熊星座之像大熊。

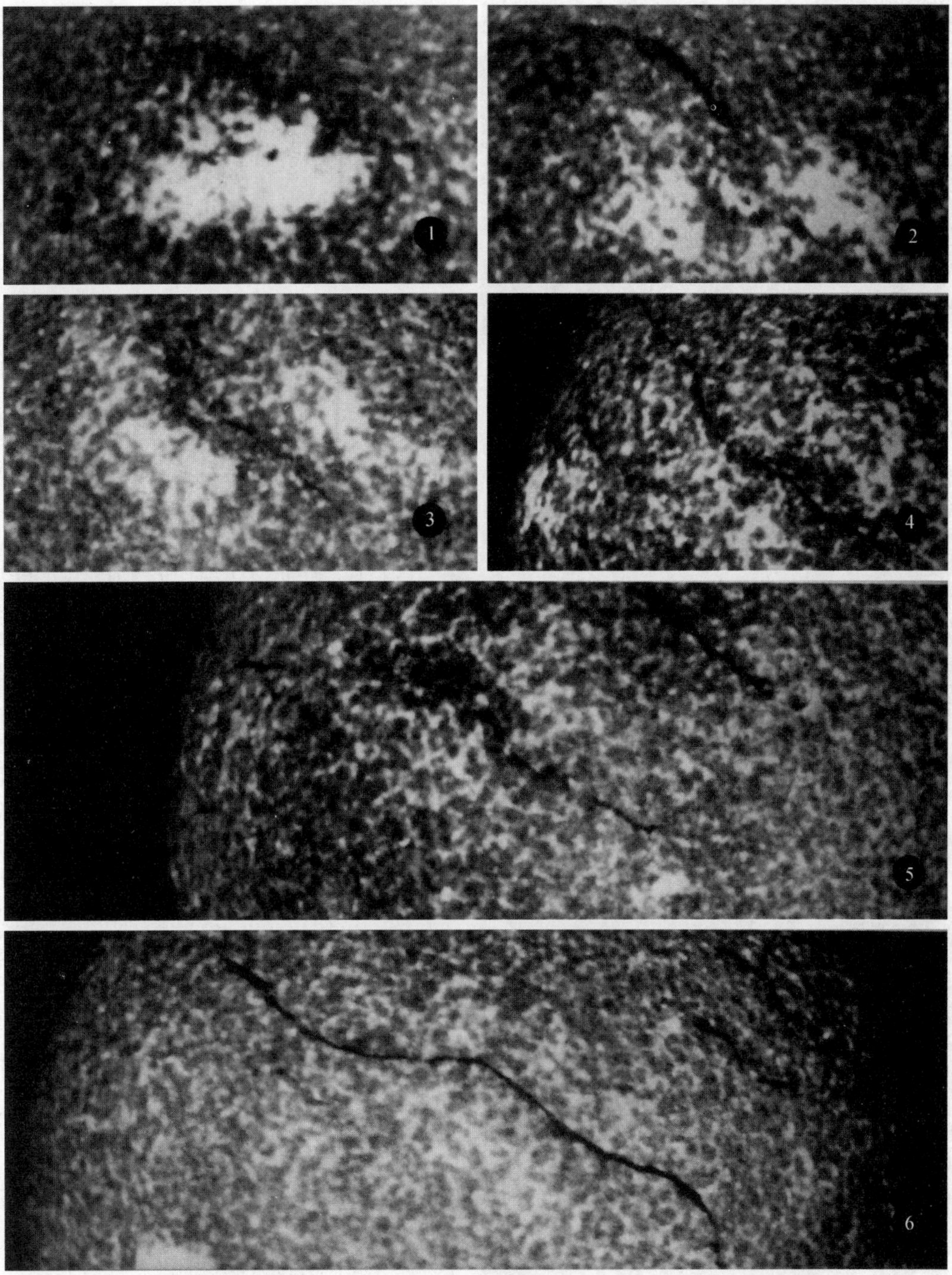

图 305 大日珥的形成：从一个活动中心（一群黑子）开始，终于变成长达 100 万千米的暗条

明暗条的形成是在一个看不见的却常存在的机构上。

一个大日珥的消逝并不是缓慢的衰微，而是一种灾害式的突变，以每秒几百千米的快速度造成气团的飞跃。我们可以想象亲眼看见这种雄伟巨变的天文学家所感受到的刺

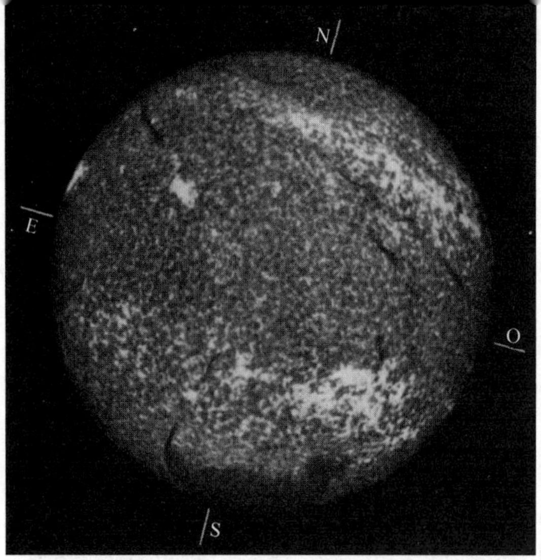

图 306　**大日珥**

1946 年 6 月 4 日单色日面照相。这日珥形似很薄的一片气体，透过它很容易看见它下面的色球结构，左边的薄片向观测者弯曲，我们是向它的边沿看去的。

激。这样的活动表现出来的伟大现象，从科学的观点来看，却是珍贵的记录。因为绝大多数的日珥都不像以上所说过的那种宁静日珥，而是常表现出剧烈的运动和变化，由此可见，用活动电影拍摄日珥有重要的意义。李奥和美国的天文学家曾拍摄了许多极有价值的影片。

一种特别简单的日珥叫作喷泉式日珥。这是一种差不多垂直腾起的气柱，有时它们再落到日面，有时一部分脱离太阳引力的羁绊，消逝到空间里去。

另外一种常见的日珥叫作泉水式日珥。这是一小包一小包的发光物质从日珥的顶端分离开来，汇聚到日冕里去。这些物质描绘出美丽的曲线轨道，再坠落到色球里去，好像有什么神秘的引力在吸取它们一样。在黑子附近所看见的日珥还有像一束花或者像美丽的耳环的。

这一切演变迅速的现象都和黑子活动中心有紧密的联系。好像只在黑子附近，才有足够的力量将色球物质向外发射，或者将日冕里的物质凝结和吸引到下面来。最使人惊异的事，便是日珥里的气体好像和太阳表面很强的引力在竞赛。换句话说，

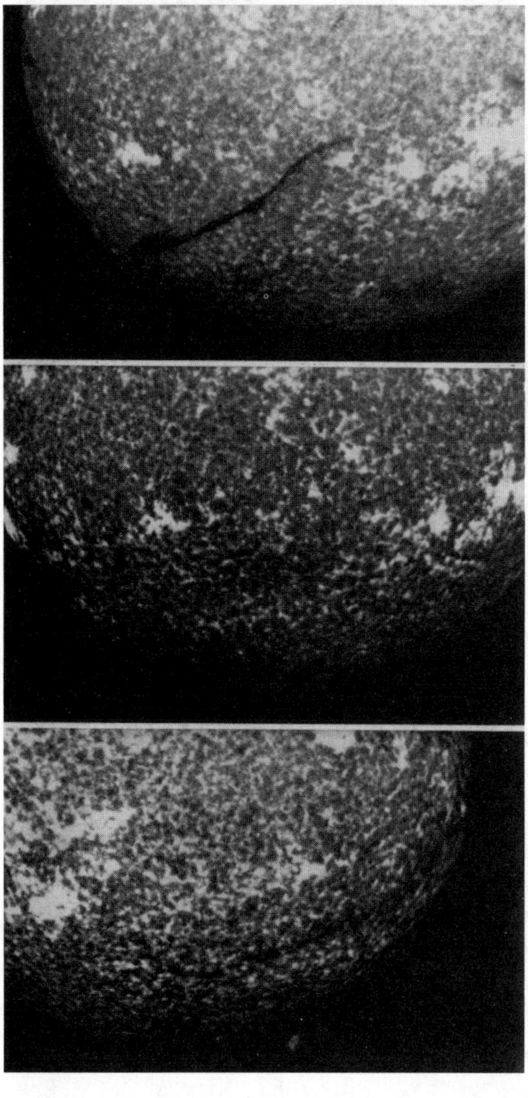

图 307　**长暗条的消逝与再现**

上面照片上的暗条消逝后 4 天，复在原来地方同样出现，但变得比较模糊。

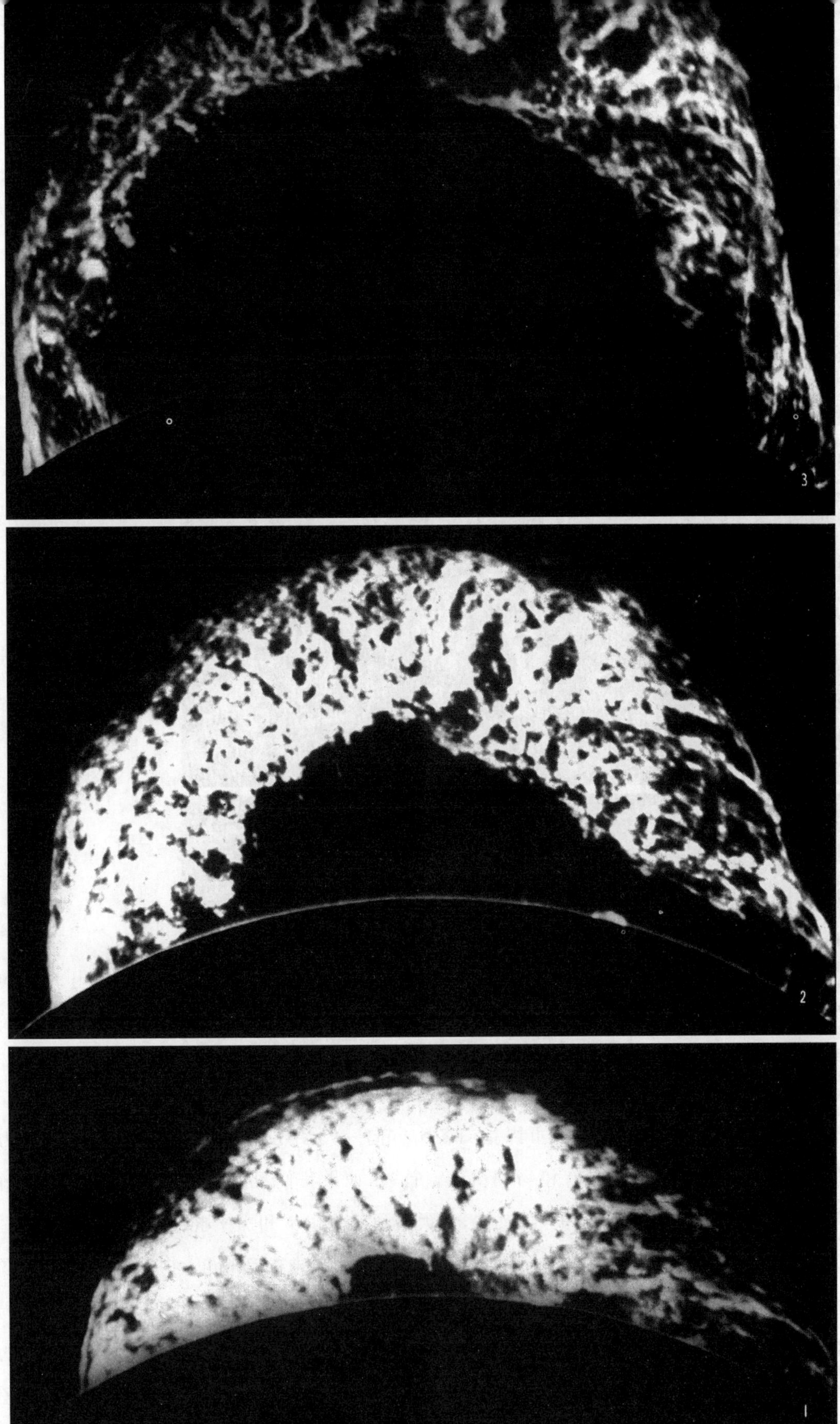

图 308　1946 年 6 月 4 日图 307 中的大日珥出现在日轮的边沿

由于一种我们还不明白的突然的灾祸式的原因，这一大团气体在 1 小时内逃散在空中。这三张照片表示这惊人的现象，在日面上却是常见现象的三个阶段（科罗拉多高山天文台拍摄）。自下而上：16 时 3 分，16 时 36 分，16 时 51 分（世界时）。

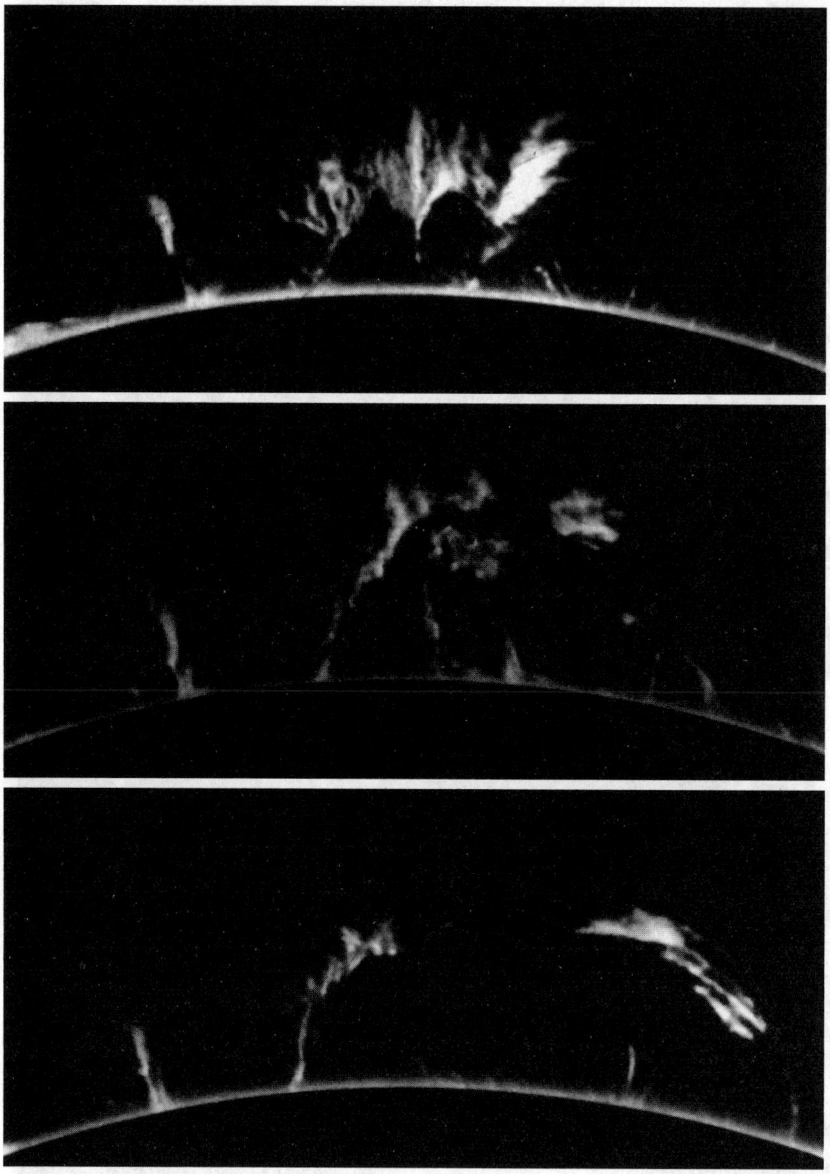

图 309　一个日珥演变的三个形象

1937 年 4 月 12 日李奥所拍的活动影片。发光的物质沿着一定的轨迹,逐渐流到光球上去(8 时 36 分、13 时 4 分、13 时 28 分拍摄)。

推动日珥的力量是很大的,而且可以指向各个方向。大多数天体物理学家都以为这种力量是电磁性的。这种假说是有相当理由的。首先,如果我们只用引力和辐射压同时去解释所观测到的现象,就会遭到失败;其次,最大最猛的日珥常和黑子群在一起,而黑子群里正是强大磁场的所在地。在像太阳的气体那样很容易导电的环境里,物质除了沿着磁场的磁力线行进以外便不容易移动。就日珥的运动而言,其方位甚至形态,都可说是太阳局部的大气受磁场影响的结果。但是,我们应该承认关于日珥的电磁理论还处在很幼稚的阶段。至于这个现象的本质、个别和整个日珥的动态,以及它们共同具有的性质,我们还很不明白。关于日珥的分光研究才开始不久。我们只知道日珥比它附近的日冕要更加冷而密。这一切的蒙昧和无知给予将来的天文工作者以无限的研究机会，他们绝不至于因缺乏问题而无事可做。

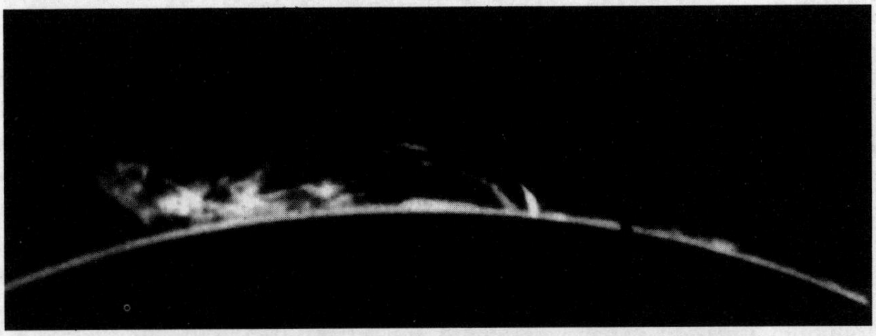

图 310 在这张取自李奥于 1939 年 8 月 12 日所拍摄的活动影片的照片上，可以看见日珥上的物质从各方向朝光球的一个吸引中心涌去

图 311　1905 年 8 月 30 日日食

太阳活动盛期的日冕，大略是圆形，各处都有光芒，成为大丽菊的形状。

第二十三章

日　　冕

日全食时的日冕

在全食的时候，日轮被月亮掩盖，日冕便是它周围明亮的、像神像顶光的圆光。这种既美丽又神秘的现象，引起我们的赞美和兴趣。可惜，它不常向我们露面。日冕比太阳本身更白，其外面的部分带有天穹的蓝色，这是因为日冕外围的稀薄物质是透明的。日冕的形状是很有变化的，自19世纪末以来，我们便知道日冕的形态随着黑子活动在两个极端的类型间变化。在太阳活动极盛时期，日冕的形状是近于圆形的明亮的有规则的精细结构，但并不显著（图311）。可是在太阳活动的极衰时期里，就其整体来说，日冕没有那样明亮；在日面赤道附近，日冕的光芒底层广大，而上层分成丝缕，很像刀剑状伸向有太阳直径的几倍那样远的地方去〔如果太阳的东西边缘有赤道上的光芒，日冕便像一个明亮的火鸟。古埃及人把太阳绘成有大羽翼的鸟，也许是受这个现象的启发吧〕。朗格勒于1878年在高山透明的天空上观测一次极衰期的日全食，看见这些光芒伸长到离日面1 500万千米以外。1952年在喀土穆（Khartoum）的法国观测队所拍摄的日冕，光芒长达6个太阳的直径，或者说800万千米。除了这种伸长得很远的特征之外，极衰期的日冕在两极附近表现出一种像刷子上一簇簇的毛那样的结构，叫作极端羽毛，它们虽短，却很显著（图312）。在一般情形下，日冕是介于以上所描写的两种极端类型之间。

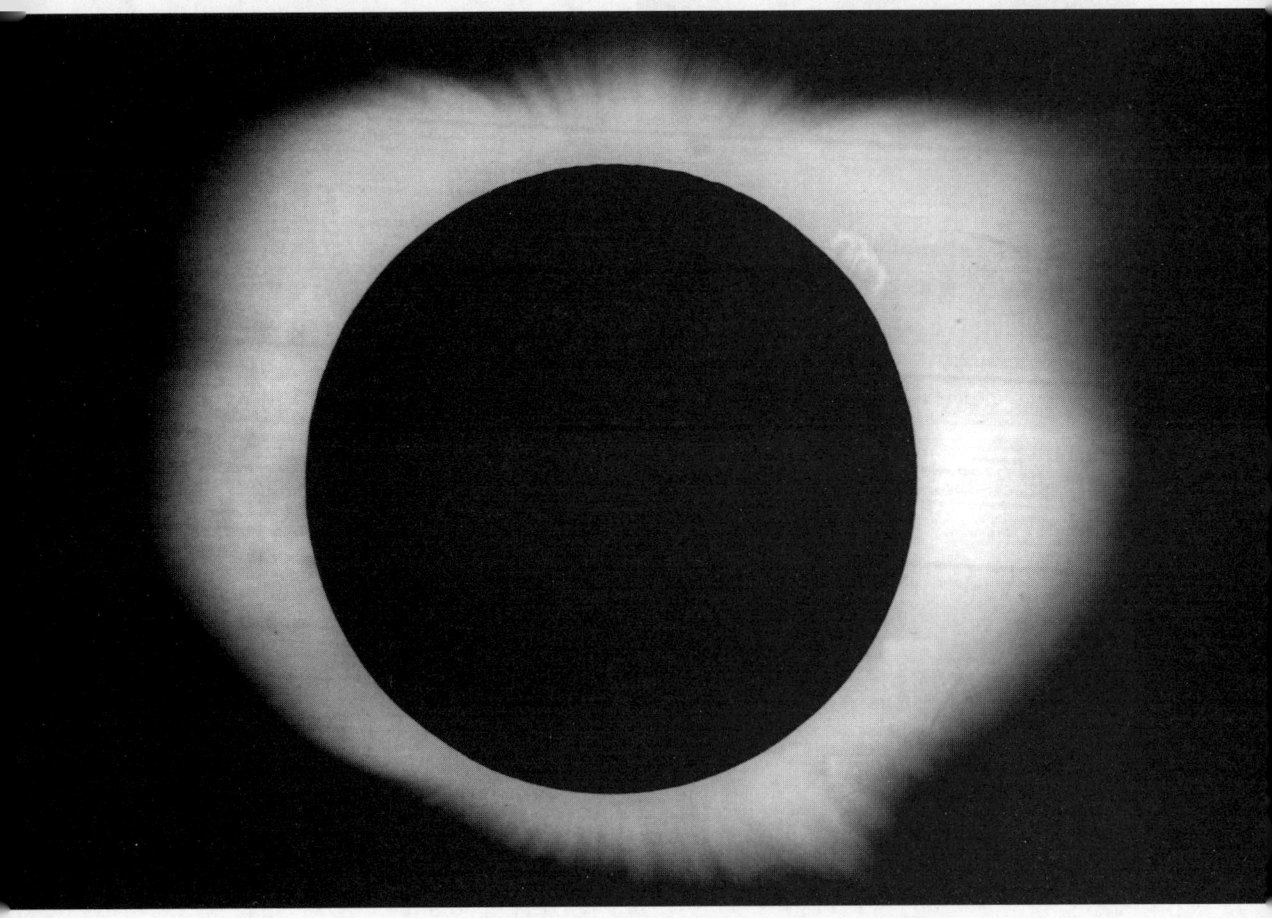

图312　1914年8月21日日食

太阳活动衰期的日冕，在太阳的赤道方向伸长，刷毛状光芒在极区射出。可和图311的1905年极大型日冕比较。

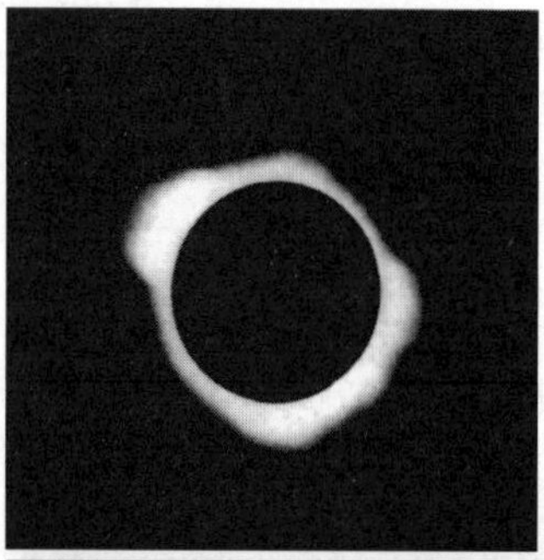

照片上所拍的日冕情况不仅仅依赖于它真实的结构，也随我们使用的仪器的亮度而有不同，例如镜箱的相对口径、底片感光的速度和露光的时间等。日冕的亮度从太阳边缘到它不能和天空分辨的区域减弱得很快。露光短的照片只表现出日冕的内层明亮部分，它的喷射线有骤然被割断的情况，这是因为它的亮度落在底片感光的范围之外了。如果露光再长久一些，内层日冕就会露光过久，光芒伸长得像利剑，但是它漂亮的几何结构便被淹没在模糊椭长的晕状光轮里了。图 313 是我们复制的 1952 年 2 月 25 日日食的几张照片，它们表示出日冕因离日轮的距离不同而发生的形象上的演变。

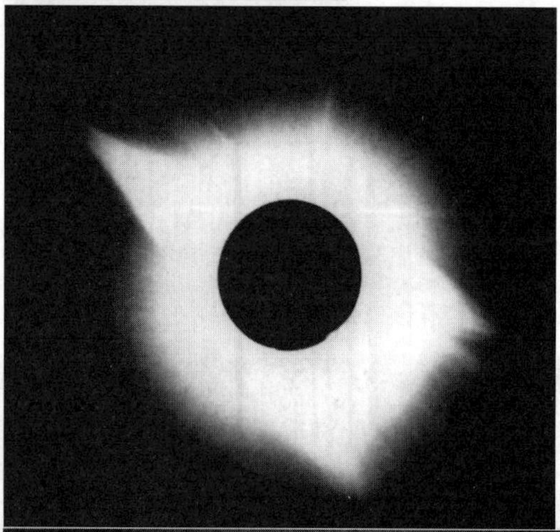

天文学家的责任自然不是因欣赏日冕的美丽才去拍摄艺术的照片，他们是要了解日冕的性质。很自然的看法是把日冕看作太阳的高层大气对太阳光辉的漫射，正如地球的大气漫射日光呈现出天空那种特殊的蔚蓝色一样。对于这种漫射光线作偏振和分光的研究，可以使我们认识漫射光的粒子的性质和大小，以及日冕气体的温度和所受的压力情况。

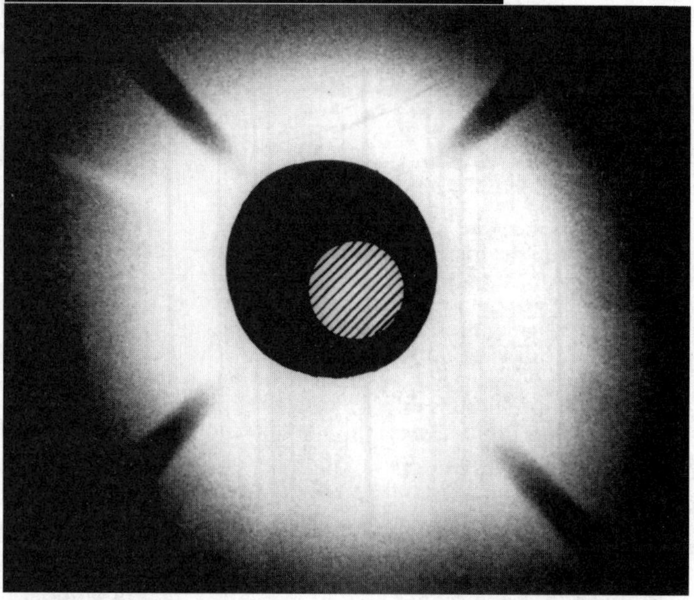

图 313　同一日冕用不同的仪器在不同的露光时间里拍下的形象（1952 年 2 月 25 日在喀土穆拍摄）

上面两图是克吕贝尔教授用同一仪器（$f/55$）所拍摄，第二片露光时间加倍，底片感光更灵敏。下图是法国观测队用亮度大的镜箱（$f/4$）所拍摄，内日冕被一个帘幕掩蔽，帘幕由两条线系着，片上显出它们的黑影；月亮的位置是中间有线条的小圆。由图可见日冕并无明确的界限，它的大小和形状随所用拍照的仪器而改变。可见的最长的日冕射线可以高出日面几百万千米。

首先谈一下偏振。滤光器（如常用的偏振片）能让某一平面上的振动完全通过，而阻止和这平面垂直的平面里的振动通过，并将这两平面间的振动按一定的比例减少。如果我们透过这样的一个检偏振器去观测一个光源，就是说，让能透过振动的平面旋转过一切可能的方向，我们就可以发现这两种情况：或者光源的外貌和明亮不改变，在这种光线里并没有特别优势的振动面，这便是非偏振光；或者随检偏振器的位置的改变，光源的明亮有或多或少的改变，这样便表示在某一特殊偏振方向上光线特别丰富，这便是部分偏振光。

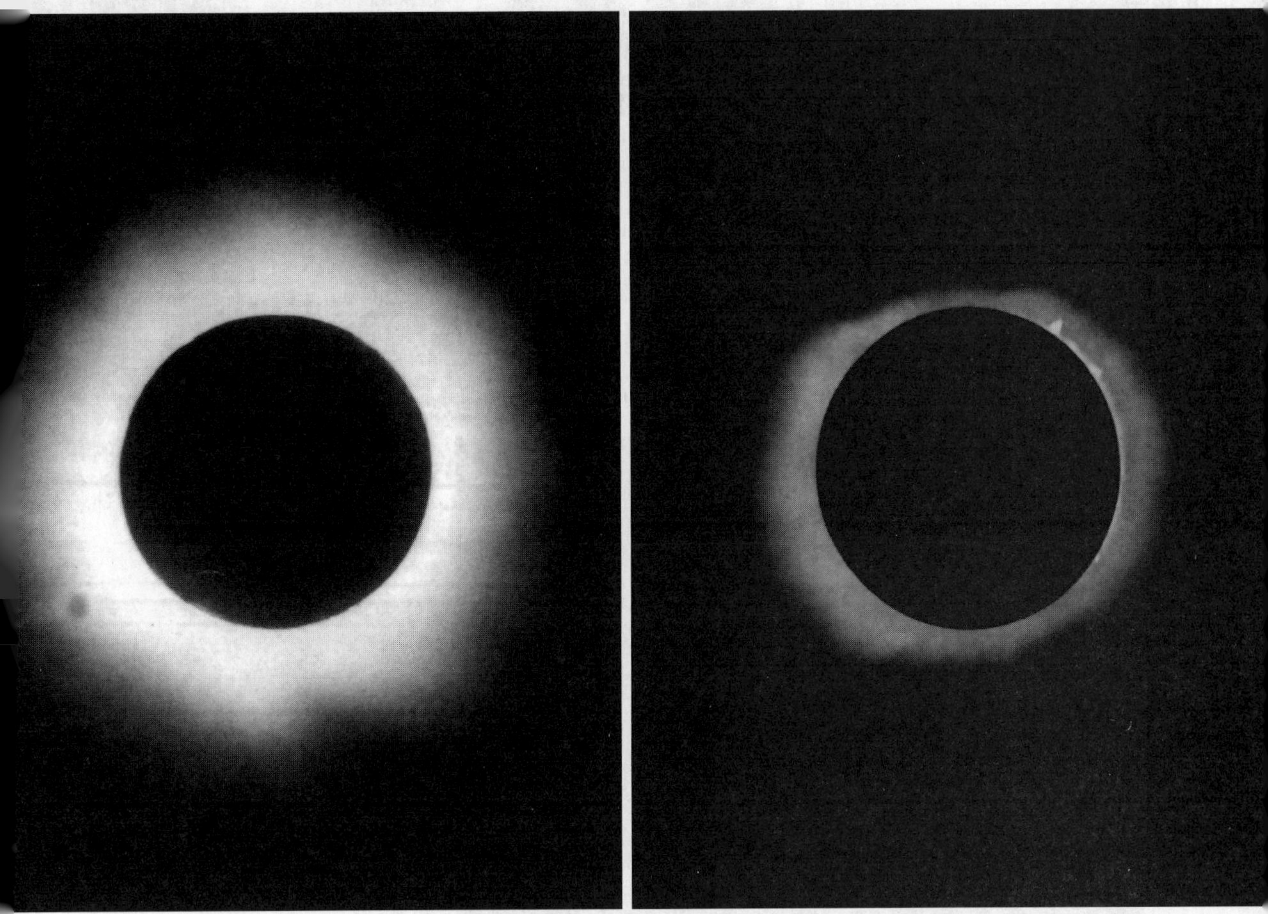

图 314　**左图：1893 年 4 月 16 日的日冕；右图：1900 年 5 月 28 日的日食**

这一张综合图片上面同时有色球、日珥与日冕。

我们用这样的方法去研究日冕，才知道它的光线是部分偏振化的，其优势振动面常和太阳中心的方向正交。在物理学家看来，这便说明日冕光是由于一种比光波的波长还短的粒子漫射日光而造成的。这是已经证明了的第一点。

我们现在再研究一下从光谱仪带来的知识。在近日轮处，日冕有一种纯粹的连续光谱，那上面有少数的发射线，最强的一条在绿色区，波长是 5 303 埃。在离日轮稍远一点的位置，日冕的光谱类似光球的光谱，具有很多的吸收谱线。在中间区域里，日冕的光谱中

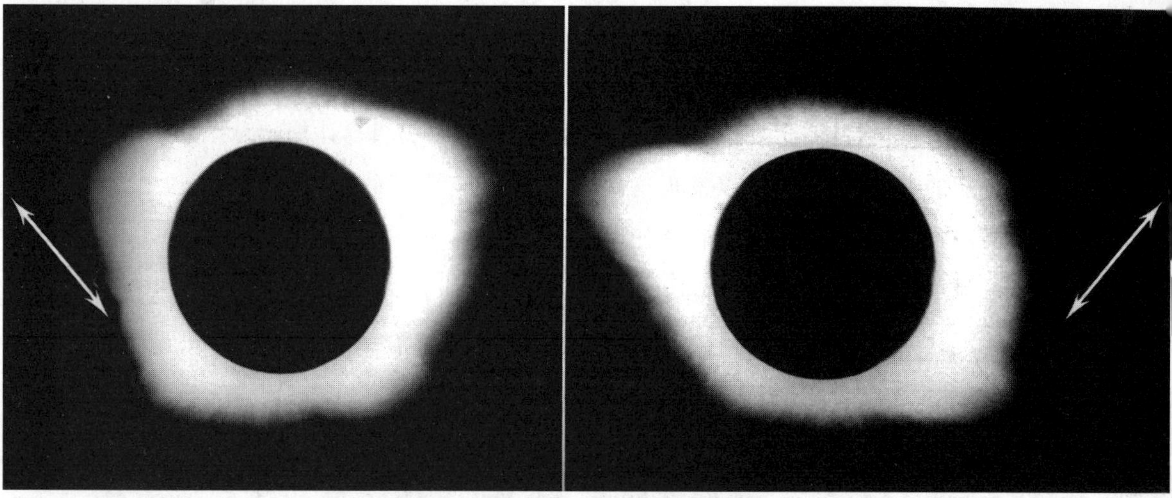

图 315　1952 年 2 月 25 日日食时所拍摄的日冕

光线先透过一张偏振镜，使箭头所表示的方向的光波穿过。两张日冕像不同，表示日冕光是有偏振性的。

夫琅和费谱线逐渐出现，但是它们的反衬度却不是正常的，整个光谱好像被一种连续光洗刷过一样。至于发射谱线，它们仅限于日轮附近的区域，即在日面上约 30 万千米的范围以内。这些发射线的强度，在日冕的各点上，在每次的日食里，都很有变化。一般说来，这些发射线除了在日轮上活动强烈或黑子多的区域之外，它们都不很明亮。

图 316　1926 年 1 月 14 日的日冕

这是太阳活动盛期的美丽日冕，向各方开展。

这些结果暗示，日冕的形成是由于来源不同的各种发射线的重合。至少日冕应分为两类：一类发纯粹连续光谱（K 日冕），一类发吸收光谱（F 日冕）。在日轮附近 K 日冕占优势，但是衰损得很快，离开日轮几（弧）分，F 日冕就胜过了它。对偏振的观测也证实有这两类日冕的区别。K 日冕是偏振化的，F 日冕不是偏振化的。

内层 K 日冕所发出的偏振化的白光，只能是被自由电子漫射的日光。如果是由于原子或者分子的漫射，那么内层日冕便该像天穹那样呈现蔚蓝色。所以 K 日冕是由电子构成的一个巨大的晕。我们观测到的光芒和其他复杂的结构，都是从这 K 日冕而来。在 11 年周期里，日冕的变化以及极盛极衰期里的特征形态，也都是由 K 日冕所造成的。以上所说的能够发出特征谱线的区域，只是局限于内日冕最密、最热的部分。

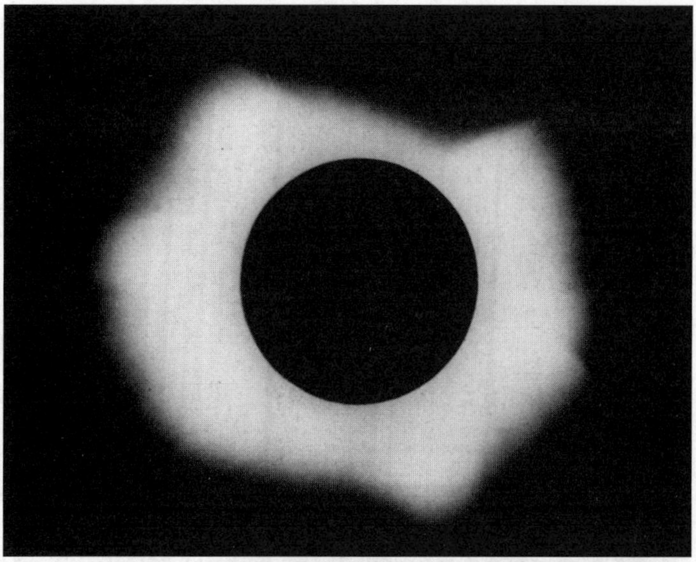

图 317　1929 年 5 月 9 日日食（使用红外线拍摄）

F 日冕是由相当大的粒子（数量级是 1 微米），即小颗粒的尘埃漫射光线所形成的。这些尘埃组成无一定结构的云，形状似透镜，最长的部分在太阳赤道附近的平面上。距离太阳稍远的地方，尘埃的密度便迅速地变稀薄，这显然是由于太阳的引力使它们密集在下层。

图 318　1936 年 6 月 19 日日食时所拍的内日冕

可是，日冕的范围绝不限于全食的时候所看见的部分。在清洁无云的天穹上，在太阳落下、黄昏过去以后，沿着黄道有一条明亮的带子从地平线上日落之处直达到至少高出地面 90°的天空，这便是黄道光（图 319、图 320）。黄道光好像是日冕伸长得最远的部分。按照现今流行的看法，黄道光是由散布在整个太阳系里异常稀薄的尘埃所构成的，这些尘埃超出地球的轨道之外，但却集中在黄道的附近。可是有些观测者根据黄道光的位置和强度常有显著的变化这一点，主张另外一种电子理论。他们解释这种现象，认为是由于太阳所发射的电子云漫射日光而成的，所以黄道光是由 K 日冕而不是由 F 日冕来的。我们觉得这两种理论不是彼此排斥的，电子和尘埃互相合作形成日冕，亦形成黄道光。我们必须注意，日冕光只在全食的时候，离开日轮两三度远的地方才被人适当地研究过，至于黄道光，却已达到离日轮 30°远的地方。所以还剩下一个广阔的区域没有人探索，而这对于由太阳大气过渡到行星际空间的这项研究，无疑还是很重要的。

让我们再回来谈一谈电子日冕，并且讨论一下主要是由电子组成的气体的物理情况。前面说过，这层日冕里有一些发射谱线，那么形成这些谱线的原子是怎样的呢？经过了 70

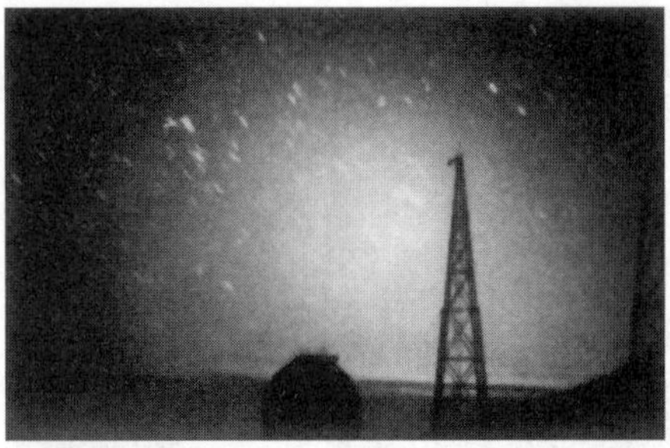

图 319　黄昏时所拍摄的黄道光（1944 年 4 月 19 日）

这幅和以下两幅都是日中峰天文台多维耶的照片。在露光 3 分钟里恒星都拖成一条线。

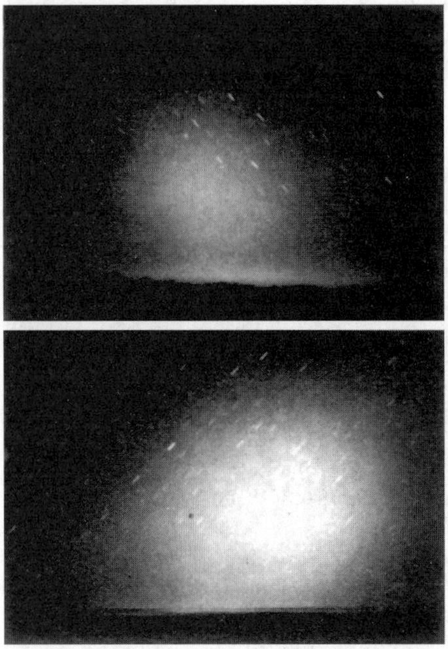

图 320　黄道光的两个形态

上图在黄昏时拍照，下图在黎明时拍照。在这两个情形中，黄道光的方向和星的拖线所表现的赤道的方向相差不远。事实上，和它的名称所代表的一样，它最强的部分在黄道上。因大气吸收的缘故，近地平处不太亮。在更近地平处可以看出昏光或曙光。

年却没有人能够回答这个问题。我们不知道有什么物体能够发出日冕的谱线。有些科学家便创造了“氪”这个名词去代表发射日冕特殊谱线的假想的元素，希望氦的发现历史重演一遍，使氪这个元素终于在地球上被人发现。这个问题于 1940 年始被瑞典物理学家埃德伦（Edlén）所解决。他根据德国天文学家格罗特里安（Grotrian）的建议，认为日冕谱线是由于常见金属原子在“高度肢解”的情形下发出的。我们说过，原子受了质点的碰撞或者吸收了光子，常会失掉它的一个电子，这叫作**电离**。当然，另外一次“灾祸”可以再剥夺掉另外一个或者几个电子。发出日冕谱线的原子，已经失掉它们的电子 10～15 个之多！日冕的绿色谱线是来自 13 次电离的铁原子，另外一条在红色区的强谱线（6 374 埃）是来自 9 次电离的铁原子。这样“残废”了的原子只能存在于温度很高、压力相当小的环境里，因为这样才不致使电离了的原子再捕获到它所失掉了的电子。由高度电离而来的日冕谱线的强度，说明内层日冕的温度大约是 70 万摄氏度的数量级。那里的密度低于实验室所能造成的最好的“真空”。事实上，至少有五个独立的论证可以说明日冕的温度约达 100 万摄氏度。我们刚才所提到的一个论证是日冕谱线的来源，我们将要提到的另一个论证是日冕的射电发射。

由此可见，太阳大气的温度从光球顶上的 4 500 摄氏度升到低层日冕的 100 万摄氏度。在色球层里，我们曾经找到这种温度非常高的迹象。应该注意，正是由于太阳大气的高温，所以它才能达到特别远的距离，而不像行星上的冷大气只有薄薄的一层。高温度也使日冕气体有足够的压力，即使很稀薄，也不至于因引力而发生破坏。日冕最大的秘密便是它 100 万摄氏度的高温来源，为此有许多假设经人提出。有人以为热是从下面来的：在光球深层的湍流区域里有可能发出声波，声波不能在稀薄的日冕气里传播，因此在那里被吸收且变形为热，使气体的温度增高。可见日冕是被光球里的“音乐”弄热起来的。也有理论家不引用声波，而提出超声波，更有人提出磁性流体动力波〔这是电磁波和流体动力波所综合而成的振动，在磁力场方向上传导的一种流体里，它可以传播带有磁场振动的流体振动〕去解释这个现象。剑桥大学的一派物理学家则主张另外一种看法。他们认为，太阳在它空间的行程里，因引力而搜集星际的尘埃〔这叫作吸积现象〕。这些尘埃因受太阳的引力增加速度，但在太阳大气里却受到阻止，因而使这层大气增加热量。在这种情况下，日冕的高温是由星际物质的摩擦而来的。在这么多的解释面前，最合理的结论便是，这个问题还没有完全解决，而且日冕的温度甚至日冕的存在，对于我们都还是十分困难的一个题目。

非全食时对于日冕的观测

平常，地上的大气比日冕要明亮一些，因空气里时常存在着尘埃和薄雾（甚至在晴朗的日子里）环绕太阳造成明亮的光晕，日冕便完全被淹没在这里面。但是这样的大气晕随地、随日、随时而大有变化。将胳臂伸直，掌和指张开，像罗马人对竞技失败者所表示的态度那样，这便足以形成一个帘幕，掩盖着日轮，这样便可观测大气的漫射。如果你在平原上或工业区里，你会感觉你手指周围的光晕使你的眼睛晕眩难以忍受。可是在高山上或者雨后初晴，大气被清洗以后，这光晕便可以消逝不见。天空中总有一些因空气的分子漫射而来的光线，但是它的这个极小的亮度大约是太阳亮度的百万分之一，是小于内层日冕的亮度的。想在非全食时去观测日冕的天文学家们总是想利用这一点点余下的光辉而跑到高山上去观测。让桑就曾经在勃朗峰超过 4 800 米的高峰上建造他的天文台。可是他也没有得到结果，日冕仍然是看不见。

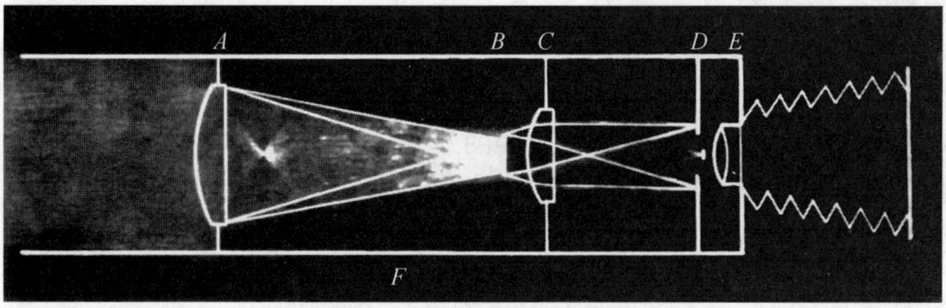

图 321 李奥的日冕仪示意图

物镜 A 是一个完全平滑的透镜，接收光线，使太阳的像形成在 B 处，那里一个不透明的圆轮遮住耀眼的光球，造成人工的日食。C 处的透镜使物镜 A 的像投在光阑 D 上面，D 的中心处有一个圆轮，挡住日面的光线。E 处放照相箱或别的研究日冕的仪器。

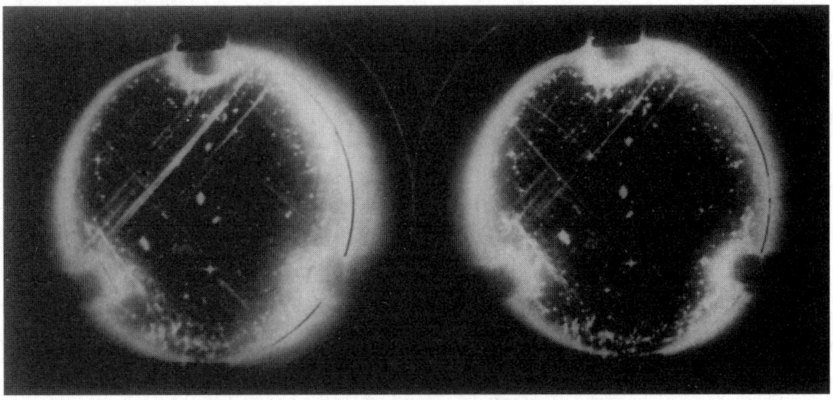

图 322 用体视镜研究天文物镜的缺点

透镜上的缺点(痕纹和气泡)所漫射的光,可以指明缺点的所在处。注意物镜边沿因衍射而成的晕。

图 323 李奥装置在日中峰的日冕仪

日冕仪的镜筒装在观测行星用的赤道仪的旁边,在日冕仪的上面还附有摄谱仪。

大约在 1930 年,默东天文台的一位青年天文学家李奥认识到前人失败的原因。他了解到,对于太阳边缘的观测,极大部分的寄生光在清明天空的情形下不是由大气的漫射而是由观测的仪器本身,即从望远镜而来的。即使是优良的物镜,总难免有一些擦痕、气泡、磨光上的缺欠,这一切都会漫射光线。物镜几个表面上的多重反射,以及边缘上的衍射,也成为一种有害的帘幕。造成漫射的一切原因在李奥的日冕仪上都被消除干净。这种仪器的原理说明在图 321 处,这种仪器非常简单,但却可以体现发明者的天才。这只是一种一般的望远镜,不过那上面的一切寄生光都被查出而且消除掉。我们可以借用日冕仪来作肉眼观测,或加上一个摄影箱、光谱仪、单色器或者别的附件。为了增进这种仪器的效率,自然还需把它装置在高山上面,因为那里的天空常是清明的,有利于日冕的观测。像这样常处在冰雪里的高山天文台,在世界上有十几个,最古老的一个当是法国的日中峰天文台。

图 324 李奥用日中峰的日冕仪所拍得绿色区的日冕光谱

摄谱仪的光缝是半圆形的，和日轮的边沿平行。图中暗线（夫琅和费光谱）是由于寄生的日光而来。图中有两条日冕的发射明线，右边（5 303 埃）一条很强，由 13 次电离的铁而来；左边一条（5 116 埃）很弱，由 12 次电离的镍而来。图中既很亮又很短的谱线是日珥的，此线之所以出现是因为光缝切过日面的这些“喷焰”。

即使在高山上使用日冕仪，我们所能观测到的也只限于太阳附近的日冕。日冕的明亮谱线特别容易被查出，非全食时日冕的观测工作，大部分是针对这些谱线和针对发出这些谱线达到相当强度的区域。这些区域是日冕里最热，特别是最密的地方，于是有人把它们叫作稠密日冕。瑞士天文学家瓦尔德迈尔通过对这些区域的经常观测，证明它们是和黑子活动中心有紧密的联系的，所以黑子直接控制着太阳大气包括日冕在内的各层里一切可见的扰乱活动的形成和发展。很自然地，我们会假想这是由于黑子磁场的居间作用，所以才能扰乱遥远的日冕区域。太阳和它的电子外壳的相互关系，无疑对日珥起了很大的作用，因为观测证明了日珥和稠密日冕有紧密的联系。有时日珥像是从色球面升起，有时日珥像是从日冕获取物质来形成红色的云，然后射到高出日面几万乃至几十万千米的地方，再降落下来。所以我们有这样一个印象：太阳有时把它的物质发射到它周

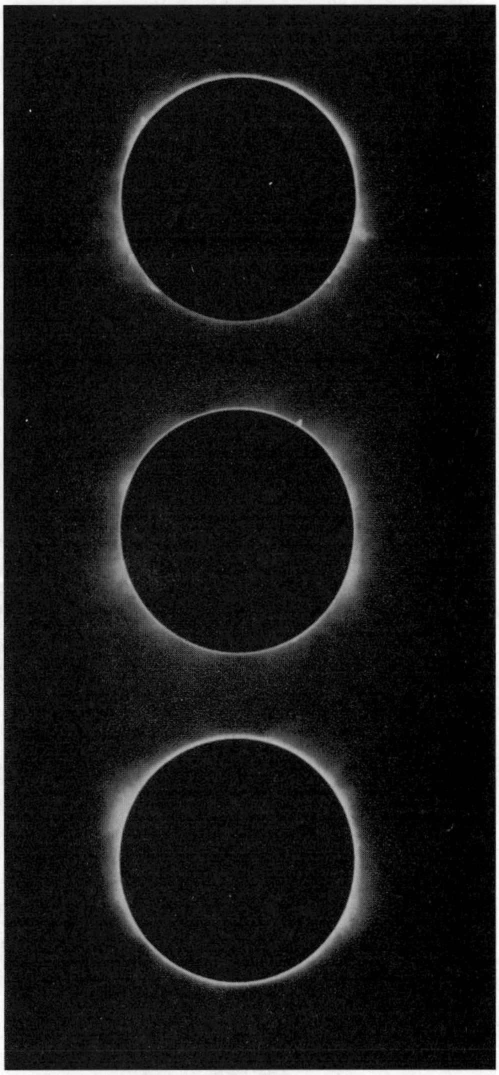

图 325 内层日冕和日珥

李奥于 1936 年用他的日冕仪在日中峰所拍得。

围的空间,有时也向空间取得物质。有些天体物理学家认为,在太阳的演化里物质损失的程序是主宰的因素;另外一些天体物理学家认为,物质的吸积是主要的因素。现在我们还不清楚太阳和星际空间的物质交换的进出数量。

李奥还发明了另外一种仪器,名叫日冕计,可用来观测日冕,而不需要借助于日冕仪和高山的良好条件。这是一种异常灵敏的光度计,在几百倍明亮的天空上,也能查出日冕微弱的绿色发射谱线。这需要高超的技术,使用的范围不及日冕仪那样广,但可代替日冕仪对日冕现象作连续的观测。在下一章里我们要谈到许多地上的现象和日冕都有直接的关系,所以对于日冕的连续观测是必要的。

太阳的射电波

我们已经说过,太阳的光谱从红外区延展到射电的长波区域。这些来自太阳的射电波有时相当强烈,足以干扰地上所发的短波,这正是1942年英国的雷达接收器上所发现

图326 日冕的照片

李奥利用单色滤光器借日冕的发射谱线拍摄(1941年9月3日),上图用绿线(5 303埃),下图用红线(6 374埃)。

的现象。这种射电波的最早观测者立刻注意到这些波的强度和变化。今天我们经常观测到由太阳而来的射电波，其波长在 8 毫米至 10 米之间。

研究这些波的仪器不过是很灵敏的无线电接收器。接收极短的辐射波的仪器是一个金属的镜面，大得相当惊人；在这反波镜的焦点上有一根小小的天线，连接着放大器，具有不可思议的灵敏度和稳定度。由天线接收的能量被放大后，以电流的形式被记录下来。我们也可以把接收的能量送到一具扬声器内，使它发出叫作太阳噪声的声音。一般而言，这些射电波的接收器都是单色的，也就是说，它们只能检出和测量某一狭窄频率带内的辐射波，而这频率是一经选定就经常使用的。太阳虽是一个有力的发射站，可是因为距离很远，我们接收到的能量很微弱，所以要像通常的收音机那样任意选择频率有相当的困难，可是这种困难还是解决了。射电望远镜的主要局限性便是它们的指向性的欠缺，它们总把几度内的波混淆在一起〔一个口径为 D 的物镜接收波长为 λ 的辐射，它所能分辨的最小的角度，以度表示是 $70\lambda/D$ 度。例如，1 米口径的望远镜，接收波长 5 000 埃的光，分辨的最小角度是 $0''.13$。可是，一具 7.5 米口径的射电望远镜，接收波长 1 米的射电波，分辨的最小角度只有 $9°50'$，等于太阳直径的 18 倍〕。为了确定太阳表面的发射点，我们使用了复杂干涉仪的装置(图 327)，或者求助于日食时的观测。星球的射电研究虽然有这种内在的困难，但是在另一方面，射电天文学有它优越

图 327　一列有 32 个抛物面的射电望远镜，组成对于赫兹波的干涉网，增加通常天线的微弱选择性，以便区别太阳大气里较强的射电区域

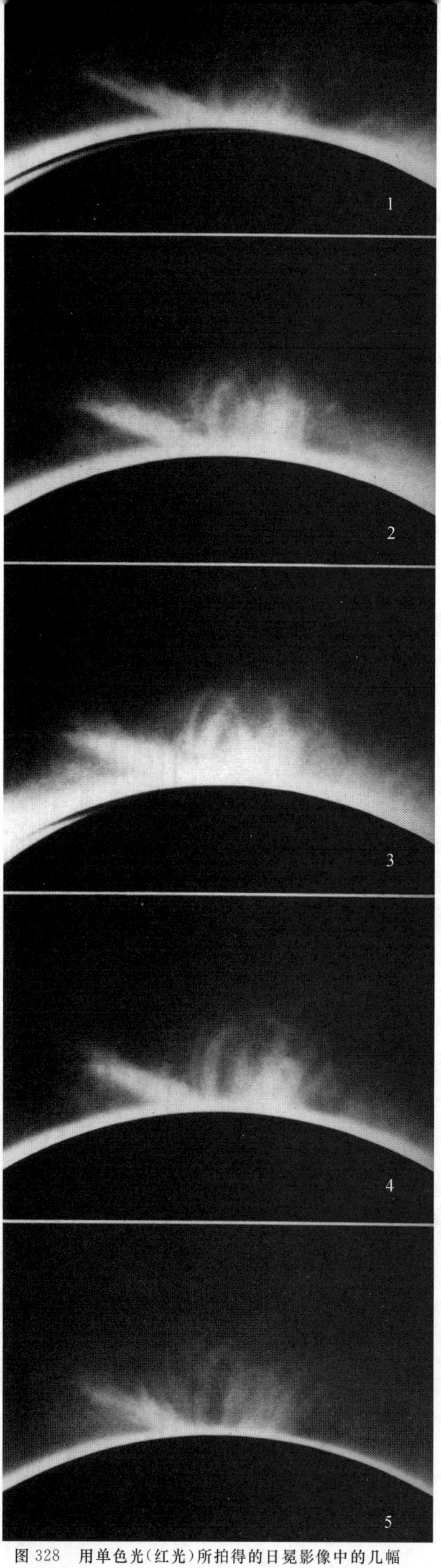

图 328　用单色光(红光)所拍得的日冕影像中的几幅
(李奥于 1941 年 9 月 2 日用同一仪器拍摄)

的地方。事实上,对于光学望远镜的仇敌(云和雾),它都含笑地加以鄙视。赫兹波很容易越过云雾的障碍,只有暴风雨才能干扰它们的接收。反之,用来接收太阳的射电波的仪器,对于一切寄生噪声感觉都很灵敏,如汽车、飞机以及各种电动机所发出来的电波。所以我们修建射电天文观测站时,总是选择远离工业中心、飞机场和一切电台的地方。

为了明了太阳的射电现象,我们应该想到色球和日冕的气层里原子都是遭到高度电离的,因此那里含有大量的自由电子。像这样的电子气会吸收电磁波,对于愈短的波,要得到完全的吸收,所需要电子气的密度也该愈密。例如几米波长的波,就透不过稀薄的上层,因此这样的波就不能从下层而来,而是从能吸收这些波的上层而来(这又是基尔霍夫定律所规定的)。

试作一个比喻:电子气好像是一张捕捉电波的网,对于长波,网眼不需要很密,只要日冕的稀薄的气体便足够了,可是要捕捉短波,便需要色球内电子很密的网。自然,我们只能够用能挡住波的网去吸收在网前方所发出的波,所以我们所接收的波愈长,就是从太阳大气的愈上层发出来的。这一点可以解释许多实际现象。

我们说过,太阳所发的射电波是很有变化的,而且和黑子的活动很有联系。可是经常有一种极微弱的辐射,即使在没有黑子的时候也是存在的,观测者把这种辐

图 329　射电波的摄谱仪，用以研究太阳的射电波

澳大利亚的物理学家对于射电天文学有特殊的贡献和重要的发现。

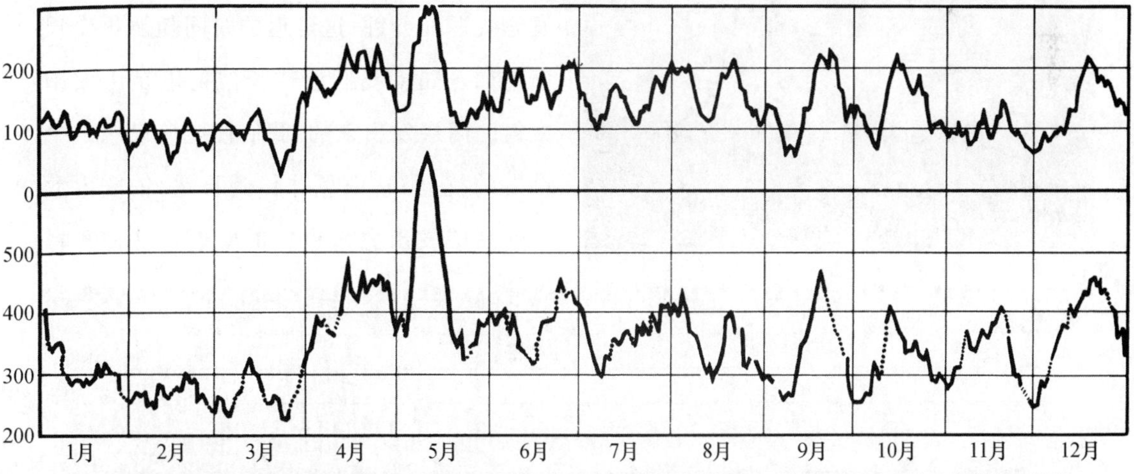

图 330　太阳活动的指数（沃尔夫数字，见图中上曲线）和太阳的射电波（波长 10 厘米）的强度两者之间的相关情况

射叫作宁静的太阳。对于分米波（即波长是几厘米的波）来说，宁静的太阳像一个 1 万摄氏度的黑体那样在辐射；对于 15 厘米的波，它相当于 10 万摄氏度的黑体；最后，对于米波来说，它便相当于 100 万摄氏度的黑体。如果我们记住刚才所说过的，愈长的波发自愈高的层，我们便会明白（对射电波强度的测量也证明这一事实）上面说过的：温度从色球低层的 5 000 摄氏度迅速升到日冕高层的 100 万摄氏度(在 10 万千米高处)。

除了宁静的太阳的辐射以外,我们还观测到和黑子有关联的射电波。但是,这些波的性质按波长来分很有区别。对于分米波来说,仪器记录的强度只有微弱的起伏变化,并且和黑子面积有紧密的联系,但和黑子在日轮上的位置无关。对于超过 1 米的波来说,当黑子经过地球的日面中心线附近的时候,我们发现有强烈而无规则的呈点状的辐射,每一点历时只有几秒钟,这种电波叫作射电暴。它只发生在黑子过中心线前后的短暂时间里,这表示辐射的能量只能是从一个顶角为 30°或 40°的锥体发出来的。这是我们第一次找到太阳所发出的定向电波。黑子发出的波的稳定性,也许是由于活动中心附近色球和低日冕的高温所造成的。光斑区和稠密日冕是同一现象的另一方面的表现。至于射电暴的形成机制可能更复杂,而不仅是一种热辐射,我们可以把它比拟为实验室里的放电现象。

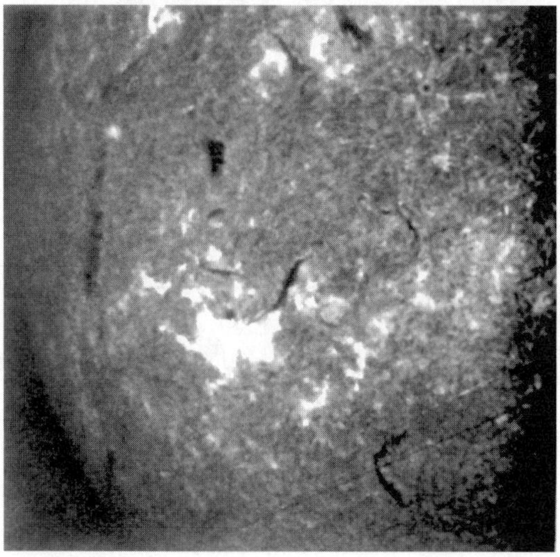

关于太阳的射电知识,我们还必须谈到由色球爆发而来的辐射的巨大跃变。图 331 是默东天文台所记录下来的一个例子(耀斑)。在长波的情况下,这种现象更加显著。这些跃变比由光线观测出来的色球爆发总要迟几分钟,这延迟的时间随波长变长而增加。如果我们记住长波射电是由太阳大气的高层发出来的,我们便应该设想一个爆发的扰动,它由色球传到日冕,依次由愈来愈高层发出愈来愈长的辐射。这种解释

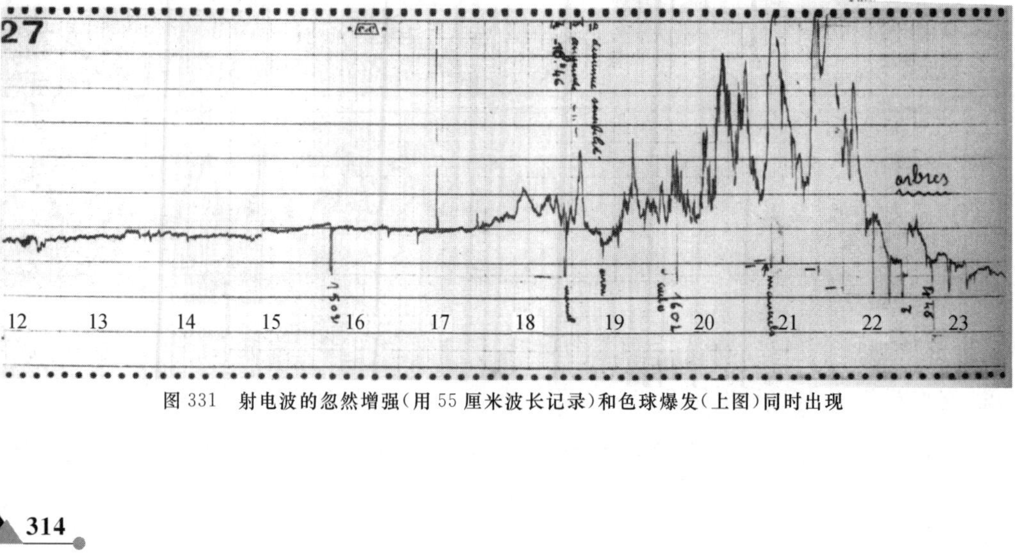

图 331 射电波的忽然增强(用 55 厘米波长记录)和色球爆发(上图)同时出现

已经得到证实，因为澳大利亚的物理学家在一些跃变的进程里，直接追寻过发射的区域，曾证明这些活跃区域可逐渐上升到几十万千米高的日冕里去。色球里一种猛烈的活动现象，例如爆发，便影响日冕里所发生的剧烈反应，这使我们深深地感觉到太阳大气的一致性，甚至行星系的一致性，因为在短波传播的同时便发生电信号的衰减，而且 20 个小时以后，也许就有一个美丽的极光出现，同时也发生磁暴和射电暴。

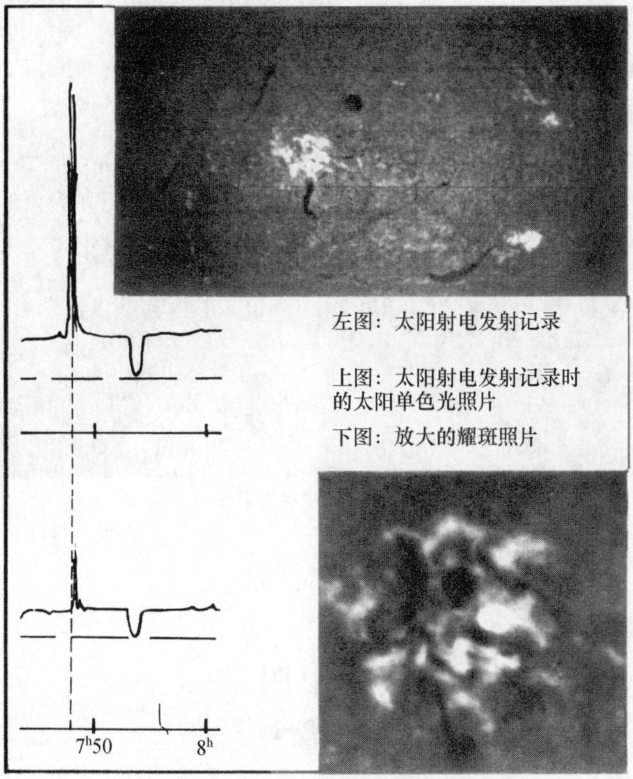

左图：太阳射电发射记录
上图：太阳射电发射记录时的太阳单色光照片
下图：放大的耀斑照片
7^h50
8^h

图 332 爆发在日冕里所生的感应射电波的记录

1950 年 8 月 15 日拉菲纳尔在默东天文台制作。短波（55 厘米）发射早于长波（117 厘米）1 分钟。也许是由于同一的扰动渐次达到上层的日冕，以形成愈来愈长的波。记录中向下的钩状纹是用以决定零点的。

图 333　日中峰天文台

第二十四章

太阳与地球

地球围绕发出大量能量的太阳作永恒的运行，不断地接收能量，使地面活跃起来：风吹、水流、花开、果熟，保证了生命的一切必需条件。除了这不断的光流和热流之外，我们还从太阳那里得到更细微和更经常变化的作用，这些作用对于地球物理的各种现象都很有影响。大家已经承认这些作用在实际生活里有重要的意义，所以我们特别在这一章里来谈这一方面的问题。

高层大气里的电磁现象

任何发射器所生成的赫兹波都像光波一样沿直线而传播,因为赫兹波和光波性质是相同的。可是我们都知道,一具好的短波接收机可以接收很远的、完全被地球本身遮蔽了的电台电波。从地球相对的那一边所发出的波,自然不是穿过地球而来的,它是围绕地球而来的。我们能够想象到这种传播的机制,即自然所采取的办法:在高出地面 100 千米或 150 千米的高层大气里,有一面反射射电波的镜子,这就是电离层。电波是借助于在地面和电离层之间作多次的反射而传播的(图 334)。由此可见,电离层在射电波的传播上有极重要的作用。

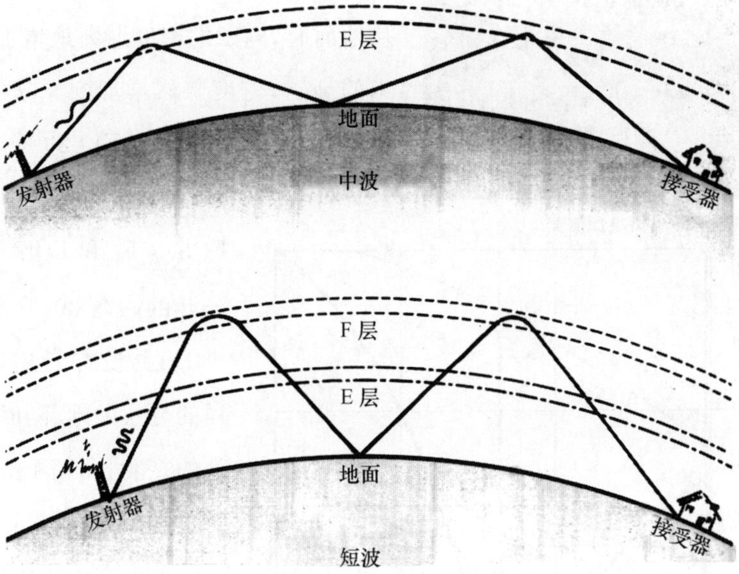

图 334　电波围绕地球传播,在电离层里作多次的反射(示意图)

电离层究竟有什么性质呢?这是一层空气,那里大部分的氧和氮的分子和原子都电离了,因此在地球寒冷大气的这一区域里,有点像炽热的太阳大气里那样,有电离的质点、离子和电子。我们说过,电子吸收射电波,而且使电波发生折射,因为吸收和折射是两个共生的现象。一层电子把一束电波弯曲,有一点像水面把插在水里的树枝弄成弯曲的形状一样。如果这层电子的密度相当大,或者电波的波长相当长,就会发生全反射。

一层电子把光线和赫兹波或多或少地弄弯曲一些,同时也让这些波通过一部分,可是到了某种波长,波便只在电子的环境里屈折而不能通过去,于是电离层的作用就成了一面

图 335　电离层探测器

镜子。这样的反射波的最短频率叫作电离层的临界频率。

用于研究电离层的主要仪器叫作电离层探测器(图 335)。这种仪器有一个发射部分,向天空发射很短的频率可任意改变的一系列的电波;另外还有一个接收部分,把所发出去的和由电离层返回来的电波一并记录下来。于是我们可以测定临界频率(因而测定电子密度),再按发射和返回的信号中间所经过的时间,去测定电离层的高度(图 337)。通过这样的探测,我们发现电离层不是单层的,而是有不同的几层。从地面起,电子的密度渐渐地增加,到了 100 千米的高空,密度骤然增加到原来的 10 倍,这叫作 E 层(图 334)。离地面 220 千米附近还有一层,叫作 F_1 层;离地面 300 千米是第三层,叫作 F_2 层。F_1 和 F_2 两层不常是截然分开的。在 80 千米附近还有一个 D 层,没有 E 层那样确定。这样的分层随地、随时、随日而有显著的变化。观测表明,这些变化的主要因素是太阳离地面的高度。例如在中午以后,电离最强;在黑夜快结束的时候,电离最弱。同一天里同一小时里电离的情况,夏季比冬季强,赤道区比两极区显著。这一切都说明电离是由于太阳辐射的作用。日食的时候电子密度减少,也证明了这个结果(图 336)。

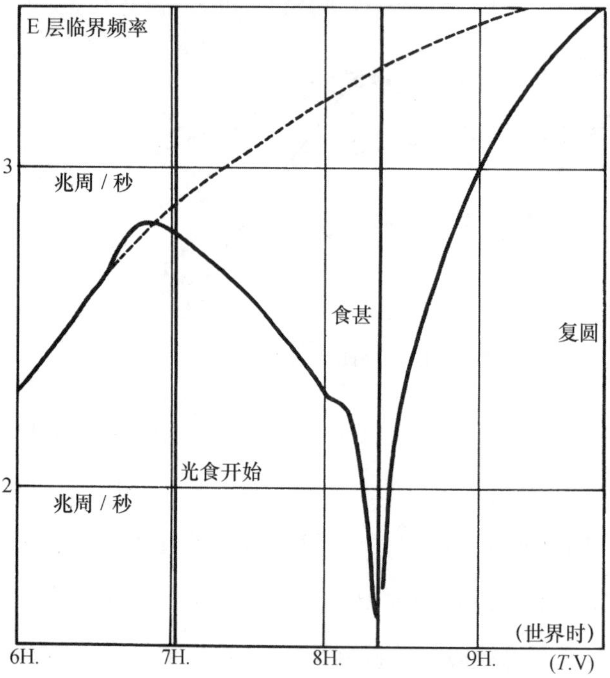

图 336　E 层临界频率的变化(即指这一层的电子密度的变化)

这是在 1952 年 2 月 25 日日食时的观测结果。虚线表示正常的变化,实线表示日食那天的变化。由图可见电离作用的减少在日轮被遮前就开始了,这说明电子的产生可能在太阳大气的高层。

既然对电离层起作用的是太

阳的辐射，那么究竟是哪一种辐射呢？在日食的情形下，高层大气的电离变弱的时候正是光线减少的时候，所以这些光线里有一些能够使原子电离的成分，那么我们该在太阳的光谱里去寻找，有哪些辐射可以剥夺空气成分里的电子？这样的选择是很有限的。氮和氧的分子或原子都是相当能够固定住它们的电子的粒子，而只有短波的紫外光子才有足够的能量使它们失去电子。太阳里的辐射里只有波长短于 1 200 埃的波才能有这种作用，以便形成电离层。我们如果不用昂贵的火箭，要去研究这些不可见的辐射，最好从电离层的观测中去探寻。

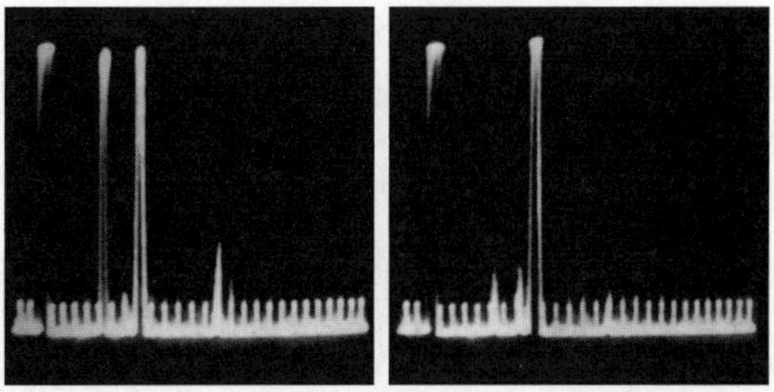

图 337　由电离层探测器所发出的信号和从电离层而来的回波信号与回波之间的距离可以得到电离层的高度，每一分格代表 50 千米

左图：有信号与由 F_1 层而来的双回波，它是一种双折射现象，相当于冰岛石对于光所起的双折射。更远处还有一个很弱的回波，这是地面和电离层之间两次来往的回波。右图：发射频率较高，有一个由 F_1 层回来的快消逝了的弱波和由 F_2 层而来的强波。

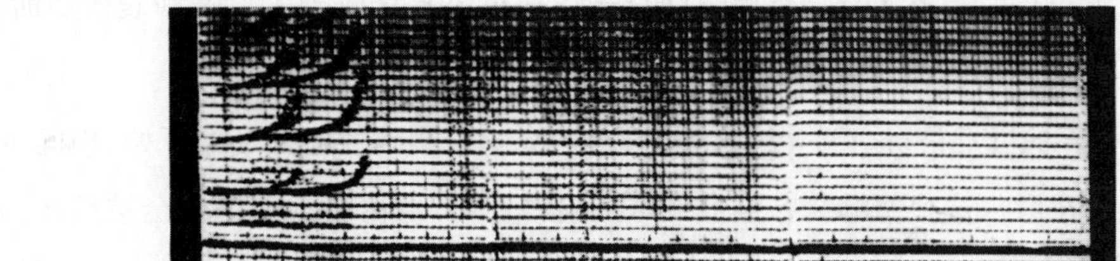

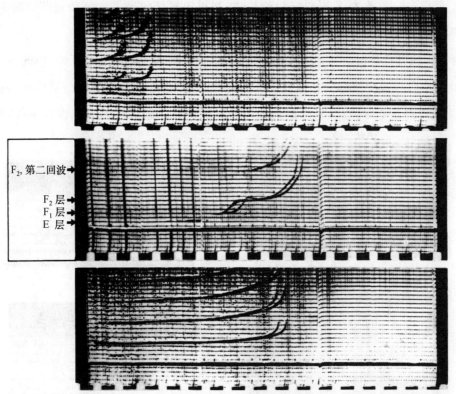

图 338　三幅电离层探测图

这是探测器的自动记录，表示反射层的高度为发射频率的函数（水平上每一区代表 50 千米的高度）。每一反射层作出一条黑线，对于某一定频率（临界频率）黑线忽然中断。同一层可以出现两三次不同高度的反射，因为它们是同一发射在地面和电离层之间往返两三次的回波。自上而下：(1) 1952 年 2 月 22 日在法国邦吉日出前的记录，电离作用很弱，临界频率很低，因为电子少，只能阻挡和反射长的电波；(2) 1952 年 2 月 23 日在同地 11 时 20 分的记录，电离作用强，E 层不显著，F_1 和 F_2 层却很明显；(3) 1952 年 2 月 24 日在同地 22 时的记录。这是黄昏探测的典型，只看见有 F_2 层，一到临界频率，断处便很突然，这说明电离层很薄，可是至少有 4 次的连续反射。

我们从这里得到的第一个事实是，造成而且维持电离层所需的紫外辐射的能量，应该比一个 5 750℃的黑体所发出来的能量还要大得多。所以，同可见光区和射电波以及红外区比较起来，紫外极端的太阳辐射要强烈得多。其次，电离层随太阳活动的周期有很大的变化。因此，这样的变化也好像存在于使原子电离的辐射里。那么，就紫外线来说，太阳便是一颗变星。我们可以合理地假设，由单色光观测所表现为伴随着黑子出现的色球和日冕的光亮部分，是造成电离层的紫外线的来源。根据这个假设，我们经过统计研究，曾经发现而且证实在电离层和太阳大气的活动区之间有极密切的关系。对日食的研究也得到同样的证明：月亮一遮蔽太阳的活动中心，我们就发现电离层里的电子密度发生变化。

太阳紫外线对于电离层作用的另一惊人的表现，发生在色球爆发的时候。在色球爆发后几分钟内，我们就在暴露在日光里的半个地球上发现短波电波的普遍衰减〔这种衰减忽然发生，使接收短波信号站的收报员时常误认为这是因为维持仪器的电源忽然断电〕，因此对无线电通信有很大的妨碍。这是因为下面 D 层大大增强，我们当作镜子吸收远处电波的 E 层或 F 层被遮掩了。可是，在 D 层正常反射的长波，却很容易接收到了。这种衰落历时大约 10 分钟到 1 小时，但复原不像衰减那样突然，而是逐渐的。

更有害的爆发是射电暴，从对这种现象的光学观测到射电扰乱的开始，中间可以经历 20～40 个小时。这种射电暴在整个地球上同时发生，电离层的结构完全被破坏。在好几天里，无线电通信非常困难，甚至成为不可能。这种在电离层里的灾害性的事件，从人们

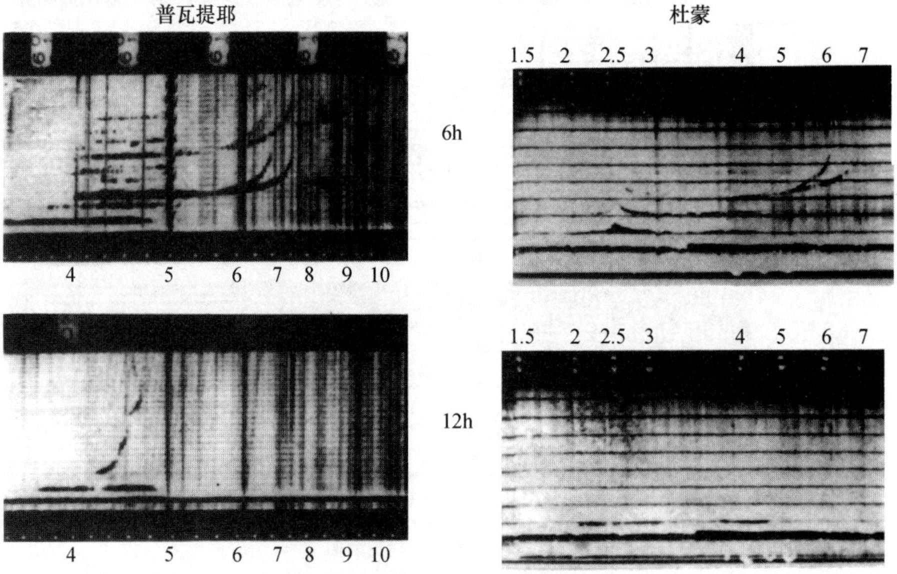

图 339　射电暴前后的探测记录

由图可见，电离层的通常结构在射电暴时完全被破坏了。左图在普瓦提耶记录的 F 层，好像在飞起，同时在杜蒙（巴黎附近）记录的，好像完全没有电离层。

的经济观点来看，是很有影响的；同时，在高层大气里出现明亮的有各种各样形态的极光（图 340）。关于极光的地理分布原因，按照斯托末（Störmer）的理论，是因色球爆发而来的巨大电子流来到了地球的附近。这种电子流的速度可高达每秒 1 500 千米，这是由日面爆发和射电暴或者极光出现之间所经过的时间而求得的。射电暴和极光现象，显然必须在电子流碰到地球的时候才能发生。太阳边缘所发生的爆发对于这一种衰减是不起作用的，这说明电子流大部分是垂直于日面发出来的（图 341）。

图 340　1935 年 1 月 27 日出现的北极光

在露光数分钟里，因周日运动，星象拖成小的长条。

我们可以把上面关于电离层的叙述完全应用到地球的磁场上去。地磁场的方向和强度在其平均值附近的起伏变化是和太阳有联系的。日面爆发在磁暴上的效应也有两类：(1) 和光学爆发相伴随的骤然间的钩形跳动；(2) 使磁针发生剧烈而持久的颤动的磁暴，它可以在日面现象发生后延续两日之久，同时也发生了射电暴和极光。因其对实际生活而言的重要性，我们特别详细叙述了太阳对于地球高层大气的电离层的作用。这种重要性表现在为电信服务用的根据太阳的观测而作的关于电离层情况的预报上。例如法国蓬多瓦斯电台每晚必发出一种国际电报，报告默东天文台每日所观测到的太阳的主要情况。阿贝提说得好：这是太阳健康情况的报告，也可以说是**日面的气象报告**。

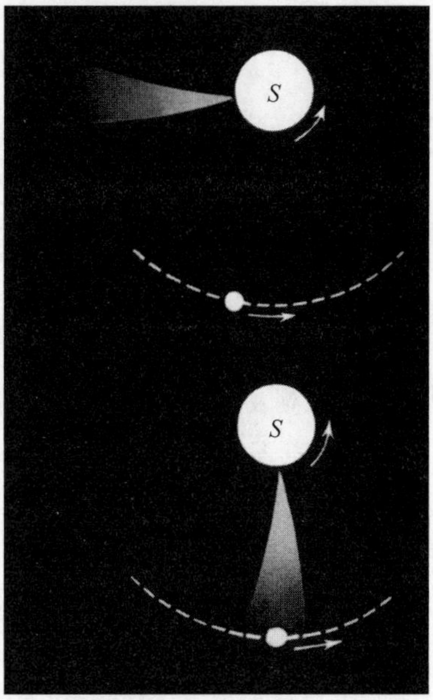

图 341　色球爆发所射出的电子流扫过地球

一般的情形下，地球不在由日轮中央爆发而来的电子流里面。

1950 年 5 月 9 日
09222　18731　13711　251×5　78718 90520

图 342　1950 年 5 月 9 日国际射电协会的电报

这密码电报的意思是：前次电报在两日以前。光斑暗条区活动中等。一群黑子在西经 75°和南纬 15°，年龄 3 日，I 级；一群黑子在西经 25°和南纬 15°，年龄 1 日，I 级；一群黑子在西经 45°和北纬 5°，年龄不明，两度过日轮，A 级。爆发经德国文德斯坦天文台观测，在西经 75°和南纬 15°黑子群里，观测开始在世界时 5 时 20 分。

虽然我们明白电离层的紫外辐射和粒子辐射是由于色球和日冕的异常活动所造成并由炽热的区域发出来的,可是我们却不太了解这些辐射生成的机制,它们对于高层大气的作用也没有得到确切的解释。就紫外线来说,究竟是什么波长的辐射在各种电离层的形成中最起作用呢?是由于色球所发出的连续光谱和氢原子的特征谱线〔我们这里所说的谱线和连续光谱是氢原子落到基态时所发出来的,相应的辐射所形成的谱线系叫作赖曼系。这系内波长最长的谱线是赖曼 α 线,波长是 1 216 埃。以后的谱线愈来愈紧密,如巴耳末系,从波长为 912 埃起就融为连续光谱了〕呢,还是由于日冕所发出的 X 射线呢?无疑,将火箭射到高空去研究太阳的辐射,可以带来解决这些有争论的问题所必需的数据。这些问题更多的却是和那些神秘的宇宙线的问题联系起来。宇宙线是由具有极大能量的质点所组成的,不断地从各个方向向我们射来。纵然这种辐射的强度有相当大的稳定性,但是当色球爆发时,仍发生大的变化。所以,太阳活动是促使宇宙线发生的因素,但是要肯定我们所接受的一切宇宙线都是从太阳而来的,却是过早了一些。

◀ 太阳活动的周期、气象变化与生命 ▶

太阳上的气象变化和我们地球上的晴雨气候有没有关系呢?专家回答说无疑是有的,可是这其间的关系既很不简单,又不太清楚。气象情况随许多地方性的因素而变化,必须从广大的土地上找出平均的情况,我们才能找到它和太阳活动之间有意义的联系。

有时大自然便出现这种平均的情况:大河(如尼罗河)、大湖(如维多利亚湖)的水平线反映出江湖支流降水量多寡的情况。由这些大的汇水处知道,它们的水平面在黑子极盛期比在极衰期要高一些。

一个很奇怪的现象,是在树木生长上也有 11 年的周期。大家都知道,树木的横剖面上有一种明显可见的圈痕(图 343),道格拉斯(Douglus)的研究认为,树木的这种年轮,平均说来,在太阳活动极盛的年代里要大一些,在宁静的年代里要小一些。这便是日面黑子对地上生物的影响很显著的表现。我们不知道这种影响是直接的还是间接的,抑或是因气象因素如降水和温度的中间作用而造成的。温度不像下雨那样容易受地方性的偶然性的影响,和黑子的多寡有很强的关系:全地球在某一季度里的平均温度,在日面活动极盛期好像是极小,而在极衰期好像是极大。这种关系在赤道带特别明显。早在 1801 年,伟大的天文学家威廉·赫歇尔便想到黑子对于气候有这种影响。

大气的压力也似乎受黑子的影响。汉森和南森(Nansen)〔挪威有名的北极探险家〕研究了这个问题，在30年前便已经得出这句结论性的话："一般说来，太阳活动加强引起大气环流的活跃……使气压的极大增高，极小降低。"这个结论后来得到充分的证实。既然黑子的影响增高了高气压，降低了低气压，那么也增加了经常的大风的风力和稳定性，这在季风上得到证实。这种曾推动过巨舰上的帆的风，至少也和黑子有些关系。同样，暴风雨发生的次数也和太阳的活动有关。

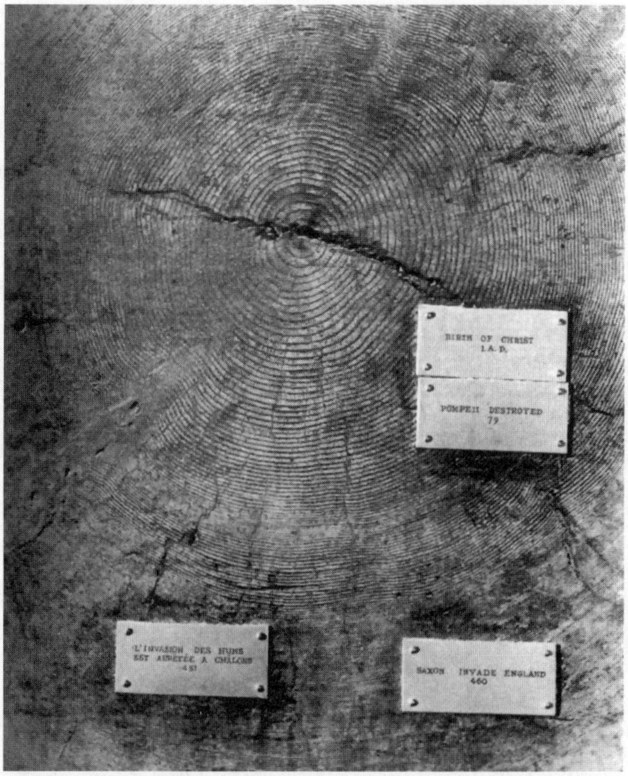

图343　2 000年前长出的红木的横剖面，表现红木中央年轮的生长情况

它上面所钉的小铜牌，说明某一年轮成长时历史上的大事件。由大红木的年轮的研究得知树木成长随年代而有多寡的不同。在树木成长的因素里，显然可列入太阳活动的11年周期和这周期在长期里可能有的变化。

以上所说的相关情况，都是根据统计的研究而求得的：一方面是气象因素的年或季的平均值，另一方面是黑子的数目。这些相关情况虽向我们表明联系的确存在，但相当模糊，并且未能说明这些联系的性质究竟是怎样的。随着黑子活动的变化，太阳的紫外辐射和电子辐射都发生变化。这两种变化里，究竟是哪一种影响了气象的变化？也许我们不必从统计中去找关联，而要在短期里去寻找和太阳的现象相应的气压、温度、雨量等变化的情况。这方面的研究没有得到显著的结果。可是有一些气象现象，如暴风雨和卷云的形成、云量的增多等，和由日面爆发而来的电子流所引起的射电暴与磁暴等现象好像是有关联的。

我们也知道，在平流层里，高出地面30千米的上空有一层臭氧层，这是在日光里紫外线的作用下由通常的氧气形成的。臭氧层的厚薄似乎和太阳的活动也有关。另一方面，我们知道臭氧的多寡和高空的温度与压力有密切的关系，这也许是黑子和气象现象可能存在的另外一种关联，紫外线和臭氧便成了这种关系中的中间环节。臭氧对于生物有重要的作用：它作为一种帷幕，把太阳的紫外线显著地减弱，完全隔断了波长在2 950埃左右以下的辐射。我们在讨论地球时曾说过，如果没有这层臭氧层，生物就会被无情的短波辐射烧灼，生命就会发生危险。但是，如果大气里臭氧太多，同样也有危险，因为它把短波辐射完全阻挡，使机体生长所必需的维生素 D 不能形成。臭氧的过多，在事实上也许可能性很小，但是在 11 年的太阳活动周期里，因缺乏维生素 D 而来的软骨症未尝不表明它有一种多寡的变化。也许有人认为，这不过是一种凭空的猜测罢了，但是太阳活动对于生物影响的可能性，生物学家和医生都曾认真地研究过。在影响生命现象的无数因素中，太阳的影响因为是很间接的，所以很难查出。现在我们只感到，太阳和气象之间的关系有一种不可怀疑的重要意义。

在本章里我们明白了发射能量异常慷慨的太阳好像有时能动摇我们对它的稳定性的信心。它有时破坏了我们的无线电通信，干扰了我们的磁针，同时又以美丽的极光来酬答我们。它影响到我们的大气，将来的气象研究也许要考虑到色球或日冕上的变化，现今惹人嘲笑的气象预报也许会有改进，长期预报也许会成为可能……总之，对日地现象的关系研究，正处在天文学和地球物理学的十字路口上，必然会成为一门最活跃而又最有实际意义的科学。

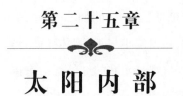

图 344　巴黎天文台

第二十五章

太阳内部

太阳的结构

太阳的内部也成了科学研究的对象，粗看起来好像有些荒唐。在星球的深层，一切都像是被掩盖住了，我们对此至多只能猜测而无法证实。事实上，科学的目的不只是搜集一些准确而不能理解的观测结果，天文学在很早的年代里便已超过这个阶段。既然太阳通过许多可以观测的现象给我们显示了它生活的情况，我们便可以从那里去寻找它的秘密。事实上，我们已有了不少的认识。我们已经知道太阳的质量、体积、所产生的能量、自转的特性等。我们也证明它是由我们熟知的物质，如氢、氦、氧、金属元素以及化学家知道的其他一切元素所组成的。我们认为，由在实验室发现的物理定律所综合成的普遍的原则与理论，可以应用于整个宇宙，那为什么不能应用于太阳的内部呢？

太阳表面的物质是6 000℃以下的气体(主要成分是氢)。这表面层只能从它下面更热〔这里我们不谈很稀薄的区域(色球和日冕),它们可以被看成是星球的外部〕、更密(因受上层的压缩)的区域接受热量,因此下层也是处于气体的状态。这样推下去……我们便可假想太阳是一个气体的球,其温度和压力从表面到中心不断地增加。把这些气体物质维持在一起的力量显然是吸引力。太阳内部有一些地方在产生能量,这些能量逐渐转移达到表面,在那里才以辐射的形态发射到外面去。从这些性质上来看,应用热力学上的久经考验的定律,我们可以发展一种定量的理论。最早向这方面努力的可上溯到1870年英国物理学家累恩(Lane)。以后更由埃姆登(Emden)、爱丁顿、米尔恩的研究,而对它加以大大发展。现今还有钱德拉塞卡(Chandrasekhar)、斯特龙根(Strömgren)等人在从事这个问题的探讨。

就一级近似来说,我们可以计算太阳内部〔注意,这里所谈到的关于太阳内部的一切知识,可以应用于每颗恒星,只要我们已经知道了它们的质量、半径和能量的输出量〕各点的温度和压力,为此只需假设太阳里的物质遵循理想气体的定律,它在重力下得到机械的平衡,虽然能量由内向外作大量的转移,温度的分布总是恒常而且稳定的。在地球上,热的传播有传导、对流和辐射三种方式。例如放在茶杯内的小勺子,因传导而将热传到勺柄;火炉借对流将热分布在整个屋里;至于电气辐射器,则是用它的红外辐射来温暖我们的。恒星里的传热方式主要是辐射,很少有对流,传导则完全没有。不论传播能量的物质是什么,要使传播稳定地进行,便必须满足一些条件,那就是,应该有一种热平衡。这一切平衡条件均可用相当简单的数学公式表示出来。所以,星球的结构问题在科学家手里就像星球的运动问题一样,变成了数学的问题。月亮和地球围绕太阳的那种有诗意的运行,在天文学家眼里变成了三体问题的一个特殊情形,而金光灿烂的太阳在天体物理学家眼里却变成了辐射平衡下的一个气体球。

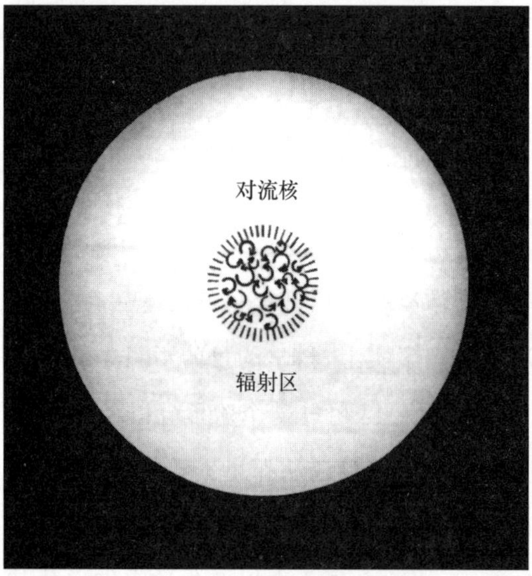

图345　现在公认的太阳模型

中央是高温度的小区域,又是强的对流区,那里发生原子核反应,是星的能量来源的地方;中央部周围有辐射层,不产生能量,只以辐射的方式传播能量到表面去。

在这种理论的第一阶段,能量生成的来源问题完全没有被讨论到。我们只选择一个适当的衰变量,随着在恒星里的深度变化而给予它合理的或多或少的变化。关于星球内部能量的来源分布的每一个假设,曾有过相当于各种结构的各种模型。一个简化的看法,便是假设星球中心只有一个小区域有足够的温度和密度可以生成能量,因此整个气团内的物质被光和热的点源所弄热,热量以辐射的方式达到表面。

由此可见,恒星结构的计算结果依赖于能源分布的假设和恒星的化学成分。这样的依从关系是不太紧密的,我们总是得到惊人的高温和高压。根据1941年所提出的一个模型的计算结果,太阳中心的气候情况可以用下列数字表示:

温度:2 500万摄氏度
气压:2 000亿(2×10^{11})标准大气压
密度:水的密度的110倍

当然,这些数字都不是确定的,我们在下面就要谈到。

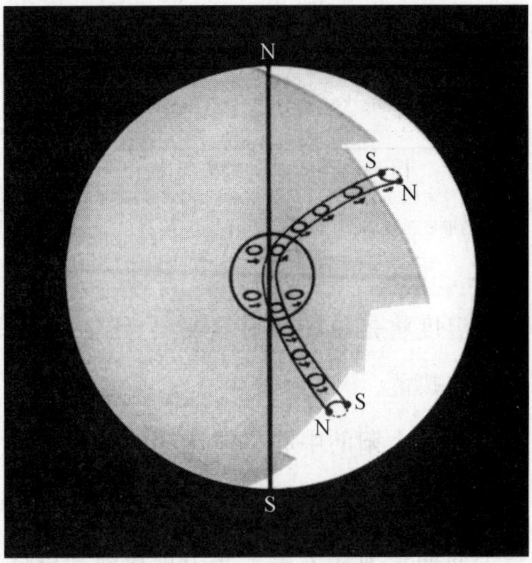

图346　阿耳文的黑子理论

在核心处形成的磁性流体动力的旋涡,随着太阳普遍磁场的磁力线方向来到太阳面。不幸这磁场只是假设的,没有能够从观测方面加以证实,究竟是否存在还有问题。这些旋涡到了日面以后,便成了一群成对的异极性黑子。

根据恒星结构的理论,爱丁顿求得一个重要的结果,即绝大多数恒星差不多都是按同一种模型形成的。它们之间只有大小尺度上的区别:两颗星的差别只像金鱼和鲨鱼那样,而不像小鱼和大马的差别那样。在恒星的质量和亮度之间,爱丁顿研究得出一个特殊的关系。这个由理论推出的结果完全得到观测的证明,质量和亮度适合的星都在一条理论的曲线上面。我们之所以离开太阳而谈到这个特殊的事实,那是因为,从表面上看,恒星内部结构的理论好像是玄想的,而在实际上,这理论是很有成就的,并且经得起实际考验。

在上述太阳的结构中,我们在计算时并没有把它的自转考虑进去。天体物理学家的太阳模型都是静态的,可是关于太阳自转的观测结果是值得考虑的。我们说过(第十八章),光球的自转在赤道带比高纬带要迅速得多。太阳的表面因自转而变形,在比较深的层次里也应该是这样的,因此太阳内的物质可能有一种环流,或者说在太阳内气体有一种巨大的扰动。关于星球内部运动的问题还没有得到解决,可是要明白黑子的活动,这却是一个迫切需要解决的问题。

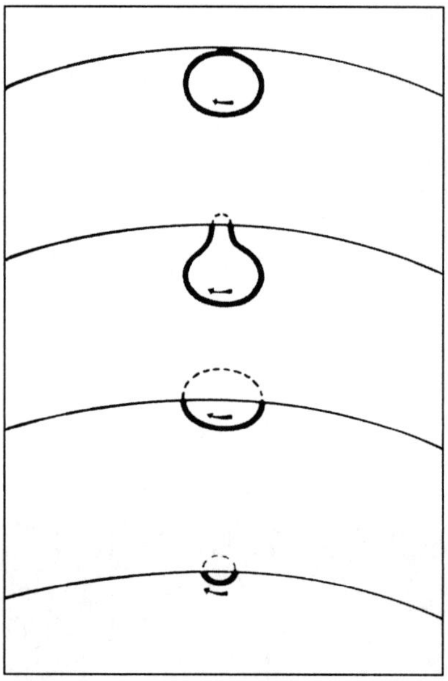

图 347　**阿耳文的黑子理论**

磁性流体动力旋涡到达太阳表面的情况，一个双极群的形成和演变。

关于黑子和它们的 11 年周期，瑞典物理学家阿耳文和他的合作者曾经努力地去寻求过解释。他们的理论虽然还很幼稚，可是比起前人的看法显然是有进步的。他们假定太阳内部有一个大的磁场。在高温的中心，核反应进行的区域里，有极强的湍流运动。物质的运动引起磁场的变形，因而形成了磁性流体动力学的扰动，并传播到表面去。最简单而又最稳定的扰动便是磁性流体动力学的旋涡，这是一种环状的运动，在那里面物质和磁场都作闭合式的流动(图 346)。这样的环流(可以比作有经验的吸烟人口里吐出来的烟圈)沿着太阳的磁力线升到表面，被分割为两个圆圈，这便形成了一群成对的异极黑子(图 347)。这样，我们便可以解释一对黑子的磁极异性，以及在生存初期互相离开的现象。黑子的低温度将是磁场的附生现象，因为黑子里热能和磁能的总和应该等于正常光球里所有的纯粹热能。

邻近太阳的中心集体产生的一群磁性流体动力学扰动，沿不同的方向传达到太阳的表面，这些扰动传达到高纬度地方比传达到赤道带需要更少的时间。这样便可以解释在一个周期里为什么黑子先出现在高纬度区域，然后才逐渐向赤道带活动(斯珀雷尔定律)。

但是，由这种理论所推导出来的关于 11 年周期的解释是牵强、矛盾的。阿耳文假设在核心处有两个帽状区，它们是扰动生成的地方。如果有一种磁性流体动力学的变形产生在北边的帽里，就有两个波向外传播：一个向外直趋表面；另外一个是退缩波，向南去，到了第二个帽里，遭到扩大作用，再沿着它的道路达到表面。于是，同一种扰动产生两群黑子，一群在北半球，一群在南半球，时间相距约差 11 年，这段时间是退缩波穿过中心核层需要的时间。由于这个假设(还被别的更巧妙，或者太巧妙的假说加以补充)，阿耳文可以解说太阳活动连续几个周期里的各种特性。当然，这个理论既不严格，也不像是真实的。我们之所以叙述一下，是因为它具有许多新颖可贵的看法，有助于对现象的进一步了解。这也说明科学家绝不在任何困难面前退缩的精神。太阳内部的结构，正如原子内部的结构一般，也属于我们研究的范围，虽然我们不能把实验室的方法应用到星球上去，不能把星球割裂开来看一看它里面究竟是怎样构造的。

太阳能量的来源

关于太阳的能量我们已经在第十八章里提供了一些数字。既知太阳的质量，我们便可以计算它每一克质量所产生的热量，答案是每年1.5卡。这数字初看不足为奇，可是一克氧和碳即使混合得很理想，燃烧后也只能发出2 200卡的热量。假使太阳像氧和碳那样在燃烧，用不了1 500年太阳就会被烧光。19世纪的物理学家亥姆霍兹(Helmholtz)提出一种能量的来源，他说太阳的气体因收缩而生热。但是要使收缩所生的热足以维持太阳所发射的能量，收缩的速度应当是相当快，因此，在这种假说之下，太阳的寿命不过2 000万年。这是一个不能接受的数字，因为地质学家已在很科学的基础上面证明地球的年龄大约是47亿年。于是太阳能量的来源还应该继续去找寻。

19世纪快结束的时候，贝克勒尔(Becquerel)发现了铀的放射性，继之居里(Curie)夫妇又发现了许多放射性物质，表明物质有一种释放能量的方式。爱因斯坦根据他的相对理论，给这种现象以一种数量的说明。他证明，物质蕴藏的能量等于它的质量乘以光速的平方，以公式表示便是：

$$E(\text{尔格})=M(\text{克})\times c^2(\text{厘米}/\text{秒})。$$

不论什么样的一克物质，只要能够完全被摧毁而变为能量，其所产生的热便有20万亿卡之多。如果有办法将物体质量的很少一部分转变为辐射或热量，其所产生的能量比任何化学反应还要有效得多。大自然就有这样一种办法，那就是核反应。

在第一篇叙述地球历史的那一章里，我们曾经谈到原子核的构造，现在再简略地回忆一下。自然界里有所谓放射性物质，如铀、镭等元素，它们的原子自发地发射氦核(α射线)、电子(β射线)和很硬的X射线(γ射线)，这说明原子核不是简单的质点，而是有一种结构。自然，原子核愈重，这种结构愈是复杂。组成原子核的成分主要是质子和中子。这两种基本质点的质量很相近；质子也像电子那样负有电荷，不过电子是带负电的颗粒，质子是带正电的颗粒；中子不带电荷，正如它的名字所代表的，它是完全中性的。

常见的基本质点

名称	电荷	质量(克)	表现
电子	−	9.107×10^{-28}	很稳定，在原子的外层，由热体或光电层所发出
正电子	+	—	很不稳定
质子	+	1.6725×10^{-24}	稳定，氢的核
中子	0	1.6748×10^{-24}	稳定，核内的成分，促成铀的分裂

图 348　范德格拉夫型的加速器

法国萨克累原子研究中心的设备。物理学家为研究原子核，常用具有高能量的粒子（电子、质子、氘核、氦核）去轰击原子核，核受了轰击以后常分裂为碎片，同时发出辐射。原子碎片的性质及使其崩溃所需的能量，是原子核物理所研究的问题。这种研究所用的仪器都是庞大的机器，目的在使这些"射弹"式的粒子加速。这仪器的一种便是范德格拉夫的静电发生器。离子或电子在那里被一个电场加速，这电场在地面和隔离柱上数米高的一个半球之间。这仪器经常被整个置于高压下的氮气箱里。这静电发生器自 1952 年开始使用，可以达到 500 万伏特的电压。一个电子在这电场内可以具有 500 万电子伏特的能量。

原子核首先被它所含的质子数所规定，这就是化学家所说的原子序数，再加上围绕原子核的相等数目的电子，便组成了原子。在核里，除质子之外，还有数目大约相等的中子。只是中子数目有差异的两个核的原子，叫作**同位素**。两种同位素的原子有相同的化学性质，因为它们外围的电子数目是相等的，只是它们的质量是不同的。例如寻常的氢原子有一个质子（核）和一个电子。但是还有另外一种氢原子，核内除质子之外还有一个中子，所以这样的氢原子的重量是寻常的氢原子的两倍，这叫作**重氢**（氘）；重氢和氧化合，组成**重水**。氢和氘便是同位素。

关于在核内维持质子和中子在一起的内聚力，我们现在对此还不太清楚。我们已经知道，原子核不是由任意个质子和中子所构成的。结构比较复杂的核便不稳定，表现出天然放射性；这种现象表明，它们的核内有困难，必须得把一个成员驱逐出去。对于别的非放射性元素，要知道它们的原子核内有些什么，最好的方法便是把它们打破。核子物理学专家的活动便是对原子核作"活体解剖"，他们所用的仪器巨大无比，读者们想必已经听说过"回旋加速器"这个名词（图 349、图 350）。

如果我们能够用各种质点轰击原子，使它粉碎成为较小的原子，我们便也可以组成较大的原子。有些核反应，一经开始便会继续下去，产生出巨大的能量。正是因为有了这些

图 349　**萨克累中心新回旋加速器的电磁铁**

在这座仪器里，从适当源头所发出的离子不像在范德格拉夫的仪器里受着连续的加速，但在两电极之间经过时得到加速。离子在一螺旋线里经过，在每一圈里都得到两电极间的加速，在电极之间有一个和离子旋转同步的交流电压。离子在每一转上得到一点能量，终于达到电磁场所造成的力场之外，于是它沿直线的路径飞去，好像石头从旋转的投石带里飞去一般，离子便这样去轰击它的目标。这仪器的大小可以表现在下列这些指标上面：电磁铁长 3.50 米，重 27 万千克，衔铁间的直径（也是离子出去以前所走的最大圆圈的直径）1.60 米，磁场强度 1.5 万高斯，交变电压 20 万伏特，频率 115 兆周。

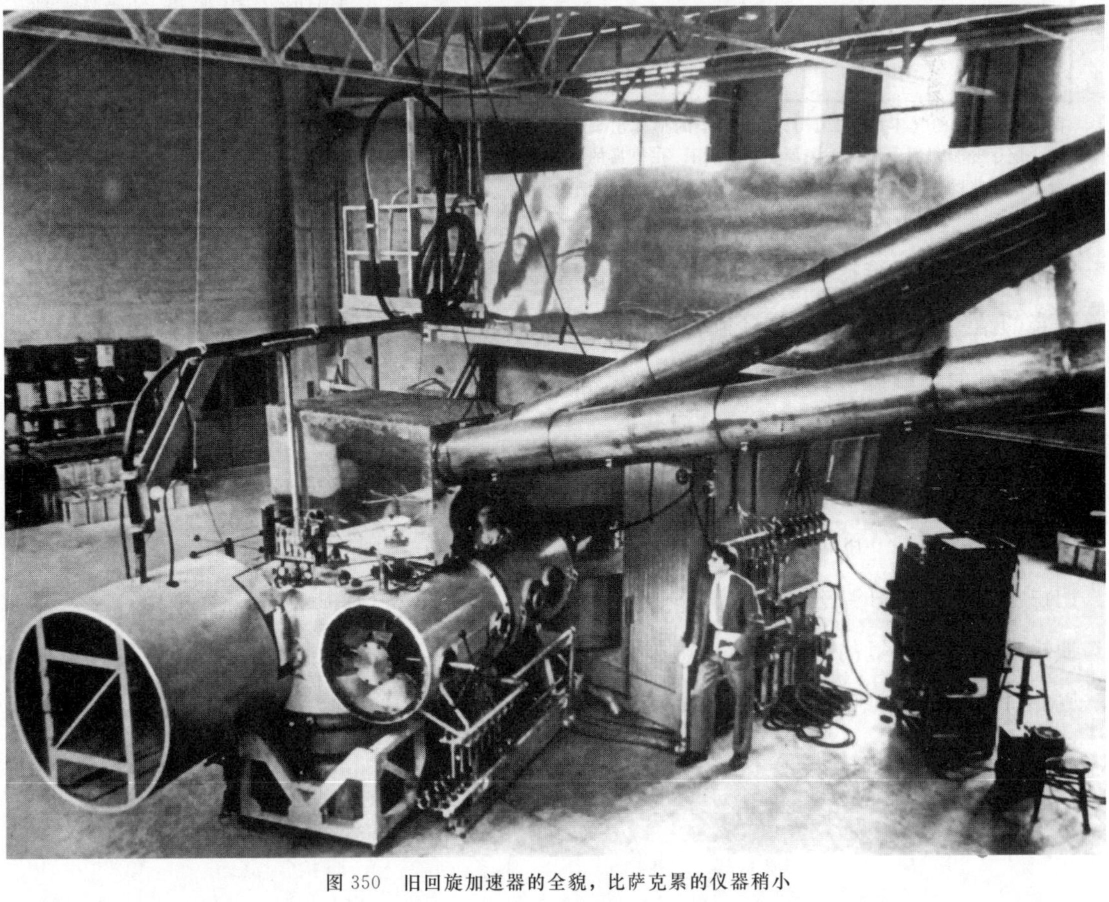

图 350　**旧回旋加速器的全貌，比萨克累的仪器稍小**

图 351 爱丁顿

反应，我们今天才能使用原子能，可惜有人不是为和平的目的而使用。像铀（U^{235}）的分裂这一类用在原子堆或者原子弹上的反应，提供了不可思议的巨大能量。一克 U^{235} 分裂后可以释放出 160 亿卡的热量。借这种反应生成热，以现今太阳的能量放射率而论，还可经历十几亿年。

从原子能的观点来看，显然我们会解决太阳和恒星的亮度问题。恒星里能量生成的机制很小可能是由于铀的分裂，很大可能是最简单、最常见的元素充当太阳中核反应的“燃料”。在地球上的情形，原子核被它们周围的电子壳层隔着，彼此分离，如果要激起核反应，必须使用有力的射弹，如电子、质子或中子，去加以轰击。可是在恒星内部，情形就大不相同了，那里很可能有许多反应自发地出现（图 352）。我们说过，在日冕里有 100 万摄氏度的高温，粒子间的碰撞可能剥夺掉金属原子的 9～14 个电子。在星球中心，在 2 000 万摄氏度的高温和出奇大的压力之下，没有原子能够再维持住一个电子。原子在这样永恒的凶猛碰撞里，已经失掉了小小的行星系的结构，核和电子都各自独立，首先失却电子壳层保障的原子核便可以自由地参加各种各样的原子核反应。我们所感兴趣的，只有那些以氢为首的最丰富的元素所释放出来的巨大能量。

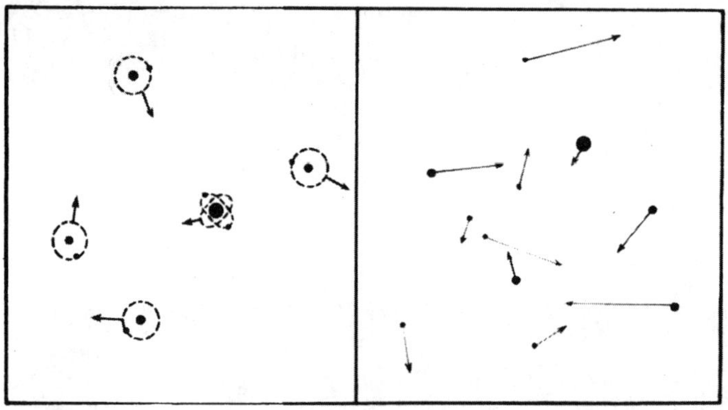

图 352 在冷的气体里（左图）物质以原子的形式出现，具有相当小的速度。图上绘了一个氦原子和四个氢原子。右图：在很高的温度下，原子核和电子分离，彼此以高速度互相碰撞。在这些情况下核反应才有可能

很久以来人们便注意到，如果我们能够把氢组合成氦，我们便可从参与这种变化的氢里得到由它的 0.008 的质量转变而来的能量。这可能是太阳和恒星能量的来源，因为我们说过，氢是它们的主要组成成分。1938 年，两位学者贝特（Bethe）和魏茨泽克各自独立地提出氢转变为氦的机制。这种机制是相当复杂的，还有别的元素参加，特别是用碳来作媒介，以化学的术语来说，便是用碳来作催化剂。

这叫作碳循环，以公式表示如下：

（1）碳^{12}＋质子＝氮^{13}＋能量；　　（4）氮^{14}＋质子＝氧^{15}＋能量；
（2）氮^{13}＝碳^{13}＋能量；　　（5）氧^{15}＝氮^{15}＋能量；
（3）碳^{13}＋质子＝氮^{14}＋能量；　　（6）氮^{15}＋质子＝碳^{12}＋氦^{4}。

上列元素右角上的数字代表该元素的几种同位素的原子质量数。氮^{13} 和氧^{15} 都是放射元素，立刻便会分裂。这种核反应所生的能量为氢燃烧成为水汽所放出能量的 8 800 万倍。

读者在这种碳循环的复杂过程里，可以看见，最终的结果是将 4 个氢核变成 1 个氦核。量子理论证明，这种循环的进展随温度大有变化，只能在星球中心最热的区域发生。贝特考虑了恒星的各种模型，说明碳循环的一系列反应足以解释太阳和恒星发射能量的输出量，以后几年内，大家都承认这是恒星的能量的来源。于是天文学家才知道了太阳为什么会发光。

这种令人放心的情况没有经过很长的时间。因为有些巨星像是太冷，碳循环不能在它的里面发生，我们还应当去发现另外一种能量的来源。于是我们寻得质子-质子反应，即从两个氢核去形成一个氘核：

质子＋质子＝氘＋正电子。

要想说明这种反应在太阳里为什么不很活跃，只需要假设太阳比我们原先所认为的更冷一些（即不超过 2 000 万摄氏度）。

发现了产生能量的机制以后，我们便可以取消上面说过的关于恒星结构的一个不确定的观点。我们便可不用关于星球里能源分布的假设，而代之以核反应和温度之间的关系。为了使由恒星模型算出的结果和观测相符合，便应当为恒星假定一种合适的化学成分。换句话说，既知产生太阳能量的核反应，我们便可求得太阳里氢、氦和重元素的含量。下表是这些年来对这个问题研究的情况：

作者	氢	氦	其他元素	核反应	中心温度(摄氏)
贝特(1939)	35%	—	65%	碳循环	2 000 万度
布朗希等(1941)	36%	—	64%	碳循环	2 500 万度
史瓦西(1946)	47%	41%	12%	碳循环	2 000 万度
凯勒(1948)	67%	29%	4%	碳循环	1 900 万度
爱波斯坦(1951)	82%	17%	1%	碳循环和质子-质子反应	1 500 万度
爱波斯坦(1953)	99.8%	—	0.2%	质子-质子反应	1 200 万度

当然，我们不能设想碳循环和质子-质子两种反应便是一切可能的情形，可是能够选择的情形也是相当稀少的。必须注意的是，最近算出的太阳内部氢和别的元素含量，与对

太阳大气观测的结果是相合的:氢非常丰富,氦微量而较难确定,别的元素则稀少到可以略而不计。

太阳能量问题的圆满解决,对于了解这颗既熟悉而又神秘的恒星的过去和将来的演化,显然是很重要的。我们知道了碳循环和质子-质子反应还可以供给能量几百亿年。在此以后,太阳会依次利用产生能量较少的其他反应,由此慢慢冷却,成为一颗寒冷、死亡的星,如像我们从其微弱的红光或从其对明亮伴星所施的引力而发现的那些恒星一样。要对太阳的生命从诞生到死亡完整地加以讨论,需转到恒星天文学的范围里去,因为那里将要谈到正处在各种演化阶段里的各种各样的恒星。太阳生命目前的这一特殊历程,我们不能在这里断定它是诞生不久的或者是业已成熟的,而且我们最感兴趣的还有行星形成的问题。我们对于这个问题已经在第十五章里谈过一些,可是这个问题也只能慢慢地摆脱纯粹玄想的假设。

关于太阳物理的问题,我们就谈到这里为止。我们已经看到了一些美丽而宏伟的使天文学如此迷人的现象,以及许多物理学上的细致问题,但要解决它们,还需要长时期的努力。我们希望读者对我们这颗既熟悉又神秘的恒星有相当的认识。让我们引用波德莱尔(Baudelaire)的一首诗来作为本篇的结束:

你看早晨的太阳多么美丽,
正沿着山冈缓缓地升起。
请珍惜这美好的一天吧,
它从无限的光辉中向你致意。

第四篇 | 行星世界

图 353　托勒密、哥白尼与第谷

赫维留《天体机构》一书的封面图(1679)。

图 354　卡西尼时代的巴黎天文台

第二十六章

视运动与真运动

在夏季晴朗、静寂的黑夜里，设想我们在乡间空旷的地方，但见成千的星星在天空上闪烁。我们以为，头上繁星多至不可计数，其实在地平线上面一时所能看见的星，为数不过 3 000 颗而已。这些明暗不同的星星常维持一定的相对位置，构成了特殊的形象，人们把这些形象叫作星座。例如大熊座内七星〔即我国人民熟悉的北斗七星。——译者注〕，几千年来总是保持我们今天所看见的那个三马拉车的形象；又如仙后座内六星，描出了一把绕北极旋转的椅子，或者伸开两腿的 M 字母；其他如大角、织女、河鼓（牛郎）等明星，标示出牧夫、天琴、天鹰等星座。最早的观天者就注意到天穹上这些发光点的固定性，用想象的线条连接起主要的恒星，便描绘出意想中的形态，于是静寂的天空里便充满了虚构的形象。

如果我们时常观察繁星密布的天空，我们就很容易辨认出这些星座，而且能够说出其中主要恒星的名字。以后谈到恒星世界的时候，我们还要详细叙述星座。现在，我们还没有离开太阳系的世界。有时仰望天空，我们会在熟悉的区域里发现一颗一向未曾遇见的明星。这颗新来的星也许比任何别的星还亮，甚至超过天穹上最亮的天狼星。同时我们也容易察觉，它的光线虽然强些，却比较稳定，而且并不闪烁。如果我们再留心记下它和邻近恒星的相对位置，观察几个星期以后，便会看出，它不像别的星那样固定，而是在或快或慢地改变它的位置。

这是初期的观天者——迦勒底的牧羊人和古埃及的游牧人——在天文学的初期便注意到的现象。这些时现时隐在天球上移动的星叫作行星。这个词在西文中的含义是流浪者。根据词源可知，这是由于这类星的动态给予观察者的印象而取的名字。

可是我们的祖先却没有想到，这些在星星之间流浪的光点自身并没有光辉，它们像地球一样暗黑、一样大小，而且其中还有比我们的世界更大更重的；它们都像地球和月亮一样，是被太阳照亮的，它们远比恒星更接近我们；它们和地球同以太阳为中心组成一个家族……是的，这些明亮的光点，例如木星，像恒星那样在发光，可是它自己并没有光，就像地球一样，它是被太阳照亮了的；地球也反射太阳照在它上面的光，因此在远处望去，它也是光明的，也成了一个光点。我们可以做一个实验。在一间漆黑不透光的房间里，铺上一张黑布，布上放上一块石头，在房壁上打开一个小孔，透进日光，并且使日光射在那块石头上，你便可以看见那块石头像月亮或者木星那样在发光。行星和地球一样，都是黑暗的土地，它们只反射从太阳那里接收的光，使日光漫射到空间中去。

如果我们通过望远镜去看恒星，虽觉得它比肉眼看去要亮些，但未必大些；可是行星就不同，在望远镜里它的像明显扩大了，而且目镜的放大率愈高，行星愈显得大。因为行星是比较接近我们的，恒星却离我们非常遥远，即便使它们和我们接近一两千倍，也不会有什么作用。

对于行星的观测，最足以引人注目的便是它们的运动，或者说，它们相对于固定恒星的位移。如果追随某一颗行星一些时候，你便会发觉它有时向东方移动，有时又作短暂的停留，然后又向西方移动，再作短暂的停留，接着又再像以前那样运动。试看一看金星，西方人叫作牧人的星〔金星在我国，晨见东方叫作启明，晚见西方叫作长庚，又名太白或称明星。——译者注〕。在某一个晴朗的傍晚，它出现在西方的昏光里，它愈来愈远地离开了落日，在天空中愈来愈高，在太阳落下以后两小时、两小时半以至三小时多才落下去。跟着它又慢慢地和太阳接近，终于沉没在日光里。可是再过几个星期，这颗明亮的行星早上却在太阳的前面东升，在黎明的曙光里放出光辉。至于水星，总是在太阳的光辉里，很难脱离，你刚刚有两三个夜晚看见它，它又回到太阳的光辉里去了。正好与此相反的是，如果你观测的对象是土星，即使经过了几个月，它在天穹上也只缓缓地移动很少的位置。行星的运动和光辉，使人对给予它流浪者的名称附以各种想象，认为它具有无限力量，象征为某些神灵。金星发出雪白耀眼的光芒，无上美丽，成为众星中的女王；木星（众神的父亲）仪态万方，好像在12年的周期里登上帝王的宝座一样；火星发红光，代表战神；土星是古人知道的行动最慢的行星，象征时间和命运；水星（众神的使者，商人和小偷的神）动作敏捷，光辉灿烂，今天跟在阿波罗太阳神的后面，明天又会在他前面升起。人们根据各个行星所代表的神，给予它们不同的性格、权力和称号。许多世纪以来，人们总把它们当作神灵来崇拜。

起初，这些行星按它们运动的快慢而被分类。我们注意观察一下，它们好像围绕我们由西向东在运行，但有时又往后退。如果假设走得慢、周期长的行星距离要远一些，那么我们便可以按照速度的快慢来分类了。4 000年以前，人们便列出了下面这一张表：

行星	环绕我们运行的周期	行星	环绕我们运行的周期
土星	30年	太阳	1年
木星	12年	金星与水星	1年
火星	2年	月亮	1月

当然，这张表内的数字是很粗略的。水星和金星的运动是很难观察到的。因为古人总把地球当作不动的中心，认为所有的星辰都围绕着地球在运转，而事实上却不是这样的，因此我们就不能既简单而又确切地去说明行星的运动。我们在本书开始时说过，阿利斯塔克和一些古代的哲人曾经把太阳当作宇宙的中心，认为地球和行星环绕着它运行。但是在公元开始的那个时代，亚历山大学派建立了地心系的理论，这种理论被记载在托勒密于130年间所写的《至大论》那一本书里。在文艺复兴时期以前，这本书一直被人奉为天文学的经典〔这本书原名《数学综合论》，是现今还保存的最古老的天文著作。自印刷术发明以后，这本书已经有了一些翻译版本。很少有人知道这本书的真名，大家总喜欢拿阿拉伯人用以称赞它的名字《至大论》去叫它。这本书过去在我国的书籍中一般被译为《天文集》。——译者注〕。在这以前两个世纪，罗马文学家西塞罗（Cicero）曾经在他的作品《西庇阿的梦》里描绘了他那个时候人们所相信的宇宙观：

“宇宙是九重天，或者说由九个运转着的球所组成。外面一重球叫作天球，它包含其他几重球，上面钉着所有的恒星。下面有七重球，都以和天球相反的方向在运动。按照行星在这些球上运行的次序说来，第一重球是土星，第二重球是赐予人恩惠的木星，再次是可怕的红色火星。这下面便是太阳，他是君王，是统治群星的主宰，是世界的灵魂，它用它那巨大明亮的球体,以光辉充满宇宙。在太阳以下有一对伴侣,即金星和水星。最低的一重球才是月亮,它的光是从太阳借来的(图 355)。在这最低一重天下面,生息着将要死亡腐朽的众生,但慈悲的神给予众生的灵魂却是永恒的。月亮上面的一切皆是永恒的。我们的地球位于宇宙的中心,远离诸天,静止不动;一切有重量的物体都被牵引向地上来……

"这些天上的星球距离虽不相等,但却按着适当的比例排列,所以它们运转得很和谐,发出高低的音调,奏出悦耳的乐曲。这样巨大的运动绝不会是静寂无声的,低音调是在下面缓行的月球轨道上演奏的,高音调便由上面运行迅速的恒星苍穹去演奏。在这八音的两极限里,八个运动的星球发出七个不同的音,这个数目便是一切事物的准则。凡人的耳里都充满着这种和谐的音调,但却意识不到;这正好像居住在尼罗河大瀑布附近的民族失却了听觉一样。宇宙在运行中所奏出的乐曲是那样的巨大,以致震聋了人们的耳鼓,正如金光四射的太阳光辉使你的眼睛昏眩,以致瞎盲了一样……"

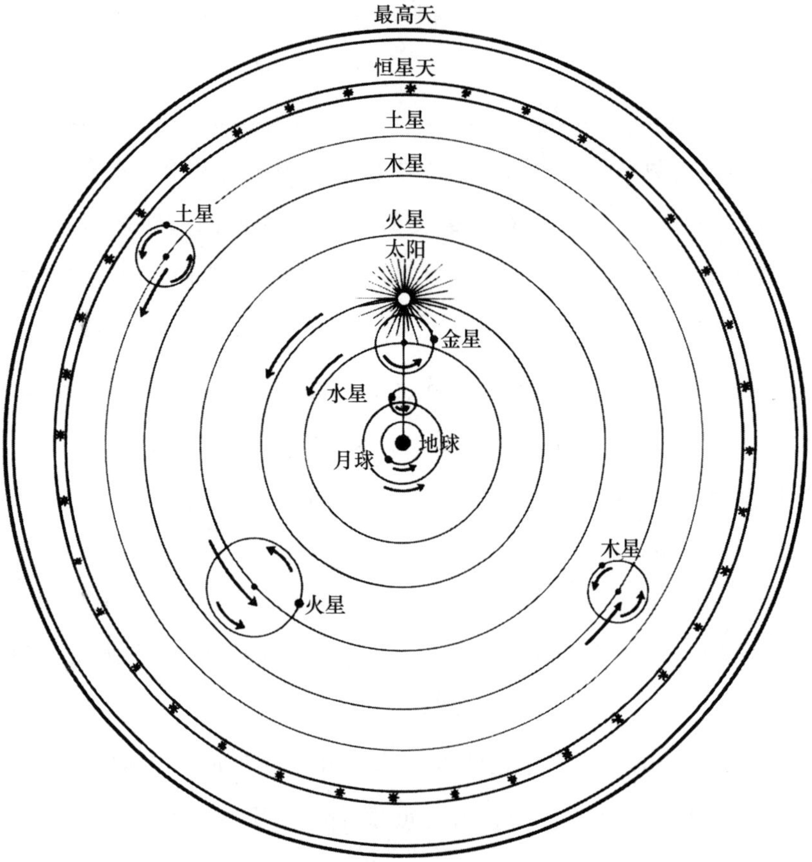

图 355　托勒密的地心系

日、月和五个行星所占的七重天之外，便是恒星所形成的第八重天。还有第九重天，叫作最高天(Empyrée)，中世纪的人以为那是神灵和幸福者居住的所在。在一般人甚至在许多哲学家看来，这一切结构都是由晶体所构成的。有一些智慧优越的哲学家，例如柏拉图，便不相信诸重天有固体性。可是大多数学者都以为，如果不把诸天假设为是由透明的固体材料所构成的，那么星球的运动便不能想象了。罗马的大建筑学家维特鲁威(Vitruve)说，地球的自转轴穿过南北两极，延长到天穹。还有一些作者以为，远离太阳的行星运动之所以比较迟缓，是因为这些行星我们看得不太清楚。环绕我们运行的这种行星系统，看来好像是很简单的。但是，我们接着就会了解，这种简单性仅仅是表面的，要想对由观测得来的运动作详尽的解释，便需要将原始的图案加以修改和补充。下面所说的便是托勒密《至大论》里修改的主要之点。

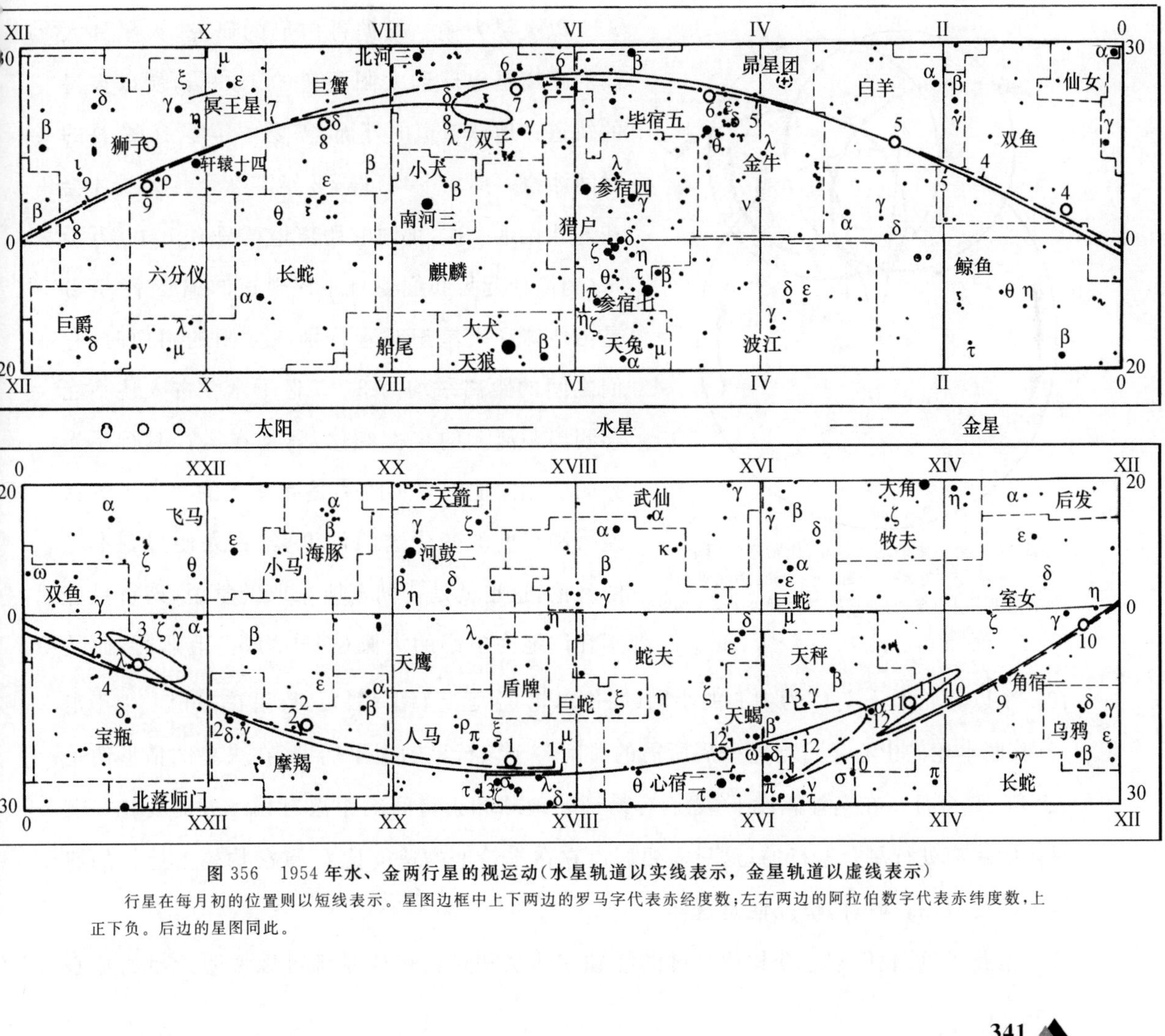

图 356　1954 年水、金两行星的视运动(水星轨道以实线表示，金星轨道以虚线表示)

行星在每月初的位置则以短线表示。星图边框中上下两边的罗马字代表赤经度数；左右两边的阿拉伯数字代表赤纬度数，上正下负。后边的星图同此。

假设所有的行星都沿简单的圆周轨道环绕着地球运行，我们就会看见它们总是向一个方向在运行。事实上却不是这样的。一般说来它们总是由西向东穿越黄道星座在前进，可是有些时候我们却看见它们向后退，即由东向西地逆行。逆行时期的长短，依我们所观测的行星而有差异，而且过了相当时期，它们又会顺行(图 356 表示 1954 年内水星和金星的视运动)。

行星所共有的这种视行的特点，使得古代天文学家感到非常难以理解。亚里士多德和别的许多哲学家一样，以为圆是最完美的几何图形，天体是神圣不朽的结构，自然只能作等速圆周运动。但是怎样把这个神圣的原则和逆行的运动调和起来呢?

可是在哥白尼的系统里，逆行只是地球和行星绕太阳公转所综合而成的自然结果。以后我们就会明白，这只需假设行星(包括地球)公转的速度离太阳愈远则愈小，便可以说明了。事实上确实是这样的，因为行星的恒星周期比它与太阳的距离还要增长得更快。

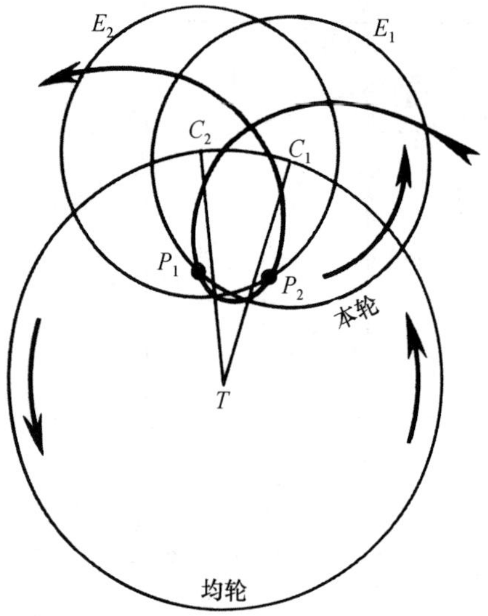

图 357　外行星的地心运动(托勒密的理论)

行星 P 绕本轮运行，周期一年，本轮的中心在均轮上运行，周期等于行星的恒星周期，这两种运动综合成绕地心的环圈式的轨道。

以火星为例。根据哥白尼的研究，火星到太阳的距离是地球到太阳距离的 1.5 倍，所以火星的轨道在地球轨道的外面，需要 1 年零 10 个月的时间才绕一周。平均每隔 2 年零 2 个月火星才会和地球接近一次，那时它距离地球只有 7 500 万千米(为简便起见我们暂且不谈轨道的偏心率)。可是当地球和火星正对着分别在太阳的两面时，它们之间的距离平均为 3.75 亿千米。古人还不能够测出距离上的这种变化，只是在运行时行星光亮的变化向他们表示距离是有变化的。为了解释逆行和亮度的变化这两件事实，古人便想到本轮的理论，这也就是托勒密所采取的学说，即行星并不在以地为中心的大圆(叫作均轮)上运行，而是在一个以均轮上一点 C 为中心的小圆(叫作本轮)上运行(图 357)。行星在本轮上 1 年走一周，而本轮的中心走过均轮一周所需的时间等于该行星的恒星周期；在火星的情形便是 1 年零 10 个月。在这种假设下，我们容易证明地球和火星间的距离有相当大的变化。在最短的距离处行星是逆行的，这只需要假设它在本轮上的速度比 C 点在均轮上运行的速度大些便可以，这里的情况便是这样。

由此可见，我们刚才互相比较过的托勒密体系和哥白尼体系都可以说明行星的地心运动,换句话说即我们从地球上看出来的行星运动(图 358)。在这两种情形之下,地心运动都是两个圆运动合成的结果,在黄道平面上作出一条调和的曲线。图 359 内所表示的一条曲线便代表 1954 年火星的地心运动。地球在图的中心。火星环绕地球所走的轨道是耳环状的。行星和我们之间的距离与日地之间的距离相比,有时近些,有时远些。图上标明了太阳在每个月的位置。行星和我们最接近的时候是逆行的,那时它在正对着地球的环圈的凸面上。

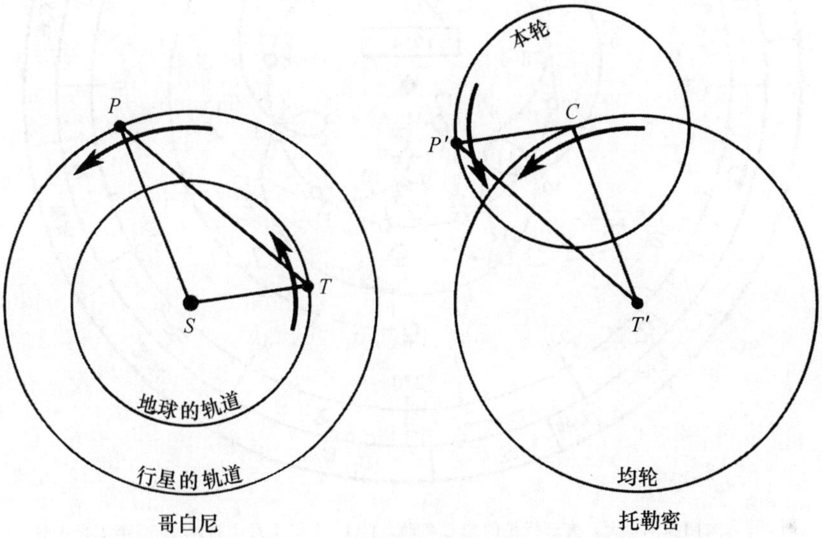

图 358 外行星在哥白尼和托勒密两种体系里运动的比较

P'相对于T'的运动和P相对于T的运动相同,只需假设$T'C$和SP平行而且相等,又CP'和TS平行而且相等,因为这样$T'P'$便和TP平行而且相等。

水星和金星给古代人以另外一个更困难的问题,他们还必须说明为什么这两颗行星老是在太阳的附近,而且只是在黎明或者黄昏才能被看见,绝没有在半夜被人看见过。托勒密以为它们的本轮的中心总是在连接日地的直线上面(图 355),这样显然渗入了日心系的说法,可是古代人偏要用它去维持地心的理论。

这里有一点却和外行星的情形相反,均轮上的运动 1 年一周,而行星在本轮上的周期却等于它的恒星周期。这样,地心系的理论便失掉了统一性〔托勒密是不是曾经假设水、金两星的轨道在地球和太阳之间呢?他知道,如果他把均轮的半径作为 1,水星和金星本轮的半径将分别为 0.38 和 0.72,这两个数字可由远距离的观测而求得。如果我们要绘一张图使金星的本轮在水星的本轮和太阳的轨道之间,而又不违背上面那个比例,我们便会发觉,水星应放在和地球很接近之处。如果我们把太阳放在这两个本轮的中心,这困难便立刻消失。古代埃及的天文学家已经看出这一点,做出过这样的建议。如果我们遵照均轮和本轮之间的大小比例,去描绘托勒密体系的图形,这还不算是唯一的困难。因为古人没有给轨道的直径以一定的数值,他们可以自由地去选定,于是这图上的圆圈便成了混淆不清的情况。例

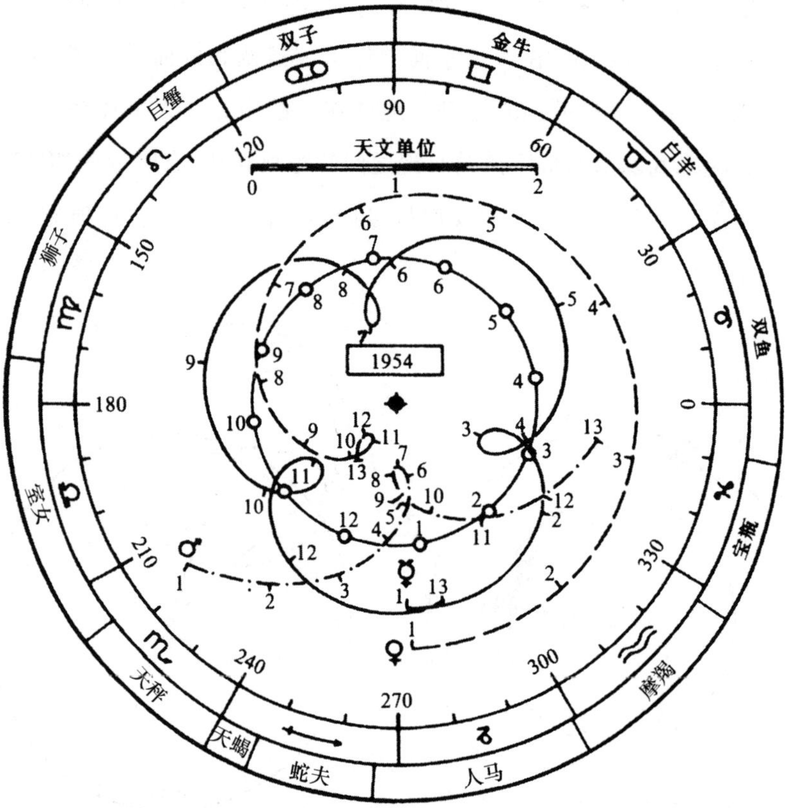

图 359 **太阳和水、金、火三行星的地心运动，自 1954 年 1 月 1 日至 1955 年 1 月 1 日**

地球在图的中心，每月初太阳的位置以一个小圆圈来表示，并附以月的序数。环圈状的曲线是水星（实线）、金星（虚线）和火星（点线）的地心轨道。

如，火星的本轮和太阳的轨道应该有等长的直径。事实上，托勒密应该使每颗行星的均轮和哥白尼体系下的轨道一样大，同时使它们的本轮和地球的轨道一样大，至少外行星的情形应该是这样的〕。

由此可见，主张地球绝对固定不动的人所具有的巨大的矛盾和问题是多么复杂！在这样的体系下，有多少行星便该有多少轨道（均轮）和本轮。哥白尼把地球只当作是一颗行星，一颗并没有什么特权的行星，使地球回到它真正的位置上去，于是太阳系便呈现简单而可爱的面貌，仅改变这一点，地球的轨道便代替了一切无用的本轮。

但是我们还没有说完托勒密体系的矛盾之点。他们不但需要解释行星的逆行和离地远近的变化，而且还需说明行星运动上所表现的一些差数，例如由我们曾经谈过的开普勒的前两个定律所表现出来的差数。我们现在知道行星的轨道不是圆形的，而是椭圆形的，太阳在椭圆的一个焦点上。向径的长度，即行星和太阳之间的距离，在公转里随时在变化。根据面积定律，向径愈短的时候，它围绕着太阳运转得愈快。这一切在本书第三篇开始就说得很详细了。

古代人不知道行星的轨道是椭圆的,只假设它们是圆形的,所以他们也假定太阳环绕地球走一个圆周。但是观测向他们表明,太阳的视运动绝不是均匀的,因为四季的长短就不是相等的。他们和我们一样,计算出在一年的某些时间里太阳到黄道上的某一点有或迟或早约2日的差异。至于行星所呈现的差数,更是显著。例如火星达到轨道上的某一点可以延迟或提早20余日。这又和亚里士多德的"月球上面的世界只有等速圆运动"的原则发生了一个新的大矛盾。

托勒密借偏心点去转移这个困难(图360)。要把这种偏心的理论详细地加以解说会使人讨厌的,我们只谈谈它用于太阳的情形。据托勒密说,太阳以不变的速度在圆周上运动〔托勒密在这一点上犯了双重错误,因为地球走的轨道不是圆而是椭圆,同时轨道上的向速度也不是不变的。为了消除第二种误差所产生的效果,托勒密将轨道的偏心率由今天公认的1/60增加到1/30。在这一点上哥白尼还是承袭了托勒密。开普勒开始研究时也是这样的,但是不久,他就看出了误差,而加以纠正了。此后,他认识到火星的轨道是椭圆的,他更进一步把这种结果推广到包括地球在内的一切行星。托勒密对于外行星轨道的偏心率知道得比较清楚,他确定火星的偏心率是0.10(现今值是0.093),木星的是0.046(现今值是0.048),土星的是0.057(现今值是0.056)。在这样的情况下,他自然不能假想轨道上的速度是常数,他于是不得不寄希望于另外一个假设,这便是他的等距偏心论。在偏心率小的情况下,这种理论和面积定律是很接近的(图361)。行星围绕地球走一个偏心的圆周,它的角速度是一定的,但不是围绕圆心O,而是围绕相对于O点和T点对称的T'点。在相等的时间里行星所绕过的弧PB和AC长度并不相等,角PTB和角ATC也不相等(和图360中单一偏心率加以比较)。在单一偏心论里,我们把O点叫作等值点。在等距偏心论里,这一点却是T'点:因为在这两种情况下,行星绕这一点的角速度都假设是均

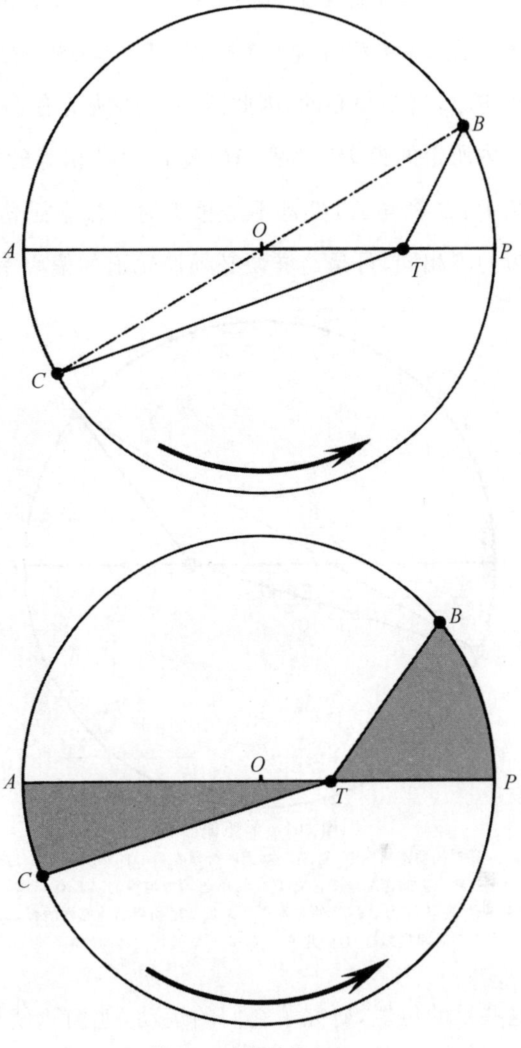

图360　太阳的偏心点

根据托勒密的理论,太阳所走的轨道是相对于地球的偏心圆(上图);又因假设轨道上的速度是常数,于是偏心度OT便应该是开普勒轨道(下图)真实情况的2倍。

匀的。在开普勒的椭圆内就没有这样的等值点,因为运动是被面积定律所规定了的,但是在偏心率很小的情形之下,围绕椭圆的第二焦点 T' 的第二向径的角运动差不多是等速的〕,可是地球没有恰恰放在圆的中心,它是偏心的,因此这一类的轨道有偏心轨道的名称。在这种假设下,太阳在一个月内所走的孤 PB 和孤 AC 的长度是相等的,但是地球上的观测者所看见的弧所对着的角 PTB 和角 ATC 却不是相等的。根据托勒密所假想的轨道的偏心率,足以说明四季长短的不相同,可是这样便必须使轨道的偏心率是它的真正数值的 2 倍。

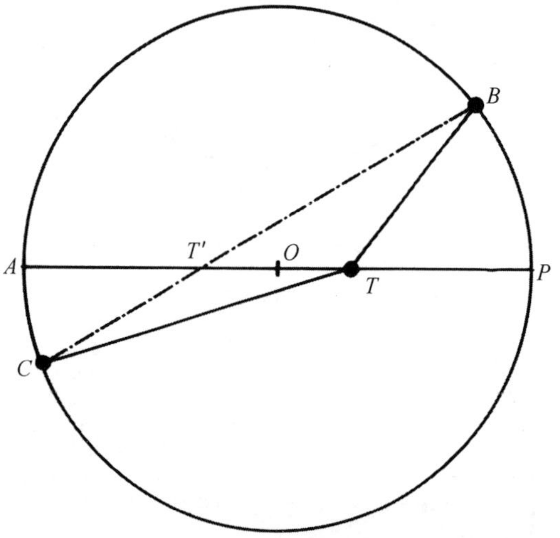

图 361 等距偏心点

根据托勒密的理论,金、火、木、土四行星在偏心的圆周轨道上运行,行星在轨道上的速度是使它绕 T' 点的角运动为均等的。T' 点叫作等距偏心点,是以 O 为中心 T 的对称点。如弧 PB 和弧 AC 那样的弧,据假设是在等时间里扫过的,由此可见 T 和 T' 即开普勒椭圆的两个焦点。

火星轨道的偏心率显然比地球轨道的偏心率要大一些。可以表示太阳运动的单一偏心论,对于火星的情形来说却太粗略了。对于火、木、土三颗行星,托勒密又想出等距偏心论(图 361),对于金星,特别是对于水星,更需要附加上复杂的条件。在这一点上,哥白尼承袭了托勒密,但是开普勒根据他老师第谷的精确观测,发现了行星轨道的真相,于是天文学才完全摆脱了偏心的理论。这是给亚里士多德主义的一个致命的打击。

可是我们不要太看轻了这些古代的大天文学家和大哲学家,他们首先测定了这些星的位置,研究了它们的运动,他们所使用的仪器虽然很粗糙,但他们却是大胆地向前探索。他们是计量科学的真正创始人,他们不满意于语言,而要去追求数字。无疑,他们对于宇宙的见解远远不如我们今天这样完善,但是他们的理论建筑在观测之上,所以比起原始民族的神话和迷信来说显然是有很大的进步了。那时还没有一个人环游过地球,可是他们已经说地是一个圆球,无依靠地立在空间。他们摆脱了局部的外貌,把眼光放在日常的经验以外,创立了系统的普遍理论。无疑,我们很惋惜像亚里士多德这样一个权威的学者,竟宁肯取托勒密的体系,而放弃阿利斯塔克的体系。阿利斯塔克在哥白尼以前 18 个世纪便已经把太阳肯定为世界的中心了。即使在近代,亚里士多德学派的权威还使哥白尼的学说延迟了一个世纪才得到人们的承认。在 17 世纪的时候,大学里所讲授的不还是地心论吗?亚历山大大学里那些天才的学者们,勇敢地超越了那个时代的见解,摆脱了原始的精灵主义和神话体系,把宇宙当作是一个巨大的几何学和机械学的问题来研究,我们对于这些人岂不是应该表示钦佩吗？在近代，同情日心论的人对于托勒密和他的反对者有一种持平的论调。这争论在今天已经停止，我们可以心平气和地谈到他们，歌颂他们伟大的功绩。

明白了这个以后，我们应该承认，他们的工作只不过是建立了很不完善的宇宙体系的一个开端。但是，在科学的黎明时期，这种体系能够一下子就完善吗？我们应该惊异的，倒是他们的体系在后来传授了十几个世纪而没有人敢做出重要的修改，多少代的教授们和学生们都恭顺地接受了它。只有极少数有智慧、能够独立思考的人，才感觉到这种理论的矛盾。但是经院派的哲学家们在辩论里所持的理由是奇特的。伽利略在他的《对话集》里举出一位名叫里希奥利的人来代表这些哲学家们发言。有人会对这种宇宙体系提出以下的问题："数以万计的星星一致围绕着我们运行，可是它们都是各不相谋的单体，这岂不是难于想象吗？为什么它们所作的周日运动严格地和距离成正比呢？太阳比地球大了许多倍，岂不显然应该是地球绕太阳运行吗？……"可是里希奥利却回答道："星星里有神灵，天上的运动愈难了解，愈表现上帝的伟大；人比太阳更为尊贵，万物为人而创造，天上的星星自然围绕着人而运行……"

这样的理由在今天看来实在不值一驳。可是在当时，这种说法却阻碍了自由思想，培养了赞美这个体系的习惯，虽然这种理论异常牵强，缺点重重，却仍旧在大学里传授了很长的年代。一直到了十五六世纪，才有人开始用实验的方法，才有独立思考的学者起来消除了偏见与成见，自由地寻求真理。

人类历史的一些最大的事件就发生在那个时代。自由争论的流行、艺术的高度发展、对宇宙体系的认识，这一切都随着哥伦布、达·伽马和麦哲伦等人伟大的航海事业而到来。1543 年，哥白尼的《天体运行论》出版，建立了近代天文学；同时维萨里(Vésale)的《人体构造论》出版，奠定了人体生理学。因科学的注视，地球露出了它真实的面貌。人们凭借实验，可以直接证明地球是球形的，并且独立悬于宇宙空间，于是便为了解它的运动做好了准备工作。

刚才说过，4 个世纪以前(1500—1600 年)，在法国皇帝弗朗西斯一世至亨利四世的时代，天动地静的理论还在流行，甚至 18 世纪路易十四、路易十五的时代，还有人在这样讲授，距离现在真不太远。可是直到 1687 年牛顿的大作问世，给哥白尼的理论以确定的认识，地心系的理论才被完全摧毁。

地球有自转和公转两种运动，在今天已是家喻户晓了，可是在当时，却是一个大胆的看法，经过了斗争才终于获得了胜利。哥白尼的工作，因知识的进步，在一些细节上受到了修改。从这位伟大的天文学家的书中，我们翻印了一幅图在这里(图 362)，从中便可以

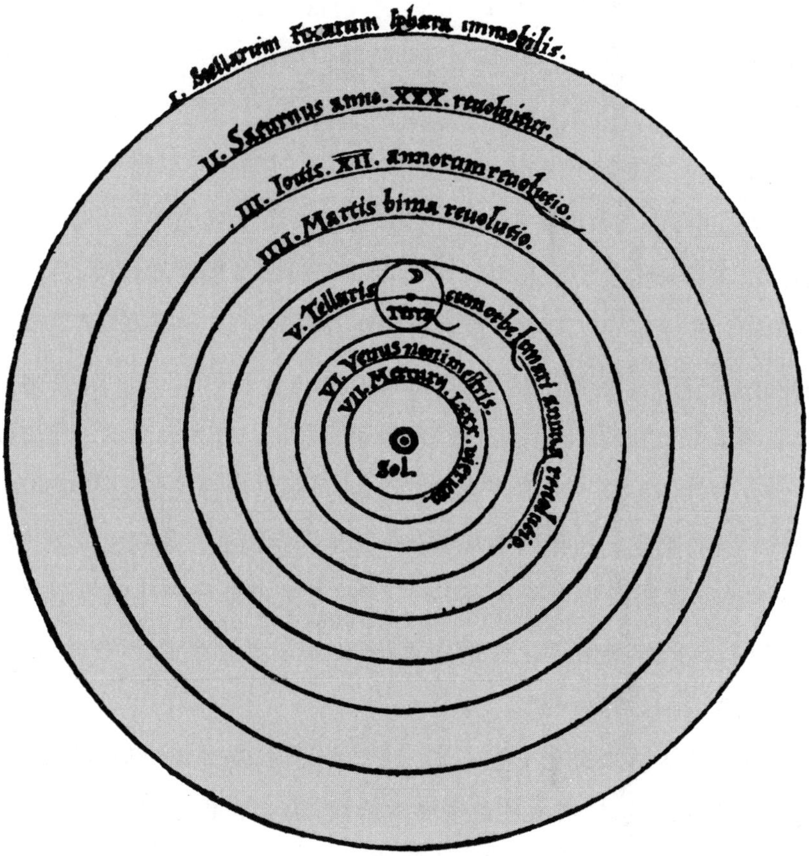

图 362　哥白尼的体系

1543 年在纽伦堡刊印的原版。

看出一些缺点：水星和金星的公转周期是 80 天和 9 个月，而不是 88 天和 225 天；恒星距离地球并不太远，好像它们还像行星那样被太阳照着；太阳好像居于整个宇宙的中心，这样便过于尊重了太阳。可是，好像哥白尼很明白恒星的周年视差是很小的。我们不应该责备他为什么不把土星以外的行星、小行星以及月亮以外的一切卫星通通都绘上，因为这些星都是在望远镜发明以后才被发现的。但是他的图上并没有表示出行星轨道的相对大小，而这一点却是他已经测定了的。这些测定便是这种新体系的一个显著的成果，就此一点，就足以使人立刻承认这种体系。对于内行星，哥白尼测量了它们相对于太阳的大距；对于外行星，他测量了它们的方照时刻和所在的黄经度（参看图 369、图 370）。对于这些数字，托勒密因为不明白它们的物理意义，只得出一些抽象的结论，而在哥白尼的体系里，却得出行星和太阳之间的距离〔哥白尼没有把外行星的距离表示成天文单位，他只列出日地距离与太阳和行星之间的距离之比。当然，我们容易由此算出行星的距离，列入下表中〕。下表是在《天体运行论》一书里所举出的数字：

行星	哥白尼的数值	现今公认的数值
水星	0.386	0.387
金星	0.719	0.723
火星	1.520	1.524
木星	5.219	5.203
土星	9.174	9.555

单位是日地间的平均距离(天文单位)。

可是,这位波兰天文学家(指哥白尼)却是无根据地给予地球另外一种运动,目的是保持地球自转轴的平行性,好像地球绕日公转会破坏了这种平行性似的。这种奇怪的想法真使我们惊异。

在《天体运行论》1617 年版本中,第一页上有一幅很奇怪的图画(图 363),图中一杆天平在称量天与地,天这一面占了优胜,地已经早被人驱逐出它所僭越的位置了。

图 363　天胜过地

哥白尼著作的封面图,1617 年阿姆斯特丹版本。

用地转的理论去说明天的运动的第一个人绝不是哥白尼。这位不朽的天文学家曾经引用了古代有这种意念的许多学者姓名,例如西塞罗、希塞塔斯、普卢塔克、斐洛劳斯、赫拉克利特、埃斯方特、卡佩拉(Capella)等古希腊罗马的哲学家,以及主张水星、金星绕日运动的古埃及学者等。哥白尼还提到他的最伟大的先驱者阿利斯塔克。甚至在哥白尼的大作刊布的 100 年前,即在 1444 年,德·曲萨主教还提倡过对地球的运动和众多的世界的看法。

哥白尼不像他以前的人那样,只把这种见解当作是一种假设。他想要从研究里去加以证明,这便是他伟大的地方。一种信仰的真正先知者,一种主义的传播者,一种理论的创作者,应当是一个实践的人,他要能用自己的工作来证明这个理论,使人遵从这种信仰,接受这种主义。他可能不是一个创造者,古语说得好:“日下无新事。”伟大的事业从一个萌芽状态诞生,不知不觉地成长起来。观念愈来愈会扩大,科学是互相帮助的。很多人感觉到了一个真理,同情一个意见,接触到一个发明,但自己却不知道。时机一到,一位有综合头脑的人便会感觉到一个成熟的意念已经具体化了,对于这个意念,他热情地去珍重它、培养它、考虑它。它愈经研究便愈见扩大,于是,在它周围有许多的因素来支持它。这

图 364　第谷(1546—1601)

个意念在这个人身上便成了一种主义或者学说。于是,像宣传福音的使徒一样,他宣扬他所认识的真理,即由自己的工作证明了的学说。大家一致把他当作是自然规律的发现者,虽然大家也都知道,这个意念并不是他创造的,在他以前已经有很多人都预先感觉到了。

由于自己的工作,将一种科学的或哲学的理论建成自己的理论体系的人,是不会想到自己的光荣的,他会说出他工作的根源,也会很自然地举出他的先驱者的姓名,以及举出那些因没有人注意而埋没了多年的著作。只有这样,这位作家才会真正使自己的工作稳固而得到光荣。

这便是哥白尼在天文学史中的情况。在他以前,地球运动的假设早已经人提出。在他的时代里,也有人主张这种理论。但是,只有他才算是建立了不朽的事业,因为他以天文学家的忍耐、数学家的严谨、圣人的诚笃、哲人的智慧去做他的研究,他以他的工作去求得证明。他的理论,直到他死的时候还没有为人所了解,到他死后一个世纪,天文学界才正式采用,而且依靠教育才把这个真理普遍地宣传给广大的人民。从这一点看来,哥白尼实在是真正的宇宙体系的创立者,他的姓名将永远受到人们的崇敬和赞扬。

这位伟人不是权威,也不是君王,既不居高位,也无赫赫的声名或者高贵的头衔。他是一位医生,人类和科学的朋友,尽毕生的精力研究自然。他既不求财富,也不追虚名。他是一位波兰面包工人的儿子,他只凭借他的工作,成为他那个世纪最伟大的人物。由医治身体的医生而成为医治灵魂的教士,他的僧正的职位使他度过他所追求的澄静生活。他的舅父是一位主教,有时责备他研究天文是“枉费光阴”。

日心地动的理论在它胜利的道路上曾受第谷的阻碍。这位丹麦的天文学家于 1582 年提倡一种混合的体系,目的是使观测同《圣经》和亚里士多德主义调和。那时候,学校所传授的还是陈旧的见解,拒绝地动的看法。

这并不是因为第谷不了解哥白尼理论的优点,他曾经这样写道:“我承认,只需假设地球运动，五个行星的公转便很容易加以解释。哥白尼把我们从过去数学家所陷入的矛盾里解放出来，而且他的理论更能满足天象。”可是他说，可惜哥白尼的体系不能和《圣经》取得调和，他想，为了满足一般群众，应该使行星陪伴着的太阳围绕地球而运行。

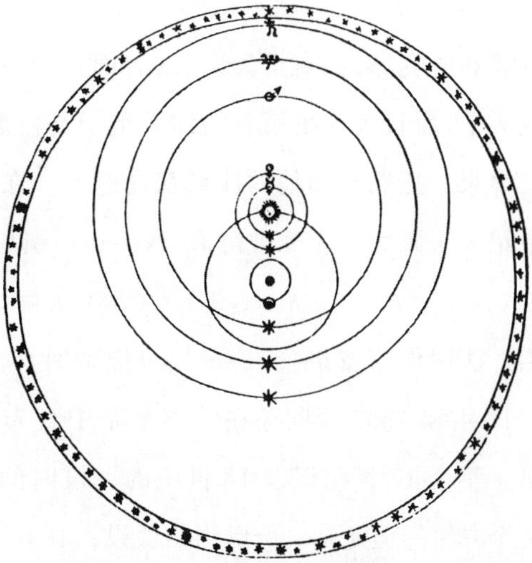

图 365　第谷的体系（描拟图）

下面是这位丹麦天文学家说出的建立他的理论的动机：

“按着古人的说法和《圣经》的启示，我想，只应该把不动的地球安置在世界的中心。我不赞成托勒密把地球放在宇宙的中心的主张；我想，只有日、月和包含一切天体的第八重天，才以地球为中心而运行（图 365）。五个行星绕着太阳像绕着君王那样运行，太阳处在它们的轨道的中心，它们又陪伴着太阳作周年的运动……太阳就这样主宰着行星的公转，就像阿波罗在缪斯诸女神之中主宰着天上的和谐一样。”

图 366　宇宙的体系
1651 年里希奥利《新至大论》一书中的木刻图。

第谷的体系仍然保存着托勒密体系中的严重缺点，因为把地球静止在宇宙的中心，所有的行星和恒星所在的整个天穹，都将围绕着我们在 24 小时之内兜很大的圈子。第谷的理论没有很大的影响，即使他本人，在发表他的主张以前也有过长期的迟疑。他受了一位利用他的助手的怂恿，违背心愿地发表了他的意见〔第谷受丹麦国王的支持，费了许多金钱去维持他的天文台，于是引起同僚的嫉妒。为了避免他的敌人控诉他信奉不符合宗教的邪说,第谷不得不提出这种调和论,去打退他的敌人〕。1651 年,里希奥利所刊印的《新至大论》的封面还有图 366 那样一幅奇怪的图画。图中,司天女神手执天平,而且表现出第谷的体系重于哥白尼的体系。还有一位周身是眼的人,无疑代表天文学家。托勒密和他的体系都在地上。在天上绘有被望远镜表现出来的行星的情况。17 世纪末法国大演说家波舒哀(Bossuet)引用了马丁·路德的一句话〔马丁·路德读哥白尼的著作时,叫道:“这个疯子不知道约书亚曾对着太阳而不是对着地球说:‘站住吧!’”〕,还主张运动的是太阳。法国作家费奈隆(Fénelon)把两种体系等量齐观,不分高低。教皇的宗教裁判所于 1616 年和 1633 年间还在禁书目录中宣布哥白尼的理论为邪说,禁止一切主张地动的书籍。整个 17 世纪以及 18 世纪的一段时间里,巴黎大学讲授地动学说时还特别说明这是一个**方便的但是是一个虚构的假设**。1631 年,巴黎造币厂在为纪念大主教黎塞留所铸的纪念章的背面上,铸有有翅的天使推着星球绕地运行,并且有一句题词“群星运转”(图 367)。可是,伽利略、开普勒和牛顿的工作证实了哥白尼的体系,而且说明只有这一种体系才符合力学的定律。唯有甘愿闭着眼睛的人,才继续生活在错误的认识中。

图 367　地心理论奇特的遗迹:黎塞留的纪念章

古人已经注意到,肉眼可见的行星总是离黄道不远,它们离开天球上这个大圆的南北都绝不超过 8°30′。设想在黄道两旁画两条线,围出宽 17°的经天一周的一条带,于是行星都在这条带内运行。这一条带叫作**黄道带**(Zodiaque),这个名称是从希腊字 *Zoon*(“动物”)而来的,因为这条带内的星座大部分都有动物的形象。古人把这个黄道大圈分为 12 个部分,其中每一份是太阳每一月的居处。天王星和海王星是近代天文学家所发现的行星,它们的运行也在黄道带内。但是冥王星和在火、木两行星之间运行的一些小行星,因轨道倾斜度大,会走出黄道带去。至于彗星,甚至可以走到黄道的两极。

用肉眼观察古人已知的行星是不难的,只要你学会了辨认它们的颜色和它们稳定的星光(不闪烁),以及它们在天上大约的位置,你便可以观察到它们。如果人们因好奇想观赏这些天上的“地球”,只需参考一本天文年历,如《弗拉马里翁天文年历》,便不难明了行星在天上的视行。在这类手册里,每一颗行星每一年在星空中的路径都可以用绘图表示出来。这本书内复制了几幅这样的图(图 356、图 359),它们是在 1954 年绘的。在每月开始,行星的位置以一个数字表示,1 表示 1 月初,2 表示 2 月初……13 表示 1955 年的 1 月初。

行星的地心轨道并不在黄道面上,而与黄道面稍微有点倾斜。它们蜿蜒的路径,从地面上看去,在透视里呈现耳环或者绳圈的形状,如图 356、图 357 所表示的那样。又如图 407 中所表现的,在 1954 年 5 月 23 日至 7 月 29 日,火星在人马座内逆行。这个运动和图 359 中的地心运动的环圈部分相当。7 月 2 日火星距地球最近,只有它离太阳的平均距离的 43%。

初学观测的人时常会发现行星的逆行,如果他们没有听说过有这种现象,他们还会错怪这样的运动违背了哥白尼的体系。为了使这些天文爱好者安心,我们只需将行星公转的平均速度的列表看一下(第十五章)。地球围绕太阳运行速度是每秒 30 千米,火星的这种速度每秒只有 24 千米。如果这两颗行星同在太阳的一边的时候,它们的运动在同一个方向上,火星因为运行较缓,所以落后(图 368),因而就成了逆行,这样看来,一点也没有什么神秘的地方。别的外行星,如木星、土星等,根据同一理由,当它们在和太阳相背的星空中发光的时候,也会逆行的。至于水星和金星,因为比地球更接近太阳,它们的速度显然比地球的速度大:水星每秒 48 千米,金星每秒 35 千米。因此,当它们经过太阳和地球之间的时候,我们看见它们由东向西移动,换句话说,就是逆行。这一切在哥白尼的体系下是多么简单啊!可是在托勒密的体系里,本轮重重,很难解释。

平均说来,火星在冲以前大约 5 个星期就停止顺行而变成了逆行。行星回头倒退的一段时间,专门术语叫留。在冲以后,又大约 5 个星期,火星再顺行,过后又有一次留。平均说来,逆行期间总共有 73 日。木星逆行约有 4 个月,天王星有 5 个月。内行星的情形是,逆行时间很短,水星 23 日,金星 42 日(因轨道的偏心率可以有几天的变化)。

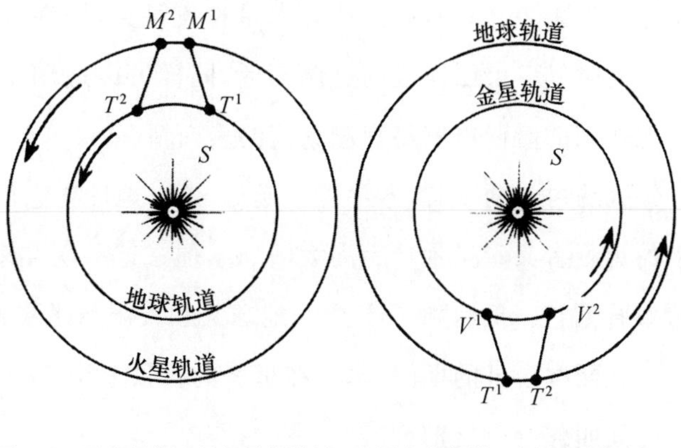

图 368　哥白尼体系里行星的逆行:左图为外行星,右图为内行星

天文年历上记载每一颗行星在每一年内的合、冲、留、大距、方照等的日期。这些名词我们已经用了几次,现在还要再把它们的意思确切地说明一下。这些专门术语代表的意思是简单的,古代迦勒底的牧羊人便已经明白了。今天的人们还不知道它们所代表的意思,这是因为人们没有时间去观天的缘故。

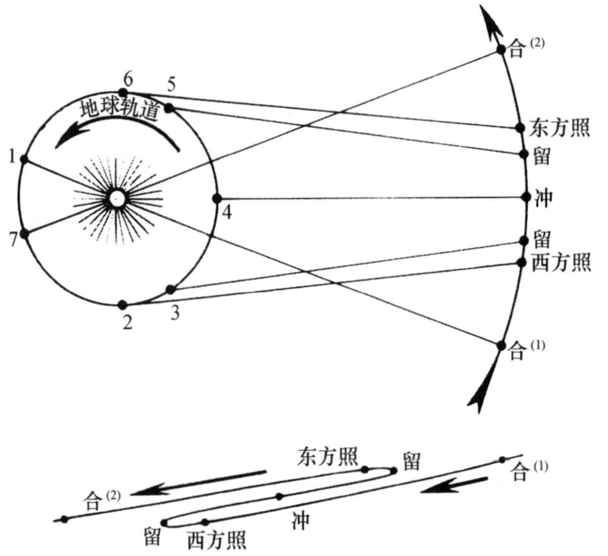

图369 外行星在一会合周里的动态,下图表示这颗行星在星座间的行踪

我们先谈外行星。假设图369代表地球和木星绕太阳运行的两个轨道。在位置1,地球、太阳和木星同在一条直线上,那时木星与太阳相合;换句话说,在天穹上它们好像是联合在一起了。自然不要说,这时候木星沉浸在太阳炫目的光辉里,眼睛不能看见,但是因为太阳比木星运行得快,木星渐渐地就脱离了太阳的光辉。当它在太阳西面90°的时候,地球在位置2,木星在夜晚的天空中异常光明,直至黎明后还亮晶晶的。那时,木星是在西边的方照。它的由西向东的运动不久就迟缓了,对于恒星来说,木星便停留不动,那时地球在位置3;从那时起,逆行开始。大约再过两个月,太阳、地球和木星又列在同一条直线上,但和位置1的排列法不同,这时木星和太阳相冲。这是它和地球距离最近,也是它看上去最亮的时候。这时木星整夜可见,约在半夜中天。这是观测它表面物理情况最好的时候。上面所说的这两句话,同样可以适用于别的外行星,如火星与土星,在冲日时比在别的时候更容易观测它们的表面情况。

大约再过两个月,木星停止逆行,那时地球在它的轨道上居于位置5。到了位置6,地上的观测者又看见木星距离太阳90°,但是这一次在东边,这是东边的方照,可以在日落的时候看见它。最后到了位置7,地球又和太阳与木星在同一条直线上,这又是一次合。

在两次合日的期间,木星在星座的背景上绘了一个像S形那样的曲线,连续两次相合的时间叫作会合周期。

在本章内,曾经把行星环绕太阳运行一周所需的时间叫作恒星周期。地球的恒星周期是1年零0.25日,火星是1年零10个月,木星是12年,土星是29年。所以恒星周期代表**日心**运动，至于会合周期，则代表**地心**运动。我们被地球带着作周年的公转，所以会合周期就是我们在地球上所看出的周期。为了使读者了解这两个周期的差异，让我们再作一个熟知的比喻。假想有甲乙两人在一个圆场上赛跑，甲代表地球，乙代表一颗外行星，譬如火星。假设乙比甲跑得慢些。两位赛跑者同时并排出发，甲在 1 年后跑回原处，乙在 1 年零 10 个月后跑回原处。这就是它们的恒星周期。但是甲所感兴趣的是跑在乙的前面多远。这个超出的距离随时间而增加，从 1/4 周到 1/2 周，从 3/4 周乃至全周。那时，甲比乙整整多跑了一周，又并排一起跑，成了再度会合。从出发起到再度会合便叫作乙的会合周期。要计算这一周期，只需将圆周跑道的长度用甲乙两位赛跑者的速度之差去除即得。

天文学家就这样算出外行星的会合周期，列表如下：

行星	会合周期
火星	2 年零 49 日
木星	1 年零 34 日
土星	1 年零 13 日
天王星	1 年零 4.5 日
海王星	1 年零 2.25 日
冥王星	1 年零 1.5 日

所以我们在每一年内差不多总会看见木、土等外行星的一次冲或一次合。但是对于火星的情形，连续两次最接近地球而适宜于物理观测之间的期间是 2 年零 2 个月。上面表内的数字，没有把轨道的偏心率计算进去，事实上，连续两次冲或合的时间，可以与上表内会合周期的平均值相差一点。

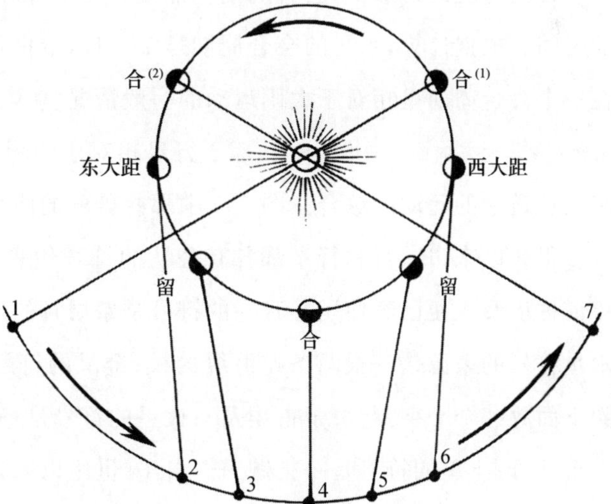

图 370　内行星在一会合周期里的位相

内行星的情况基本上和刚才所研究的情况没有区别，所不同的只是水星和金星在每一会合周期里经过日地之间，这是外行星所不会有的。图 370 大致代表了水星和地球的轨道。地球在位置1时，地球和太阳与行星在同一条直线上，叫作上合，那时行星距离地球最远。到了位置2，地球上的观测者看见水星在太阳的东边，即角距离最大的地方，这时水星在东大距。地球经过位置4，行星在下合，距地球最近，它的直径从地球上看去最大，可是它把它的黑暗的半球向着我们，因此水星不能被我们看见，有时可能呈现一颗黑点，投射在太阳表面上。

当地球在位置3和位置5之间的时候，行星的运动相对于恒星的背景是逆行的。在这期间，行星在星座间描绘出环圈部分（图371），图359表示了几个例子。为了完成会合周期，还必须经过西大距的位置6而到再一次上合的位置7。

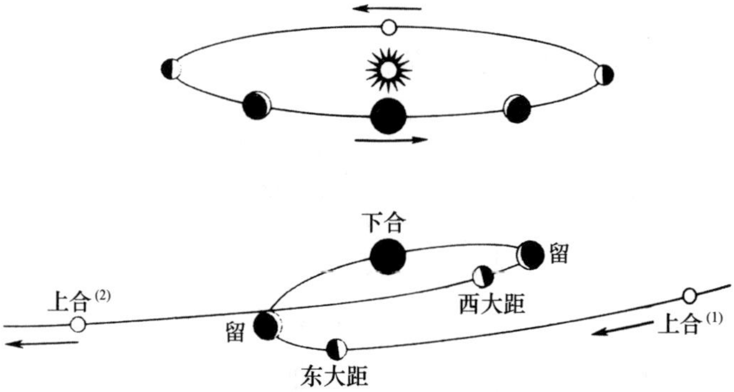

图371　内行星相对于太阳（上图）及相对于星座（下图）的行踪

在内行星的情形下，会合周期仍然是行星和太阳连续两次上合或者下合中间所经过的时间。根据计算，水星的会合周期是116日，金星是1年零219日。图371表示内行星在一个会合周期里相对于太阳运动的一般情况〔事实上我们所看见的轨迹并不完全闭合，因为行星和地球各在不同的平面上运行〕。至于行星相对于恒星的运动，是它相对于太阳的运动和太阳在黄道上的运动的综合。图356中那些美丽的曲线便是这样形成的。

很久以来，日、月和行星都各有公认的符号代表它们。太阳的符号是一个圆轮，几千年前古埃及人便已经使用。月亮的符号是娥眉月的形状，古代的民族都使用这样的符号。水星符号的来源是一根两条蛇缠绕的杖；金星的符号是一面镜子，或者是生殖的象征（圆圈下面放一个十字，起源于古埃及）；火星的符号是一枝矛；木星的符号是宙斯（Zeus）的第一个字母；土星的符号是一把镰刀。自10世纪以来，这些符号便被诺斯替〔这是基督教流行以前一种哲学式的宗教，主张人由知识而得到解放〕教徒和点金术士所使用了。

17世纪的时候，人们开始把地球当作一个行星，它的符号是圆球上加一个十字。18世纪发现了天王星，太阳系内便增加了一个行星，人们把发现者的名字赫歇尔的第一个字母作为它的符号。1846年发现了海王星，它的符号是海王神的三齿叉。最后，冥王星的符号是由代表这颗行星的拉丁文字的头两个字母综合而成的，同时也是预言这颗行星存在的洛威尔的姓名的简写。

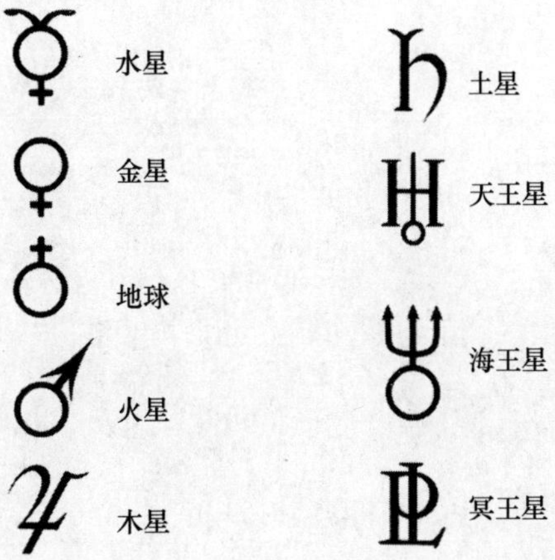

图 372 行星的符号

关于行星的一般介绍，我们就说到这里。我们对于太阳系既然有了一般的概念，我们便可以进一步讨论各个行星，它们和地球同是绕着中心太阳而运行的天体。

图 373　晚间天空的水星与金星：水星在上，金星在下

第二十七章

水　　星

我们将按照从中心到边界的次序去叙述行星世界。我们已经欣赏过中心的太阳的伟大，我们已经知道这些世界排列的次序，我们已经研究过它们的视运动和真运动，我们已经讲过这系统的第三颗行星（地球）和它的卫星（月亮）。所以，现在让我们从和太阳最接近的一个行星开始，来描写另外几个天上的“地球”吧。

第一颗是水星，在 19 世纪，水星轨道内有没有其他的行星还是一个意见纷纭、不能解决的问题，可是今天，它的地位已经是无可争辩的了。科学史上这个有趣的篇章，值得我们来叙述一下。在 19 世纪的时候，法国天文学家勒威耶想要把大行星相互的摄动计算进去，做出它们运动的数字表。这是一个异常繁重的工作，因为要这样做，就必须把两个世纪的观测全部加以整理。这工作使勒威耶不断地努力，一直到 1877 年他死去的时候。他的工作刚一开始，便有一个意料不到的困难阻碍了他：好像只用摄动的理论并不能严格地表示出对水星的观测。要使观测和计算完全相合，他便需使水星轨道上的近日点在每100年内在理论值之外前进40余秒。

为了不破坏牛顿的定律而又能解决这个疑难的问题，勒威耶作了种种假设，其中最可称道的一个，是假设在水星轨道之内还有一颗没有发现的行星，它施摄动于水星上，从而形成了这个差异。1845年，他为解释天王星运行上的类似的差异，认为是它轨道外另外一颗行星的摄引所造成的，于是定出这颗星在天空中的位置。这颗假想的行星果真于1846年被人发现，这一惊人的成就，使勒威耶在天文学上永垂不朽。勒威耶在水星的未能解释的摄动上，也想作同样的努力，并且相信会得到再度的胜利。1859年，一位天文爱好者，乡村医生累卡尔博(Lescarbault)在日面上看见一颗很圆的黑点，他认为这就是一颗行星的圆轮。于是勒威耶请求天文工作者注意观察太阳。他又在天文台的档案里和天文刊物中去找寻资料，于是寻得在1802年至1862年间有6个与累卡尔博的观察类似的观测。勒威耶认为这是最可靠的材料，于是利用它们算出一个水星内的行星的轨道，并且预先把这颗行星命名为火神星。火神星过日面的时间计算出应在1877年3月22日。那一天，所有的望远镜都对准太阳的圆轮，可是并没有行星出现在那上面。以后，人们还利用日全食的暂时黑暗的机会，用目视和照相的方法在太阳的周围去探寻。这种探寻丝毫没有结果，所以今天已经被人们放弃。所谓火神星，并不存在。

既然寻找不出一颗或者几颗造成水星的摄动的行星，有人就再假设这是因为太阳周围有一圈宇宙尘埃的缘故。有名的数学家亨利·庞加莱，就曾经这样主张过。可是，这圈尘埃如果存在，便会散射日光，在黄昏和黎明的时候，因为它的散射光比黄道光亮得多，便会被我们看见，而且这一圈物质也会使彗星过近日点的时候受到显著的摄动。

于是，天体力学便无法解释水星近日点的运动。直到1915年爱因斯坦建立了引力的相对理论，这问题才得到解决。他证明，牛顿的定律对于太阳系最远的区域也得到很高的近似数值，但是对于最近的区域，引力效应便不简单地遵循牛顿定律。因此，在计算的结果上需加入一些修正，主要就在于轨道近日点的长期移动。我们可用已知量的函数去计算这个修正数，这些已知量中有一个便是光的速度。这样算出的结果，对于水星的近日点来说，100年前进42″.91，比用牛顿的理论所算出的结果要大得多。实际观测的结果是42″.84，和理论的结果真是吻合得使人满意。于是，观测和过去的理论不吻合的原因既然已经查明，所谓火神星便失掉存在的理由了。万一有一天发现一颗水星轨道内的行星，如果这颗行星的质量不是小得像陨星一样，便会使天文家再度陷于疑难。总之，从离太阳的

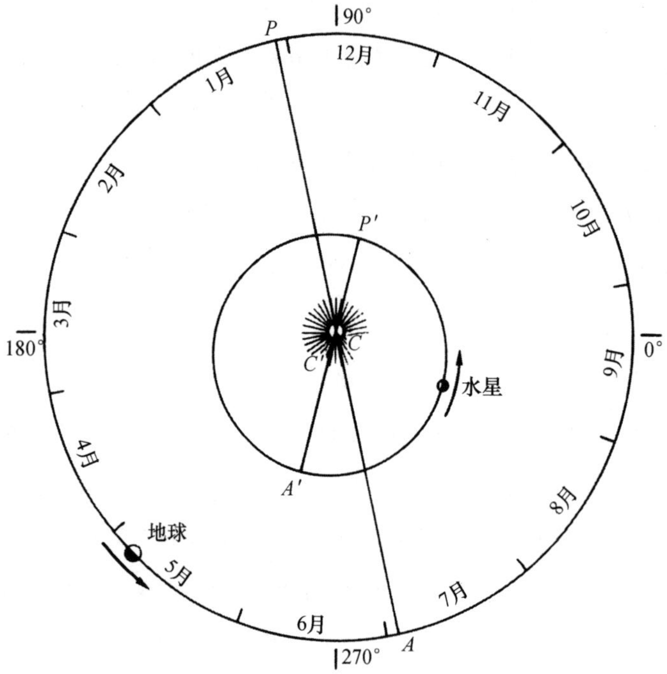

图 374　水星的轨道

距离计算，水星应该算是第一颗大行星。

就平均值而言，水星距离太阳 5 800 万千米，在 88 天内环绕太阳一周。水星的轨道在地球的轨道之内，按照开普勒第一定律，它的轨道是椭圆的，太阳在一焦点上（图 374）。它的偏心距，即椭圆的中心到焦点的距离达 1 200 万千米，如果以长轴半径作为单位来表示，轨道的偏心率便是 0.206。在近日点时，水星距焦点处的太阳达 4 600 万千米；在远日点时，两者距离达 7 000 万千米。在所有的大行星的轨道中，只有水星和冥王星的偏心率最大。

水星和地球的距离在一个会合周期里变化很大，我们说过，其会合周期是 116 天，大约是 4 个月。当水星经过太阳和地球之间，且下合又与水星的远日点相合的时候，它距离地球只有 8 000 万千米，它的直径在我们眼里所对的角约 12″。自然，当它把黑暗的半面对着地球时，我们就完全看不见它。当水星在太阳的那一面发生上合的时候，它与地球的距离可达 2.2 亿千米，那时，它的圆轮缩小至 4″.5。但是，它向着我们的一面被太阳照着，比较容易用望远镜去观测它。

水星同地球和月亮一样，是一个黑暗的球，只反射太阳的光辉。在它绕着太阳的运行里，它也像月亮一样，按它被照明的半球被我们所能看见的大小给我们表现一连串的位相。上合时是满相，大距时是 1/4 相，下合时是新相。在一个会合周期里，这一切位相连续出现，所以会合周期规定了位相。

因为水星和金星的位相是肉眼所不能看见的，所以有人借以反驳哥白尼，他们说：“如果水、金两星在地球的轨道之内环绕太阳运行，它们便应该表现位相。”哥白尼回答道：“上帝将使人们发明仪器帮助视力，有一天你们会看见这些位相的。”真的，内行星的位相果然

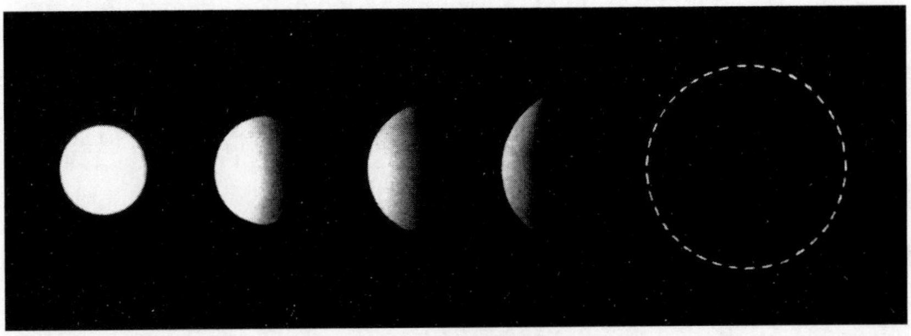

图 375 水星的位相

于 17 世纪被伽利略发现，成为日心体系的最有力的论证。

水星只在大距的时候才能为肉眼所看见，因为那时它和太阳的角距离最大。持续好几个晚上，我们可以看见它在下落前像 1 等星那样发光，或者，它在黎明前上升处发光，这需要看是东大距或者西大距而定。它离开太阳从来不会超过 28°，所以它在太阳前后出没从来不会超过 2 小时。即使它在大距的日子，夜色相当黑暗，可以用肉眼看见它的时候，它也总是在地平线的附近。只要地平线上稍微有点薄雾，水星就不会被人看见。哥白尼在波兰的弗劳恩堡就从来没有看见过水星。

今天的社会生活已经不受太阳升落的支配了，许多人在夜半还在活动。很少有读者愿意在黎明里去找水星，比较多的人在黄昏里才去作这样的观察。为了有效地做这一工作，他们应当在天文年历里寻找水星在东大距的确切日期，这日期应在 2 月至 6 月里，最好是在 5 月 1 日前后。观测者应当在天气晴朗的时候和天空明朗的地方进行观察。观察者应当在夕阳光辉照耀的西天上搜寻，如果预备一幅小的星图，他便不难在许多比较暗的星星里辨认出特别明亮的水星。这是水星快要下落的时候，像太阳或者月亮快近地平线的情形一样，它的颜色逐渐由黄变为红。如果有一位观测者在早上日出以前去做这个工作，他便该选择西大距的时候，这日期在 8 月至 12 月里，最好是在 10 月 20 日前后。

上面所说的用肉眼观察水星的情况，每年只有几个晚上和几个早上才办得到。用望远镜观测则可以看到得更久一些。这样的观测最好在白天，在离地平线相当高的天空上进行，以便利用比较优良的大气条件。用小型的望远镜就可以观测，但必须有赤道仪的装置和经纬度盘，因为在灿烂的太阳附近去找水星，必须确知它的位置，校准仪器才可以一下子就找到它。许多观测者纵然在望远镜里也没有把水星找到，那是因为他们在判断上犯了错误，他们只注意到水星的视直径，却忘记了它整体的亮度才是它的特性。水星在上合时直径不过 4″，但是它的圆轮迎面被太阳照着，在望远镜里，即使在中午也会引起观测者的注意。不但是在上合那一天，水星最接近太阳的时候，即使在以后几天里也是一样地引人注意。水星离太阳渐远,它的视直径虽然增加,可是它的亮度反而减低。即在大距的时候,水星还是可以被看见,但是以后就迅速地暗淡下去了。在东大距以后两周,即使在大望远镜里,水星也不能被人看见。在下合后,西大距前两周,它又出现。在望远镜里它的能见度继续增加,一直到下一次上合的前夕。

由此可见,因为水星急速地运动,好像在和我们玩捉迷藏的游戏。它刚刚出现,又很快隐藏,在落日的光辉里闪耀一下它的光芒,然后又迅速融合在阳光里,过几天又出现在破晓的东方天空,有时是昏星,有时又是晨星。古人还以为它是两颗不同的星星呢!古埃及人把它们叫作塞特和何露斯,古希腊人把它们当作阿波罗和墨丘利两尊大神来崇奉。在夕阳光辉里首先发现水星的,是深信天命的古埃及牧羊人。塞特和何露斯像太阳的两颗卫星,总是陪伴着太阳。以后,证明了它们实在是一颗星,于是古埃及的天文学家认为水星是环绕太阳而不是环绕地球运行的行星。我们说过,托勒密在他所主张的地心论里,为了要把水星的运行依附在太阳的运行之内,不得不有很大的牵强附会。总之,他从来没有把水星的运动计算得满意。今天我们知道其中的原因,这是由于水星的轨道十分椭长,和正圆有显著差异。

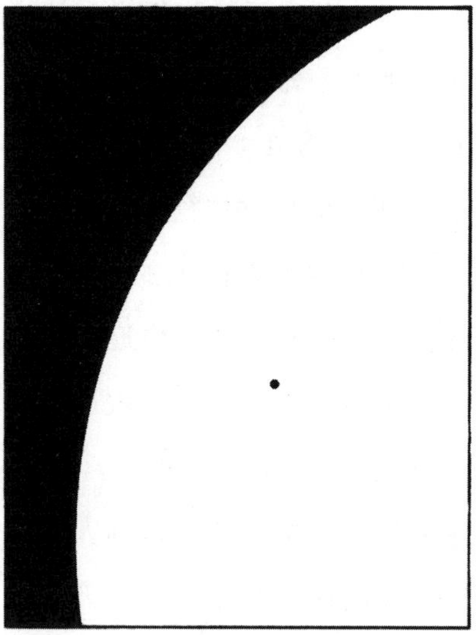

图 376　水星凌日

水星运行的敏捷给予代表它的墨丘利神以种种相应的性格。人们给他脚上装了一双翅膀,把他看成是神灵的使者。他也是商人、医生的保护神,甚至是小偷的保护神!他的有两蛇缠绕的杖,今天还用来装饰药剂师的门楣,也是今天天文年历里代表水星的符号。

假使水星和地球同在一个平面上环绕太阳运行,每逢下合的时候它必经过日面,平均1年必有3次。但是,水星运行的轨道面和黄道斜交成7°的角,要使水星的球体恰恰经过日面,必须使下合刚好发生在两轨道面的交线上。每年5月8日、9日和11月10日、11日,地球经过这根交线。所以,如果水星的下合适逢在这些日子的附近,便会产生水星凌日的现象。

水星凌日比我们说过的金星凌日机会要多得多。平均在每一世纪里水星凌日有13次,两次相隔的年数不等,有3年、7年、10年或13年几种。下面记载20世纪中水星凌日的日期(图377):

1907 年 11 月 12 日	1957 年 5 月 5 日
1914 年 11 月 7 日	1960 年 11 月 6 日
1924 年 5 月 7 日	1970 年 5 月 9 日
1927 年 11 月 10 日	1973 年 11 月 9 日
1937 年 5 月 11 日	1986 年 11 月 12 日
1940 年 11 月 12 日	1999 年 11 月 14 日
1953 年 11 月 14 日	

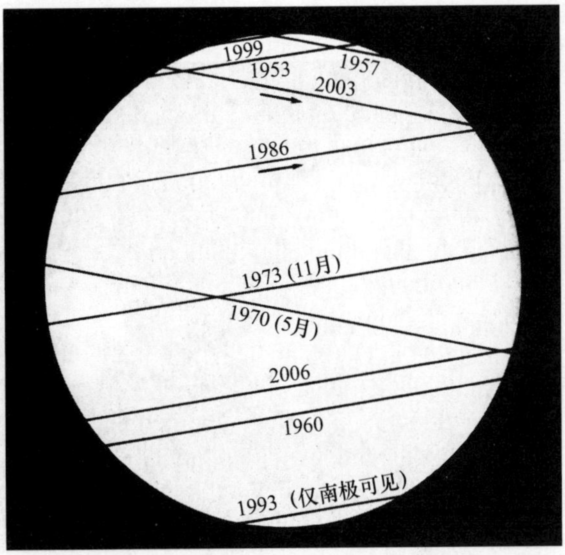

图 377 水星凌日(自 1953 年至 2006 年)

我们可以把这张表应用到前一世纪或者后一世纪,只需在上列的日期里减掉或者加上 46 年。可是,这个规则也不是没有例外。譬如 1937 年的一次凌日,仅仅是在日轮边沿上掠过,不能叫作正式的凌日,所以在 1983 年就不重演。还有另外一种 217 年的周期,虽然比较准确,却因太长,没有多大用处。

图 377 表示自 1953 年至 2006 年水星凌日在日面上所走过的路径。由图中可见,每次凌日,水星在日面所走的路径长短相差很大。虽然在表面上有这些复杂现象,可是 5 月里和 11 月里凌日的轨道各自是平行的。水星总是由东边进日轮,由西边出去。这是一种逆行(据理应当这样),和日食的时候月亮沿顺行进入日轮不同。根据哥白尼的日心理论,便很容易解释这种差异。

望远镜没有发明以前,人们不能观测水星凌日,自不待言。最初的一次观测在 1631 年。开普勒预言这一次凌日时间在 11 月 7 日。伽桑狄说:"狡猾的水星想偷偷地溜过去,它在预料的时间以前就进了日面,可是它并没有逃过我们的注意。我发现了它,我观测了它,这是在我以前没有人做过的事。时间是 1631 年 11 月 7 日早上。"

自从那一次以后,每次水星凌日都曾被人观测过,因此人们便精密地测定了水星的轨道。勒威耶搜集了自伽桑狄以后直至 19 世纪中所有的凌日观测,加以讨论,才发现了水星轨道近日点的运动,如像我们在这一章开始时所说过的那样。

现在讨论一下水星的物理情况,水星是大行星中最小的一个。在本书第十五章里可以看到,水星的直径只有地球直径的 37%,即大约是 4 700 千米,或等于月亮直径的 4/3(图 378)。因为水星没有卫星,质量不易测定,现在确切测得它的质量是地球质量的 1/19,比月亮的质量的 4 倍稍多一点。由此算出它的平均密度是水的 5.8 倍,所以水星是大行星中最密的一个。

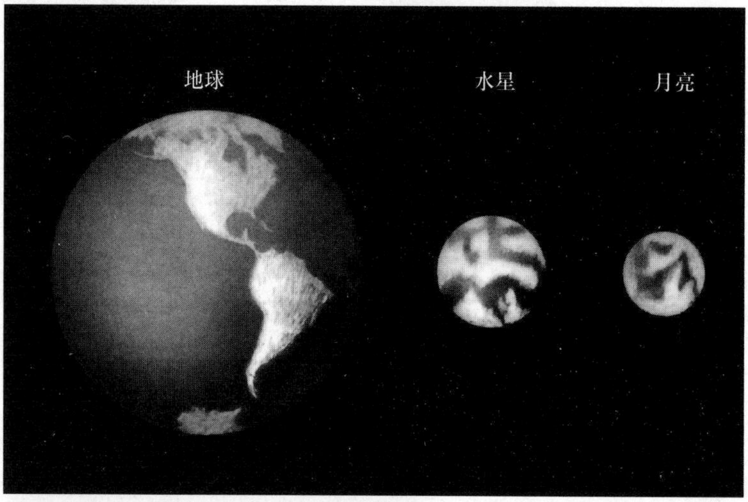

图 378　**水星、地球、月亮三体的比较**

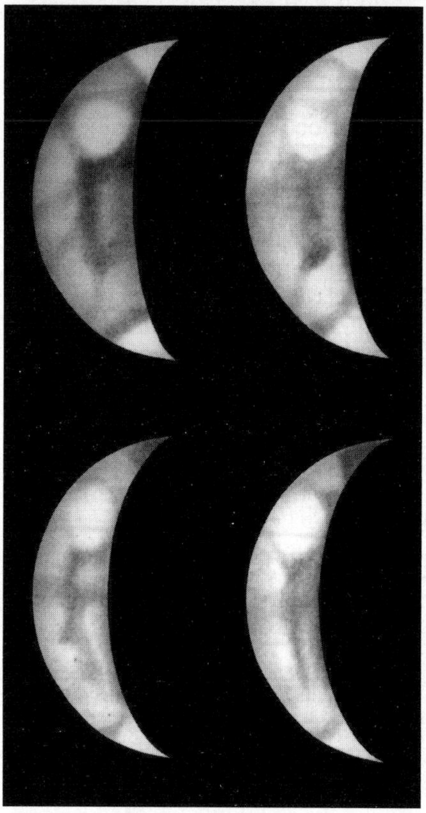

图 379　**水星的素描图**

丹戎于 1925 年 3 月 30 日、31 日及 4 月 2 日、3 日在斯特拉斯堡天文台绘制。

水星的表面是荒凉的,用大望远镜观测,在球面上看见一些明暗的斑痕。它们的形态没有变化,表明它们属于水星的土地,它们是由各种物质形成的。这些现象也像月亮表面呈现在我们肉眼里的一样,所谓“海”和“陆”,仅是不同性质的土地的表现罢了。我们可以借描绘或借照相去观测这些斑痕。在最好的观测条件下,水星的现象就好像用肉眼观察月亮那样。图 379 和图 380 是丹戎在斯特拉斯堡天文台和李奥在日中峰天文台所描绘的水星表面图。位相虽在演变,同样的图形在各张图上总是一样的。对这些图画的详细研究说明,斑痕是经常存在的。李奥观测所用的望远镜口径为 38 厘米,焦距长 6 米,当大气情况良好的时候,放大率可达 450 倍。

水星表面的照片直到 1931 年才在弗拉马里翁天文台被天文家凯尼塞(Quénisset)拍成。

图 381 是 1942 年在日中峰天文台所拍的照片,所用的望远镜就是用以描绘图 380 的望远镜。

自 1942 年以后,又装置了一座更大的、口径为 60 厘米的望远镜,可以观测更小的斑痕,例如图382比图380便更能表示出水星的细节,其放大率为900倍。

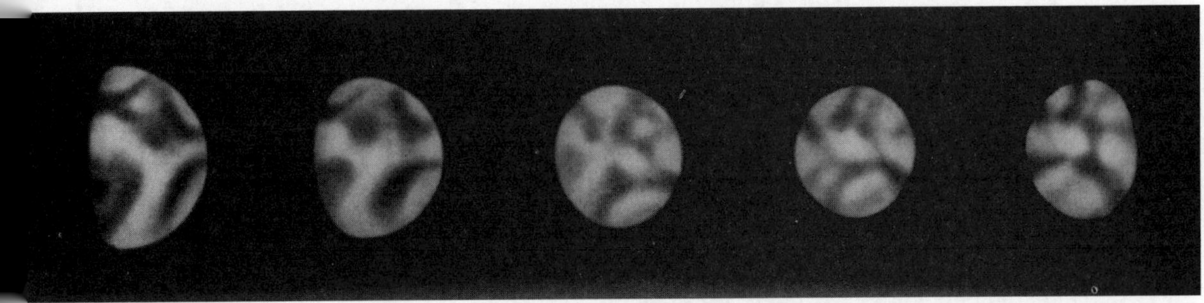

图380 水星的素描图
李奥于1942年在日中峰天文台绘制。

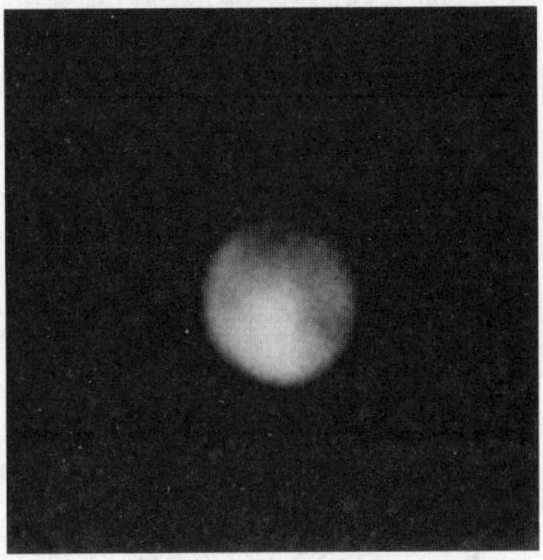

图381 水星的黑斑
1942年8月10日由日中峰天文台李奥等拍摄。

综合水星表面上的斑痕,我们可以作出它的平面图形。这种平面图最有名的当推斯基帕雷利(Schiaparelli)根据1881年至1889年的观测所绘成的那一幅,以及安东尼亚迪(Antoniadi)于1934年所绘成的那一幅。图383是根据日中峰天文台所拍的照片而作成的平面图。研究这些斑痕,我们可以大略了解水星绕轴的自转。斯基帕雷利首先证明水星的自转轴差不多和它的轨道平面正交,自转一周需要88天。可是,水星环绕太阳公转,周期也是88天。因这两种周期相合,结果水星常以同一半球对着太阳;这半球常被太阳照着,而另一半球从来没有见着日光。所以,在一切图画和照片上面,照明半球上的斑痕总是差不多在相同的位置上。我们绝对不会知道它相反的那一面半球的地形,这不是因为这半球不转过来向着我们,而是因为它照不到日光,那里总是黑夜。

图382 水星的素描图
1950年10月6日、12日及19日由日中峰天文台多尔菲斯绘制。

事实上,昼夜的分界在水星表面上并不严格地确定,实际相差很多。水星有一种天平动,它在平均位置上向两旁摆动,可达 24°。假设水星的自转轴和它的轨道平面正交,我们便可将它的表面分为 4 个月形带:1 是永昼带;2 和 3 两带围绕着永昼带,每带各有 48°,在一个恒星周期 88 天里,这两个带内各有太阳的起落一次;4 是永夜带,和永昼带相背,它与永昼带相同的是各占 132°。在第 1 带的中央,于 88 天内,太阳好像在天顶左右摆动,其摆动不超过 24°。如果水星上的物理情况容许有思想的生物生长,那里的天文学和地球上的天文学是迥然不同的。那里没有迅速的周日运动使太阳和星星不断地在天穹上运行,他们怎么能去测定时间与星星的坐标,以及行星的运动呢?由此可以想见,地球自转的方式,再加上我们大气的透明,是多么便利了早期天文学家的工作啊!

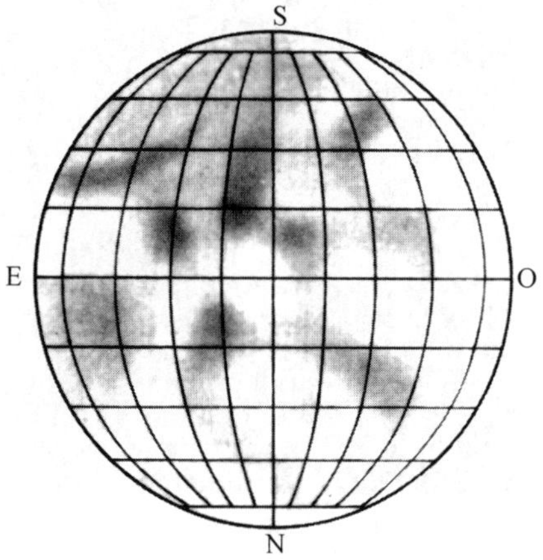

图 383　水星的平面图

根据李奥等的照片于 1942 年在日中峰天文台描绘。

水星的自转周期和公转周期为什么恰恰相同呢?绝不会是偶然的相同。天文学家柯克伍德(Kirkwood)作了如下解释:水星在太阳很近的地方运动,所受的引力使水星这个球体稍微变形,它在太阳的方向伸长而成了扁球。这扁球的自转运动总是拖曳着这个凸出的部分,使它因可塑性的缘故而时常变形,于是自转受了抑制作用,逐渐缓慢,周期增长。在漫长的时间里,这终于使自转一周所需的时间等于公转的周期。

详细研究水星表面的斑痕,发现它的自转轴并不恰好和它的轨道面正交,而有一个小小的倾角,这和组成星球物质的弹性形变极限是相符合的。

水星的表面情况和月球上的情况很相似。这种相似并不是仅凭直觉判断,也不是根

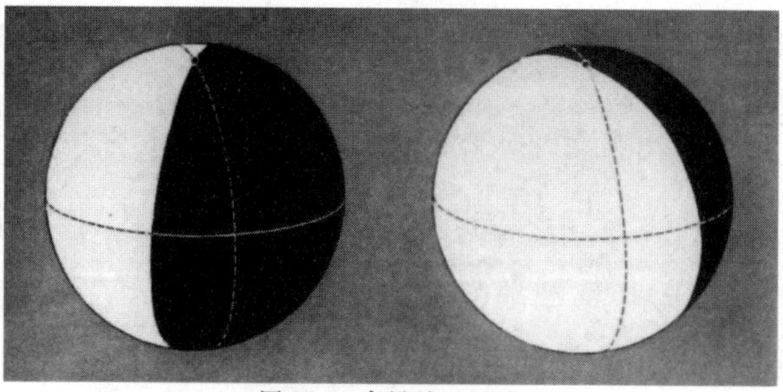
图 384　水星的天平动

明暗界限在它的平均位置两边作 24°的摇摆,其界限附近的黑斑依次可见和不可见。

据几点迹象，而是被天体物理学家艰苦工作的结果证明了的，这是因为对水星的漫射光线所作的分析和对月光所作的分析有奇特的相似。

有人曾经测定过水星的亮度。作这种测定的仪器叫作光度计。光度的测定有时是很困难的，因为我们得透过地球的大气去作观测，而大气里的云雾使星光呈不规则的暗淡。丹戎使用他的微差光度计将水星的光和太阳的光在白昼里直接加以比较，大气吸光使两个光源按相同的比例而变暗，因此测量的结果不大受大气吸光的影响。这种测量逐日进行，于是绘出一根曲线，表明水星的亮度随位相而变化。这根光度曲线表现了水星表面土壤的某些特征。我们可以把这根曲线和月亮的光度曲线加以比较，便可以看到它们是很相似的，这表明这两个星球的土壤反射日光的情况简直是有奇特的相同之处。

把漫射到各个方向去的光线加在一起，我们可以估计行星反射日光的总量，这叫作反照率。水星的反照率是0.063，比月亮的反照率还小一点，所以就全体而言，水星的土壤要更暗一些。

我们还可用偏振计去研究水星的土壤。用这种仪器可以查出，在我们所接收的星光里有一小部分是在某一特殊方向上振动的，我们便这样去测定偏振光的成分。当位相变化的时候，这成分发生变化。李奥曾作出水星的偏振曲线，它和月光的偏振曲线十分相似。这种奇特的相似，说明水星和月亮的土壤在结构上是一样的。因此，水星表面也是被颗粒状的很能吸光的细粉末所掩盖，正如图167所表明的一样。水星表面可能有坑穴和环形山，虽然我们还没有物理的证据。如果这些山的起伏两倍于月面上的环形山，那么由水星的明暗交界线蜿蜒的现象便可以确定有环形山的存在。可是，没有人查出这样的现象，所以水星表面的起伏情况总不会超过月球表面的情况。

水星上应有分解粉末的侵蚀、再塑和陷没等的土壤变化，可是因为那里的昼夜变化不显著，这种因受热而来的变化也就不显著了。

水星上有一个特点是月球上所没有的。这便是水星上有大气。天文学家利用许多方法想去发现水星上的大气，例如在水星经过日轮或者日冕前面时去观察，或者使用分光镜或偏振计去观测它。可是，要能查出这样稀薄的气体壳，我们必须使用极精密的仪器，把它装在大型望远镜上，而且还需有极端稀有的优良的观测条件。水星的大气终于被人查出了，它的圆轮上各点都分布偏振光，这是稀薄的大气壳所应表现的情况，根据测量的数字算出，在水星表面上这气体的密度只有地面大气密度的0.003。这样稀薄的气体可能是由水星发出的稀有气体，特别是氩气和流星坠落时所放出的氧化碳气体。这些既重且稳定的气体只能缓慢地消逝在行星际的空间，可是它们又是慢慢发出的，因而总是维持着这

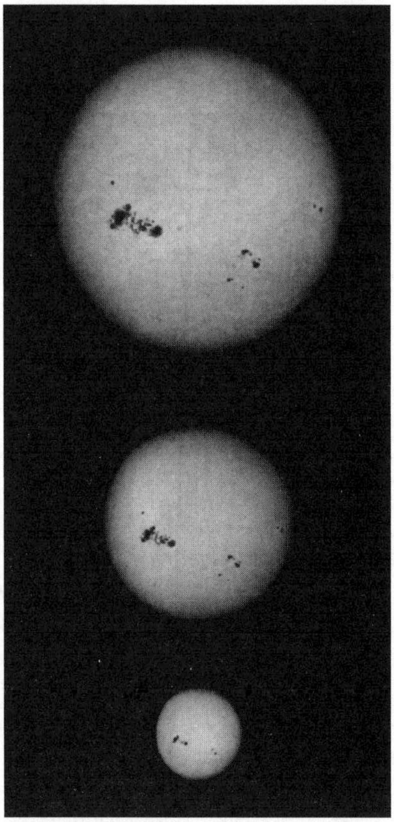

图 385　从水星的近日点(上图)、远日点(中图)和地球上(下图)看太阳的情况

一层大气。

被太阳照着的半球很热,黑夜的那边很冷,因此空气发生强烈的对流,形成风。又因水星上的引力小,表面上的灰尘应该容易被风卷起,造成障幕。这样的障幕,斯基帕雷利首先猜测过,后经安东尼亚迪加以描绘。但是,如以今天所拍得的照片去加以比较,却没有发现这样的现象,可见这种灰尘障幕即使有也是极为稀罕的。

水星上没有像地球上那样的四季,但是因太阳的视直径的变化(图 385),它所接收的日光在一个公转周期里有很大的变化,这种情况造成了一种特殊的季节现象。当水星在轨道上近日点的时候,日轮表现的直径是 1°44′,太阳倾注在水星表面上的光和热,是在同样情况下倾注在地球上的 11 倍。可是,当水星在远日点的时候,日轮的直径只有 1°8′,它从太阳所接收的辐射只是地球所接收的辐射的 4.5 倍,这仍然算是很多的。有时我们抱怨日光过于炎热,假使在 7 月里有四五个太阳一齐照在我们的头上,我们更会怎样地抱怨呀!

图 386　墨丘利代表水星的神(根据古木雕图)

坡印廷(Poynting)算出水星赤道上的温度应是 230℃,如果太阳在水星的天顶,这温度还可升高到 400℃,这是熔化锡和铅的温度。天文学家已经有办法直接测量行星的温度。行星距离我们虽然很远,但利用对光的分析,我们可以核对由理论推得的温度。他们所用的是一副温差电偶,它把接收的辐射变为极微弱的电流,这电流使电流计偏转。行星所发的红外线愈多,温差电偶所产生的电流愈强;行星愈热,它所发的红外线也愈多。天文学家中,先有柯布伦茨(Coblentz)和兰普兰德(Lampland),继有帕蒂特和尼科尔森,用威尔逊山的大望远镜极度细心地作了这样

的测量，他们所得的结果如下：

当水星在近日点的时候，在照亮的半球上，太阳在天顶的地方温度高达 410℃；在远日点的时候，这温度还有 280℃。反之，和这些地方对径的相反的地点上，黑夜是冰冷而永恒的，温度下降到只有 10 K 或 20 K。那里除了深沉不变的繁星点点的天空以外，真是沉寂、寒冷和黑暗的世界。

图 387　表示各种位相的金星照片(日中峰天文台卡米舍耳拍摄)

第二十八章

金星——牧羊人的星

有两个世界在地球和太阳之间运行:第一个是我们刚才谈过的水星,第二个便是我们现在要说的金星。环绕太阳运行的行星,第一个与太阳的距离是 5 800 万千米,第二个 1.08 亿千米,第三个 1.49 亿千米,我们不但已经熟悉这些数字,而且还知道太阳系的图案,如像我们知道法国的或者欧洲的地图一样。真的,这是我们在天空旅行首先应该具备的一个概念。有些旅行家不先看地图,便不知道他们现在是在哪里,要向哪里去,这样至少会减少一半的快乐。我们开始学习天文学,便不应当这样做。学习的方法并不比学习的题材次要,我们甚至可以说方法还更重要些,因为它可以使我们在思想上做好准备,去依次接收科学上所获得的资料,加以合理的分类,放在它们应有的地位上去,犹如一幅被大自然做成的镶嵌图案中的一小部分一样。有人说,即使是最困难的问题,只要说明了它的意义,就算解决了一半。

我们现在谈到太阳系里的第二颗行星。我们不必再描写它的轨道,因为在太阳系概观和金星凌日那两节里我们已经叙述过了。关于水星的运动我们所说过的一切,也可以用到金星的运动上去,只是要略改一下:金星距离太阳自然比较远些,它的会合周期和恒星周期也比较长些。既然金星的轨道在水星的轨道之外,我们看金星距离太阳的角度也会大些,这角度可大到48°。因此晚间金星在太阳西下以后才下落,早晨在太阳东升以前就出来了,这其间的时间差达到3小时以上。我们可以在黄昏结束后黑夜的西天上,也可以在黎明以前东方的夜空中看见金星。在我们的地理纬度上,绝不会在天黑尽以后看见金星过子午圈,像水星一样,金星是晨星(启明),也是昏星(长庚)。

金星的光辉很强,只要大气清洁透明,而且金星距离太阳相当远,即便在白天我们也可以用肉眼看见它。在地中海边,那里以天气晴朗著名,有"天文学摇篮"的称号,或者在高山上,那里的天穹比海边还蔚蓝,在中午,金星也常会引起没有存心去看它的人的注意。黑夜里,金星像远处的灯塔一样,能使所照的物体产生阴影。在两次世界大战期间,有不少侦察员把金星误认作一架飞机!在古代,埃涅阿斯(Aeneas)在从特洛伊走向意大利的时候,看见金星在他上空发光;1797年12月10日,拿破仑从意大利回到卢森堡宫的时候,他的政府内阁在那里为他预备着胜利的庆贺,他被天上的金刚钻般的金星陪伴着,巴黎人仰首瞻望表示崇敬。

金星因其光辉灿烂,无疑是首先被古人注意到的行星。荷马在他的《伊利亚特》第22章里,曾经这样歌唱:"阿喀琉斯(Achilles)举起锐利的矛,像天穹上最明亮的金星,闪闪发光。"作为晨星,她有"启明"("光明的带来者")的称号,于是成为阿波罗太阳神的前驱使者,在神车前面奔驰。以后,又被人尊为司爱的女神,成了牧羊人的星,人们赋予她真诚的信赖。自原始时代以来,每逢她圣洁的眼光注视着大地的时候,情人们把她当作是她们心上最愉快的象征,期待着她们的恋人来相会。在静寂温暖的春宵里,这司爱的星辰不知窃听过多少人的海誓山盟!

让我们现在按照我们对于水星所讨论的次序研究一下金星的运动吧。金星的轨道差不多是圆形的,它和太阳之间的距离在一个恒星周期里变化很少,它的极小和极大值分别是1.07亿千米和1.09亿千米,因此它轨道的偏心率很小。金星和地球之间的距离变化要大一些,在上合时达2.58亿千米,但在下合时却可以近到4 100万千米。在上合时金星的圆轮直径只有 10″,完全被日光照亮,呈现差不多均匀的白色。在下合时直径是 61″,比 1′多一点,但是除了它的边缘上有一丝明亮的光线以外,它完全是黑暗的;过后,东方向着太阳的一边出现银白色的一钩娥眉。在大距时,金星向我们显露 1/4 的面貌,视直径是 25″。

在 584 天的会合周期里,金星向我们表现一切可能的位相(图 388)。在望远镜里,不论什么时候都可以看见金星,不像水星在下合附近便隐藏不见了。刚才说过,它的视直径随位相大有变化,只要中型的望远镜便可辨认出这些变化。人们在望远镜里第一次看见金星,常会产生一种幻觉,以为自己所看见的是月亮,这是很容易理解的。对于没有天文知识的人,还难于给他解释,只有让他看看天上并没有月亮,可见在望远镜里所看见的的确不是地球的卫星。在望远镜里观察金星最好的时间是在白天,因为在夜里这颗行星的炫目的光辉常使人分辨不清楚它的界限。一个好的 8 倍的双筒镜(观剧镜)便已经可以分辨出金星的位相,特别是当它在娥眉形的时候。因此,金星是最容易被观测到的星,不像水星那样必须等待特殊的机会。

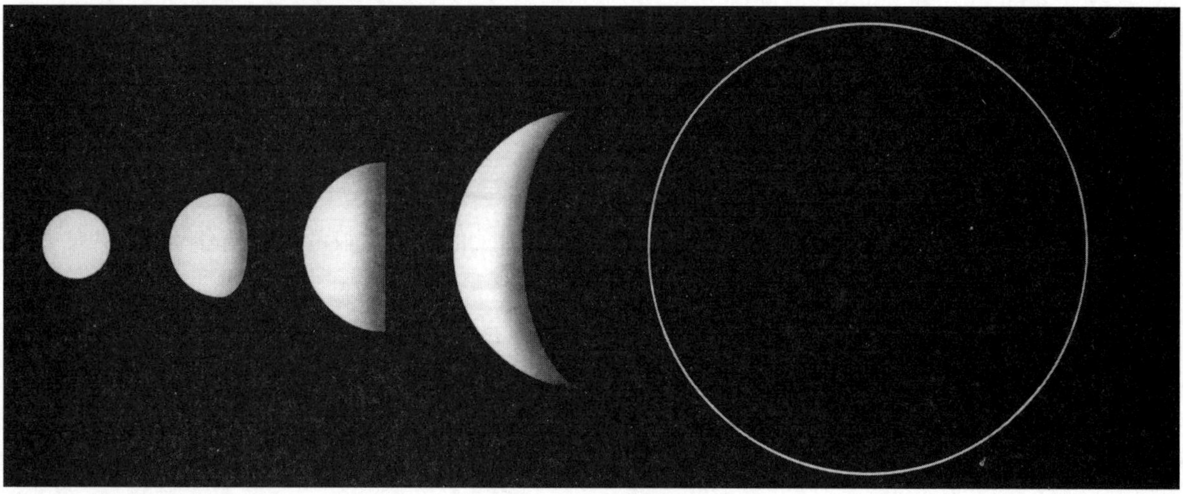

图 388　金星的位相

望远镜发明以后,人们用它去观察天体,很快就发现了金星的位相。伽利略于 1610 年 9 月末用 30 倍的望远镜看见了金星的位相。为了还需要时间去证明他的发现,而又不愿意被人夺去他发现的优先权,他刊布了下面这句暗语:

Haec immatura a me jam frustra leguntur, o. y.

(枉然,这些东西被我今天不成熟地收获了。)

这句话里的 35 个字母如果另外加以排列,便成了第二句话,说明了他的发现:

Cynthiae figuras aemulatur mater amorum

（爱神的母亲仿效狄安娜〔爱神的母亲指金星，狄安娜是月神。——译者注〕的位相。）

如果读者有耐心，可以在这两句话里去数一下，都有几个 a，几个 c，几个 e……

内行星位相的发现给哥白尼日心系的理论以一个有力的证据，在当时产生了很大的影响，伽利略本人很相信这个事实，但是他却不敢宣布。1610 年 11 月初，卡斯特利（Castelli）神父问他火星和金星是不是发生位相，他很机警地回答："天上有许多需待研究的事，可是因为我的健康状态很差，夜里我时常躺在床上。"一直到了 12 月末，他才揭露了他暗语的含意。

望远镜发现以前，没有人谈过金星的位相。自从位相被人发现以后，有些自夸视力很强的人，说他们早已用肉眼看见过位相。这实在是一种幻觉，也许是由于瞳孔上有一点儿缺陷，使视觉发生了误差。我们说过，金星的视直径至多只有 1′。这样小的圆轮的像，在我们的视神经上只有视觉的一个神经单元那样大，要使视觉辨认出金星的娥眉形的像，这形象所接触的应当不是一个神经单元，而是许多互相连接的神经单元，可是这形象太小了，不能同时盖住许多神经单元。所以，如果不用放大的仪器，只用肉眼去看金星的娥眉形状，就生理上说，这是不可能的。

我们不再谈金星凌日，我们只提提这种现象的周期是 243 年（152 个会合周期）。虽然这是一个很准确的周期，但因其太长，实际上很少用到。如果我们只讨论金星的地心运动的一般情况，例如它作为昏星或者晨星而出现，8 年的周期已经算是相当准确的了。事实上，金星的 5 个会合周期是 8 年（每年 365.25 日）减去 2 天零 10 小时。我们不能用这个周期去预言未来的凌日现象，但是去推算最好的大距却很方便。金星的东大距发生于春分前后，那时，作为昏星它的光线特别明亮。很好的一次大距发生于 1945 年 2 月 2 日，下合发生于同年 4 月 13 日。20 世纪后半期内须记住的年份有 1953 年、1961 年、1969 年、1977 年、1985 年和 1993 年。在上面所说的日数上再减去 2.5 日，我们便可得到这 6 年内大距和下合所发生的日期。根据同样的计算，我们可以推算出，金星作为晨星在 1951 年、1959 年、1967 年、1975 年、1983 年、1991 年和 1999 这 7 年内的秋季里是最适宜于观测的时期。

我们也可用 8 年的周期去寻求下合，即金星和太阳的角距离最小的日期。每逢下合，行星经过太阳和地球之间。但是，我们知道凌日的现象是很稀罕的，从地球上看去，下合时金星总是从日轮上面或者下面过去。那时，在望远镜里我们看见一丝极细的娥眉镶着金星的黑暗的边缘，超过半周以上（图 389）。当金星和太阳的视距离相当小的时候，娥眉的两个尖角可以接合起来，于是我们在望远镜里看见一个光亮的细环。下表记载这种细环每 8 年一见的周期，表中的地心黄纬说明金星在下合时和日心的角距离。这一系列适宜观测的下合到 2004 年与 2012 年两次的凌日而完结：

图 389 下合附近金星的娥眉形状，注意娥眉角的拖长情况

日期	地心黄纬
1956 年 6 月 22 日	−2°8′
1964 年 6 月 19 日	−1°49′
1972 年 6 月 17 日	−1°29′
1980 年 6 月 15 日	−1°10′
1988 年 6 月 13 日	−0°50′
1996 年 6 月 10 日	−0°30′
2004 年 6 月 8 日	−0°11′(凌日)
2012 年 6 月 6 日	+0°9′(凌日)

有时，有人在金星的娥眉里看见一点略带紫色的光辉，好像是从它的圆轮上发出来的。有人把它叫作金星的灰光，这是一个不恰当的名称，因为金星没有卫星把光辉反照在它上面。可是这光辉并不是假的，也不是我们的幻觉，而是由折射望远镜的缺陷所引起的。事实上，所谓金星的灰光从来没有出现在反射望远镜里。折射镜的物镜是两块透镜重合做成的，总有或多或少的色差。如果我们用折射镜去看一颗很亮的白色星，如织女、南河三或者天狼，我们可以在它的周围看出带蓝紫色的晕圈，这也是由于同样的缘故。

金星球体的大小差不多和地球相等。它的赤道直径是 1.24 万千米，约为地球赤道直径的 0.97。金星的体积是地球体积的 0.87，至于它的质量，只是地球质量的 0.81，因此金星的平均密度比地球的要小一点，即 5.1 克/厘米^3，而不是 5.5 克/厘米^3。这些数字今天都很明白，只是测定时很费时间。因为水星和金星都没有卫星〔十七八世纪的几位观测者曾经宣布金星有一颗卫星。后来经人证明，这些在金星附近的星不是恒星便是已经被证明了的行星。在 1764 年，即赫歇尔发现天王星之前的 17 年，天王星曾在金星附近 16′，被人误以为是金星的一颗卫星〕，我们只好借它们对别的行星(如地球、火星、爱神星等)的摄动去推算它们的质量，这必须整理几十年来所积累的无数的观测资料。幸而天文学家是勇敢的计算者，并不因为麻烦而退却。

从金星看日轮，直径是 44′，在一个恒星周期里并无显著的变化。金星从太阳所吸收的能量差不多等于地球所吸收的能量的两倍，换句话说，即相当于有两个太阳一齐向金星倾泻它们的光和热。

我们现在证明金星也像水星一样常把它的半个球面对着太阳。它的恒星周期和自转周期因此同是 225 日。一个半球常暴露在热烈的日光里，另外那个半球在无尽的黑夜中。比起水星来，这两个区域的划分是很显著的，因为金星轨道的偏心率很小，天平动两边摆动还不到半度。假使金星的大气相当透明，它上面的物体便可以投影在它的土地上，这些影子应当是固定的。假使从黑暗的半球去看星星，它们当是缓缓移动的，在 225 日里才绕一圈。因为金星的自转轴差不多和它的轨道平面正交，所以它上面就没有四季的区别〔近来有些科学家认为，金星轨道面和金星赤道面有 32°的交角，因而认为金星也有四季的变换。——译者注〕。金星虽然是和地球最接近的一颗行星，可是它们却极少相似之处。

自从望远镜发明以来，金星的自转便成了一个热烈争论的问题，时常被人提起，下面在我们谈到金星的表面和它上面的斑痕与大气的时候，读者就会明白这些争论的原因。在望远镜里，最有经验的眼睛也只看出一些模糊的黑影，很难分辨出周围的轮廓。在这种情况下，因缺乏标志点，所以很难研究金星的自转。卡西尼早已表达了这个意见，他根据他在 1666—1667 年间的观测，作了这个结论："要用这个方法去决定金星是不是在自转，是白费精力的。"比扬基尼(Bianchini)没有像卡西尼那样悲观，他从自己 1726—1727 年间在罗马所作的观测中，求出金星的自转周期是 24 日。卡西尼重新整理全部观测，于 1732 年定出它的自转周期是 23 小时 20 分。可是，他却特别加上这一句话：即使用巴黎天文台最好的望远镜，在最晴朗的夜晚，根据 1729 年很多次的观测，马拉迪(Maraldi)和他自己在金星里都看不出任何显著的斑痕。

德国一位有名的观测者施罗特尔，用大望远镜于 1779—1795 年间观测金星，迟疑了很久，才同意了卡西尼所说的自转周期。但在同时，天王星的发现人赫歇尔认为金星表面的黑影只是光学的幻觉，不能用来探测它的自转。

维科(Vico)神父于 1839 年在罗马又作了新的努力。这位有名的观测者虽然承认金星上的斑痕模糊不清，难以辨认，而且彼此很相似，难于分别，可是他终于将金星的自转周期定为 23 小时 20 分 15 秒，而且把它的赤道和黄道的交角定为 53°11′。

意大利天文学家斯基帕雷利于 1890 年做了一个批判性的研究，他详细检查了前人的工作，说明它们都不可靠。我们之所以把这段研究的历史经过叙述一下，是为了使读者们明了这问题的困难性。根据现在的观测，许多天文学书籍把金星的自转周期写为 225 日，可是在这数字后面却加上一个问号。读者读了下面几节以后，可以自己决定是保留还是划去这个问号。

如果你把你的望远镜瞄准金星，一开始你就会感觉失望。在这颗行星的耀眼的圆轮或者娥眉上，你时常会看不见什么。在这一点上，金星和月亮、火星或者木星迥然不同。如果你偶然感觉看见了一些细节，那总是模糊不清的，可疑而难确定。人们所描绘的图形总是过分夸张、不合实际的。如果我们碰巧看见一个显著的标记，把它描绘下来，过了几小时、一两天或者一两个星期以后,你时常会再发现同样的情况。这样的情况重新出现,可能是由于金星表面大气的周期性循环,更可能是由于透过金星表面的云雾露出的一点真相。但是人们所看见的总是恍惚不定、转眼消逝的现象。

但是,如果我们作了很多次这样的观测,这种在晴空所露出的真相可以表现金星表面的各个区域。将许多描绘图上的细节加在一起,我们可以绘出一幅相当完善的平面图,表示我们透过云雾推测出的这障幕下的一些情况。

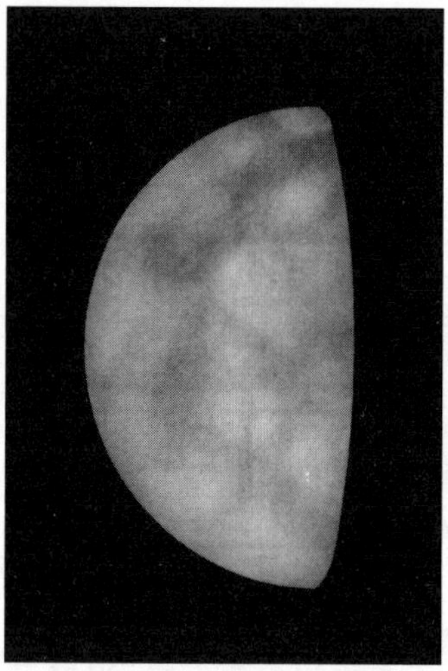

图 390 金星的素描图
1943 年 6 月 27 日至 29 日丹戎绘。

如果我们在几个自转周期里持续观测数日,作出一些这样综合的平面图,再把这些图平排在一张桌上,我们将为它们之间有奇特的相似(图 390)而感到惊异。这些综合图表现出同样的细节,它们对于金星的明暗分界处有一定的定位,而且对于它的轨道平面也有一定的定位。相隔数年,由几位观测者作出平面图,虽然这种观测有相当大的困难,彼此之间却很相合。由此可见,在金星的大气时常变化的幕罩下,似有永恒固定的形态。假设这些平面图真足以代表金星的表面,或者不如说代表表面大气所显露的一些区域,那么我们便该断定金星绕轴自转的周期是 225 日,而且它的赤道和轨道平面差不多是相合的。

金星自转极度迟缓,这由摄谱仪对它的速度的直接测量得到证明。我们在本书别的地方说过,当光源离开我们的时候,那光源的光谱中的黑线向红端移动;当光源向我们迎面而来的时候,这些黑线便向紫端移动。在行星或者太阳的情形下,星球绕轴自转,当某一边缘向我们接近的时候,另一边缘就离开我们而去。所以这两个边缘上所发出的光的谱线不在相同的位置上,对这些谱线位移的测量,便可求得所观测的星球的自转速度。有几位天文学家已经把这个方法应用到金星上去,如斯里弗(Slipher)、阿米(Hamy)、米洛舒(Millochau)、圣约翰、尼科尔森等。他们都一致同意金星的自转只能是很缓慢的,这种运动的速度在它的赤道上绝不会超过每秒几米(如果如比扬基尼所说的,周期是 24 小时,这速度应是每秒 18 米)。所以,金星的自转周期不会是像地球或者火星那样,即不会是一天,甚至也不能是几天。分光的观测证明,这周期不会小于一个月。这个结果和由斑痕观测而得的 225 日的周期可以说是相合的〔根据 1961 年 5 月发表的苏联科学家对金星的射电天文的观测,求得金星的自转周期约为 10 日,但还不能确定。——译者注〕。

我们分辨这些斑痕并不需要很大口径的望远镜,因为一方面金星是一颗很亮的行星,另一方面，我们要辨认而描绘的细节并不是很细致以致需要很大分辨力的仪器的。观天的人如果有一具口径 12 厘米的望远镜便可以看见金星轮上的灰色部分了，并可以描绘下来和金星的平面图加以比较。这样，他们便可以每天认出金星大气里暗黑的区域和或多或少的不透明的区域，也可以看出云雾的分布和变化。这样，他们便成了研究行星上大气活动的远距离的气象学家。他们将会惊异地发觉，有时很均匀的云幕遮掩了一切细节，有时因稀有的晴朗又出现了大团的斑痕(图 391、图 392)。

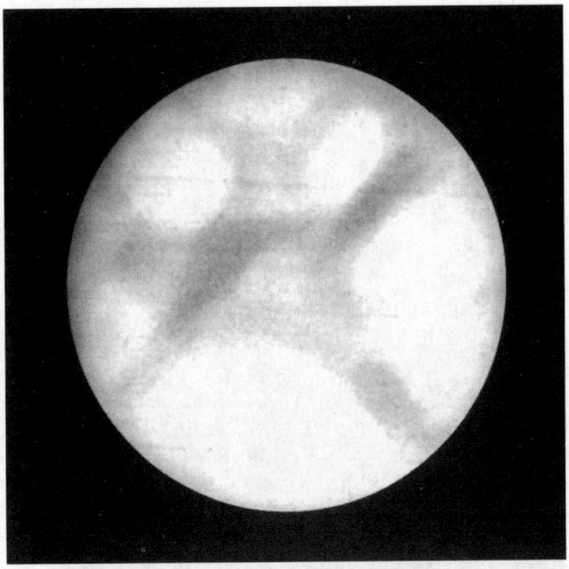

图 391　上合附近金星的素描图
1962 年 11 月 10 日丹戎绘于斯特拉斯堡天文台。

像水星的情形一样，金星在凸位相的时候最宜于观测。金星在娥眉形的时候，它的内边缘(明暗分界处)比外边缘要黑暗得多，这两个区域的反衬度比斑痕区域的反衬度显著得多，因此便降低了斑痕的能见度。所以，观测时间最好选择在很澄静的早晚，地上的大气稍微有一点扰乱，便把一切斑痕都遮盖住了。

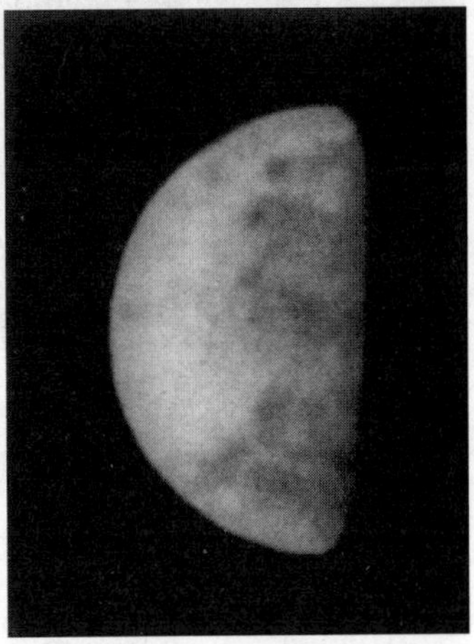

图 392　金星素描图
1948 年日中峰天文台多尔菲斯绘。

有几位能干的天文学家努力拍摄了这些模糊的斑痕。这样需要使用反衬度极强的照片，还需设法遮掩明亮的部分，使明暗分界处的暗黑部分得以显露出来。图 393 便是带着斑痕的金星的照片。在图 387 中的每一幅图上，我们可以看见一些模糊暗淡的斑痕。这样的照片是很难拍到的，最早拍到的人当推弗拉马里翁天文台的凯尼塞(1921)。

当金星下合又恰好在太阳的附近时，在晨光或者昏影里，它的娥眉相变得非常细窄，娥眉角伸长，远远超过半个圆周。金星的大气被日光斜照，透过它的幕罩散射日光，造成明亮的腰带。娥眉角合拢来，成了圆圈，如图 388 所表示的那样。在这雾气般的弧形上，有时显出明亮的疤痕，表示那里的大气有很密的云层，强烈地散射着日光。

如果我们使用滤光器，只允许紫外线去拍摄金星，它的大气便更加表现为有云雾遮盖

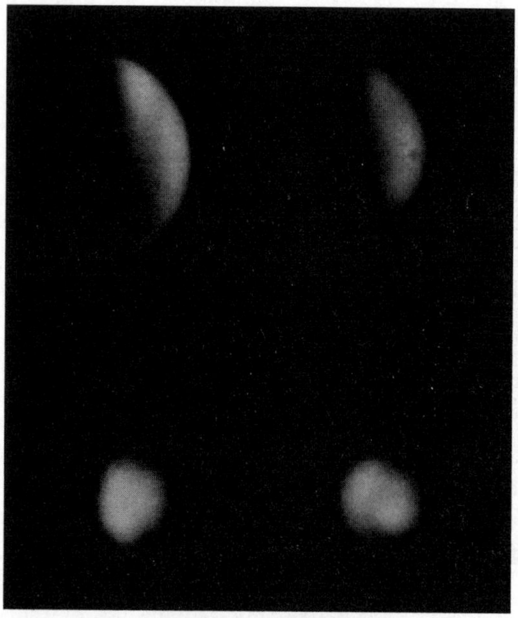

图 393 金星的照片表示星上的各种位相

日中峰天文台卡米舍耳拍摄。

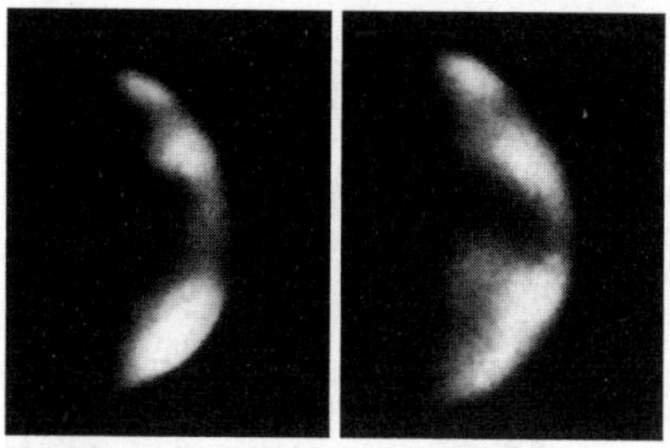

图 394 金星的紫外线照片表示它表面上的云彩

1928 年拍摄。

和密集的区域。赖特(Wright)和罗斯(Ross)于 1927 年和 1928 年拍摄了这样的像,这些照片使金星呈现出一种新的面貌。图 394 表示它的表面上覆盖有明暗的斑痕。这里很明显地表现出明的和暗的两种物质错综在一起,形成强烈的反衬。这些块状物的形态变化很快,过一天就辨认不出,因此它们是属于大气里的云彩。这些幕罩属于金星大气的最高层,气象学家叫作**对流层顶**。那里散射着紫外线,所以在照片上显得特别明亮,在这些幕罩之间日光射进大气,短波辐射被吸收掉,所以照片上的黑色斑痕代表高层大气中显露出**对流层**的部分。因为可见光不如紫外线那样容易被吸收,可以达到低层大气的云雾里,又因为云雾的散光力强,行星表面的斑痕的反衬度因而大大减小了(图 393)。即使在高层大气里露出一片晴空,我们的肉眼也很难观看到金星的表面,我们只是透过雾气的幕罩看出一些模糊的斑痕罢了。

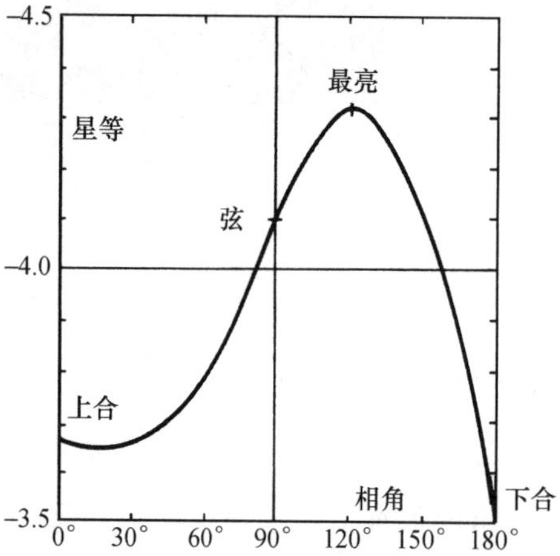

图 395 金星的视星等随位相角的变化

因为有了望远镜和照相镜,我们才知道金星具有密而厚的大气,那里演变着复杂的、变化无常的气象现象。关于这颗明亮的行星的光度研究,将给我们证明金星的大气是有云彩的。在一个会合周期里,金星光亮的变化是肉眼所不能察觉的,从上合到下合,人们总觉得它是一样的明亮。虽然距离从上合的 1.723 天文单位变到下合的 0.277 天文单位,会使亮度增加,但是同时位相逐渐变小,又减少了亮度。这两个相反的效应互相抵消到恰好的程度,使得金星在一个会合周期里亮度的变化不到一个星等

(图 395)。在上合时,它的全轮迎面被日光照着,直径只有 10″,星等是−3.7;当金星成了娥眉状,相角〔相角是在行星上看太阳和地球之间的角度(图 396),故在上合时相角为零,大距时为 90°,下合时为 180°〕等于 120°,达到最大的亮度的时候,直径为 41″,星等超过−4.3;最后到了下合,我们看见金星变成直径为 1′的圆环,星等回复到−3.5〔读者也许会惊异为什么从地球上看,金星的星等是负数。星等的定义将在本书后面叙述,肉眼所能见的最暗弱的星是 6 等星,最亮的是 0 等或 1 等星。为了将更亮的星排在相同的光度标尺之上,应该把这标尺向负数方面推广。例如木星最明亮时星等达−25;满月达−12.7,太阳的星等是−26.8〕。

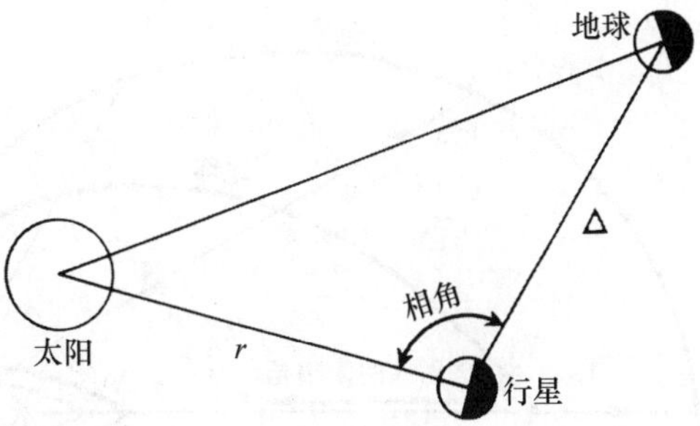

图 396　相角

金星表面散射日光比水星或月球还强烈得多。图 397 是金星表面快被月轮遮掩时的照片,我们可以看出,金星表面比娥眉月明亮得多。它的反照率很高(我们说过,反照率是行星反射的日光相对于接收的日光的百分数,其余部分被行星的大气和土壤吸收了)。在一个会合周期的各个时期里,用光度观测去决定反照率,需将行星与地球之间距离的改变所产生的影响加以考虑进去。如果我们以金星散射在太阳那个方向上的光量作为 100,下表便是它散射在周围各方向上的光量:

相角	散射光量	相角	散射光量
0°	100(满轮)	120°	11
30°	81	150°	5
60°	49	180°	2(环圈)
90°	24(两弦)		

如果我们把这张表内的数字和月光随位相的变化加以比较,我们便会知道,在金星的情形下光线减少得很慢。我们说过,满月比弦月亮 12 倍,假使金星和地球之间的距离不改变,我们将看见,它在满轮时只比在两弦的时候亮 4 倍。因为在两弦时比在满轮时要近 2 倍,2 的平方是 4,所以距离的变化差不多刚好抵消掉位相变化的效果,正如我们刚才所说过的那样。

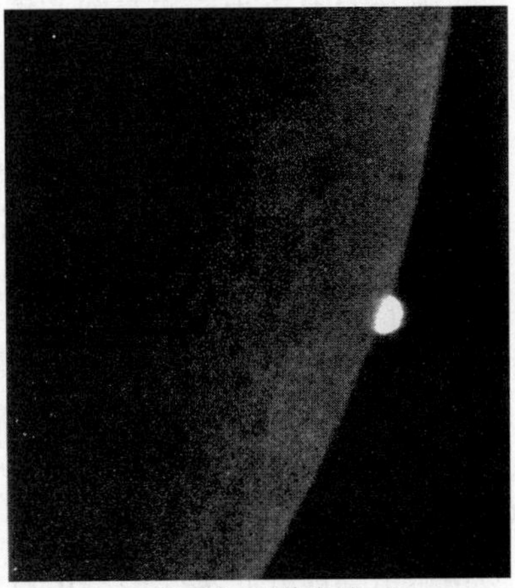
图 397　月掩金星
1921 年 7 月 2 日弗拉马里翁天文台拍摄。

图 398 的心形曲线是靠近太阳的三颗行星和月亮的**散射指示图**。一颗行星或者卫星的散射指示图是这

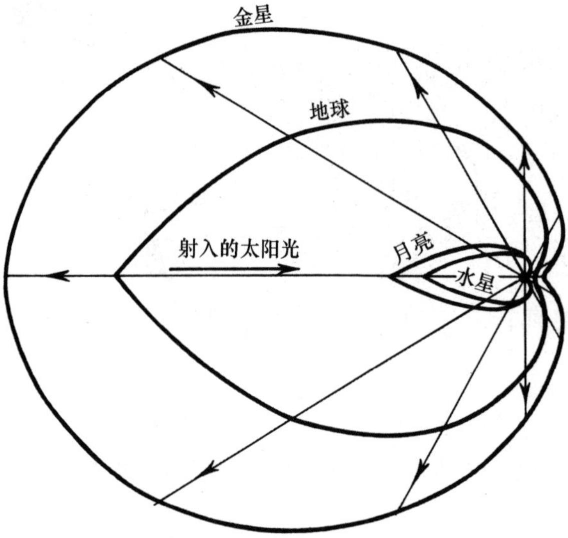

图 398　三个内行星和月亮的漫射曲线

样形成的：从一点起，沿不同的方向引出和该方向上的散射光量成正比的线段，这些线段的末端便描出指示图。这幅图在太阳的方向上总表现出一个尖点。为了使这三颗行星和月亮的指示图容易彼此比较，我们特别假设这四个天体和太阳距离一样远，而且有一样的直径。假使这四个天体是按照同样的方式散射日光，这四条曲线将变成一条。但是，事实上它们却是迥然不同的四条。作为一个散光体，地球不及金星，而且在各个方向上都是一样的。但是月亮，特别是水星，比起地球和金星来是很黯淡灰黑的。如果把金星比喻为一个白色大理石的小球，那么月亮像一粒浮石小球，水星像一粒火山熔矿。

我们还必须指出，当相角达 180°的时候，金星的光辉并不为零，虽然那时它以黑暗的半球对着我们，但是我们说过，它的大气被日光照射，呈现出一圈明亮的光环。

利用光度的数据计算出金星的反照率是 0.72。换句话说，金星吸收从太阳来的光线达 1/4 强，将其余的 3/4 反射到空间里去。水星和月亮反射给我们的光线少得多，地球因有一个稠密多云的大气，平均只反射入射光的 39%。所以我们认为，金星大气的压力可以和我们的大气压力相比，只是在金星的大气里有更多的散光质点。

利用具有各种滤光器的光度计去观测金星，可以确切测定它的颜色。我们由此得知它比太阳白一点，比月亮黄一点。我们不要忘记，地球是一颗蓝色的行星，而金星是黄色的，所以它周围的大气性质不同，很不纯洁，更多云雾。一切观测都归纳到这个结论，特别是我们在下面所要说的偏振观测。

图 399 是李奥所测绘出的金星的偏振曲线。这条曲线很类似于实验室里人工雾气中小水点所散射的光的偏振曲线(图中的虚线)，所以金星的大气是由直径为 0.002 毫米的小水点所组成的，这些水点只及地面上积云里水点的 1/10。由这条偏振曲线还可以推出这种云雾的位置是在高层大气平流层的界限处。最近的观测还证明，在金星的娥眉上光的偏振情况的分布是不均匀的。在边缘和明暗分界处之间，在娥眉和圆轮中心之间，偏振是有奇特的变化的。偏振反常的斑痕生灭变化无常，出没没有定所。这样的演变表明金

星大气里有复杂的气象变化。

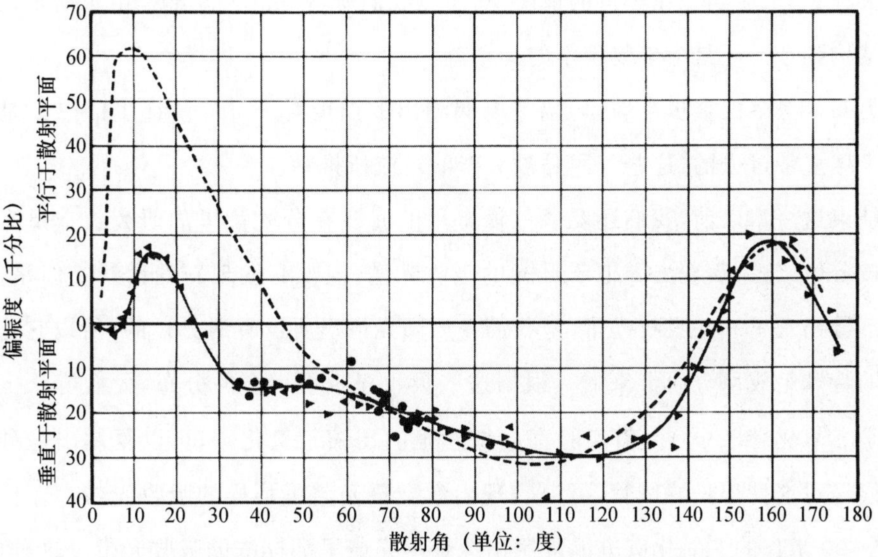

图 399　金星的偏振曲线(李奥绘)

事实上,金星大气和地球大气一样,被不断的运动所搅扰。这些空气团受到各种对抗力量的作用,总是在寻找平衡,却又从未达到过平衡:时而被吸引向上方,时而又被压迫到下面;有时牵引向北,有时被拖拉向南。但是,在这些湍流里有一条指导性的规律:金星对着太阳的半球接受的日光比地球接收的日光多一倍,被强烈地照射着。这样受热而膨胀了的空气上升到平流层,大气因空气升高而变得稀薄,于是按照绝热定律膨胀而变冷,终于使它所含的水汽凝结,而形成了云帘。现在,这些上升、变冷而且满含水点的空气被吸向黑暗的半球,这些水汽被一种相当有规则的气流牵引,越过昼夜分界的明暗界限处。这样的气团因骤然变冷而下落,于是黑暗半球的气体都被吸向下,这样被压缩了的气体又在下降时生热。这些黑暗区域里的寒冷还不足以使气体液化,固定在土壤上,因此运动仍继续不已。现在,靠近表面的一股迅速的风又把这些气团引到明亮的半球,重新把它带到热和光的环境里去。所以,这些气团是永恒地在热和冷、光明和黑暗、高层和低层中循环运动不息。

假使有一位飞行家上升到金星的大气里去,他将会看见他的气球循着这样奇妙的道路不断地在兜圈子。这位飞行家不能遇到像地球大气里那样复杂的运动,因为金星这个球体自转缓慢,离心力不足以使气团偏向;既无因昼夜循环而使气温有升降,又无冷热的交换以破坏平衡。金星的大气里也许只有规则的对流运动。

利用温差电偶可以测定散光云层里大气的温度。这种精细的观测于 1924 年年初曾被柯布伦茨和兰普兰德以及帕蒂特和尼科尔森做过。在被太阳照亮的半球上,金星的温度平均达到66℃。在赤道上,太阳垂直照下,这温度甚至可达到95℃。自然,在这样高度稀薄的大气里,水应当是在蒸汽的情况下,所以我们所看见的云并不是由水所形成的。这种云的结构到今天还是金星物理学的一个谜。

在另一半黑暗的金星半球里,温差电偶测出的温度是−30℃。那里的热量是气团从明亮的半球里带过去的,这些气团是被大气的对流所推动。

在结束这一章以前,我们还要谈一谈金星的光线在分光镜里的研究。金星光线的可见部分被分解以后,表现出类似于日光的吸收光谱,但没有发现新的谱线。但是,在光谱的红外部分出现了一些吸收光带,是我们在太阳光谱里所没有遇见过的,所以它是由金星大气里的特殊组成部分而带来的。根据这些吸收光带里谱线的分布,我们辨认出这特殊的成分是二氧化碳(CO_2)。借实验室内试管里的压缩二氧化碳,可以复制出这种吸收光带。光线经过这种很长的试管,可以表现出像金星光谱里那样的吸收光带。在标准气压下,需要400米长的二氧化碳方能复制出像金星光谱里那样浓的吸收光带。这种成分,超过地球大气的 1/20,比我们周围空气里的含量已多了160倍。

分光镜还不能辨认出金星大气里的其他成分,其中也许有氮、氩、氦、氢等气体。金星大气里好像没有水汽,最奇怪的是,观测者查不出有氧气的迹象。

二氧化碳的含量逐日地随位相变化而变化。事实上,这是因大气不断运动,扫荡云幕,揭开或者掩蔽了大气变化的层次,随着这种演变还可能有风暴现象发生。

金星上可能有生命吗?要回答这个问题,还必须有别的现象作为说明的指导。根据现有的对金星的观测,还不能得出积极的启示,聪明的办法还是承认我们的愚昧无知吧。

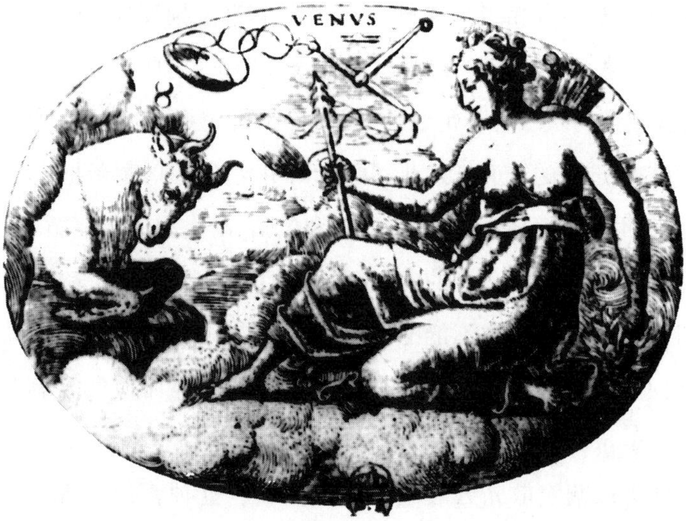

图400　维纳斯,代表金星的神

来自古木雕图。

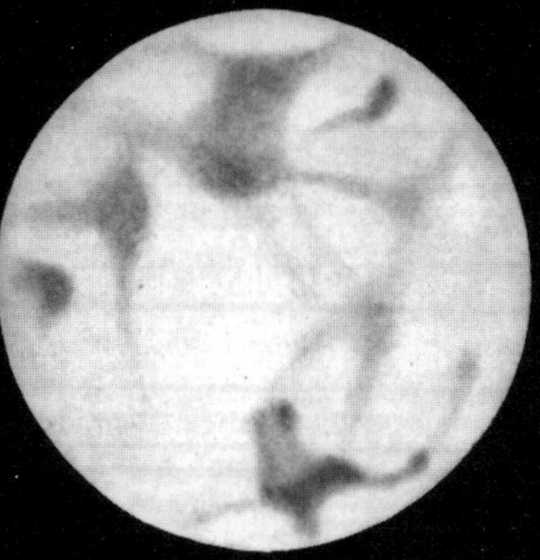

图 401 火星和它的两个卫星〔富尼埃(Fournier)描绘〕

第二十九章

火星——小型的地球

每当夜半火星在黄道星座里升上天穹的时候,它那红色的光辉好似远方的火炬,立刻引起人们的注意。虽然它冲日的机会不如木星、土星等那样多,但是它却比别的行星更为著名。参观天文台的人们总喜欢向天文学家问:“火星上有人吗?”无疑,由伟大的发现所展示出来的宇宙,人们是感兴趣的。但是这些只能影响人们的精神,因为人们有群居的习惯,所以谈到月亮上和行星上有没有人居住这一类的问题,能使他们感兴趣。虽然人类在这世界上已经十分众多,可是如果别的星球上没有人居住,他们还是会感觉寂寞的。假使火星上没有人,还有什么星球上会有人呢?

火星是小型的地球,好像故意放在我们的眼前,给我们作比较似的。火星和地球相似之点很多:同样的自转形成昼夜,同样的公转形成四季,同样有固定的形态,可根据它来绘制地图,同样有气象的变化,同样有山川随季节而变色,同样的在极地上堆积着冰雪。这一切都足以使这颗近邻的行星成为我们最近的亲属。根据比较推理的方法,更进一步,我们便可断定火星上具有有机体的生命。在20世纪初只有愁闷的人才怀疑火星上有动物和植物的存在。法朗士(France)小说里的贝惹雷(Bergeret)先生想到地球上的可怜情况

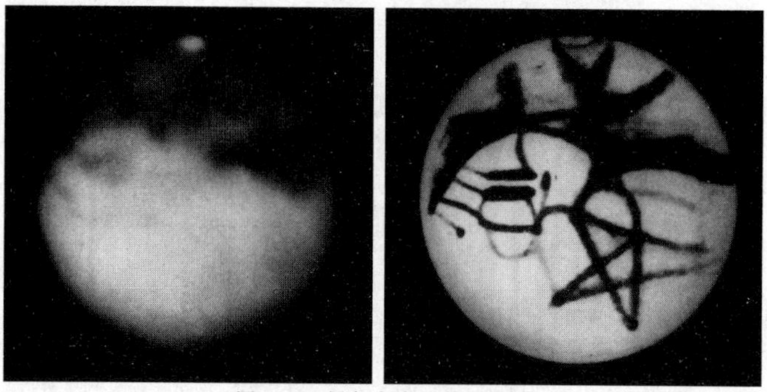

图402　想象中火星上的运河

左边是照相图,右边是同一区域由强烈主张有运河的人所描绘出来的图画。

说道:“我以为有机的生命是这颗可怜的渺小的行星上的一种罪孽。我一想到在无限的太空里,这些生物吃别的而且又被别的吃,真是不胜悲苦。”但是过一会儿这位先生又因为一种没有料到的原因,高兴地问道:“火星上的生物是不是更美丽一些,他们的智慧是不是更高级一些?”法朗士所创造的这位角色真是一位哲学家,随他的兴致,时而相信、时而怀疑火星上有人居住。

对于火星上的情况,现今所做的研究还不能够解决这个疑问。我们有理由说,地球上最高等的像人类这样的生物,一旦放到火星上去,便会立刻死亡。但是这不等于说,有机的生命不会以另外的形式出现,并和别的行星上的温度、气压以及大气里的化学成分相适应,并发展、演变而且绵延永存。以后我们要举出种种迹象说明火星上有植物的存在。现在我们对于这个问题,谨慎的办法是不否认也不承认。

虽然关于火星上有无生命的问题,前人做过不少的工作,不幸的是许多研究者所付出的热情多于理智,因此对于后人的工作没有什么帮助。1877年火星冲日的时候斯基帕雷利声称在火星上发现了运河,这问题经过长久的热烈争辩。这位意大利天文学家在火星上的明亮区域里,看见或者以为看见一些具有几何形状的、纠缠不清的细线,而且在有些时候分裂成双线。在有思想的人看来,这些线纹是一些复杂结构的轮廓。斯基帕雷利所绘的直线式的线条,在人们眼里只是边缘模糊的宽带,或者说一长串无规则的斑痕。斯基帕雷利的崇拜者更进一步把这些细纹当作是运河,而且是火星上有思想的生物挖掘的用于灌溉广大沙漠地带的运河。这些极端派不断地发现新运河,于是火星图上出现了分辨不清楚的运河网。由于这种伪科学的提倡,“火星人”便进入了文学的领域,直到今天还流行。

但是真相迟早总是要暴露的。当1907年、1909年火星冲日最好的情形时,在旗杆镇、威尔逊山、叶凯士、日中峰等天文台都拍摄到火星的很好的照片,证实了用默东天文台大望远镜所作的肉眼观测,大家对于火星上的真相才有一致的认识(图403至图405)。现今天文学家认为这些形态上不规则的轮廓都是自然力量的表现,而不是由智慧生物所建造的工程结构。

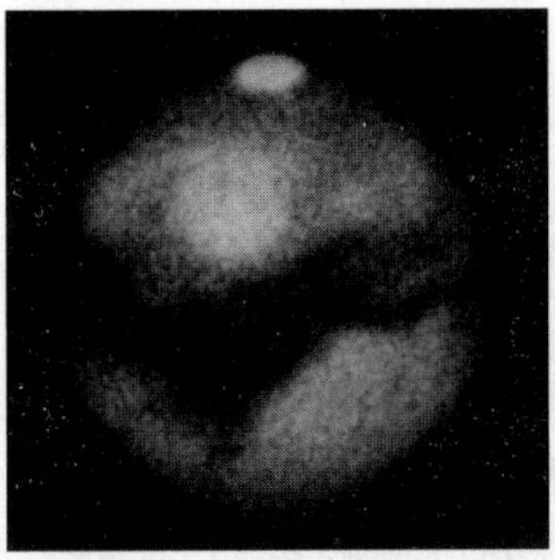

图 403　火星的沙海区

1909 年 9 月 28 日巴纳德拍摄。

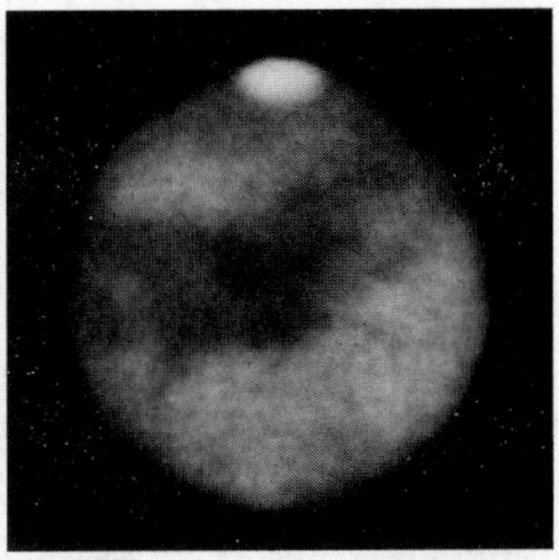

图 404　火星的黎明湾区

1909 年 9 月 23 日洛威尔拍摄。

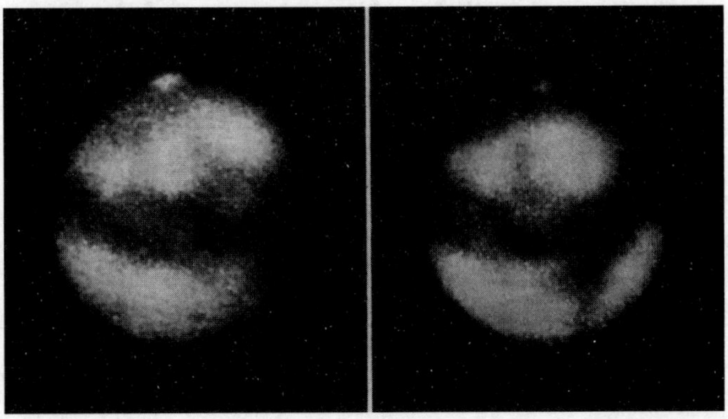

图 405　火星

左图：西尔鲁门海与梦海区；右图：两小时以后的沙海区（1909 年 9 月 27 日日中峰天文台拍摄）。

在叙述火星的物理情况以前，我们先谈它绕太阳的公转和绕轴的自转。火星的轨道不及水星轨道那样的椭长，可是比地球的轨道椭长得多。火星和太阳之间的距离，由近日点的 2.07 亿千米，而至远日点的 2.49 亿千米。这样椭长的轨道和以长轴为直径所作的圆相差很大，在短轴的顶点处这差异可达 100 万千米之多。根据第谷的精密观测，开普勒才寻出这种差异，因此一向被人认为是正圆形的行星轨道经开普勒发现为椭圆形了。

每年 8 月 29 日地球经过太阳和火星轨道的近日点之间（图 406）。如果那时候火星正在近日点，那么我们便可以观测到一次近点冲（大冲），火星距离地球便只有 5 600 万千米。火星在宝瓶座内大放光明，在望远镜里，它那染有斑点的红色圆轮，视直径只有 25″。那时火星整夜可以被看见，给我们以最好的观测机会。自然，火星很难得刚好在近日点相冲，1956 年 9 月 10 日那次冲日是 20 世纪里最好的机会，和近日点非常接近。

如果 8 月 29 日火星不在近日点，而在太阳的那一面正相反的一点，于是发生远点合，火星和地球的距离达到最大的数值 4 亿千米。它的圆轮小至 3″.5，因其靠太阳太近，几个月内人们不能看见它。

每 2 年零 2 个月火星冲日一次。它的恒星周期是 1 年零 322 日或者说 2 年少 43 日。它的会合周期是 2 年零 50 日（780 日），这是大行星中会合周期最长的一个。事实上连续两次冲日中间所经历的时间与 780 日相差很多，因为火星轨道的偏心率大，在近日点附近两次相冲的间隔只有 764 日，而在远日点附近两次相冲的间隔可达 810 日。

根据上述可见，最宜于物理观测的冲日是在 8 月和 9 月里的冲日。那时火星对着我

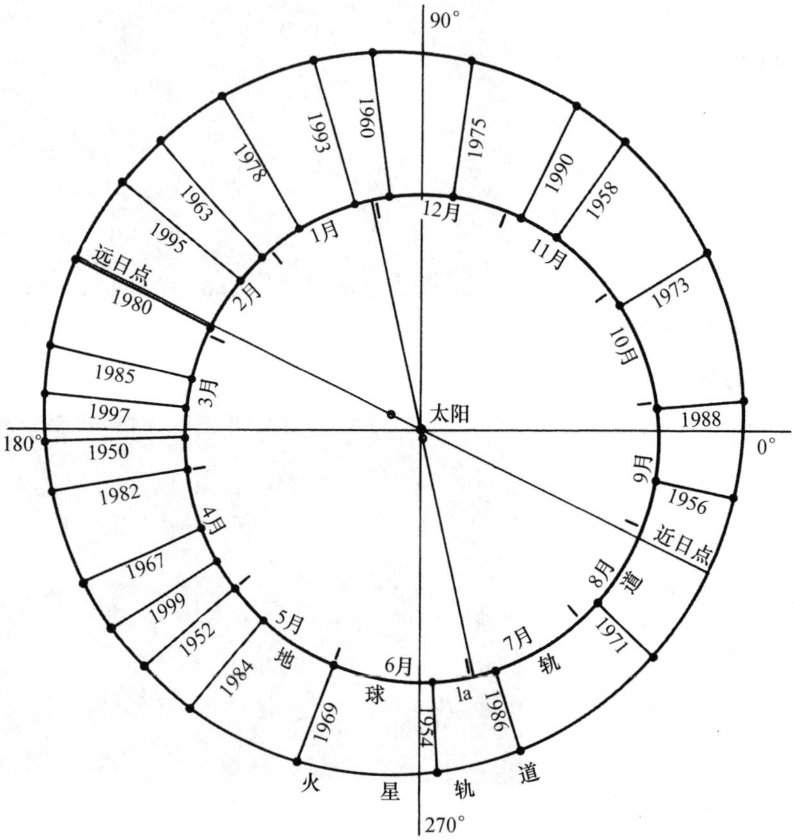

图 406　火星的轨道同它自 1954 年至 1999 年间的相冲的位置

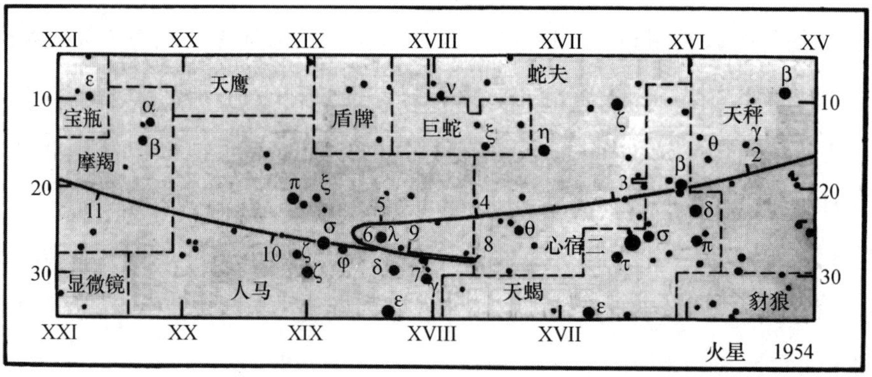

图 407　1954 年火星冲日的行踪

取自《弗拉马里翁天文年历》。

们的正是它的南半球。当远日点附近的冲日恰好在 2 月和 3 月里的时候，火星和地球的距离至少有 1 亿千米，圆轮的直径只有 14″。那时它以北半球对着地球，无怪乎我们对于火星南半球的形态比北半球更清楚些。在各次冲日的时候，火星表现出的变化是由它的轨道偏心率大所造成的。前几次火星冲日的日期是：1941 年 10 月 10 日，1943 年 12 月 5 日，1946 年 1 月 14 日，1948 年 2 月 17 日，1950 年 3 月 23 日，1952 年 5 月 1 日，1954 年 6 月 24 日，1956 年 9 月 10 日，1958 年 11 月 16 日，1960 年 12 月 30 日等。由此可见每隔 15 年，冲日的日期大约再回到每年中与前次冲日相近的日期。可是 15 年的周期并不能用来确切地预言未来的冲日的日期。还有一个 79 年的周期更加确切得多，例如 1877 年 9 月 5 日和 1956 年 9 月 10 日的两次冲日，但这周期太长，又不大适用。读者可在下表内去寻求 15 年和 79 年的周期，其中包括 1862 年至 2018 年之间的各次的近点冲日。

1862—1877—1892—1907
1909—1924—1939
1941—1956—1971—1986
1988—2003—2018

自 1950 年至 1999 年间，所有的火星冲日都表示在图 406 上。

因为外行星不会在太阳和地球之间经过，我们绝不会看见它们呈现娥眉或弦月的形象，它们的位相很不显著。这是很容易证明的事：在上下弦，即三角形 *STM* 在地球 *T* 处是直角的时候(图 408)，相角 *SMT* 变为最大。对于火星来说这个相角绝不超过 46°，它的凸形圆轮的形态等于满月前后 3 天半的情况。这种情况容易在爱好者的望远镜里看见，伽利略虽然想到有这种现象，却没有亲自看见过。

如果以地球的直径为 1，则火星的直径是 0.53，合 6 760 千米。它的质量是地球质量的 0.11。所以火星的平均密度比地球的要小一些，只为水的密度的 3.8 倍。地球上的物体迁移到火星上去，因引力较小的缘故，约失掉它的重量的 2/3。

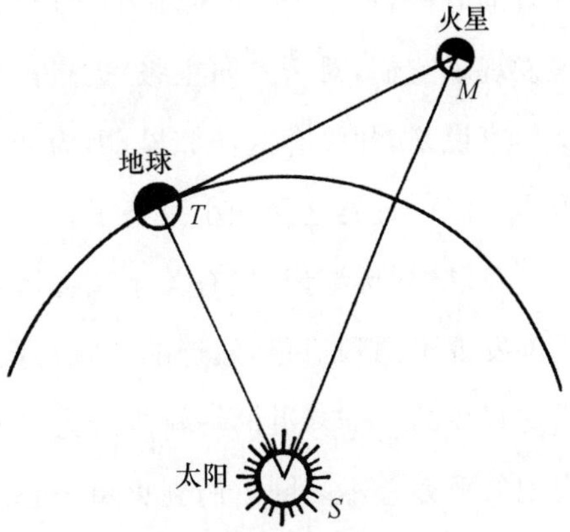

图 408　火星的最大位相

火星绕轴的自转周期，我们知道得很清楚，因为它表面上的斑痕既明显而界限又很清晰，于是成了很好的标志和记号。1659 年惠更斯首先观测了这些标志，定出火星的自转周期大约是 1 天。1666 年卡西尼定它为 24 时 40 分，已是很接近的数值。根据 300 年来人们所绘的火星的图画推出的确定数值是 24 时 37 分 22.7 秒(地球的自转周期是 23 时 56 分 4.1 秒)。我们容易算出火星上的一个太阳日是 24 时 39 分 35.3 秒。火星上的一年有 668.6 个太阳日。如果火星上有人,他们需要一种太阳历的话,这历法应当在每5年内有两年是668日,三年是669日。

因火星的两极有耀眼的白色雪帽,这样便使我们容易测定它的赤道和它的轨道平面中间所成的角度,这等于地球的黄赤交角。卡米舍耳(Camichel)根据日中峰天文台的照片所作的测量,求得火星的公转面和自转面的交角是24°48′,比地球的黄赤交角(23°27′)稍大一些,所以四季在火星上比在地球上要更显著一些。就北半球而言,热的季节(春、夏)有371个火星日,冷的季节(秋、冬)只有298个火星日,这是因为轨道有相当大的偏心率的缘故。对于南半球来说,这两个数字必须互相交换。初看去这好像对于南半球有些不利,但是在火星上也像在地球上一样,这种现象是可以得到补偿的,因为在短的季节里行星接近近日点,从太阳接收的光和热比较多一些。

火星作为一个球体,在望远镜里看去,不像个扁球却像个长球,这是因为它有位相差和两极有白冠的缘故。但是根据极精细的测微尺的测量,火星的扁率是0.01,比地球的扁率约大3倍。由于这个扁率,太阳对于火星赤道凸出部分的摄引作用,使火星的自转产生一种缓慢的运动(岁差)。对于地球而言,月亮的岁差是太阳的岁差的2倍,但是对于火星而言,便没有由它的月亮而来的岁差,因为火星的两颗卫星只是不足计较的小石块罢了。

因为火星的两颗卫星实在很小,所以一向没有被人看见,直到1877年在它们最好的冲日的时候,霍尔(Asaph Hall)才用当时最大的(口径66厘米)装在华盛顿天文台的望远镜发现了它们,对于一向主张"火星没有卫星"的天文学家说来,这真算是晴天霹雳。对于文学家说来,却没有这样惊异,因为斯威夫特(Swift)和伏尔泰(Voltaire)在他们的幻想小说里早已说过有这两颗小月亮了。

在《格列佛游记》里有关于拉普塔地方的天文学家那一段记载:"他们就这样在火星的周围发现了两颗卫星,最近的一颗与火星中心的距离是火星直径的3倍,另外一颗的距离是这直径的5倍。近的一颗围绕火星转一周需要10小时,远的需要20.5小时,因此它们周期的平方差不多同它们到火星中心的距离的立方成正比。这样便证明了这两颗卫星所受的吸引力和别的天体所受的吸引力遵循同样的定律。"

再翻开伏尔泰仿效斯威夫特的《格列佛游记》而写的《米克罗梅加斯》,那本幻想小说的第三章有这样一节:"他们从木星里出来,经过了大约1亿里长的空间,就沿着火星飞行,我们知道这个星球比地球小5倍(原文如此)。他们向这颗行星的两颗月亮靠拢,这两颗月亮是我们天文学家从来没有看见过的。我很明白卡斯德耳神父一定反对有这两颗月亮，但是我这句话是对那些用比较推理的方法思考的人说的。这些哲学家们知道火星离太阳那样远，如果没有两颗月亮那是难以想象的。不管怎样，我们的旅行家觉得那里太小，小到没有下榻的地方。”自从霍尔果然发现了这两颗卫星以后，伏尔泰在他总结时所作的讽刺已失掉了它的尖锐性。

图 409　李奥(1897—1952)

火星的两颗卫星被人命名为福博斯(战栗)与德莫斯(恐怖)，这是从荷马的《伊利亚特》第十五章内的两句诗而来的，这两句诗叙述战神从奥林匹亚山降到地面来替他的儿子阿斯卡拉弗报仇：

他命福博斯和德莫斯驾马，
他自己穿上金光夺目的甲胄。

火卫一(福博斯)与火星中心的距离是火星直径的 2.8 倍(不是斯威夫特所说的 3 倍)，约合 9 350 千米。它的直径只有 15 千米，在我们的望远镜里这是一颗差不多看不见的星点，沉没在火星的光辉里。这颗卫星绕火星公转比火星自转还要迅速，这一点却被斯威夫特猜中了，它的公转周期只有 7 时 39 分。因为火卫一具有这种异常的速度，所以它的周日运动也是反常的，它和恒星、太阳以及火卫二的方向相反，从西方升起而向东方落下。它的位相变化很迅速，从西方出现时还是一弯娥眉，像新月时的月亮一般，中天时业已是满月，在还没有落到东方地平线之前，它又表现成娥眉的形状了。

火卫二(德莫斯)的直径只有 8 千米，还不及火卫一明亮，但因它离火星较远，便于观测。它与火星中心的距离是火星直径的 6.9 倍，约合 2.34 万千米。它的公转周期是 30 时 18 分，比火星的自转周期稍长一些。火卫二在火星的天穹上运行，和火卫一的方向相反，像太阳和恒星一样出于东而没于西，但在火星的天空中运行很缓慢，它在火星上一定地方的地平线上停留 64 个小时(火星时)之久。在这期间太阳已经出没了两三次，那里可以看见这颗卫星连续盈缺了两次之多！虽然火星和地球有许多相似之处，可是在卫星这一点上，它们却相差得太大了。

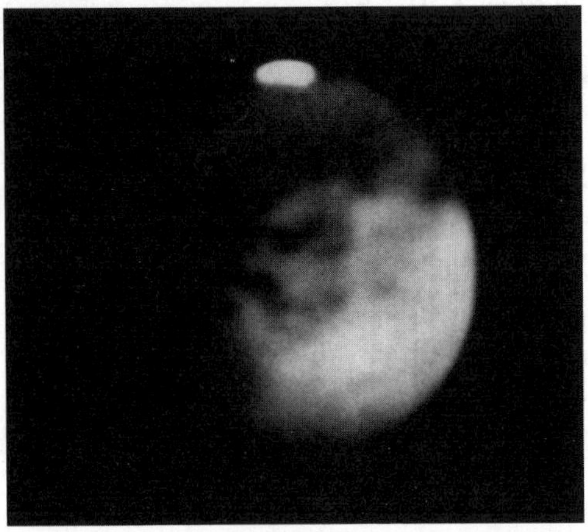

9 月 17 日，76°

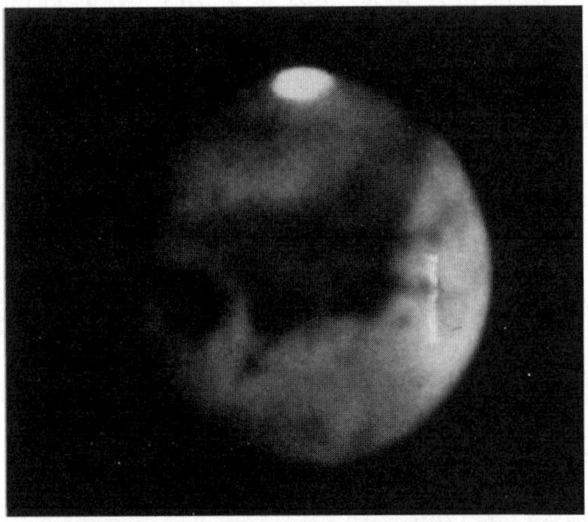

9 月 23 日，28°

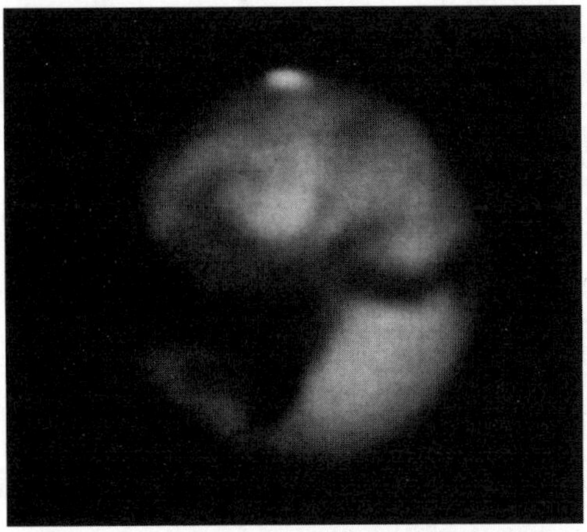

10 月 8 日，300°

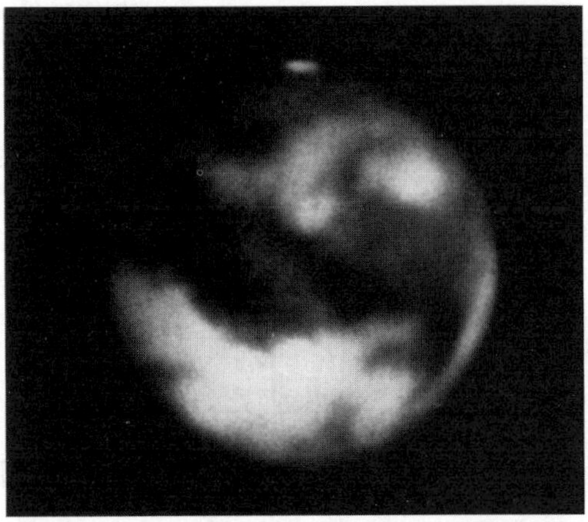

10 月 8 日，247°

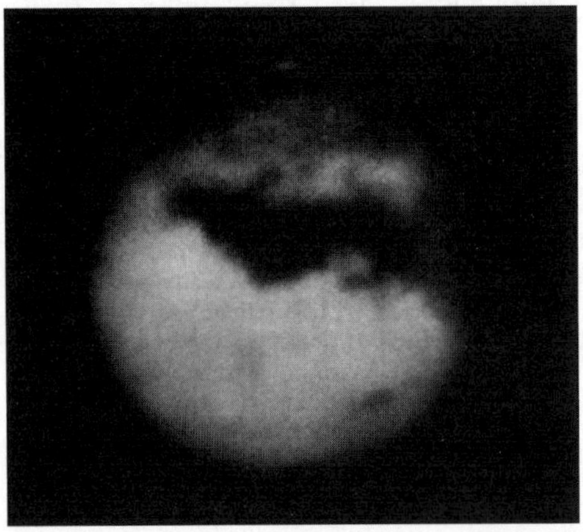

10 月 12 日，175°

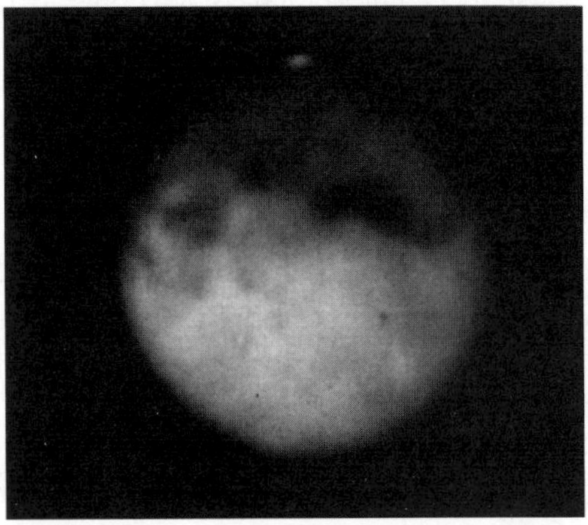

10 月 19 日，129°

图 410　1941 年火星冲日的照片

李奥等拍摄于日中峰天文台，图上附有拍照日期与中心线的经度。

因为我们不能从所有的位相去看火星，它的反照率的计算便不如水星和金星那样的精确，但是与现在公认的数值 0.15 不会差到百分之几。火星的反照率是微弱的，换句话说火星很能吸收日光，只漫射出一小部分。火星的反照率在有大气的地球与金星和无大气的水星与月亮的反照率之间。这个可贵的指示说明火星上的大气虽然不及地球上那样丰富，但是有足够的分量以形成气象的变化。

图 411　沙海区域
1659 年 11 月 28 日惠更斯绘。

现在我们谈谈火星上的"地理学"或者火星表面学。三个多世纪以来，火星上的斑痕的一般形态没有什么变化。1659 年 11 月 28 日惠更斯所描绘的火星的图画(图 411)，上面的沙海(参看图 422 火星的平面图)与极冠已具有和今天一样的特征形象。惠更斯和卡西尼创立了火星表面学，但是直到 18 世纪末才后继有人。

1830 年比尔和马德勒的观测(图 412)开始了一个活跃的时期，至 1840 年，他们首先绘成了一幅火星的全图。这虽然还是一幅略图，但已经像地图上那样有经纬线的背景。他们把所看见的很清楚、很圆的一个小黑点作为经度的起点，在一个比较大的望远镜里这一点却成了叉形，今天便取这叉形的尖点作为火星表面经度的原点，读者可在火星的平面图(图 422)上沙湾的末端去寻找这个黑点，这里现在叫作子午线湾。

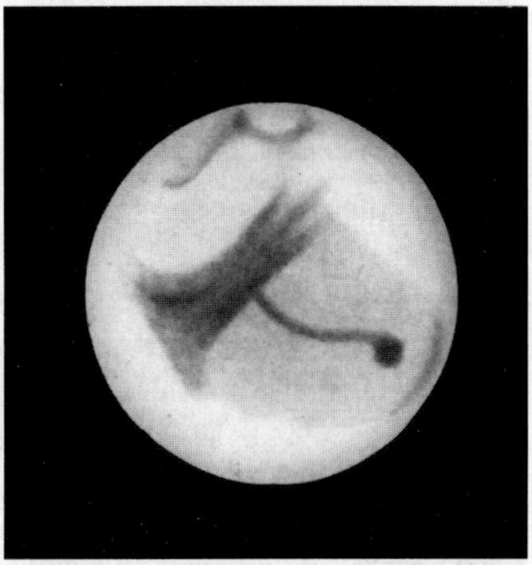

图 412　沙海、沙湾和子午线湾
比尔与马德勒绘于 1830 年 9 月 14 日。

1876 年弗拉马里翁在他所著的《天上的地球》里的那幅火星插图较之比尔、马德勒两人的火星图已经复杂得多了，因为这幅图已经绘上塞奇、道斯(Dawes)、洛基尔、凯泽(Kaiser)和弗拉马里翁本人所发现的一切形象。自从那个时期以来，人们开始发现火星斑痕的形态和颜色随季节的转移均有显著的变化(图 413、图 414)。

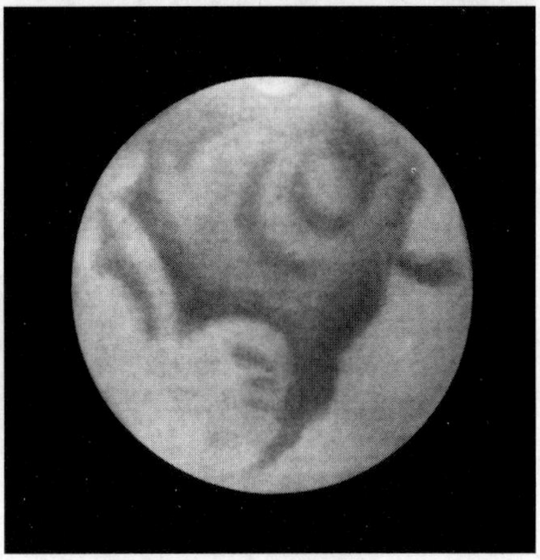

图 413　沙海
洛基尔绘于 1862 年 10 月 3 日。

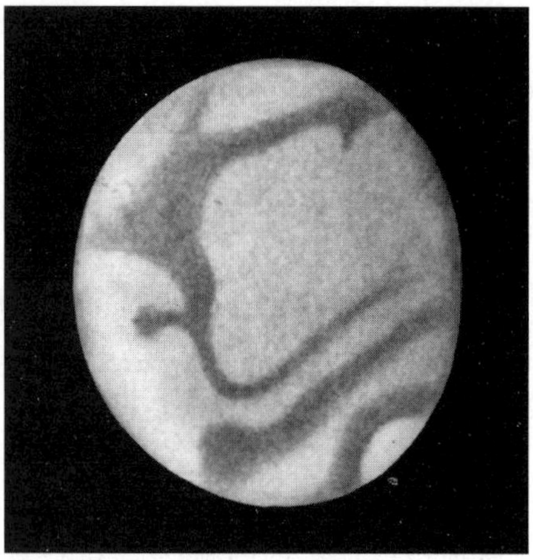

图414　沙海

弗拉马里翁绘于1873年6月29日。

采用和月面命名类似的方法，火星上明亮红色的区域叫作陆地，暗而绿或棕色的区域叫作海洋，但是我们对于这些名词却不应该望文生义，它们所代表的真实情况如何我们还全无所知。塞奇更把这些名词推广，将灰暗的椭长的区域叫作海湾，他没有想到这样会引起下面要说的一个小小的革命。

1877年火星的近点冲日给弗拉马里翁、特尔比(Terby)、格林(Green)等热心观测火星的人以一个验证黑斑变化的机会。也就是在这一年斯基帕雷利宣布有所谓纤维状的海湾或者运河的存在，这些运河横贯大陆、连接海洋。我们已经说过，这种见解已被另外一些观测者所否认，判定它不符合事实。他们说有些运河只是色调不同的区域的分界处，有些相当整齐的线条只像模糊的擦笔画痕，真实的结构并不表现在望远镜的成像上，特别是在目镜的倍率过大、成像不太光明和大气相当动荡的时候。

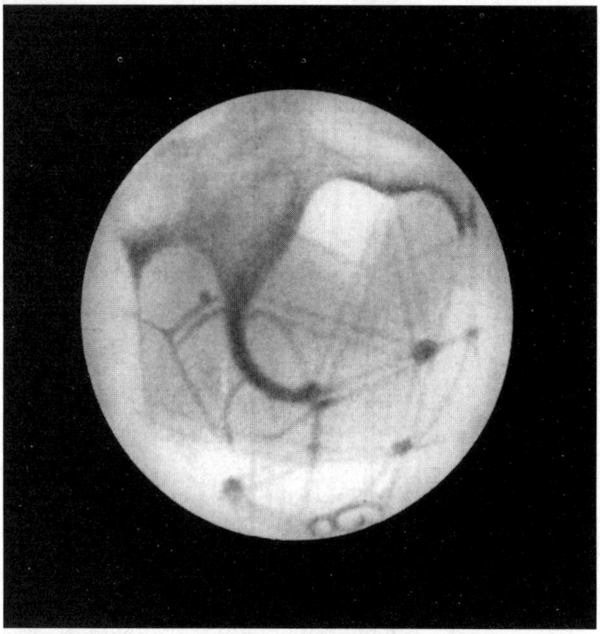

图415　火星上的运河，其中有两条平行的运河

1888年6月斯基帕雷利绘。

1882年斯基帕雷利再度宣布他的发现以后，这场争论更尖锐化了，他说："在有些季节里，这些运河变成了双行的(图415)。在一条线的左右看出了两条平行线，中间相隔约350～700千米。"这位米兰的天文家还说："在地球上没有类似的现象，一切都使人相信那是火星上的一种特殊结构。"至于更进一步的主张，便有一些人说："这种特殊的结构是火星上的人为了农业而修建的水利工程。"

这些奇特的现象引起了很多人的注意，甚至可以说是引起了太多的人的注意。如果仔细研究一下自1882年至1909年间所绘的图画，你便会感觉到这些观测者太缺乏判断的精神。弗拉马里翁介绍了一位热心观测者的工作之后，说道："我们迟疑不敢刊布这张平面图，因为作者的主观色彩过于浓厚，描绘出那么多条运河，使人感觉这不是真实的情况。例如沙隆提三角地(参看图 422)在西梅里门海的下方成了 17 条运河的中心，从西尔鲁门海的尖角再射出 9 条扇形的运河……这真是未免太多了吧！显然这些都是达到视力的极限，甚至是超过视力所能见的现象！”

忠实的观测者为什么会犯这种理解上的错误呢？对行星的肉眼观测是一种艺术，外行人不会想到那上面的重重困难和种种陷阱。首先可以想象火星的圆轮是那样的小，即使在冲日的时期，使用放大率为 500 倍的透镜从望远镜里看去，在远点冲时它只有肉眼所看月亮的 4 倍大，在近点冲时也不过是 7 倍大。要想把这些直径加倍，需使用 1 000 倍的放大镜，那么便需要异常优良的大气情况。

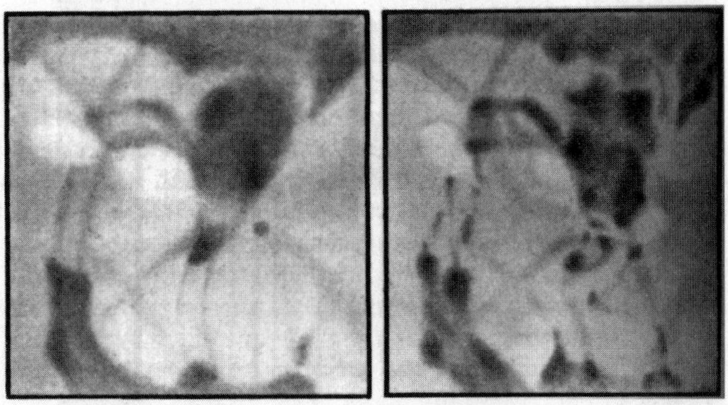

图 416　沙海(1948 年多尔菲斯绘)

当观测的情况不好的时候，我们以为看见了线条，并且以为是几何形状的运河(左图)。观测情况好转的时候，这些现象就不见了，出现的是复杂的斑点结构(右图)(日中峰天文台)。

况且对于一种望远镜，放大率超过某种限度，便会危险地减弱像的亮度，不但不能增加像的细节，反而会使原来不太明显的斑痕看不见了。事实上望远镜的分辨力，即判别行星表面上相邻的细节的能力，不随放大倍率而变大，乃随物镜的口径而增加。例如 60 厘米口径的望远望，可以显现 20 厘米口径的望远镜所不能看见的行星表面的结构，因为口径大 2 倍的物镜可以分辨小 2 倍的结构。就是因为这个缘故，斯基帕雷利在他的望远镜里以为看见了纤维状的运河，而别的使用较大口径的望远镜的观测者却只看见一些灰暗模糊的斑痕，凌乱得没有丝毫几何结构。这样的一位观测者在大望远镜面前，有人问他看见运河的情况怎样，他惶惑地答道：“这里的望远镜太大了，显现不出运河来！”

因低层大气的动荡，星象摇摆不定，大大地影响对行星表面细节的观测。所以天文学家总喜欢把望远镜放在高山上适宜于观测的地方。例如洛威尔的天文台在旗杆山，雅里-德洛日(Jarry-Desloges)在塞提弗山，李奥在日中峰等。也许没有一个地方能够完全免除大气的干扰，但是上面所说的这些高山天文台，每年总有一些晴朗澄静的夜晚以供观测者利用。

最后，不要忘记观测者各人有各人的个性。即使在同一架望远镜上训练出来的两位

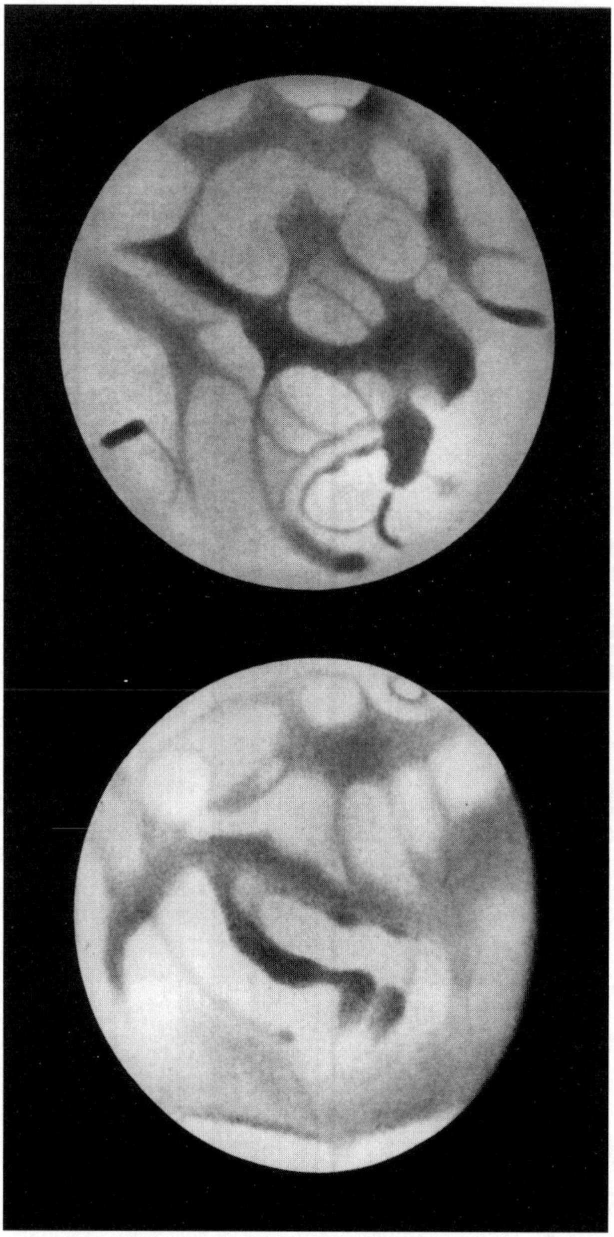

图 417　火星图

上图:西尔鲁门海和沙海,1924 年 9 月 1 日;下图:沙湾和贞女箍(1926 年 12 月 25 日)(富尼埃绘)。

专家,关于行星的视觉也不会是一样的,他们所描绘的图,至少在细节上还是有差异的。虽然视觉是五官中最完善的一个,但作为光学系统而言,眼睛却是有缺陷的。况且由眼睛的感觉而表示为图画,经过两个步骤,意识在这里起了很大的作用,特别是当观察的对象很微小,接近于视力所能够分辨的极限情况的时候。观测者在望远镜面前目视手描的时候,应该忘记一切,只绘出他所看见的,否则成见和记忆会不自觉地支配握着铅笔的手指。

肉眼观测绝不能免掉主观,假使没有照相观测,火星上是否有运河的争辩,将会成为不能解决的问题。照相底片作为像的接收器还不及人的视神经,可是底片的制造在不断地进步。当大气情况优良的时候,使用日中峰上 60 厘米口径的望远镜可以分辨反衬度强、角距只有 $0''.2$ 的两个斑痕。在近点冲时,这距离相当于火星地面上的 60 千米。在用这望远镜所拍的照片上,分辨力的极限很少小于 $0''.3$ 的。所以在这一点肉眼观测有它的优点,但是照相观测所留下的记录不但是客观的,而且是永久的,可以在闲暇时再拿出来研究。这却是照相观测的无比优越性。

斯利弗在洛威尔天文台首先拍得的一套火星照片,表现了它的大量细节。斯基帕雷利所说的运河在照片上只是模糊的一大片,并没有几何形的网状结构。在 1909 年拍得火星的美丽照片的观测者有叶凯士天文台的巴纳德，日中峰天文台的普吕维内耳和巴耳代等(图403、图404、图405)。

照相底片上的感光粒子破坏像的清晰和细节，是必须设法清除的。李奥首先使用组合成像法解决了这个问题。在同一张照片上，用极短的露光时间，把行星的像照上许多次，在印正像的时候，把这多幅负像一并印上。方法是利用一系列的标志系统，让各负像上相同之点恰恰重合，连续地把负像投射在感光片或感光纸上。定影之后，我们所得的行星的正像完全免掉粒子的影响，很微小的细节也清晰地显现出来。

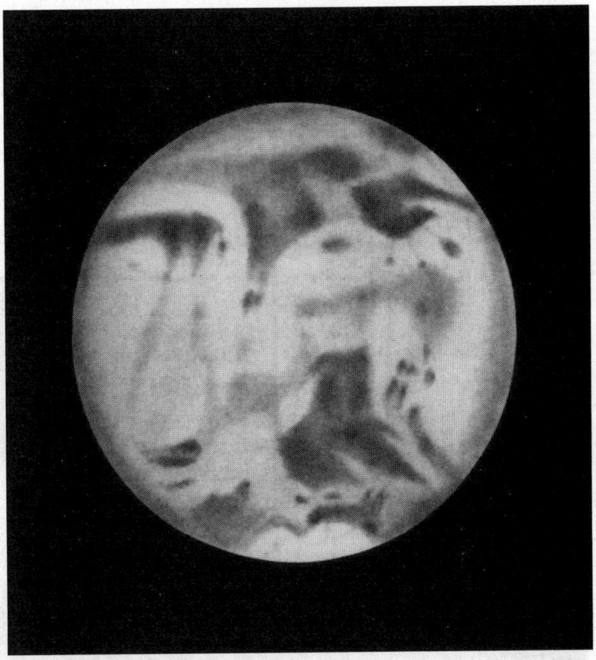

图418　火星

黎明湾和酸海，1948年2月8日多尔菲斯绘。

图419是火星上同一区域西尔鲁门海和埃利西恩区于连续5次冲日时(1941年、1943年、1946年、1948年和1950年)在日中峰所拍得的照片。在连续2次冲日的照片上，火星的表现大不相同，视直径的大小、自转轴的方位、圆轮中心的纬度等都改变了，可是除了透视效应不同之外，斑痕的一般状态仍然是一样的。

但是仔细研究也可以发现在某些区域上浓度和形式有变化。弗拉马里翁首先指出这样的变化，在相隔一两个月所拍的照片上已经看得出来。有些是由于季节的改变，有些是因偶然的事故。在小的望远镜里显现的均匀黑暗的一片斑痕，被人叫作海，它在大的望远镜里便分成无数很小的、不规则的黑点。因为这群黑点中有一些变淡或者变暗，才使所谓

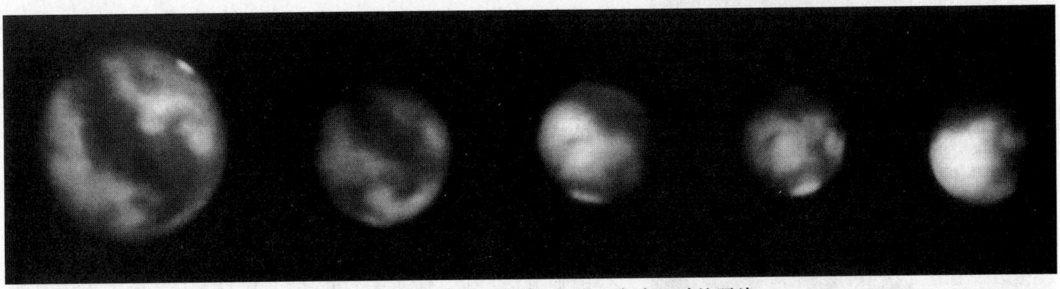

图419　火星上同一区域在连续5次冲日时的照片

连续2次相冲，火星圆轮的直径发生变化，极轴沿逆时针方向转动，中心的纬度由南纬变为北纬，斑痕也发生了变化。这5张照片拍摄的日期分别为：1941年10月8日，1943年12月2日，1946年1月25日，1948年2月15日，1950年4月7日。

"海"的轮廓或色调发生改变。

这些区域里有一点最令人感兴趣,它是太阳湖。这个"湖"在差不多圆形的明亮区域的中心,很像一个大眼睛里的瞳孔。很久以来就有人注意到那里有奇特的变化(图420)。组成这个"湖"的斑痕在1926年显现为绿色或褐色,但是在西南方的一颗暗点却以它的朱红色而引人注意。更南一点的南海是黄绿色的,非常美丽。

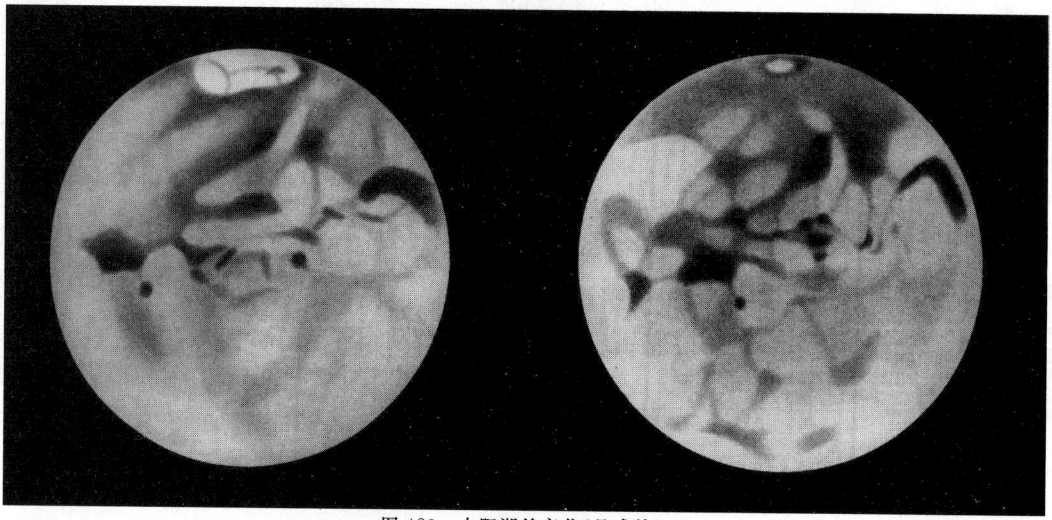

图420 太阳湖的变化(丹戎绘)

左图:1924年8月11日;右图:1926年11月15日。

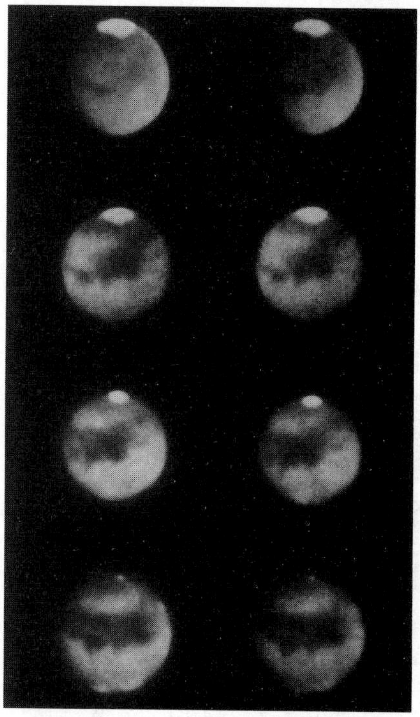

图421 火星上逐渐缩小的南极冠

火星的两极区域带着白色的帽子,叫作极冠,在1659年就被惠更斯发现了。极冠发展到相当大的时候,用小望远镜也可以看见。在火星上的春分或秋分的日子里,极冠在黑影里凸出,直径长达3 000千米,上面有一些部分盖着云雾,季节变化时便渐渐散开。极冠本身渐渐变小,到了夏季快完的时候,它的直径缩小到只有100千米(图421)。当冬季来到,云雾重新侵袭这一区域,在极区漫长的黑夜里,云雾也许仍然留在那里,同时极冠重新扩大,再度形成。无须说,这种季节性的现象在两极区是轮换性的演变。

用望远镜仔细观测极冠,可以看见那里有大理石般的花纹,有明亮的部分,有暗黑的部分,构成了不规则的轮廓,像是表面高低起伏的样子。极冠缩

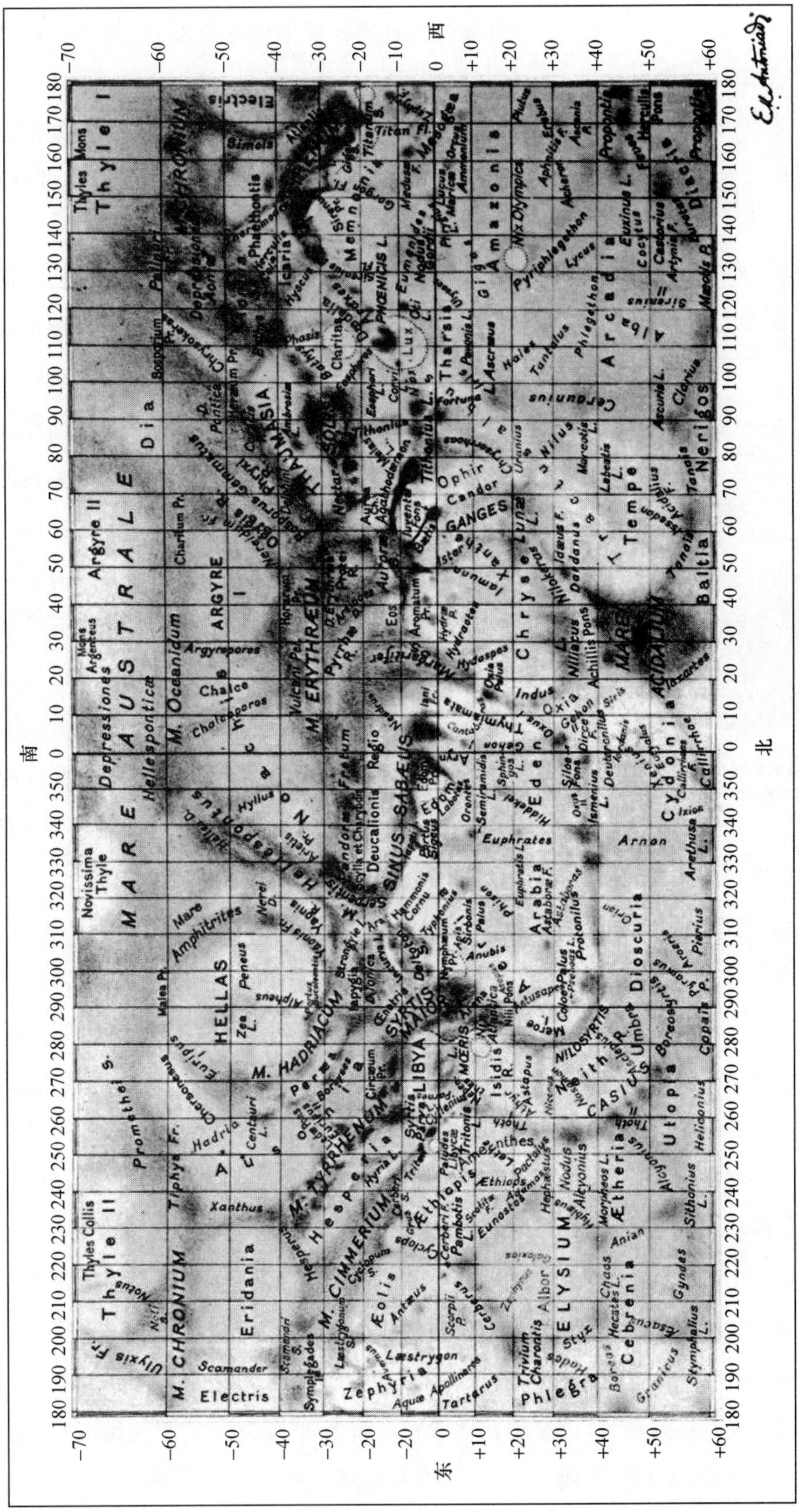

图422　火星的平面图（安东尼亚迪绘）

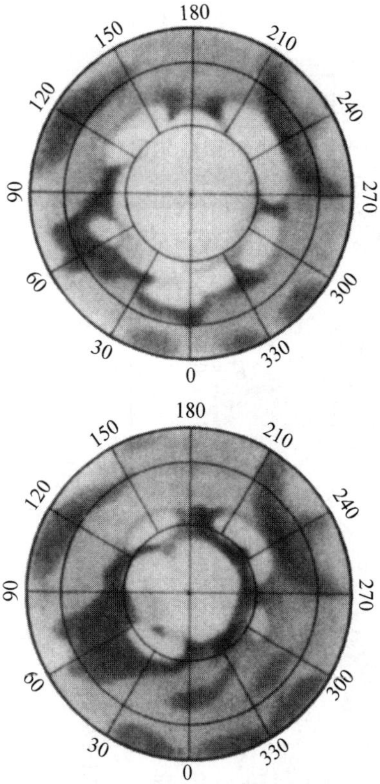

图 423　火星北极冠在两个时期的状态
多尔菲斯绘于日中峰天文台。

小的时候,有些区域里仍保持原状,好像有白色的小岛和别的极冠部分分离并呈现出来(图 423)。这些小岛也许是山岳或者高原,那里比较低下处的冰霜迟缓几天消融。有时候,有些地方冰雪已经消融,又暂时重新披上白色,这是夜里结霜的表现。

这些覆盖在极地上的东西究竟是什么?柯伊伯研究了它们在红外区域的反光率,认为有冰那样的光学性质。日中峰和默东两天文台使用偏振计,得出了更好的结果:多尔菲斯用火星极冠的偏振曲线说明它和地上冰的偏振曲线不同,也和雪与霜的偏振曲线有一些差别。他使用抽空的玻璃罩,其中盛液体空气,造成了像火星上那样的在低压下所形成的薄霜。这种构造特殊的薄霜所形成的偏振曲线和火星极冠的偏振曲线完全相合,而且太阳的热力使这薄霜不经过液体状态而直接升华为水汽。

所以火星的极冠是由在低压低温下形成的薄霜所构成的。已知极冠融化的速度和它所吸收的热量,我们可以计算极冠的厚度,这样求得的数字只有几厘米。可见水虽存在于火星上面,但分量甚微,而且只呈现为固体和气体的状态。

现在再谈论一下那些广大的赭色区域,被早期火星表面学者叫作大陆的部分。这些辽阔的沙漠盖着火星北半球的大部分(图 422 的下半部)。我们仍然使用光度计、摄谱仪和偏振计去研究这些不毛之地。它们的偏振曲线很类似于地球上某些岩石崩解成粉末的偏振曲线,例如火山灰或某些氧化铁,其中的一种是在粉末状况下的褐铁矿,便具有火星的土壤的一切光学性质:散光、颜色以及偏振曲线都完全相同。这么多的相似点,当然不能认为是偶然的巧合。

在叙述火星上斑痕(被人不适当地叫作海)随季节的变化以前,我们应该先研究一下火星的大气和它的气象情况。很久以来,人们便知道愈近火星圆轮的边缘,火星的土地的情况便愈模糊,好像在雾气笼罩下消逝了一般。这种现象被人合理地解释为由于大气的存在。因为就直径和质量而言,火星均在地球和月球之间,所以火星所能保持的大气应当是稀薄的。另一方面,也经人证明,火星上远不及地球上多云。

根据火星散射光的偏振情况所定出的火星的大气的厚度，仅相当于地球上大气的 22 厘米那样厚。因火星上比地球上的重力小些（约为 1/3），无液气压计在火星上只记录出 85 毫巴〔气象学家把气压表示为毫巴。所谓正常大气压等于 0℃时 76 厘米汞柱的压力，合 1013 毫巴。在地面上 85 毫巴仅相当于 6 厘米的汞柱压力〕，或者是地面正常气压的 1/12，可是汞面却上升到 17 厘米。

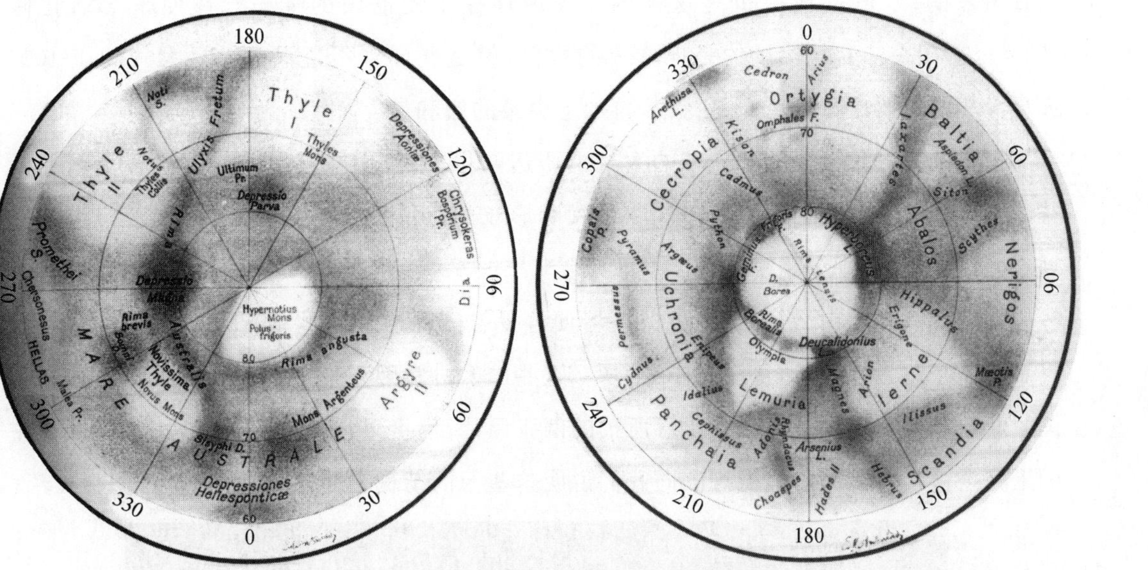

图 424　火星极区图（安东尼亚迪绘）

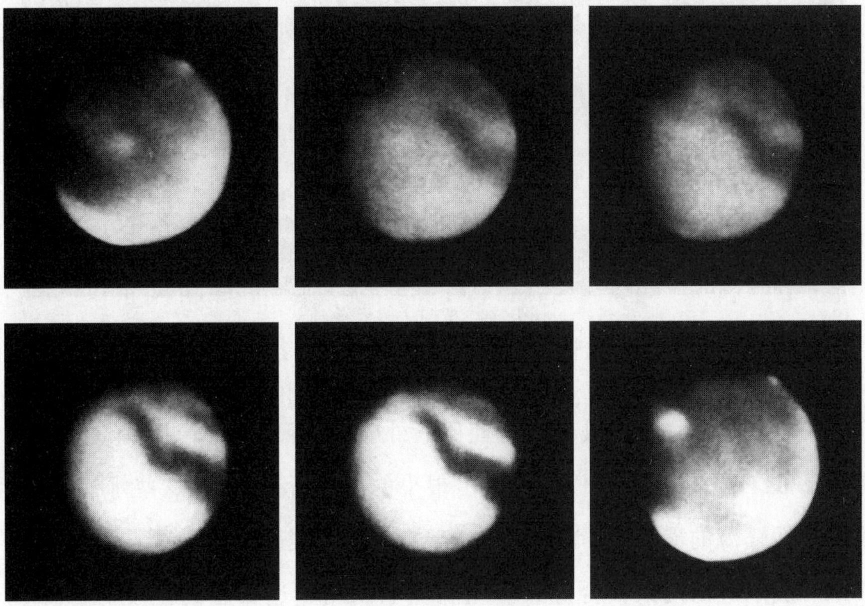

图 425　火星（西尔鲁门海区）

1926 年 10 月 16 日赖特透过各种颜色的滤光板拍摄。由左到右，上面三幅图：紫外线、绿、黄；下面三幅图：红、红外线、紫。

为了测定火星大气的化学成分，曾经有人使用摄谱仪作了许多努力。例如让桑和沃格尔(Vogel)所作的早期的观测，使用原始的工具，认为火星上较之地球上大气情况相差不多，只是这里气压高、水汽丰富而已。可是最近在比较可靠得多的情况下所作的观测，却得出很不相同的结果。火星的大气里即使有氧气，但含量之微是不能在它的吸收光谱内查出来的；水汽的情况也是这样的。表现存在于光谱内的唯一气体便是二氧化碳(CO_2)，它在火星上的含量约是地球上的两倍，但是这样也不过只占火星大气的 1/400。火星大气的主要成分很可能是氮气，再加上少量的氢和氦。

火星的大气比金星的和地球的大气更要透明得多，我们在它上面看出三种不同的云雾。第一种是黄云，也许是由于含沙的风所形成的，可以在连续几天之内遮蔽广大的区域，但是这种黄云现象是罕见的。

常见的一种是白云，透过红色滤光器便容易被看见。在有些情况下，白云运动迅速，表示被风赶逐，速度可达每小时 40 千米。这些白云时常因昼夜更替就地形成，就地消散。图 426 是火星上相同一面相隔 1 月所拍的两张照片，玛嘉里特湾在右图上明显可见，在左图上完全被白云遮掩。偏振观测向我们说明这些云的结构是晶体的，因此它们是卷云。

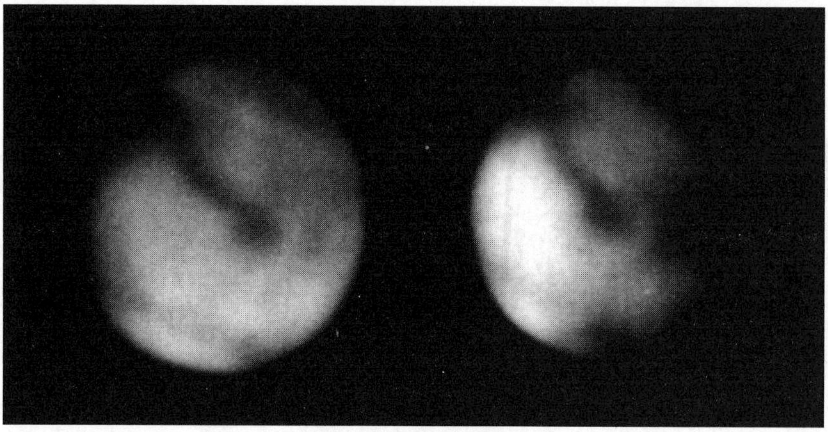

图 426　火星上的云彩

1943 年 12 月 20 日，在玛嘉里特湾看得很明白(右图)；可是在 11 月 22 日，这同一区域被云彩掩蔽(左图)。北极区也被白云遮蔽。

最后一种云只能透过蓝色玻璃或者使用紫外光线拍照才可看见，所以有蓝云的名称。它们在晚上形成，早上消逝。它们好像是由很小的水滴所形成的，这些水滴的直径是微米的数量级。这样轻薄的雾气，常在火星的高空掩盖它的表面。

洛威尔和威尔逊山两天文台曾经使用温差电偶测量过火星的温度，这两组测量的结果非常吻合。火星表面的平均温度是－20℃，因此它比地球的平均温度要低 34℃。在赤道的荫蔽处，中午时比冰融化时的温度(0℃)稍高一点；黑夜里温度下降到－60℃。日差的幅度有这样大，那是大气稀薄的缘故。极区的温度常在－60℃至－70℃之间。

火星上的气象情况与地球上的气象很相似，但也有不同。这两个行星上大气运动的主要因素自然同是太阳，它把水或冰变为汽。昼夜的反复、季节的循环导致温度的变化，这样就造成了大气的一般流动。但是在火星上因大气稀薄而且没有水汽的凝结，使得那里的气象情况较之地球上的既简单而又没有那样的难于测量。

春季到来，水汽由一极区扩散到赤道上去，再由赤道而到另一极区去，它在那里根据冷壁原理凝成薄霜。在这样迁徙的途程中水汽常形成卷云，使各地区变冷。

最受季节变化影响的区域是火星上的暗黑部分，叫作海的地方，这些地方差不多全在南半球，读者在图422上查看便知。这幅图是望远镜物镜里所表现的情况，北在下而南在上。火星上春季到来的时候，这些斑痕变暗、变形、变色，这样的活动持续整个夏季，秋季到来时暗区复回到原来的颜色。在季节的变化中，火星土壤的结构也发生变化，这可由它的偏振曲线的变化而得到证明。表面构造的变化的原因是温度的周年变化，也许也是湿度的变化。

这些季节性的变化是不是由于植物春生秋萎的现象所导致呢？一开始我们总是有这样的想法。我们树上的叶和草原上的草都有叶绿素，它们虽在远方，但也可以由其光谱里特有的吸收光带而辨认出来。可是这样的光带却没有在火星的暗痕的光谱里找到，那么，如果火星上真有植物，那些植物便是没有叶绿素的，我们却在火星的红外光谱和隐花植物的苔藓的光谱中找到了相似之处。但是这样的类似点也许会骗人的，因为太阳的紫外线可以透过火星的大气，它会迅速地把地上的苔藓的色素摧毁掉。如果有植物能够在火星上生存，它必须借它表面的某种色素抵御紫外线的杀伤，可是这便超出了我们的经验范围。所以我们不应该太依靠光谱学去探索火星上是不是有植物那样的生命。

这里还是偏振的测量对于我们比较有帮助，它告诉我们火星上的植物只能有颗粒状的结构，所以这样就没有显花植物那一大部门以及大部分的隐花植物，因为没有叶绿素的存在，所以这结果是不足怪的。只有体积很小、颜色鲜明的微生物，如像生色细菌或者衣藻属的、能在雪里生长的藻类才具有火星上变化的暗黑区域的那些光学性质。地球上的生物如果移植到火星上去，好像只有微生物才能够在那里生存和适应。如像我们所熟悉的生命，只是地球和它特殊环境的特殊产品，个体的重量、身材、姿态、颜色，生命的长短、活动休息的调节、所吸取食物的性质和分量、所呼吸的气体，一切有机组织的功能、一切演化的特性，都纯粹是适合地球上的情况的结果。

在火星上，由于极度的寒冷、干燥、氧气的缺乏、重力的减少、太阳的紫外辐射的加强，所形成的环境和地球上产生生命的环境迥然不同。地球上的植物和动物在火星上也许找不出同类,那里有机物的演化也许遵循别的途径。由这种演化所产生的生命的类型可能和地球上的类型大有区别,正如在地球上,海里的生物和陆上的生物、热带的生物和寒带的生物都大有区别一样。在地球上大自然已经表现出有无数种属存在的例子。要去设想这些未知的,也许和我们在地球上所见大有不同的生命,那真算是枉费时光。

这问题既已提出,而又不是明天所能解决的,我们将作怎样的结论呢?火星上有生命存在,现在还是一个假设,但是没有任何观测反对这个假设,而且还有一些迹象支持这个假设,这已算是有不少的收获了。总之,根据现象,而不违背事实,火星上如果可能有生命,那么也许只有植物,不会有动物的。

图 427　谷神星发现的寓意图

第三十章

小　行　星

19 世纪开始的第一天，1801 年 1 月 1 日，皮亚齐(Piazzi)在巴勒莫天文台对着金牛座观测星星并确切记录它们位置的时候，有一颗星引起了他的注意，因为这是他从来没有看见过的。第二天，1 月 2 日，这颗星已经逆行了 4′，沿着这个方向一直逆行到 12 日，它才停住；然后又顺行，即由西向东去。这颗行动的星是什么星呢？皮亚齐也像 1781 年发现天王星的威廉·赫歇尔一样，把这颗星当作是一颗彗星。

可是这位能干的西西里天文学家参加了一个为了在火、木两星之间寻找未知行星的学会。原来自近代天文学开始，开普勒就指出火、木两行星轨道之间有一个空缺。提丢斯于 1772 年又说了同样的话，那时他发现一个经验定律，人们可以根据它去预言大行星到太阳的距离，这定律我们已经在第十五章内向读者介绍过了。提丢斯根据他的定律求出已知的行星的距离，1781 年再加上天王星，都和事实非常接近，但是在他的计算里，相当于 2.8（地球到太阳的距离取为 1）的空间却没有一颗行星。为了发现这颗失掉的行星，以它来填满这个空缺，柏林天文台台长波得组织 24 位天文学家成立了一个学会，每一位分担对黄道带内 1 小时的区域做详细的搜查工作。这个系统的搜查还没有得到结果的时候，皮亚齐发现的自认为是彗星的消息传到了柏林，波得立刻认为那就是正在寻找的行星。当时有一位年轻的学生，即后来因此成名的高斯努力去计算这颗行星的轨道。这是一件艰难的工作，因为这颗行动的小星到了 2 月 11 日就看不见了，人们只对它观测了 41 天，在这期间，它围绕太阳只走了 9°。高斯发明一种计算的方法，今天已成为经典的方法，他借这种方法算出这颗新行星的轨道根数。从这些根数得知它的偏心率是 0.08，交角是 11°，都很小。这些不是彗星而是行星的特征，因此这颗星真的是一颗行星。它和太阳的距离是 2.77，和提丢斯所预言的相差很少，它的公转周期是 1 680 日。皮亚齐爱读罗马作家贺拉斯和维吉尔的作品，就把这颗新行星命名为谷神星，这谷神原是神话盛行时代西西里岛的保护神（图 427）。

这个空缺是被填满了，可是天文学家的工作却没有做完。1802 年 3 月 28 日德国不来梅州（Brême）的天文学家奥伯斯（Olbers）在室女座内发现一颗 7 等星，是他使用的波得星图内所没有的。这第二颗行星名叫智神星，环绕太阳运行的距离和谷神星相同，但是偏心率是 0.23，交角是 35°，特别大了一些。智神星的发现对于天文学界毋宁说是惊诧，而不是欢乐，因为空缺已经被填补，不需要另外再来一颗行星了。

不久真相就更明白了，原来火、木两行星之间的空缺不是被一颗行星，而是被一群行星所占有。1804 年 9 月 1 日不来梅州附近的利良达耳天文台的哈丁（Harding）又发现了婚神星，它距离太阳比谷神星和智神星要近一些，这距离是 2.67 而不是 2.77。

奥伯斯注意到这三颗小行星都相会于室女星座，于是作出一个假设，认为这些小行星是一颗大行星从前遇到灾祸所留下的碎片。根据天体力学的理论，在这样的情形下，星的一切碎片应当在每一周期之末重新回到灾祸发生之处。奥伯斯便把室女星座当作是小行星的聚会处，在那里去作详细的检查。1807 年 3 月 29 日，他发现了灶神星，好像是给予他的假设一种证明。这是小行星中最明亮的一颗，在冲日时，像 6 等星，可以用肉眼看见，但是必须知道它在天上的位置才找得到。它和太阳的距离只有 2.36，它的轨道并不和以前发现的三颗小行星的轨道相交，这好像是和奥伯斯的假设发生了矛盾，但是它的轨道也可能是被别的行星的摄动所改变了。谷神、智神、婚神、灶神四颗小行星环绕太阳运行的周期顺次各为 1680 日、1686 日、1593 日和 1325 日（图 428）。

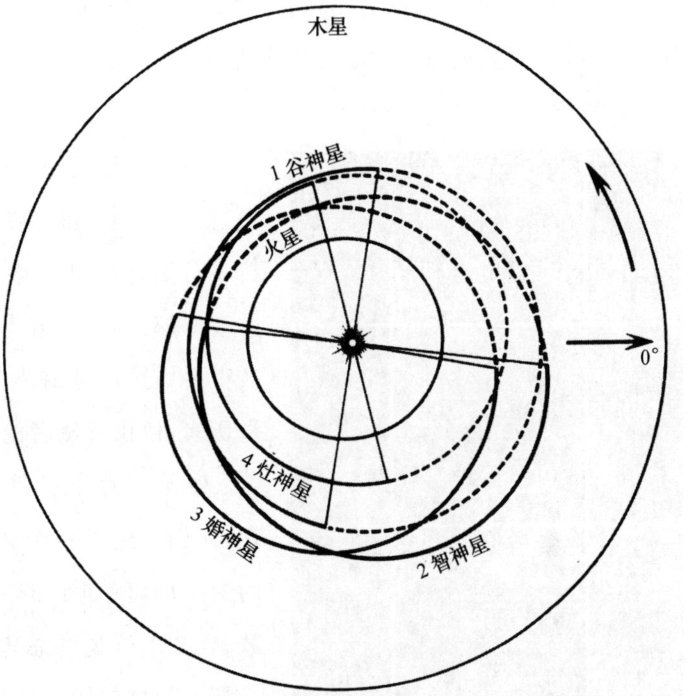

图 428　火星、木星和四个最初发现的小行星的轨道

经过了 38 年并没有新的发现,好像已经收获完了,可是 1845 年柏林邮局的一位局长,天文爱好者亨克(不要和当时柏林天文台台长恩克弄混淆了)又发现了义神星。这个没有预料到的成功对于观测者是一种鼓舞,自那时以后他们抱着热切的心情去寻找新的小行星。他们的工作必须有极详细的黄道带星图的帮助。这些星图自 1830 年开始为柏林科学院所编辑,后续有阿格兰德(Argelander)和舍费尔德(Schönfeld)所刊布的大星表,今天还用以证认暗至 9 等的星。1854 年巴黎天文台计划绘制完备的黄道星图,收有暗至 13 等的星〔这个伟大的工作没有做完,亨利兄弟于 1884 年指出用照相的方法去作星图比用肉眼观察的方法更优良些。他们于是成了天图照相星表的创始人〕。天文工作者以不懈的努力比较天穹和星图。在目镜一端如果看见一颗小星是星图内所不曾记载的,这可能就是一颗小行星,只需忍耐地多待一会,看它是不是移动了位置。

1868 年发现而且证认了的小行星已达 100 颗,1879 年达到 200 颗,1890 年达到 300 颗。1891 年 12 月 20 日是小行星天文学历史上可纪念的一个日子,因为海德堡的沃尔夫首先用照相的方法发现了第 323 号名叫布鲁西亚的那颗小行星,照相的方法可以完全不需用星图。如果我们用大视场和大口径的照相镜去拍摄天空中某一个区域,我们所拍得的负片,上面到处分布着或大或小的黑点,它们便是星星的像。假使在露光的时候恰好有一颗小行星在照相镜的视场里,譬如露光 1 小时,对于周围的恒星来说,这颗行星移动了位置,在照片上便成了短短的一画,一看便可从点状的恒星像里分辨出来。我们在照相天图的照片上找出了许多这样的横画,图 429 便是一个例子。后面我们还要谈到,每颗星在照片上有形成等边三角形那样的三点,因为要避免底片上的缺陷或者乳胶的缝痕,我们就稍微改动位置连续露光三次。这样拍上去的小行星的像是极易辨认的三条直线。照相的方法比肉眼观察的方法既容易操作,而且效率又很高。自1892年以来天文工作者就只使用这个方法,于是被捕获的小行星多得惊人。尼斯天文台的夏路瓦(Charlois)一人就发现了101颗之多。

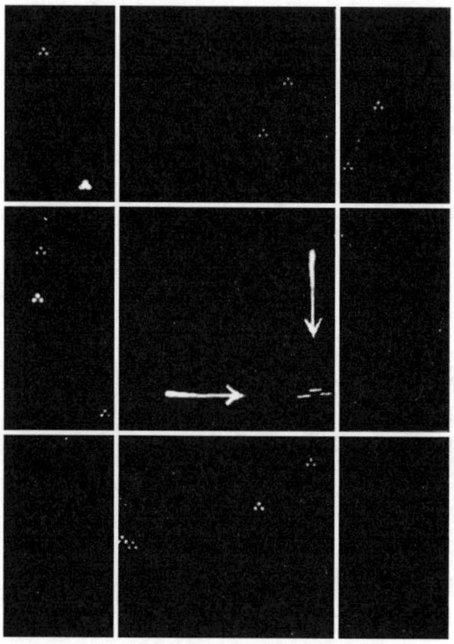

图429 天图照片一个区域的放大图,表示几颗恒星和一颗小行星

现今小行星经人证认载于星表的已经超过1 600颗,如果要写出来,它们会占十几页的篇幅。这一大群小行星有特别的组织机构在照顾它们,一个在美国的辛辛那提,一个在苏联的列宁格勒(今俄罗斯的圣彼得堡),这两处有专家计算它们在每年冲日前后的星历表,以供观测者使用。

如果照片上摄得一颗小行星,你以为是新的发现,人们可给予一个暂时的记号,即在观测年后附加两个字母,例如1938XE。人们于是计算它的轨道根数,且和小行星的总表加以比较,考察它是否真的是一颗新的星。如果是的话,还须等待下一次冲日被观测证实以后,才正式列入表册。如果没有这样的证实,许多发现经过许久还是在待证实的名单内而未得到正式的认可。

既经列入名册的小行星,除给予一个号数之外,发现人还可以给它命名。从沃尔哈拉(Walhalla)〔斯堪的纳维亚人认为这是战死沙场的英魂归宿处。——译者注〕以至奥林匹斯(Olympos)〔希腊人认为是诸神的住居处。——译者注〕,神话上的姓氏似乎已经用完了。于是许多发现人便拿他们的国家、城市、前辈和心爱的人命名。因而在小行星的世界里便出现了西班牙、比利时、俄罗斯、美利坚合众国等国家的名称〔第1125号小行星是由中国天文学家张钰哲发现的,这颗小行星的名字叫作"中国"。——译者注〕,莫斯科、芝加哥、华沙等城市的名称,还有古代的天文学家如哥白尼、伽利略、开普勒、牛顿等人的名字,而近代天文学家如纽康、巴约(Baillauda)、阿佩尔(Appell)等人的名字均上升天界变成了小行星的专名。至于弗拉马里翁和儒维西两颗小行星更是用以纪念将天文知识传播给大众的天文学家和天文台了,又如照相术和体视镜是用以表彰天文研究的技术。还有历书上每天的保护神以及许多女性的名字如卡尔曼、米米、杜杜之类,最后举几个比较严肃的名字,如道德、谦逊、公义、真理、忍耐、和谐、诗学、哲学……也存在于小行星的世界里。

天文学家也许会自鸣得意地说所有的小行星,虽然不是全部,至少大部分都被发现,留给后人的都是微小的颗粒吧。事实上完全不是那样的。发现的次数还没有减少,虽然已经很少发现大颗的("大"在这里原是相对的意义),可是观测的方法愈改善,发现小颗的数目愈多。据巴德(Baade)估计,在冲日时亮于19等的小行星当有4.4万颗之多,比这光度更弱的还不知道有多少呢。我们简直不敢断定在我们叫作小行星那样的小星和陨星那样的小石子之间,是不是有一个截然的界限。如果我们把巴德所定的界限扩大一些,去拍摄比他所说的还暗1万倍的小行星,谁能说照片上不充满不可计数的细纹,表现出空间里实在有永恒运动的行星灰尘,正如太阳光里的无数灰尘一般呢?

图430 四个首先发现的小行星和月亮大小的比较

现今,新发现的小行星直径超过20千米的已属罕见。在已经发现、经人估计过大小的小行星中,有三十几个的直径超过100千米。最大的几颗是:谷神星(据巴纳德,770千米)、智神星(490千米)、婚神星(190千米)、灶神星(390千米)(图430)。有200个直径在50~100千米之间,670个直径在20~50千米之间。无疑,将来发现的小行星多数属于最后两个群体,但是像巴德所说暗至19等、尚待发现的4.4万颗小行星,大多数都可能是小石块,大的直径几千米,小的直径不过几百米罢了。

对小行星全体的总质量,我们只能作冒险的估计,这样必须对它们的直径、密度和数目作些假设作为计算的根据。斯塔克(Stracke)估计小行星表中前列的1539颗的总质量是地球的质量的1/847,阿仑德(Arend)更补充说待发现的小行星虽然很多,但是因为它们很小,在斯塔克所说的数字上不会增加太多的。假使这些在火、木两行星之间运行的小物体聚在一块或者被黏合成一个球,这球的直径可能不超过1 000千米。

这结论使人对于奥伯斯的假设发生怀疑。也许小行星自其爆裂的原始行星就很小,比火星、水星甚至月亮还小,或者这颗原始行星的大部分质量业已散布在空间无法查考,两者必居其一。在现时的情况下,这谜底是无法窥见的。日本天文学家平山甚至说小行星分群出现,每一群是从一颗行星破裂出来的,像这样的问题就愈加难以解释了。自然可以假想原始的行星分为几个大块，然后再分为这位日本天文学家所说的小行星群。那么，奥伯斯所说的碎裂便是分两个步骤去完成的。

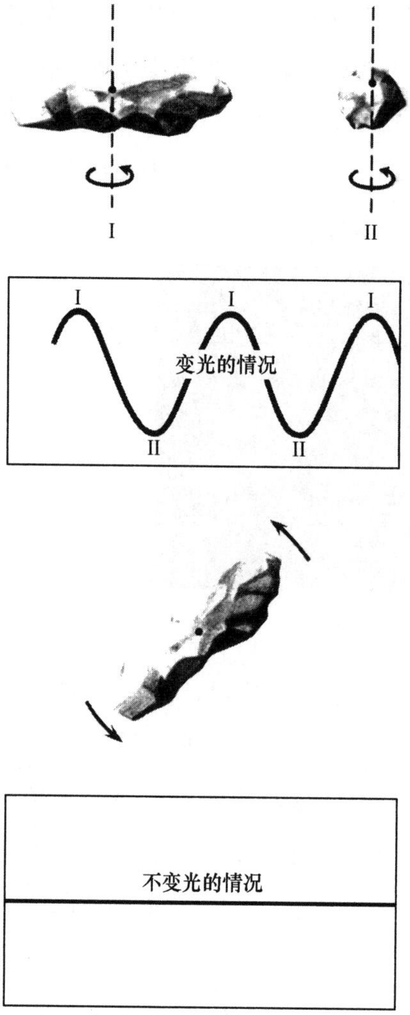

图431　不规则形状的小行星因自转而产生的光亮变化

大行星之所以是球形的，不但是因为它们的体积大、旋转快，在它们的表面上，重力和离心力均相当大，而且因为它们过去曾是(有些现在还是)处在黏液体状态之下。自然没有理由说像小行星那样的小块物质便不会成球形。据可靠的观测，谷神星、智神星和灶神星均表现行星状的圆轮，但这些是小行星中最大的几颗。从另一方面看，许多小行星的光亮经人发现是有变化的，便使我们不能不把它们的形状当作是不规则的。这种光变是周期性的，而且周期不过是几小时。如果光亮的变化幅度很小，我们可以假想行星表面上一些区域有暗黑的斑痕，因迅速的自转，使观测者看见的是明暗不同的部分的连续出现。但是如果光亮的变幅很大，这假设便难以成立。在这一点上，经人研究得出最好的小行星当是433号爱神星，在本书叙述测量太阳的视差那一章已经谈到这颗小行星了。在某些时期里它可在2时38分的周期里变1.5星等，即在1时19分内光亮可增加3倍，又在一样长的时期以后恢复原来的光亮。在另外的时期里它的光亮的变化微弱，甚至不能察觉。为了解释这种奇怪的光变，有几种假设，最简单的是下面这一种：爱神星的形状原是一块十几千米长的细针形的岩石，在每5时16分内绕着和它最长的一边正交的轴旋转(图431)。当地球在小行星的赤道平面之内的时候，这块针状物交替地以它的尖端和横侧面向着我们，所以就有像我们观测出来的变化那样，因自转而产生两个极小和两个极大的亮度。反之，如果地球在这针状物的旋转轴的附近，就没有光亮的变化，或者异常地减弱了。

对小行星的物理研究还很少，远远落后于对大行星和彗星的物理研究。小行星散射日光的情况像没有气体包壳的彗星的核那样。在谷神星和灶神星周围没有发现大气的踪迹，这是不奇怪的，因为它们的质量小，引力微弱，不能够维系住气体的分子。

人们常常把小行星在太阳周围所形成的环比拟为土星的光环，这是不很恰当的，因为小行星的轨道绝不是圆形的（它们的偏心率的平均值是 0.15），而且它们的轨道平面的位置也是变化很大的。它们的轨道错综交叉，像线球上的线一样。如果要把小行星所形成的环造成一个模型，每个椭圆轨道由一根焊接闭合的钢丝代表，如果要想解开一根，就不能不影响其余的各根。

这种混乱的情况只是表面的，仔细考察一下，也表现出一些规则。在谈到这些规则以前，让我们大略说一下小行星总体所构成的环吧。它的最密的部分是在离太阳 2.17 与 3.45 两圆圈之间（日地间的距离取为 1）。公转周期的下限是 38 个月，上限是 78 个月。但是在这主要的环之外，也有一些散漫、孤立、具有特性的小行星。我们在这一章结尾处将谈到其中的几颗。

小行星环的结构表示在斯塔克所绘的图内（图 432），这幅图表明小行星的数目随绕日运行的周期（图的上方）而变化的情况。图下方的横标是平均运动，即行星绕太阳平均每天所经的弧度（例如火星的平均运动是 1 886″或 31′26″，木星的平均运动是 299″或 4′59″）。为绘制这幅图，按小行星的平均运动每 5″的组距先分为组，垂直线的长短与每组内小行星的多少成正比，例如平均运动在 715″和 720″之间的小行星有 17 颗。

因为木星是太阳系里除太阳以外最大的一个行星，所以小行星在太阳系各处的分布大大地受到它的影响。柯克伍德认为小行星环上有罅隙，换句话说，即在某些距离处找不

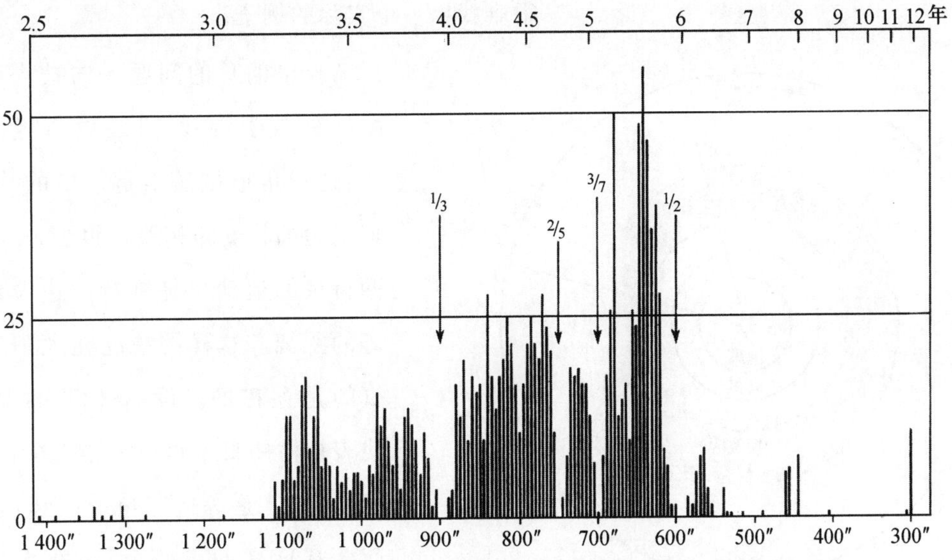

图 432　小行星按公转周期（上面的标度）和按平均运动（下面的标度）的分布图

出一颗小行星,这些距离主要的是 2.50、2.82、2.96、3.28,譬如在 2.49 和 2.52 之间就没有一颗小行星。如果我们用开普勒的第三定律去计算在这四个距离处环绕太阳运行的行星的周期,我们便发现这些周期和木星的公转周期(11.86 年)之比分别是:1/3、2/5、3/7、1/2。第一个罅隙在斯塔克的图上最显著,相当于 4 年少 17 日的公转周期。这显然是因木星的吸引力阻止了小行星在这距离上的分布,或者说已经把它们从这距离处拉开了,但是这种阻止或者拉开的看法给予天体力学一个疑难的问题,至今还未能完全解决。

图 433 拉格朗日(1736—1813)

可是有一些以特洛伊战争中的英雄命名的小行星的发现,却给予经典的摄动理论以惊人的证明。拉格朗日于 1772 年刊布了他的《三体问题论》,那时人们才知道六颗行星(包括地球在内)。拉格朗日研究三个天体,例如太阳 S 和 A 与 B 两颗行星,按照牛顿定律互相吸引应有怎样的运动。他当作游戏似的提出:如果这三个天体放在等边三角形的三个顶点上面,它们之间的距离虽然变化,彼此间的三条直线却总是相等,使三角形 SAB 总是等边的。于是 A 和 B 两行星环绕太阳沿相同的椭圆轨道运行,它们的长轴之间的角度是 60°,像这样特殊的理想情况,我们总以为在宇宙里很难找出一个实际的例子。

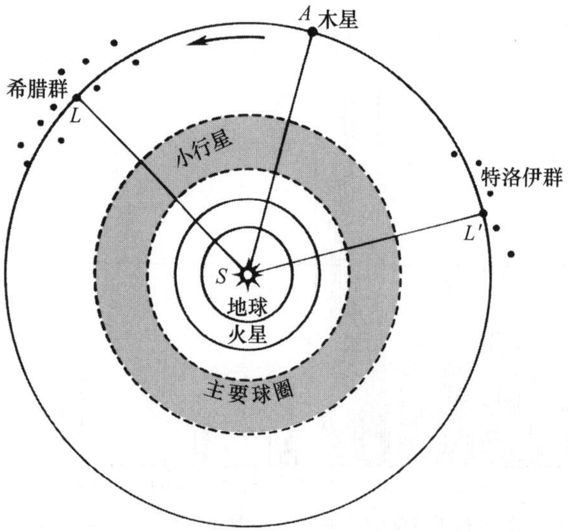

图 434 木星的拉格朗日点和特洛伊群小行星

拉格朗日的问题一向被人看作是一种数学游戏,可是以后经人指出:这三角形虽然不是严格的等边,但三边的长度却相差得很少,A 和 B 两行星的运动总是维持三边大约相等的距离。这样的情况在太阳系里真的是存在的。设 A 代表木星,L 代表拉格朗日所说的一点(图 434),于是 SAL 是等边三角形(在轨道平面上有这样的点两个,一在木星前 60°,一在木星后 60°)。如果行星 B

无限接近于L点，它的运动使它总是保持在L点的附近，这颗行星B环绕L点绘了一条复杂的曲线，可是离开L的摆幅不大。这样一颗行星与太阳永久在距离木星的5.2处，而且它的日心黄经度和木星的黄经度两者之差总是在60°附近。

我们现在已经发现15颗小行星符合拉格朗日点的条件。第一颗是于1906年被海德堡天文台发现的，这颗星以它异常迟缓的运动引起天文学家的注意，它真正的周期大约是12年。它的距离是5.2(日地间的距离取为1)，在木星的轨道前面60°。于是拉格朗日所要求的条件完全满足了！在同年的年底另外一颗小行星又被人发现于拉格朗日的第二点的附近，于是使得专家们更是心满意足了。这第一颗小行星是588号，名叫阿且里斯，第二颗是617号，名叫白卓克拉斯。从此以后，大家便决定把在木星前的拉格朗日点附近的小行星命以《伊利亚特》中的希腊英雄的名字，如阿加米农、犹里赛斯、奈斯托、阿扎克斯、狄奥米特，但是在这决定以前赫克托已经混在他们里面了。至于在拉格朗日第二点附近的小行星，都是特洛伊军中的英雄，其中有白卓克拉斯因命名过早的缘故混入他的敌军里去了，这一群里有披里安、昂其斯、埃内、托洛依耳。还有在1949年和1950年发现的三颗，它们的轨道根数还没有确定，它们将加入希腊群。

特洛伊群小行星中有一颗在环绕拉格朗日点运行时离开太阳的距离达5.98，可是1920年巴德所发现的944号西达耳哥距离远远超过以前的一切小行星，它的远日点距离达9.60，简直达到了土星那样的远了！它的公转周期是14年。它的偏心率(0.65)和它的轨道与黄道的交角(43°)异常之大，假使它的物理性质不是属于小行星的，我们简直可以把西达耳哥当作土星族的彗星了。还有六颗奇特的小行星，因为它们的近日点特别靠近

图435　假使小行星赫梅斯经过巴黎城外瓦累廉山的上空……

太阳而著名,不能不叙述一下。1898 年发现的爱神星是比火星的公转周期还短的第一个例子。因为它的轨道偏心率很大,它的远日点在火星轨道的外边,可是近日点却挨近地球的轨道,即离地球只有 1 800 万千米(仅 0.12 天文单位),就因为它有这个条件,天文学家才用来求它的视差,因而算出太阳的视差,这能达到很高的精确度(参看第十六章)。

下表记载的是比火星距太阳还近的几颗小行星的轨道根数,只有最后四颗的公转周期小于火星的公转周期。表中记载了每一颗发现的年代、轨道的长轴半径(偏心率大的情形下,这根数和离太阳的平均距离有一点差异)、轨道的偏心率、绕太阳运行的公转周期及会合周期(即冲日的平均期间),都用年及年的小数来表示。

小行星	发现年份	长轴半径	交角	偏心率	公转周期	会合周期
阿多尼斯	1936	1.97	1°.5	0.78	2.76 年	1.57 年
阿莫尔	1932	1.92	11°.9	0.44	2.67 年	1.60 年
阿波罗	1932	1.49	6°.4	0.57	1.81 年	2.23 年
爱罗斯	1898	1.46	10°.8	0.22	1.76 年	2.31 年
赫梅斯	1937	1.29	4°.7	0.48	1.47 年	3.15 年
伊卡尔	1949	1.08	23°.0	0.83	1.12 年	9.33 年

上表内有两颗小行星,它们的公转周期比爱罗斯(即爱神星)的公转周期还短,赫梅斯环绕太阳运行一周只需 535 日,伊卡尔只需 409 日。在近日点处赫梅斯比金星还接近太阳,至于伊卡尔更接触到中心的火团〔希腊神话:伊卡尔因随他父亲修造迷宫而被囚禁,后来贴上羽翼飞出宫外。伊卡尔飞得太近太阳,粘贴羽翼的胶融化了,因此坠落海中。——译者注〕,它的近日点只有 2 800 万千米,比水星的近日点(4 600 万千米)还要接近太阳。伊卡尔的直径为 1 400 米,赫梅斯的直径为 1 200 米,还不及一条街那样长。

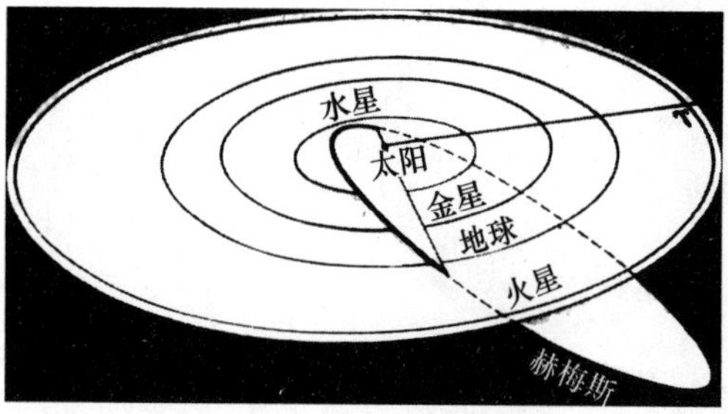

图 436　小行星赫梅斯的轨道

这些小行星的轨道都很接近地球的轨道。1937 年 10 月 30 日赫梅斯距地球只有 78 万千米,仅仅相当于月亮距地球的距离的两倍!这还不算最近,最近的距离估计约为 60 万千米(图 436)。

读者不该忘记摄动的作用缓缓地改变了地球的轨道,也改变了行星的轨道,所以行星间的最短距离时常改变,有时增长,有时缩短。两颗行星的轨道相遇就数学上来说并不是不可能的,但是要使地球和小行星发生碰撞,这两颗星应该同时经过它们轨道的交点,这虽然是有可能的,但应该认为是非常非常罕有的事。如果万一不幸碰撞果然发生,小行星落在地上,自然会在碰撞点的周围酿成可怕的灾祸。一团重几万亿千克的物质并具有每秒几千米的相对速度,一下被阻挡住,所产生的热力之大可以想象得到。但是地球不会因此停止了旋转,远离灾区的居民还是可以免于灾祸的。在过去几十亿年以前,地球和赫梅斯曾经互相掠过而并没有影响它们的存在,也许再过几十亿年它们还会没有多大损害地互相冲过。

还有阿波罗和阿多尼斯两颗小行星,像赫梅斯一般,比金星还接近太阳。除了伊卡尔,要算阿多尼斯轨道的偏心率最大了,它也和水星一样的接近太阳,可是在这一点上伊卡尔还是居第一位。1936 年 2 月阿多尼斯被人发现的时候,距地球只有 200 万千米。阿波罗离地球最近时约 400 万千米。

这些发现使我们想到地球在很多类似小行星的物体中间运行,如果思考一下,这是不奇怪的。原来地球不断地接收大量的陨星,这些陨星常常是很渺小的,但是有时也有很大质量的物体落到地球上来。这在本书后面还要谈到。1908 年 6 月 30 日,一块重几千万千

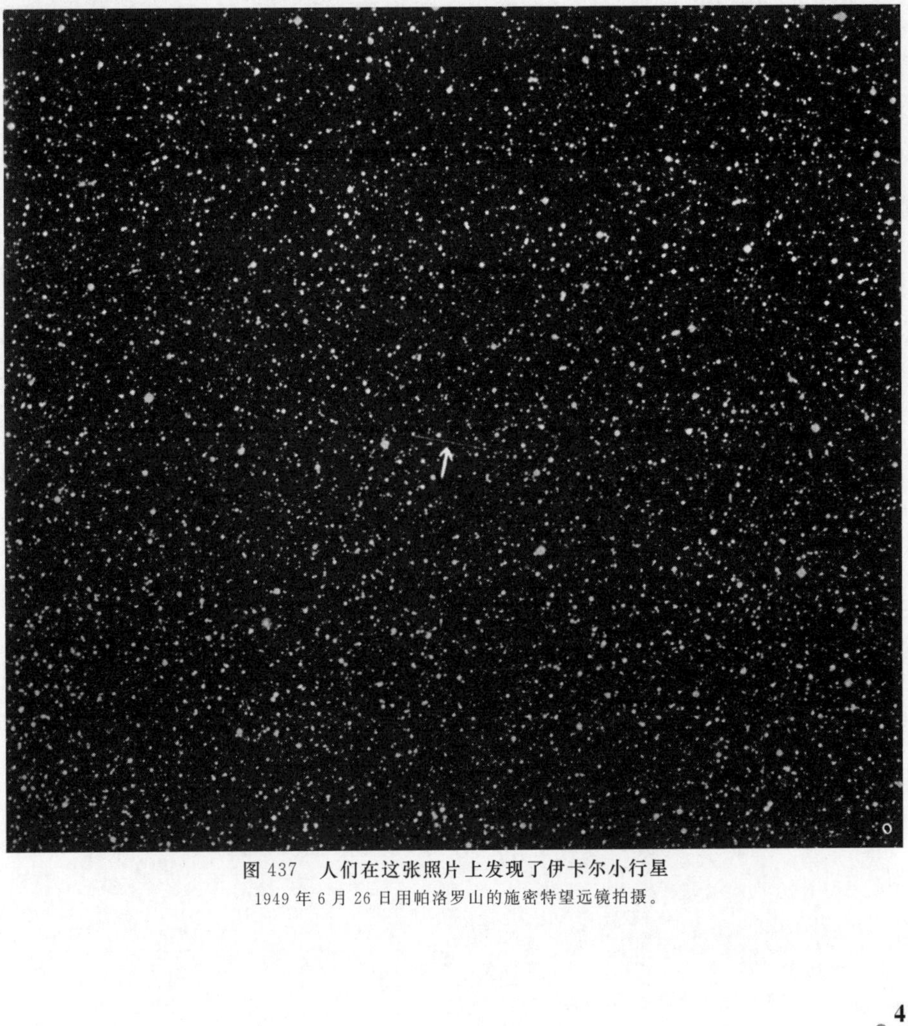

图 437　人们在这张照片上发现了伊卡尔小行星

1949 年 6 月 26 日用帕洛罗山的施密特望远镜拍摄。

克的陨星降落在西伯利亚，幸而在荒凉的地区。空间里也许有无数这样的小渣滓，按照开普勒定律环绕太阳运行。在落在西伯利亚的三十几米直径的陨星和赫梅斯小行星之间，是不是有一种中间物体把陨星型的天体和行星型的天体联系起来呢？

周期近于一年的小物体的发现是可能的，但是需要大的望远镜，因为它们的会合周期很长，冲日的时期相隔很远，所以它们的轨道根数在长时期里不能确定。

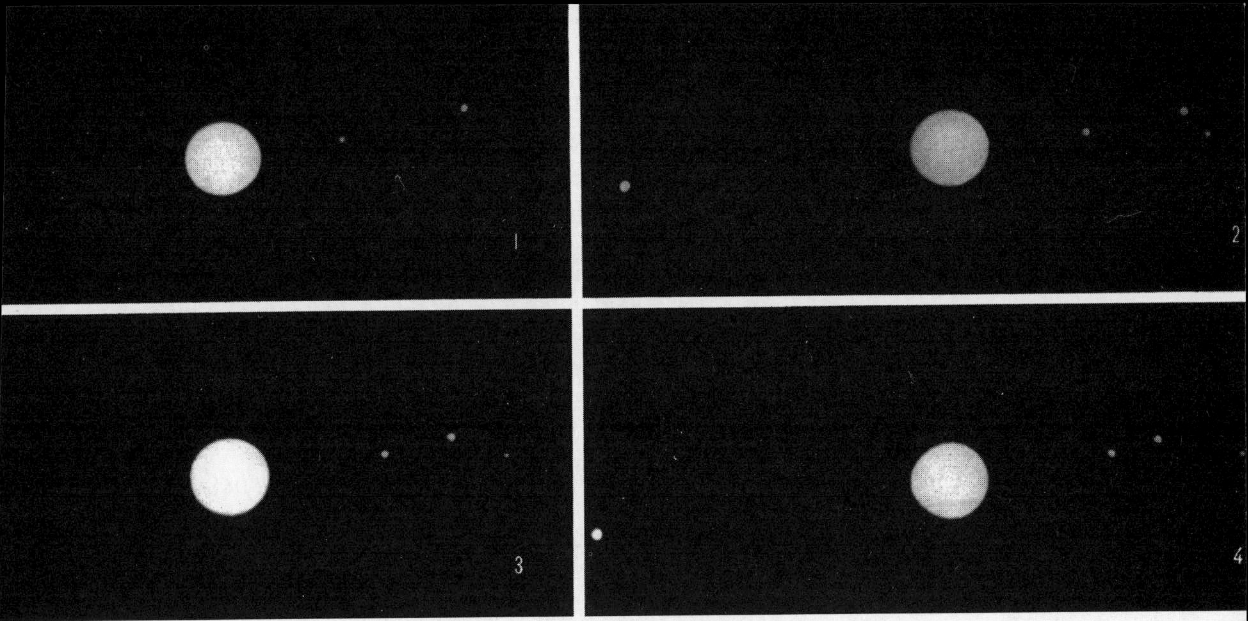

图 438　木星和它的四个大卫星

弗拉马里翁天文台拍摄，四张照片各相隔 20 分钟。

第三十一章

巨大的木星

我们现在来谈太阳系里主要的行星。这个伟大的世界和刚才所谈到的渺小石块相比之下非常突出。在我们的旅程里，穿过这些微尘式的小行星而来到这个硕大无朋的大行星的时候，我们总不免有一些奇怪的感觉。木星在星星间发光，人们欣赏这个小光点的时候，谁会想到这个球的巨大体积相当于我们渺小地球的 1 310 倍，质量相当于地球的 318 倍〔约 2×10^{27} 千克〕呢？木星的光辉是耀眼的，因为它像金星那样可以使它所照射的东西产生影子，可是我们想不到这远方世界里有那样奇特的巨大星体。只需使用一个小型望远镜，就可以把这一点扩大成一个圆球的形状，而且可以看见陪伴着它运行的四颗大卫星。如果再从天文望远镜里去看木星，那将是怎样动人的情景啊！我们看见一个世界庄严地前进，一下就看出它那类似球体、两极略微扁平的形状和赤道带上弥漫的云雾。每个人都贪看不忍离开，这真是难忘的景象！

古人把昏星取名为维纳斯(爱神，即金星)，特别把天上的宝座留给奥林匹亚的主宰丘比特(众神的父亲和主宰，即木星)。现今的科学家仍然把木星保留在古代天文学家所放置的崇高的地位上。除了太阳之外,太阳系中最占优势的成员便是木星。它的直径比太阳直径的 1/10 还大一点;它的质量大约是太阳质量的 1/1 000,是所有行星的质量加在一起的两倍半。因此木星成了太阳系里摄动的主要因素。我们说过,因为木星的摄动,小行星环上有些特殊的罅隙,彗星更为我们说明了木星的引力给天体的运动带来怎样大的影响。

木星和太阳之间的平均距离是 5.2 天文单位。它的轨道偏心率是 0.048,在近日点的距离是 7.4 亿千米,在远日点是 8.16 亿千米。从木星看太阳,直径只有 6′。太阳给予木星的能量只有地球所接收的 1/27。

木星环绕太阳运行的周期是 11 年 10 个月零 17 日。1951 年 11 月 20 日,木星经过它的近日点,要等到 1963 年和 1975 年等才再过近日点。至于它的会合周期是 1 年零 34 日,其间顺行 278 日,逆行 121 日。每一年内木星跨过一个黄道星座。每年的冲日期大约较前一年迟一个月,例如 1950 年为 8 月 26 日,1951 年为 10 月 3 日,1952 年为 11 月 8 日,1953 年为 12 月 13 日,1955 年为 1 月 15 日等。一般说来,冲日的那一天和以后的三个月是最适宜在晚间作物理观测的时期。有小型望远镜的人,从木星和它的卫星时常变化的现象里,得到永久常新的兴趣。

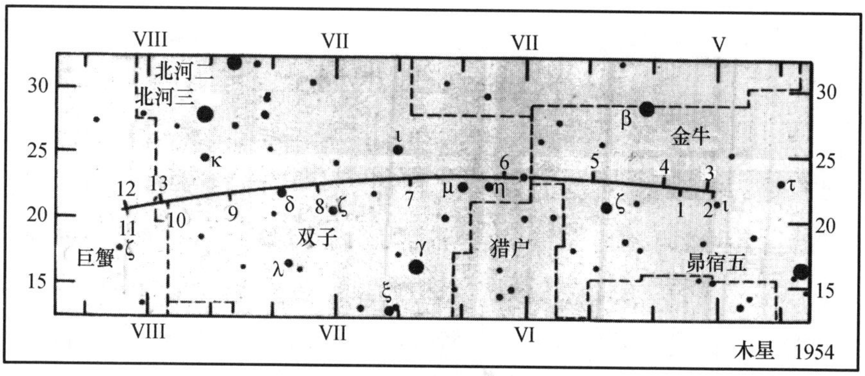

图 439 1954 年木星的行踪

取自《弗拉马里翁天文年历》。

木星的轨道和黄道相交的角度只有 1°18′31″,所以古人把它叫作是黄道里的行星。木星于 1942 年 9 月 9 日及 1954 年 7 月 20 日过升交点,于 1956 年又经过那一点。它于 1948 年 12 月 26 日过降交点,于 1960 年再过那一点。

木星球体的扁平形状是很显著的,即使在小型望远镜里也看得出来,据计算这扁度约为 1/15。在 5.2 天文单位的平均距离处,赤道径是 38″,两极径只有 35″.5。在冲日时它相对于地球的平均距离降到 4.2 天文单位,这两种直径各为 47″与 44″。1951 年在近日点冲日的时候，木星距离地心只有 3.95 天文单位，那时赤道径达 50″，是它的极大值。

以地球的赤道径为单位，木星的赤道径是 11.2 即 14.27 万千米；两极径是 10.4 即 13.32 万千米。把这两个球的扁度计算进去，我们求得体积的比例，木星是地球的 1 310 倍（图 209）。

木星的质量曾经被人作过许多种的测定，都很符合，所以是很可靠的。测定的方法或者利用它的卫星的运动，或者利用它施于别的行星或某些彗星上的摄动。它的质量是太阳质量的 1/1 047.35，或者说是地球质量的 317.5 倍。

把木星与地球的质量的比例和刚才说过的体积比例联系起来，我们求得木星的平均密度还不到地球平均密度的 1/4，它只是水的密度的 1.33 倍，比太阳的平均密度（1.4 倍）还小一些！木星是一个冰冻的世界，它的物理状况自然和太阳大不相同。这是一个留待解决的疑谜，可是使我们惊奇的还不止这一点呢。

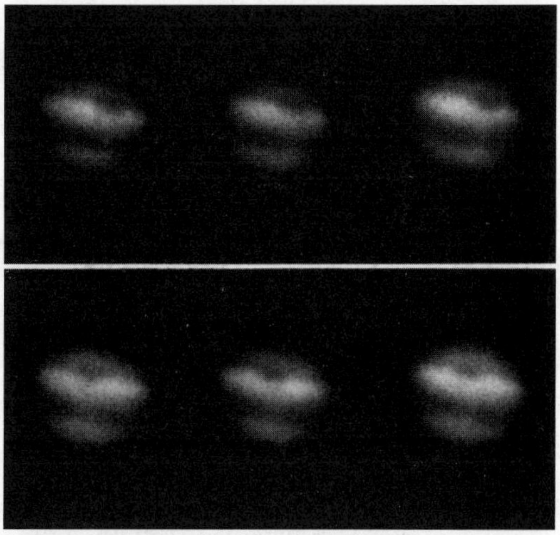

图 440　木星的自转在这两套照片上显然可以看出，各图拍摄时间相隔 21 分钟

第一次在望远镜里看见木星的人，立刻就会觉察那些横过它圆轮的平行带子。这些带子可以当作这个巨大行星的特征。它们表现了木星表面上的凹凸、裂缝和明暗斑纹，可以当作标志点去寻找这个巨大的球体的自转速度。如果我们仔细观察这样的一个细节，我们就会觉得它由东到西在移动（对于北半球的观测者便是由右向左，因为望远镜把像的方向弄反了），只要半小时的注意便足以觉察出这个现象（图 440）。

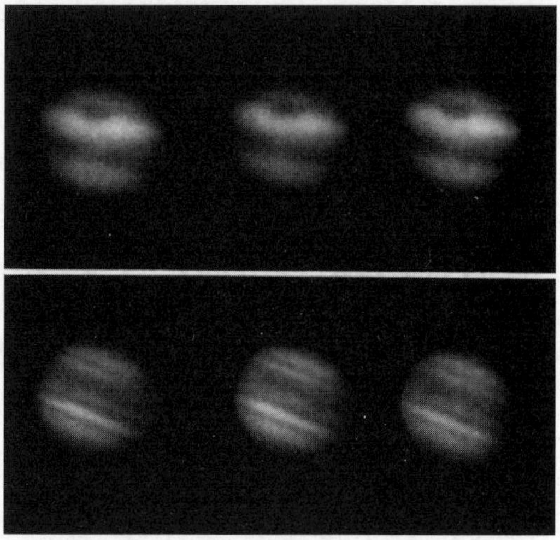

图 441　在 15 个月内木星表面上起了大的变化

上图拍摄于 1937 年 7 月 22 日，上有红斑；下图拍摄于 1938 年 10 月 15 日。

但是这些斑痕并不像地球上的大陆或者火星上的斑痕那样，它们不是永久的结构。它们的形态变化迅速，时常是在几天以后就变了形象，使人不能认识。暗带自身和斑痕之间的明亮区域都有很大的变化，这些暗带有时消失,在几月甚至几年内都看不见(图 441)。我们在木星上所看见的只是云隙间的大开口。由木星的反照率得知它的大气里有浓厚的云层,因为反照率有时高达 0.44。木星的大气里有强烈的气流,它并不是整个在自转。赤道上明亮区的自转周期是 9 时 50 分 30 秒,南北两半球上的暗带的自转周期是 9 时 55 分 40 秒。太阳也不是整个在自转,但是它的表面并不像木星那样,被不连续的线分为明显的带和区。我们特别提出这一点以使读者注意太阳和木星并不相似。

木星上的带的浓度和结构虽然变化多端,可是在木星球面上的位置却是固定的。我们把两纬度圈之间的暗区叫作带纹,两条带之间的明亮区域叫作条斑,条斑和带纹都是木星球面上的围绕物,平行于赤道而环绕着木星。赤道区上有一条斑,南北两边有赤道带纹,通常是很显著的。在小型望远镜里所看见的便是这些赤道带纹。在两半球上纬度较高处,便有一条温带区的条斑和一条温带区的带纹,最后还有极区的条斑,所以总共有 9 区,我们将从南极起大略加以叙述,在望远镜里因倒像的缘故,所以是从上面开始叙述(图 442)。

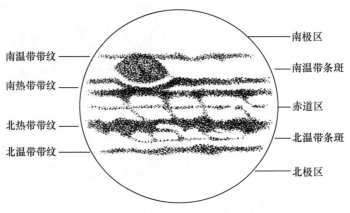

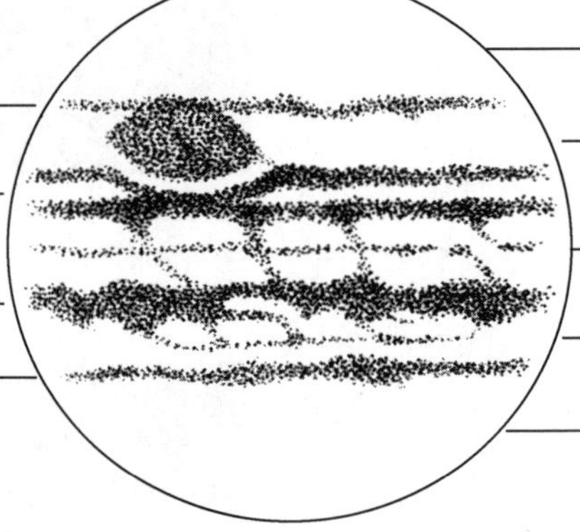

图 442　木星上的带纹和条斑的示意图

南极条斑常昏暗,呈暗灰或蓝灰色。南温带带纹在可见的时候常表现出黑暗的斑痕和明亮的裂缝。

南温带条斑常带有很淡的柠檬黄的颜色,我们很少在那里看见淡红色的斑痕。1927 年出现了这样的一大团,经历了几天之久。后面还要叙述到的有名的红斑占了南温带的很大一片区域,它扩大到南温带的带纹。南温带有时被南方大扰动区所占据,这是由一群无规则的紫丁香色或乳白色的小区域所会合形成的暗而长的大斑痕。1665 年卡西尼所绘的木星图上,已经有这个现象,19 世纪中期又被人观察到。1901 年出现时,先是赤道以南的带纹的扩大,随后即迅速地展开成图 443 内的情况。

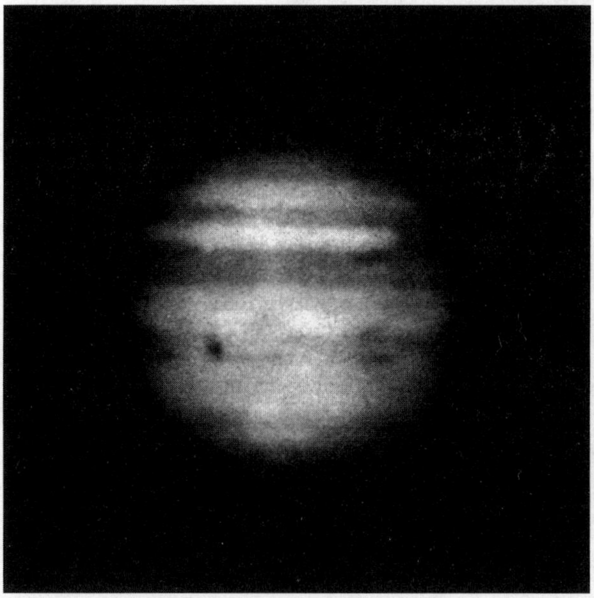

图 443　南半球的大扰动区(右上)
1913 年 8 月 11 日洛威尔天文台拍摄。

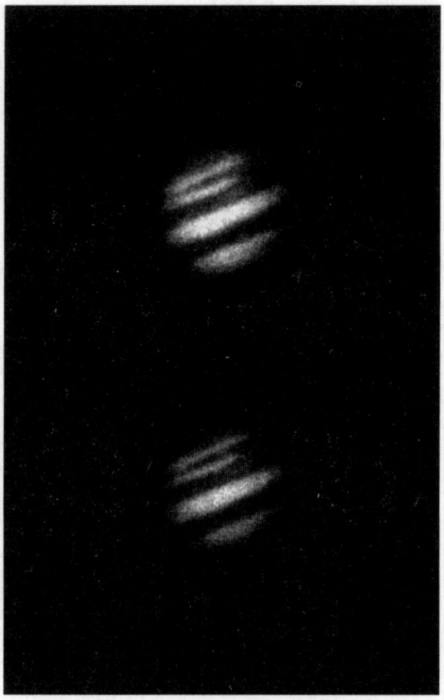

图 444　南半球的大扰动区
1922 年弗拉马里翁天文台拍摄。

南赤道带纹常是很宽的两个带,其中夹有一条比较明亮的细纹。红斑插在这里面像长的海湾那样的地方。这一带纹颜色常是很浓的,带有锦葵以至紫丁香和桃红的色彩,可是有时这一带纹却完全消逝,一点也看不见(1665 年、1875 年、1927 年和 1936 年)。这带纹的北边缘陪伴着赤道条斑作迅速的自转,同时它的南边缘却属于缓慢运行的系统,这现象真值得人们注意。这两个气流的相对速度达每小时 350 千米之快!

赤道条斑宽达纬度 22°,并非对称地分布在赤道两旁。1810 年以来阿拉戈便说明这条斑在北面比在南面要宽一些。赤道旁两带纹的暗痕常将细丝插入这条斑内,有时拖成一串极细的赤道带纹。

赤道北边的带纹和南边的带纹形态完全两样。它很少成双行出现,一般结构是没有规则的,在那里常观测到形态变化无常的暗黑的大斑痕。有时,例如 1912 年,这些斑痕又完全隐藏不见。

在北半球的其他区域,温带条斑、温带带纹以及极区条斑和南半球同名的区域大同小异。需注意的是北半球没有类似红斑的永恒结构,也没有类似大扰动区的半恒结构。

现在再回头来谈木星的红斑,从 1665 年卡西尼发现它以后,至今仍是这巨大世界上的一大疑谜(图 445)。它的红颜色是 1872 年罗斯用自己手制的 182 厘米大望远镜所发觉

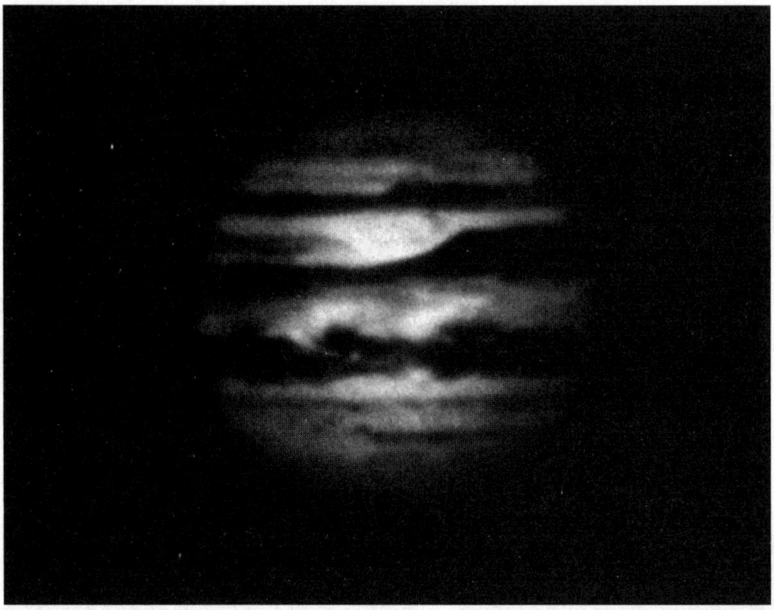

图 445　木星和它的红斑
1945 年 3 月 20 日拍摄。

的。1879 年至 1881 年间它的红色异常鲜明,只需一具小的地面望远镜便可辨认出来。后来它就褪色了,直至 1927 年至 1937 年间,它又重新鲜明起来。1951 年它的颜色是淡玫瑰色的。红斑是木星上唯一的永恒的细节,它的形状是卵形的,长轴约长 4 万千米,是地球直径的 3 倍。它在木星上的相对大小,犹如澳大利亚之在地球上那样。它的自转周期是变化无常的,一般是 9 时 55 分 38 秒,和缓慢部分的周期相差很少,但位于相同纬度上的南方大扰动区的自转周期就要短 10 秒。在有些时期里(1910 年、1913 年)我们看见大扰动区加速地赶上红斑,与它联合在一起,继之又超过它向前,并给予红斑一种激励。红斑常常是可以看见的,绝没有沉没,好像是浮在液体海洋上面的东西一般。

从前人们相信行星都是从火里生成的,有些天文学家还把木星当作是没有冷却的小太阳,有一位甚至说木星的表面还处在显示暗红色的高温的情况下,并且说这是可以从观测它在它卫星的影子里得到证明的。事实却和这种小说式的看法两样。利用温差电偶,今天我们已经测得木星表面的温度很低,低至−140℃。在这样的低温下,如在寻常大气压力之下,只有难以液化的物体才维持气体的状态。木星上的大气也许压力很高,因为那上面的重力是地球上重力的 2.6 倍。

我们再从它的大气的光谱分析结果去看一看这个奇特的星球。1864 年哈金斯(Huggins)在木星的光谱里发现一条带状光谱,是他无法验证的。此后,他又发现一些带状光谱,也都无法解释,不知道它们究竟属于哪些已知的元素或者化合物。这个谜终于在 1931 年被维耳特窥破。他证明这些未知的光带是由于木星的大气里有我们熟悉的两种气体,即甲烷(CH_4)和氨(NH_3),而并不是未知的、稀有的如像氦和氩那些气体,只是两种普通的臭气罢了(甲烷即沼气)!云的散射光所穿过的甲烷的分量在标准情况下约成130米厚的一层,至于氨的分量仅有7米厚的一层。另一方面,还有很好的理由假想木星大气的主要成分是氢和氮,但是这些气体在其所处的物理状况下是很难被人察觉的。

由此可见,木星是一颗质量很大、密度很小、表面很冷的行星,可是又有很密的云层悬在很丰富的大气里,这些大气主要的成分是氢和氮,再加上甲烷和氨,也许还有一些别的不能从光谱分析表现出来的气体。

木星绝不是一个小型的太阳,也不是一个大型的地球。如果要对它的结构有一番了解,首先必须忘掉我们的地质情况。

有一个观念首先要放弃,那便是前人未经讨论便承认所有的行星必须有一个岩石的壳——主要是硅酸盐所构成的硬壳。这在水、金、火三颗行星也许是正确的,但对于木星却该有另外一种想法,寻找出另外一种结构。因从行星的表面至中心压力增加得很快,所以密度也向中心增长。木星表面的密度一定小于甚至远远小于它的平均密度1.33。我们由此断定木星作为球体,不但是表面甚至达到相当深处都是流体状态。没有理由说它的表面和它的大气在组成上有很大的差异。我们假想木星的主要成分是氢和少量别的元素,轻如氦,重如氧、碳、氮、硅和金属元素等。这也是今天被认为是太阳的组织成分的,显然原始星云就有这样的成分。这些混合物的密度从表面向中心逐渐增长,达到中心时,可能为水的密度的5倍。在大气里,即在相当薄的最外层,氢可能是气体,但在表面以下一直到几千千米深处,它可能是液体。所以木星可能被液态氢的海洋所盖住。再下去这些混合物可能是固体,在很大的压力下,它们可能有一些奇特的性质,可以像金属那样成为热和电的传导体,所以行星的核心处可能将那里的放射性元素所产生的热量向外发泄。总之,木星的核可能是一个大冰块,“冰”这个字在这里是指一切液体或气体物质变成固体状态的意思。

至于木星的大气,即直接观测所能达到的表面层,其结构的复杂,上面已经说过。可是在没有大陆的一片海洋上面,这种大气的一般运动比地球上的大气要简单得多。赤道和极区的气流,在某些纬度处是向上的运动,在另一些纬度处是向下的运动。恒常的气流具有各种速度,永久保持那样的情况,即造成我们所看见的那种分带、分区的现象。木星的迅速自转在这机制上当然很有作用,我们不能在此详尽地叙述了。

木星的平流层几乎全是氢气所组成的,那里的温度可能低到−175℃。在平流层和海洋之间是真正的大气层,这一层很稳定,是气象现象发生的所在地。从上到下温度和气压同时都在增长。在某些层内物理情况合宜，可能使晶体的氨形成真正的雪。木星上的明亮区有可能是氨的卷云带所形成的。在极区似乎没有这样的卷云。

图 446　**伽利略望远镜**
藏于佛罗伦萨科学史博物馆。

至于红斑，也许是浮在氢液海洋里的大冰山，也许是浮在快近液化的、很密的大气里的物质。维耳特说：钠和氨所合成物体的颜色很像红斑，所以将钠列入木星的组织成分里去也不是不可能的，不过含量究属很微小罢了。

对木星本身的研究虽然很有趣，但是我们不得不至此为止，再去看一下它的卫星。伽利略首先把他的第一架望远镜拿去观测木星，他看见这球体周围有许多明亮的光点，起初他以为是恒星。但是因为它们陪伴着木星在运动，而且围绕着木星由右到左地走过去，再回到右方来，这样循环不已，伽利略很快就认识到这是四个小球。它们围绕着木星遵循不同的轨道在转动，因此是它的卫星，正如小型的太阳系一样。自那一天起（伽利略第一次看见这现象是在 1610 年 1 月 7 日），便是哥白尼的理论奋斗期的终结，胜利期的开始。

伽利略所发现的卫星都是比较明亮的，它们的星等在 5.5 至 6.7 之间，如果它们离木星相当远，躲开木星的光辉时，我们是可以用肉眼看见它们的。视力好的人在大距时至少可以看见最远的两颗。只需有一具观剧镜，便可将四颗星一起看到（图 438）。

伽利略把他在望远镜里所发现的这些卫星叫作默底西斯〔佛罗伦萨的贵族。——译者注〕星群，但是这个阿谀的称呼没有流传下去。按离开木星的距离次序，人们给了它们以神话里的名称，如伊奥、欧罗巴、加尼默德和卡里斯托，有人更给以罗马数字Ⅰ、Ⅱ、Ⅲ、Ⅳ的记号。这些卫星的体积都相当大，比最大的小行星还大。按照测微器的测量，它们的直径分别是 3 735 千米、3 150 千米、5 150 千米和 5 180 千米。最后这个数字不太准确，因为木卫Ⅳ太昏暗（特别在边沿处），使得直径的测量特别困难。因为我们可以由这些卫星彼此间的摄动求出它们的质量，所以容易算出它们的密度。按照以上的次序，它们的密度分别是 3.3 克/厘米^3、2.8 克/厘米^3、2.8 克/厘米^3、1.2 克/厘米^3。前三个木卫的密度显然比木星更大，木卫Ⅳ的密度则要小些，也许它的体积比现在测定的要小一些。总之，木卫Ⅳ和别的三颗木卫有相当大的差别。

木卫Ⅰ距离木星的中心是 5.9 个木星的赤道半径或 42.1 万千米。绕木星公转的周期是 1 日 18 时 28 分。它比月亮还要大一点。当它投影在木星的边缘区的时候，它像一个光点被衬托在暗的背景上，可是当它投影在木星的圆轮中心的时候，所表现出的现象恰好是相反的情况。木卫Ⅰ和其他三个木卫一样，常将它同一半球对着木星，正如月亮绕地球转动时的情况一般。我们可由此判断木星对于这个小球的引力渐渐使它改变形状，使它变得有些扁长。但是地球上的观测者在它每一公转周期里，却看见它表现出整个面貌，在巨型望远镜里还可以研究它极区上特别昏暗的斑痕，人们甚至描出木卫Ⅰ的平面图。木卫Ⅰ的研究在天文学的发展上曾经起过很大的作用，罗默曾因研究木卫Ⅰ被食而发现光的速度，这是 1676 年他在巴黎天文台的一项伟大发现。在长时期里人们利用木卫Ⅰ的被食来决定经度，事实上这现象是地球上同一半球同时可以见到的光的信号，在这信号下所测定的地方时，便容易而且可确切地加以比较，于是由地上两点的地方时之差，便可推出这两点的经度之差。现在所使用的无线电信号的方法，当然是更确切得多，但是，在木卫发现以前，人们对于经度的测定很不精确，所以这件事也表明了地理学发展到另一个阶段。当法国科学院将法国的地图进呈法王路易十四的时候，布雷斯特和巴黎的经度圈之间的距离，因为经度修正的缘故，由 600 千米减到 500 千米，法王惊异地指出他的疆土一下就小了这么多！

木卫Ⅱ在 9.4 个木星的赤道半径或 67.1 万千米处，以 3 日 13 时 14 分的时间绕木星公转一周。它比月亮稍微小一点。当它在木星前面经过的时候，它仍是一颗放射光辉的乳白色的亮点。

木卫Ⅲ这颗卫星很明亮(星等 5.5)。在中型望远镜里它的圆轮已很显著。它到木星中心距离是木星赤道半径的 15 倍，或者是 107 万千米。它比月亮和水星还大。它带有黄红的色彩，当它投影在木星边缘部分的时候它是明亮的，到了中心区的时候就变成黑色了。木卫Ⅲ也许有大气，它的表面上有永恒的、具特征性的、反衬度强的斑痕，但是在它的东方有匆匆而过的白痕，很像一团雾气。

木卫Ⅳ到木星中心的距离是木星赤道半径的 26.4 倍，或者 188.2 万千米，木卫Ⅳ和木卫Ⅲ差不多一般大，但亮度却小得多，星等是 6.7，已达肉眼能见的极限。在望远镜里它光线暗淡,从木星面前经过的时候,它总是一个黑点。

最近的三个木卫在每一公转周期里,都绕到木星后面去,进入它的影锥,因为这三个木卫的轨道平面和木星的赤道平面很接近,而且和木星的轨道平面所成的角也很小。所以它们有时被遮在木星的后面,叫作掩,有时落在木星的影子里,叫作食。在冲日前,食先于掩;在冲日后,掩先于食。只有木卫Ⅳ有时才能在木星本体和木星的影子的上面或者下面经过,例如自1945年8月至1948年10月,又自1951年8月至1954年7月,木卫Ⅳ无食。木卫可从木星前面经过,前三个木卫在每周期里都是这样,木卫Ⅳ有时会凌木星的表面而过,那时它们投影在木星的圆轮上。需用一具质量好的望远镜才看得见这些奇特的现象,特别是找出在木星表面上的木卫(图447)。

图447 1930年12月8日木卫Ⅲ和它的黑影经过木星的表面时,木卫Ⅰ才从被食后出来(施隆贝格描绘)

在冲日的期间,每夜可以几次看见这些现象,它们连续发生的迅速和变化的多样,是值得人们注意的。读者如果能用几夜去观看木星,注意这旋转中的球体、它上面的环带和它们的变化以及它的卫星群,你就会明白"天不变"这句话是不正确的。

木卫Ⅰ、木卫Ⅱ、木卫Ⅲ的各自运动有密切的关系。自然它们都遵循开普勒的第三定律,而且它们轨道的半径,根据拉普拉斯的看法,有一种特殊的关系:"木卫Ⅰ的经度(从木星上看到的)减去木卫Ⅱ的经度的三倍,加上木卫Ⅲ的经度的两倍常等于半圆周,即180°。"拉普拉斯说:"这不是因为原始的时候,这三颗卫星就安放在这样适当的距离和位置上所造成的结果,很可能是由于一种特殊的原因造成的。"拉普拉斯便从这些卫星相互间的作用去寻找这个原因。他仔细研究了这相互的作用,终于明白为什么有这严格的关系。并不是一开始就有这个关系,即使这三颗卫星的运动和经度不适合这个关系,它们相互间的作用也必然会建立起并维持这个关系的。木卫Ⅳ并不包括在这奇怪的关系里,它的运动和别的三颗木卫没有关系,不过它还是一样遵循开普勒的第三定律。

拉普拉斯所发现的这个定律有下列的几个结果:前三个木卫绝不会同时被食,亦不会同时过木星的圆轮;如果木卫Ⅰ和木卫Ⅱ同时被食或被掩,或者同时过木星的圆轮,那么木卫Ⅲ必在它的或东或西大距处(图448A);如果木卫Ⅱ和木卫Ⅲ同时被食或被掩,木卫

Ⅰ必凌木星表面经过，如果木卫Ⅱ和木卫Ⅲ同时投影在木星圆轮上面，木卫Ⅰ必或被食或被掩（图448B）；如果木卫Ⅰ和木卫Ⅲ同时被食或被掩，木卫Ⅱ可能占据下列三种位置之一，凌木星表面经过，或者在另外两木卫的前面或者后面60°，如果木卫Ⅰ和木卫Ⅲ一齐经过木星的圆轮，木卫Ⅱ可能或被食或被掩，或者距离别的两个木卫成60°的角（图448C）。

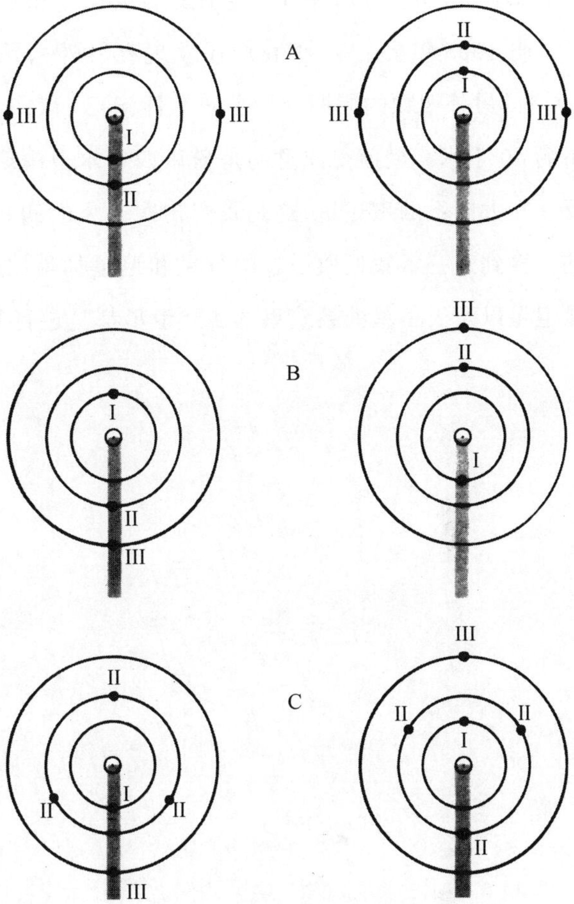

图448　木星的三个卫星的奇特位形

由此可见，木卫Ⅰ、木卫Ⅱ和木卫Ⅲ可能同时看不见，可能两个被食或被掩，同时另外一个凌木星的表面，或者一个被食或被掩，另外两个凌木星的表面。如果再加上木卫Ⅳ被食、被掩或者凌木面，便有一些时刻木星好像缺少了卫星。这种木卫全隐匿的情况是罕见的。1939年7月17日4时12分至5时0分出现过这样的情形，那时木卫Ⅱ、木卫Ⅲ、木卫Ⅳ被食或被掩，同时木卫Ⅰ凌木面而过。由于这些现象的重演并无一定的周期，如果我们没有卫星的星历表〔天文年历或天文年鉴中载有木卫观测一项，例如 *Annuaire Astronomique Gamille Flammarion*——原注。在苏联每年出版的《天文历》中都有木卫观测的图解说明。——校者注〕，我们便不能事先推算得知。

直至1892年，天文学家都以为伽利略所发现的四颗木卫已经是这个大行星所有的卫星了，可是一位好奇的观测者巴纳德，用里克天文台的大望远镜在木星的附近仔细寻查，那年9月9日他发现第五颗小卫星，星等为13，距离木星2.5半径，以11时57分的周期环绕木星运行。这个意料不到的发现再一次说明了我们总是应该不断地在天上寻找的。木卫Ⅴ比以前的木卫小很多，直径大约只有190千米。木卫Ⅴ名字叫阿玛尔特，根据神话她是曾哺育过丘比特的母羊，后来成了他的养母。1904年珀赖因(Perrine)所发现的木卫

Ⅵ更小,直径只有140千米。它比以前几个卫星更远,周期251日。

自1905年至1951年我们还发现有另外六颗直径很小的木卫。其中两颗的周期是260日,另外四颗的周期分别是600日、692日、739日和745日。其中最大一颗的直径还不满40千米。最值得注意的是最后四颗木卫围绕木星运行的方向和另外几颗的方向相反。在太阳系的叙述里,这是我们初次遇见的四颗星,四颗很小的星,它们的运动是逆行的。直到这一章我们所说过的行星和卫星都是按顺向运行的,而在土星的系统里最外一颗卫星以及天王星的系统里的四颗卫星都是逆行的,这同样使我们感到惊奇。

图 449　土星神(萨杜恩)的座车(18 世纪德国的木刻)

第三十二章

土星——太阳系里的奇观

土星和围绕着它的光环,是天文爱好者在望远镜里所看见的最美丽的天体。形态稳定,比例恰当,真是一件完美的艺术品。老练的观测家虽然千百次地看见过土星进入他望远镜的视场里来,但还是会像从前一样发出赞美的呼声。

这颗奇妙的行星,直至 18 世纪,还被人当作是太阳系的边界。17 世纪人们已经知道它的轨道,光线要用至少 2 时 40 分的时间才穿得过去,人们把这成就自然地引为骄傲。古人以为土星是嵌在晶莹般球内的小宇宙,现在我们的看法和他们的见解已经相差很远了!

土星并不是最末一颗行星,然而是肉眼所能看见的最末的行星。它没有木星那样明亮,它的亮度较暗而且较冷。中世纪的星占家以为土星具有恶魔般的影响,它是掌管时间和命运之神,对于它所控制的生命,是只会给予灾祸的。

土星过近日点的时间,前次在 1944 年 9 月 8 日,后两次在 1974 年与 2004 年。那时候它距离太阳 13.5 亿千米。1959 年土星经过远日点,它距离太阳将是 15.09 亿千米。它的轨道偏心率是 0.056。

土星的公转周期是 29 年又 167 日,它的冲日来复的会合周期是 378 日。土星在黄道的每一个星座里平均有 2.5 年之久。因为它的轨道的交角只有 2°30′,它总是离黄道不远,可是还不及木星那样贴近黄道。它的冲日期每年比前一年推迟 13 日,例如 1950 年 3 月 7 日、1951 年 3 月 20 日、1952 年 4 月 1 日、1953 年 4 月 14 日、1954 年 4 月 26 日、1955 年 5 月 9 日等都是土星冲日的日期。土星在一会合周期里顺行 240 日,逆行 138 日。

这一章内的图画比解说更能使读者对于土星的物理情况和它的光环有所了解,这里"光环"一词应当是复数的,因为它们实在不止一圈,而是互相套着的几圈(图 450)。土星球体比木星更扁,因为它的扁率达 1/9.6。在它的平均距离 9.55 处赤道径据测量是 17″.3,这样相当于地球赤道径的 9.4 倍,合 11.97 万千米。两极径不过是 10.72 万千米。土星与地球的体积之比,把两个球的扁度计算进去是 742∶1。它的质量是在木星质量的 1/3 和 1/4 之间,等于太阳的 1/3 502,而为地球的 95 倍。土星的平均密度差不多是地球的平均密度的 1/8,只有水的密度的 0.7! 还不及木星的密度的一半,而木星密度的稀薄已经引起了我们的诧异。

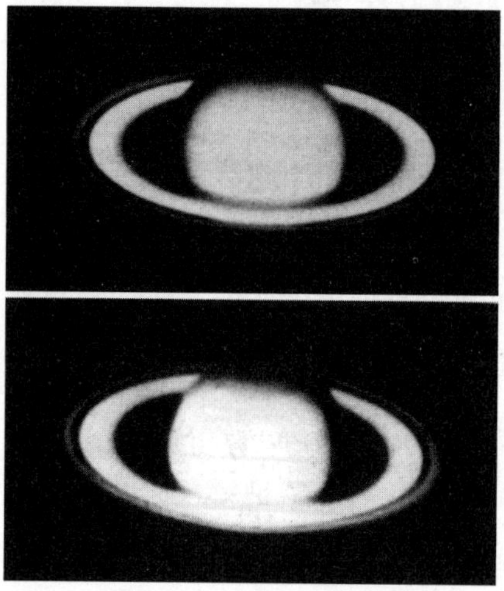

图 450　冲日前后的土星倒像

土星在它的光环上的黑影是由西向东(日中峰天文台的照片)。

土星自转周期是 10 时 14 分。因为它表面上很少斑痕,所以自转周期很难确定。我们说过木星的赤道和它的轨道的交角很小,可是土星的赤道和它的轨道的交角竟达 26°44′之大。所以土星以它的两极交替地对着太阳和地球,它表面上的带纹呈现显著的弧线,不像木星的带纹那样总是直线形的,但是当土星经过它的一个二分点的时候,地球便会接近土星的赤道平面。土星于 1921 年 4 月 9 日和 1950 年 9 月 21 日过它的春分点,下次将在 1980 年,比上述日期早几天内再过那一点。1907 年 7 月 26 日和 1936 年 12 月 28 日它曾经过它的秋分点,下次再过当在 1966 年与 1995 年内。太阳在土星的北半球之上有 15 年零 9 个月,在南半球之上有 13 年零 8 个月。因轨道的偏心率的缘故,四季在土星上如在地球上那样长短不等。

以上这些说明好像过于烦冗,但是当我们明白土星的光环的平面恰好是它的赤道平面的扩大的时候,这些说明便有特别的意义了。光环像一顶巨大的圆形冠冕,却是非常之薄,如果做一个 1 米直径的模型来表示光环,它的厚度只有一张纸那样薄!

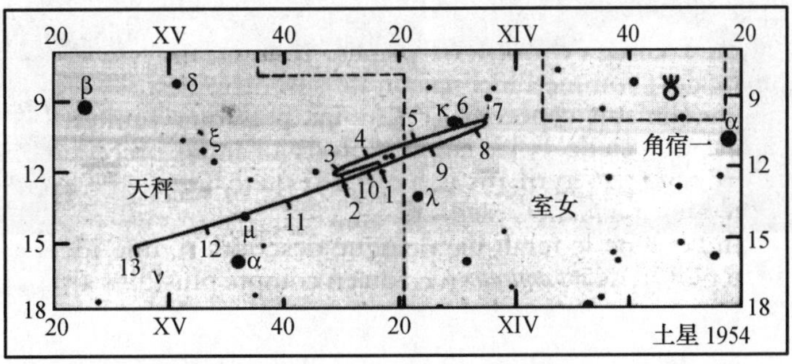

图 451　1954 年土星的行踪
取自《弗拉马里翁天文年历》。

光环的平面伴着赤道运动，光环的表面依次地被太阳照射着，北面被照 15 年零 9 个月，南面 13 年零 8 个月。过二分点的时候，太阳的光线只掠过光环，使它显得奇特地细如一线，肉眼就看不见了。在土星的二分日前后一些时候，地球过光环的平面，光环消逝不见，因为在这样的透视情况下，那样薄的一层是不会被人察觉的。事实上土星过二分点的时候，有几个月好像没有光环。这以后，太阳和地球相继都离开光环的平面，光环便呈张开的形象，过后几年光环包围着土星和两极的情况，完全可以看见。在小型望远镜里土星好像是一颗橄榄的形状。

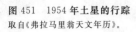

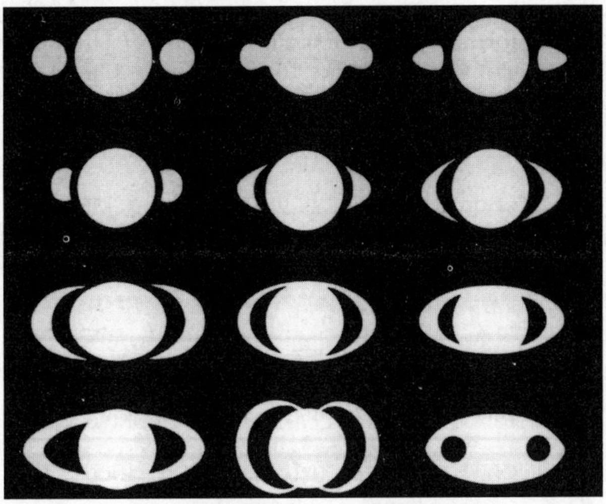

图 452　光环发现以前，人们眼里的土星

这种隐而复现、现而复隐的情形一直使观测者感到苦恼。1610 年正当光环快要闭合的时候，伽利略以为在土星两旁看见两颗小星，按照他的习惯他把自己的发现写成暗语，以后他自己解释了他的暗语，说："这两颗星是帮土星寻找路径的仆从。"可是 1612 年它们却不见了！1616 年伽利略又看见了它们，但是总没有了解它们究竟是什么。在很久的时期内土星被人认为是三联的行星。赫维留、席奈尔、丰塔纳(Fontana)、里希奥利、伽桑狄所绘的土星图都在旁边加上两个把柄，丝毫没有想到它们的结构(图 452)。1656 年惠更斯所看见的土星，并没有这两件装饰品，而只有横贯它赤道的一条暗线。惠更斯后来才明白这是光环在球上的黑影。1656 年年末光环张开(图 453)，但直到 1657 年惠更斯才分辨出光环和行星之间是有罅隙的。当他不再怀疑的时候，他才于 1659 年把他的发现刊印在一本小册子里。土星的"柄"呈周期性隐匿

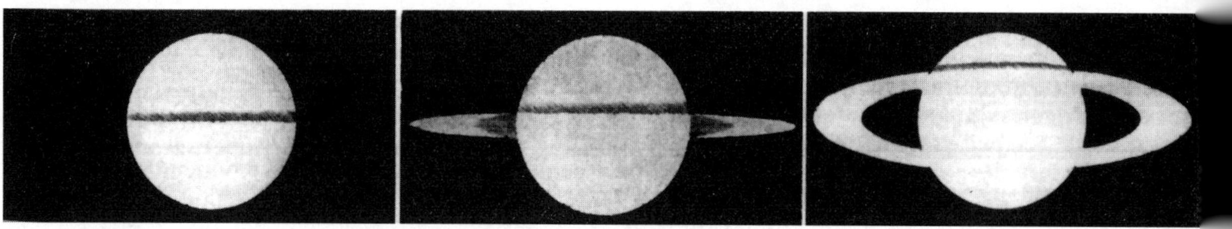

图 453　惠更斯发现的光环

自左至右:1656 年 1 月、10 月和 1659 年 2 月的观测。

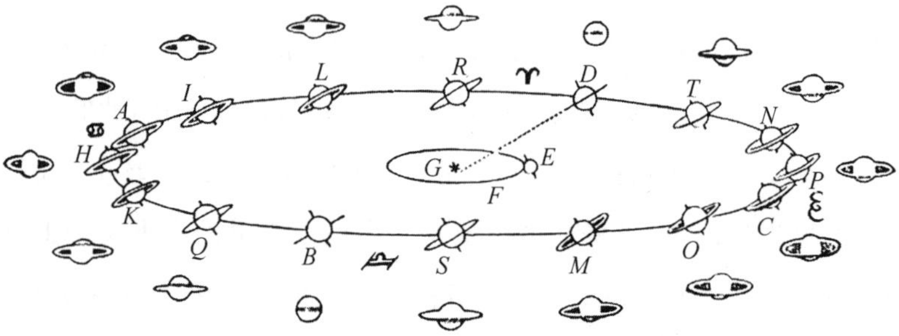

图 454　惠更斯绘了这幅图以说明土星光环的位相与消逝

的现象才完全得到解释。我们把他所绘的图(图 454)复制在这里,读者一见便明白光环隐现的缘由。这个隐蔽真相的帷幕差不多经历半个世纪才被揭开。光环是环绕而不接触土星的这一看法,起初还是有人反对的,但是最后的障碍终于被下列的观测所排除:1662 年奥佐(Auzout)看见土星投在光环上的影子,卡西尼还发现外环和中环之间的空隙。1850 年邦德(Bond)还完成了惠更斯的工作,发现了内环没有其他两环明亮而且是透光的,有暗环的称号。内环常不显现在照片上,除非当它经过土星球面的时候,以黑影的姿态被衬托出来。

外环又称 A 环,在它的长条上有几处最亮的地方,中间隔些暗线,都很弥散,难以区别。中环又称 B 环,外边沿处很亮。它和 A 环之间有卡西尼环缝,那是一条绝对黑暗的宽线,这在本章所附的图上,特别在图 450 上很显著。B 环上有分环,它不及本环紧密。内环又称 C 环,是被李奥环缝所隔开的。

这些光环的直径分别为:A 环 27.6 万千米与 24.1 万千米,B 环 23.3 万千米与 17.5 万千米,C 环 17.5 万千米与 14 万千米。卡西尼环缝宽 4 200 千米,C 环到土星赤道的距离约 1.1 万千米。

这顶冠冕究竟是什么?是固体、液体,还是气体呢?天体力学对这问题给予了一个明确的答案:唯一可以存在的光环当是由无数各自独立的小质点构成,它环绕行星并以不同的速度按照开普勒第三定律而运行。1705 年卡西尼已经主张光环的现象是由许多很小

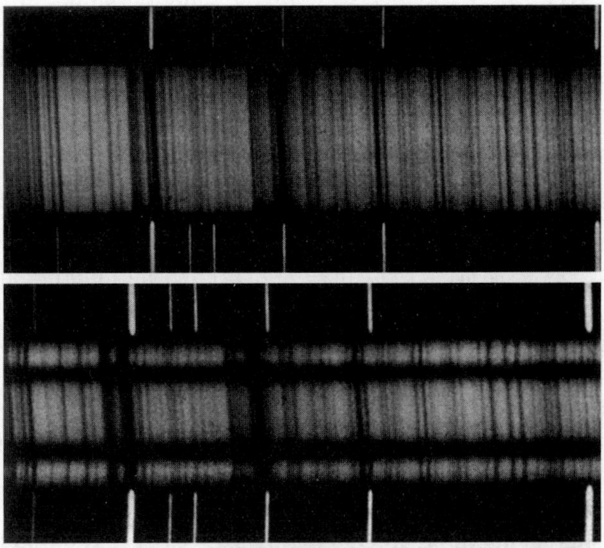

图 455　木星和土星大色散的光谱，它证明了这两个行星的自转

而为肉眼不能分辨的卫星所形成的。1848年洛希由计算证明，一个和行星密度相同的大卫星不能够在小于赤道半径2.44倍的距离上运行。如果有一颗卫星在短于这距离之处形成，它将因潮汐的作用而破裂成一大堆碎片，终致形成光环。1857年麦克斯韦(Maxwell)也独立地得到同样的结论。还待证明的便是光环不像固体的冠冕那样整个地在转动。这是1895年基勒(Keeler)和德朗达尔做过的工作，他们借摄谱仪(图455)测量形成光环东边沿质点的聚拢速度和形成西边沿质点的分离速度。这两位天文学家求得这些速度和质点相对于土星中心的距离的平方根成反比，这正是开普勒第三定律所需要的(见第十五章)〔如果我们把行星的像放在摄谱仪的光缝上，并且将光缝放在和行星的轴正交的一个直径上，我们所拍得的光谱谱线相对于光谱的谱线本身是倾斜的。这是由于行星自转因多普勒效应产生的结果，原因是一边沿接近我们的时候，另一边沿远离我们。图455内木星的谱线的倾斜很明显。同一图上土星的光谱是由三部分所组成，中间一部分是土星本身的光谱，谱线倾斜的方向和木星的相同。两旁的两条是光环的两柄部的光谱，谱线好像是破裂的，两旁的谱线并不整齐地排列在相同的线上。这是光环不像固体整个地在转动的直接证据。精密的测量表明组成光环的质点的轨道速度与它们相对于行星中心的距离的平方根成反比(开普勒第三定律)〕。每一个质点都像是各自独立地在运行。拉普拉斯证明经过长时期之后，这些质点的轨道将是圆形的，位置在土星的赤道平面上，因为土星的赤道凸出部分的引力，不许可这些质点离开它的赤道面。

至于在光环同心层之间的清晰或者模糊的缝隙，是质点密度很小的区域或者甚至完全没有质点，即像卡西尼环缝那样的区域。可见土星的光环和小行星所形成的环之间有一种奇特相似之点，因为我们在前一章看过小行星因受木星引力的作用，它的环亦有一些空隙。在土星的情形，也许是由于它的几个里面的卫星造成了光环上的空隙。假使有一颗卫星可以安稳地(事实上自然不是那样的)恰好经过卡西尼环缝的中央，它的公转周期会是大约11时，即大约是土卫Ⅰ周期的1/2，土卫Ⅱ周期的1/3，土卫Ⅲ周期的1/4。这三颗卫星综合的作用很快就把那颗假想的卫星从那里赶出去了。

假使光环是固体的,不管形成的时候它的中心是怎样地放置好,但因受到行星的引力的作用,终于会接触到中心的球体,因碰撞而破碎。假使光环是流体的,它也必定分裂成块状,产生卫星。这种状态下的物体都不会造成一片稳定的卫星环。

B环的外部比土星本身还明亮得多,组成它的质点的散光能力差不多等于雪的散光能力。柯伊伯根据他的分光光度观测,设想土星(至少它的表皮层)是凝固的水。在-200℃的低温下,冰可能在行星际的真空里保持很久。

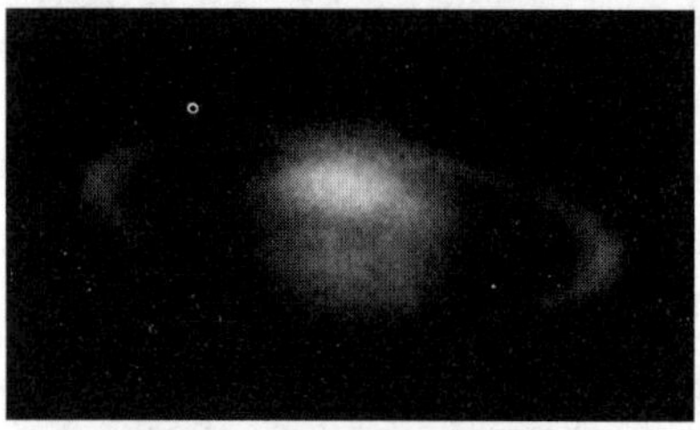

图456　1933年8月的白斑

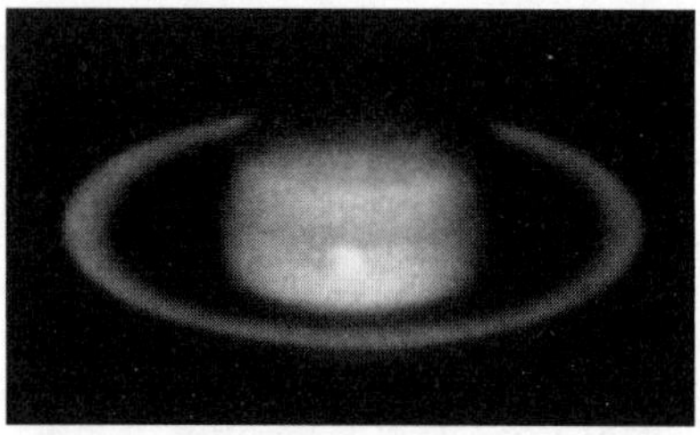

图457　白斑过圆轮的中心,1946年2月11日

土星光环的奇特之处一向吸引我们的注意,使我们忽略土星本体。和木星一样,土星的球面上也有沿纬度圈的带纹,只是远不及木星上的那样显著、那样活跃罢了,而且需用大型望远镜才辨认得出其中的特点。威廉·赫歇尔使用他的具有铜镜的大型望远镜观察出一些特点,并算出它们的自转周期是10时16分。1876年霍尔在华盛顿发现土星的赤道区有一块明亮的斑痕,持续一个月之久,求得它的自转周期是10时14分24秒。1903年巴纳德在北纬35°处看见一块淡白的斑痕,它的转动周期显然比在赤道上的斑痕长些,达10时38分。赤道区还有别的斑痕在1933年为海伊(Hay)观测到(图456),1946年又有丹戎、李奥、卡米舍耳等观测到(图457)。这都是既稀罕又容易消逝的现象。

土星的极区色调常是很浓的,暗的极冠在北极比在南极要小些,但要浓些。南温带区有时带一点蓝色,有时出现宽的带纹。在北温带区里有时也发现暗的带纹。

赤道上的两个暗带纹是土星面上最显著的标志,但当光环大大张开的时候,其中一带就被掩盖了,所以在土星的二分期才容易做这种比较的研究。例如1937年南带纹变成了两条浓度相同的带子,北带纹也变成了双带,但不及南带纹那样高,而且它北边的一个分带更模糊。

赤道区常比土星上各区明亮得多,甚至可像1950年那样白得耀眼。有时这种变化只是局部的,这便是以上所说的容易消逝的白色斑痕。在赤道上可以出现一条浅灰色的细带,它常是弯曲而不连续的。

总之,土星表面的结构比木星的简单得多,带纹没有那样显著,颜色也没有那样鲜明而多变化。虽然这样,木、土两行星之间类似之点却不少。由光谱分析得知在土星的大气里也像木星那里一样，有甲烷和氨，而且甲烷更丰富，氨比较少些。我们可以猜测土星里有大量的氢、氮与氦。

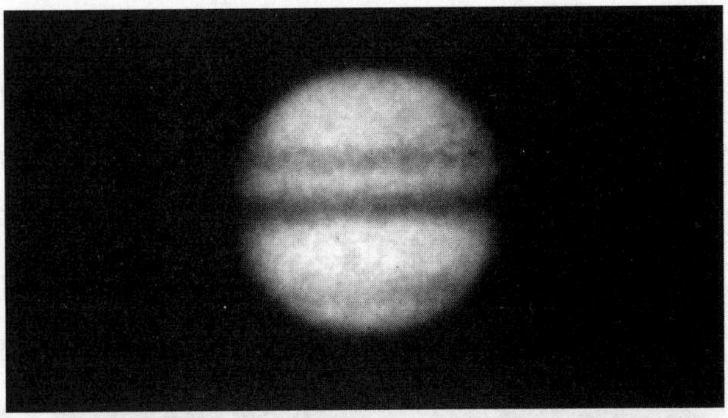

图 458　1937 年的土星，光环不见，但光环的黑影投射在土星的赤道带上

在土星表面上被看见的云可能是晶体氨所构成的，它表面的反照率和木星的反照率大致相同。用温差电偶测出它的温度是－145℃。在地球上的人看来，这温度好像是很低，但是在物理学家看来，这却是高得有些不合理。因甲烷和氨在土星表面所组成的云层，像我们温室上的玻璃一样，保持住太阳的热量，如果不因为这些气体大量地存在，温度可能要低得多。

土星内部的构造与所说过的木星的情形类似，我们就不再叙述了。因土星的平均密度比水的密度还小，大气下不可能有岩石壳的存在。土星的核心处因有很大的压力，可能是固体化了的气体所组成的，上面覆盖着液态氢的海洋，亦如木星的情形那样。

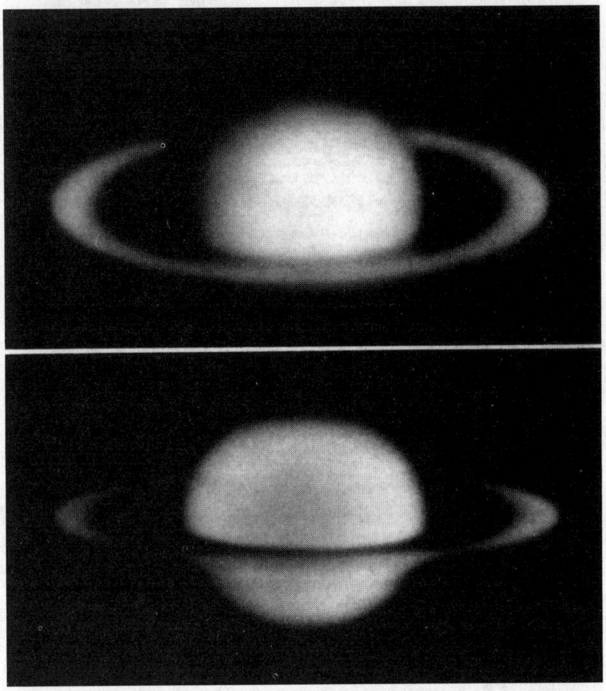

图 459　上图：1946 年 11 月 4 日，光环的影投射在土星表面上，光环的黑影在外侧；下图：1949 年 4 月 16 日，光环的黑影在环圈内侧

土星不但戴有光环构成的冠冕，而且还有一大群的卫星陪伴着。最大的一颗是土卫Ⅵ，它于 1655 年被惠更斯发现，可以用地面望远镜看见，星等 8，以 15 日 22 时 41 分的周期在离土星 20.5 个赤道半径或者 76 万千米处，绕土星运行。在土星的二分期的时候，这颗卫星在每次公转里都受到食和掩，并且经过土星的圆轮，但是在几个月以后这现象就没有了，一直到 13 年或 14 年以后才能再度出现。土卫Ⅵ的直径超过月亮，实长 4 200 千米，其上有大气。柯伊伯在它的光谱里发现甲烷的吸收光带。

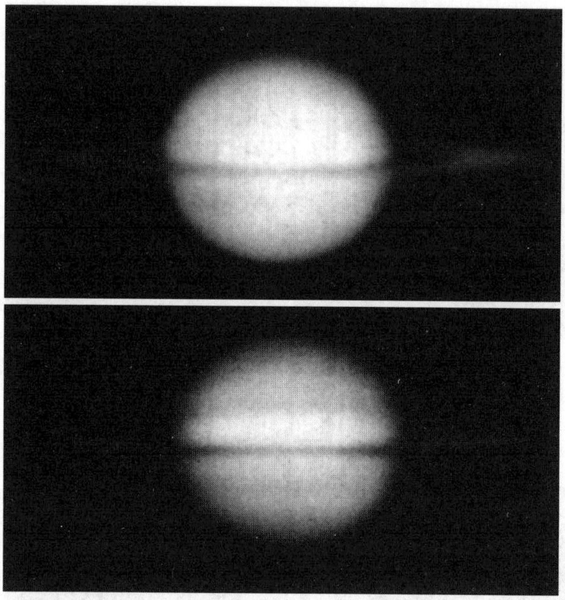

图460　1950年4月7日地球离光环的平面只有 4°.5，光环将要合拢，不能看见；1951年4月15日地球在光环上1°.7，光环又快要重新出现在我们眼中

以可见度的次序排列，其次便是土卫Ⅴ、土卫Ⅲ、土卫Ⅳ和土卫Ⅷ，都是卡西尼于1671年至1684年间在巴黎天文台所发现的。他第一次看见土卫Ⅲ和土卫Ⅳ是在一具口径11厘米焦距30米的望远镜内，物镜放在高楼的平台上，观测者在庭园里用一具放大镜当作目镜去寻找，因镜筒太笨重，故不使用。卡西尼所用的物镜现今还保存在巴黎天文台内。以上这些卫星在天文爱好者的小型望远镜里都看得见。1789年赫歇尔所发现的土卫Ⅰ和土卫Ⅱ，特别是1848年邦德所发现的土卫Ⅶ，就比较难观测些。土卫Ⅸ周期为550日，是最远的一颗(214个半径)，和木星的四颗卫星一样，运动是逆行的。

还有在1900年由皮克林(Pickering)所发现的土卫Ⅹ，好久以来都没有被人再度看到。

除了土卫Ⅵ，其他的卫星都很小，土卫Ⅴ与土卫Ⅷ的直径不过1 800千米；土卫Ⅲ与土卫Ⅳ是1 200千米；土卫Ⅰ、土卫Ⅱ与土卫Ⅶ大约是600千米；土卫Ⅸ最小，其直径只有200千米。土卫Ⅷ应当特别提出来说一下，一则因为它的轨道和光环的平面交角很大(这是除了逆行的土卫Ⅸ以外，别的卫星所没有的情形)，再则因为它的光亮是变化的。土卫Ⅷ常以其一面对着土星，在它的轨道上某些点，明亮得像土卫Ⅴ，在另外一些点上，它又暗淡得像土卫Ⅱ一般。所以它的表面上有很显著的黑斑。卡西尼已经有这个看法，他说："这颗卫星的表面反射光线，不是一样的洁净。"

在继续行星际的旅行以前，让我们设想一下乘火箭到了土星平流层上空的飞行家所看见的景象是怎样的。在赤道上沿着边沿的方向去看光环，它像一道薄而亮的拱门，从天界的一端经过天顶达到天界的另一端，把天空拦着。晚上这座拱门投在行星的黑影里，不会被看见，原来组成光环的无数微粒状的卫星都被食了。我们的飞行家朝着高纬度处行进，向太阳照着的极地飞去，他将会看见一个巨大的圆圈逐渐长大，终于沉到地平线下面消逝。他的目光被这伟大明亮的"虹"所吸引，简直忘记了恒星和卫星，这些当中最大的土卫Ⅵ的视直径也仅有我们的月亮的一半。当他飞近纬度63°那里，光环已经完全沉没在地平线以下了。再经过赤道到南半球去，这位旅行家将会看见光环的黑暗一面，在这些微粒之间只透过一点暗淡模糊的光辉。不久他到了光环投射影子的区域，这里虽然还是温带，永恒的日食使他有到了黑夜的极区的印象。再走上几千千米，太阳重新出现，所谓太阳不过是只有3′直径的一个大光点罢了。再走远一点，真的进入了极区的黑夜，太阳和光环都落在天界下面，只有卫星在天空里不断地表演它们的盈亏圆缺。我们的旅行家离开这荒凉的星球，将火箭指向了天王星、海王星、冥王星那些更难以住人的世界去。

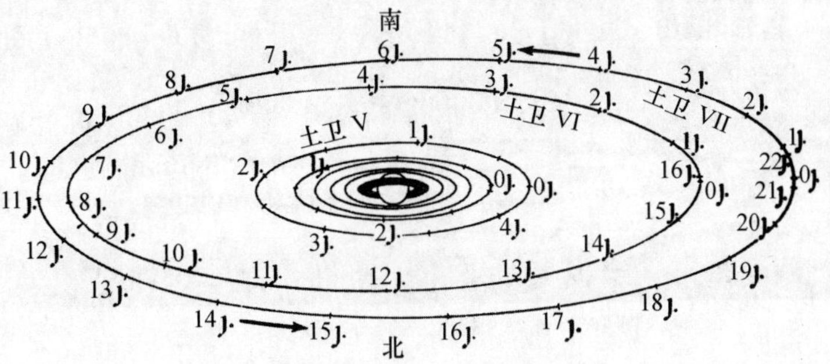

图461　1954年土星卫星的视轨道，按和土星的距离的次序：有土卫Ⅰ至土卫Ⅶ，只有土卫Ⅵ才能在小望远镜里看见

图 462　威廉·赫歇尔的一座望远镜(1783)

第三十三章

天王星——颠倒了的世界

大约 1766 年,有一位以演奏风琴为职业的德国少年居住在英国,名叫威廉·赫歇尔。他于 1738 年出生在汉诺威,自从汉诺威的侯爵做了英国的国王以后,他们可以自由地迁居到英国去住。赫歇尔是一位不知疲倦的工作者,他闲暇的时候就去阅读数学和天文的书籍。不久,他渴望有一架望远镜去窥探天上的奇观。他微薄的收入不足以付出伦敦光学仪器商人所出的价格,于是他开始亲手磨制自己所需的望远镜。屡经失败以后,1774 年他终于将自己手磨的、焦距长 1.52 米的铜面望远镜装配好去观察天象。在得到初步成功的鼓舞之后,他又制造了焦距长 2 米、3 米乃至 6 米的望远镜,最大的口径达 48 厘米之长(图 462)。

1781年3月13日这位热心的天文爱好者用他的口径16厘米、焦距2米的望远镜，再配上放大227倍的目镜，对着双子座内一群小星作观测的时候，他觉得其中的一颗显现出奇特的形状：那颗星有一个圆轮，并且当他把目镜的放大率从227倍改到460倍的时候，这个圆轮的直径看起来变长了。不久赫歇尔还发现这奇特的星相对于它附近的恒星在改变位置。这是一颗行星呢，还是一颗彗星？自从没有历史的时期以来，不算地球，行星就只有五个，望远镜发明以后也没有找到新的。赫歇尔没有那样大胆地把这颗未知的星当作是一颗行星，虽然这颗星既无尾又无发，他仍毫不迟疑地把这颗星当作是彗星。1781年4月26日他向皇家学会提出一篇报告，题目就叫作“一颗彗星的报告”。

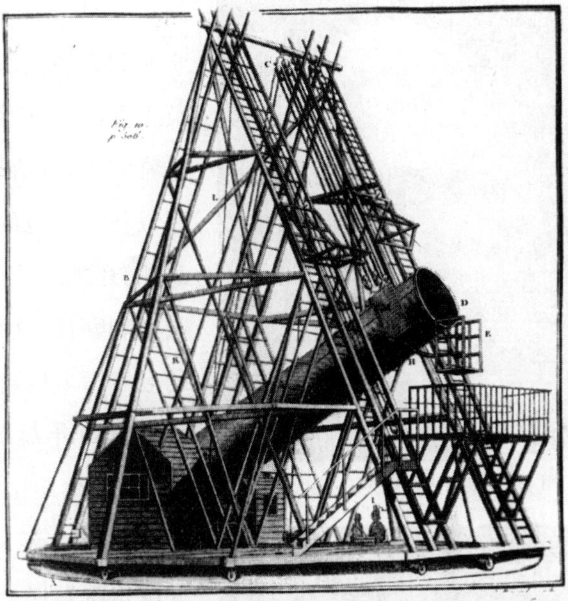

图463 威廉·赫歇尔所造的大望远镜(口径122厘米，1789年)

随着这个发现的新闻使这位精通音乐的天文学家的名声传遍欧洲，许多天文学家都去观测这颗“彗星”，为的是要确定它的轨道。他们设想这颗星和别的彗星一样在很椭长的轨道上运行，过近日点时很接近太阳，但是从这样的观点去计算轨道总不成功。他们终于认识到这颗星的轨道差不多是圆形的，比那时太阳系的边界土星的轨道还要远离太阳，于是人们经过了很久的迟疑，才公认它是一颗行星。真的，要把太阳系的范围扩大，在事实上比在想象上更加困难，因为因袭的力量太大了。人们长期以来已经习惯把土星当作是边界的看守者，需有革命精神的人才能推广疆域，承认新的世界。威廉·赫歇尔建议把他发现的行星叫作乔治星以纪念当时英国的国王乔治三世。别的人忠于神话的传统，建议把它叫作天王，他是萨杜恩(土星)的父亲，诸神的前辈，曾被人忘怀了许多世纪，应该加以纪念。天文学家拉朗德把发现者的姓氏加在这颗行星上，把它叫作赫歇尔，使人和天共垂不朽。于是“天王”和“赫歇尔”这两个名称一起流行了很久。1846年勒威耶研究这颗星的摄动的时候，它还有赫歇尔的称号。但是习用已久，人们终于愿意采取神话上的名称，于是朱庇特(木星)、萨杜恩(土星)和乌拉诺斯(天王星)，子、父、祖三代相继并列在太阳系里。

图 464　威廉·赫歇尔(1738—1822)

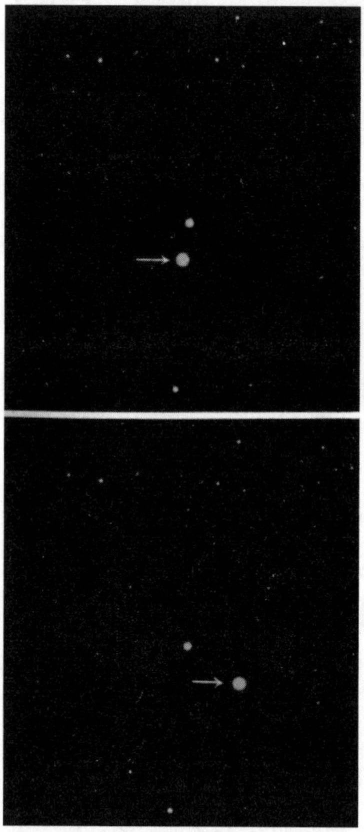

图 465　天王星在白羊座里一颗 7 等星附近逆行

1936 年 12 月 19 日和 30 日，弗拉马里翁天文台拍摄。

1781 年以后，威廉·赫歇尔便不再以乐师而以天文学家和大型望远镜的制造者身份扬名全球。维护科学的英王乔治三世召见了他，对于他讲解的简明、态度的谦逊非常高兴，既给以终身的俸禄，更在温莎堡附近斯劳地方赐以住宅。他的妹妹卡洛琳充当他的书记员，记录他的观测，还加以归纳计算。英王赐给她以助理天文学家的头衔和薪俸，这是恰当的恩惠，因为她曾发现了一颗以她的名字命名的彗星。

1789 年赫歇尔制成了另外一具巨型望远镜，口径 1.22 米，焦距 12 米，远远超过当时所用的一切望远镜(图 463)。1789 年 8 月 27 日这座大望远镜开始使用，第二天赫歇尔就发现土星的第六颗卫星，几星期以后又发现第七颗。斯劳天文台是世界上发现星星最多的一个地方。后面我们还要提到赫歇尔，他又是恒星天文学的创始人。

天王星需要 84 年才围绕太阳运行一周。1865 年和 1949 年两年它再次回到它在轨道上被人发现的那一点。事实上我们对于这颗星的观测已经在三整周以上，原来在赫歇尔认识它是行星以前，已经有几位天文学家把它当作恒星观测过了，可惜他们既没有好仪器也没有足够的智慧，因而把这颗行星放过去了。最早的观测是在 1690 年，约翰·佛兰蒂德在星表中将它编为金牛座 34，并且至少观测了 6 次。自 1750 年至 1769 年勒莫尼埃(Lemonnier)曾经在他的望远镜里观测过天王星达 12 次之多，可是他终于让它逃掉了！但是这位粗心急躁的天文工作者却喜欢多费时间去批评别人的工作，而少花工夫去整理自己的观测。没有好奇心和想象力的观测者，真不知错过多少机会啊！

在肉眼里天王星像一颗 5.7 等的恒星(图 465)，只要有一幅好的星图便不难把它找到(图 466)。它经过黄道星座亮星很少的区域时，没有很早地引起观测者的注意，是一件可诧异的事。在望远镜发明以前，天王星被人发现已经是可

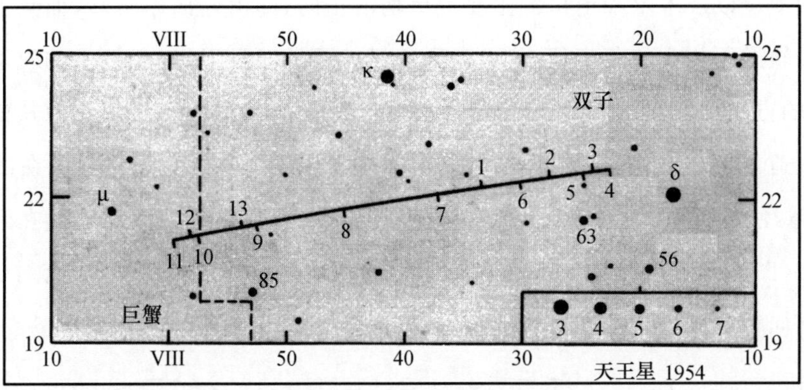

图 466　1954 年天王星的行踪

取自《弗拉马利翁天文年历》。

能的事。

天王星距离太阳大约是土星距离的二倍，即达 28.75 亿千米。因为偏心率是 0.046，近日点距离是 27.42 亿千米，远日点距离是 30.08 亿千米，天王星在 1799 年、1883 年和 1967 年过近日点，下次将在 2051 年回到那一点。

我们现在知道天王星有 5 颗卫星，以离它的距离由近而远为次序叙述如下（图 467）。

天卫Ⅴ是最近的也是最后发现的一颗，它是在 1948 年被柯伊伯在一张照片上找到的。它的星等是 19，周期是 34 时，距离天王星的中心有 5 个赤道半径那样远，即 13.5 万千米。天卫Ⅴ的直径不超过 200 千米。

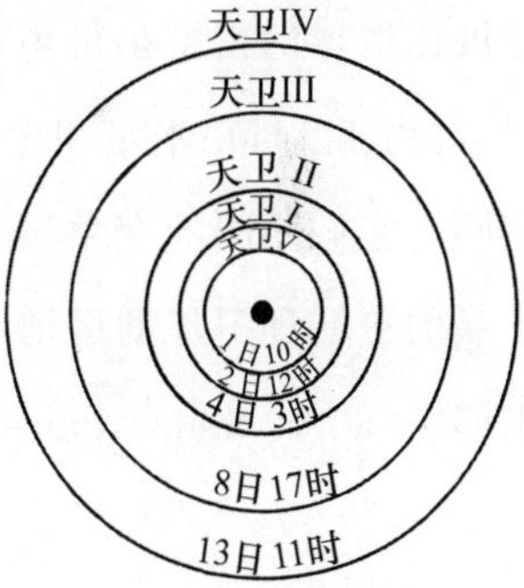

图 467　天王星卫星的轨道

天卫Ⅰ和天卫Ⅱ是 1851 年被拉塞尔（Lassell）所发现的。它们的星等分别为 15 与 16，很难被人看见。天卫Ⅰ在 7.4 个赤道半径或者 19 万千米处以 2 日 12 时 29 分的周期环绕天王星运行，它的直径只有 900 千米。至于天卫Ⅱ，距离是 10.2 个赤道半径或 26 万千米，周期是 4 日 3 时 28 分，直径是 700 千米。

最后天卫Ⅲ、天卫Ⅳ是 1787 年威廉·赫歇尔发现的，星等是 14，因距天王星稍远，故比前两颗卫星还容易观测些。天卫Ⅲ在离天王星 17 个赤道半径或者 44 万千米处以 8 日 16 时 56 分的周期运行，它的直径估计是 1 700 千米。天卫Ⅳ在 23 个赤道半径或 59 万千米处运行，周期是 13 日 11 时 7 分，直径是 1 600 千米。

我们之所以违背我们的习惯，先讲卫星后谈天王星本身，那是因为这些卫星的运动有一种奇特的情况，这些情况影响天王星的自转，使它超出常规，成了太阳系里的特例。地球和火星的卫星以及木星和土星的主要卫星均沿正向，即由西向东自转，而且卫星的自转面和行星的轨道面相交的角度很小，可是天王星外面的四颗卫星(天卫Ⅰ的轨道根数还不确定)运动的方向都是逆行的，自转面差不多和天王星的轨道面正交。假使从前按正向在天王星的轨道面上转动，要把它们弄到现在的位置上来，就必须把它们所在的平面转过98°！当地球经过这平面的时候(1923年、1965年等)，这些卫星的运动就像在天王星的两旁摆动一般(图468)。反之，在别的时候，它们的视轨道差不多是圆形的，有时(1946)它们按顺时针方向转，有时(1985)它们按逆时针方向转。

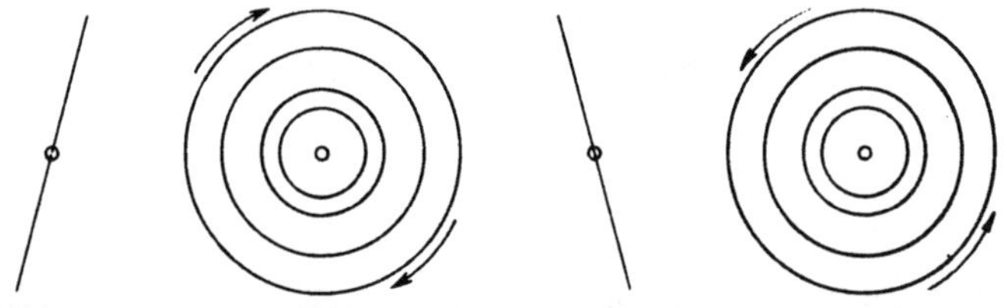

图468　在恒星周期各时期里天王星卫星的视运动

天王星在地球上测量只有3″.8(极端值是3″.4和4″.2)，实际的直径是5.1万千米，约相当于地球直径的4倍。以地球为单位表示，天王星的体积是64，质量是15。天王星的密度比地球的密度小得多，约为水的密度的1.2倍。天王星球体的扁率已经被赫歇尔求得，约为1/14，在木星和土星的扁率之间。天王星的自转轴差不多躺在它的轨道平面上，实际上它们之间的交角只有8°，这自转轴差不多和卫星的轨道平面正交。因此我们说天王星的自转和卫星的运动一样，是逆行的。1902年借摄谱仪证明了这个看法。1912年斯里弗、1930年穆尔(Moore)和门泽耳用分光法求得天王星赤道区自转周期约为10时45分。

我们不夸张地说，天王星是一个颠倒了的世界。在这颗行星的天空里太阳可以交替地挨近两极，只相差8°。我们可以猜想在这种情形下大气流动的情况，当一极差不多垂直地接受日光的时候，另一极却落在漫长的黑夜里(1946年、1985年)。在这时期里天王星可见的一极，在我们眼里看来差不多在圆轮中心。只有在天王星的二分期(1923年、1965年)，我们才能观测它的赤道区和它的扁球形的形状。天王星表面类似于木、土两星，表面上的带纹在这些情况下被拉塞尔、杨格、亨利兄弟、蒂斯朗(Tisserand)、佩罗廷(Perrotin)等发觉，并于1924年被安东尼亚迪用默东天文台的大望远镜加以证实。这些环带很难观察到，因为天王星的圆轮很小，太阳照在它上面的光辉极端微弱，因距离遥远，在天王星上看太阳的直径只有1′40″。

天王星的反照率和土星相近(0.5)，它的圆轮边沿处很昏暗，无疑是被密而多云的大气所包围。这大气的吸收光谱里有甲烷的特征光带，比土星同类的光带还浓(图 469)，反之氨的光带却很弱。在红和红外的分界处有一光带，有人认为它是氢的分子(H_2)所形成的，还有一带是由一个氢原子和一个重氢原子所组成的 HD 分子所形成的。也许是凝结成雪的甲烷造成了云，于是天王星才有它大的反照率与赤道带纹。这一切都使人相信天王星的内部结构和木星与土星的内部结构相似。

从天王星那里看恒星宇宙，和在地球上所看到的没有两样，可是从那里看太阳却和这里所看的大不相同。在天王星上，水星和金星都看不见了，最遗憾的是地球也沉浸在日光里，因为地球和太阳的距离不会超过 3°！木星和土星都成了晨昏天幕上的小星，只有海王星才是一颗暗淡的、可以在半夜升到天空中的行星。所以对于这个很近的、也可算是很远的行星，地球和我们都算是不存在的了，对于宇宙里的其他世界来说，我们更是乌有了！

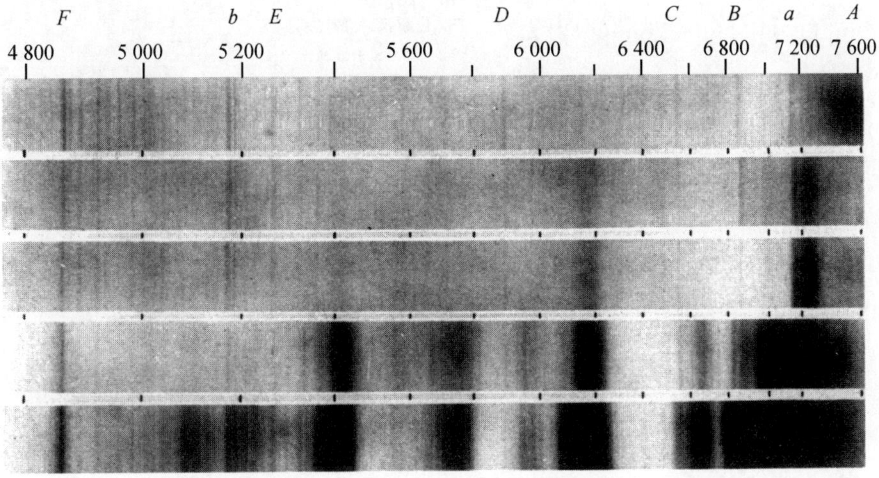

图 469　自上而下：月亮、木星、土星、天王星、海王星的光谱

图 470　海王星的发现

1847 年 1 月 1 日,《巴黎报》上的漫画。

第三十四章

太阳系的边界

海　王　星

有人说,天文学是测验人们智慧的学问,单凭计算发现了海王星这件事就证明这句话是正确的。这颗行星在距离我们 40 亿千米以外,是肉眼绝对看不见的,可是它影响了天王星的运动。于是数学家说:这影响的原因,是由于天王星轨道以外的另外一颗行星,它造成了我们所观测到的结果,由结果来推求原因,这颗行星必定会在天空中的某一点。于是人们把望远镜指向这一点,去寻找这一颗未知的行星,还不到 1 小时,果然把它找着了。

假使行星只受太阳的作用,它们就围绕太阳按椭圆轨道运行,如像我们在第十五章里所研究过的那样，可是所有的行星彼此互相吸引，而且还反转去吸引太阳，于是这些错综复杂的引力便产生了所谓摄动。天文学家计算行星方位表的时候，就是将摄动的效果计算进去的，这些表不但是观测者的指南，也是检验理论是否正确的一种方法。

法国经度局曾委托布瓦尔(Bouvard)计算当时已知的木、土、天王三大行星的星历表。布瓦尔证明对于木、土两星，从表中得出的理论位置和那时的观测完全相合，可是对于天王星，观测和理论之间就有不能解释的差错。这是在天王星发现后 40 年，即 1821 年间的事。事实上布瓦尔手里已有 131 年的观测资料，因为我们在前一章里说过，在天王星发现以前，自 1690 年至 1781 年它已经被人观测过二十多次。他对于这些位置都计算了天王星所受到的摄动，主要是土星的引力，他从观测里修正了这些摄动的影响，再表示在一个开普勒的椭圆上去，可是他完全失败了。远期的观测和近期的观测竟落在两个不同的椭圆周上！布瓦尔急于刊布他的表，放弃了 1781 年以前所作的观测，只将近期的观测尽量地修正完善，他说："让将来的研究去调和这两个系统，究竟是因为远期观测缺乏正确性呢，还是由于另外一种未知的外力加在这个行星之上呢?"这问题的答案不久便揭晓了。到了 1830 年布瓦尔的表又与观测结果发生不合，差错已达 20″，而且愈来愈大，至 1845 年便超过了 2′！这样看来，至少在表面上，天王星的运动似乎表明天体力学和摄动理论是不可靠的了。一些学者在这样不相合的情况下，便怀疑到万有引力的正确性，另外一些学者认为这是由于天王星轨道外的另外一颗行星的吸引，使天王星受了它的摄动，而木星和土星却没有受到它的影响。

大多数天文学家赞成第二种假说，寻找这个引起摄动的天体就成了当时亟待解决的问题，但这却是一个非常困难的问题，没有人敢着手去做，只有一位年方 23 岁的名叫亚当斯(John Couch Adams)的剑桥大学的学生，勇敢地担任起这个工作。经过两年的思考和计算以后，1845 年他说明天王星运行上的误差确实是由于另外一颗行星的摄动所引起的，而且他算出了这个摄动体的轨道和质量。他把他的结果告知了英国的几位天文学家，但是他们都没有在意。

亚当斯的姓名和工作在法国完全没有人知道，同年(1845)的夏天阿拉戈请求勒威耶去寻找这颗假想的行星。那时勒威耶在技术学校当天文学助教，也是新生力量，因曾做过关于太阳系的重要研究，所以有承担这个工作的基础。不久他发现布瓦尔的表上有几个误差，但将这些误差校正以后，观测与理论还是不能符合，这种修正后的误差表示在图 471 上。于是勒威耶便产生了下面这一系列的问题："天王星的行差是不是由于在黄道上运行，且比天王星远两倍的一颗行星的作用呢？如果是的话，这颗星究竟在哪里？它的质量

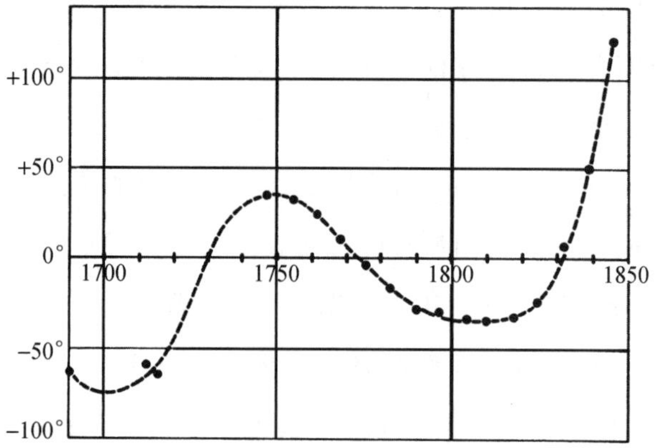

图 471　**天王星的黄经度的偏差**
勒威耶 1845 年绘。

多大？它的轨道根数怎样？”不久他把这些问题的答案总结在两个报告里，刊布于 1846 年 6 月 1 日和 8 月 31 日。1846 年 1 月 1 日，他说那颗行星的黄经度是 325°，它的相貌和恒星绝不相同，它的视直径不小于 3″。

那年 9 月 18 日，勒威耶在一封寄给柏林天文学家加耳（Galle）的信中，先感谢加耳给他的论文，然后把这颗行星的坐标告诉了他。这封信在 9 月 23 日到达加耳手中。那夜加耳把他的望远镜瞄准宝瓶座内勒威耶所指的那一点，加耳记下经过他的视场里的星星，同时他的助手达雷斯特（D'Arrest）注意前几天才出版的布尔米克星图。加耳所看见的星有一颗不在星图上面，这正是那颗行星！第二天这颗星移动了，9 月 25 日加耳便大胆地和他的巴黎朋友通信说：“先生，你给我们指出位置的行星是真实存在的。”

图 472　**找不着勒威耶的行星**
多米耶的石印画。

这个发现产生了很大的影响，自 1/4 世纪以来人们以为失败了的天体力学取得这样一个伟大的胜利，给人们一种深刻的印象（图 470、图 472）。阿拉戈建议把这颗新行星叫作勒威耶，但是以神话命名行星的传统又一次胜利，这颗星终于叫作**海王星**。

海王星发现的消息在英国引起各种反应。亚当斯的未发表的论文才宣布出来，人们才觉察这两位科学竞赛者的成绩是一样的，而且是各自独立求得的。假使剑桥的查理士（Challis）不是那样松懈地进行他的工作，假使他在 1846 年的 7 月间每天整理出他的工作而不总是把它堆积起来，英国人一定会首先发现这颗行星，因为事后证明查理士已经把海王星记录下来，只是没有想到去把它推算出来。英国天文学家看重亚当斯的功绩，请求不要把这个姓名忘记，不是没有理由的。阿拉戈对此报以激烈的言辞，这场激烈的笔战持续了好几年。

图 473　勒威耶(1811—1877)

图 474　亚当斯(1819—1892)

勒威耶把这颗未知的行星和太阳间的平均距离定为 35～38 个天文单位，公转周期定为 207～233 年。但是由初期观测所定出的结果却不相同，那时定出的距离是 30 天文单位，周期是 164 年。1846 年 10 月拉塞尔发现海王星的一颗卫星，这样便可推算这颗行星的质量。勒威耶估计它是地球的质量的 32 倍，亚当斯估计是 45 倍，实际推算的结果只有 17 倍！这样大的差异使人惊奇。嫉妒的人甚至说加耳所发现的行星和勒威耶的计算没有关系，这发现只是偶合而已。如果读者考察一下图 475，就会了解为什么有这种似非而是的结果。亚当斯和勒威耶所推算的假设的轨道差不多是相同的，就这两个轨道的全部来说，实

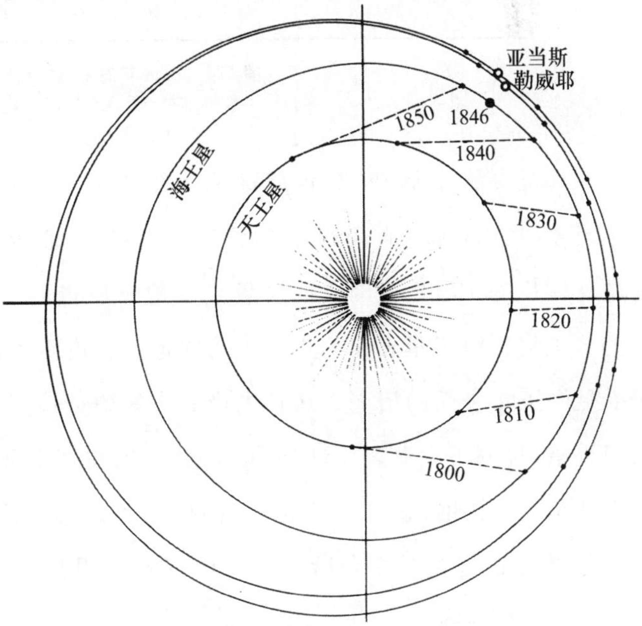

图 475　海王星的轨道和勒威耶与亚当斯所推算的轨道的比较

在和海王星的真轨道有显著的差异。但是在近日点附近,这两个假设的轨道差不多和真实的轨道相接触了,所以在1840年至1850年间这颗假设的行星的位置和海王星的真实位置很接近,只是这些假设的轨道和天王星的轨道相距太远了一点,这就是亚当斯和勒威耶都把质量算大了那么多的原因。在小型望远镜里,海王星像一颗8等星,所以要证认它,必须有一幅详细的星图(图476),或者必须有很好的星历表与具有定位度盘的望远镜。著名天文学家拉朗德的侄儿于1795年5月8日和10日,在陆军大学的象限仪(还保存在巴黎天文台,见图477)里,把它当作一颗恒星记录下来。他曾经觉察这两次记下的位置是有一点差异的,但是他以为是测量上的误差,便把第一次的观测取消,只刊布了第二次的观测,且在那后面加上一个问号。假使他再作第三次观测,去校核前两次观测为什么不相符合,他就会在勒威耶以前半个世纪发现海王星。这又是一个错过了的机会!

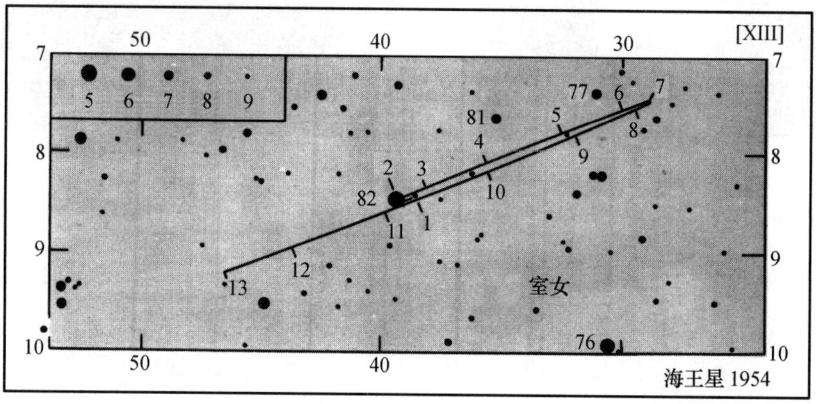

图476　1954年海王星的行踪

取自《弗拉马里翁天文年历》。

一具至少能放大300倍的望远镜才能够看见海王星的淡绿色圆轮,这圆轮的直径还不及4″。它的赤道直径约4.5万千米,等于地球直径的3.5倍。因此海王星的体积是地球体积的45倍,又因它的质量只有地球质量的17倍,所以它的密度相当小,只有水的2.1倍。海王星表面的重力大约同地球上的重力相等。我们在大型望远镜里也很难看见海王星表面的情况。从日中峰的优等望远镜里,望见它是一个淡蓝色的圆轮,边沿很昏暗,扁率不大显著。1948年以来,人们在那上面看见一些明暗模糊的斑痕,它们的形状是不规则的,也许是变化的,因此还不能够决定它绕轴自转的周期。1928年穆尔和门泽耳在里克天文台所作的光谱观测证明其自转是顺行的,周期比16小时还短一些。

海王星的反照率和天王星的反照率相同,约为0.5。有一云层环绕这颗行星,可能

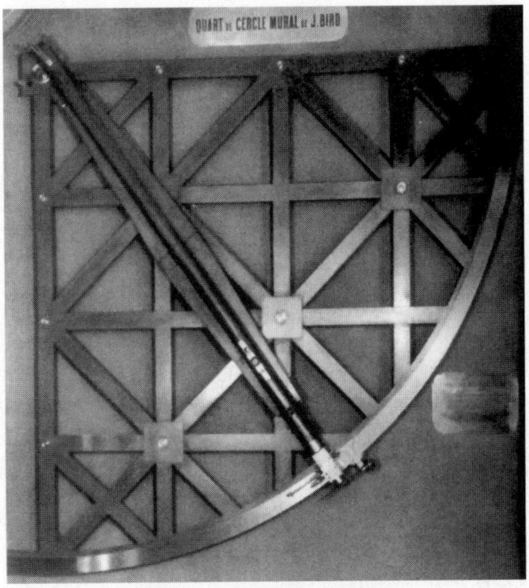

图 477　拉朗德的象限仪
巴黎天文台博物馆藏。

是由于甲烷的凝聚。因为海王星的光谱内表现很浓的吸收光带(图 469),可见这些云所漫射的光线在大气里经过很长的路程,这现象表示云层很低。除了甲烷也许还有氢、氮、氦和氨。海王星大气里的氨完全凝冻,只观测到氢与甲烷的分子,也可能有氮。海王星的温度只能很低,那里所看见的太阳直径只有 1′,每单位面积所受的热量只有地面所接收的 1/900。经人估计温度为－200℃,射电观测求得为－173℃。

海王星有两颗卫星(图 478)。海卫Ⅰ是 1846 年 10 月 10 日拉塞尔所发现的。它距本星的中心比月地间的距离稍短一些。它是一颗很小的 14 等星。它的轨道和海王星的轨道相交成 40°角,运动是逆行的。海卫Ⅰ的直径可能是月亮的两倍,因此它是最大的一颗卫星。

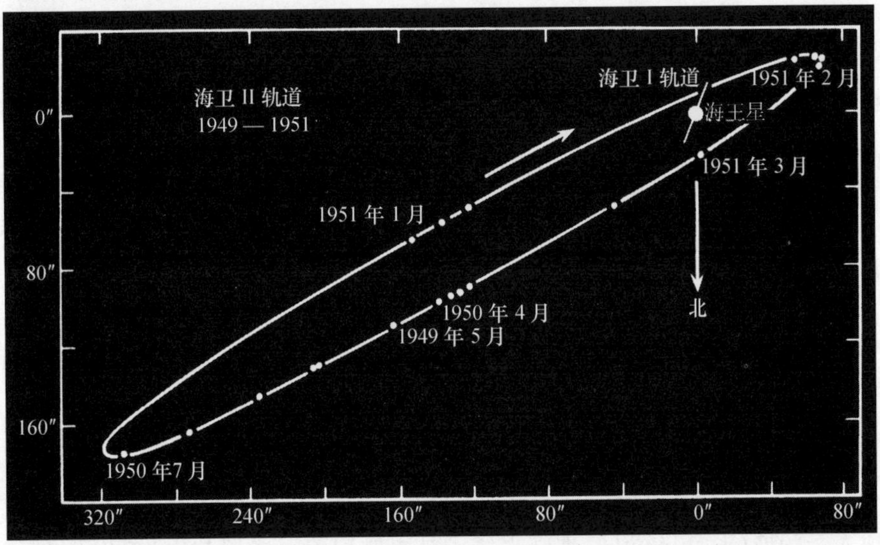

图 478　海王星的卫星(柯伊伯绘)

海卫Ⅱ是 1949 年柯伊伯所发现的,它的星等大约是 19,它的直径估计只有 300 千米。它比海卫Ⅰ距离海王星远得多,它的轨道偏心率很大,运动是顺行的。海卫Ⅰ的公转周期是 5 日 21 时,海卫Ⅱ的公转周期大约是 1 年。在海王星的卫星系里,里面一颗是逆行的,和木星与土星的卫星系的情况相反。

这里结束了木、土、天王、海王一群大行星的研究。人们对海王星的认识并不很清楚，它好像和别的三颗大行星颇有不同。我们已经说过，它和太阳的距离不适合波得的定律，刚才我们又谈了它的卫星的特点。如果行星世界真有一个共同的起源，我们应当说它们并不是像兄弟般的相似。

冥　王　星

1880 年出版的这本书里，弗拉马里翁说了下列几段话，在今天已经成了先知所说的预言："海王星虽然是我们现今所知道的最外边的一颗行星，我们没有权力断定它以外就没有别的行星。

你以为一切都已经发现了吗？
那真是绝顶的荒谬；
这无异把有限的天边
当作了世界的尽头。

"我们甚至可以希望不久就能发现一颗新行星，只要相当长时期地观测海王星，就能把它的轨道确切地算出来，使得它外面的行星所施的摄动能被人觉察。可是这颗行星，一方面它的亮度应该是不及 12 等，另一方面它的运行当是异常的迟缓。"

有好几位天文学家想学勒威耶寻觅天王星外的行星那样，用计算去寻觅海王星外的行星。洛威尔想利用天王星除了受海王星摄动的作用以外还剩余的差数，去决定海王星外的行星的位置，皮克林却想从海王星自身上的差数去找办法。由于皮克林的请求，1919 年（洛威尔已于 1916 年死去）威尔逊山天文台用了照相法去寻找。海王星以外的行星已经被拍在四张照片上，像一颗 15 等的星点，但是没有人把它识别出来。幸而这工作在洛威尔天文台坚持进行下去，结果终于发现了这颗待觅的行星，时间是在 1930 年 3 月 13 日。发现人是汤博（Tombaugh），他在那年 1 月间所拍的三张照片上（图 479）把这颗星找着了。这颗新行星名叫**冥王星**，不必说它的轨道根数和洛威尔所预测的大有差异，正如海王星的轨道根数和勒威耶与亚当斯所预测的大有差异那样，于是又发生了和 1846 年间同样的争辩。

这颗新行星距离太阳实际上比一般所假定的还要近些，它的轨道的长轴半径是日地

图 479 摄于 1930 年 1 月 23 日，洛威尔天文台的汤博在这张照片上发现了冥王星

双子 δ 星周围的光晕是因为光线在照片后面反射而成的。

间的距离的 39.6 倍或者 57.66 亿千米。它的轨道的偏心率很大(0.246)，这可由图 203 看出。在近日点处冥王星距离太阳 29.9 天文单位，在远日点处它距离太阳有 49.3 天文单位或者 75 亿千米。它的轨道平面和黄道相交成 17°的角。

从冥王星对于天王星和海王星的摄动所算出来的冥王星质量，好像是和地球的质量相近，例如假设为 1。柯伊伯利用帕洛马山的 5 米口径的望远镜测得冥王星的直径还不及地球直径的一半，体积相当于地球体积的 1/10。怎样去调和这样矛盾的体积和质量呢？如果承认这些结果，冥王星的密度便该是地球密度的 10 倍或者是水的 50 倍！这是黄金或者白金密度的 2.5 倍！虽然白矮星的密度比这个还大得多，但是这里所谈的是一颗行星，它的组成物质和别的行星的物质基本上应该没有多大的差别。

另外一方面，如果我们假设冥王星和地球的密度相同，仍然承认体积是地球的 1/10，于是它的质量便只有地球质量的 1/10，那么这样轻的一个物体就不会显著地扰乱天王星和海王星的运动，也绝不能根据摄动的理论寻觅出它来。所以我们处于矛盾中，只有凭新的观测才能解决，而冥王星的物理性质还可能为我们表现出一些奇迹。

至此,我们结束了这次行星际的旅行,可是我们却不敢说已经到了太阳系的边界,有些彗星的轨道远远地延伸到更辽远的空间,在那里太阳也成了像我们所看见的恒星的样子。我们在下一篇就要叙述具有奇特面貌的过路客人:彗星。